서양 향신자원 연구 II

서양 향신자원 연구 II

성분과 생리활성

한용봉

KU PRESS
고려대학교
출판문화원

책을 펴내며

향신료란 일반적으로 늘 섭취하는 음식에 본래의 맛이나 향을 더하여 개개인의 기호성향을 높여 음식 섭취를 증진시키는 것을 이른다.

향신료는 허브(Herb)의 한 분야로 용도에 따라 식용 향신료(Culinary herbs), 의료용 향신료(Medicinal herbs) 및 향장용 향신료(Cosmetic herbs)로 분류되고 있으나, 이들의 생리활성을 보면 상호 복합적인 경우가 많다.

근래에는 식품의 기호성을 높일 뿐만 아니라 건강 기능성에 더 중점을 두는 듯하다. 경제 발전에 따라 세계여행이 빈번해지고 또 이주민이 증가되면서 외국 음식을 쉽게 접하게 되었다. 우리가 늘 접하게 되는 익숙한 향신료보다는 새로운 맛과 향을 찾는 욕구가 증대되고 있으나 이들 외국 향신료의 이름이나 사용법은 물론, 인체에 미치는 영향은 더더욱 미지이다.

최근 분석 기술과 생리활성 연구법의 비약적 발전에 따라 많은 신물질들이 발견되고 있어 새로운 건강 관련 식품이나 약품들의 개발이 촉진될 것으로 기대되고 있다.

이 책에서는 비교적 빈번히 접하게 되는 외국 음식에 첨가되는 향신료에 대하여 이들의 기원, 역사, 특히 밝혀진 성분과 생리활성 및 실제적 이용과 효능을 중심으로 2024년까지 국내외에서 관련 서적이나 학술지의 논문을 정리 기술하였다.

또한 원산지가 서양인 식용향신 자원을 중심으로 역사, 식물학적 특성, 함유된 영양 성분과 특수성분, 발표된 생리활성 특히 질병, 노화, 인지장애, 성인병 등에 대한 효능 등, 인체나 실험 동물 및 미생물에서 나타나는 현상을 정리하였고 또 오랜 역사와 민속적, 전통적 효능과 이용은《동의보감》을 비롯 여러 고전 등 출처도 참고로 기술하였다. 또 한국에서 출원된 특허의 일부도 첨부하였다.

특히 생리활성에 관한 참고 문헌은 비중 있게 수록하였으므로, 새로운 건강기능성 제품에 관심 있는 이나, 후학들의 연구에 도움이 되는 기초 자료가 되었으면 한다.

자료 준비에 꽤 오랜 기간이 소요되었으며 특히 자료 보강에 도움을 주신 고려대학교 과학도서관에 깊은 감사를 드린다. 늘 곁에서 묵묵히 격려와 도움을 아끼지 않은 남편에게 고마움을 전한다.

끝으로 바쁜 일정에도 출판을 허락해 주신 고려대학교 출판문화원 여러분께 깊은 감사를 드린다.

2025년 12월

한용봉

차례

책을 펴내며		5
1	스페인감초 *Glycyrrhiza glabra*	9
2	식용대황 *Rheum rhaponticum R. officinalis R. palmatum*	41
3	아니스 *Pimpinella anisum*	54
4	야생셀러리 *Apium graveolens*	64
5	양파 *Allium cepa*	74
6	오레가노 *Origanum vulgare*	95
7	오이풀 *Sanguisorba officinalis Poterium sanguisorba*	113
8	올스파이스 *Pimenta dioica*	129
9	우엉 *Arctium lappa*	140
10	운향 *Ruta graveolens*	165
11	울금 *Curcuma domestica C. aromatica*(wild turmeric) *C. longa* L.(Syn. *C. domestica*)	173
12	월계수 *Laurus nobilis*	196
13	유칼립투스 *Eucalyptus globulus*	208
14	유향나무 *Boswellia carteil*	226
15	육두구 *Myristica fragrans*	234
16	잇꽃 *Carthamus tinctorius*	246

17 자작나무 *Betula platyphylla* 263

18 장미 *Rosa* spp. 275

19 정향 *Eugenia cayophyllata Syzygium aromaticum* 295

20 제비꽃 *Viola odorata* L. 319

21 짚신나물 *Agrimonia eupatoria* 329

22 참깨 *Sesamum indicum* 341

23 치커리 *Cichorium intybus* 360

24 카바 *Piper methysticum* 370

25 캐모마일 *Matricaria recutita M. Chamomilla* 380

26 쿠민 *Cuminum cyminum* L. 396

27 타라곤 *Artemisia dracunculus* 409

28 호로파 *Trigonella foenum-graecum* 419

29 홉 *Humulus lupulus* 436

30 회향 *Foeniculum vulgare* 453

31 흑쿠민 *Nigella sativa* 473

32 히솝 *Hyssopus officinalis* 487

참고 문헌 496

1 스페인감초 *Glycyrrhiza glabra*

콩과
(Leguminosae)

Licorice, Liquorice(英)
Kanzo(日)
甘草(中)

원산지: 유럽 남부, 아프가니스탄

용도: 식용·약용 – 뿌리

역사

BC 3000년경 고대 이집트로부터 이용하였던 허브로 BC 600-300년경까지 흑해 북쪽에서 코카서스 지방에 걸쳐 초원지대를 지배했던 기마민족 스키타이인이 이용하였다. 옛 앗시리아인이 재배를 시작하였고, 11세기에 이르러 독일에서는 이를 가공하였다.

*Glycyrrhiza*는 스페인감초(甘草)를 말하며 쓴약의 모든 맛을 완화시키는 감미료로 열매에 털이 있고, *G. uralensis*는 중국 북부와 시베리아에 분포하며 털이 없는 것이 차이점이다.

학명 *G. glabra*는 그리스어의 '달다'는 뜻의 'glycos'와 뿌리라는 뜻의 'rhiza'의 합성어로 뿌리는 설탕보다 50배나 달기 때문이다. 종명의 *glabra*는 털이 없다는 뜻으로, 열매에 털이 없음을 말하며 이를 유럽 감초라고도 한다. *G. uralensis*는 오랜 전통 중국 약물로 면역 질환인 관절염과 lupus erythematosus 질병의 경감에 도움이 되고 있고, 고대 중국 의학뿐 아니라 인도 아유르베다 의학에서도 인후염 완화제로 처방하였다(Herbs p226; Medicinal Herbs p79).

식물학적 특성

1-1.5m로 곧게 자라는 다년생 초본 전체에 털이 없다. 10-20cm의 잎은 기수우상복엽, 잔잎은 타원형 5-8쌍. 연보라 꽃은 액생(腋生)하며 나비 같은 예쁜 꽃이 수상화서로 핀다. 2-3cm의 열매는 협과(莢果)로 구부러지며 벌어지지 않는다. 씨는 보통 4개, 뿌리는 지하경으로 옆으로 뻗어가며 껍질은 약간 쓴맛이 있고 섬유질이며 점액질이다. 씨와 란나로 번식되며 정식후 2-3년째에 수확한다. 가을에 잎이 누렇게 되면 뿌리를 햇볕에서 건조 보관.

한국에는 *G. pallidiflora*(개감초)와 *G. uralensis*(감초)가 있다(Lee, YN, I. p613).

특수성분

*Glycyrrhiza glabra*에 Acetyl astragalin(G-00470), 11-Deoxoglycyrrhetinic acid(H-02591), Deoxoglabrolide(D-02455), *Enoxolone(G-00597), 3,24-Dihydroxy-9(11),12-oleanadien-30-oic acid(3β, D-02422), 5,7-Dihydroxy-6-prenylflavanone(S, D-02734), Folerogenin(T-00733), Glabranin A,B(G-00597), Glabrene(G-00383), Glabric acid(D-02548), Glabrolide(D-02549), Glabrone(G-00388), *Glycyrrhizic acid(G-00599), Glyphoside(H-00908), Glyzaglabrin(T-00827), Glyzarin(G-00609), Hispaglybridin A(R, H-00914), B(R, H-00915), 3-Hydroxyglabrol(D-01756), 28-Hydroxyglycyrrhetic acid(D-02554), 7-Hydroxy-2-methyl-isoflavone(H-002391), 7-Hydroxy-2-methylisoflavone(H-002392), Isoglabrolide(D-02546), Isoglycycoumarin(I-00469), Isomucronulatol (T-00813), Licochalcone A(L-00537), B(T-00605), Licoflavanone(S, T-02609), Licoricidin(T-00693), Liqcoumadin(A-00231), Liquiridiolic acid(H-02737), Liquoric acid(L-00632), 3′-Methylglabridin(G-00387),

7-Methyl-2-methylisoflavone(H-02391), 2′-*O*-Methylglabridin(G-00387), Neoisoliquiritin(T-02004), 4′-*O*-methylglabridin(G-00387), Phaseollinisoflavan (P-00922), Glycyrrhiz triterpene(T-02955), Rhamnoisoliquiritin(T-02004), Rhamonoliquiritin(D-01882)가 동정되었다(DNP p582-3).

지상부에서는 Phytoalexin(isoflavone), Glyphoside, Isoquercetin, Gabrolide, Olean-11,13(18) diene-3,24-diol, 3-oic acid도 분리되었다.

생리활성

Mini-review: 감초 뿌리의 단맛 성분은 glycyrrhizin으로 서당(庶糖) 단맛의 50배이고, flavonoid, saponin, starch, amino acid, 고무질, 당류, 정유 등이 함유되어 항염작용(抗炎作用), 항궤양작용(抗潰瘍作用), 항allergy 작용 등이 있어, rheumatis 및 osteoarthritis 등의 치료제가 되며, 소화기계 위산을 억제하고 위벽을 보호하여 위궤양 치료에 효과가 있다. Diphteria 및 tetanus균 등 많은 독소를 중화시키며 담즙 분비를 증가시키고 혈중 cholesterol을 강하시키며, 진통, 진경, 진해, 거담, 해열 등의 작용도 있다. 부신피질 hormone과 같은 작용이 있어, kalium이나 natrium(염분)의 정체로 혈압 상승효과가 있어 고혈압인 경우 사용을 삼가야 한다.

감초세근-생리활성①: 세근의 추출물 및 glycyrrhizin(Gz)과 그 효소 분획물의 생리활성에서 전체적으로 추출물의 효과가 단일 물질 Gz와 그 효소 분해물보다 좋았으며, 특히 EtOH ex의 효과가 좋았다. 여러 인간 암세포 성장저해 실험에서 추출물 및 Gz와 그 효소 분해물은 모두 1.0mg/mL에서 50% 이상의 억제율을, 특히 추출물들이 더 억제율이 높았다. 돌연변이 유발억제 실험에서 H_2O:EtOH (1:1) 추출물이 약 50% 억제효과를 보였고, 면역기능 실험에서 EtOH ex가 1.0mg/mL에서 B-세포는 1.3배, T-세포는 1.2배 촉진 활성이 있었다. 혈당강하 시험에서 H_2O ex 1.0mg/mL에서 68%, EtOH ex 65%, H_2O: EtOH (1:1)ex 62%의 강한 활성을, Gz와 그 효소 분해물은 40% 이상의 높은 활성을 보였다. GST 활성은 1.0mg/mL에서 EtOH ex 257%, H_2O ex 239%, H_2O:EtOH (1:1)ex 231%의 높은 활성을,

Gz와 그 효소 분해물도 200% 이상의 활성효과를 보였다. 이상의 결과로 추출과 추출용매 등에 의해 감초에서 분해된 여러 monomer들이 풍부한 crude extract의 생리활성이 Gz과 그 효소 분해물보다 좋은 것으로 나타났다(정우택, 2001).

생리활성-감초②: 생약제인 건강, 건마늘, 감초, 인삼, 두충의 용매별 추출물에 대한 생리활성을 측정한 결과, 총 polyphenol은 모든 시료가 50% EtOH 추출액에서 가장 많았고, 감초의 50% EtOH 추출액이 2.23%로 가장 많았다. 전자 공여 작용은 감초 H_2O 추출액이 81.81%로 가장 우수하였으며, 감초, 건강 H_2O 추출액이, 두충, 건마늘, 인삼은 50% EtOH 추출액이 다른 용매보다 전자 공여 효과가 높았다. SOD 유사활성은 감초의 50% EtOH 추출액이 42.75%로 가장 높은 활성을 보였고, 건마늘, 건강은 50% EtOH 추출액이, 감초, 두충, 인삼 H_2O 추출액이 다른 용매보다 우수하였다. 아질산염 소거작용은 pH 증가에 따라 소거율이 크게 감소하였다. 용매별 소거능은 뚜렷한 차이는 없었으나, H_2O 추출액이 소거능이 높았다(나경민, 2004).

항종양효과-18β-Glycyrrhetinic acid①: 감초 뿌리의 성분으로 18β-glycyrrhetinic acid(18β-GA)는 항염, 면역 조절에 대한 보고는 많았으나, 항암활성 연구는 대단히 드물다. 본 연구는 mice에서 A549 기인한 종양에 대한 18β-GA의 항암효과에 대하여 연구하였다. A549 세포가 18β-GA에 의해 사멸됨을 세포독성으로 분석하였다. 18β-GA의 LD_{50}은 180μM과 80μM이었고, 48과 72시간 처리에서 나타났으며, 세포 사멸 활성은 18β-GA처리가 더 효과적이었고, nude mice에서 18β-GA의 항암활성이 나타났다. 종양유도로 A549(3×106cells/mouse)을 nude mice의 복강 내 주사하였고, 항암효과를 측정코자, 18β-GA(1mg/200μl/mouse)를 4번씩 3일간 종양이 있는 nude mice에 복강 내 주사한 결과, 18β-GA 처리로 종양크기가 대조군보다 감소, negative control nude mice보다 감소하였으며, doxorubin(60μg/mouse)보다 감소폭이 컸다. 결과로 18β-GA는 A549 암세포 기인식 종양에 항종양효과가 있음을 알 수 있었다(김하얀, 2011).

L1210 Apoptosis②: 본 연구에서는 leukemia 세포주인 L1210 세포를

생쥐에 이식하고, glycyrrhizin(G)을 투여하였을 때 이식된 L1210세포의 apoptosis가 유도됨을 확인하고, 이 작용기전에 대식세포에서 생성되는 nitric oxide가 관여 하는지 확인코자 실험한 결과, 암세포 L1210 세포를 이식한 생쥐에 G를 투여한 결과, 복강 대식세포로부터 nitric oxide 생성을 촉진하여 이식된 L1210 세포의 apoptosis를 일부 유도하고 있다고 사료되었다(은재순, 1998).

L1210 증식억제③: 감초의 주성분 glycyrrhizin(G)은 항염, 항궤양, 항알러지, 항암, 항virus 및 면역조절 작용 등 다양한 작용이 있다. 생체 면역작용이 있는 세포 중 B와 T 림파구가 중심적이다. G에 의해 이식한 L1210 증식억제는 macrophage에서 분비되는 nitric acid에 일부 나타나 다른 factor가 있음을 암시, 본 연구에서는 G가 cytotoxic T 세포 및 phagocytic acitivity를 증가시켜 이식한 L1210 세포의 증식을 일부 억제할 가능성이 있다고 사료되었다(은재순, 2000).

항유방암-식물Estrogen④: 약용식물 내 estrogen성과 항estrogen성을 조사하고, 항암 인자를 발견하고자, 9종의 한국 약용식물 EtOH ex에 대해 재조합 효모와 MCF-7 사람 유방암 세포주를 이용, 탐색, 비교하였다. 재조합 효모를 이용, 실험 결과 7종의 약용식물에서 estrogen성이 나타났고, 4종에서 androgen성이 나타났다. 또 MCF-7을 이용한 결과, 8종의 추출물이 MCF-7 세포의 억제가 확인되었으며, bisphenol A와 동시 처치한 경우에도 억제하는 것으로 나타났다. 또한 *Glycyrrhiza uralensis, Cassia tora, Syringa velutina, Zingiber officinale, Malva verticillate, Panax ginseng*은 식물성 estrogen으로 estrogen에 양성인 사람의 유방암 세포 증식을 억제시켰다. 따라서 본 연구에서는 한국산 약용식물이 식물성 estrogen과 항암 인자로 이용될 수 있으리라 생각되었다(감초, 결명자, 생강, 인삼 등)(은재순, 1989).

Glycyrrhizin대사: 감초의 주성분 Glycyrrhizin(G)은, 약 5% 함유하고, 감미료로 사용하고 있다. G는 virus, interferon inducing effect, steroid-like action 등이 알려졌다. G는 투여 후 혈액 내에서 발견되지 않았으나, Glycyrrhetic acid(GA)로 발견되어 G는 사람 장내 세균의 β-glucosidase로

분해되어 GA가 된다. G를 정맥내 투여 시 신속하게 담관을 통해 배설되며, 감초의 약효는 G가 아니라 GA에 의한 것이었다. 감초의 주성분 G를 열처리 하여 온도에 따라 G 분해 정도와 분해 산물로 18β-GA-mono-*β*-D-glucuronide 와 GA로 분해됨을 알 수 있다(진영호, 1995; 김동현, 1999).

지방과산화감소-GST M1 positive genotype **건강한 남성 끽연자**: 근래 *Glycyrrihia ularensis*(GU)가 in vivo와 in vitro에서 현저한 항산화성에 대해 시사되고 있다. 본 연구에서는 GU 수침 보충제를 매일 섭취로 GST에 의해 산화적 stress가 개선되는지를 실험하였다. 20-60세의 40명 건강한 남성 흡연자를 2군으로 나누어 GU군에는 260mL 열수 추출액을, 대조군에는 260mL의 oligosaccharide 수용액을 8주간, 식이에는 차이가 없이 투여한 결과, GU군은 GST M1 positive subject에서 혈청 중 공액이중결합(지질 과산화표식)이 현저히 감소하였으나 GST M1 null genotype군은 나타나지 않았다. 이러한 결과에서 GST M1 gene이 현저히 감소하였으나 GST M1 null genotype군은 나타나지 않았다. 이는 GST M1 gene이 있는 흡연자의 subgroup에서 GU수침액이 지방 과산화가 효과적으로 감소되는 것으로 생각되었다(Lee, HJ, 2010).

3T3-L1세포증식-Glycyrrhizin(GZ)①: 세포 기저막 주요 성분 type IV collagen, laminin, heparan sulfate 등 여러 성분이 보고되고 있으나, 기본 골격은 type IV collagen과 laminin. 3T3-L1 세포의 DNA 양 측정 결과, glycyrrizin(Gz)은 3T3-L1 세포 증식을 촉진하였으나, laminin 합성과 분비에는 영향을 주지 않았다. Gz는 type IV collagen 합성과 분비를 촉진. adipocyte로의 분화에 중요한 역할을 하고 있음을 의미하였다(은재순, 1995).

항비만·당뇨-Glaboral② DGAT: Acyl-C CoA, diacyl glycerol acyltranferase(DGAT) EC. 2, 3, 1, 20은 glycerol phosphate 회로에서 중성지방 합성을 촉진하는 효소로 이 효소가 과잉 분비될 때 중성지방 축적과 관련이 있다. 그러므로 DGAT 방지제는 비만과 제2형 당뇨병에 강력한 치료제로 작용할 수도 있다. 감초 EtOH ex에서 DGAT 방해 분석(in vitro)을 이용하여 5종의 flavonoid를 분리하였다. Isoprenyl flavonoid는 DGAT

방해작용이, 5종 flavonol 1-5가 가장 강력하여 분석 결과, glaboral로 확인되었고, 이는 쥐 간의 microsomal DGAT 활성(IC_{50}은 8.0μM)을 방해하였고, 1-4 flavonoid의 IC_{50}은 100μM보다 많았다. Glaboral은 DGAT에 대하여 비경쟁적이었다. 이러한 결과로 DGAT 방해효과가 있는 감초 뿌리는 비만자나 제2형 당뇨환자에 강력한 치료 효과가 있을 것으로 생각되었다(Choi, JH, 2010).

간독성완화효과-Gz①: LPS와 galactosamine(Ga)-유도 간독성에 의한 치사에 미치는 glycyrrhizin(Gz)의 영향과 기능적 기전을 알고자, in vivo에서 Gz의 용량 의존적 실험과 일정시간 후의 혈청 중 TNF-α 발현 양을 측정하여 Gz의 영향을 실험한 결과, Gz 단일 투여는 생쥐의 LPS와 Ga에 의한 치사율에 별 영향이 없었고, Gz 다중투여로 전처리한 경우, 용량 의존적으로 LPS와 Ga에 의한 치사율이 감소, 다중투여한 Gz은 대조군에 비해 혈중 TNF-α 감소, 치사율 감소를 보였으나, TNF-α 발현 양이 현저히 낮은 dexamethasone의 치사율이 Gz 100mg/kg 다중투여군보다 약간 높았다(오창욱, 1996).

간보호활성-Glycyrrhizin, Baicalin②: 감초의 활성 배당체인 glycyrrhizin(G)과 황금의 활성 flavonoid인 baicalin(B)의 CCl_4(10mM), TBH(0.5mM) 및 D-galactosamine(GalN, 30mM)으로 유도한 간 손상에 대하여 실험하였다. 1차 배양한 흰쥐의 간세포(18hrs)를 CCl_4; TBH, GalN로 처리한 후, G와 B 0.1, 1, 10 및 100μM 농도에서 간세포보호 작용을, 또 ALT와 AST의 증가는 G 100μM 농도에서 간세포보호 작용도 증가시켰다. ALT와 AST의 증가는 G 100μM에서 감소되었다. LDH는 TBH에 의해 현저히 증가되었고, 이러한 증가는 G와 B 둘 다에 의해 감소되었다. ALT와 AST는 TBH에 의해 증가되었고, 이는 G와 B에 의해 예방된 것으로 생각되었다. GalN이 NADH, ALT 및 AST를 증가시켰고, 이러한 증가는 G와 B 둘다에 의해 현저히 감소되었다. 이러한 결과는 G와 B가 간 보호활성이 있는 것으로 생각되었다(김성화, 2006).

간보호활성-Glycyrrhizin③: 가공 감초와 비가공 감초의 성분의 변화와 특성을 비교하였다. 감초에 있는 glycyrrhizin(G)과 몇몇 성분은 가공 중

G함량이 현저히 감소하였고, glycyrrhetic acid(GA)가 감초에서 동정되었다. 일반적으로 190℃에서 가공한 감초는 비가공 감초보다 용혈작용이 적었고, 가공 감초는 비가공 감초보다 진통작용이 더 컸으며, Na-pentobarbital 유도 수면시간이 연장되었다. 보통 가공 감초는 CCl_4-유도 손상 쥐에서 S-GOT, S-GPT 및 S-LDH 활성의 증가가 현저히 억제되었다(Jeong, HG, 2002).

진통효과-Glycyrrhizin①: FM100과 Glycyrrhizin(G)이 BSV-prostaglandin synthetase(PGS) 활성(BSV-PGS)에 미치는 영향을 조사한 결과, BSV-PGS 활성은 FM100 농도에 비례하여 현저히 억제되었고, BSV-PGS 활성은 G에 의해 농도에 비례 약간 억제되었다. FM100의 ID_{50}은 3×10-1g/mL로 indomethacin ID_{50}에 비해 약 1/100이었으며, G의 ID_{50}은 4.5×10-1g/mL로 indomethacin ID_{50}에 약 1/105이었다. FM100은 mouse 경구투여 시 1g/kg에서 유의성 진통 효과를 보였다. 이상의 결과로 FM100은 강력한 prostaglandin 합성 억제 효과가 있으며, 이 효과가 감초 성분의 진통 작용과 관련이 있는 것으로 추측되었다(조영선, 1986).

항동통효과-Glyasperin②: *Glycyrrhiza inflata* extract(시료)에서 분리된 glyasperin F(GF)는 시료 1-100mg/kg에서 acetic acid-유도 writhing response에 용량 의존적으로 동통이 감소되었다. 시료의 EtOAc 층에서 분리 후, NMR과 MS분석에서 동정되었고, GF는 mouse model에서 항동통 효과를 보였으며, GF 0.1-10mg/kg 경구투여에서도 용량 의존적 동통 억제활성을 보였다(Kim JK, 2013).

약물대사억제-Cytochrome p450: 감초와 처방 약물간의 상호작용의 가능성을 알고자, 약물대사 효소 cytochrome p450(p450)의 억제효과와 억제로 인한 독작용 가능성을 인체 간 microsome을 in vitro에서 관찰한 결과, 감초의 물 추출물과 EtOH 추출물에 의한 p450에 억제 작용이 가장 강하였다. 감초 EtOH 추출물이 물 추출물보다 더 강하였고, 그 정도는 2.5배-14배 정도였다(박종훈, 2004).

종양전이억제①: 30종 생약 열수 추출물 중 가시오가피(75.6% 억제), 백출(71.3%), 인삼(70.0%), 감초(66.3%) 및 당귀(63.1%)는 2.5mg/kg·bw에서

colon 26-M3.1, lung carcinoma에 매우 높은 종양전이 억제활성을 보였다(박경미, 2000).

종양억제②: Licochalcone A①, B②는 chalcone 유도체로 감초 뿌리에서 분리되었고, A549(lung), SK-OV-3(ovarian), SK-MEL-2(melanoma) 및 HCT- 15 (colon) 등 여러 암세포에 대하여 세포독성이 sulforhodamine B(SRB) 분석으로 평가되었다. DNA topoisomerase 1 저해활성이 있는 이들 화합물들은 위 4종 종양세포에 대하여 중정도의 세포독성과 topoisomerase 1 활성을 용량 의존적으로 억제하였다(Yoon G, 2007).

항암활성-Licochalcone A③: 볶은 감초 EtOH ex(AE)는 볶지 않은 감초의 EtOH ex(BE)보다 HT-29(결장암 세포)와 같이 DU145와 MILL(전립선 암세포)의 성장 억제에 더 강력하고, 효과적이었다. B-H_2O ex(BW)와 AW는 세포성장에 최소 효과를 보였고, AE는 MCF-7과 MDA-MB-231(유방암), B16·F10(melanoma) 및 A375와 A2058(피부암) 세포는 JEC-6(정상 장 표피세포)와 CCD1185K(섬유아세포) 성장을 약간 자극. AE의 CH_2Cl_2분획은 DU145 세포성장 억제에 더 효과적. Licochalcone A(LA)는 mice의 화학적 유도 피부 papilloma 형성을 강력히 억제하였다(Park SY, 2014; Hua, C, 2009).

항암·항Allergy-감초·표고④: 감초에 표고 균사체를 접종. 배양 후 얻어진 균사체 추출물(GL)이 간암(Hep3B), 유방암(MCF-7), 자궁경부암(HeLa), 고형암(S-180)의 증식에 미치는 영향을 조사한 결과, 3종 모두 암세포 형태 변화 및 증식 억제가 감초 추출물(G)보다 GL이 높았고, Hep3B와 MCF-7에서 1mg/mL 처리 GL이 암세포 변화가 더 뚜렷. HeLa에서 G보다 GL이 효과적. GL 3mg/mL 처리 MCF-7에서 강력한 증식억제를 보였다. 고형암 억제로 GL이 56%, G는 19% 억제. 이상의 결과로 감초에 균사체 배양 기법 적용 시 기능의 상승효과를 보였다(Jo EH, 2004; 배만종, 2007).

항균활성·안정성①: 감초를 여러 용매로 추출, 항균활성을 조사한 결과, EtOH 추출물이 가장 항균활성이 높았으며 95%가 효과적이었다. 95% EtOH로 감초를 12시간 추출, 14종의 gram(+)세균, (-)세균 및 효모에 항균성을 조사,

여러 미생물의 최소억제 농도 MIC는 gram(-)세균에 250mg/mL, gram(+)세균은 25mg/mL, 효모는 50-500mg/mL으로 gram(+)균에 탁월한 항균활성을 보였다. 추출물은 열과 pH에 비교적 안전하여 식품의 천연 보존료로서 사용이 기대되었다(김수정, 2006-241).

항균활성-항생제내성균②: 감초를 순차 분획하여 각 분획을 Methicillin Resistant *S. aureus* (MRSA)에 대한 항균활성 실험 결과, hexane, $CHCl_3$분획에서 항균성을 보였고, 동일 농도의 생육 저해 비교 실험에서 내성 균주에 대해 대조군과 유사한 penicillin보다 감초 분획물의 억제 효과가 컸으며, 이 중 $CHCl_3$ 분획이 가장 강하였다. 또 RT-PCR을 통해 표준 균주와 내성 균주의 내성 정도와 내성 유전자의 관찰에서 KCCM 40510은 내성 획득 유전자인 mecA, mecRI, mecI, femA에 발현이 높게 나타나, 고도 내성균임을 알 수 있었으며, 고도 내성 균주를 이용, 감초의 $CHCl_3$분획을 50, 100, 250μg/mL 농도별로 처리한 결과, 농도 의존적 유전자 발현이 억제됨을 볼 수 있었다. 특히 고도 내성 균주인 KCCM 40510은 메티실린 내성을 상승시키는 mecA 유전자 발현을 억제시키는 mecRI 유전자 회로와 상응하는 것으로 보여 감초가 이러한 고도 내성균에 효과가 있음을 알 수 있었다. 또한 SEM의 형태학적 관찰에서 시료 처리시 세포벽 파괴를 확인할 수 있었다. 또한 이러한 감초 추출물을 직접 식품에 첨가, 내성 균주의 억제효과는 추출물 200μg/100mL에서 포도상 구균에 항균효과가 관찰되었다(이지원, 2005).

항진균효과-Glycycoumarin③: 감초 근경에서 항박테리아 활성이 있는 glycycoumarin(Gc), 3-arylcoumarin을 분리하였으나, 항진균 효과에 대하여는 아직 알려지지 않았다. 본 연구에서는 Gc의 *Candida albicans*에 대한 항진균 연구에서 Gc는 anti-candidal 활성이 320μg/mL에서 진균의 성장을 완전히 저해, fluconazole과 동량에서 저해활성을 보였다. Gc 투여 생쥐에서 음성대조군보다 평균 생존시간이 길었으며, 60% 생쥐가 21일 관측기간 생존하였다. 또한 Gc는 *Candida albicans*에 대해 농도 의존적으로 균사 생성을 억제하였다(이주희, 2011).

항충치효과④: 충치 발생 원인균이 *Streptococcus mutans*에 대한 각종 천연물질의 항균 효과와 GTase 저해활성을 조사한 결과, 미숙 사과, 황련, 우롱차, 감초 등에서 항충치 효과가 있었다. 그중 감초 열수 추출 후, 박의 75% EtOH 추출물이 가장 탁월한 충치균 생육 저해 효과를 관찰하였다. 충치균이 불용성 glucan을 생성하는 GTase 활성 저해 효과를 조사한 결과, 녹차, 오배자, 미숙사과, polyphenol 추출물 및 감초박 추출물이었다. 특히 감초박 추출물이 GTase 활성 억제를 보였고, 75% EtOH 추출물보다 $CHCl_3$ 추출물이 가장 강한 저해 효과를 보였다(최인옥, 2003).

항*H. pylori*활성-18β-Ga⑤: *Glycyrrhiza glabra*와 *G. ularensis*의 성분 18β-glycyrrhetinic acid (18β-Ga), glycerol 및 carbonoxdone disodium(Cad)의 위염과 위암에 대해 조사한 결과, *H. pylori*에 항균성과 HCl EtOH-유도 위 병변과 유문 결찰 쥐에서 항 위염 및 위암 세포 생존 능력이 있었다. 18β-Ga와 Cad는 유문 결찰에서 위액량 과분비를 감소시켰고, Cad는 *H. pylori* 항균성이 강하였다. 18β-Ga와 glycerol은 human gastric cancer cell(AGS, SNU 638)에서 용량 의존적으로 생존 능력을 감소시켰다(Cho SY, 2007; Fukai T, 2002).

Listeria균-증식억제⑥: 방기와 감초의 75% EtOH 추출물이 예비 실험 결과, *Listeria monocytogens*(Lm) ATCC 19111, 19112, 19113, 19114, 15313에 성장 억제를 보여 농도별로 tryptic soy broth에 첨가하고 각 균주의 증식, 저해 정도를 비교한 결과, 방기는 Lm ATCC 19111와 19114에 부분적으로 효과가 있었고, 농도 의존적 증식 저해는 비례하였다. 감초 추출물은 5균주 모두에 강한 항균성을 보였으며, 대부분 100ppm에서 12-48시간 완전히 증식이 억제 되었으며, 500ppm에서 모든 균의 증식이 완전히 억제 되었다. 특히 Lm ATCC 19113에는 100ppm에서도 48시간 완전 성장이 억제되었다(신동화, 1994; Aureli, P, 1992).

신경보호-PC12세포보호①: 본 연구에서는 인간 백혈구와 PC12 세포사에서 H_2O_2 -DNA 손상에 감초추출물(GE)의 항산화활성을 측정하였다. H_2O_2 유도 인간 백혈구 DNA 손상은 comet assay로 평가한 결과, GE (1-50μg/mL)의 H_2O_2-DNA손상은 농도 의존적이었고, H_2O_2-유도 PC12 세포 손상에 대한

GE의 보호 효과는 MTT 환원 측정과 lactate dehydrogenase 방출 측정으로 평가하였다. H_2O에 의한 세포 생존 유도에서 하나의 주목할 만한 복원은 1-50μg/mL GE에 의해 현저히 예방되었다. Caspase-3 효소 활성은 H_2O_2-처리 PC12 세포에서 평가되었으며, GE로 30분간 preincubation 동안 H_2O_2-유도 caspase-3 활성은 용량 의존적으로 억제되었다. 인간 백혈구에서 H_2O_2-DNA 손상은 GE가 개선시켰고, PC12 세포사 예방으로 신경보호 효과가 있어 감초는 산화 stress와 관련된 신경성 질병에 새로운 치료제로 강력한 후보라 생각되었다(Lee, H-J, 2008).

신경보호-PC12세포보호②: Alzheimer 병은 신경 상실과 amyloid-β peptide (Aβ)가 주물질인 세포 외에 노인성 plaque의 존재에 의한 것이 특징이다. 본 연구에서는 PC12 세포에 Aβ 25-35유도 apoptosis에 대한 감초 수침액의 효과에 대하여 관찰하였다. Mitochondria 막 전위와 같은 Aβ 25-35 유도 apoptosis에 노출로 지방 과산화가 증가되었고, antiapoptotic Bcl-2와 poly (ADP-ribose) polymerase가 감소되었으며, proapoptotic bax와 caspase-3이 상승되었다. 그러나 감초 수침물은 Aβ-편린에 의해 신경세포사에 대해 보호 효과가 있음을 추측할 수 있다(Park, EY, 2007).

신경보호-Stress③: 흰쥐에 감초 ex 50, 150, 300, 600mg/kg를 투여한 후, immobilization stress를 부하할 때, non-stress 시에 비해 혈중 corticosterone 및 histamine 함량이 증가하였으며, 감초 ex 150mg/kg 투여 시 가장 많이 증가하였다. Glycyrrhizinic acid(Ga) 15, 30, 60mg/kg 투여 후, immobilization stress 부하 시, non-stress에 비해 corticosterone, histamine 함량이 증가하였으며, 15mg/kg 투여 시 가장 많이 증가하였다. Cortisol 7.5μg/kg 투여 시 immobilization stress 부하 시 non-stress 시에 비해 혈중 corticosterone 과 histamine 함량이 감소되었다. 이 실험 결과, 감초 ex는 stress 방어 기전에 있어 glucocorticoid 분비 능력을 상승 시키는 것은 감초의 Ga에 의한 것으로 사료되며, cortisol에 의해 감소되는 것은 negative feedback 기작으로 추측되었다(은재순, 1989).

신경보호-NMDA수용체친화력④: Glutamate, 흥분성 신경 전달 물질인

N-methyl D-aspartate (NMDA)의 수용체에 대한 길항제는 치매 및 뇌허혈성 등 기타 퇴행성 뇌질환 치료 또는 예방 식물을 검색코자, 82종 생약의 열수 추출물에 대하여 검색한 결과, 진피, 상황버섯, 인진, 곽향, 감초 등은 5μg/mL 이상에서 활성을 보였고, 농도 의존적이었다(김영섭, 2001).

인식개선활성⑤: 신경 염증은 Alzheimer's disease(AD) 같은 퇴행성 신경병에서 중대한 역할을 한다. 본 연구에서는 *Glycyyrrhiza uralensis*, *G. glabra* 및 shinwongam(SW) 3종 감초의 염증유도 기억과 인식결핍 mouse model에서 실험한 결과, 기억과 인식 부전에 가장 효과적인 개선이 있는 감초 종은 SW종으로 나타났다. Shinwongam은 대한민국 National Institute of Crop Science(NICS)에서 *G. uralensis*와 *G. glabra* 배합종이 개발되었다(Cho MJ, 2018).

뇌세포보호-Pb⑥: 감초 성분 liquirizigenin(Lq)는 PC12 세포에서 Pb에 의해 증가된 NO로 인한 세포독성으로부터 세포보호 효과를 보였고, 이러한 효과는 Lq가 NF-kB의 nuclear translocation을 저해하여, iNOS의 단백질 발현을 감소시킴으로써 나타남을 알 수 있었다(박은영, 2007).

GH-분비유도: 감초근(시료)은 가장 유명한 생약제로 rat 뇌하수체 세포 in vitro와 in vivo에서 growth hormone(GH) 분비유도 주 물질에 대하여 실험하였다. 시료의 MeOH ex의 hexane 분획(Hx)의 rat GH(rGH) 분비는 기초량 basal level의 각각 1.89배-4.59배 유도하였다. 시료의 성분 중 glycyrrhetic acid와 glycyrrhizin이 대조군에 비해 rGH 분비를 현저히 유도하였다. 시료 MeOH ex의 hexane 분획이 rat growth hormone 분비유도가 가장 강하였다(Lee HY, 2007).

골다공증예방: 감초 추출물은 osteoblast(조골세포)의 분화를 증가시키고, ALP 활성을 촉진하여 조골세포 gene ALP와 COL1의 유전자 발현과 MC3T3-E1 세포에서 조골세포 분화를 자극하는 Runx2 전사인자를 상승 조절시켜 뼈 형성에 도움을 주었다. 이로써 감초 추출물은 조골세포 기능부전에 좋은 예방제로 생각되었다(Cho Y-E, 2018).

항천식: 감초의 천식에 대한 항allergy 작용을 규명코자 폐조직 내 IL-1β, IL-4,

IL-5, IL-6, IL-10, IL-13, 혈장 내 histamine 분비를 관찰한 결과, 혈장 내 histamine 생성을 감소시켰고, 폐조직 내 IL-1β, IL-4, IL-5, IL-6, IL-13 생성을 감소시켰다. 감초는 폐조직 내 IL-10 생성을 증가시켰다. 이로써 감초는 allergy 반응 억제 효과가 있는 것으로 나타났다(Song SJ, 2004; Han Y-J, 2004).

항산화활성·안정성①: 식품의 보존성 항산화 유효성분을 추출코자, 감초를 H_2O, MeOH, EtOH, Et_2O, EtOAc, hexane 으로 추출, 추출물의 항산화성을 실험한 결과, 극성이 높은 유기용매 추출물에서 활성이 높아, EtOH 추출이 가장 적합하였다. 95% EtOH로 상온에서 12시간 추출, 감압 건조한 EtOH ex는 천연 항산화제인 α-tocopherol과 비교, free radical 소거능은 약하였으나, 유지산패 억제능력은 훨씬 좋았다. 감초 EtOH ex의 열과 pH 처리에 따른 항산화활성은 큰 변화를 보이지 않았으나 비교적 안정하였다. 따라서 감초 EtOH ex는 항산화활성도 뛰어나고, 열과 pH에서도 안정하여 천연 보존료로서 사용이 기대되었다(김수정, 2006-584).

항산화활성-감초부산물②: 감초 부산물(시료)의 조건을 달리하여 추출, 이 추출물을 동결건조, 고형물의 phenol성 물질, 유리당, glycyrrhizin 함량 및 추출액의 항산화 효과를 측정하였다. 수율은 교반 15.6%, 진탕 15.0%, 정치 5.3%, 총 phenol량은 교반 11.21mg, 진탕 11.33mg, 정치 10.15mg/100mL, 지표성분 glycyrrhizin량은 교반 2.79, 진탕 3.54, 정체 0.63%로 진탕 시 glycyrrhizin 추출 효율이 높았다. 시료 추출물의 주요 유리당은 fructose, glucose, sucrose 및 maltose 이었고, 특히 fructose 가 많았다. 이 추출물들의 lecithin 산화 억제 효과 측정 결과, 교반에 의한 추출물에서 강한 항산화 효과를 보였다(우관식, 2007).

항산화활성비교-원산지③: 한국, 중국 및 우즈베키스탄 감초 추출물의 항산화활성을 비교. 한국 감초(KL) 50% EtOH ex, EtOAc 분획, aglycon 분획이 가장 우수. 활성산소종에 대한 총산화능은 중국 감초(CL) 50% EtOH과 EtOAc 분획이 가장 높은 활성을 보였다. Rose-bengal로 증감된 사람 적혈구의 광 용혈에 대한 억제 효과를 측정. 원산지별 감초의 50% EtOH ex와 aglycon 분획 모두 15-50μg/mL 농도 의존적 세포보호 효과를 보였으며, 특히 algycon(10μg/mL)은 KL(t=847.4 min), CL(t50=194.3 min)보다 약 4배 더 우수하였다. 이로써 미백 소재로만 사용했던 감초 추출물을 항산화제로 이용할 수 있고, 특히 자외선으로부터 피부를 보호할 것으로 예상되었다(한샛별, 2013)

항산화활성-Phenylflavonoid④: 감초에서 분리된 dehydroglyasperin C(DGC), D(DGD) 및 isoangustone(IsoA)의 항산화활성을 실험한 결과, DGC가 가장 강하였으며, 인체 hepatoma HepG2 세포에서 가장 강한 radical 소거활성을 보였다. 이들 3물질은 hepatoma 세포에서 H_2O_2-유도 ROS 생산과 같이 rat 조직에서 지방 과산화를 효과적으로 억제하였다. 이 3 phenylflavonoid 중 DGC가 가장 강한 항산화활성이 있었고, reactive oxygen species로 발생 되는 만성 질병에 보호 효과가 있으며, 강력한 항산화 식품 첨가제로 기대되었다(Kim HJ, 2012).

Glycyrrhizin**자원**①: 방약합편에서 총 467처방 중 감초가 290처방에 수록되어 있고, 감초는 타 약물과 잘 조화되어 해독, 교미제, 거담, 항염, 항궤양증 등 다양하게 이용되며, 현 의약계의 연구 대상이 되고 있다. 감초 원식물은 Leguminosae(콩과)의 다년초로 *Glycyrrhiza glabra* L.(아세아, 중국), *G. glabra* L. var. *glandulifera*.(유럽, 벨기에, 시베리아, 중국 서부), *G. echinata*(중국자생, 직근무), *G. uralensis*(시베리아, 몽고, 중국동북부, 복주감초) 등이 알려졌고, 화학성분으로는 ① triterpenoid; glycyrrhizin, glycyrrhetic acid, ② flavonoid; liquiritin, ③ coumarin; 7-methoxycoumarin, umbelliferone=(7-hydroxy coumarin), ④ amino acid; N-(1-deoxy-D-fructosyl)-L-proline, N-(1-deoxy-D-fructosyl)-L-alanine, N-(1-deoxy-D-fructosyl)-L-asparatic acid, choline, betaine 등이 보고되었다(김영배, 1980).

Glycyrrhizin**함량-품종**②: 유럽 감초는 주출경이 굵은 것을 정식할수록 지상, 지하부 생육이 왕성하였고, 개감초는 싹이 있는 뿌리 굵은 것을 정식할수록 지상부와 지하부 생육이 양호하였으며, 유럽 감초 6년근의 부위별 무게

조성은 주출경 73.2%, 주근 26.8%, 유럽 감초의 glycyrrhizin(G)과 유리당은 주출경〉주근〉잎 순이었고, 근이 굵을수록 많았으며, G 함량은 유럽 감초 7.38%, 만주 감초 5.29%, 개감초 0.15% 순이었고, 유리당과 엑기스도 G와 같은 경향이었다(김영국, 1998).

Glycyrrhizin·유리당-종별생육특성③: 유럽감초(*Glycyrrhizia glabra* var. *glandulifera*: GG)와 개감초(*G. pallidiflora*: GP) 만주감초(*G. uralensis*: GU)를 비교하면, GG는 개화 결실되지 않으나 주출경이 발생, GP는 개화 결실되어, 채종이 가능, 주출경은 발생하지 않는다. GG 6년근의 주출경 73.2%, 주근 26.8%, glycyrrhizin(G)과 유리당 함량은 주출경〉주근〉잎 순이었고, 뿌리가 굵을수록 많았다. G의 함량은 GG 7.38%, GU 5.29%, GP 0.15% 순, 유리당과 extract 함량도 G함량과 같은 경향이었다(김영국, 1998).

수치와 화학성분①: 한방에서 널리 사용되고 있는 감초의 수치(가공)에 따른 화학성분의 변화를 연구하였다. 감초의 주성분은 glycyrrhizin(G)으로 약 5% 함유되어 있다. G의 암모니움염은 감미료로 사용되며, 항virus, interferon inducing effect, steroid-like action 등이 알려져 있으나, G는 경구투여 후 혈액내에서 발견되지 않았으며, glycyrrhetic acid(GA)의 형태로 발견되어, G는 인체 장내 세균의 β-glucosidase에 의해 분해, GA로 된다고 알려져 있다. 또한 G는 정맥내 투여 시 신속히 담관을 통해 배설, 감초의 약효는 G가 아니라 GA에 의한 것으로 알려졌다. 감초의 주성분인 G를 열처리 하면 온도에 따른 G 분해 정도와 분해 산물로 18β-glycyrrhetic acid mono-β-D-glucuronide (GM)와 GA로 분해됨을 알 수 있었다. 또한 감초와 수치감초의 성분 차이는 감초 분말을 열처리하여 온도변화에 따른 감초 중의 G와 기타 성분의 분해 정도 및 분해 산물을 TLC로 확인한 결과, G는 GM과 GA로 분해됨을 알 수 있었다(한청과, 1986).

Glycyrrhizin수치-물리화학적변화②: Triterpenoid 함유 감초 근경의 수치(가공)에 의한 화학적, 약리학적 변화를 관찰한 결과, 가공 감초는 감초의 보강이나 변화를 초래하였다. Glycyrrhizin(G)는 감초의 주요 성분 중 하나로, 감초와 G를 140-240℃로 오븐에서, 170℃로 가열하여 감초와 G 중의 G

함량을 HPLC 측정에서, G가 18β-glycyrrhetic acid mono-β-D-glucuronide (GM)와 glycyrrhetic acid(GA)로 변하였다. 가열 온도 증가에 따라 G 함량을 측정한 결과, G는 150℃ 이상에서 분해하였다. 감초 중 G 함량은 170℃ 이상에서 현저히 감소되었다(김남재, 1995-31).

성분변화-수치③: 감초의 효능 중 간장 보호 작용은 glycyrrhizin(G)이며, CCl_4-유도 간 장해는 간의 microsome의 단백질 thiol 기와 강하게 결합하여 막의 지질 과산화를 촉진, 간의 단백질 합성 억제, 간 glycogen과 ATP양의 감소, 혈중 GOT, GPT의 일탈, 조직적으로는 간세포의 지방 변성, 괴사가 촉진된다. CCl_4-유도 간 장해 동물에 감초 시료를 투여한 결과, GOT, GPT를 대조군에 비해 유의성 상승 억제 효과가 나타났으나, 190℃ 가열한 수치(가공) 감초는 미수치 감초에 비하여 G가 가열로 변화되어 효과가 감소된 것으로 생각되었다(김남재, 1996-196).

항염활성①: OSS-유도 궤양성 대장염 동물 model에 감초 추출물 시료 1, 10 및 100mg/kg 투여 시, 각각 농도 의존적으로 염증이 감소. 결장 조직 변화는 시료 1, 10 및 100mg/kg 투여에서 조직학적 변화도 농도 의존적인 개선을 보여 감초 추출물은 염증성 장 질환에 효능이 있었다(Lee KH, 2010; Kwon HS, 2008).

항관절염효과-18β-Ga②: 관절염에는 퇴행성 골 관절염(osteoarthritis)과 감염성 관절염(rheumatoid arthreitis: RA)이 있고, RA에는 감염이 진행되는 동안 야기되는 감염성 관절염(Septic A, Infectious A)이 있으며, 이는 암 환자, 당뇨 환자, 신부전 환자, 미숙아, 간질환자, AIDS 환자 등에서 나타난다. 감염성 관절염 원인균은 *St. aureus*가 대표적. 진균 중 *Candida albicans*(Ca) 감염성 관절염이 최근 증가추세. Ca 감염 관절염 Balb/c 생쥐에 18β-Ga(18β-Glycyrrhetinic acid) L1, 2mg 3-15일 투여에서 농도 의존적으로 예방과 치료 효과가 있었다. 항 감염성 관절염 효과를 알고자 18β-Ga를 대식세포에 투여한 결과, NO상으로 환부 부종이 발생, 통증이 야기되는데, 18β-Ga는 NO 생성을 억제, Ca로 인한 관절성 염증을 감소시키는 것으로 생각되었다. 이상의 결과로 18β-Ga의 항 감염성 관절염의 작용기전은 NO 생성 억제와 함께 T-cell 증식억제로 사료되었다(한용문, 2007; Tangri KK, 1965).

항염증기전-Licochalcone E③: 감초의 주요 생리활성 물질 licochalcone E(LE)은 항균작용, 항암작용 등 다양한 효과가 있다. 본 연구는 LE의 항염증 기전을 밝히고자, 생쥐의 대식세포주인 RAW 264.7세포에 lipopolysaccharide(LPS)를 처리, 염증을 유도, LE를 처리한 결과, LE는 LPS 처리에 의한 nitric oxide(NO), prostaglandin E2 (PGE2) 및 염증성 cytokine 분비를 현저히 억제함을 알 수 있었고, NO와 PGE2 생합성 효소인 iNOS와 COX-2 단백질에 발현 또한 억제시킴을 확인하였다. 이러한 LE의 항염증 활성 기전을 규명코자, 염증 반응에 핵심적 역할의 전사인자인 nuclear factor-kB(NF-kB)의 활성을 관찰한 결과, LE의 처리가 NF-kB의 DNA결합을 억제시킴을 확인하였다. 이러한 결과로, LE가 NF-kB의 활성을 억제, 염증반응의 매개물인 NO, PGE_2 염증성 cytokine 등의 생성을 억제함으로 항염증 활성을 나타내는 것으로 판단되었다(박근묵, 2011).

Liquiritin-liquiritigenin 변환④: 감초의 EtOAc 분획 중 flavonoid 지표물질인 liquiritin(Lq) 분획(GUE6)에 아몬드, 살구 및 복숭아씨에서 얻은 조효소액(PDE, PAE, PPE)을 법제 처리한 각 조효소액에서 β-glucosidase(Glase) 활성도는 아몬드 259u/g, 살구 407.6u/g, 복숭아씨 445.6u/g로 이를 발효 법제 후, liquiritigenin(Lqg) 함량을 비교한 결과, 효소 중 Glase에 의해 Lq가 대사되어 항산화, 항균, 세포독성 억제, 항치매, 항피부암 등 많은 약리효능을 가진 Lqg의 생산이 확인되었으며, PDE, PAE, PPE 세 효소 모두 Lq에 1.2배 효소 처리시 가장 대사가 활발한 것으로 나타나 변환을 위한 최적 농도로 결정되었다. 세 효소 중 PPE 처리시 Lq가 모두 Lqg로 변환, 복숭아 씨 유래 효소가 가장 효율적임이 밝혀졌다(Kim, YW, 2006)

항염활성-잎새버섯발효물⑤: Liquiritigenin(L)과 isoliquiritigenin(Iq)는 감초의 주요 flavonoid이고, 이는 수용성 감초 추출물과 β-glucosidase(βG)를 생산하는 잎새버섯 HB0071 균사체를 발효 배양으로 얻었다. 감초 추출물의 L과 Iq는 잎새버섯 발효 배양 중 현저히 증가하였다. 잎새버섯 발효 전후의 시료 처리 각질 형성 세포를 이용. UVB 조사로 발현된 염증 유발인자(COX-

2)와 cytokine(IL-1β, IL-6) 모두 감초 발효물 LF에서 농도 의존적 발현이 억제되었다. 이는 liquiritigenin 함량이 증가된 감초추출 발효물은 자외선으로 손상된 피부 염증을 완화시킬 것으로 생각되었다(배준태, 2012).

Morphine해독-Ga: 감초성분 glycyrrhizin의 aglycone인 glycyrrhetinic acid(Ga)가 morphine(M) 독성 물질 morphinone 생성효소 morphine-6-dehydrogenase(M-6-D) 활성변화를 in vitro에서 관찰하였다. M-6-D inhibitor인 naloxone를 첨가, M-6-D 활성 측정에서 효소 활성 억제 현상이 있었고, naloxone보다 Ga가 더 강하게 억제, morphine 해독이 강하였다(허근, 1988).

금단증상완화: Ethanol 농도에 따른 감초 농도별 섭취량을 비교. 감초 400mg 농도에서 가장 알코올 섭취가 억제, ethanol 농도 4%-20% 증가에 따라 감초 400mg/kg 투여에서 B6 mice에서 털 고르기, 뛰어오르기, 껌 씹는 입모양, 꼬리 드는 정도의 금단 증상이 감소됨이 관찰되었다. 감초 400mg/kg과 100mg/kg에서 금단증상이 감소. 100mg/kg이상 감초 투여 시 alcohol 중독에 따른 금단현상 억제 효과가 있었다(Kwak JI, 2007).

미백효능①: 미백 효능이 있다 알려진 감초 물 추출물(시료)의 세포 내 작용기전을 알고자, 버섯 tyrosinase assay로 미백 screening test에서 melanin 생성억제를 확인 후, B16 mouse melanoma 세포에서 melanin 생성량, tyrosinase 활성도, DOPA chrome tautomerase(TRP-2) 활성도를 측정하였다. 시료는 버섯 tyrosinase 활성을 억제(in vitro), B16 mouse melanoma 세포에서 최종적인 melanin 생성을 억제하였다. 이상에서 감초추출물은 B16세포에서 tyrosinase와 TRP-2 활성을 억제, 최종적으로 melanin 생성을 감소시킴을 알 수 있었다(Mun YJ, 2002).

미백효능②: 사람의 melanoma cell인 HM3KO를 감초 물 추출물 500μg/mL까지 처리한 후, 3일 배양한 HM3KO 세포의 생존율은 113%, 세포증식은 대조군보다 농도 의존적으로 증가. 세포의 형태적 변화는 관찰되지 않았다. Melanin 합성 중요 효소인 tyrosinase 활성도가 대조군보다 억제, melanin 생성도 감소되었다. 이로써 감초 물추출물은 HM3KO 세포의 생존율과 증식에 영향을 미치지 않고, tyrosinase 활성화를 억제, melanin 생성을 억제시키는 것으로 나타났다(정시련, 2003)

미백활성-Tyrosinase억제③: 130종의 고등식물 추출물에서 200μg/mL 이하의 농도에서 50% tyrosinase 활성을 보였다. 그중 상백피, 감초, 계피, 오매, 만형자, 산수유 등이 강한 억제활성을 보였다. 기미, 주근깨 등 피부에 생기는 색소 침착을 표피 내에서 표피 기저층에 존재하는 melanocyte 색소 세포 내의 melanosome에서 melanin이 생성되기 때문이다. Melanin의 주된 생성은 tyrosine이 효소 tyrosinase에 의해 dopa, dopaquinone이 되고 이것이 dopachrome, 5, 6-dihydroxyindole, indole 5, 6-quinone을 형성, 최종적으로 중합에 의해 melanin polymer를 생성하는 것이었다(이승호, 1997).

미백효과-Tyrosinase억제④: 감초에서 피부 melanin 생성 주효소로 작용하는 tyrosinase 활성을 억제 하는 물질을 분리, 정제, 확인한 결과, liquiritigenin, isoliquiritigenin, isoliquiritigenin-2´-*O*-methyleter, liquiritin, isoliquiritin, ononin, glycycoumarin, glycylol로 동정되었고, tyrosinase 활성 억제가 가장 강한 물질은 isoliquiritigenin-2´-*O*-methy ether이었다(IC_{50}가는 47M) (Fu, B, 2005; 이주상, 2009).

안정성평가-크림⑤: 국산 감초 50% EtOH ex의 EtOAc 분획 함유 cream의 안정성을 평가하였다. 감초추출물의 0.20% EtOAc 분획 함유 cream을 12주간 4, 25, 37, 45℃ 온도별, 태양광선(2013년 3월-5월, 평균 온도 5.10℃-14.10℃)에 노출은 2주 간격으로 pH, 흡광도 및 점도 변화와 1주 간격으로 색도 변화를 측정한 결과, 시료 함유 cream 제형은 비교적 안정적이었다 (김혜진, 2013).

유전독성안전-γ선조사: 위생적 저장, 유통을 위한 γ선 조사 기술의 이용 가능성을 검토할 목적으로 최고 선량 10KGy 감마선을 조사. 감초, 진피, 시호의 유전 독성학적 안전성을 평가한 결과, 직접 변이원이나 간접 변이원으로 작용하지 않았으며, 세포분열 중에도 유전학적 독성이 나타나지 않았다(조성기, 2001).

Lactones-Organoleptic: *Glyyrrhiza glabra* L. 뿌리의 lactone 분획에서

pleasant, sweet, woody 및 건조과실 냄새가 있고, 주로 C_2-C_{16} 지방산과 phenol성 물질(phenol, guaiacol)과 함께 일반 포화, 선상 γ-lactone(C_6-C_{14})과 trace 및 새로운 4-methyl-γ-lactone 및 4-ethyl-γ-lactone을 분리하였다. 이들의 화학구조는 5-methyl-δ-lactone으로 organoleptic(감각기관에 인상을 줄 수 있는) 냄새가 났다(Näf R, 2006).

Liquiritigenin-함량기준: 감초 중 liquiritin(L) 함량은 적고 liquiritigenin (Lg)으로 체내에서 전환되므로, 가수분해에 Lg로 전환된 후의 정량을 연구하였다. 감초의 L을 Lg로의 가수분해 조건을 연구한 결과, 감초를 2M-HCl로 1시간 환류 추출이 가장 효율적. 또 Lg의 HPLC의 이동상은 1% acetic acid와 acetonylnitrile 용매를 기울기 용리로 하였을 때 효과적이었다. 함량 측정 결과, 대한약전 (9개정)에 수재된 감초 함량 기준은 glycyrrhizinic acid 2.5% 이상, Lg 0.7% 이상으로 수정할 것으로 제안하였다(이종화, 2009).

조직배양-이태리감초: 이태리 감초의 조직 배양결과, 형성된 callus의 생산량은 2, 3개월에 급격히 증대되었고, 4, 5, 6개월에 서서히 증대되었다. Callus 생중량 및 건중량은 비례하지 않았으나, callus 내 glycyrrhizin 양은 완만히 증가되었다(유승조, 1976).

저염된장-감초·겨자①: 전통된장에 감초와 겨자를 첨가, 저염된장을 만들어 저장 중 이상발효와 관련된 문제를 검토하였다. 감초와 겨자 첨가 저염된장(6.3% salt)은 많은 곰팡이가 감소하였으나 유산균은 증가하였고, protease 활성도 증가하였으며, amino태 질소는 저염된장에서 보다 증가하였다. 발효 10일에 pH는 감소, 산성은 증가하였고, 40일에 맛이 들었고 6.3% 식염에 감초와 겨자 첨가된장의 맛이 가장 좋았다. 감초와 겨자 첨가 저염된장은 곰팡이 생장이 억제되었고 유산균 생장이 항진되었다. 이러한 결과로 6.3%소금, 감초와 겨자 첨가가 된장은 이상 발효 없이 질과 맛을 향상시켰다 (Park, S-L, 2012).

저염고추장-감초·겨자②: 감초(Gu)와 겨자(Bj) 첨가 저염고추장의 기호도와, 미생물 특성, 효소 활성, pH, 산도, amino산 질소 및 기호도를 40일 발효 후, Gu와 Bj의 효과를 관찰하였다. Gu와 Bj첨가 저염 고추장에서 균은 억제되었고, 총 생존 bacteria 와 유산균주에는 영향이 없었다. A-amylase와 β-amylase 활성은 염도나 활성에 현저한 차이는 없었으나, 염도의 감소로 protease 활성은 증가되었다. 40일 발효 대조 고추장보다 20일 발효 저염고추장에서 amino-nitrogen량은 40일 발효 대조 고추장과 유사하였다. 관능검사에서 저염고추장은 8.5% salt 첨가 대조 고추장보다 기호도가 높았다. 실제로 감초와 겨자 첨가 4.3% 소금 첨가 고추장이 가장 기호도가 높았다(Lee, SY, 2011).

항균·항산화능-육포: 육포의 천연 보존료를 개발코자 감초, 정향, 회향, 고추를 열수 추출 후, polyphenol함량, 항균활성, 항산화능을 측정하였다. Polyphenol 함량은 정향 21.4mg/g, 감초17.4mg/g, 회향 6.6mg/g, 청양고추 0.9mg/g, 항균활성은 식중독균 *S. aureus* 은 1,000 ppm에서 60-88%, 감초〉회향〉정향〉청양고추 순으로 높았고, 1000ppm에서 xanthine oxidase 저해활성은 20-5%로 정향〉회향〉고추〉감초 순, SOD 유사활성은 33-53%로 감초〉정향〉회향 순으로 높았다. 아질산 소거능은 pH 1.2, 1,000ppm에서 정향 95%, 회향 65%로 우수하였으며, pH 증가에 따라 소거능은 감소하였다. 감초, 정향, 회향은 청양고추보다 높은 항균, 항산화활성을 보여 감초, 회향, 정향, 고추는 천연보존료로 이용될 수 있을 것으로 생각되었다(박추자, 2007-793).

효능과 이용

1) 식용: 어린 순은 데쳐 나물로, 뿌리는 감미료로 간장이나 담배에도 첨가되는 교미제(矯媚劑). 감미료로 간장, 과자, 저염 식품제조나 각종 음료의 천연 감미료로도 쓰인다. 뿌리 추출액을 스페인감초라 하여 약용 및 식용 감미료로 쓰며 삶아서 졸여 캔디처럼 먹기도 한다.

2) 약용: 뿌리는 섬유질이 많아 씹으면 끈적이고 단맛이 나며 타액 분비를 촉진하여 갈증이 해소된다.

   감초류는 최근 간염과 AIDS의 치료약으로도 주목받고 있다.

3) 기타: 구취(口臭)가 날 때는 뿌리 우린 물을 1일 1잔(찻잔)씩 마시면 냄새가 제거된다. 또 차는 목이 아플 때와 변비에 좋다.

참고 문헌

1) 김남재, 홍남두. **생약학회지** 1996 27(3) 196[한약 수치에 관한 연구(5)-수치에 의한 감초의 성분 변화 및 생리활성]

2) 김남재, 진영호, 홍남두. **생약학회지** 1995 26(1) 31[한약 수치에 관한 연구(4)-수치에 의한 감초 중 Glycyrrhizin의 물리 화학적 변화]

3) 김동현, 김남재, 배은아, 한명주. **생약학회지** 1999 30(3) 269(감초 함유 처방의 글리치리진 대사와 몇가지 효소저해효과)

4) 김성화, 천호준, 박진구, 등. **약학회지** 2006 50(6) 358(흰쥐의 일차 배양 간세포에서 Glycyrrhizin 및 Baicalin의 간 보호 활성 평가)

5) 김수정, 권대혁, 이종화. **식품과학회지** 2006 18(4) 584(감초의 에탄놀 추출물의 항산화 활성 및 안정성 조사)

6) 김수정, 신재윤, 박윤문, 등. **식품과학회지** 2006 38(2) 241(감초의 에탄올 추출물의 항균활성 및 안정성 조사)

7) 김승희, 정기경, 강석연, 등. **생약학회지** 1997 28(3) 104(작약감초탕이 미성숙 흰쥐에서 난포 성숙 및 estrogen 생성에 미치는 영향)

8) 김영국, 김관수, 방진기, 등. **약용작물학회지** 1998 6(2) 108(감초 종별 생육 특성 및 Glycyrrhizin 과 유리당 함량 비교)

9) 김영배, 원도희, 정태화. **생약학회지** 1980 11(1) 32(한국 생약 규격에 관한 연구-Glycyrrhizin 자원 생약에 대하여)

10) 김영섭, 김정섭, 김성기, 등. **생약학회지** 2001 32(3) 212(수종 생약 추출물의 N-methyl-D-aspartate 수용체 glycine binding site에 대한 친화력 검색-진피, 감초, 인진, 곽향, 상황)

11) 김하얀, 김송이, 이주희, 한용문. **약학회지** 2011 55(1) 39(A-549 암세포 기인성 종양에 대한 18β-Glycyrrhetinic acid의 항종양 효과)

12) 김혜진, 장하나, 배정윤, 박수남. **화장품학회지** 2013 39(2) 117(한국산 감초 추출물 함유 크림의 안정성 평가)

13) 나경민, 한호석, 예수향, 김현구. **식품저장유통학회지** 2004 11(3) 388[생약재(생강, 마늘, 감초, 인삼, 두충)추출물의 생리활성 효과]

14) 문애리, 이미경, 김창옥. **응용약물학회지** 1995 3(3) 229(Effects of *Glycyrrhizae Radix* on acetaminophen induced hepatotoxicity in mice)

15) 박경미, 조경희, 손윤희, 등. **생약학회지** 2000 31(1) 7(감초 약침액의 항암 및 면역활성에 미치는 영향)

16) 박근묵, 전종갑, 김진경. **생명과학회지** 2011 21(5) 656(Licochalcone E의 항염증 효과와 그 기전에 대한 연구)

17) 박은영, 박숙자, 이종록, 등. **본초학회지** 2007 22(2) 17(PC12 cell에서 감초 성분 liquirizigenin이 납에 의해 유도된 세포독성과 nitric oxide production에 미치는 영향)

18) 박종훈, 박지영, 주영승. **본초학회지** 2004 19(1) 47(감초 EtOH 추출물이 인체 간 microsom에서 cytochrome p450 약물 대사 효소에 대한 억제 효과-물추출물과 비교)

19) 배만종, 이성태, 예은주. **동아시아 식생활학회지** 2007 17(1) 43(감초로 배양한 표고버섯 균사체 추출물이 항암효과 및 알레르기 억제효과)

20) 배준태, 송민현, 김진화, 등. **화장품학회지** 2012 38(4) 327(잎새버섯 균사체를 이용한 감초추출 발효물의 flavonoid 생성과 항염 활성 연구)

21) 송미정, 김동현. **생약학회지** 1998 29(2) 125(수종 생약의 Rota virus 감염 억제 효과-황련, 지실, 감초, 천궁)

22) 신동화, 한지숙, 김문. **식품과학회지** 1994 26 627(방기 및 감초의 에탄올 추출물이 *Listeria monocytogenes*의 증식 억제제 미치는 영향)

23) 안은영, 신동화, 백남인, 오진아. **식품과학회지** 1998 30 680(감초로부터 항균활성 물질의 분리 및 구조 동정)

24) 오창욱, 송경, 박은전, 등. **약학회지** 1996 40(11) 84(Lipopolysaccharide와 galactosamine의 투여로인한 생쥐 치사율에 미치는 glycyrrhizin의 억제효과)

25) 우관식, 황인국, 노명희, 정헌상. **식품영양과학회지** 2007 36(6) 689(열처리한 국산 감초추출물의 항산화 활성)

26) 유승조, 김성순. **생약학회지** 1976 7(1) 55(약용식물의 조직배양에 관한 연구 II, 이태리 감초의 조직 배양)

27) 윤성하, 이상선, 장정은, 노건웅. **약학회지** 2004 37(8) 669[천연물(알로에, 계피, 감초)첨가 청국장의 관능평가와 아토피환자에서의 임상적 효능]
28) 은재순, 권진, 오찬호. **약학회지** 1998 42(3) 324(Glycyrrhizin이 생쥐에 이식된 L1210 세포의 apoptosis에 미치는 영향)
29) 은재순, 염정렬, 오석홍, 등. **약학회지** 1995 39(5) 535(글리시르히진이 3T3-L1세포의 분화에 미치는 영향)
30) 은재순, 염정열, 전훈, 오찬훈. **약학회지** 2000 44(6) 566(글리시르히진이 L1210 세포를 이식한 생쥐의 lymphocytes subpopulation 변화에 미치는 영향)
31) 은재순, 오찬호, 한종현. **생약학회지** 1989 20(1) 39(감초 엑기스가 immobilization stress부하 후 혈중 corticosterone 및 histamine함량변화에 미치는 영향)
32) 이승호, 박지수, 김소영, 등. **약학회지** 1997 41(4) 456(고등식물로부터 피부 멜라닌 생성에 관여하는 Tyrosinase 활성 억제물질 탐색-계피, 오매, 만형자, 산수유, 상백피, 감초 등 18종)
33) 이종화, 재금련, 김도훈, 등. **생약학회지** 2009 40(4) 309(감초 중 리퀴리티겐닌 분석법 개발과 함량 분석)
34) 이주상, 김정아, 조세훈, 등. **생약학회지** 2009 34(1) 33(감초의 Tyrosinase 활성 억제 성분)
35) 이주희, 이영미, 한용문. **약학회지** 2011 55(3) 234(Glycycoumarin 감초성분의 항진균효과)
36) 이지원, 지영주, 유미희, 등. **식품과학회지** 2005 37(3) 456(감초 추출물이 항생제 내성균주의 항균활성에 미치는 영향)
37) 이태균, 문준전. **동국한의학연구소논문집** 1992 1 209(감초탕의 Human immunodeficiency virus-1억제능에 관한 연구)
38) 임성일, 송선의. **식품과학회지** 2010 42(3) 323(감초, 겨자 및 키토산을 첨가한 저염 된장의 발효특성)
39) 정우택, 이서호, 차문석, 등. **약용작물학회지** 2001 9(1) 45(감초 세근의 생리활성 탐색)
40) 정시련, 이승호, 이주상, 등. **생약학회지** 2003 34(1) 33(감초의 Tyrosinase 활성

억제 성분)

41) 조성기, 함연호, 박혜란, 등. **식품영양과학회지** 2001 30(6) 1237(감마선 조사 감초, 진피 및 시호 열수 추출물의 in vitro 유전독성학적 안전성 평가)

42) 조수인, 김경호, 김민호, 등. **본초학회지** 2005 20(3) 43(토끼의 허혈성 신부전에 대한 감초추출물의 억제 효과)

43) 조영선, 김낙두, 고광호. **생약학회지** 1986 17(2) 107(감초의 분획과 Glycyrrhizin이 황소 정낭의 prostaglandin synthetase 활성에 미치는 효과)

44) 진영호, 김남재, 홍남두. **생약학회지** 1995 26(1) 106(포스타 발표)(감초의 수치에 관한 연구-Glycyrrhizin의 대사)

45) 최인옥, 정창화, 박용곤. **식품과학회지** 2003 35(6) 1221(항 충치 효과를 가진 식물 소재 탐색-감초, 우롱차, 미숙사과)

46) 한샛별, 구현아, 김수지, 등. **화장품학회지** 2013 39(1) 1(원산지별 감초추출물의 항산화 활성 비교연구)

47) 한용문. **약학회지** 2007 51(6) 476(18β-Glycyrrhetinic acid의 항 감염성 관절염 효과)

48) 한종현, 오찬호, 은재순. **약학회지** 1991 35(3) 154[감초가 면역반응에 미치는 영향(I), 50% MeOH Ex.]

49) 한청과, 안덕균. **본초학회지** 1986 1 23(감초의 수치에 따른 효능변화)

50) 허근, 김학성, 김영문, 신억섭. **약학회지** 1988 32(6) 377(Glycyrrhetinic acid가 간 morphine-6-dehydrogenase 활성에 미치는 영향)

51) Abe, H, Ohya, N, Fujikawa, K, et al. *Eur J Cancer Clin Oncol* 1987 23 1549 (Effects of glycyrrhizin and glycyrrhetinic acid on growth and melanogenesis in cultured B16 melanoma cells)

52) Agarwal, M. K, Igbal, M. A, Athar, M. *Redox Report* 2005 10 151(Inhibitory effect of 18β-Glycyrrhetinic acid on 12-*O*-tetradecanoyl phorbol-13-acetate-induced cutanous oxidative stress and tumor promotion in mice)

53) Aureli, P, Constantini, A. Zolea, S. *J Food Prot* 1992 55 344(Antimicrobiol activity of some plants esential oils against *Listeria monocytogenes*)

54) Badam, L, *J Commun Dis* 1997 29 91[In vitro antiviral activity of indigenous glycyrrhizin, licorice and glycyrrhizic acid (sigma) on Japanese encephalitis virus]

55) Baschetti, R, *New Zealand Med J* 1995 108 156(Chronic fatigue syndrome and licorice)

56) Chan, HT, Chan, C, Ho, J W. *Toxicol* 2003 186 211(Inhibition of glycyrrhazic acid on aflatoxin B1-induced cytotoxicity in hepatoma cells)

57) Chang, HJ, Yoon, J G, Park, J S, et al. *Biol Pharm Bull* 2007 30 2290(Induction of apoptosis by the licochalcone E in endothelial cells via modulation of NF-kB and Bcl-2 family)

58) Cheng, A, Wan, F, Wang, J, et al. *Int Immunopharmacol* 2008 8 43(Macrophage immunomodulatory activity of polysaccharides isolated from *Glycyrrhiza uralensis* Fish.)

59) Cho MJ, Kim JH, Park CH, et al. *Nutr Res Practice* 2018 12(3) 191(Comparison of the effect of three licorice varieties on cognitive improvement via an amelioration of neuroinflammation in LPS- induced mice)

60) Cho SY, Lee S-Y, Choi J-Y, et al. *J Toxicol Pub Health* 2007 23(2) 165(Antigastric effect of carbonoxdone disodium from *Glycyrrhizae radix*)

61) Cho Y-E, Kwun I-S. *J Nutr Health* 2018 51(3) 316[*Glycyrrhiza uralensis*(licorice) extracts increase cell proliferation and bone marker enzyme alkaline phosphatase activity in osteoblastic MC3T3-E1 cells]

62) Cho. Y C, Lee, S H, Yoon, G, et al. *Intl Immunopharmacol* 2010 10 1119 (Licochalcone E reduces chronic allergic contact dermatitis and inhibits IL-12p40 production through down-regulation of NF-kB)

63) Choi, JH, Choi, JN, Lee, SY, et al. *Arch Pharm Res* 2010 33(2) 237(Inhibitory activity of diacylglycerol acyltransferase by glaboral isolated from the root of licorice)

64) Fu, B, Li, H, Wang, X, et al. *J Agr Food Chem* 2005 53 7408(Isolation and identification of flavonoids in licorice and a study of their inhibitory effects on

tyrosinase)

65) Fuhrman, B, Vokova, N, Kaplan, M, et al. *Nutrition* 2002 18 268(Antiatherosclerotic effects of licorice extract supplementation on hypercholesterolemic patients: Increased resistance of LDL to atherogenic modifications reduced plasma lipid levels and decreased systolic blood pressure)

66) Fukai, T, Marumo, A, Kaitou, K, et al. *Life Sci* 2002 71 1449(Anti-*Helicobacter pyroli* flavonoids from licorice extract)

67) Gumpricht, E, Dahl, R, Devereaux, M W, Sokal, R J. *J Biol Chem* 2005 280 10556 (Licorice compounds glycyrrhizin and 18β-glycyrrhetinic acid are potent modulators of bile acid-induced cytotoxicity in rat hepatocytes)

68) Han Y-J, Park Y-C. *Kor J Orient Int Med* 2004 25(3) 408(Effects of *Glycyrrhiza uralensis* Fish on immunocyte and cytokine production in asthma model mouse)

69) Han, Y. *Yakhak Hoeji* 2008, 52, 494(18β-glycyrrhetinic acid induces protective anti-*Candida albicans* antibody by its immuno adjuvant activity)

70) Hanato, T, Yasugara, T, Miyamoto, K, Okuda, T, et al. *Chem Pharm Bull* 1988 36 2286[Anti-human immunodeficiency virus phenolics from licore, (Isoglycycoumarin)]

71) Hua, C, Liub, H, Duc, J, et al. *J Steroid Biochem* 2009 113 209[Estrogenic activities of extracts of chinese licorice (*Glycyrrhiza uralenesis*)root in MCF-7 breast cancer cells]

72) Im SJ, Lim NY, Lee SW, et al. *Kor J Orient Physiol Pathol* 2003 17(2) 368(Effect of *Glycyrrhizae* radix water extract on the melanogenesis of human melanoma cell)

73) Jeong, H G, You, H J, Park, S J, et al. *Pharmacol Res* 2002 46 221(Hepato-protective effects of 18β-glycyrrhetinic acid on CCl4-induced liver injury: inhibition of cytochrome p450 2E1 expression)

74) Jo, E H, Hong, H D, Ahn, N C, et al. *J Agr Food Chem* 2004 52 1765(Modulation of the Bcl-2/Bax family were involved in the chemopreventive effects of licorice root (*Glychrrhiza uralensis*) in MCF-7 human breast cancer cell)

75) Kang DG, Sohn EJ, Hong SG, et al. *Kor J Orient Med Physiol Pathol* 2001 15(5)

783(Effects of glycyrrhizin on renal function of gentamicin-induced acute renal failure rats)

76) Kim HJ, Seo J-Y, Suh H-J, et al. *Nutr Res Pract* 2012 6(6) 491(Antioxidant activities of licorice-derived phenylflavonoids)

77) Kim JK, Oh JS, Lee J-K. *J Kor Soc Appl Biol Chem* 2013 56(5) 541(Antinociceptive effect of glyasperin F isolated from *Glycyrrhiza inflata* in mice)

78) Kim KH, Jeong HW, Park JY, et al. *Kor J Oriental Physiol Pathol* 2006 20(1) 98 (Effect of *Glycyrrhizae* radix extract on ischemia-induced acute renal failure in rabbits)

79) Kim, S C, Byun, S H, Yang, C H, et al. *Toxicology* 2004 197 239(Cytoprotective effects of *Glycyrrhizae* radix extract and its active component liquiritigenin against cadminium-induced toxicity effects on bad translocation and cytochrome c-mediated PARP cleavage)

80) Kim, Y W, Ki, S H, Lee, J R, et al. *Chem Biol Interact* 2006 161 125(Liquiritigenim, an aglycone of liquiritin in *Glycyrrhiza* radix, prevents acute liver injuries in rats induced by acetoaminophen with of without buthionine sulfoximine)

81) Kim, YW, Zhao, RJ, Park, SC. *Br J Pharmacol* 2008 154 165(Anti-inflammatory effects of liquiritigenin as a consequence of the inhibition of NF-kB-dependent iNOS and proinflammatory cytokines production)

82) Kwak JI, Kim KJ. *Kor J Orient Physiol Pathol* 2007 21(1) 33(Effect of *Glycyrrhizae radix* on alcohol intake and alcohol withdrawal syndrome)

83) Kwon, H S. Oh, S M, Kim, J K. *Clin Exp Immunol* 2008 151 165(Glabridin, a functional compound of liquorice, attenuates colonic inflammation in mice with dextran sulphate sodium-induced colitis)

84) Lee HY, Jung DY, Ha H, et al. *J Biochem Md Biol* 2007 40(6) 979(Induction of growth hormone release by *Glycyrrhizae radix* on rat)

85) Lee KH, Rhee K-H. *Kor J Food Nutr* 2010 23(4) 435(Anti-inflammatory effect of *Glycyrrhiza glabra* L. extract in a dextran sulfate Na-induced colitis mouse model)

86) Lee, H J, Jeon, G I, Kang, M H, Park E. *Food Sci Biotechnol* 2010 19(2) 511[Water extract of licoriee(*Glycyrrhiza uralensis* Fisch.) supplementation is related with decreased lipid peroxidation among health male smokers with glutathione-S-transferase M1 positive genotype]

87) Lee, H-J, Yoon, M-Y, Kim, J-Y, et al. *Food Sci Biotechnol* 2008 17(2) 343 (Antioxidant activity of *Glycyrrhiza uralensis* Fisch, extracts on hydrogen peroxide-induced DNA damage in human leucocytes and cell death in PC12 cells)

88) Lee, JY, Lee, JH, Park, JH, et al. *Intl Immunopharmacol* 2009 9 032(Liquiritigenin, a licorice flavonoid, helps mice resist disseminated candidiasis due to *Candida albicans* by Th1 immune respones, whereas liquritin, its glycoside form, does not)

89) Lee, SY, Park, S-L, Yi, S-H, et al. *J Food Sci Nutr* 2011 16(4) 348(Quality characteristics of low salt gochujang added with *Glycyrrhiza uralensis* and *Brassica juncea*)

90) Mun YJ, Kim J, Lim NY, et al. *Kor J Orient Physiol Pathol* 2002 16(6) 1230 (Inhibitory effect on melanogenesis of radix *Glycyrrhizae* water extract)

91) Näf R, Jaquier A. *Flav Fragr J* 2006 21 193[New lactones in liquorice(*Glyyrrhiza glabra* L.)]

92) Oh, C H, Kim, Y A, En, J S, et al. *Am J Chin Med* 1999 27(2) 217(Induction of T-lymphocyte apoptosis by treatment with glycyrrhizin)

93) Park, EY, Park, JS, Lee, JR, et al. *Kor J Herbology* 2007 22(2), 17(Cytoprotective effects of liquiritigenin, a component of licorice, against lead-induced cytotoxicity in PC-12 cells)

94) Park, S-L, Lee, S-Y, Nam, Y-D, et al. *Food Sci Biotechnol* 2012 21 91(Fermentation properties of law-salted doenjang supplemented with licorice and mustard)

95) Park SY, Kim EJ, Choi HJ, et al. *Nutr Res Pract* 2014 8(3) 257(Anti-carcinogenic effects of nonpolor components containing licochalcone A in roasted licorice

root)

96) Rafi, M M, Vastano, B C, Zhu, N, et al. *J Agr Food Chem* 2002 50 667[Novel polyphenol molecule isolated from licorice foot (*Glycyrrhiza glabra*) induces apoptosis, G2/M cell cycle arrest and Bcl-2 phosphrylation in tumor cell lines]

97) Shin, S B, Kim, N J, Kim, D H. *Planta Med* 2000 66 40(β-Glucosidase inhibitory activity and hepatoprotective effect of 18β-glycyrrhetinic acid from the rhizomes of *Glycyrrhia uralensis*)

98) Sohn EJ, Kang DG, Lee AS, et al. *Kor J Oriental Physiol Pathol* 2003 17(2) 542 (Antioxidant activities of glycyrrhizin and its effect on renal expression of Na, K-ATPase in gentamycin- induced acute renal failure rats)

99) Song SJ, Bae HH, Park YC. *Kor J Orient Physiol Pathol* 2004 18(3) 841(The effect of Gamcho on histamine and cytokine product in murine athma model)

100) Sung, KC. *J Kor Oil Chem Soc* 2006 23(3) 215(A study on the pharmaceutical characteristics and analysis of glycyrrhizin extract)

101) Tangri, KK, Seth, PK, Parmar, SS, Bhargava, KP. *Biochem Pharmacol* 1965 14 1277(Biochemical study of anti-inflammatory and anti-arthritic properties of glycyrrhetic acid)

102) Wang, ZY, Nixon, DW. *Nutr Cancer* 2001 39 1(Licorice and cancer)

103) Yoon G, Jung YD, Cheon SH. *Chem Pharm Bull*(Tokyo) 2005 53(6) 694 (Cytotoxic allyl retrochalcone from the roots of *Glycyrrhiza inflata*)

104) Yoon, G, Kang, BY, Cheon, SH. *Arch Pharm Res* 2007 30 313(Topoisomerase I inhibition and cytotoxicity of licochalcones A and E from *Glycyrrhiza inflata*)

105) Yoon, M, Jun, KI, Son, ES, et al. *J Kor Soc Appl Biol Chem* 2008 51 228(Induction of glutathione S-tranferase activity by the extracts of *Glycyrrhiza uralensis*)

106) Zhao, Z, Wang, W, Guo, H, Zhou, D, *Behav Brain Res* 2008 194 108 (Antidepressent-like effect of liquiritin from *Glycyrrhiza uralensis* in chronic variable stress induced depression model rats)

특허

1. 〈특허등록 제637358호〉 재단법인 서울대학교 산업협력단(감초추출물을 함유하는 환경호르몬에 의한 독성방어용 조성물)
2. 〈특허등록 제815868호〉 대구 한의대학교 산업협력단(감초 추출물 또는 이로부터 분리한 리퀴리틴 또는 리퀴리티게닌을 유효성분으로 함유하는 약물중독 및 금단증상의 예방 및 치료를 위한 조성물)
3. 〈특허등록 제1138461호〉 한국생명공학 연구원(감초추출물을 포함하는 로타바이러스 감염의 예방 또는 치료용 조성물)
4. 〈특허등록 제454226호〉 한국식품연구원(감초추출물의 제조방법 및 감초추출물을 함유하는 기능성 항충치 물질)
5. 〈특허등록 제684194호〉 연세대학교 산업협력단 외 1(구운 감초추출물을 포함하는 골질환예방 및 치료용 약학 조성물)
6. 〈특허등록 제229814호〉 엘지(감초로부터 글라브로사이드의 분리방법 및 이를 포함하는 성장호르몬 분비를 위한 조성물)
7. 〈특허등록 제1174074호〉 한림대학교 산학협력단(감초추출물을 포함하는 암전이 억제용 조성물)

〈조식제, 2, p48〉

2 식용대황

Rheum rhaponticum
Rheum officinalis
Rheum palmatum

마디풀과
(Polygonaceae)

Rhubarb(英)
大黃(中)

원산지: 시베리아 남부

용도: 식용 – 잎, 줄기
약용·향료용 – 뿌리

역사

Rhubarb는 식용대황을 말하며, 고대 그리스나 로마시대부터 재배한 식용 채소로 봄에 나온 잎자루를 연화시켜 이용하며 신맛과 독특한 향기가 있다. 대황은 완화 작용의 약초로 알려졌으나 식용대황은 다육질의 길다란 잎자루를 식용하기 위해 재배하는 다년생 초본이다.

학명의 *Rheum rhaponticum*은 *Rheum*이 이 식물의 그리스 옛이름으로서 Rha강(지금의 Wolga강)유역에 무성하였기 때문이며 종명의 *rhaponticum*은 'Rha'+'pontus', '흑해'의 합성어로 Black sea를 경유해서 유럽에 도입된 대황이란 뜻이다(Herbs p343).

식물학적 특성

키 1-2m 내한성이 강한 대형의 다년생 초본 줄기는 속이 비고, 많은 근생엽이 나온다. 잎자루는 연두색에 붉은 무늬가 있고 줄기 단면은 반원형. 줄기 끝에 하트형의 큰 잎(지름 50cm)이 달린다. 꽃대가 나와 그 끝에 원추화서로 녹백색의 작은 꽃이 핀다. 꽃진 뒤 타원형 씨(1cm)가 세모꼴로 결실. 씨로 번식하며 4-5월에 직파하고 붉은 빛의 잎자루가 50cm쯤 자랐을 때 잘라낸다.

우리나라에는 동속식물이 장군풀(*R. coreanum*)과 대황(*R. undulatum*) 뿐이다(Lee, YN, I, p266).

성분

*Rheum rhaponicum*의 특수성분으로는 2-Amino-3,4-dihydroxypentanedioic acid(A-01333), Resveratrol(E, 4′-methylether, *O*-β-D-Glucopyranoside) (D-02648), Rhapontin(D-02627)이 있다(DNP p759).

생리활성

항염증활성①: 피부화상 시 화상 24시간 후와 72시간 후 피부조직 내의 keratinocyte(KC) 함량이 현저히 증가하였고, 종대황의 피부 도포로 KC 함량이 현저히 감소되었다. 화상 유발 5시간 후, 24시간 후 혈청 중 KC 함량이 점진적으로 증가, 72시간 후 정상으로 회복. 화상 24시간 후 증가되었던 KC 함량은 시료 도포로 현저히 감소되었다. 이상의 결과로 종대황은 호중구 유도물질인 KC의 생성을 억제 호중구 침윤을 저해하는 효과가 큰 것으로 보였다(Kim S-B, 2000).

항염증활성②: 대황 stilbene 유도체, rhapontigenin, pilatannol-3′-*O*-β-D-glucopyranoside, rhaponticin은 carrageenan-유도 족부 부종을 효과적으로 억제하였다. 이 결과로 대황의 어혈 작용의 약효해명과 종대황 stilbene 유도체의 항염증 작용에 일부 기여하는 것으로 생각되었다(Ko SK, 2004).

항염활성-Lipoxygenase 저해활성③: Rhubarb의 EtOH ex에서 15성분을 분리, 즉 anthraquine 5성분; chrysophanol①, physcion②, emodin⑦, chrysophanol-8-*O*-β-glucopyranoside⑨ 및 emodin-8-*O*-β-D-glucopyranoside⑮, stilbene 10성분; deoxyrhaponticin③, rhaponticin④, resveratrol⑤, deoxyrhapontigenin⑥, rhapontigenin⑧, piceatannol-3′-*O*-β-

D-glucopyranoside⑩, piceid⑪, ε-viniferin ⑫, ampelopsin B⑬, isorhaponticin⑭ 등. 분리된 stilbene 유도체(③-⑥, ⑧ 및 ⑩-⑭)는 IC_{50}값 6.7-7.41mM에서 lipoxygenase 저해 효과가 있었다. 이로써 rhubab의 stilbene 유도체는 주로 lipoxygenase 저해 및 free radical 소거 물질이었다(Ngoc TM, 2008).

항염증효능-4종 대황류④: 약전 수제종 장엽대황 및 약용대황과 유사종인 탐황 및 산대황을 대상으로 항염효능을 실험한 결과, 염증 매개 인자인 NO 및 PGE_2, IL-1β, TNF-α에 대해 산대황의 염증 효과가 가장 강력하였다. 장엽대황을 제외한 약용대황, 탐황, 산대황이 NO 및 PGE_2, IL-1β, TNF-α, 4가지 인자분비를 현저히 억제하였고, 산대황의 PGE_2와 IL-1β 분비억제 효과가 현저하였으며 장엽대황은 IL-1β 분비억제가 현저하였으나, NO와 PGE_2, TNF-α에는 전혀 억제효과는 나타나지 않았다(Chen MS, 2009).

항염증활성⑤: 물추출 발효대황(WFR)과 ethanol 추출 발효대황(EFR)은 LPS-유도 대식세포 RAW 264.7에서 NO 생성을 농도 의존적으로 억제, 또 이들은 LPS-유도 전염증성 cytokine인 TNF-α 생성을 억제하였다. EFR은 LPS-유도 대식세포에서 전 염증성 cytokine IL-6 생성을 억제. WFR과 EFR은 LPS-유도 iNOS의 단백질 발현을 현저히 억제하였고, LPS-유도 COX-2 발현을 농도 의존적으로 억제하였다. 이로써 WFR과 EFR은 대식세포에 작용 NO, TNF-α, IL-6 생성과 iNOS와 COX-2 발현을 억제, 항염증 효과가 있음을 알게 되었다(Kim YN, 2011; 전동주, 2011).

종양세포증식·분화억제: 대황근경 추출물(RDE)의 종양세포 항증식 효과와 대식세포 기능에 대한 효과를 관찰코자, 여러 종양세포와 대식세포에 여러 농도의 시료로 처리한 결과, 시료의 세포증식은 MTT assay와 NO 생성으로 RAW 264.7, C_6 및 복강 대식세포(PMQ)에서 측정하였다. 시료는 B_{16}, HOS 종양세포의 성장을 억제하였으나, NO 생성에서는 대식세포에 따라 다르게 나타났다. PRE는 C_6 세포 성장에는 효과가 없었으나, RAW 264.7 세포에는 C_6세포에 50μg/mL 농도에서 NO 생성을 억제하였고 RDE는 LPS/IFN-Y-stimulated C_6세포에서 NO 생성을 억제하였다. 시료는 항증식 성질은 증가시키고 여러 대식세포에서 NO 생성을 조절하여 강력한 치료 효과가 있다고 생각되었다(Pyo S, 2006).

신경보호활성-저산소증①: 대황은 *Rheum officinale*와 *R. palmatum*의 지하부로 남아시아에서 간 및 신장 손상 치료에 사용되는 민속약. 본 연구에서는 배양한 흰쥐 해마 신경세포의 저산소 모델에서 대황의 물 추출물(시료)이 신경세포사를 억제하는 효능을 시험. 배양 10일(DIV 10)에 시료를 첨가, DIV 13일에 생존율 검사에서 10µg/mL까지는 세포독성이 없었으며, 정상산소 환경 2.5µg/mL에서 세포 생존율을 높였다. 이로써 대황 물 추출물이 활성산소를 효과적으로 제거하고, 세포의 에너지 생성을 보존함으로써 세포사를 억제하여, 향후 뇌신경세포 건강에 유효할 것으로 사료되었다(Lee HS, 2008). 대황 *Rheum officinale*와 *Rheum palmatum*의 지하부를 민간에서 간 및 신장 손상에 써왔다. 본 연구에서는 배양한 흰쥐 해마 신경세포의 저산소증 모델에 대황 추출물이 유전자 발현에 미치는 영향을 microray법으로 조사한 결과, 대황 추출물은 세포 생존에 필요한 유전자를 증가시키고, 세포사-유도 유전자를 감소시켜 stress에서 신경세포의 사망을 억제하는 것으로 해석되었다(Lee HS, 2009).

신경손상방어-전뇌허혈②: 대황이 4-vessel occlusion으로 유발한 transit forebrain ischemia의 흰쥐 신경세포 손상에 대한 신경 방어 효과와 뇌허혈전에 투여는 뇌허혈로 인한 신경세포 손상의 예방 효과를 실험한 결과, 뇌허혈전 체온조절 없이 복강 내 시료투여 1,000mg/kg, 500mg/kg에서 대조군의 세포 손상에 각각 19.4%, 21.2% 방어 효과를, 경구투여에서 각각 13.9%와 11.8%의 방어 효과를 보였다. 체온조절 상태에서 허혈이 유발된 복강에 투여, 세포 손상방어는 1,000mg/kg에서 13.9%, 경구투여 동량에서 14.4% 방어 효과를 보여, 실험적 흰쥐의 뇌 허혈에 대황은 신경세포 손상방어 효과와 예방 효과가 있는 것으로 생각되었다(안덕균, 1999).

뇌부종억제③: 대황이 뇌허혈 손상에 따른 뇌 부종에 미치는 영향을 관찰코자, 흰쥐의 중대뇌동맥을 일시적으로 2시간 폐쇄한 후, 대황 물 추출물(시료)을 투여, 신경학적 행동지표 및 뇌경색 및 뇌부종 크기에 미치는 영향과 뇌혈관

장벽 관련 단백질인 MMP-9과 iNOS 발현을 면역 조직 화학적 방법으로 관찰한 결과, 대황이 뇌 허혈 손상에 의한 신경세포 자연사 기전을 억제하고, 뇌-혈관 장벽과 신경 혈관 단위구조의 조절을 통하여 뇌 부종 억제 효능이 있는 것으로 판단되었다(Kang KH, 2009).

위점막보호①: 흰쥐에 HCl-EtOH를 경구투여로 급성 위장 점막 손상을 유도, 대황 추출물 시료을 경구투여한 결과, 위점막 출혈 증상과 조직학적 손상이 감소, 손상범위도 유의적 감소, 또 SOD 증가가 유의적, 면역 조직 화학적 검사상 BAX/BCl-2 단백질 비율이 변화, 또 VEGF의 발현이 증가되었다. 이로써 대황은 HCl-EtOH-유발 흰쥐의 위점막 손상이 보호됨으로 생각되었다 [vascular endothelial growth factor(VEGF)](김범희, 2011).

항위염작용·유효성분②: 대황은 당고특대황(*Rheum tanguticum*)의 제산력 시험에서 H_2O ex와 70% EtOH ex가 각각 14.2%, 15.8% 억제. 양성대조군 hydrotalcite 49.9%보다 약하나, 장기간 복용이 가능. 또 *H. pylori*에 대한 colonization 억제활성이 70% EtOH 추출물 100μg/mL에서 유효. DPPH free radical 소거능은 IC_{50}은 70% EtOH와 H_2O ex에서 5.8μg/mL, 25.9μg/mL로 양성대조군 ascorbic acid IC_{50}=6.5μg/mL와 유사하였다. 이 결과 대황 70% EtOH ex가 흰쥐 위염 model의 위 손상을 가장 우수하게 억제하였다. 시료의 성분은 chrysophanol, chrysophanol-8-*O*-glycoside, deoxyrhaponticin, rhapontigenin, emodin, isorhaponticin, 2-methoxy-4-hydroxy anthraquinone-5-*O*-glycoside, physcion, piracetannol-3′-*O*-glucoside, resveratrol, rhaponticin 및 rhapontigenin 성분 중 physcion 100μM과 rhaponticin 50μM 및 100μM에서 우수한 colonization 억제작용을, isorhaponticin, piracetannol-3′-*O*-glucoside, resveratrol 및 rhaponticin은 IC_{50} 각각 129.5, 94.1, 80.1 및 104.6μM에서 DPPH free radical 소거활성을 보였다(황인영, 2013).

Atopy피부염완화-근경: *Rheum tanguticum* (rhubarb) 근경의 70% EtOH ex(시료)가 atopy 피부염(AD) 동물 model 시험은 처음. 시료 30-300mg/kg/day를 5주간 경구투여에서 haptene유도 피부염이 저해되었다. 또 시료

100mg/kg/day 투여에서도 백혈구수, 중성구 및 호산구수가 감소하였고, 혈청 IgE 농도가 현저히 감소하였다. Rat basophilic leukmia(RBL)-1 cell에서 시료는 5-lipoxygenase(5-LOX) 측에 leukotriene 생산을 저해하였다. 분리된 anthraquinone 유도체 중 emodin이 강력히 저해하였다. 이로써 시료는 atopy 피부염에 저해활성을 보였고, 주요 성분 emodin은 5-LOX 저해에 기여하였다(Jin JH, 2011).

ADH저해활성: 천연물 추출물로부터 alcohol dehydrogenase (ADH) 저해제를 검색하여 IC_{50} 계지 7.0 mg/mL, 황금 122.5mg/mL, 대황 36.7mg/mL, 갈근 105.0mg/mL, 상백피 106.2mg/mL, 야국화(감국) 112.2mg/mL에서 현저한 저해활성을 관찰하였다. 또 오가피, 인삼, 차전초 등도 저해활성이 인정되었다(이현주, 1999).

고지혈증완화: 고지혈증은 혈액 중 지방질 과다 증상으로 지방대사 장애, 당뇨병, 갑상선 기능 저하, 요독증, 신증후군, 폐쇄성 간질환 등으로 유발되고, 가령과, 음식물 섭취 불균형, stress 등으로 유발되며, 고지혈증으로 유발되는 질병은 협심증, 심근경색증, 뇌혈관 질환, 고혈압, 당뇨, 심장병, 간장병 등 성인병의 원인이 되기도 한다. 양방 치료제 clofibriate chloestyramin, lovastatin, probucol 및 estradiol 등의 사용으로 담석증, 근육병을 일으키거나 위장 장애, 간기능장애, 설사 등의 부작용이 따른다. 이에 금문대황, 종대황에 대하여 고지혈증 완화효과를 실험한 결과, 금문대황과 종대황은 총 cholesterol과 LDL-C 함량을 감소시켰고, 고 cholsterol 혈증 흰쥐의 혈중 creatinine 함량에 별 영향이 없었으나, 종대황 EtOH ex는 혈중 ACE 활성을 상승시켰다. In vitro에서 lipase, lactate dehydrogenase, creatine kinase 등 효소 활성을 감소시켰다. 이는 위의 한약재가 지질 소화와 흡수 및 지질 대사에 좋은 영향을 주고 있음을 시사하고 있다(Son Y-J, 1999).

혈압강하-흉부대동맥: Hydroxytryptamine(5-HT)과 norepinephrine(NE)는 흉부 대동맥 혈관 절편에 대하여 농도 의존적으로 수축하였고, 5-HT가 NE보다 수축력이 강하였다. 흉부 대동맥은 5-HT에 대해 용량 의존적으로 수축, 5-HT-유도 최대 수축력에 대해 123.2%로 NE 84.1%보다 수축력이 강하였다. 흉부 대동맥 혈관 절편에 장엽대황 0.1g/mL는 5-HT 유도 최대 수축력에 대해 86.4% 이완율을 보였다. 혈관이완 반응이 NO 작용과 관련성을 알고자 NO 합성억제 물질인 L-NMMA를 사용한 결과, 5-HT에 의한 수축에 장엽 대황의 혈관 이완효과는 NO와 아무런 관련성이 없었다. 이로써 장엽대황은 5-HT 유도 혈관수축에 강한 혈관 이완 효과가 있어 혈압강하 작용이나 중풍치료에 응용 가능성을 보였다(Kim HH, 2002).

항혈소판응집①: Rhubarb는 항염증과 항 혈소판 효과 같은 여러 생물 활성의 전통 약물로 쓰여왔다. 본 연구에서는 대황에서 분리한 anthraquinone 유도체의 혈소판 활성에 대해 연구하였다. Chrysophanol-8-*O*-glucoside (시료)가 collagen-과 thrombin-처리 mice에서 혈소판 응고를 현저히 지연시켰다. 또 시료는 ex vivo에서 rat 혈소판 응집과 thromboxane A2 형성(in vitro)을 현저히 저해하였다. 시료의 혈액 응집 test에서 혈소판 phosphatidylserine 노출을 저해할 뿐 아니라 intrinsic factor와 직접 작용하였다. 이로써 시료의 항혈소판과 항응고 효과는 혈소판 관련 심혈관계 질환 예방에 치료제가 될 수 있을 것으로 생각되었다(Seo EJ, 2012).

항혈액응고·항allergy②: 대황 근경에서 분리된 rhaponticin과 그 대사 산물인 rhapontigenin은 pulmonary thrombosis로부터 현저한 보호 효과를 보였고 (in mice), 또 DNP-BSA-유도 β-hexosaminidase 유리를 강하게 억제하였다. 이들 물질들은 PCA반응을 mice에서 억제하였다. Rhapontigenin은 25와 50mg/kg씩 복강 내 투여로 PCA를 현저히 저해, 48과 85% 저해하였다. Rhaponticin 경구투여는 복강 내 투여보다 더 강한 저해를 보였다. 이는 대황 근경에서 얻은 rhaponticin이 항allergy와 항혈전제로 기대되었다(Park E-K, 2002).

항균특성: 약용식용식물인 감초 ,육계, 결명자, 대황, 음양곽, 황련, 황정, 하고초의 추출물에 대하여 시설 채소산물의 저장 중 발생되는 변패균주 *B. cereus, Pseudomonas syringae, Corynebacterium xerosis* 등 공시균주에 항균성을 확인한 결과, 감초, 육계, 대황, 음양곽, 황련, 황정, 하고초, 결명자 등에서 항균활성이 확인되었다. 이 중 가장 우수한 것은 대황과 황련이었다.

항피부노화-항산화①: 대황 추출물(시료)의 항산화 효과를 자외선조사-사람 피부 섬유아세포에서 matrix metalloproteinase-1(MMP-1) 발현에 미치는 영향을 관찰. 시료의 DPPH radical과 superoxide radical 소거활성은 농도 의존적으로 DPPH와 superoxide radical을 각각 20μg/mL에서 72%와 80% 소거, 우수한 항산화 효과를 보였다. 자외선 조사 사람 피부 섬유아 세포에서 MMP-1 발현은 시료 1μg/mL에서 79.5% 저해를 보였다. 이로써 대황 추출물은 항산화활성과 MMP-1 활성 저해와 자외선의 MMP-1 발현을 효과적으로 저해, 우수한 항 피부노화 소재로 이용 가능성을 보였다(Park SM, 2008).

주름억제·미백효과②: 대황 근경 H_2O ex, 80% EtOH ex가 HS-68 세포에 elastase와 UV-A 조사결과, 농도 의존적으로 elastase 억제활성이 있었고(100-1000μg/mL), 또 tyrosinase 억제활성도 농도 의존적으로 보여 대황근경 추출물은 주름억제 및 미백효과도 있는 것으로 판단되었다(Lee J-C, 2009).

항산화·미백활성③: 대황의 50% EtOH ex, EtOAc, aglycone 분획의 항산화활성은 DPPH 측정에서 α-tocopherol보다 낮았고, aglycone 분획은 매우 높았다. 적혈구 파괴에 대한 세포보호 효과는 대황의 모든 분획에서 농도 의존적으로 증가, 특히 aglycone 분획 10μg/mL에서 757.0min으로 높은 세포보호를 보였다. 대황 추출물의 tyrosinase 저해활성 (IC_{50})은 aglycone 분획 11.20μg/mL와 acetate 분획 37.72μg/mL. 50% EtOH 추출물 108.50μg/mL에서 모두 기준물질 arbutin 226.88μg/mL보다 높았고, 특히 aglycone 분획이 뛰어나 aglycone 분획이 화장품 원료로의 가능성을 보였다(Kim JE, 2011).

항산화활성: 대황근경 MeOH ex을 BuOH, EtOAc, H_2O로 분획, EtOAc 분획에서 rhapontingenin ①, piceatannol ②를 분리동정하였고, 항산화활성은 DPPH radical 소거능 측정에서 ①은 BHA보다 다소 낮았으나 α-tocopherol과 유사하였고, ②는 12μg/mL에서 반응초기 30분까지는 BHA보다 높았다. Microsome을 이용한 지질 과산화 억제에서 ①은 tocopherol보다 낮았으나 BHA보다는 높았고, ②는 1.5ppm이나 1ppm에서

BHA와 같은 정도의 항산화성을 보였다(Oh S-J, 2001).

약리활성성분비교: 24종 대황 시료의 약리활성과 성분을 비교코자 3종 intra species group인 *Rheum tanguicum*, *R. palmatum* 및 *R. officinal*을 HPLC로 분석한 결과, 30성분이 동정 즉 anthraquinones, anthraquinone glucosides, dianthrones, phenyl butanones, stilbenes, flavan-3-ols, procyanidines, galloylglucoses acylglucoses, gallic acid 및 polymeric procyanidins가 분석되었다. 이들 성분들이 이들 식물의 형태와 유전적 변이에 따라 서로 유사함을 알게되었다(Komatsu K, 2006).

Antraquinone, Stilbene 유도체: 한국에서 재배한 대황 근경 MeOH ex acetone 분획에서 ① 1,8-di-hydroxy-3 methylanthraquinone(chrysophanic acid), ② chrysophanol-8-*O*-β-D-gluco- pyranoside, ③ emodin-8-*O*-β-D-glucopyranoside 및 ④ aloe emodin-8-*O*-β-D-glucopyranoside, Et_2O 분획에서 ⑤ 1,8-dihydroxy-3-methyl-6-methoxy anthraquinone(physcoin), ⑥ 1,6,8-trihydroxy 3-methyl anthraquinone(emodin)과 BuOH 분획에서 ⑦ rhapontigenin-3-*O*-β-D-glucopyranoside(rhaponticin) 및 ⑧ piceatanonol-3′-*O*-β-D-glucopyranoside를 UV, IR, 1H-NMR 13C-NMR EI-MS로 동정하였다(Ko SK, 1995).

Stilbene diglycosides: *Rheum undulatum*(종대황) 근경에서 ① 4′-*O*-β-D-diglucopyranoside, ② deoxyrhaponticin, ③ emodin 1-*O*-β-D-gluco-pyranoside 및 ④ physcion-8-*O*-b-D-glucopyranoside를 한국에서 재배한 종대황 근경에서 분리동정하였다(Ko SK, 2000).

효능과 이용

1) 식용: 연화시키면 신 맛이 감소되므로 잎자루만 이용하고 껍질을 벗겨 데쳐 3cm로 썰어 삶아 샐러드로, 또 설탕과 함께 졸여서 잼, 젤리, 파이, 푸딩, 케익 등에 이용한다.

2) 약용: 인도네시아에서는 뿌리를 담배 향료로 쓰며, 마랄리아, 아구창, 기침, 강장제 등으로 약용한다. 또한 잎자루를 데쳐 먹으면 완화작용이 있어

변비에 효과 있다.

3) 기타: 잎은 수산(蓚酸)이 함유되어 먹지 못하며 동이나 놋 제품을 닦는 데 쓰인다. 또 주전자에 넣고 물을 끓이면 주전자 속에 낀 물때를 없애 준다.

참고 문헌

1) 김범희. **동의생리병리학회지** 2011 25(1) 71(대황이 흰쥐의 위점막 손상에 미치는 영향)

2) 안덕균, 원도희, 김종호. **본초학회지** 1999 14(1) 111(4-vessel occlusion으로 유발한 흰쥐의 전뇌허혈의 신경세포 손상에 대한 대황의 방어효과)

3) 이제현. **박사학위논문** 경희대학교 서울 1999(종대황에 함유된 anthraquinone류의 약물 동태학적 연구)

4) 이현주, 이강만. **약학회지** 1999 43(4) 481(천연물로부터 알코올 탈수소 효소 저해제 검색-계지, 황금, 대황, 살조, 감초, 상백피, 감국, 갈근등)

5) 전동주, 차윤엽, 이은. **한방재활의학과학회지** 2011 21(1) 35(대황추출물의 염증반응 제어효과)

6) 황인영, 정춘식. **식품위생안전성학회지** 2013 28(4) 330(대황 추출물의 항 위염 작용과 유효성분에 관한 연구)

7) Arthur HR, et al. *J Chem Soc* 1956 632(Antithermorrhagic Venotonic Baroamin)

8) Chen MS, Yoon T, Choi G, et al. *Kor J Medicinal Crop Sci* 2009 17 109 (Comparative study of extracts from rhubarb on inflammatory activity in RAW 264.7 cells)

9) Jin JH, Ngoc TM, Bae KJ, et al. *Phytother Res* 2011 25 755[Inhibition of experimental atopic dermatitis by rhubarb(Rhizomes of ***Rheum tanguticum***) and 5-lipoxygenase inhibition of its major constituent, emodin]

10) Jung BM, Kim SO, Yun SJ, Hwang EJ. *Kor J Orient Physiol Pathol* 2005 19(4) 1073(Water soluble fraction of ***Rheum undulatum*** attenuates amyloid-β-induced neuronal death and microglial activation in vitro)

11) Kang KH, Sohn NW, Kim BH. *Kor J Orient Physiol Pathol* 2009 23(4) 866(Effect of Rhei rhizoma on brain edema induced by MCAO in rats)

12) Kashiwada Y, Nonaka G, Nishioka I, et al. *Chem Pharm Bull* 1988 36 1545 [Studies on rhubarb(*Rhei rhizoma*). XIV. Stilbene glucosides]

13) Kim HH, Koo BS, Park SY, et al. *Kor J Herbology* 2002 17(2) 111(Vasodilation effect of the water extract of ***Rheum palmatum*** L. in rat thoracic arota)

14) Kim JE, Park CH, Oh DS, et al. *J Soc Cosmet Sci Kor* 2011 37(4) 357(Antioxidant effect and tyrosinase inhibitory activity of ***Rheum undulatum*** L. extracts)

15) Kim S-B, Kang B-S. *Kor J Herbology* 2000 15(2) 25(Rhubarb decrease neutrophil chemokine production in the skin and in the serum following scald burn injury)

16) Kim YN, Kim HJ, Lee JH, et al. *Kor J Orient Physiol Pathol* 2011 25(2) 227 (Comparison on the anti-inflammatory effects of water fermented and ethanol fermented extracts from *Rheiradix etrhizoma*)

17) Ko SK, Whang WK, Kim IH. *Arch Pharm Res* 1995 18(4) 282(Anthraquinone and stilbene derivatives from cultivated Korean rhubarb rhizomes)

18) Ko SK. *Arch Pharm Res* 2000 23(2) 159(A new stilbene diglycoside from *Rheum undulatum*)

19) Ko SK, Shin CG, Lee HS, et al. *Kor J Pharmacogn* 2004 35(2) 171(Effect of stilbene derivatives from ***Rheum undulatum*** on carrageenan-induced acute edema I rats)

20) Komatsu K, Nagayama Y, Tanaka K, et al. *Chem Pharm Bull* 2006 54(11) 1491 (Comparative study of chemical constituents of rhubarb from different origin)

21) Lee HS, Moon IS. *J Life Sci* 2008 18(12) 1631(Water extract of *Rhei rhizome* prevent production of reactive oxygen species and loss of mitochondrial membrane potential in a hypoxia model cultured neurons)

22) Lee HS, Song J, Moon IS. *J Life Sci* 2009 19(1) 21(Microarry analysis of gene expression by *Rhei rhizome* water extracts in a hypoxia model of cultured neurons)

23) Lee J-C, Kim K-J. *J Kor Origin Med Ophal Dermat* 2009 22(3) 36(The effect of

elastase inhibition and tyrosinase by *Rheum undulatum* stokes extracts)

24) Matsuda H, Morikawa T, Toguchida I, et al. *Bioorgan Med Chem Lett* 2001 9 41 (Antioxidant constituents from rhubarb: structural requirements of stilbenes for the activity and structures of two new anthraquinone glucosides)

25) Matsuda H, Tewtrakul S, Morikawa T, Yoshikawa M. *Bioorgan Med Chem* 2004 12 4871(Anti-allergic activity of stilbenes from korean rhubarb(*Rheum undulatum*): structure requirments for inhibition of antigen-induced degranulation and their effects on the release of TNF-α an IL-4 in RBL-2H3 cells)

26) Ngoc TM, Minh PTH, Hung TM, et al. *Arch Pharm Res* 2008 31(5) 598 (Lipoxygenase inhibitory constituents from rhubarb)

27) Oh S-J, Beak N-I, Kim H-Y. *J Kor Soc Agr Chem Biotechnol* 2001 44(3) 208 (Piceatannol, antioxidant compound isolated from the root of *Rheum undulatum* L.)

28) Oshio H, Naruse Y, Inouye H, *Shoyakugaku Zasshi* 1981 35 291(Quantitative analysis of iridoid glycosides of *Rehmannia radix*)

29) Park E-K, Choo M-K, Yoon H-K, Kim D-H. *Arch Pharm Res* 2002 25(4) 528 (Antithrombotic and antiallergic activities of rhaponticin from *Rhei Rhizoma* are activated by human intestinal bacteria)

30) Park SM, Lee GW, Cho YH. *J Life Sci* 2008 18(12) 1700(Effect of *Rheum undulatum* extract on antioxidant activity and activity of matrix metalloproteinase-1 in human skin fibroblasts)

31) Pyo S, Son E. *J Food Sci Nutr* 2006 11 273(*Rhei rhizoma* extracts Rave antiproliferative properties and differential effects on NO production in macrophages)

32) Seo EJ, Ngoc TM, Lee SM, et al. *J Pharmcol Sci* 2012 118 245(Chrysophanol-8-O-glucoside, an anthraquinone derivative in rhubarb has antiplatelet and anticoagulant activities)

33) Shi TQ, Fukai T, Sakagami H, et al. *Anticancer Res* 2001 21 2847(Cytotoxic and

DNA-damage-inducing activities of low molecular weight phenols from rhubarb)

34) Son Y-J, Kim Y-S, Lee Y-J. *Kor J Herbology* 1999 14(1) 61(The effect of *Rhei palmati* radix and *Rhei undulati* radix on the blood lipids and enzymes of hypercholesterolic rats)

35) Yamagishi T, Nishizawa M, Ikura M, et al. *Chem Pharm Bull* 1987 35(8) 3132 (New laxative constituents of rhubarb, Isolation and characterization of Rheinosides A, B, C and D)

3 아니스

Pimpinella anisum

미나리과
(Umbelliferae)
산형과
(Apiaceae)

Anise(英)

원산지 : 지중해 연안

용도 : 식용·약용 – 씨, 어린 잎, 정유

역사

고대 이집트에서 향신료로서 처음 재배되었고 그 후 그리스, 로마, 아랍 순으로 재배하였다. 아니스는 지중해 연안과 아시아에 자생하며 BC 3000년경 이집트에서 미라의 보존 향료로 쓴 역사 오랜 식물이다. BC 1600년경 고대 이집트의 약초목록에 아니스가 기술된 것이 근래 발견되었다.

아니스의 학명 *Pimpinella*는 라틴어의 'bipinnula'에서 bis 즉, 2중의 pinnula(penna: 적은 날개)라는 뜻으로 잎이 새의 깃털과 유사하여 얻은 이름이며 종명 anisum은 이 식물의 옛이름에서 유래되었다. 아니스 씨는 달콤하고 상쾌한 맛이 있어 입냄새를 없애 주므로 식후에 씨를 씹는 습관도 있다(Herbs p317).

식물학적 특성

30-50cm로 자라는 내한성의 1년생 초본 직근성 줄기는 가늘고 대궁이 속이

비었다. 잎은 2회 우상복엽. 잘게 찢어진 밝은 녹색, 향기가 있으며, 7-8월경 유백색의 잔꽃은 줄기 끝에 산형화서로 피며, 갈색의 씨는 9월경에 맺는다. 씨는 톡 쏘는 향기와 단맛이 있고 익으면 자연히 떨어진다. 씨로만 번식되며 씨가 황갈색으로 물들면 수확하여 풍건, 밀폐용기에 보존.

근래에는 유럽, 러시아, 아시아 등지에서 재배되고 있다(Herbs p317).

성분

1) 영양성분

아니스 과실 100g 중 탄수화물 50.0g, 단백질 17.6g, 지방 15.9g, Ca 646mg, Fe 37mg, Mg 170mg, P 440mg, K 1441mg, Na 16mg, Zn 5mg을 함유한다(Farrell, 1985).

2) 특수성분

아니스 과실은 8-11%의 unvoratile oil과 1.5-4%의 essential oil(정유)를 함유하고, 정유중 80-90%가 anethole, 10-15% chavicol, estragole, 지방유 10-30%로 구성되어 있고 진해제로 쓰인다.

특수성분 중 2,8,10-Tridecantriene-4,6-diyne(T-01827)과 γ-Caryophyllene (C-00482)이 있고 *P. acuminata*에는 2-Butyl-1-methylpiperidine(B-01145), N-Methyl-(+)-coniine(P-01912), 1-(2,4,6-Trimethoxyphenyl)-1,3-butanedione (T-02770)이 규명되었다.

*P. diversifolia*에서 Ammirin(A-02773), *P. heyneana*에서 Seselin (S-00645), *P. magna*에서 Isobergapten, Matricarianal(D-00152), Pimpinellin (D-01921), *P. rupicola*에서 Angenomalin(+, A-01710), *P. saxifraga*에서 Coumarin(B-00246), Isobergapten(I-00306), Isopimpinellin(I-00662), Pimpinellin(D-01921), Sphondin(H-00449)등이 분리되었다(DNP p720).

생리활성

항진균활성: *Pimpinella anisum* 씨에서 anethole을 분리. 이는 *Candida albicans*와 *Saccharomyces cerevisiae*에 polygondial이 항진균활성에 상승효과를 보였고(Kubo I, 1991), Polygodial(1)과 anethole(2) 배합에서 *C. albicans*와 *S. cerevisiae*에 항균성을 보였으나 (1)과 indole(3) 배합투여는 *C. albicans*에 진균 성장억제(fungistatic) 활성을 보였다(Himejima M, 1993). Anethole과 항진균제 amphotericin B(A), fluconazole(F), miconazole(M), 5-fluovocytosine(5F) 간의 병용에서 anethole은 1/2 (MFC) 농도에서 F와 5F 활성은 변화가 없었으나, M의 정균 및 살균 활성은 각각 64배, 4배 증가하였다. 또 A의 정균 활성은 2배 증가, 살균 활성은 1/2로 감소. 항진균제에 대한 anethole의 병용효과는 anethole과 M 병용에서 FIC와 FFC 지수는 각각 0.28, 0.50, anethole과 A병용은 8.25의 FIC와 32.06의 FFC 지수를 보였다. 따라서 anethole은 miconazole과는 상승적이나 amphotericin B와는 길항적이었다(이상화, 1999).

항미생물활성: 인도의 *Pimpinella tirupatiensis* 뿌리 정유(시료)에 8 bacteria와 3 fungal pathogenic strain에 대하여 항미생물활성을 실험한 결과, 6 bacteria와 2 fungus에 항미생물활성을 보였고, 시료의 활성물질은 alkaloid, flavonol, flavone 및 정유. 정유 분석 결과, 주성분은 β-bisabolene 9.2%, △-3-carene 8.9%, cis-carveol 6.7%, elemol 5.8%, △-cadinol 4.4%, methyl geranate 4.3% 및 γ-nonalactone 3.4%였다(Bakshu LM, 2002). 새 정유 250μg에서 gram(+), gram(-)균에 miconazol nitrate, amoxillin-clavulanic acid, ofloxacin 및 netilicin 같은 항생제와 비견할 만큼 강하였다(Gülcin I, 2003).

항산화활성: *Pimpinella anisum* L.씨 수침 ex(WE)와 EtOH ex(EE)의 항산화활성을 reducing power, free radical 소거, superoxide anion radical 소거, H_2O_2 소거 및 metal chelating 활성을 실험한 결과, WE와 EE 20μg/mL에서 각각 99.1%, 77.5%의 linoleic acid 과산화를 저해, α-tocopherol 36.1%보다 강하였다. 합성 항산화제인 BHA, BHT 및 α-tocopherol보다 강하였고, WE가 EE보다 강하였다(Gülcin I, 2003).

기관지이완기전: *Pimpinella anisum*의 기관지 이완효과 기전을 알고자, guinea pig 기관지를 단리, 시료의 수침 ex, EtOH ex 및 정유에 대하여 실험한 결과, 기관지 이완효과는 histamine이나 β2- adrenergic receptor 자극효과가 아니고, muscarine receptor 저해 효과(anticholinergic effect)에 의한 것으로 나타났다(Boskabady MH, 2001).

Estrogenic agents: 회향(Fennel, *Foeniculum vulgare*)과 아니스(*Pimpinella anisum*)는 estrogenic agents로 쓰여 왔다. 이들은 유즙분비 증가, 월경 개선, facilitate birth, 남성 갱년기 개선, 본능적 욕망의 증가 효과가 있었다. 1930년대에는 합성 estrogen 개발에 이 나무를 썼다. 회향과 아니스는 활성 여성호르몬 물질로 생각했었다. 이러한 작용은 실제로 anethole polymer 즉 dianethole과 photoanethole의 약리약용에 의한 것이었다(Albert-Puleo M, 1980).

항경련효과-정유: *Pimpinella anisum* fruit 정유는 이란에서 전통약으로 쓰였고, pentylenetetrazole(PTZ)이나 maximal electroshock(MES) 유도 발작을 정유가 억제하였다. 또 PTZ-유도 clonic convulsion에 threshold가 또한 증가하였다. 정유는 행동을 개선시켰으나, 이 항경련 활성에 시료의 용량과 시간에 대한 관찰은 없었다(Pourgholami MH, 1999).

Tyrosinase저해-Anisaldehyde: *Pimpinella anise* 씨로부터 얻은 anisaldehyde는 L-3,4-dihydroxy-phenylalanine(L-DOPA) 산화를 ID_{50} 43μg/mL(0.3mM)에서 저해하였다(L-DOPA는 버섯 tyrosinase). anisaldehyde의 산화는 비경쟁적 산화 저해활성이었다(Kubo I, 1998).

휘발성분-추출법: Head space법, SDE(simultanous distillation extraction)법, steam distillation법, 용매추출법 등으로 분리된 휘발성 성분 조성 차이를 분석한 결과, 아니스(*Pimpinella anisum* L) 씨앗을 GC/MSD로 분석, 43종의 성분을 확인하였고, head space법은 휘발성이 강한 2-butanol, pentanol, 3-hexen-1-ol 등과 같은 alcohol류나, aldehyde 류가, 용매 추출법에서는 비점이 높은 myristic acid, oleic acid 등 acid류와 ethyl hexadecanoate, ethyloctadecanoate 등 같은 ester류가 SDE법과 steam distilation법은

유사하였으며, terpene 화합물들이 확인되었다. 아니스의 주성분인 anethole은 SDE법, head space법으로 가장 잘 추출되었다(이재은, 1997).

정유성분-줄기·잎·꽃: 이란산 *Pimpinella aurea* 줄기, 잎, 꽃의 정유량은 각각 0.4, 1.5 및 2.0%, 잎과 줄기에서 32물질, 꽃에서 18물질, 씨에서 8물질을 동정. 줄기와 잎의 주성분은 1,8-cineole과 limonene 21.4%, viridifloral 12.8%, α pinene 11.5%, kessane 10.5%, germacrene D 4.9%, β-bisabolene 4.2%, α zingiberene 3.3%, citronellyl acetate 3.1%. 꽃 정유의 주성분은 viridiflorol 32.5%, β-bisabolene 29.5%, caryophyllene oxide 6.6%, 1,8-cineole + limonene 8.9% 및 estragole 5.1%. 씨 정유의 주성분은 β-bisabolene 50.8%, viridiflorol 37.0%, β-bisabolene, viridiflorol 및 caryophyllene은 모든 부분 정유에 함유. 1,8-cineole, limonene, kessane, α-pinene은 줄기, 잎, 꽃의 주성분이나, 씨 정유에는 없었다(Askari F, 2005). Iran산 *Pimpinella tragioides*의 줄기·잎, 꽃과 씨에서 얻은 정유는 각각 0.15, 0.79 및 2.49%, 줄기·잎 정유에서 13성분. 꽃 정유 13성분, 씨 정유 15성분을 동정. 줄기·잎 정유의 주성분은 trans-α-bergamotene이 각각 77.1%, 70.3%, 씨 정유는 pregeijerene 87.0%, 꽃의 주요 성분 trans-α-bergamotene 70.3%, 줄기·잎, 꽃에 monadecane 8.6%, isoacarone 15.1%, trace 성분은 β-caryophyllene과 bicyclogermacrane이었다(Askari F, 2007).

정유성분-지역별: 이란의 Khojir(K)와 Chaloos(C) 지역에서 자란 *Pimpinella affins*의 줄기·잎, 만개꽃 및 씨 정유의 수율은 각각 0.04%, 1.98% 및 5.33%, K지방과 C지방에서 각각 0.37%, 1.74% 및 4.05%, limonene은 꽃의 주성분, K지방 꽃과 씨 oil은 47.9%, 90.5%, C지방 37.8%, 70.8%, K와 C지역 줄기와 잎의 oil은 1.4%, 0.8%, K지방의 줄기+잎, 꽃의 주성분은 γ-terpinene-7-ol로 각각 69.9%, 37.6%, C지방 72.8%, 49.1%, 씨 정유에는 없었다. K지방 줄기와 잎에서 caryophyllene oxide 9.1%, C지방 씨 정유에서 methyleugenol 9.7%와 (E)-nerolidol acetate 9.1%였다(Askari F, 2006).

정유성분-부위별: 스페인 카나리아(Canary) 군도에서 자란 *P. cumbrae*의 뿌리, 과실, 잎 및 줄기의 정유성분을 GC, GC/MS로 분석한 결과, 뿌리 정유에서

isokessane 17%, β-dihydrogarofuran 15%, 2-methylbutyric acid 10%, geijerene 10% 및 pregijerene 7%. 과실의 주성분은 α-bisabolol 39%, δ-3-carene 16% 및 limonene 8%. 줄기의 가장 중요한 성분은 α-bisabolol 39%, isokessane 10% 및 β-dihydroagarofruran 9%, pseudoisoeugenal esters은 뿌리, 과실 및 줄기에서 탐색되었고, 수증기 증류 중 2-methyl-5-methoxy-benzofuran으로 부분적으로 가수분해되었다(Velasco-Negueruela A, 2002).

정유성분-지상부: 터키에서 자라는 *Pimpinella aromatica* 지상부를 수증기 증류, 61%의 정유를 얻어, GC와 GC-MS로 분리동정한 결과, methyl chavicol 91.96%, (E)-anethole 7.22% 및 α-pinene 0.12%(Baser KHC, 1996).

정유성분: 중부와 북부 터키에서 채집한 15종 *Pimpinella* 속 식물의 정유를 GC와 GC/MS로 분석, 140성분을 동정. 특유 성분과 특유 함량이 다른 정유에 mono-, sesqui- 및 trinorsesquiterpenoids, prophenylphenol 및 pseudoisoeugenols를 함유, 지금까지는 trinorsesquiterpenoid와 phenylpropanoid는 *Pimpinella* species의 chemical marker. *Pimpinella* root는 같은 성분을 함유, 그 외 epoxy pseudoisoeugenyl-2-methylbutyrate가 20-82.6%였다(Tabanca N, 2006).

정유성분-나무·씨: 캐나다 앨버타(Alberta)는 5개 이상의 계속되는 계절에 아니스 나무와 씨를 수증기 증류, 수율은 씨에 1.05-1.1%, 나무 전체에서 1.2-1.35%. 성분은 TL-GCC method로 동정. 나무에서 16, 씨 정유에 12을 각각 74.7%와 84.6%. 주요 정유성분은 trans-anethole 57.4%(whole plant), 75.2%(seed oil). 나무 정유에서 1-5%, 성분은 cis-anethole, carvone, β-caryophyllene, dihydrocarvyl acetate, estragole 및 limonene. 아니스 정유는 flavoring-domestic food industries에 Alberta anise oil은 수입 정유로는 질이 충분하였다(Embong MB, 1977).

향성분: 아니스 열매의 향은 trans-anethole, 2-isopropyl-3-methoxypyrazine 및 anisaldehyde가 high flavour dilution(FD) factors, 다음 eugenol, cis-anethole, estragole 및 linalool 순. Odour activity value(OVA) 산출에서 가장 높은 OVA는 trans-anethole, 다음 anisaldehyde와 estragole. 가장 높은

OVA 5862는 β-ionone, eugenol(2653), estragole(460), vanilline(139), 2-isopropyl-3-methoxypyrazine(130)이었다(Zeller A, 2007).

Polyacetylenes-지하부: *Pimpinella magna* L. 지하부에서 6 polyacetylene과 1 polyene을 분리동정하였고, 2,4,6,8-pentadecatetraene①, 2,8,10-tridecatriene-4,6-diyne②, 2,8-decadiene-4,6-diyn-1-al③, 2-tridecaene-4,6-diyn-8-ol-10-one④, 2,8-tridecadiene-4,6-diyn-10-ol⑤, ⑥과 ⑦의 polyacetylene은 부분적으로 동정하였다(Schulte KE, 1970).

조직배양-열매, 뿌리: *Agrobacterium rhizogens* A4 pR:A4와 함께 Anis hairy root(HR)을 배양. 각각 다른 media에서 HR과, 부모의 열매와 뿌리로부터 정유를 GC와 GC/MS 분석한 결과, HR에서의 정유 주요 물질은 trans-epoxypseudoisoeugenyl 2-methylbutyrate①, geijerene②, pregeijerene③, zingiberene ④ 및 β-bisabolene⑤을 광암 생육조건에서 배양에 따라 함량이 달랐다. ①, ⑤ 및 ③은 부모 뿌리에서 정유의 대표물질로, 열매 대표물질은 trans anethole이었고, ②는 열매 정유에서는 검색되지 않았다. 부모 뿌리로부터 변형된 뿌리의 정유는 hairy root의 정유수율과 열매와 비교할 만하였다(Santos PM, 1998).

효능과 이용

1) 식용: 신선한 잎을 샐러드나 수프에 향신료로 쓰나 씨만큼 이용되지는 않는다. 씨는 그대로 또는 가루로 만들어 카레, 소스, 증류주, 빵, 비스킷, 캔디, 케이크 등의 향미료로 쓰며, 아니스는 향이 소실되므로 필요할 때마다 분쇄해서 사용한다.
2) 약용 : 갈색의 아니스 씨(5mm)는 건위, 구풍, 거담, 기관지염, 해소, 천식, 혈액순환 개선, 간기능 개선 및 최유효과가 있으며 특히 씨는 달고 향기가 좋아 약을 싫어하는 어린이의 약(물약)에 배합용으로 쓰인다. 또 미국 개척 당시 류머티즘에 진통제로 썼다.
3) 기타 : 정유를 추출하여 향장의 원료로 또 약품의 부향제로도 이용된다. 아니스유나 로즈마리유를 담배의 부향제로 쓰기도 하였다.

참고 문헌

1) 이상화, 김창진. **약학회지** 1999 43(2) 228(Miconazole과 amphotericin B의 항진균 활성에 대한 anethole의 선택적 병용효과)

2) 이재은, 권영주, 장희진 등. **농화학회지** 1997 40(2) 144(추출방법에 의한 아니스의 휘발성 성분 조성 비교)

3) 조형찬. **응용곤충학회지** 2009 48(2) 263(닭진드기 성충에 대한 대회향 유래 아네톨 및 유사 화합물들의 살비 활성)

4) Albert-Puleo M. *J Ethnopharmacol* 1980 2 337(Fennel and anise as estrogenic agents)

5) Andarwulan, N, Shetty, K. *J Agr Food Chem* 1999 47 1776(Phenolic content in differentiated tissue cultures of untransformed and *Agrobacterium* transformed roots of anise(*Pimpinella anisum* L.)

6) Askari F, Sefidkon F, Mozafarian V. *Flavour Fragr J* 2005 20 115(Essential oil composition of *Pimpinella aurea* D.C. from Iran)

7) Askari F, Sefidkon F. *Flavour Fragr J* 2006 21 754(Essential oil composition of *Pimpinella affins* Ledeb. from two localities in Iran)

8) Askari F, Sefidkon F. *J Essent Oil Res* 2007 19 54[Essential oil composition of *Pimpinella tragioides*(Boiss.) Benth. et Hook. from Iran]

9) Bakshu LM, Raju RRV. *Flavour Fragr J* 2002 17 413(Essential oil composition and antimicrobial activity of tuberous roots of *Pimpinella tirupatiensis* Bal. & Subr., and endemic taxon from eastern Ghats, India)

10) Baser KHC, Özek T. *J Essent Oil Res* 1996 8 464(Essential oil of *Pimpinella aromatica* Bieb. from Turkey)

11) Boskabady MH, Ramazani-Assari M. *J Ethmopharmacol* 2001 74 83[Relaxant effect of *Pimpinella anisum* on isolated guinea pig tracheal chain and its possible mechanism(s)]

12) Burkhardt, G, Reichling, J, Martin, R. Becker, H. *Pharm Weekbl*(Sci) 1986 8(3) 190(Terpene hydrocarbons in *Pimpinella anisum* L.)

13) Chandler RF, Hawkes D. *J Canadian Pharmacol* 1984 117 28(Anis seed; spice, flavour, drug)

14) Embong MB, Hadziyev D, Molnar S. *Can J Plant Sci* 1977 57 681[Essential oils from spices grown in Alberta, anise oil(*Pimpinella anisum*)]

15) Greenberg S, Ortiz EL. *The Book of Spices* Times Book International Singapore 1983, 8

16) Gülcin I, Oktay M, Kirecci E, Küfrevioglu ÖI. *Food Chem* 2003 83 371[Screening of antioxidant and antimicrobial activities of anise(*Pimpinella anisum* L.) seed extracts]

17) Han YB, Shin KH, Woo WS. *Arch Pharm Res* 1984 7(1) 53(Effect of spices on hepatic microsomal enzyme function in mice)

18) Himejima M, Kubo I. *J Agr Food Chem* 1993 41 1776(Fungicidal activity of polygodial in combination with anethole and indole against *Candida albicans*)

19) Ivanic R, Savin K, Robinson FV. *Planta Med* 1983 48(1) 60(Essential oil from *Pimpinella serbica fructus*)

20) Kondrat, R. W. et al. *Science*(Washington DC) 1978 199 978[N-Methyl-(+)-coniine]

21) Kubo I, Himejima M. *J Agr Food Chem* 1991 39 2290(Anethole, a synergist of polygodial against filamentous microorganims)

22) Kubo I, Kinst-Hori I. *J Agr Food Chem* 1998 46 1268(Tyrosinase inhibitors from anise oil)

23) Lawrence BM. *Perf Flavour* 1980 8(4) 63[Progress in Essential oil (*Anis oil*)]

24) Lohani H, Joshi P, Pant AK, et al. *Fitoterapia* 1985 56 351(Chemical composition of essential oil from *Pimpinella*)

25) Park I-K, Choi K-S, Kim D-H, et al. *Pest Mang Sci* 2006 62 723[Fumigant activity of plant essential oils and components from horseradish(*Amoracia rusticana*), anise(*Pimpinella anisum*) and garlic(*Allium sativum*) oils against *Lycoriella ingenua*(Diptera; Sciaridae)]

26) Pourgholami MH, Majzoob S, Javadi M, et al. *J Ethnopharmacol* 1999 66 211(The essential oil of *Pimpinella anisum* exerts anticonvulsant effects in mice)

27) Santos PM, Figuiredo AC, Oliveira MM, et al. *Phytochemistry* 1998 48(3) 455 (Essential oils from hairyroot cultures and from fruit and roots of *P. anisum*)

28) Schulte KE, Rücker G, Bache W. *Arch Pharm*(Weinheim) 1970 303 912 (Polyacetylene from *Pimpinella* species)

29) Srivastava, GS, Shukla, DS. *Indian Perfumer* part 1 1971 15 92(A note on the possibility of cultivation of *Pimpinella anisum* at Luck now)

30) Tabanca N, Demirci B, Ozek T, et al. *J Chromatogr A* 2006 1117 194(GC/MS analysis of essential oils from *Pimpinella* species gathered from central and northern Turkey)

31) Velasco-Negueruela A, Perez-Alonso M, de Paz PLP, et al. *Flavour Frag J* 2002 17 468[Chemical composition of essential oils from the roots, fruits, leaves and stems of *Pimpinella cumbrae* Link growing in the Canary islands(Spain)]

32) Zeller A, Rychlik M. *Flavour Fragr J* 2007 22 105(Impact of estragole and other odorants on the flavour of anise and tarragon)

4 야생셀러리 *Apium graveolens*

미나리과
(Apiaceae)
산형과
(Umbelliferae)

Soup Celery(英)
芹菜(근채)(中)

원산지: 유럽, 지중해 연안

용도: 식용 – 전초, 잎줄기, 뿌리
약용 – 씨

역사

Soup celery는 우리가 흔히 향신 채소로 재배하고 줄기가 비대해지는 셀러리의 원종으로, 특징은 줄기가 셀러리처럼 비대해지지 않고 가늘며 향기가 더 강하다. 주로 샐러드나 수프의 향미료로 쓰며 씨도 셀러리 특유의 향미가 있어서 유럽에서는 옛날부터 향신료로 이용했다.

고대 이집트에서는 BC 1000년경 약용 및 향신료로 재배하였다 하며 AD 1000년경에 중국에 건너가 근채(芹菜)라 하여 토착화하여 식용에 쓰고, 17세기에 이탈리아에서 유행되었으며 19세기에 유럽 여러 나라와 북아메리카에 전해졌다. 우리나라에서 임진왜란 때 가등청정(加藤淸正)이 근채의 씨를 인삼 씨인 줄 알고 가져가서 일본에 근채가 퍼지게 되었다 한다.

학명 *Apium graveolens*는 이 식물의 그리스 옛 이름인 'Apion(습지를 즐긴다)'에서, 즉 켈트어의 'apon(물)'을 뜻하며 종명의 *graveolens*는 강한 향기가 난다는 뜻이다(Herbs p125).

식물학적 특성

다년생 초본 키는 30-40cm, celery보다는 다소 작다. 줄기가 곧게 서며 잎은 우상복엽 잔잎이 2-3쌍, 흡사 참나물 같으며 전체에 털이 없다. 꽃은 4-5월경에 줄기 끝에 하얀 잔꽃이 복 산형화서로 피며 꽃진 후에 모난 갈색 씨(1.5mm 정도)가 결실한다. 종자로 번식하며 봄 3-6월과 9-10월에 파종하고 15-20℃에서 2주일이면 발아한다.

우리나라에는 솔잎미나리(*A. leptophyllum* F) 1종 뿐이다(Lee, YN, I, p817).

성분

1) 영양성분

재배 Celery 가식부 100g 중 탄수화물 8.46g, 지방 0.1g, 단백질 0.9g이고 무기질 영양은 Ca 85mg, Fe 0.2mg, P 34mg, K 320mg, Na 54mg이며 Vitamin은 A 33RE, B1 0.02mg, B2 0.03mg, Niacin 0.4mg, C 12mg 함유되어 있다.

2) 특수성분

Apigravin(D-02729), Apiumetin(A-2566), Apiumoside(R-00493), Celereoin (C-00647), Celereoside(C-00647), Celerin(C-00648), Glaveobioside A(T-00771), Glaveobioside B(T-02348), 3-(3-Methyl batylidene)-1(3H)-iso-benzofuranone(M-00872), 3-Methoxy-4,5-methylidenedioxybenzoic acid (H-02369), Osthenol(O-00549), Pradniol(P-01708), Rutaretin(S, R-00493), Sedanoic acid(S-00498) 등이 *Apium graveolens*에서 분리동정되었다.

생리활성

Mini-review: Celery는 umbelliferae(산형과) 식물로 상업적으로 중요한 씨 향신료, 신선한 잎, 줄기, 씨, 기름 및 oleoresin 형태로 음식의 향료와 의학적 목적으로 쓰인다. 씨는 2% volatile oil을 함유, 식품의 향료와 향료산업에서도 이용된다. Celery oil 중 limonene과 selinene이 약 60%와 20% 함유하나, 전형적인 aroma로는 3-n-butyl-4.5-dihydrophthalide(sedaneneolide), 3-n-butylphthalide, sedanolide 및 sedanoic anhydride 1-3%를 함유할 뿐. Celery는 fatty acid와 함께 15% fatty oil을 함유: petroselenic 64.3%, oleic 8.1%, linoleic 18%, linolenic 0.6% 및 palmitic aicds. Phthalides 특히 sedanenaloids는 여러 건강 보조제로 쓰인다. Celery 추출물은 여러 nutraceutical properties로 항산화, 지방 저하제, 저혈당제 및 항혈소판 응고 성질이 있다. 본 연구에서는 celery의 화학, 가공 및 생물학적 활성을 논하였다(Sowahagya HB, 2014).

혈중TG·TC저하: Olive oil-유도 고지혈증 rat에 *Apium graveolens* seed EtOH ex(시료)의 혈중 지방저하 효과를 실험한 결과, 시료의 $CHCl_3$분획이 total cholesterol(TC)와 triglyceride(TG) 함량을 수용성 분획보다 현저히 감소시켰고, 혈청 TG와 TC수준을 $CHCl_3$분획 400mg/kg에서 가장 크게 감소시켰다 또 HDL-cholesterol량을 약하게 증가시켰다(Iyer D, 2011).

동맥경화예방: Celery seed ex는 notch 1/nf-κB 신호 회로에서 ox-LDL-유도 macrophage 손상을 효과적으로 완화시키는 결과를 얻었다. Celery seed ex가 동맥 경화를 예방하거나 치료에 유용한 치료 약초임을 알 수 있었다. 그러나 celery seed ex의 효과 물질이나 동맥 경화를 예방할 수 있는 약리학적 활성 물질 규명이 필요하였다(Si Y, 2015).

Rheumatis치료: Celery 줄기 H_2O ex는 두 동물 model에서 현저한 항염활성을 보였다. Celery에는 항염활성이 좀 있는 phytosterol이 있으나 주요 항염 효과의 극성 물질은 동정되지는 않았다. Celery에서 동정된 mannitol은 또 항염활성이 있는 celery는 carrageenan-유도 rat부종을 감소시키지는 못하였다. Mannitol은 adjuvant-유도 관절염 rat model에서 염증을 감소시켰다는 보고가 있다. Celery 줄기는 rheumatis 치료 식물로 평판대로 항염활성이 있었다(Lewis DA, 1985).

간보호활성-씨①: Paracetamol-과 thioacetamide-간손상 rat에서 *Apium graveolens*(celery)와 *Hygrophila auriculata* 씨 MeOH ex는 serum transaminase(SGOT, SGPT), alkaline phosphtase, sorbitol dehydrogenase, glutamate dehydrogenase 및 bilirubin 측정에서 간보호 활성을 보였다. Paracetamol과 thioacetamide rat에서 간독성 유도 기본 mechanism이 달랐다. 이들 연구로 Indian 약물 중에서 이들 식물 씨의 활용이 실증되었다 (Singh A, 1995).

간암억제-씨②: *Apium graveolens* 씨 MeOH ex가 산화적 stress로 인한 hepatocarcinogenesis에 화학적 예방 활성을 Wistar rat liver에서 실험하였다. Diethylnitrosamine(DEN)+2-acetylaminofluorine(AAF)+partial hepatoectomy(PH)-유도 hepatocarcinogenesis를 celery seed ex가 용량 의존적으로 예방하였다(Saltana S, 2005).

간독성완화-씨③: *Apium graveolens* 씨 MeOH ex가 di-(2-ethylhexyl) phthalate(DEHP)-유도 간독성 rat에 대해 간독성 보호 효과를 실험. DEHP (1,000mg/kg, bwt/day)를 6주간 rat에 경구투여에서 SGOT, SGPT 및 alkaline phosphatase(ALP) 같은 혈청 marker enzyme인 alkaline phosphatase (ALP)와 총 billirubin과 간 lipid peroxidation(TBARS)은 현저히 증가하였다. *A. graveolens* seed ex를 6주간(300mg, bwt/day po) 투여한 결과, 혈청 단백질, 간 GSH 및 ascorbic acid는 감소하였다(Jain GC, 2009).

위암예방-씨유①: *Apium graveolens* seed oil의 생리활성 분획을 분석한 결과, d-limonene ①, p-mentha-2,8-dien-1-ol ②, p-mentha-8(9)-en-1,2-diol ③, 3-n-butylphthalide ④ 및 sedanolide ⑤을 분리동정하였고, 이들 중 ②, ④, ⑤ 물질이 A/J mice(♀) 목표 조직에서 해독 효소 glutathione S-transferase (GST) 유도에 강한 활성을 보였다. ④와 ⑤는 실험 동물에 시료 3x20mg/day 3일 투여에서 mouse 간과 소장 점막에서 대조군보다 4.5-5.9와 3.2-5.2배 이상 대조군보다 GST 활성을 증가시켰다. 또 동량의 ②도 대조군보다 GST 활성을 3.7배 증가시켰다. 이들은 B(α)P 유도 mice 종양 생성을 저해할 것으로 생각되었다. ④와 ⑤ 처리에서도 종양 발생을 68%에서 30%와 11%로 감소시켰고, ④와 ⑤에서도 약 67%와 83% 감소시켰다. ②는 forestomach 종양 발생에 현저한 억제는 없었다. 이로써 식용 umbelliferous plant의 천연

phthalide가 효과적인 화학적 암 예방제로 생각되었다(Zheng G-Q, 1993).

위보호활성②: Celery seed alcohol ex A-CSE의 경구투여량 150-300mg/kg과 supercritical fluid S-CSE 20-50mg/kg을 a) 만성 관절염, b) 심한 급성 염증에 ① ibuprofen 50mg/kg, Na-naproxen 27.5mg/kg, ketoprofen 5mg/kg 또는 acidic ethanol 150mg/kg, ② piroxicam 5mg/kg 또는 nabumetone 1000mg/kg 몇몇 편리한 위보호 물질 즉 sucralfate, cimetidine, bismuth salts 비경구적 piroxicam에 위 상처 예방에서 몇몇 편리한 위보호제 들이 있다. A-CSE는 조직 배양에서 porcine 위점막의 PGE_2 생산에 현저한 저해 효과를 보였다. 보고된 물질 quercetin과 myrcetin 외 몇몇 CSEs 물질은 10μM에서 PGE_2생성을 저해하였고, limonene같은 몇몇 CSEs 물질은 동 농도에서 효과가 없었다. 결과적으로 CSEs는 비prostaglandin 기전을 통하여 위보호 활성을 보였다(Whitehouse MW, 2001).

혈관확장기전-Apigenin: 혈관 수축에 대한 apigenin 저해 효과는 rat 흉부 동맥에서 고농도의 K^+와 norephineprine이 주로 전압과 수용체로 작동된 Ca^{2+}통로를 통하여 주로 Ca^{2+}유입에 의한 것으로 생각되었다(Ko F-N, 1991).

항산화활성-잎①: *Apium graveolens* 잎을 MeOH, H_2O, EtOAc및 BuOH로 추출, 각 추출물의 항산화활성을 DPPH, β-carotene-linoleate, reducing power, metal chelating 및 phosphomolybdenum법으로 측정한 결과, MeOH ex〉H_2O ex〉EtOAc ex〉BuOH ex순. 이 순서는 phenol성 물질 함량과 유사하였다(Jung WS, 2011).

항산화활성-씨②: Celery 종자 80% EtOH ex의 항산화능(DPPH radical 소거능)은 농도 의존적으로 증가하였고, ABTS 양 ion radical 소거활성도 농도 의존적으로 증가하였다. 총 phenol 함량은 8.2mol tannin산 당량/g. FRAP 환원력은 195.0mol, ascorbic acid 당량/g extract로 시료의 항산화능이 우수하였다(Kim M-A, 2017).

VPA해독활성: Na-valproate(VPA)는 간질(epilepsy)과 다른 질병 치료제이나, 동물과 인간 모두 고환에 심각한 독성을 보인다. 이에 대하여 *Apium graveolens* (celery)의 보호활성을 실험한 결과, VPA-유도 독성에 celery 추출물이 보호 효과를 보였고, celery 활성 분획에서 apigenin을 확인하였다(Hamza AA, 2007).

약물대사-Celery·Parsley: 전세계에 많이 이용되는 인체 영양에 celery와 parsley는 medoxalen의 천연 자원. 본 연구에서는 celery와 parsley juice를 사전 투여 후 penobarbital의 수면 작용과 paracetamol과 aminopyrine의 진통 작용에 미치는 영향을 실험한 결과, celery와 parsley 전처리 mice에서 phenobarbital의 수면 시간을 특히 parsley 전처리 동물에서만 통계적으로 현저히 연장시켰고, paracetamol과 aminopyrine의 진통 작용도 parsley 전처리 동물에서 더 효과적이었다(Jakovljevic V, 2002).

모기·선충·진균살충-씨: *Apium graveolens* 씨 MeOH ex에서 모기, 선충 및 진균 살충 성분을 분리한 결과, sedanolide ①, senkyunolide-N ② 및 senkyunolide-J ③이었고, ①-③은 nematode(선충)에 각각 25, 100 및 100μg/mL에서 선충 *Panagrellus redivivus*에 100% 살충효과를 보였고, ①은 nematode인 *Caenorhabditis elegans*와 fourth-instar 애벌레와 *Aedes aegyptii*에 50μg/mL에서 100% 살충시켰다. 또한 *Candida albicans*와 *C. parasilasis*의 성장을 100μg/mL에서 억제하였다. ②와 ③ 물질은 *A. graveolens*에서 처음 분리되었고, ①-③은 모기, 선충 및 진균에 살충성도 처음 보고이다(Momin RA, 2001).

Triterpenoids·Flavonoids-전초: *Apium graveolens* 신선한 전초에서 3개의 새로운 triterpenoid인 11,21-dioxo-2β,3β,15α-trihydroxyurs-12-ene-2-*O*-β-D-glucopyranoside①, 11,21-dioxo-3β,15α, 24-trihydroxyurs12-ene-24-*O*-β-D-glucopyranoside② 및 11,21-dioxo-3β,15α, 24-trihydroxyolean-12-ene 24-*O*-βD-glucopyranoside ③과 새로운 flavonoid인 apigenin-7-*O*-[2″-*O*-(5″-*O*-feruloyl)-β-D-apiofranosyl]-β-D-glucopyranoside ④를 10개 기지 flavonoid와 함께 분리동정하였다(Zhou K, 2009).

향기성분: Celery 종자 80% EtOH ex를 GC-FID로 분석한 결과, *O*-cymene 36.8%, α-thujene 10.4%, α-terpinene 7.7%, γ-terpinene 6.9%, decane 4.0%, sabinene 2.9%, hexane 2.3%, α-phellandrene 2.2%, 2,4-dimethylheptane 2.0%, α-terpinolene 2.0% 등이었다(Kim M-A, 2017).

효능과 이용

1) 식용: 향기롭고, 씁쌀한 야생셀러리는 비타민과 무기질이 풍부하고 생선이나 육류의 부향제로 쓴다. 독성이 있으므로 소량을 이용하며, 참나물처럼 무쳐도, 볶아 먹을 수도 있고, 찌개나 국거리로도 이용.

2) 약용: 골관절염, 류머티스 관절염, 통풍 및 요로감염에 복용하며, 염증이나 암종에 이용한다. 소화를 촉진하며 혈압을 내리는 효과도 있어 약용으로 쓰이며 목욕제로도 쓰인다.

★ 임산부는 이용을 금한다(Herbs p125).

참고 문헌

1) Butters DE, Davis CKC, McGeary RP, et al. *US Patent 6576274* 2002(Extracts of celery seed for the prevention and treatment of pain, inflammation and gastrointestinal irritation)

2) Hamza AA, Amin AMR. *J Exp Zool* 2007 307A 199(*Apium graveolens* modulates sodium valproate-induced reproductive toxicity in rats)

3) Iyer D, Patil UK. *J Complement Integr Med* 2011 8(1) 30(Effect of chloroform and aqueous basic fraction of ethanolic extract from *Apium graveolens* in experimentally-induced hyperlipidemia in rats)

4) Jain GC, Pareek H, Khajja BC, et al. *Afr J Biochem Res* 2009 3(5) 222[Modulation of di-(2-ethylhexyl) phthalate induced hepatic toxicity by *Apium grveolens* L. seeds extract in rats)]

5) Jakovljevic V, Raskovic A, Popovic M, Sabo J. *Eur J Drug Metb Pharmacok* 2002 27(3) 153(The effect of celery and parsley juices on pharmacodynamic activity of drugs involving on pharmacodynamic activity of drugs involving cytochrome p450 in their metabolism)

6) Jung WS, Chung IM, Kim SH, et al. *J Medicinal Plant Res* 2011 5(32) 7022[In vitro antioxidant activity, total phenolics and flavonoids from celery(*Apium graveolens*) leaves]

7) Kalarovic J, Popovic M, Zlinska J, et al. *Mol* 2010 15 6193(Antioxidant activities of celery and parsley juices in rats treated with doxorubicin)

8) Kim M-A, Han CH, Lee JE, Kim MJ. *Kor J Food Sci Technol* 2017 49(5) 480 (Antioxidant properties and oxidative stability of celery seed ethanol extract using in vitro assays oil-in-water emulsion)

9) Ko F-N, Hwang T-F, Teng C-M. *Biochem Biophys Acta* 1991 1115 69(Vasodilatory action mechanisms of apigenin isolated *Apium graveolens* in rat thoracic arota)

10) Kulshrestha VK, Singh N, Saxena RC, Kohli RP. *Indian J Med Res* 1970 58 99(A study of central pharmacological activity of an alkaloid fraction of *Apium graveolens*)

11) Lewis DA, Tharib SM, Veitch BA. *Int J Crude Drug Res* 1985 23 27[The anti-inflammatory activity of celery *Apium graveolens* L. (Fam. Umbelliferae)]

12) Momin RA, Nair MG. *J Agr Food Chem* 2001 49 142(Mosquitocidal, nematicidal and antifungal compounds from *Apium graveolens* L. seeds)

13) Momin RA, Nair MG. *Phytomed* 2002 312(Antioxidant, cyclo-oxygenase and topoisomerase inhibitory compounds from *Apium graveolens* Linn. seeds)

14) Popovic M, Kaurinovic B, Trivic S, et al. *Phytother Res* 2006 20 531[Effect of celery(*Apium graveolens*) extracts on some biochemical parameters of oxidative stress in mice treated with CCl4]

15) Ruperez P, Toledano G. *Eur Food Res Technol* 2003 216(3) 224(Celery by-products are source of mannitol)

16) Saltana S, Ahmed S, Jahangir T, Sharma S. *Cancer Lett* 2005 221 11(Inhibitory effect of celery seeds extract on chemically induced hepatocarcinogenesis: modulation of all proliferation, metabolism and altered hepatic foci development)

17) Sheng JP, Liu C, Shen L. *Spectros Spectral Anal* 2009 29 247(Comparative study of minerals and some nutrients in organic celery and traditional celery)

18) Si Y, Guo S, Fang Y, et al. *Am J Chinese Med* 2015 43(3) 443(Celery seed extract blocks peroxide injury in macrophage via notch 1/nf-κB pathway)

19) Singh A, Hande SS. *J Ethnopharmacol* 1995 49 119(Hepatoprotective activity of *Apium graveolens* and *Hygrophila auriculata* against paracetamol and thioacetamide intoxication in rats)

20) Sowbhagya HB, Sampathu SR, Krishnamurthy N. *J Food Eng* 2007 80 1255(Effect of size reduction on yield and quality of celery seed oil)

21) Sowbhagya HB, Sampathu SR, Srinivas P. *Indian Patent filed 593/DEL/04* 2004(Enrichment of phtalide from celery seed oil)

22) Sowbhagya HB, Srinivas P, Krishnmurthy N. *Food Chem* 2010 120 230(Effect of enzyme assisted extraction on celery volatiles)

23) Sowahagya HB. *Crit Rev Food Sci Nutr* 2014 54 389[Chemistry, technology and nutraceutical functions of celery(*Apium graveoleus* L.); An overview]

24) Sowbhagya HB. *Ph D Thesis* Mysore Univ India 2006(Effect of size reduction on yield and quality of celery seed oil)

25) Tang J, Zhang Y, Hartman TG, et al. *J Agr Food Chem* 1990 38 1937[Free and glycosidically bound volatile compounds in fresh celery(*Apium graveolens*)]

26) Tsi D, Das NP, Tan BK. *Planta Med* 1995 61 18[Effects of aqueous celery(*Apium graveolens*) extract on lipid parameters of rats fed a high fat diet]

27) Tsi D, Tan BKH. *Med Sci Res* 1997 25 673(Lipid-lowering activity of aqueous celery extract and its fractions in hypercholesterolaemic rats and mice)

28) Uhlig IW, Chang A, Jen JJ. *J Food Sci* 1987 52(3) 658(Effect of phthalildes on celery flavor)

29) Wassenhove FV, Dirinck PJ, Schamp NM, Vulsteke GA. *J Agric Food Chem* 1990 38 220(Effect of nitrogen fertilizers on celery volatiles)

30) Whitehouse MW, Butters DE, Clarke ML, Rainsford KD. *Inflammopharmacol* 2001 19(1-2) 201(NSAID gastropathy: prevention by celery seed extracts in disease-stressed rats)

31) Woods JA, Tewell C, O' Brien NM. *In Vitro Mol Toxicol* 2001 14(3) 233 (Sedanolide, a natural phthalide from celery seed oil: Effect on hydrogen

peroxide and tert-butyl hydroperoxide-induced toxicity in $HepG_2$ and $CaCO_2$ humancell lines)

32) Zheng G-Q, Kenney PM, Zhang J, Lam LKT. *Nutr Cancer* 1993 19(1) 77 [Chemoprevention of B(α)P-induced forestomack cancer in mice by natural phthalides from celery seed oil]

33) Zheng G-Q, Zhang J, Kenney PM, Lam LKT, Stimulation of glutathione S-transferase and inhibition of carcinogenesis in mice by celery seed oil constiuents, In: Huang MT, Osawa T, Ho CT, Rosen R T, eds., Food phytochemicals for cancer prevention 1. *Fruits and vegetables*. Washington DC American Chemical Society 1994 pp230

5 양파

Allium cepa

백합과
(Liliaceae)

Onion(英)
Tama-negi(日)
胡葱, 洋葱(中)

원산지: 페르시아

용도: 식용 – 전초
약용 – 비늘줄기

역사

양파(onion)는 서부아시아, 북아시아, 아프카니스탄, 타지크 등에서 오래전부터 재배해 온 식물로 중동을 거쳐 지중해 연안으로 전파된 것으로 알려졌다. 고대 이집트에서 이미 일반 식품이었고, 신성시되어 무덤에 부장되었으며, 피라미드 축조 시 노동자들에게 양파를 먹였다고 한다. 중세 유럽 일대에서 재배하였으며, 전염병 대유행 시 런던에서 그 화를 면한 곳은 양파와 마늘 상점뿐이었다고 한다(Herbs p111).

동양에는 중국에서 많이 재배하였고, 우리나라에 1908년경 도입되어 한국중앙농회보(韓國中央農會報) 3권 6호(1908)에 기재된 원예모범장 경종성적(園藝模範場 耕種成績)에 양파가 처음으로 등장하였다 한다.

식물학적 특성

여러 나라에 재배되는 2년초 키는 50-100cm, 인경은 지름 10cm내외 납작한 둥근모양 비늘 잎은 건조한 막질 자주색 또는 갈색,내부의 인경은 희고 두꺼우며 층층이 겹쳐지고 매운 맛. 꽃 줄기는 원통형, 2-3장의 녹색 잎은 속이 빈 원기둥 모양. 흰 꽃은 꽃 줄기 끝에 다수가 둥근 산형화.

동속식물에는 산달래(*A. grayi*), 파(*A. fistulosum*), 마늘(*A. sativum*) 등 약 11종이 우리나라에 있다(Lee, YN, II, p422).

성분

1) 영양성분

① 양파 생것(국산, 6226) 가식부 100g 중 열량 35.0kcal, 단백질 1.0g, 지방 0.2g, 당질 7.9g, Ca 5.0mg, P 34.0mg, Fe 0.3mg, Zn 0.21mg, vitamin B_1 0.40mg, B_2 0.01mg, B_6 0.21mg, niacin 0.1mg, C 8.0mg, 엽산 15.1μg, E 0.13mg. 〈식이섬유 1.48g〉

② 양파 생것(중국산, 6227) 가식부 100g 중 열량 28.0kcal, 단백질 0.9g, 지방 0.1g, 당질 6.4g, 조섬유 0.60g, Ca 10.0mg, P 25.0mg, Fe 0.3mg, Zn 0.21mg, vitamin B_1 0.06mg, B_2 0.02mg, B_6 0.21mg, niacin 0.1mg, C 17.0mg, 엽산 15.1μg, E 0.13mg.

2) 특수성분

Allylsulfide(D-03431), Cyanidin-laminaribioside(P-00583), S-Methyl L-Cysteine sulfoxide(C-02481), S-Methyl L-Cysteine sulfoxide(S)c(S)s (M-00920), Methyldisulfide(D-03095), S-Propylcystein sulfoxide(R)c(S)s (P-01905), Cycloalliin(C-02223), *Dimethyldisulfide(D-03095), Dimethyl trisulfide(D-03305), Di-2-propenyl disulfide(D-03431), γ-Glutamyl-isoleucine(L-L)(G-00515), γ-Glutamylisoleucine(L)(G-00520), γ-L-Glutamyl-S-(2-carboxy-1-propyl)cysteinglycine(G-00515), 3(1-Propenylsulfinyl)alanine(P-01887), γ-Glutamylphenylalanine(G-00524), γ-Glutamylvaline (L-L)(G-00528), Kaempferol-3-sophoroside(G-00470), 6-Ketose(K-00199), *2-Methyl-2-pentanal(M-01255), *1-Propanthiol(P-01876), *Propenyl sulfenic acid(E)(P-01896), Quercetin 3,4-diglucoside(H-00908), Quercetin 4,7-diglucoside(Q-00014), Quercetin 3-*O*-sophoroside(P-00565), Tsibulin 1(O-00256), Tsibulin 2(H-00831)등이 분리규명되었다.

동속식물에서 Alliospiroside B, *Allylprophyl disulfide(P-01894), *Benzyl isothiocyanate(B-00268), Cepaene 1, 2A, 2B, 3, 4A, 4B, Dipropyl disulfide(D-03435), Dipropyl trisulfide(D-03435), Gibberelli A4(G-00320), Glucofructan, Kaempferol-3,4′-di-*O*-β-D-glucoside(G-00470), Kamepferol-4,7′-di-*O*-β-D-glucoside(G-00470), Methionin sulfone(M-00638), Methyl propyl disulfide(M-01309), Methyl propyl trisulfide(M-01309), *Phloroglucinol carboxylic acid(B-00235), Prop-cis-enylpropyl trisulfide(trans, P-01894), Prostaglandin A1(H-02750), Prostaglandin E1(D-02564), Selenomethylselenocysteine(S-00517), Thiopropanal-S-oxide, Thiopropional-S-oxide, Tseposide A, B, C, D, E, F, Tulposide A(H-02365, T-03038), Tuliposide B(D-02324) 등이 분리되었다.

생리활성

생리활성①: 양파 추출물의 효능을 설치류에서 평가하였다. 실험동물을 대조군(C), 양파추출물 투여군(시료군)으로 나누고, 시료군은 C군에 비해 적혈구 RBC, hemoglobin(Hb), hematocrit(Hct) 수준이 약간 증가하였고, Hb, monocyte, lymphocyte 및 eosinophil은 C군과 비교, 별 변화는 없었다. Glutamic oxaloacetic transaminase(GOT) 및 glutamic pyruvic transaminase(GPT)는 C군보다 감소하였다. 혈당, 총 단백질, HDL-chol은 시료군에서 약간 높았고, triglyceride, 총 cholesterol은 C군에 비해 시료군에서 낮았다. 간조직과 혈액 면역과 염증 관련 cytokine (IL-1α), IL-β, IL-2, granulocyte-macrophage colony-stimulating factor (GM-CSF) 수준은 모두 정상범위 내에 있었다. 본 연구 결과 고농축 식이성 양파 추출물을 혈액학적 지표와 면역기능에 특성은 없었다(Lee, JY, 2020-267).

생리활성②: 양파 메탄올 추출물의 생리활성 및 항산화 효과을 알고자 양파를

MeOH 추출하여 생리활성 중 전자공여작용, 아질산염 소거작용, ACE 저해작용, 항산화 효과를 실험한 결과, 양파 추출물 첨가구는 약 70%의 높은 효과를, 아질산염 소거작용은 모든 농도에서 pH 증가에 따라 감소경향을 보였고, ACE 저해작용은 추출물 30mg/mL이상 첨가구에서 약 80-90%의 높은 활성을 보였다. 항산화 효과는 추출물을 대두유, 옥배유, 라드 및 쇼트닝에 농도별로 첨가하여 60℃에 저장하면서 POV(peroxide value), TBA 및 AV를 측정, 산화안정성을 시험한 결과 쇼트닝을 제외한 모든 유지에 항산화 효과가 뚜렷하고, 특히 lard에 탁월한 효과가 있었다(곽희진, 2000-349). 양파즙의 알콜에 의한 간손상 방지효과연구에서 흰쥐에 EtOH 투여로 지질 과산화물 생성을 증가시킨 후, 양파즙 투여로 지질 과산화물 생성이 억제된 것은 효소적 항산화 작용보다는 비효소적 작용으로 glutathione 및 sulfhydryl group 함량이 증가됨으로 산화물에 대한 방어력이 증강되는 것으로 생각되었으며 간손상지표로 알려진 혈청 aminotransferase 및 alkaline phosphatase 효소 활성을 감소시켰음은 양파즙이 EtOH에 의한 간세포 손상 방지 작용으로 사료되었다(박평심, 1994-750).

ACE·XO·Tyrosinase저해: 양파의 angiotensin converting enzyme(ACE), xanthine oxidase(XO), tyrosinase의 저해작용을 알고자, 양파를 80% EtOH로 추출, sephadex LH-20과 column chromatography로 fraction I, II, III으로 분리, 각 분획에 대하여 ACE, XO, tyrosinase의 저해 효과와 지질대사를 검토한 결과, fraction I과 II의 ACE 저해 효과는 50ppm에서 80%이상, III에서는 500ppm에서 90% 효소저해 작용을 보였다. Fraction III 100ppm에서 XO 효소저해 효과는 82.5%, tyrosinase의 저해 효과는 42.6%, 효소저해 작용이 가장 강한 fraction III를 2개월간 고지방식이에 첨가하여 혈장 및 간장에서 지질대사에 미치는 영향을 분석한 결과, 혈장에서는 총지질, 중성지질이 대조군보다 유의적 감소를, 간의 cholesterol량도 약 50% 감소 결과가 있었다(우희섭, 2003-119).

지방간·동맥경화예방: 양파의 high cholesterolemia에 미치는 영향을 알고자, 1% cholesterol과 0.25% Na-cholate 첨가 high cholesterolemia 유발 식이와

양파 EtOAc 분획을 농도별로 6주간 흰쥐에 급여하여 high cholesterolemia에 미치는 영향을 관찰한 결과, 양파 ethylacetate 분획 투여군이 high cholesterol 투여군에 비해 간의 무게, total choleaterol, LDL-cholesterol 및 TG 농도 등은 감소되었고, HDL-cholesterol과 phospholipid는 증가되었다. 이로써 양파 음료가 지방간 및 동맥경화의 예방과 치료에 효과적일 것으로 기대되었다(김성호, 2001-673).

Antioxidant·antigenotoxic: 양파껍질 ex(시료)는 ① DPPH와 ABTS 및 peroxy radicals 소거활성이 효과적이었고 ② HPLC로 시료를 분석한 결과, 항산화 물질로 잘 알려진 epicatechin, morin 및 quercetin을 함유하였고, ③ 시료는 $HepG_2$ cell에서 AA pH-유도 산화 stress에 대하여 강력한 항산화활성을 보였다. ④ H_2O_2나 HNE(hydroxyl nonenal) 유도 human leukocyte DNA 손상에 대해 보호하였다. ⑤ 시료의 radical 소거능은 용매에 따라 약간 다를 수 있으나, 세포 내 산화적 stress나 antigenotoxic effects(ex vivo)의 감소에는 차이가 없었다(Kim, J, 2013)

인지손상개선: 양파의 과육(AF)와 과피(AP)를 신경세포보호 효과 및 Aβ-유도 인지기능 장애(mouse) 개선효과를 실험하였다. AF와 AP 분획물 모두 PC-12세포에서 Aβ로 유도된 세포독성에 신경세포보호 효과(세포 내 산화적 stress 억제, 세포 생존율 및 세포막 보호 효과)를 보였다. Aβ-유도 인지장애 mouse model에서 행동시험(Y-미로, 수동회피 및 Morris 수중 미로 시험) 결과, AF과 AP 분획물 모두 효과적 학습 및 기억능력이 개선되었고, 행동실험 후 mouse 뇌조직에서 산화적 stress에 대한 생체 방어 기작의 하나인 SOD 함량의 증가, oxidized GSH/총 GSH 및 MDA 감소에 따라 산화적 stress에 대한 우수한 항산화 효과가 긍정적 영향을 미친 것으로 판단. 또 뇌조직에서 분리한 mitochondria(mito) 막전위 (MMP)보호 및 ATP 함량 증가를 보였으며 mito와 관련된 apoptosis 경로에서 BAX 감소 및 cytochrome c 방출억제로 caspase 3/7 활성을 억제하는 것으로 보였다. 결국, AF 분획물과 AP 분획물은 AchE 활성을 억제 및 Ach 함량을 증가시켜 효과적 choline system 보호. Aβ-유도 인지기능 장애를 예방할 수 있을 것으로 보였다(Park, SK, 2020-263).

지질대사①: 양파의 항고지혈 및 항산화활성을 알고자, 흰쥐에 고지혈증과 지방간을 유발시키고 양파즙을 3mL, 5mL를 투여한 결과 GOT, GPT는 모두 상승이 억제되었고 serum total lipids, TG, total cholesterol, phospholipids 상승을 억제시켰다. β-lipoprotein은 3mL 투여에서 유의성 상승이 억제되었으며, liver extract는 양파즙 3mL 투여군에서 TG, total cholesterol 수치의 상승을 억제하였다. 또한 흰쥐의 체중, 간중량은 양파즙 5mL 투여는 고지방식이로 증가된 체중과 간중량을 유의적 감소를 보였다. 항피로 효과는 양파즙 10일, 20일간 투여에서, 10일간 투여는 체중이 정상대조군 증가보다 감소되었으나, 수영시간은 정상 대조군보다 유의적 연장을 보였다. 항산화 효과는 linoleic acid air oxidation에서 양파 MeOH ex 및 juice ex 첨가군은 비교물질(BHA, α-tocopherol)보다 유의성 항산화활성을 보였다(정명현, 1997-198; 서화중, 1997-1164; 문원희 1998).

지질대사-양파즙②: 양파즙이 혈중지질량에 미치는 영향을 알고자 대조군(옥수수기름), 우지군, 돈지군, 돈지+5% 양파즙(5%군) 및 돈지+10% 양파즙(10%군)으로 1개월간 사육한 결과, 10%군의 체중이 타군보다 증가, 대조군보다 우지 또는 돈지군의 혈중 TG나 cholesterol이 증가, 식물성 유지보다 동물성 유지가 혈중 지질을 높였고, 돈지가 우지보다 TG를 증가시켰으나 cholesterol 증가에는 별 차이 없었다. 5%군과 10%군의 비교에서 TG와 cholesterol를 매우 감소시켰으나, GOT 증가와 약간의 alkaline phosphatase 활성 증가를 보였고, 다른 시험군과 함께 bilirubin, creatine, uric acid 및 hemoglobin 량은 거의 정상이었다. 대조군과 10%군의 비교에서 혈중 TG와 cholesterol이 감소하였다(서화중, 1993-138).

지방대사-양파분말③: 고지방, 고cholesterol 식이 SD계 rat(♂)에서 양파분말 투여가 지방대사에 미치는 영향을 실험하였다. 실험군을 대조군(C), 고지방식이군(HF), 고지방+양파분말 식이군(OP), 고지방+quercetin 식이군(Q)으로 나누어, HF군은 1% cholesterol, 4% lard, 0.3% Na-taurocholate를, quercetin 공급군은 0.1g/kg(사료)을 포함시켰다. OP군은 C군에 비해 증체량이 낮아 식이효율에는 현저한 차이가 없었다. 총 지방에 대한 변중 bile acid는 C군에 비해 HF군이 현저히 감소, C군은 OP군과 같았다. 변중 총 지방에 대한 bile acid는 HF군과 Q군에 별 차이가 없었다. HF군은 C군에 비해 간의 총 cholesterol은 현저히 증가하였으나, OP군은 HF군에 비해 현저히 감소하였다. GOT(glutamin oxlaoacetic transaminase) 활성이 HF군보다 OP와 Q군에서 현저히 감소하였다. 이로써 고지혈증 rat에 양파분말이 체중조절을 보였고, 간의 총 cholesterol을 현저히 감소시켰으며 GOT 활성을 환원시켰다. 더구나 양파분말이 quercetin 섭취보다 더욱 효과적임을 알 수 있었다(Lee, K-H, 2008)

지방대사-체지방저하④: 양파와 무의 식이가 체지방을 저하시키고 항산화능 증진효과가 있었다. 특히 양파는 건분보다 EtOH 추출물이 체지방 저하효과가 컸고, 무시료보다는 양파의 지질대사와 항산화 효과가큰 것으로 관찰되었다(안소진, 2001-513).

Cholesterol대사-양파⑤: 사료에 양파를 첨가. 비육돈 교잡종(duroc × yorkshire × landrace)의 cholesterol 대사를 조사하였다. 옥수수-대두박 기초 사료에 1.0% 양파 첨가(ORB1), 2.0% 양파첨가(ORB2), 무첨가구(Con) 3군으로 나누어 50일간 사육 후, 증체량/일, 식이섭취량/일은 con보다 양파 첨가량에 따라 감소하였고, 혈중 HDL-cholesterol 차이는 나타나지 않았으나, LDL-cholesterol은 양파 첨가량 증가에 따라 감소하였다. 결론적으로 70-108kg 비육돈에서 사료 내 양파 첨가는 성장 촉진과 혈중 총 cholesterol 감소에 효과가 있었다(홍종욱, 2001).

항산화효과-껍질①: 양파껍질 추출물의 항산화 효과를 알고자 양파껍질에 있는 항산화물질을 여러 용매로 추출하여 항산화 효과를 비교한 결과, BuOH〉EtOAc〉Et_2O〉H_2O fraction 순이었고, 농도 의존적 항산화 효과가 증가되었다. 이 효과는 총 phenol 함량 및 수소공여능과 밀접한 관계가 있었다. 양파 껍질의 주요 항산화 효과 물질은 quercetin aglycone(3,3′,4′,5,7-penta hydroxyflavone)으로 동정되었다(손종연, 1997; 나경수, 1997-595).

항산화활성-껍질②: 양파 가공 부산물인 양파 껍질을 활용코자 추출공정에 따른 활용가능 추출공정으로 다양한 항산화활성 변화를 확인하였다. 양파껍질 추출물의 총 polyphenol 함량은 onion peel extract mix extract(OPME)-1에서 233.90mg/g으로 가장 높았고, 항산화활성(DPPH) IC_{50} 값은 OPME-1에서 1.15mg/mL로 강한 radical 소거능을 보였다. ABTS로의 총 항산화력은 onion peel mix(OPM)에서 432.78mg AAeq/g으로 항산화활성이 높았으며, 환원력은 onion peel mix with ethanol precipitation(OPMPE-1)에서 1.69A_{700}으로 높았고, oxygen radical absorbance capacity(ORAC) 지수는 OPMPE-1에서 318.509μM TE/mL로 높아 양파껍질 추출은 여러 번 추출보다 1회 추출이 항산화활성이 높아 기능성 식품소재로 유리할 것으로 생각되었다(Joung, EM, 2014)

항산화효과③: 양파 메탄올 추출물의 생리활성 및 항산화 효과을 알고자 양파를 MeOH 추출하여 생리활성 중 전자공여작용, 아질산염 소거작용, ACE 저해 작용, 항산화 효과를 실험한 결과, 양파 추출물 첨가구는 약 70%의 높은 효과를, 아질산염 소거작용은 모든 농도에서 pH 증가에 따라 감소경향을 보였고, ACE 저해작용은 추출물 30mg/ml 이상 첨가구에서 약 80-90%의 높은 활성을 보였다. 항산화 효과는 추출물을 대두유, 옥배유, 라드 및 쇼트닝에 농도별로 첨가하여 60℃에 저장하면서 POV(peroxide value), TBA 및 AV를 측정, 산화안정성을 시험한 결과 쇼트닝을 제외한 모든 유지에 항산화 효과가 뚜렷하고, 특히 lard에 탁월한 효과가 있었다(곽희진, 2000-349; 박양균, 1998).

간보호-양파즙: 알콜에 의한 간손상 방지효과 연구에서 흰쥐에 EtOH 투여로 지질 과산화물 생성을 증가시킨 후, 양파즙 투여로 지질 과산화물 생성이 억제된 것은 효소적 항산화 작용보다는 비효소적 작용으로 glutathione 및 sulfhydryl group 함량이 증가됨으로 산화물에 대한 방어력이 증강되는 것으로 생각되었으며 간손상지표로 알려진 혈청 aminotransferase 및 alkaline phosphatase 효소 활성을 감소시켰음은 양파즙이 EtOH에 의한 간세포 손상 방지 작용으로 사료되었다(박평심, 1994-750).

항암효과-피부암·위암①: 비상품 양파 물추출물(OWE)의 mouse 피부암과 위장암 억제효과를 실험, 피부암은 control구에서 6주후부터 종양이 발생,

23주에 mouse당 2.9개의 종양이 발생하였으나 20mg OWE 투여군에서 8주부터 종양이 발생, 23주 후 1.3개/mouse 종양발생으로 55.2% 억제효과를 보였다. 20mg quercetin 처리에서 6주부터 종양발생, 23주에 1.2개/mouse 종양이 발생하였다. 처리별 암발생은 20mgOWE 처리에서 85.7%, 20mg quercetin에서 76.2% 발생으로 대조구 95.2%보다 종양 발생이 낮았다. 위암은 대조구에서 9.2개/mouse종양 발생, 50mg OWE와 25mg OWE에서 각각 6.1, 6.3개 종양 발생. 대조구보다 각각 33.7%, 31.5% 종양 억제효과가 있었다. 또 25mg quercetin 처리는 5.3개/mouse 종양이 발생하였다. 처리별 암발생율은 50mg OWE 및 25mg OWE 처리에서 각 88.2%, 94.1%, 25mg quercetin 처리에서 83.3.% 발생으로 대조구 100%보다 암 발생이 낮았다 (이찬중, 2000-525).

항암효과-복수암·폐암②: Quercetin의 항암효과는 발암물질의 활성감소, 암세포의 효소작용저해, 해독작용 효소의 활성 증대 및 변이 암세포의 생육저해 작용 등 복합적으로 생각된다. 특히 quercetin은 유방암, 혈구암, 난소암, 위장암, 결장암 등의 성장저해, 양파 추출물의 혈전용해효과, 항돌연변이, 세포독성효과, 복수암 억제효과 및 폐암세포(인간)에 cytotoxic effect가 보고되었다(노숙령, 2000).

DNA손상억제-양파>마늘③: 양파와 마늘이 산화적 DNA 손상에 미치는 영향을 시험관내에서 Cu^{2+}-phenanthroline에 의해 유리된 TBA 반응물을 측정, 관찰한 결과 양파가 마늘보다 더 강한 TBA 반응 억제 효과가 있었으며 양파의 효과는 가열에도 변화가 적었다. 항산화효소 SOD 활성은 마늘에서, catalase와 glutathione peroxidase 활성도는 양파에서 더 높았고, -SH기는 마늘에서 더 많았다. Cu-phenanthroline에 의한 산화적 DNA 손상에 대해 SOD와 catalase는 영향이 적고, glutathione은 영향이 비교적 큰 것으로 나타나 양파가 마늘보다는 큰 DNA 손상 억제 효과를 보였다. 이는 항산화 효소나, -SH기에 의한 것이 아니며, 특히 양파에 가열에도 DNA 손상 억제가 적은 것으로 보아 비교적 고온에 안정된 물질 Cu-phenanthroline에 의한 DNA 손상 억제 효과를 나타내는 것으로 사료되었다(박평심, 1992-367).

항암성-DENS·유도간암④: Diethylnitrosamine(DENS) 유도 간암세포에 양파의 항암성을 보고자, SD계 rat(♂)에 DENS를 복강 내 단 1회 주사하고, 9주간 양파분말을 급여 후, 희생시켰다. 양파급여로 태반 glutathione-S-transferase(GST-P) 형성을 억제시켰다. GST의 세포질의 활성은 대조사료 급여군에서 DENS에 의해 증가되었다. Glutathion peroxidase activity는 GST 활성에 비슷한 반응을 보였으나 양파는 DENS 처리군에서 GST를 현저히 감소시켰다. 그러나 glutathione reductase 활성과 microsomal thiobarbituric acid-reactive substance value는 실험군 중에서 차이는 나타나지 않았다. 이 결과로 양파는 산화적 stress와 쥐간에서 preneoplastic foci 형성을 억제, 항암활성을 나타내었다(Bang, MA, 2019)

항암·항산화활성-건조법⑤: 동결건조(FD)와 저온진공 건조(LTVD)법으로 양파를 건조, 유기용매 추출, 인체결장암 HT-29과 섬유육종 HT-1080 human fibrosarcoma 증식억제와 세포 내 활성산소종 억제효과를 검토. LTVD 건조양파 acetone+methyl chloride 추출물 AM ex는 최저농도 0.5mg/mL에서 농도 의존적 HF-29와 HT-1080을 성장억제, FD 양파가 AM ex보다 증식억제가 높았고, FD와 LTVD 양파분획들도 암세포 증식억제가 높았다. 지질 과산화물 생성억제 실험에서 FD와 AM ex 및 MeOH ex와 그 분획물은 시료 2.5mg/mL에서 blank군과 control군 비교에서 120분 계속 높은 세포 내 지질 과산화물 생성 억제능을 보였다. 세포 내 활성산소종 억제효과는 동결건조 양파보다 저온진공 건조양파 추출물과 분획물의 저해 효과가 더 높았다(Jang, JR, 2008-1271).

항암·항산화활성-육질·껍질⑥: 다량으로 버려지는 양파껍질(OP)과 육질(OF)의 총 flavonoid 함량은 OF보다 OP에 48배 많았고, OP의 acetone과 CH_2Cl_2과 MeOH ex 0.05mg/mL에 HT-1080 처리시 지질 과산화물 생성이 크게 억제되었고, 이후 추출물은 500μM H_2O_2 처리 control과 비교시 120분간 계속 지질 과산화물 생성이 억제되었고, OP가 OF보다 높았다. OP 85% MeOH 및 BuOH분획의 저해 효과가 우수. OF의 85% MeOH 분획이 항산화능이 높았다. OP A+M ex의 IC_{50}은 AGS와 HT-20에서 각각 0.07과

0.05mg/mL로 OF보다 저해 효과가 높았고, OP MeOH ex의 IC_{50}은 두 세포에서 0.75 및 3.30mg/mL로 AGS 증식억제가 우수하였다. OF 및 OP 85% MeOH 분획의 AGS에 IC_{50}이 각각 0.04 및 0.03mg/mL로 가장 활성이 높았고, 이들 분획들은 HT-29보다 AGS에 증식억제가 높았다(Jang, JR, 2009).

DNCB-알레르기성피부염억제: 노랑, 붉은, 흰색 양파 열수 추출물(시료)이 DNCB에 감작된 4주령 BALB/c mouse(♀)에 접촉성 피부염의 억제효과를 조사하였다. 실험동물의 림프절, 비장 및 흉선의 무게는 시료 투여 DNCB 대조군(대조군)보다 낮았고, 귀의 무게는 시료 농도 증가에 따라 감소하였으나, 대조군과는 변화가 없었다. 시료를 1,000mg/kg 농도 투여에서 귀의 무게는 대조군과 유사해졌으며, 귀의 두께는 시료투여군에서 시간이 지남에 따라 감소하였다. Malondialdehyde 함량은 DNCB 대조군과 시료투여군을 비교해서 간조직에서는 차이가 없었으나, 염증이 발생된 귀조직에 차이가 있었으며, NO 함량은 모든 시료투여군에서 염증이 억제, 대조군과 유사하게 나타났다(Shon, MY, 2004-659).

Xanthin oxidase 저해기작-껍질: 양파 껍질에서 분리한 flavonol의 xanthine oxidase 저해기작을 알고자 양파 껍질의 90% MeOH 추출물은 12.8%, 추출물 661.3mg%의 flavonoid 함량과 88.7%의 XO 저해율을 보였다. 이 추출물은 ODS column과 sephadex LH-20 column으로 분리, F_1, F_2 분획물을 얻어 분석한 결과, 3-hydroxy flavonol로 동정되었고, F_1, F_2 분획농도를 달리하여 저해활성을 측정한 결과, 분획의 농도 의존적 XO의 활성이 감소, F_1과 F_2의 IC_{50}은 0.95와 0.76mg이었다. 반응계 내 혈청 단백질 농도의 증가에 따라 F_1과 F_2 분획 공히 80% 이상 저해활성을 보여 양파 껍질 flavonol의 XO에 대한 저해활성은 효소에 대한 특이성으로 추측되며 F_1과 F_2에 대한 XO에 저해는 비경쟁적과 무경쟁적 저해의 혼합형태로 사료된다. 양파껍질에서 XO 저해물질은 quercetin과 quercetin-4′-glucoside로 동정, 저해기작은 경쟁적과 비경쟁적 저해 형태가 혼합 형태였다(나경수, 1998-693, 697).

항균효과①: 양파는 *Sal. enteritidis*에 2.5%에서 28.5% 항균력을, *Staphyl.*

*aureus*와 *Vibrio haemolyticus* 2.5%에서 50%이상 발육이 저지되었다. 생강은 양파와 비슷하여 *Staphyl. aureus*와 *Enterobacter cloacae*에 비교적 약하나 *Sal. enteritidis*와 *Vibrio parahaemolyticus*에 50% 이상의 생육저해 효과를 보였다(서화중, 1999-94).

항균활성②: *Pseudomonas aeruginosa*(Pa)에 양파껍질의 항균활성을 알고자, Pa에 양파껍질의 Et_2O층에서 항균활성이 컸으나 감자껍질은 수층에서 항균활성이 컸다. *Staphylococcus aeruginosa*균에 대하여 양파껍질의 butanol층에서 항균력이 컸다. 실험 결과 양파껍질과 감자껍질을 이용, 천연항균제 및 식품보존제로의 개발 가능성이 높았다(배송자, 2003).

항균·항혈전·항산화-유자·양파음료: 유자첨가 양파 발효 음료(양파식초·용수·황설탕·사과 농축액·유자착즙액=6.0:77.6:4.9:9.2:2.3(w/w)를 제조, 최적 배합조건에서 제조된 복합음료는 phenol성 화합물, 총 flavonoid, quercetin 및 생리활성(항균, 항산화, 항혈전용해능) 분석 결과, 총 phenol 함량 14.8mg/100g, 총 flavonoid는 2.6mg/100g, quercetin 1.4mg/100g이었다. 이 복합음료는 *St. aureus*, *Sal. typhimurium*, *E. coli* 및 *Ent. aerogenes*에 항균성을 보였고, DPPH radical 소거능은 18.2%, SOD 유사활성은 11.5%였다. 따라서 이 개발 유자 양파 발효음료는 양파기인 영양성분 및 발효과정에서 생산된 각종 유기산 등 복합적 생리활성 제품이라 생각되었다(Jeong, E-J, 2016)

ACE저해활성: 양파 조미액의 angiotensin converting enzyme(ACE) 저해활성을 알고자 양파를 유기용매 hexane, EtOAc, Et_2O, BuOH, H_2O로 분획하여 BuOH 분획이 82.1% ACE 저해활성이 있었고, 양파 조미액 70.3% ACE 저해활성보다 높았다. BuOH 분획을 재분획하여 ACE 저해활성이 93%까지 보인 crude flavonoid 물질은 전형적인 비경쟁적 저해 양상을 보였다(마상조, 2000; 조원대, 1996).

모발성장촉진-양파·당귀: C57BL/6 mouse에서 *Allium cepa*(red) 생물 전환 추출물과 *Angelica gigas* 추출물이 혼합된 새로운 물질의 모발 성장 촉진 효과를 평가하였다. 적양파 EtOH ex를 *Bacillus subtilis* KJ-3(BS3) 균주로

생물전환하였고, 이를 Red BCQ라 명명하였다. Red-BCQ의 quercetin 함량은 생물 전환 후 약 7.4배 증가. *Angelica gigas* 추출물(Ag ex)에는 decursin(D), decursinol angelate(DA)등 coumarin이 다량 함유, Ag ex 1mg중 D는 0.4146mg, DA는 0.3659mg 함유. Minoxidill은 모발 성장을 촉진하는 약물로 Red-BCQ, Ag ex 및 이들 혼합물의 모발 성장 촉진 효과를 5% Minoxidill과 비교하였다. 25수 mouse는 생리식염수(CON), 5% Minoxidill(M), Red-BCQ(RA), Ag ex (AG), 이들 혼합물(RAG) 처리군 등 5실험군으로 나누고 시료를 1회/일 4주간 일정 시간에 경구투여한 후 모발 증식을 7, 14, 21, 28일 사진으로 관찰하였다. 또한 5α-reductase, alkaline phosphatase(ALP), γ-glutamyl transpeptidase (γ-GT), insulin-like growth factor (IGF-1), transforming growth factor(TGF)-β1, 항산화 효소 활성, 피부조직 모낭도 관찰하였다. 이로써 혼합물 투여군은 다른 군보다 항산화 및 모발성장 촉진 효과가 더 컸다. 이러한 data는 RAG가 C57BL/6종의 모발성장에 강력한 자극활성이 있음을 보여 주었다(Lee, JY, 2020)

독성완화-Pb①: 양파즙 투여가 rat의 납독성에 미치는 영향을 알고자 실험한 결과, 납에 중독된 rat(Pb 100mg/kg rat)에 사료의 2%에 해당된 양파를 투여함으로서 납중독의 예방 내지 중독 증상을 경감할 수 있는 것으로 나타났다(서화중, 1993-138).

독성완화-$CCl_4$②: 양파 식이가 흰쥐에서 사염화탄소 독성에 미치는 영향을 알고자 생양파, 삶은 양파, 양파즙을 실험식이로 4주간 흰쥐를 사육하여 체중, 식이섭취량 및 장기무게를 측정한 결과, 변화는 없었고 신장은 CCl_4 투여로 증가하였으나 양파로 감소되었다($p<.05$). 혈청 cholesterol도 CCl_4 투여로 증가되었으나 양파로 감소되었다. 특히 생양파와 양파즙이 우수하였다. 간과 신장의 SOD와 catalase 활성도는 모두 CCl_4투여로 활성이 증가되었으나 양파투여로 억제되었고 특히 양파즙이 우수하였다. 간과 신장의 지질과 산화도는 CCl_4 투여로 지질 과산화물 malondialdehyde(MDA) 증가가 양파투여로 감소하여, CCl_4 투여로 증가된 지질을 감소시켰고, 간과 신장의 MDA, SOD 및 catalase 활성을 둔화시켜 양파가 CCl_4 독성을 완화시키는

것으로 사료된다(박평심, 1991-121).

당뇨치료성분: 항당뇨효과는 disulphide group이 insulin 절약작용 때문이며, 무기질인 K, Zn, Ca, Mn, Cr 등도 당뇨병치료에 효과가 있었다(Sheela, CG, 1995).

향기성분비교-저장중①: 국내 주요 양파 생산지 무안, 부안, 안동 및 창녕의 3개 지역 유어, 장마, 성산에서 수거 6종을 0.5℃ 저장중 휘발성 향기성분을 분석 비교한 결과, 동정된 총 45성분중 함황 화합물 21종이 가장 많았고, 66.9-86.9%. 유어에 7,582.4ng/g, 장마 2,374.7ng/g, 부안 2,233.3ng/g 및 안동 1,516.7ng/g순. 저장 60일경에 상당양 감소하여, 항산화 효과가 있는 6종의 함황 화합물 2,4-, 2,5-dimethylthiophene, 2-vinyl-1, 3-dithiane, 5-dimethylthiazole, 3.5-diethyl-1,2,4-trithiolane 및 isomer는 저장 0일에 유어〉성산〉무안 순. 저장 60일에 유어〉무안〉성산〉안동〉장마〉부안 순. 항암효과 함황 화합물 5종은 (Z)-, (E)-methyl propenyl disulfide ①, ②, (Z)-, (E)-propenyl propyl disulfide ③, ④, di-2-propenyl disulfide⑤. 저장 0일에 유어, 성산, 무안이 가장 높았으나, 저장 60일에 무안, 유어, 성산, 부안 및 장마 순이었다(Lee, H-Y, 2008-1712)

휘발성향기성분변화-동결건조②: 양파는 재배 역사가 오래되었고, 향기성분 특성 때문에 고추, 마늘 등과 함께 조미, 향신료로 이용되고, 항균, 항암, 항산화 및 중금속 제거 효과 등 생리활성도 다양하다. 본 연구에서는 생 양파와 동결건조 양파에서 각각 40과 31종 화합물 즉 ester류, aldehyde류, ketone류, alcohol류 및 함황 화합물류이었다. 이중 1-propanethiol, dipropyltrisulfide, methyl propyl trisulfide, dimethyl trisulfide는 생 양파와 동결건조 양파에 모두 다량 확인되었으나, 1-propanethiol, dipropyl trisulfide는 동결건조양파는 매우 감소, 또 methyl allyl sulfide, diallyl disulfide 및 3,5-diethyl-1,2,4-trithiolane류는 생 양파에서만 확인되었다. Ethyl acetate, dimethyl disulfide, 2-methyl-2-pentenal (Z)-propenyl methyl disulfide 및 (E)-propenyl methyl sulfide가 동결건조 양파에서 증가되었다(Kim, J-H, 2005)

휘발성향기성분변화-오니웰TM③: 양파 추출 농축액(오니웰TM)의 저장·유통 과정 중 품질유지 척도로 관능적 요소중 중요한 휘발성 향기성분을 30℃ 150일 저장 기간중 분석하였다. 총 32종의 휘발성 화합물을 동정한 결과, 함황 화합물 9종, carbonyl 화합물 5종, puran류 4종, aromatic compound 2종, 기타 3종이었다. 함황 화합물은 전체의 80.3-62.6%로 중요한 향기성분. 이중 dimethyl trisulfide 50.1-42.1%로 함황화합물 중 가장 많았고, 저장중 증가하였으며, 특히 신선한 양파향 dimethyl disulfide와 마늘향 methyl propyl disulfide 함량이 증가하였다. 가열 반응으로 생성된 4종 puran류인 furfural, 2-acetylfuran, 5-methyl-2-furfural, furfuryl alcohol이 동정되었고, 함황 화합물 다음 14.2-12.9%로 많았다. 이중 furfural은 전체 puran류의 61.9-49.4%, 저장기간 중 유의성 증가를 보였다.가열 반응으로 유도된 puran류나 aldehyde류가 양파 특유의 함황 화합물과 함께 양파추출 농축액 오니웰TM의 풍미에 기여할 것으로 추정되었다. 오니웰TM은 창녕 양파 바이오 특화 사업단은 창녕양파(지리적 표시제 등록 제 30호)를 대량 소비키 위해 만든 제품이다(Jeong, Y-J, 2010-113)

Sterol성분: 양파의 sterol성분 phytosterol 중 혈중 cholesterol저하효과가 가장 강한 *β*-sitosterol 70.20%로 가장 많았다(한용봉, 1991).

매운맛·최루성분: 양파 중 allypropyl disulfide, S-(1-propyl) cysteine sulfoxide, 1-propenyl-sulfenic acid, propanethial S-oxide 등의 휘발성 물질이 매운맛을 느끼게 하며, 눈에 들어가면 황산을 유리시켜 최루성 자극을 일으키며, 또 양파의 최루성분은 cycloallin과 propenyl sulfenic acid(E) 등이다(Bajaj, KL, 1979).

수확후잔재물-생리활성: 양파수확 후 버려지는 잔재물 활용 가치를 알고자 추출한 발효 추출물(F ex)과 열수추출물(HW ex)의 생리활성과 세포독성을 분석하였다. F ex과 HW ex는 모두 산성이었고, 유기물은 F ex 0.75%, HW ex 0.19%로 F ex가 4배 많았고, K을 제외한 N, P, Ca, Mg 함량도 F ex에 많았다. 미량원소 중 Fe와 Silicon 함량은 F ex에 많았으나, B는 HW ex에 많았다. 총 polyphenol F ex에 16.2mg/g에 HW ex 14.6mg/g보다 많았다. 총

flavonoid 함량은 HW ex에 4.8mg/g, F ex 0.1mg/g보다 많았다. DPPH와 ABTS radical 소거능은 모두 HW ex가 F ex보다 높은 항산화력을 보였다. 세포독성은 MTT assay에서 F ex와 HW ex 각각 101.6%와 97.9%의 세포 생존율을 보여, 모두 세포독성은 없는 것으로 확인되었다(Kim, T-W, 2018)

창녕양파지표성분-Quercetin: 창녕 양파 추출액(시료)의 표준화를 위해 지표성분으로 quercetin을 설정, HPLC로 quercetin 분석법을 확립, 검출 한계는 0.2ml/L, 정량한계는 0.5mg/L으로 설정되었다. Quercetin 회수율은 0.05mg/mL에서는 82.36-95.26%, 0.075mg/mL은 82.70-98.24%, 0.1mg/mL는 87.91-95.11%의 회수율을 보였으며, intra-day에서의 정밀도(RSD)는 0.10-3.28%, inter-day에서는 0.96-5.79%의 정밀도를 보여, 창녕 양파 추출액의 지표성분 quercetin의 분석법은 적합성이 검증되었다 (전선영, 2011-565; 강성구, 1998-687).

기타연구: 양파추출물의 antihyperlipidemic 및 antioxidative effect, blood anticoaggulation activity, antioxidative effect 등의 생리활성이, quercetin-3-sophsroside은 antioxidant로, γ-glutamylmethionin(L-L)은 금속이나 신장독성 약물에 따른 renal toxic에 대항하는 물질이며, hypocholesterolemia, diabetic theraphy, catarrh, colds, bronchitis, pulmonary tuberclosis, whooping cough 치료 효과 등이 보고되고 있다. *Allium* 속 식물인 마늘과 함께 antidiabetic action과 hypocholesterol, antithrombitic, hypolipidemic, hypoglycemic, hypotensive, diaphoretic, expectorant, antibiotic effect가, 또한 allyl sulphide 등 정유성분은 diuretic, expectorant, poultice에 효과 있음도 보고되었다.

효능과 이용

1) 효능: 궤양, 창상, 유양, 소염(부인 陰道炎).
2) 식용: 양파의 인경은 크고 다육질. 향신미가 강하여 향신료를 겸한 야채로 생식, 또는 샐러드로 애용. 커리, 수프 등의 재료로도 이용. 튀김이나 절임 등 수많은 요리에, 건조 양파는 인스턴트 스낵이나 패스트푸드에

많이 이용.

3) 약용: 한방에서는 피부궤양, 창상에 외용. 감기, 부인 질염에, 또 당뇨병, 관상동맥질환, 고지혈증 치료에 쓴다.

민간에서는 해열제, 노폐물을 제거, 불면증에 날로 먹고, 만성 폐렴에 생즙을 마시면 치료 효과, 또 화상, 독충 물린 데 생즙은 소염진통 효과가 있고, 고지혈증, 중풍 예방 등에 쓴다.

참고 문헌

1) 강성구, 김용두, 현규환, 등. **식품영양과학회지** 1998 27(4) 687(양파의 Quercetin 관련물질의 분리 기술 개발; 2. 양파의 Quercetin 물질의 최적 추출조건)

2) 곽희진, 권영주, 정필호, 등. **식품영양과학회지** 2000 29(2) 349(양파 메탄올 추출물의 생리활성 및 항산화효과)

3) 김성호, 이명렬. **식품영양과학회지** 2001 30(4) 673(양파 에틸아세테이트 분획이 고콜레스테롤 식이를 섭취한 흰쥐의 지질대사에 미치는 영향)

4) 김영상. **농촌진흥청연구와지도** 1987 130 42(마늘·양파- 그 效能의 化學)

5) 나경수, 배송환, 손홍수, 등. **식품영양과학회지** 1998 27(4) 693(양파 껍질에서 분리한 flavonol의 xanthine oxidase 저해기작)

6) 나경수, 서형주, 정수현, 손종연. **식품과학회지** 1997 29(3) 595(양파껍질, 항산화효과)

7) 나경수, 정수현, 서형주, 손종연, 이효구. **식품과학회지** 1998 30(3) 697(양파 껍질에서 분리한 xanthine oxidase 저해물질)

8) 노숙령, 한지혜. **식품영양과학회지** 2000 29(5) 870(양파 메탄올추출물, 폐암세포, 세포독성)

9) 마상조. **식품영양과학회지** 2000 29(3) 395(양파 조미액의 Angiotensin Converting Enzyme 저해활성)

10) 문원희, 문혜경, 박미리. 1998년도 **한국식품과학회 한국식품영양과학회 춘계 공동학술발표회** 및 총회 pp. 187(양파즙, 혈청지질대사)

11) 박양균, 노일환. **목포대학교논문집** 1998 19(1) 283(양파의 항산화 효과)

12) 박평심, 이명렬. **영양식량학회지** 1992 21(4) 367(Copper-phenanthroline 유도 DNA 손상에 대한 양파와 마늘의 억제효과)
13) 박평심, 이병래, 이명렬. **영양식량학회지** 1991 20(2) 121(양파 식이가 흰쥐에서 사염화탄소 독성에 미치는 영향)
14) 박평심, 이병래, 이명렬. **영양식량학회지** 1994 23(5) 750(양파즙이 에탄올에 의한 백서의 지질과산화물 생성에 미치는 영향)
15) 배송자. **식품영양과학회지** 2003, 32(6) 825(농산부산물 분획성분의 항균활성, 양파껍질, 감자껍질)
16) 서화중. **식품영양과학회지** 1999 28(1) 94(마늘, 양파, 생강, 고추즙의 항균작용)
17) 서화중, 임현지, 정두례. **영양식량학회지** 1993 22(2) 138(양파즙 투여가 rat의 납독성에 미치는 영향)
18) 서화중, 정두례. **식품영양과학회지** 1997 26 1164(흰쥐에 양파즙 투여가 혈액지질량)
19) 손종연, 서형주, 정수현, 나경수. **식품과학회지** 1997 29(3) 595(양파껍질에서 분리된 용매추출물의 항산화 효과)
20) 안소진, 김미경. **영양학회지** 2001 34(5) 513(무, 양파의 시료제조 방법에 따른 흰쥐의 지방대사와 항산화능에 관한 연구)
21) 우희섭, 안봉전, 배종호, 등. **식품영양과학회지** 2003 32(1) 119(양파로부터 분리한 생리활성분획이 생리활성 및 지질대사에 미치는 영향)
22) 이찬중, 김희대, 정은호, 등. **식품영양과학회지** 2000 29(3) 525(비상품 양파 추출물의 mouse 피부암 및 위장암 억제효과)
23) 전선영, 정은정, 백정화, 차용준. **식품영양과학회지** 2011 40(4) 565 (건강기능식품 기능성 원료로서 창녕 양파추출액의 지표성분 quercetin 분석법)
24) 정명현, 이병주, 김경완. **생약학회지** 1997 28(4) 198(양파의 항고지혈 및 항산화 활성에 관한 연구)
25) 조원대. **농협대협동조합연구** 1996 18 48(양파 추출액의 angiotensin converting enzyme 저해효과)
26) 주선태, 허선진, 이정일. **축산학회지** 1999 41(6) 671(양파 부산물 급여가 돈육의

지질산화와 혈액성상 및 항돌연변이성에 미치는 영향)
27) 한용봉, 변지영. **고려대학교 사대논집** 1991 16 75(*Allium*속 식물의 sterol성분)
28) 홍종욱, 김인호, 권오석. **식품영양과학회지** 2001 30(2) 368(비육돈 사료에 양파의 첨가가 성장 및 혈중 콜레스테롤 함량에 미치는 영향)
29) Bajaj, K. L, Kaur, G, Singh, J, Gill, S P S. *J Plant Foods* 1979 3 199(Lachrymatry factor and other chemical constituents of some varieties of onion)
30) Block, E, *Am Chem Soc* 1994 546 84(Flavorants from garlic, onion, and other *Alliums* and their cancer-preventive Properties)
31) Bordia, A, Verma, S K. *Atherosclerosis* 1977 26 379(Effect of essential oil of onion and garlic on experimental atherosclerosis in rabbits)
32) Cho, JW, Cho, SY, Lee, SR. *Int J Mol Med* 2011 25 347(Onion extract and quercetin induce matrix metalloproteinase-1 in vitro and in vivo)
33) Chung, D-M, Kwon, SH, Chung, YC, Chun, HK. *J Life Sci* 2011 21(3) 464 (Quercetin glucoside profiling of fresh onion (*Allium cepa*) and aged black onion using HPLC-ESI/MS/MS)
34) Dawa, F., Joseph, P K. *J Food Sci Technol India* 1989 26 171(Toxic effects of excess onion extract in rats)
35) Farbman, K S, Barnett, E D, Bolduc, G R, Klein, J O. *Pediatric Infections Disease Journal* 1993 12 612 (Antibacterial activity of garlic and onions: a historical perspective)
36) Huang, K. C. *The Pharmacology of Chinese herbs II* CRC press 1999[*Allium* oil; LD50 50-78mg/kg in mice(iv); Neoallicin; LD50 70mg/kg(iv) LD50 600mg/kg (oral)]
37) Hughes, B. G., Lawson, L. D. *Phytother. Res* USA 1991 5 154(Antimicrobial effects of *Allium sativum, A. ampeloprasum, A. cepa*)
38) Jang, HS. *MS Thesis* Changwon Natl Univ Changwon Korea 2009(Quality stability of concentrated onion extracts having biological activity during stage)
39) Jang, JR, Kim, K-K, Lim, S-Y. *J Life Sci* 2008 18(9) 1271(Anticancer and antioxidant

effects of solvent extracts from dried onion with different drying method)
40) Jang, JR, Lim, S-Y. *J Life Sci* 2009 19(11) 1598(Effects of onion flesh and peel on chemical components, antioxidant and anticancer activities)
41) Jeong, E-J, Cha, Y-J. *J Life Sci* 2016 26(5) 563(Development of the onion vinegar beverage containing yuza(*Citrus junos* sieb extanaka) and its biological activity)
42) Jeon, S-Y, Jeong, E-J, Baek, J-H, Cha, Y-J. *J Life Sci* 2011 21(12) 1740(Comparison of volatile flavor compounds in commercial black onion extracts)
43) Jeong, Y-J, Jeong, E-J, Jeon, S-Y, Cha, Y-J. *J Life Sci* 2010 20(1) 113(Changes of volatile compounds in concentrated onion extracts(OniwellTM) during storage)
44) Joung, EM, Jung, KH. *Kor J Food Sci Technol* 2014 46(3) 364(Antioxidant activity of onion(*Allium cepa* L.) peel extracts obtained as onion by products)
45) Kawakishi, S., Morrimitsu, Y. *Lancet* 1988 2 330(New inhibitor of platelet aggregation in onion oil)
46) Kim, J, Kim, J-S, Park, E. *Food Sci Biotechnol* 2013 22(5) 1395(Antioxidative and antigenotoxic effects of onion peel extracts in non-cellular and cellular systems)
47) Kim, J-H, Seo, H-Y, No, K-M, et al. *J Kor Soc Food Sci Nutr* 2005 34(2) 230 (Changes of volatile odor components in onion by freeze-drying)
48) Kim, JM, Kim, JS, Park, EJ. *Food Chem Toxicol* 2013 62 199(Cytotoxic and anti-inflammatory effects of onion peel extract on lipopolysaccharide stimulated human colon carcinoma cells)
49) Kim, TW, Jeon, BG, Lee, S-H. *J Life Sci* 2017 27(12) 1430(Effect of a mixture of extracts from residues onion harvesting and purslane(*Portulaca oleracea*) on productivity and quality characteristics of organic onions)
50) Kim, T-W, Lee, G-H, Jeon, B-G, Lee, S-H. *J Life Sci* 2018 28(10) 1163(Analysis of physiological activity and cytotoxicity of fermented and hot water extracts using residues after onion harvest)
51) Kong, E-Y., Cho, Y-O. *J. Food Sci Nutr* 2004 9(1) 39(Effects of *Allium* vegetables on energy stores and utilization in exercising rats)

52) Lee, CH, Lee, SO, Lee, SH, et al. *Kor J Soil Sci Fert* 2013 46 40(Effect of defective onion extract on onion productivity by organic farming)

53) Lee, H-Y, Jeong, E-J, Jeon, S-Y, Cha, Y-J. *J Life Sci* 2008 18(12) 1712(Comparison of volatile flavor compounds of domestic onion(*Allium cepa*) during storage)

54) Lee, HY. *MS Thesis* Changwon Natl Univ Changwon Korea 2006(Comparison of quality and functional properties of domestic onions during storage)

55) Lee, JY, Dong JK, Kang, JS. *J Life Sci* 2020 30(11) 990(Effect of *Allium cepa*(red) and *Angelica gigas* Nakai on hair-growth promotion in C57BL/6 mice)

56) Lee, JY. *J Life Sci* 2020 30(3) 267(A study on the biological activity of *Allium cepa* extract in vivo)

57) Park, SK, Lee, U, Kang, JY, et al. *Kor J food Sci Technol* 2020 52(3) 263 (Ameliorative effect of onion(*Allium cepa* L.) flesh and peel on amyloid-β-induced cognitive dysfunction via mitochondrial activation)

58) Sheela, C G, Kumud, K, Augusti, T. *Planta Med* 1995 61 356(Antidiabetic effects of onion and garlic sulfoxide amino acids in rats)

59) Shon, MY, Choi, SD, Kahng, SH, et al. *Food Chem Toxicol* 2004 42 659 (Antimutagenic, antioxidant and free radical scavenging activity of ethyl acetate extracts from white, yellow and red onions)

60) Wang, Y, Tiam, WX, Ma, XF. *Asian Pac J Cancer Prev* 2012 13 5573(Inhibitory effects of onion(*Allium cepa* L.) extract on proliferation of cancer cells and adipocytes via inhibiting fatty acid synthase)

61) Zhang, SL, Deng, P, Xu, YC, et al. *J Integr Agr* 2016 15 60345(Quantification and analysis of anthocyanin and flavonoids compositions and antioxidant activities in onions with three different colors)

62) Zohri, A N, Abdel-Gawad, K, Saber, S. *Microbiol. Res* 1995 150 167[Antibacterial, antidermatophytic and antitoxigenic activities of onion(*Allium cepa L.*) oil]

6 오레가노 *Origanum vulgare*

꿀풀과
(Labiatae)

Oregano, Wild marjoram(英)

원산지: 남유럽, 서아시아

용도: 식용·약용 – 전초, 정유
밀용 – 꽃

역사

오레가노(oregano)는 Majoram의 일종으로서 야생 마조람(wild majoram)이라고도 하며 야생종으로 강한 박하향이 특징이다.

옛날 그리스, 로마 시대부터 써온 약초로 정유에 함유된 thymol은 방부력, 진통, 진정, 강장효과가 있어서 내과와 외과 모두에 쓰였고 오한이나 소화기능 증진에도 효과있다.

꽃빛이 sweet marjoram과 판이하며 잎은 암록색을 띠고 잔털이나 majoram보다 작지만 끝이 뾰족하고 두터운 것이 특징이다(Herbs p297).

식물학적 특성

매우 튼튼한 다년생 초본으로 뿌리가 30cm 정도로 수평으로 퍼지는 성질이 있어 줄기가 땅에 기듯이 퍼지나 줄기가 60cm로 곧게 자라 그 끝에 홍색의 꽃이 밀생, 밀원식물. 개화전 잎의 방향은 가장 강하여 이때 줄기채 그늘에서 빨리 말려 잎만 밀폐용기에 보관.

씨와 꺾꽂이, 포기나누기 등으로 번식하며 더위나 추위에 강하고 병충해도 적다(Herbs p297).

성분

1) 영양성분

Oregano 가식부 100g당 탄수화물 64.4g, 단백질 11.0g, 지방 10.3g, Ca 1,576mg, Fe 44mg, Mg 270mg, P 200mg, K 1,669mg, Na 15mg, Zn 4mg, Vitamin A 6,903 IU, Niacin 6mg이 함유.

2) 특수성분

정유의 주성분은 Thymol(I-00735) 약 50%, α-Pinene(P-01320), Cineole (E-01060), Linayl acetate(D-03196), Linanool(D-03196), p-Cymene (I-00715-717), Menthol(M-00513), β,γ-Caryophyllene(C-00482) 7-8%로 구성되어 있고 p-Menth-3-en-1-ol(M-00561), *Naringin(T-02152), Carvacrol (I-00737)이 함유되어 있다(DNP p691).

생리활성

항균활성-정유①: Oregano 정유 주성분은 carvacrol, β-fenchylalcohol, thymol 및 γ-terpinene. 열수 추출물은 강력한 항산화활성이 있었고, 많은 phenol성 물질이 있었으며, 7종의 실험 bacteria의 성장을 억제치 못하였으나, 반대로 정유는 모든 bacteria 성장을 억제하였고, *Listeria monocytogenes*와 *L. innocua*를 크게 감소시켰다. 이로써 oregano ex와 정유는 공업에 사용되는 합성 항균물질을 대신할 강력한 후보로 생각되었다(Teixeira B, 2013).

항균활성-정유성분②: 카레에서 수증기 증류로 정유성분을 분리하고, gram(-)균과 gram(+)균, 효모 및 곰팡이에 대한 항균력을 검토하였다. 14종 향신료의 정유 항균력을 agar diffusion법으로 실험한 결과, 항균력이 강한 5종, clove, cumin, nutmeg, oregano, rosemary를 선별하였으며, 이들의 최소 생육억제 농도(MIC)를 측정한 결과, 매우 낮은 농도 0.2-9mg/mL에서 양호한 효과를 보였고, 생육억제 효과는 gram(-)균보다 (+)균에 항균효과가 강하였으나, (-)균이나 유산균은 낮았다(정창기, 1990).

항미생물활성③: Algery의 *O. glandulosum* 지상부 23시료에서 얻은 thymol (18.5-73.1%), carvacrol (7.6-72.6%), p-cymene (1.7-8.5%) 및 γ-terpinene (1.1-18.7%)에 항미생물활성은 6개 표준균주 *E. coli*, *Pseudomonas aeruginosa*, *St. aureus*, *Enterococcus hirne*, *Candida albicans*, *C. tropicalis*에 활성을 보였고, 모든 정유의 독성은 MIC값 31.25-125.00μg/mL(Sari M, 2006). *O. syriacum* L. 잎(Turkey, 야생) 정유는 monoterpene 49.02%, oxygenated monoterpene 36.60% 및 sesquiterpene 12.59%, 주성분은 γ-terpine, carvacrol, p-cymene 및 β-caryophyllene. 16종의 미생물에 대하여 항균활성을 보였다(Alma MH, 2003). *E. coli*, *Listeria monocytogens* 및 *St. aureus*에도 항균활성이 강하였다(Lagouri V, 2011; Esen G, 2007).

항미생물활성-정유④: *Origanum glandulosum* 정유를 수증기 증류(HD), solvent-free microwave extraction(SFME), microwave-assisted extraction(MAE) 후 GC와 GC/MS로 분석 결과, HD와 SFME의 주요 성분은 thymol 41.6-8.1%, γ-terpinene 27.0-3.1%, p-cymene 17.1-4.0% 및 carvacrol 2.2-4.4%. hexane MAE에서 thymol 65.4%, γ-terpinene 13.1%, p-cymene 7.2% 및 carvacrol (3.5%). Thymol 추출에는 SFME가 가장 좋은 방법. 10종 bacteria, 2종 yeast 및 4종 mould에 실험한 결과, bacteria보다 fungi에 정유의 활성이 강하였다. SFME 증류는 bacteria와 fungi에 항미생물활성이 모두 강하였다. 이로써 정유는 식품 저장과 nosocomial bacteria 성장 예방에 강력한 활성이 있었다(Bendahou M, 2008; Ozkalp, B, 2010).

항미생물-배가활성⑤: 항미생물활성을 증강시키고자 Oregano 정유 단독보다는 안정한 antibacterial agent와 병용할 경우, antibacteria 활성이 증강되어, extended spectrum β-lactamases-producing *E. coli* 치료에 미래

지향적 약물로 값비싼 antibacteria 약물 대신 축산계에서의 저렴한 이용이 기대되었다(Si H, 2008).

항균활성-정유⑥: Oregano 정유, 그 성분인 carvacrol, thymol이 Methicillin-susceptible 및 Mithicillin resistant *Staphylococci*(MSS, MRS)에 대해 감염 여부를 실험하였다. *Oreganum vulgare* L.을 수증기 증류한 정유를 분석, carvacrol과 thymol를 얻어, agar 희석법으로 분석, 26 MSS와 21 MRS 저해 효과를 보였다. Oregano oil, carvacrol 및 thymol의 MSS와 MRS에는 특별한 차이가 없었다. Best MIC는 carvacrol 0.015-0.03%, v/v 다음 thymol 0.03-0.06%, v/v 및 oregano oil 0.06-0.125%, v/v이였다(Nostro A, 2004).

충치예방효과①: 충치균 *Streptococcus mutans*의 증식 억제 효과를 생약재와 향신료의 추출물 13종, 정유 27종에 대하여 실험한 결과, oregano thyme(백리향), sage(실비아), fennel(회향), nutmeg(육두구), rosemary, calamus(창포), *Cassia* cortex(계피)의 정유에서 생육억제 활성이 나타났고, 특히 oregano 정유가 MIC 0.05μl/mL에서 생육억제 활성이 가장 높았다. EtOH ex보다 정유가 충치균에 생육억제 효과가 더 높았다. 또한 oregano 정유는 당류에 작용하여 glucan의 형성을 억제하였다(유영선, 1993).

항구강 Candida증②: Oregano와 clove 정유성분 carvacrol과 eugenol은 immunosuppressed rat에서 *Candida albicans* 유도 candida증(oral)에 carvacrol 0.1%와 engenol 0.2% 첨가 후 평가한 결과, 구강의 colony 수를 carvacrol과 eugenol 또는 nystain을 8일간 연속 처리한 후, 대조군과 비교한 결과, carvacrol과 eugenol은 계속 생장하는 *C. albicans*를 살균하였고, 이 살균효과는 물질 유리와 동반되었다. 이로써 carvacrol과 eugenol은 중요한 잇몸(envelop) 손상 관련 기전에 의한 anti-candidal effect로 생각되었다(Chani N, 2005).

항식중독균-Carvacrol①: Carvacrol은 oregano와 thyme에 많은 천연물로 식인성 병균 *Bacillus cereus*에 대한 항균성을 실험한 결과, 식품 오염에 carvacrol 응용은 항미생물 및 가향제로써 쓰임이 유용하였다. Carvacrol의 항미생물 기전은 균세포막 내외의 H^+와 K^+ 같은 양이온의 변화로 인한 불균형에 의한 것으로 보였다(Ultee A, 1998, 1999). Carvacrol, eugenol, menthol 및 합성 carvacrol 유도체 carvacrol methylether와 cavacryl acetate에 대한 bacteria; *E. coli*, *Pseudomonas fluorescens*, *S. aureus*, *Lactobacillus plantarum*, *B. subtilis*, yeast인 *S. cerevisiae*, fungi인 *Botrytis cinerea*에 대한 항미생물활성을 검색한 결과, 소수성과 phenolic aroma compound는 항미생물활성이 있었다(Arfa AB, 2006; Dadaliglu, I, 2004).

식중독균사멸활성②: Oregano와 thyme에 많은 carvacrol은 식중독병균 *Bacillus cereus* 세포막을 통과. 병균세포 내 K^+가 세포막 밖으로 유출. 세균 세포 내 ATP pool 고갈로 세포사를 유발, 세균을 사멸시킨다(Ultee A, 2002). Oregano EtOH ex는 식중독균 *Sal. enteritidis*(Se)균에 가장 강한 항균성을, 또 *St. typhimurium*(St), *Listeria monocytogens*에도 우수한 항균활성을 보였다(최무영, 2008; Dadalioglu I, 2004). *E. coli*, *Listeria monocytogens* 및 *St. aureus*에 *O. vulgare* ssp. *hirtum*이 항균성을 보였다(Lagouri V, 2011; Teixeira B, 2013; 박찬성, 1997).

항미생물활성-식품부패③: *Origanum vulgare* 정유의 식품 부패 yeast에 성장/생존성을 실험한 결과, *Candida albicans*와 *C. krusei*에 항균성을 보였다(Souza EL, 2007).

항진균활성-*Candida albicans*①: *Origanum* oil은 식용으로 인체 병원성 진균에 강한 fungistatic 및 fungicidal 효과를 보였다. Yeast 오염과 pseudomycelial phase 모두 저해되었고(in vitro), 더구나 1.0μl oil을 30일간 매일 경구투여에서도 실험적 전신적 *Candida*증으로부터 실험쥐에서 80%가 완전히 치유되었고, 만일 시료처치하지 않았다면 치명적이었다. 이러한 결과로 시료의 효력이 전체적인 또 피상적인 진균 오염 연구뿐 아니라, 악성을 포함한 다른 병원균 확산에도 폭넓은 방어효과를 보였다(Manohar V, 2001).

항진균활성②: *Origanum* oil은 인체 병원성 진균 *Candida albicans*에 항균성을 보였고(Manohar V, 2001), *O. acutidens* 정유는 18 fungi 중 12 fungi; 68% 항진균활성을 보였으며, 정유 중 주요 성분은 carvacrol이었다

(Kordali S, 2008; 임 숙, 2009).

항H. pylori활성③: 40종 Herb 대상으로 *H. pylori*에 항균물질 개발 일환으로 EtOH ex의 항균성을 검색한 결과, sage, rosemary, lavender, lemongrass, St. John's wort, rue, oregano 등 12종이 *H. pylori*에 항균성을 보였고, herb 추출물의 phenol 함량은 134.13-533.33μg/mL로 비교적 phenol성 물질 함량이 많았다(조영제, 2005).

항Herpes활성④: *Origanum acutidens* MeOH ex는 anti-Herpetic virus(anti-HSV) 활성을 보였고, 주성분은 carvacrol이었다(Sokmen M, 2004).

진통활성-Carvacrol: Acetic acid-유도 복부통증에서 carvacrol(25-100mg/kg, ip)이 opioid 없이 통증이 감소되었고, carvacrol을 신경통 및 염증성 통증 모두에서 56.8%, 41.2% 감소, 또 capsaicin과 glutamate에 의한 통증도 현저히 감소시켰다. Carvacrol(100mg/kg, ip)이 hot plate test에서 현저히 지연시켰다. 이로써 carvacrol은 통증관리에 새로운 도구로 생각되었다(Guimaraes AG, 2010). 또 carvacrol은 thyme, oregano, savory 등의 정유성분의 하나로, acetic acid-유도 복부수축, formalin 유도 hot plate test(mice)에 대한 진통 실험에서 carvacrol(50과 100mg/kg)에서 indomethacin(5mg/kg), morphine 7.5mg/kg, diazepam 2mg/kg 표준에서 같은 정도의 진통 작용을 보였으나, opiod system과는 다른 진통작용을 보였고, nitric oxide pathway의 저해도 아니었다(Melo FHC, 2012).

진경효과-정유: *Origanum compactum* 정유성분 thymol과 carvacrol이 guinea pig ileum에서 spasmolytic activity(진경활성)을 실험한 결과, Ca^{2+} 길항제로 신경섬유 유도를 차단. 둘 다 근육과 신경자극을 제거하는 것으로 나타났다(Van Den Broucke CO, 1982).

항암활성-Carvacrol: *Origanum onites* 정유 중 carvacrol이 N-ras tranformed myoblast cell CO25 합성에 대한 연구에서 여러 농도의 carvacrol과 함께 세포배양에서 dexamethasone 함유 배양 medium과 ras-합성 medium에서 DNA합성을 방해하였다. 이러한 결과는 N-ras oncogene 변형을 활성화 후까지도 myoblast 성장을 방해하는 것으로, carvacrol은 암치료에 응용

가능성을 보였다(Zeytinoglu H, 2003; Ozkan, A, 2011).

간보호활성-Thymol: CCl_4-간 독성 mice에서 thymol 경구투여로 간 독성을 현저히 완화시켰다. Thymol은 간세포 내 endoplasmic reticulum에서 지방과산화를 방해, 간보호 활성을 나타내는 것으로 보였다. Thymol이 cytochrome p450의 CCl_4와 관련 대사활성을 억제함을 제외할 수는 없었다(Alam K, 1999).

항염·항궤양①-Carvacrol: Oregano 정유성분 carvacrol의 항염 및 항궤양 효과를 알고자, dextran 또는 histamine으로 paw edema를 유도. 이에 carvacrol 투여로 저해되었고, 또 12-*O*-tetradecanoyl phorbol acetate, arachidonic acid 및 indomethacin 유도 염증에도 carvacrol이 현저한 효과를 보였다. HAc-유도 위궤양에 시료 투여로 14일 후에 치료 효과를 보였다. 이로써 carvacrol은 prostanoid 같은 염증매개체 합성이나 배출을 방해, 염증을 막아 위궤양을 치료하는 것으로 보였다(Silva FV, 2012).

항산화·항염활성②: Oregano ex의 항산화활성은 ascorbic acid의 1/5 정도, cold-resistand stress로 발생된 mouse 위염은 예방되었고, oxazolone에 의한 mouse 접촉성 과민반응은 피부도포로 현저히 예방되었다. 이러한 oregano의 항염활성은 hydrocortisone보다 낮은 경향이있다. Oregano의 항산화활성은 stress에 의한 위염이나, 접촉성 과민반응(in mice)에 대한 예방효과에 공헌하는 것으로 보였다(Yoshino K, 2006).

항산화활성물질-Carvacrol·thymol①: 4종의 *Origanum* 정유분석에서, carvacrol 59.7%과 thymol 13.7%가 가장 많았고, 정의 항산화 효과를 나타낸 물질이었다. γ-terpinene 11.0%, α-terpinene 1.1 %, myrcene 1.3%, α-thujene 0.7%, limonene 0.7%, β-caryophyllene 0.8% 등이 많았다(Lagouri V, 1993).

항산화기전-Thymol·carvacrol②: Thymol과 carvacrol 함유 정제 lard와 sunflower oil의 triglycerol(TGL과 TGSO)에 대한 항산화활성을 상온에서 실험한 결과, lipid system(thymol-TGL; carvacrol- TGL; thymol-TGSO 및 carvacrol-TGSO)에서 thymol이 TGSO 산화 중 가장 강한 항산화 효과를

보였고, thymol과 carvacrol은 TGL 산화를 저해하는 동안 일방적으로 참여, thymol이 TGSO 산화 중 양쪽에 참여하였다. Carvacrol 분자는 TGSO 산화하는 중 참여하지 않았다. Thymol과 carvacrol은 TGL 산화하는 동안보다 TGSO 산화에 깊게 참여하였다. Thymol은 TGL보다 TGSO에 더 잘 산화되었고, 두 lipid system에서 carvacrol은 현저한 차이는 없었다(Yanishlieva NV, 1999).

항산화활성물질-Flavonoid③: *Origanum vulgare* L. 잎을 hexane, Et_2O, EtOAc 및 EtOH로 추출, EtOH ex를 석유Et_2O, Et_2O, EtOAc, BuOH로 재추출, Et_2O 층이 가장 lard 산화에 안정. 항산화 효과는 BHT와 동등. 식물정유와 저장 및 튀김에서 항산화활성을 보였다. Et_2O ex 중에서 주 항산화 물질 flavonoid를 단리한 결과, flavone인 apigenin, eriodicyl 및 dihydroflavonoids, dihydrokaempferol 및 dihydroquercetin이었다(Vekiari SA, 1993).

항산화활성-정유①: Oregano 건조잎과 꽃에 당결합 휘발성 물질은 20mg/kg, oregano 주성분으로 14 휘발성 비배당체(aglycone)인 thymoquinone과 함께 동정. 다른 주요 aglycone은 benzyl alcohol, eugenol, 2-phenylethanol, thymol, 3-hexen-1-ol 및 carvacrol이 있다. 이 모든 aglycone은 항산화활성이 강하였고, thymol, thymoquinone은 천연 항산화제인 α-tocopherol과 유사(Milos M, 2000).

항산화활성-정유②: 북동 Algeria 4곳에서 *Origanum glandulosum*을 채취, 정유를 GC/MS로 분석하고, 항산화활성을 TBARS법으로 측정한 결과, α-tocopherol과 BHT와 비교, 가장 낮은 농도 100ppm에서 4개 정유 모두 강한 활성을 보였다. 이 활성은 thymol과 carvacrol 같은 phenol성 물질이 많기 때문으로 생각되었다. *Origanum*을 정유성분에 따라 3군으로 ① linalool, terpinen-4-ol 및 sabinene hydrate, ② carvacrol과 (또는) thymol, ③ sesquiterpene군으로 나눈다. 본 *O. glandulosum*은 ②군에 속하였다(Ruberto, G, 2002).

지사활성-정유: *Ocimum selloi* 정유 2, 20 및 200mg/kg, po는 acetic acid

0.6%, ip 유도 복강 수축과 castor oil 유도 간헐적 설사를 농도 의존적으로 감소시켰다. 고농도 200mg/kg, po 정유는 charcol meal test에서 현저히 장통과를 감소시켰고, *O. selloi* 정유는 methyl chaviol 98%; GC, 이로써 설사, 장 경련 및 복통에 이용되는 것으로 보였다(Franca CS, 2008).

모발성장촉진: 인간 모 유두세포에 oregano 추출물(시료)을 처리, 세포 증식효과와 항산화 효능을 평가, 또 C57BL/6 mouse에 처리, 모발성장 촉진효과를, mouse 피부에서의 IFG-1 발현증가 유무를 실험한 결과, 시료(0.01-10μg/mL) 처리, 24시간 후, 독성을 보이지 않았고, 세포성장은 하였으며, 31μg/mL(IC_{50})에서 항산화 효과를 보였다. 시료 100μL(5mg/mL)를 C57BL/6 mouse에 3주간 도포, 모발촉진 효과는 minoxidil보다 강하였다. 모낭 상피세포와 모발성장에 관여하는 IFG-1의 발현량을 시료가 증가시켰다. 이로써 oregano 추출물은 모발성장 촉진효과가 인정되었다(박장순, 2013).

독성물질생성예방-Thymol·Carvacrol: *Origanum vulgare*와 *Satureja montana*의 지상부 정유성분은 p-cymene, carvacrol, thymol 및 γ-terpinene은 peroxynitrite-유도 형성물 3-nitrotyrosine(3N)과 malondialdehyde(M)는 oxidative stress의 biomarker로 병리학적 및 독성학적 특징이 있다. 정유는 3N 형성을 감소, peroxynitrite 유도 M 형성도 저해하였다. Thymol과 carvacrol은 3N 형성 저해와 M 형성을 감소. 반대로 p-cymene과 γ-terpinene은 300μg/mL에서 불활성화되었다. 이로써 *Origanum*은 특히 nutraceutical value가 있고, thymol과 carvacrol은 reactive nitrogen species 작용에 의한 독성물질 형성을 강력히 예방하였다(Prieto JM, 2007).

항원충효과-Thymol①: Thymol과 그 유도체는 경구 치료로 강력한 leishmania(원충류) 살충작용이 있고, thymol과 그 유도체가 새로운 항 leishmania 약물로 구조연구가 기대되었다(Robledo S, 2005).

살충·기피활성-정유②: *Origanum vulgare* 정유는 red flour beetle(밀가루 딱정벌레 성충)에 살충 및 기피활성을 보여, *O. vulgare*를 분석. 주성분

cavacrol 67.2%, p-cymene 16.2%, γ-terpinene 5.5%, thymol 4.9% 및 linalool 2.1%. origanum oil 훈증제 사용시 폐쇄공간이 열린 공간보다 강하였고, 24시간 증기형태의 독성(LD_{50})은 caryophyllene oxide (0.00018mg/cm^3)은 dichlorvos(0.00007mg/cm^3)와 비교되었다. 더구나 thymol, camphene, α-pinene, p-cymene 및 γ-terpinene은 양호한 곤충 사멸효과(LD_{50} 0.02-0.195mg/cm^3)를 보였다. 본 시료 9성분 기피효과는 caryophyllene oxide가 0.03mg/cm^2에 완전기피 활성을 보였고, *T. castaneum*(밀가루 딱정벌레) 성충에 강력한 훈증제나 기피제로 사용 가능성이 있다. 특히 thymol, α-pinene, carvacrol 및 myrcene은 살충성이 강하였다 (Kim S-I, 2010; La Pergola A, 2017).

정유성분-Chemotype①: Italy Calabria 야생 *O. vulgare* ssp. *hirtum* Ietswaart 꽃 24종을 수집, 분석 결과, 56성분을 동정. 정유의 주성분은 thymol, carvacrol, p-cymene과 γ-terpinene 그 외 myrcene, thymol methylether, carvacrol methylether, trans-β-caryophyllene, β-bisabolene 등. 4개 chemotype은 thymol, carvacrol, thymol/carvacrol 및 carvacrol/thymol로 phenol성 물질 함량에 따라 구분. 즉 thymol, thymol/carvacrol이 많으면 main thymol chemotype이고, carvacrol과 carvacrol/thymol은 main carvacrol chemotype이다(Russo M, 1998; Sezik, E, 1993).

정유성분②: Egypt에서 재배한 *Origanum syriacum*(A)과 herbalist shop에서 구입한 시료(B)의 지상부를 분석, 40물질 중 주성분은 thymol 24-29%, cis-sabinene hydrate 18-20%, γ-terpinene 13-15%, p-cymene 5-8% 및 terpinene-4-ol 4-8%. thymol, cis-sabinene hydrate 및 terpineol-4-ol은 많았으나 carvacrol은 매우 적었다(Baser KHC, 2003). Algeria *O. glandulosum* 지상부 정유를 분석 monoterpene(H) 수증기 증류 86-97%, carvacrol 45-47%, γ-terpinene 18-13%, p-cymene 17-11%, thymol 5-7% glycosidic bond(volatiles)는 정유에 대단히 적었다. Carvacrol 10분 증류에서 61%, thymoquinone은 3시간 증류에서 59%를 얻었다(Belhatlb R, 2005).

정유성분-23종비교③: Turkey *Origanum* 23 species, 31 taxa 중 시판품으로

중요한 species는 *O. onites*, *O. majorana*, *O. minutiflorum*, *O. valgare* 및 *O. syriacum*으로 연간 4,000ton 이상 거래. 정유는 *O. valgare* subsp. *hirtum*에서 carvacrol 23.4-78.7%, thymol 0.01-39.8%. *O. syriacum* var. *bevanii*는 carvacrol 42.5%, thymol 24.5%, *O. majorana*와 *O. minutiflorum*은 각각 78.3-79.5%와 75.1-83.6%로 많았다. *O. onites* 두 chemotype은 carvacrol-type(carvacrol 66.5-80.4%)과 linalool type(linalool 90.0-91.9%)(Baser KHC, 1993).

정유성분차이-Greece·Turkey④: Greece의 *O. valgare* subsp. *hirtum*과 Turkey의 *O. onites* 정유성분을 분석. Turkey oregano oil은 sabinene, myrcene, γ-terpinene, borneol 및 carvacrol이 많았고, Greece의 oregano oil에는 p-cymene이 많았다. Thymol 6% 이상은 Greece oregano, borneol 2% 이상은 Turkey oregano oil에서만 발견되었다(Kokkini S, 2004).

정유성분-배당체: Oregano 배당체 정유는 건조 시료로부터 EtOH 추출 후, 수증기 증류로 15개 휘발성 aglycone을 얻었고, GC/MS로 분석, 이때 주 aglycone은 thymoquinone, benzyl alcohol, thymol, 2-phenylethanol, carvacrol 및 1-octan-3-ol, aglycone 함량은 19-21mg/kg. Aglycone의 화학성분은 주로 thymol과 carvacrol glycoside를 가수분해 후, D-(+)-glucose와 미지의 이당류를 분리. 이당류를 가수분해한 결과, D-(+)-glucose와 D-(+)galactose이었다(Mastelic J, 2000).

효능과 이용

1) 식용: 오레가노는 이태리, 멕시코, 그리스 요리에 중요한 향미료로 마른 것을 주로 쓰며 토마토 소스, 샐러드, 피자, 치즈, 육류, 생선, 채소 등 폭넓게 이용된다.
2) 약용: 건조한 잎과 꽃은 류머티스 환자의 더운 찜질에 쓰며, 감기, 두통, 월경통, 신경통 해소, 근육통, 기관지염, 숙면에 효과가 있고 차는 배멀미 예방과 신경성 두통, 강장효과도 있다.
3) 기타: Sweet marjoram보다 향이 강하기 때문에 주로 건조시켜 이용한다.

향기로워 절화로도 또 드라이플라워로도 이용, 또 최면효과도 뛰어나 여왕 Elisabeth I세는 이 향기의 베개를 애용했다는 일화도 있다 (Herbs p279).

★ 임신부는 사용을 금한다.

참고 문헌

1) 박장순. **생약학회지** 2013 44(3) 275(Oregano 추출물의 모발성장 촉진효과)

2) 박찬성. **조리과학회지** 1997 13 440(저온저장 중 Oregano 가 *E. coli* 0157:H7과 *Staphylococcus aureus* 196E 의 생존에 미치는 영향)

3) 박찬성. **조리과학회지** 1997 13(3) 330[향신료(Clove, allspice, oregano, thyme)가 식중독 세균의 증식에 미치는 영향]

4) 유영선, 박기문, 김영배. **산업미생물학회지** 1993 21(2) 187(생약재 및 향신료의 *Streptococcus mutans* 증식억제 효과)

5) 임숙, 신승원. **생약학회지** 2009 40(4) 355(Citronellol 및 thymol이 *Candida albicans* 세포막 조성에 미치는 영향)

6) 정창기, 박완규, 유익제, 박기문, 최춘언. **식품과학회지** 1990 22(6) 716(카레 향신료 정유성분의 항균성- clove, cumin, nutmeg, oregano, rosemary)

7) 조영제, 천성숙, 윤소정, 등. **응용생물화학회지** 2005 48(2) 161(Herb 식물로부터 *Helicobacter pylori*에 대한 항균효과 탐색-라벤더, 세이지, 로즈마리, 레몬그라스, 타임, 오레가노, 루, St. John's wort, 등)

8) 최무영, 임태진. **자원식물학회지** 2008 21(5) 352(오레가노 추출물이 식중독 세균에 대한 항균효과)

9) Alam K, Nagi MN, Badary OA, et al. *Pharmacol Res* 1999 40(2) 160(The protective action of thymol against carbon tetrachloride hepatotoxicity in mice)

10) Aligiannis N, Kalpoutakis E, Mitaka S, Chimou IB. *J Agr Food Chem* 2001 49 4168(Composition and antimicrobial activity of essential oils of two *Origanum* species)

11) Alma MH, Mave A, Vildirim A, et al. *Biol Pharm Bull* 2003 26(12) 1725(Screening

chemical composition and in vitro antioxidant and antimicrobial activities of the essential oils from *Origanum syriacum* L. growing in Turkey)

12) Arfa AB, Combes S, Preziosi-Belloy L, et al. *Lett Appl Microbiol* 2006 43 149 (Antimicrobial activity of carvacrol related to its chemical structure)

13) Baratte MJ, Dorman HJD, Deans SG, et al. *J Essent Oil Res* 1998 10 618(Chemical composition, antimicrobial and antioxidative activity of laurel, sage, rosemary, oregano and coriander essential oil)

14) Baser KHC, Kurkcuoglu M, Demirci B, Özek T. *Flavour Fragr J* 2003 18 98[The essential oil of *Origanum syriacum* L. var. *sinaicum*(Boiss.) Ietswaart]

15) Baser KHC, Özek T, Tümen G, Sezik E. *J Essen Oil Res* 1993 5 619(Composition of the essential oils of Turkish *Origanum* species with commercial importance)

16) Belhatlb R, Larous L, Figueiredo AC, et al. *Flav Frag J* 2005 20 209(*Origanum glandulosum* Desf. grown wild in Algeria: essential oil composition and glycosidic bound volatiles)

17) Bendahou M, Muselli A, Grignon-Dubois M, et al. *Food Chem* 2008 106 132 (Antimicrobial activity and chemical composition of *Origanum glandulosum* Desf. essential oil and extract obtained by microwave extraction: comparison with hydrodistillation)

18) Benito, M, Jorro, G, Morales, C, Pelaez, A, Fernandez, A. *Annals of Allergy Asthma Immunology* 1996 76(5) 416(Labiatae allergy: systemic reactions due to ingestion of and thyme)

19) Caillet S, Lacroix M. *J Food Protect* 2006 69(12) 2961(Effect of gamma radiation and oregano essential oil on murein and ATP concentration of *Listeria monocytogenes*)

20) Chun SS, Vattem DA, Lin YT, Shetty K. *Process Biochem* 2005 40 809[Phenolic antioxidants from clonal oregano(*Origanum vulgare*) with antimicrobiol activity against *H. pylori*]

21) Chung YK, Heo HJ, Kim EK, et al. *Mol Cells* 2001 11 137(Inhibitory effect of ursolic

acid purified from *Oreganum majorana* L. on the acetylcholinesterase)

22) Dadaliglu I, Evrendilek GA. *J Agr Food Chem* 2004 52 8255(Chemical compositions and antibacterial effects of essential oils Turkish oregano, Bay laurel, Spanish lavender and fennel on common food born pathogens)

23) Dapkevicius A, Van Beek T A, Linssen JPH, Venkutonis R. *Nat Prod Anal* 1998 235(Rapid spectroscopic screening for antioxidant activity in sage, thyme and oregano isolates with β-carotene-linoleic acid model system)

24) De Vincenti M, Stammati A, De Vincenzi A, Silano M. *Fitoterapia* 2004 75 801 [Constituents of aromatic plants; carvacrol(*Thymus capitatus*, *T. vulgaris*, *T. serpyllum*, *Satureja hortensis*, *S. montana*, *Origanum dictamus*, *O. magorana*)]

25) Esen G, Azaz AD, Kurkcuoglu M, et al. *Flavour Fragr J* 2007 22 371(Essential oil and antimicrobial activity of wild and cultivated *Origanum vulgare* L. subsp. *hirtum*(Link) letswaart from the Marmara region, Turkey)

26) Figueredo G, Cabassu P, Chalchat J-C, Pasquier B. *Flavour Fragr J* 2005 20 164 [Studies of Mediterranean oregano populations V. Chemical composition of essential oils of oregano: *Origanum syriacum* L. var. *beranii*(Holmes) Ietswarrt, *O. syriacum* L. var. *sinaicum*(Boiss) Ietswaart, and *O. syriacum* L. var. *syriacum* from Lebanon and Israel]

27) Franca CS, Menezes FS, Costa LCB, et al. *Fitoterapia* 2008 79 569(Analgesic and antidiarrheal properties of *Ocimum selloi* essential oil in mice)

28) Guimaraes AG, Olivera GF, Melo MS, et al. *Basic Clin Pharmacol Toxicol* 2010 107 949(Bioassay-guided evaluation of antioxidant and antinociceptive activities of carvacrol)

29) Jukic M, Politeo O, Maksimovic M, et al. *Phytother Res* 2007 21 259(In vitro acetylcholinesterase inhibitory properties of thymol, carvacrol, and their derivatives thymoquinone and thymohydroquinone)

30) Kanazawz, K, Kawasaki, H, Samejima, K, et al. *J Agr Food Chem* 1995 43 404 [Specific desmutagens (antimutagens) in oregano against a dietary carcinogen,

Trp-p-2, are galangin and quercetin]

32) Kim S-I, Yoon J-S, Jung JW, et al. *J Asian-Pacific Entomol* 2010 13 369[Toxicity and repellency of ***Origanum*** essential oil and its components against ***Tribolium castaneum***(Coleoptera: Tenebrionidae) adult]

33) Kokkini S, Karousou R, Hanlidou E. *J Essent Oil Res* 2004 16 334[Essential oil composition of Greek(*Origanum vulgare* ssp. *hirtum*) and Turkish(*O. onites*) oregano; a tool for their distinction]

34) Kordali S, Cakir A, Ozer H, et al. *Biores Technol* 2008 99 8788(Antifungal phytotoxic and insecticidal properties of essential oil isolated from Turkish ***Origanum acutidens*** and its three components, cavacrol, thymol and p-cymene)

35) La Bella S, Leone R, Leto C, et al. *J Essent Oil Res* 2014 26 216(Essential oil characteristics of wild sicilian oregano populations in relation to evironmental conditions)

36) La Pergola A, Restuccia C, Napoli E, et al. *J Essent Oil Res* 2017 29(6) 451 (Commercial and wild sicil an ***origanum vulgare*** essential oils: chemical composition, antimicrobial activity and repellant effects)

37) Lagouri V, Blekas G, Tsimidou M, et al. *Z Lebens-Unters Forsch* 1993 197 20 (Composition and antioxidant activity of essential oil from oregano plants grown wild in Greece)

38) Lagouri V, Guldas M, Gurbuz O. *Food Sci Biotechnol* 2011 20(6) 1487(In vitro antioxidant/ free radical scavenging and antibacterial properties of endemic oregano and thyme extracts from Greece)

39) Lambert RJW, Skandanis PO, Coote PJ, Nychas G-JE. *J Appl Microbial* 2001 91 453(A study of the minimum inhibitory concentration and mode of action of oregano essential oil, thymol and carvacrol)

41) Lin YT, Labbe RG, Shetty K. *Innov Food Sci Emerg* 2005 6 453(Inhibition of ***Vibrio parahaemolyticus*** in seafood systems using oregano and cranberry phytochemical synergies and lactic acid)

42) Manohar V, Ingram C, Gray J, et al. *Mol Cellul Biochem* 2001 228 111(Antifungal activities of *Origanum* oil against *Candida albicans*)

43) Mastelic J, Milos M, Jerkovic I. *Flav Fragr J* 2000 15 190(Essential oil and glycosidically bound volatiles of *Origanum vulgare* L. ssp. *hirtum*(link) letswarrt)

44) Melo FHC, Rios ERV, Rocha NFM, et al. *J Pharm Pharmacol* 2012 64 1722 [Antinociceptive activity of carvacrol(5-isopropyl-2-methylphenol) in mice]

45) Milos M, Mastelic J, Jerkovic I. *Food Chem* 2000 71 79[Chemical composition and antioxidant effect to glycosidically bound volatile compound from oregano (*Origanum vulgare* L. ssp. *histum*)]

46) Nakiatini, N, Kikuzaki, H, *Agric Biol Chem* 1987 51 2727[A new antioxidative glycoside isolated from oregano (*Oreganum vulgare* L)]

47) Nostro A, Blanco AR, Camotelli MA, et al. *FEMS Microbiol Lett* 2004 230 191 (Susceptibility of Methicillin-resistant *Staphylococci* to oregano essential oil, carvacrol and thymol)

48) Ozkalp B, Sevgi F, Ozcan M, Ozcan MM. *J Food Agr & Environ* 2010 8(2) 272 [The anti-bacterial activity of essential oil of oregano(*Origanum vulgare*)]

49) Ozkan A, Erodgan A. *Turk J Biol* 2011 35 735(A comparative evaluation of antioxidant and anticancer activity of essential oil from *Origanum onites* (Laminaceae) and its two major phenolic components)

50) Prieto JM, Iacopini P, Cioni P, Chericoni S. *Food Chem* 2007 104 889(In vitro activity of the essential oils of *Origanum vulgare*, *Satureja montana* and their main constituents in peroxynitrite induced oxidative processes)

51) Robledo S, Osorio E, Munoz D, et al. *Antimicrobial Agent Chemother* 2005 49(4) 1652(In vitro and in vivo cytotoxicities and antileishmanial activities of thymol and hemisynthetic derivatieves)

53) Ruberto G, Baratta MT, Sari M, Kaebeche M. *Flavour Fragr J* 2002 17 251 (Chemical composition and antioxidant activity of essential oils from Algerian *Origanum glandulosum* Desf.)

54) Russo M, Galletti GC, Bocchini P, Carnacini A. *J Agr Food Chem* 1998 46 3741 [Essential oil chemical composition of wild populations of Italian Oregano spice(*Origaum vulgare* ssp. *hirtum* (Link). Ietswaari): A preliminary evaluation of their use in chemotaxanomy by cluster analysis.I.I. Inflorescences]

55) Sari M, Biondi DM, Kaabeche M, et al. *Flavour Fragr J* 2006 21 890(Chemical composition oil and antimicrobial and antioxidant activities of the essential oil of several populations of Algerian *Origanum glandulosum* Desf.)

56) Sezik E, Tümen G, Kirimer N, et al. *J Essent Oil Res* 1993 5 425(Essential oil composition of four *Origanum vulgare* subspecies of Anatolian origin)

57) Si H, Hu J, Liu Z, Zeng ZI. *FEMS Immunol Med Microbiol* 2008 53 190(Anti-bacterial effect of oregano essential oil alone and in combination with antibiotic against extended-spectrum β-lactamase-producing *E. coli*)

58) Silva FV, Guimaraes AG, Silva ERS, et al. *J Med Food* 2012 15(11) 984(Anti-inflammatory and anti-ulcer activities of carvacrol, a monoterpene present in the essential oil of oregano)

59) Sivropoulou A, Papanikolaou E, Nikelaou C, et al. *J Agr Food Chem* 1996 44 1202(Antimicrobial and cytotoxic activities of *Origanum* essential oil)

60) Skandamis, PN, Nychas, GJE. *Appl Environ Microbiol* 2000 66 1646(Development and evaluation of a model predicting the survival of *E coli* 0157 : H7 NCTC 12900 in homemade eggplant salad at various temperatures, pHs, and oregano essential oil concentration)

61) Sokmen M, Serkedjieva J, Daferera D, et al. *J Agr Food Chem* 2004 52 3309(In vitro anti-oxidant, antimicrobial, and antiviral activities of the essential and various extracts from herbal parts and callus cultures of *Origanum awtidens*)

62) Souza EL, Stanford TLM, Lima EO, Trajano VN. *Food Control* 2007 18 409 (Effectiveness of *Origanum vulgare* L. essential oil to inhibit the growth of food spoiling yeasts)

63) Teixeira B, Marquess A, Ramos C, et al. *J Sci Food Agr* 2013 10 1002[Chemical

composition and bioactivity of different oregano(*O. vulgare*) extracts and essential oil]

64) Ultee A, Bennik MHJ, Moezelaar R. *Appl Environ Microbiol* 2002 68(4) 581(The phenolic hydroxyl group of carvacrol is essential for action against the food-borne pathogen *Bacillus cereus*)

65) Ultee A, Kets EPW, Smid EJ. *Appl Environ Microbiol* 1999 65(10) 4606 (Mechanisms of action of carvacrol on the food-borne pathogen *Bacillus cereus*)

66) Ultee, A, Gorris, LG, Smid, EJ, *J Appl Microbiol* 1998 85(2) 211(Bactericidal activity of carvacrol towards the food-borne pathogen *Bacillus cereus*)

67) Van Den Broucke CO, Lemli JA. *Planta Med* 1982 45 188(Antispasmodic activity of *Origanum compactum*)

68) Vekiari, SA, Oreopoulou, V, Tizg, C, Thomopoulas, CD. *JAOCS* 1993 70 483 (Oregano flovonoids as lipid antioxidants)

69) Werker, E, Putievsky, E, Ravid, U. *Ann Botany* 1985 55 793(The essential oil and grandular hair in different chemotypes of *Oreganum vulgare* L)

70) Yanishlieva NV, Marinova EM, Gordon MH, Reneva VG. *Food Chem* 1999 64 59 (Antioxidant activity and mechanism of action of thymol and carvacrol in two lipid system)

71) Yoshino K, Higashi N, Koga K. *J Health Sci* 2006 52(2) 169(Antioxidant and anti-inflammatory activities of oregano extract)

73) Zava DT, Dollbaum, CM, Blen, M. *Proceedings of the Society for Experimental Biology Medicine* 1998 217(3) 369(Estrogen and progestin bioactivity of foods, herbs and spices)

74) Zeytinoglu H, Incesu Z, Baser KHC. *Phytomedicine* 2003 10 292(Inhibition of DNA synthesis by carvacrol in mouse)

7 오이풀

Sanguisorba officinalis
Poterium sanguisorba

장미과
(Rosaceae)

Burnet, Bloodwort(英)
Ware moko(日)
地楡(中)

원산지: 유럽

용도: 식용 – 전초, 어린 줄기, 잎
약용(지혈제) – 뿌리

역사

Salad burnet은 옛 사람에게는 퍽 귀중한 약초로 강장효과와, 잎에 vitamin C가 많고, 쌉쌀한 맛이 있는 오이같이 상쾌한 식물로 기분을 명랑하게 하여 우울증에, 전염병 예방약으로도 쓰였다. 또 학명의 *Poterium*은 그리스어의 'poterior', '술잔'이란 뜻으로 오이풀로 술을 빚었기 때문이라 하며, St. Hildegard of Bingen(1098-1179)이 이를 약용, 허브로 처음 처방한 후 herbalist들이 거의 쓰지 않았으나, 그 후에 캐나다 원주민이 방울뱀(rattle snake)에 물렸을 때 처음으로 지혈에 썼다고 한다. 종명인 *Sanguisorba*는 라틴어의 'Sanguis(피)', 'Sorbere(멎게 한다)'가 어원으로 이 식물에 함유된 탄닌이 지혈, 수렴(收斂) 작용이 있기 때문이며 지혈제로 뿌리와 잎을 이용한다. 잎은 vitamin C가 많고 쌉쌀하고 수렴성이 있고 오이같이 상쾌하여 샐러드에 이용하는 향채로, salad burnet이란 영명이 붙여졌다(Herbs p358).

식물학적 특성

내한성이 강한 다년생 초본 어디서나 잘 자라 재배 쉬운 식물. 키는 30cm쯤 우상복엽. 잎은 대생 잔잎의 가장자리에 톱니가 있다. 초여름 꽃대가 나와 잘다란 솔방울 모양의 빨간 꽃이 핀다. 빨간색 꽃잎은 수술, 어린잎을 비벼보면 오이냄새가 난다.

Salad burnet은 우리나라의 오이풀(*Sanguisorba officinalis* L.)과 같고, 한국에는 동속 식물인 긴오이풀 (*S. longifolia*), 산오이풀 (*S. hakusanensis*) 등 5종이 분포한다(Lee, YN, I, p557).

성분

1) 영양성분

일반 식물성 식품과 같이 vitamin과 무기질 Ca, Cu, Zn, Fe가 풍부하고 필수아미노산도 골고루 함유.

2) 특수성분

Sanguisorba officinalis(오이풀)에는 Gallic acid 3-*O*-(6-galloylglucoside) (T-01965), 7-Galloylcatechin(P-00500), 3-*O*-Galloylhamamelitannin (H-02459), 3-Galloylprocyanidin B_3(P-00530), Gambirrin A_1(G-00095), Gambirin B_3(G-00098), 19-Hydroxy-3,11-dioxo-12-ursen-28-oic acid (19α,H-01595), Isostrictinin, root(H-00696), Methyl 4,6-di-*O*-galloyl-β-D-glucopyranoside(D-01091), Methyl 6-*O*-digalloyl-β-D-glucopyranoside (G-00085), Methyl 6-*O*-galloyl-β-D-glucopyranoside(G-00085), Methyl 2,3,4,6-tetra-*O*-galloyl-β-D-glucopyranoside(T-00388), Methyl 2,3,6-tri-*O*-galloyl-β-D-glucopyranoside(T-01910), Methyl 3,4,6-di-*O*-galloyl-β-D-glucopyranoside(T-01912), Pomolic acid; 28-*O*-β-D-glucopyranosylester (D-02890), Sanguiin H_1(H-00696), Sanguiin H_2(S-00119), Sanguiin H_3(S-00120), Sanguiin H_4(S-00696), Sanguiin H_6(S-00121), Sanguiin H_7(S-00122), Sanguiin H_8(S-00123), Sanguiin H_9(S-00124), Sanguiin H_{10}(S-00125),

Sanguisobic acid dilactone(S-00131), Tomentosolic acid(H-03156) 등이 있다(DNP p771-772).

생리활성

항백혈병-U937①: Sanguinarine-유도 leukemia U937 cell apoptosis는 caspase-3 활성화와 Bcl-2 하향 조절로 이루어진다. 더구나 Bcl-2 과잉 발현은 sanguinarine-유도 apoptosis와 caspase-3 활성화를 감소시켰다. 그러므로 Bcl-2 과잉 발현은 apoptosis를 달성함에 Bcl-2의 하향 조절을 방해하는 mechanism에 의하여 sanguinarine 유도 apoptosis가 저해되었다(Han MH, 2008).

항유방암·혈관형성억제②: *Sanguisorba officinalis*은 VEGF에 의한 유방암 세포인 MCF-7, MDA-MB-231와 angiogenesis에 대하여 강력한 활성을 보였다. 이들 질병의 증상이 나타나기 전 시료의 평가는 약속되었고, 시료는 대체 치료제나 암환자의 현재 치료에도 유용할 것으로 생각되었다(Wang Z, 2012; Choi WY, 2008).

항전립선암③: *Sanguisorba officinalis* MeOH ex(시료)는 PC3 human prostate cancer cells에 대하여 성장 억제를 보였고, intrinsic apoptotic pathway를 통하여 apoptosis를 일으켰다. 시료의 apoptotic effect는 myeloid cell leukemia-1(Mcl-1)과 Bax protein level을 조절함으로써, mitochondria 외막에서 Bax의 oligomerization을 유도, apoptosis를 일으켰다. 이로써 시료는 전립선암 치료 후보 물질로 의미가 있다 생각되었다(Choi E-S, 2012).

결장암Apoptosis-San④: Benzophenanthrine alkaloid 하나인 sanguinarine (San) 처리에서 HCT-116 human colon cancer cell이 apotosis를 일으킨다. 이는 San이 mitochondria 관련 pathway를 통하여, caspase 활성화와 MMP 파괴로 ROS의 상승조절이 필요하다. 또한 Egr-1 단백질이 San-유도 apoptosis 조절에 중요한 역할을 알게 되었다. HCT-116 세포에서 San-유도 apoptosis에서 ROS가 중요하며, apoptosis 유도에 Erg-1의 ROS 하향 조절이 요구됨을 알게 되었다. 이러한 발견은 San의 항암활성 기전을 이해하는데 큰 도움이 되었다

(Han MH, 2013; Matkar SS, 2008).

항구강암활성⑤: *Sanguisorba officinalis* 열수 추출물(시료)은 human oral cancer cell인 HSC_4와 HN_{22} 세포 성장 저해와 apoptosis를 유도하였다. 또 시료는 HSC_4에서 Mcl-1 단백질을 감소시켰고, apoptosis 유도로 Bak 활성화와 oligomerization이 일어났다. HN_{22} 세포에서 시료는 Sp1을 감소시켰고, 표적 survivin을 감소시켰다. 비록 동물 model에서 시료의 항암활성 실험이나, 시료는 Mcl-1이나 Sp1을 표적으로 하는 구강암에 대한 강력한 후보라 생각되었다(Shin J-A, 2012).

항구강암활성⑥: 주 sanguinarine과 chelerythrine으로 된 benzo[c] phenanthridine이 몇몇 암세포 증식을 저해한다고 알려졌다. 본 연구에서는 oral squamous cell cancer(OSCC) 환자는 5년 생존율이 30-35%로 저조하여 외과적 수술과 chemotherarpy 병용 치료에도 metas-tasis가 일어나고, 생존율이 저하되어 신 항암제 개발이 절실히 요구되었다. 이에 sanguinarine을 OSCC에 항암제로 실험한 결과, OSCC에 강력한 저해 효과를 보였다 (Tsukamoto H, 2011).

항신경교아세포종활성⑦: Benzophenanthridine alkaloid인 sanguinarine (San)은 *Sanguinaria canadensis* 뿌리 성분으로 항미생물, 항염 및 항산화활성이 알려졌다. 본 연구에서는 San이 C6 rat 신경교아세포종 (glioblastoma cell, 악성종양) 배양에서 San이 증식 억제 작용이 있었다. C6 세포주가 San에 노출시 시료 농도 의존적으로 성장 저해와 apoptosis가 MTT assay, fluorescence microscopy, agarose gel electrophoresis 및 annerin-V-based assay로 측정에서 유도되었다(Han MH, 2007).

항PEL활성⑧: Primary effusion lymphoma(PEL)는 잘 치료되지 않는 B-cell 악성 종양으로 화학 요법제로 잘 치료되지 않고 재빨리 전개된다. Sanguinarine (San)이 다른 악성 phenotype에서 extrinisic apoptotic pathway를 활성화하여 항암활성을 보였으므로, 본 연구에서도 San을 PEL에 적용하였다. PEL apoptosis에 death receptor 5의 upregulation을 통하여 San은 PEL에 강력한 apoptosis의 potent inducer이었다. 이로써 San은 PEL 치료에 새로운

치료 지평을 열었다(Hussain AR, 2007).

항골육종활성⑨: 지유 alkaloid 성분 sanguinarine(San)은 여러 암세포 증식, 즉 폐, 유방, 췌장 및 결장암을 억제하였으나, 악성 골수암에 대한 효과는 알려지지 않았다. 본 연구에서는 MG-63과 SaOS-2 골육종(human osteosarcoma)에 농도와 시간 의존적 San의 효과에 대하여 알고자 1μmol/L San 4시간과 24시간 작용시킨 결과, SaOS-2보다 MG-63 세포주에 더 효과적이었다. 5μmol/L San에서 MG-63과 SaOS-2가 24시간 내에 100% 살멸되었고, 특히 mitochondria막이 1시간 내에 변하여 chromatin이 축합, apoptotic body가 형성되었다. MG-63과 SaOS-2 세포에 caspase-8과 -9가 증가되었다. 이로써 San은 새로운 강력한 osteosarcoma 치료제로 생각되었다(Park H, 2010).

항암활성⑩: 지유 추출물(시료)은 피부암 SK-MEL-2, SK-MEL-31, G-361과 유선암 MDA-MD-231 및 폐암세포 A549에 대한 세포 증식 억제는 시료 농도 의존적으로 증가(An BJ, 2004-141), 담관암 세포주 SNU-1079와 SNU-1196에 대해서도 항암활성을 보였다(박진규, 2012). 시료의 항돌연변이 원인 sodium azide와 4-NQO에 92.42, 89.85%로 우수한 활성을 보였다(Kim SR, 2011).

침윤억제-Sanguinarine⑪: Tight junction에 sanguinarine(San)은 협착하여 MMPs 활성과 마찬가지로 Caludin-3과 -4 발현 정도를 동등하게 억제하기 때문에 MDA-MB-231 세포에서 세포의 증식, 전이, 침윤을 저해하였다. 본 연구에서 San에 의한 새로운 작용기전을 발견하였고, 암 성장과 전이를 예방할 수 있다. 다른 성분도 가능성이 있다 생각되었다(Choi YH, 2009).

항불안활성-뿌리: 항불안 검색을 위한 행동 실험 model에 주로 이용되는 social interaction test(A), two compartment exploration test(B), elevated plus maze test(C), two way avoidance test(D), pentylenetetrazole-induced convulsion test(E)를 통해 5-HT 수용체 관련 약물, benzodiazepine계 약물, 지유 EtOAc 분획의 항불안 활성을 검색한 결과, diazepam의 실험에 이용된 모든 불안 관련 model에서 항불안 활성을 보인 반면, 5-HT 수용체 관련 약물

중 5-HT_3 길항제인 oindansetron과 지유 EtOAc 분획물이 (A)와 (B)에서 유사한 항불안 활성을 보였다. 또, (B)에서 diazepam은 진정작용이 크게 나타났으나, 지유 EtOAc 분획과 5-HT 관련 약물은 diazepam 같은 지나친 진정작용은 없었고, 오히려 활동성이 좋아졌다(Lee SY, 1994).

뇌신경보호-허혈성뇌손상①: 8종의 한약재 하고초, 소목, 고삼, 택란, 지유, 천초, 보골지, 합환피 추출물의 뇌허혈 손상에 뇌신경 보호활성을 검색한 결과, 하고초를 제외한 7종의 한약재; *Caesalpinia sappan*(소목), *Sophora flavescens*(고삼), *Lycopus lucidus*(택란), *Sanguisorba officinalis*(지유), *Albizzia julibrissin*(합환피), *Rubia akane*(천초), *Psoralea corglitolia*(보골지) 투여군에서 모두 infarction 부위가 유의적 감소를 보였다. Free radical 생성 억제는 택란, 지유, 고삼, *Prunella vulgaris*(하고초) 등에서 우수하였다(Oh JK, 2003).

항치매활성②: *Sanguisorbae radix*의 EtOAc 분획에서 β-secretase(BACE9) inhibitor인 anti-dementia(항치매) 활성 물질을 탐색하던 중 발견되었고, 이를 분리동정한 결과, 1,2,3-trigalloyl-4,6-hexahydroxy diphenoyl-β-D-glucopyranoside(Tellimagrandin II)①와 1,2,3,4,6-pentagalloyl-β-D-glucopyranoside②이었고, 이들의 IC_{50}값이 각각 3.10×10^{6}M, 3.76×10^{6}M으로 비경쟁적으로 β-secretase(BACE1)을 저해하였다(Lee H-J, 2005).

신경세포보호③: 오이풀 뿌리 MeOH ex 시료가 배양 rat cortical neuron인 대뇌피질 신경세포에 amyloid β-protein-유도 신경 독성에 신경세포 손상 (in vitro)이 예방되었다(Ban JY, 2005).

Insulin분비유도능: 지유는 HNF-4α가 DTDM 등 면역 억제와 insulin 분비에 모두 관여하는 유전자로 알고 있어 insulin 분비 및 여러 당대사에 핵심적으로 작용하는 유전자인 HNF-4α 억제효과는 없어 지유도 HNF를 조절, insulin 분비 유도를 진행하는 것으로 보였다(황석연, 2014).

급성위염·소화성궤양완화: 흰 쥐에 급성 위염과 소화성 궤양 및 십이지장 궤양을 유발시키고, 지유 EtOAc 분획을 투여, 대조약물 cimetidine (CMT)보다 미약하였으나, 음성 대조군보다 우수. 십이지장 궤양에서도

CMT보다 54% 억제, 시료 투여에서 35-42% 억제, 이로써 지유의 항위염 및 항위궤양 효과는 항산화 물질에 의한 것이었다(이재준, 2005).

즉시형allergy저해①: *Sanguisorba officinalis* 수침 ex(시료)의 anal therapy는 allergy성 질병 치료에 유용성이 있고, 또 시료는 in vivo와 in vitro에서 mast cell 관련 allergy 반응을 저해하는 것으로 생각되었다. 그러므로 시료보다는 미지의 anti-anaphylatic constituent에 의한 것으로 생각되었다(Kim S-H, 2002).

즉시형allergy저해②: *Sanguisorba officinalis* 뿌리 수침 ex(시료)를 immediate-type allergy 반응에 in vivo와 in vitro에서 실험하였다. 시료 0.01-1g/kg에서 compound 48/80 유도 전신적 allergy 반응을 저해하였다. 이 전신적 allergy 반응 test에서 시료 용량 의존적으로 혈청 histamine량이 감소되었고, 또 시료 0.001-1g/kg에서 용량 의존적으로 anti-DNP IgE에 의한 passive cutanous anaphylaxis (PCA)가 저해되었다. 또한 시료 0.001-1mg/kg에서 48/80 또는 anti-DNP IgE에 의한 rat peritoneal mast cell (RPMC)에서 histamine 유출이 저해되었다. 이로써 지유 근경 수침 ex는 즉시형 allergy 반응이 조절될 것으로 생각되었다(Shin T-Y, 2002).

간보호활성-Gallocatechin: *Sanguisorba radix* MeOH ex 시료에서 4개의 물질; 4,5-dimethoxy-3-hydroxy benzoic acid methylester ①, (+)-gallocatechin②, methyl-6-*O*-galloyl-β-D-glucopyranoside③ 및 pomolic acid 3-*O*-[α-L-arabinopyranoside]-28-*O*-[β-D-glucopyranosyl]ester (ziyuglycoside I)④를 분리, ②와 ③은 DPPH radical 소거활성이 IC_{50}값 11.4와 13.0으로 현저하였고, L-ascorbic acid를 positive control로 IC_{50}값 50.3μM를 보였다. Tactrine-유도 세포독성에 현저한 간보호 활성이 있는 물질은 (+)-gallocatechin②로 EC_{50}값 91.84μM이었다(An R-B, 2005).

항균활성: 지유의 EtOH ex는 *E. coli*, *E. coli* 0157:H7, *P. aeruginosa*(Pa), *Sal. typhimurium*(Sat), *Listeria monocytogens*(Lm), *B. cereus*(Bc), *S. aureus*(Sa) 7종 식품 위해성 세균에 대하여 생육억제(paper disk법) 활성을 보였고(김세령, 2011), *S. epidermidis*, *E. coli*, *S. aureus*에도 항균성을 보였다

(An BJ, 2004-141).

항진균활성: 19종의 약용 식물에 대해 *Candida albicans*에 대한 항진균 효과를 실험한 결과, *Sanguisorba officinalis, Cinnamonum cassia, Rheum coreanum, Perilla frutescens* 및 *Eugenia caryophyllata*가 억제 효과를 보였고, 이들 중 *Sanguisorba officinalis*가 항균성이 우수, 48시간 배양까지 항균력이 지속. EtOH ex의 $CHCl_3$분획이 항균성이 강하였다(Lee J-H, 2017).

치아건강·항균활성①: 지유 BuOH 분획물의 항산화활성은 DPPH radical과 superoxide anion radical 소거능이 가장 높았고, 농도 비례적이었다. SOD 유사 활성은 500μg/mL에서 50% 이상이었으나 radical 소거능보다 낮았다. 치주 질환에 관련된 glucotransferase 억제능은 BuOH 분획(Fr-3)이 가장 높았고, 500μg/mL에서 50% 억제능을 보였으며, 충치 원인균 *Streptococcus mutans*의 활성을 효과적으로 저해, 농도 의존적으로 활성이 증가하였다(박근혜, 2012; Mauriello, SM, 1998).

치아우식예방②: 오이풀 추출물이 치아 우식 세균 *S. mutans, S. sobrinus, S. cricetus, S. rattus*에 미치는 영향을 조사한 결과, 최소 성장 억제 농도는 *S. rattus* 균류에 0.50mg/mL, 나머지 균주는 0.25mg/mL. 타액으로 도말된 *St. mutan*에 부착효과는 최소 성장농도 0.25mg/mL에서 *S. mutans* 24.30%, *S. sobrinus* 19.4%, *S. cricetus* 15.4%, *S. rattus* 8.6%의 5-HA와 *S. rattus*에 시료 1mg/mL에서 완전히 억제. 이로써 오이풀 추출물은 치아 우식균 *St. mutans*의 성장과 5-HA에의 부착은 농도 의존적 억제를 보였다(손광진, 2004).

구강위생③: 지유뿌리 침출액과 불소함유 cream 치약에서 잇몸 출혈이 감소, 지유와 $ZnCl_2$ 함유 치약 사용시 치석 축척이 낮았고, 잇몸 염증과 잇몸 출혈도 낮았다(Kopczyk RA, 1991). 지유뿌리 procyanidin B-3,3-*O*-gallate가 glucotransferase(G-Tase)를 저해, 충치 예방 활성을 보였으며(An BJ, 2004-141). 지유 BuOH 분획이 G-Tase 억제능과 충치 원인균 *St. mutans* 활성을 저해함으로써 충치를 예방, 지유 추출액과 불소 함유 cream 치약에서 충치 예방과 미백효과를 보였다(박근혜, 2012).

화장품소재개발: 지유 뿌리 분획물에서 피부염증 유발균인 *Staphylococcus*

epidermis 균의 활성을 효과적으로, 또 농도 의존적 항균활성을 보였고, 항노화 실험에서 collagenase 저해활성은 수층이 가장 우수. 100μg/mL에서 EG8G보다 높은 90% 이상을 보여, 항균 및 항노화 활성이 있었다(장영아, 2012-43). 또 지유 뿌리로부터 항주름 효과 성분 ziyuglycoside도 분리되었고 (Kim YH, 2008). 또, 지유 BuOH 분획은 iNOS, COX-2 단백질 발현 억제는 emulsion에 첨가, 항염증 효능이 우수, 한방 화장품 소재로 적합함을 보였다 (장영아, 2012). 지방산 산패도도 시료 농도 의존적으로 저해 능력이 뛰어났다 (An BJ, 2004-244). 피부암 세포주 SK-MEL-2, SK-MEL-31에도 항암활성을 보였다(장영아, 2013).

미백활성: 오이풀 뿌리 *Sanguisorba officinalis* radix 50% EtOH ex는 인체 keratinocyte에서 endothelin-converting enzyme-1α 활성을 억제함으로써 UV-B유도 색소 침착을 억제하였다(Hachiya A, 2001).

산오이풀잎-성분: 한방에서 수렴, 지혈제로 사용하는 지유의 기원 식물의 하나로 산오이풀(*S. hakusanensis*) 잎을 음건, MeOH ex 분석에서 4개의 물질 ① gallic-acid-3-*O*-β-D-(6′-*O*-galloyl)-glucopyranoside(mp261-263℃), ② flavonolglycoside로 quercetin-3-*O*-β-D-galactopyranoside(mp229-239℃), ③ flavonol glycoside로 quercetin-3-*O*-α-L-arabinopyranoside (mp181-183℃), ④ saponin glycoside로 2α, 3β, 19α, 23-tetrahydroxy urs-12-en-28 oic acid 28-*O*-β-D-glucopyranoside(mp 230-231℃)로 동정되었다(권원준, 1996).

Triterpene glycosides-뿌리: *Sanguisorba officinalis* 뿌리 MeOH ex에서 5개 triterpene glycosides를 분리동정한 결과, 3개의 기지 terpene과 6개 triterpene glycoside였고, 이들 물질에 대해 HSC-2와 HGF 세포에 대하여 세포독성을 평가하였다(Mimmaki Y, 2001).

Triterpenoids: *Sanguisorba officinalis* 뿌리로부터 7개 새로운 triterpenoids와 기지의 2개 triterpenoid를 분리동정하였다(Liu X, 2005).

지표물질-Ziyuglycoside함량: 지유 4kg을 MeOH 15일간 실온에서 3회 반복 추출, 여과 및 감압 농축한 MeOH ex를 증류수로 현탁, CH_2Cl_2, EtOAc 및 n-BuOH로 3회 분획. EtOAc 분획을 감압 농축후 ODS gel column chromatography로 ziyuglycoside I을 분리동정. 지유의 주성분인 ziyuglycoside I을 지표 물질로 HPLC 방법을 확립. 시료 30종의 ziyuglycoside I 함량을 측정. 평균 및 표준편차 3.005±1.434%. 지유의 표준화는 ziyuglycoside I 함량 1.5%이상이 규정으로 타당하다 생각되었다(김호경, 2002).

효능과 이용

1) 식용: 오이풀 식초나 오이풀 와인을 만들고, 잎을 잘게 썰어 버터, 치즈 등에 섞기도, 과일 펀치나 요리의 장식용 특히 찬음식에 잘 어울리며 식품 가공의 부향제로도 쓴다.
2) 약용: 전초를 치질, 설사에 쓰며 출혈, 염증 감소, 상처 치료 촉진, 병균 파괴, 소화와 이뇨작용도 있다. 외용으로는 화상, 피부병에 쓰며 중국에서는 자궁경부염, 소화기 출혈에도 쓴다.
3) 기타: 잎은 세안제로, oil은 비누제조에, 바디 오일로 햇빛에 탄 데에 쓴다.

참고 문헌

1) 권원준, 황완균, 김일혁. **약학회지** 1996 40(3) 262(산오이풀잎의 성분)
2) 김세령, 원지혜, 김미라. **식품조리과학회지** 2011 27(4) 17(지유 에탄올 추출물의 식품위해성 세균에 대한 항균 활성 및 *Sal.*serotype *typhimurium* TA100에 대한 항돌연변이 활성효과)
3) 김승욱, 이진우, 김성주 등. **구강보건학회지** 1994 18(2) 574(Chamomoile 배합 세치제, sage oil 배합 세치제와 chlorhexidine 배합 세치제 및 *Sanginaria* 배합 세치제가 치주병 원인균에 미치는 영향에 관한 연구)
4) 김호경, 김영아, 황성원, 고병섭. **생약학회지** 2002 33(2) 100(지유로부터 ziyuglycoside I의 함량 분석)
5) 박근혜, 이진태, 안봉전. **본초학회지** 2012 27(3) 23(지유 부탄올 분획물의 *Streptococcus mutans* 항균활성 및 항산화 효과)
6) 박진규, 김영철. **한방내과학회지** 2012 33(4) 465(담관암 세포주에서 지유

ethanol 추출물의 항암효과)

7) 손광진, 이순애, 이기돈. *J Kor Acad Dent Health* 2004 28(1) 97(오이풀 추출물이 *mutans Streptococci*의 성장과 hydroxyapatite beads에의 부착에 미치는 효과)

8) 이재준, 최현숙, 이정호 등. **식물영양과학회지** 2005 34(10) 1545(지유가 흰 쥐의 급성위염 및 소화성 궤양에 미치는 영향)

9) 장영아, 김영훈, 신재천 등. **본초학회지** 2013 28(5) 79(지유의 화장품 소재로서의 약리활성에 관한 연구)

10) 장영아, 여신일, 이진태. **본초학회지** 2012 27(2) 43(오이풀뿌리 분획물의 화장품소재로서의 약리활성 연구)

11) 황석연, 김명현, 강정우, 김병수. **동의생리병리학회지** 2014 28(5) 499(면역억제능을 보유한 지유의 insulin 분비능 연구)

12) Adhami VM, Aziz MH, Reagan-Shaw SR, et al. *Mol Cancer Ther* 2004 3 933 (Sanguinarine causes cell cycle blockade and apoptosis of human prostate carcinoma cells via modulation of cyclin kinase inhibitor-cyclin-cyclin-dependent kinase machinery)

13) Ahmad N, Gupta S, Husain MM, et al. *Clin Cancer Res* 2000 6 1524(Differential antiproliferative and apoptotic response of sanguinarine for cancer cells versus normal cells)

14) Ahsan H, Reagan-Shaw S, Breur J, Ahmad N. *Cancer Lett* 2007 249 198 (Sanguinarine induces apoptosis of human pancreatic carcinoma AsPC-1 and BxPC-3 cells via modulations in Bcl-2 family proteins)

15) An BJ, Lee JT, Park JM, et al. *J Kor Soc Appl Biol Chem* 2004 47 244(Antioxidant effects and application as natural ingredients of Korean *Sanguisorbae officinalis* L.)

16) An BJ, Lee SA, Son JH, et al. *J Kor Soc Appl Biol Chem* 2004 47 141(Cytotoxic and antibacterial activities of *Sanguisorbae officinalis* L.)

17) An R-B, Tian YH, Oh H, Kim YC. *Nat Prod Sci* 2005 11(3) 119(In vitro free radical scavenging and hepatoprotective compound from *Sanguisorbae* radix)

18) Ban JY, Cho SO, Jeon SY, et al. *Kor J Med Crop Sci* 2005 13(5) 219(Protective effect of *Sanguisorba officinalis* L. root on amyloid β-protein(25-35)-induced neuronal cell damage in cultured rat cortical neuron)

19) Bastow KF, Bori ID, Fukushima Y, et al. *Planta Med* 1993 59 240(Inhibition of DNA toposiomerases by sangiin H-6, a cytotoxic dimereic ellagitannin from *Sanguisorba officinalis*)

20) Chang MC, Chan CP, Wang YJ, et al. *Toxicol Appl Pharmacol* 2007 218 143 (Induction of necrosis and apoptosis to KB cancer cells by sanguinarine is associated with reactive oxygen species production and mitochondrial membrane depolarization)

21) Choi E-S, Kim JS, Kwon KH, et al. *Mol Med Rep* 2012 6 670(Methanol extract of *Sanguisorba officinalis* L. with cytotoxic activity against PC3 human prostate cancer cells)

22) Choi WY, Jin CY, Han MH, et al. *Anticancer Res* 2009 29 4457(Sanguinarine sensitizes human gastric adenocarcinoma AGS cells to TRAIL-mediated apoptosis via down-regulation of Akt and activation of caspase-3)

23) Choi WY, Kim GY, Lee WH, Choi YH. *Chemotherapy* 2008 54 279(Sanguinarine, a benzophenanthridine alkaloid, induces apoptosis in MDA-MB-231 human breast carcinoma cells through a reactive oxygen species-mediated mitochondrial pathway)

24) Choi YH, Choi WY, Hong SH, et al. *Chem Biol Interact* 2009 179 185(Anti-invasive activity of sanguinarine through modulation of tight junctions and matrix metalloproteinase activities in MDA-MB-231 human breast carcinoma cells)

25) Cummings JL, Vinters HV, Cole GM, Khachaturian ZS. *Neurol* 1889 51(suppl.1) (Alzheimer's disease-Etiologies, pathophysiology, cognitive reserve and treatment opportunities)

26) Das A, Mukherjee A, Chakrabarti J. *Mut Res* 2004 563 81(Sanguinarine: an evaluation of in vivo cytogenetic activity)

27) Ding Z, Tang SC, Weerasinghe P, et al. *Biochem Pharmacol* 2002 63 1415(The alkaloid sanguinarine is effective against multidrug resistance in human cervical cells via biomodel cell death)

28) Hachiya A, Kobayashi A, Ohuchi A, et al. *Biol Pharm Bull* 2001 24(6) 688(The inhibitory effect of an extract of *Sanguisorba officinalis* L. on ultraviolet B-induced pigmentation via the suppression of endothelin-converting enzyme-1α)

29) Han MH, Kim G-Y, Yoo YH, Choi YH. *Toxicol Lett* 2013 228 157(Sanguinarine induces apoptosis in human colorectal cancer HCT-116 cells through ROS-mediated Egr-1 activation and mitochondrial dysfunction)

30) Han MH, Kim SO, Kim GY, et al. *Anti-cancer Drugs* 2007 18 913(Induction of apoptosis by sanguinarine in C6 rat glioblastoma cells is associated with the modulation of the Bcl-2 family and activation of caspases through downregulation of extracellular signal-regulated kinase and Akt)

31) Han MH, Yoo YH, Choi YH. *Chemotherapy* 2008 54 157(Sanguinarine-induced apoptosis in human leukemia U937 cells via Bcl-2 downregulation and caspase-3 activation)

32) Harper DS, Mueller LJ, Fine JB, et al. *J Periodontol* 1990 61 359(Effect of six months use of a dentifrice and oral rinse containing *Sanguinaria* extract and zinc chloride upon the microflora of the dental plaque and oral soft tissues)

33) Hussain AR, Al-Jomah NA, Siraj AK, et al. *Cancer Res* 2007 67(8) 3888 (Sanguinarine-dependent induction of apoptosis in primary effusion lymphoma cells)

34) Ilaria DS, Ginseppina R, Gain FZ, et al. *Biochem Pharmacol* 2009 78 1374 (Antiproliferative and antiangiogenic effects of the benzophenanthridine alkaloid sanguinarine in melanoma)

35) Jang BC, Park JG, Song DK, et al. *Toxicol in vitro* 2009 23 281(Sanguinarine induces apoptosis in A549 human lung cancer cells primarily via cellular glutathione depletion)

36) Kemény-Beke A, Aradi J, Damjanovich J, et al. *Cancer Lett* 2006 237 67(Apoptotic response of uveal melanoma cells upon treatment with chelidonine, sanguinarine and chelerythrine)

37) Kim S, Lee TJ, Leem J, et al. *J Cell Biochem* 2008 104 895(Sanguinarine-induced apoptosis: generation of ROS, down-regulation of Bcl-2, c-FLIP, and synergy with TRAIL)

38) Kim S-H, Kim D-K, Eom D-O, et al. *Nat Prod Sci* 2002 8(4) 177(*Sanguisorba officinalis* inhibits immediate type allergic reaction)

39) Kim SR, Won JH, Kim MR. *Kor J Food Cookery Sci* 2011 27 17(Antimicrobial activity against food harazardous microorganisms and antimutagenicity against *Sal.* serotype *typhimurium* TA 100 of an ethanol extract from *Sanguisorba officinialis* L.)

40) Kim YH, Chung CB, Kim JG, et al. *Biosci Biotechnol Biochem* 2008 72(2) 303 (Anti-wrinkle activity of ziyuglycoside I isolated from a *Sanguisorba officinalis* root extract and its application as a cosmeceutical ingredient)

41) Kim YS, Roh JE, An HS. *Kor J Pharmacogn* 1993 24(2) 124(Compositional analysis of polysaccharide from *Sanguisorba officinalis* and its anticoagulant activity)

42) Kopczyk RA, Abrams H, Brown AT, et al. *J Periodontol* 1991 62(10) 622(Clinical and microbiological effects of a *Sanguinaria*-containing mouthrinse and dentifrice with and without fluoride during 6 months of use)

43) Lee H-J, Seong Y-H, Bae K-H, et al. *Arch Pharm Res* 2005 28(7) 799 [β-Secretase(BACE1) inhibitors from *Sanguisorba radix*]

44) Lee J-H, Choi B-S, Park J-S, Shin T-Y. *Kor J Pharmacogn* 2017 48(2) 166 (Antifungal effect of *Sanguisorba officinalis* L. fractions on *Candida albicans*)

45) Lee JS, Jung WK, Jeong MH, et al. *J Toxicol* 2012 31 70(Sanguinarine induces apoptosis of HT-29 human colon cancer cells via the regulation of Bax/Bcl-2 ratio and caspase-9-dependent pathway)

46) Lee SY, Chung SH. *Yakhak Hoeji* 1994 38(6) 733(Anxiolytic activities of

Sanguisorbae radix)
47) Liu X, Cui Y, Yu O, Yu B. *Phytochemistry* 2005 66 1671(Triterpenoids from *Sanguisorba officinalis*)
48) Matkar SS, Wrischnik LA, Hellmann-Blumberg U. *Chem Biol Interact* 2008 172 63 (Sanguinarine causes DNA damage and p53-independent cell death in human colon cancer cell lines)
49) Mauriello SM, Bader JD. *J Periodentol* 1998 59 238(Six month effects of *Sanguinarine* dentifrice on plaque and gingivities)
50) Mimmaki Y, Fukushima M, Yokosuka A, et al. *Phytochemistry* 2001 57 773 (Triterpene glycosides from roots of *Sanguisorba officinalis*)
51) Oh JK, Jung JW, Ahn NY, et al. *Kor J Pharmacogn* 2003 34(4) 335 (Neuroprotective effects of medicinal herbs in the transient focal ischemia in rats-하고초, 소목, 고삼, 택란, 지유, 천 초, 보골지, 합환피)
52) Park H, Bergeron E, Senta H, et al. *Biochem Biophys Res Commun* 2010 399 446 (Sanguinarine induces apoptosis of human osteosarcoma cells through the extrinsic and intrinsic pathways)
53) Park SY, Jin ML, Kim YH, et al. *Oncol Rep* 2014 31 497(Sanguinarine inhibits invasiveness and the MMP-9 and COX-2 expression in TPA-induced breast cancer cells by inducing HO-1 expression)
54) Ryu MJ, Kim YS, Choi DI, Lee SY. *J Kor Beauty Soc* 2011 225(Antifungal activity against *Malassezia furfur* and anti-inflammatory activity in RAW 264.7 cells of the *Sanguisorba officinalis* extracts)
55) Shin J-A, Kim J-S, Kwon K-H, et al. *Oncology Lett* 2012 4 489(Apoptotic effect of hot water extract of *Sanguisorba officinalis* L. in human oral cancer cells)
56) Shin T-Y, Lee K-B, Kim S-H. *Immunopharmacol Immunotoxicol* 2002 24(3) 455 (Anti-allergic effects of *Sanguisorba officinalis* on animal models of allergic reactions)
57) Son KH, Lee SA, Lee GD, et al. *J Kor Acad Dent Health* 2004 28(1) 97(Effects of

crude *Sanguisorba officinalis* L. extract on the growth and the adherence to hydroxyapatite beads of mutants *Streptococci*)

58) Tao YU, Lee YJ, Yang HM, et al. *J Ethnopharmacol* 2011 134(1) 11(Inhibitory effect of *Sanguisorba officinalis* ethanol extract on NO and PGE_2 production is mediated by suppression of NF-κB and AP-1 activation signaling cascade)

59) Tsukamoto H, Kondo S, Mukudai Y, et al. *Anticancer Res* 2011 31 2841 (Evaluation of anticancer activities of benzo[c]phenanthridine alkaloid sanguinarine in oral squamous cell carcinoma cell line)

60) Vagar MA, Moammir HA, Hasan M Nihal A. *Clin Cancer Res* 2003 9 3176 (Activation of prodeath Bcl-2 family proteins and mitochondrial apoptosis pathway by sanguinarine in immortalized human HaCaT keratinocytes)

61) Wang Z, Loo WT, Wang N, et al. *Expert Opin Ther Targets* 2012 16 579(Effect of *Sanguisorba officinalis L.* on breast cancer growth and angiogenesis)

62) Wennstrom J, Lindhe J. *J Clin Periodentol* 1985 12 86(Some effects of a sanguinarine containing mouth wash on developing plaque and gingivities)

63) Yang HC, Woo YC, Su HHC, et al. *Chem Biol Interact* 2009 179 185(Anti-invasive activity of sanguinarine through modulation of tight junctions and matrix metalloproteinase activities in MDA-MB-231 human breast carcinoma cells)

64) Yoshihiro M, Masato F, Akihito Y, et al. *Phytochemistry* 2001 57 773(Triterpene glycoside from the roots of *Sanguisorba officinals*)

특허

1. 〈특허등록 제1020536호〉 ㈜더페이스샵 (오이풀 추출물을 함유하는 피부보습용 화장료 조성물 및 그 제조방법)

2. 〈특허공개 제20110058251호〉 ㈜아모레퍼시픽 (항비듬용 모발 화장료 조성물)

〈조식제, 1, p400〉

8 올스파이스 *Pimenta dioica*

도금양과
(Myrtaceae)

Allspice, Pimento, Jamaica pepper(英)
蕨菜, 龍頭菜(中)

원산지: 자메이카

용도: 향료 – 미숙과

역사

올스파이스(allspice)는 콜럼버스의 미 대륙 발견 80년 뒤 1570년경 유럽에서 발견하여 개발한 향신료이다.

당시 동서교역의 값비싼 무역품이었던 정향(clove), 계피(cinnamon), 육두구(nutmeg), 후추(pepper) 등을 찾아 혈안이 되어 대항해시대를 열었던 그들은 정향나무, 육두구, 계피 3가지의 향미를 갖춘 이것을 발견하였다.

10세기 이후 자메이카에 이주한 아리안족이 올스파이스를 사용하고 있었고 마야인들이 왕의 시체를 올스파이스로 향기롭게 보존하고 있었다. 이집트에서 미라를 정향 등 향료로 보존하는 것과 너무도 닮아 옛날에는 양 대륙이 육지로 붙어 있지 않았는가 생각된다. 올스파이스는 3대 향신료인 정향, 육두구 및 계피의 향미가 모두 있으며 이것을 섞어 만든 것 같기 때문에 올스파이스라 한다. 후추같이 매운 맛은 없으나 상쾌하면서도 달콤하고 약간 씁쌀한 맛이 1인 3역을 해내는 중요한 향신료이다. 올스파이스를 부숴 보면 계피의 향기는 적고 매운 맛의 후추의 풍미가 강하여 "Jamaica pepper"라고도 하나 일반적으로 피멘타(Pimenta)라 한다. 올스파이스의 강한 향기(정유)는 열매(액과)의 외피에 있으며 완전히 익으면 단맛은 강해지고 향기는 없어지므로 미숙과, 즉 익기 직전의 열매를 따서 말린 것이 올스파이스이다.

학명의 *Pimenta*는 유분의 함량이 많기 때문에 그리스어의 지방이라는 뜻의 Pimele에서, 종명 *dioica*는 암수 이주임을 말해준다. 처음에는 정향과 비슷하고 또 동과의 식물이어서 *Eugenia*라는 학명을 붙인 적도 있었다고 한다. 17세기부터 *Pimenta*라 부르게 되었다(Herbs p316).

식물학적 특성

6-9m로 자라는 열대성 상록교목. 대생하는 잎은 월계수를 닮은 둥근 장타원형 가죽질, 짙은 녹색의 표면은 광택이 있다. 가지 끝에 흰색 집산화서로 많이 피며 열매는 지름 1cm의 암자색 장과로 익는다. 건조한 기후와 석회암 지대를 좋아한다. 씨에는 발아 억제 물질이 있어 원산지에서는 새나 박쥐가 따먹은 다음 그들의 장을 통과하면서 억제 물질이 제거되어 새의 똥에서 나온 씨라야 발아가 잘 된다고 한다. 원산지 이외에 재배 성공을 이루지 못한 원인 중의 하나이다.

완전히 익기 전 미숙과를 수집, 약 1주일쯤 건조, 암갈색이 된 것이 향신료 올스파이스이다(Herbs p316).

특수성분

Pimenta dioica L.의 정유가 4.5% 함유, 주성분은 Eugenol(M-00754), Cineol(E-01060) 등을 함유하고 있다.

생리활성

Mini-review: *Pimenta dioica*는 도금양과(Myrtaceae) 나무로 열매를 pimento라 하며, 예부터 중요한 향신료로 쓰여 왔고, 의료 효용성과 마찬가지로 요리에서도 중요하였다. 올스파이스는 정향나무, 육두구 및 계피 같은 향신료의 향을 합한 것과 같다. 인도에서는 pimenta 잎을 밥 향료로 쓰며, 말린 열매는 요리하기 전에 고기나 생선을 담그는 향신료 즙(marinating)을 만드는 데 쓴다. 본 식물에서 여러 물질이 분리되어 즉 phenylpropanoids, tannins, glycosides 및 정유 등이 분리동정되었다. 생리활성 연구에는 항산화, 항염, 항암, 항진균 등도 연구되었다(Marzouk MSA, 2007; Garcia MD 2004; Kim E, 2016).

항암·항산화-잎 Tannin: *Pimenta dioica* 잎에서 2개 galloylglucoside인 6-hydroxy eugenol 4-*O*-(6′-*O*-galloyl)-β-D^{4}C$_1$-glucopyranoside④와 3-(4-hydroxy-3-methoxyphenyl)-propane-1,2-diol-2-*O*-(2′,6′-di-*O*-galloyl)-β-D-^{4}C$_1$-glucopyranoside⑦과 ②, C-glycoside tannin인 vascalaginone ⑩과 grandiniol ⑭과 함께 14종 기지물질 즉 gallic acid①, methyl gallate②, nilocitin③, 1-*O*-galloyl-4,6-(S)-hexahydroxyphenoyl-(α/β)-D-glucopyranoside⑤, 4,6-(S)-hexahydroxydiphenyl-(α/β)-D-glucopyranose⑥, 3,4,6-valoneoyl-(α/β)-D-glucocopyranose⑧, pedunculagin⑨, casuariin⑪, castalagin⑫, vascalagin⑬, casuarinin⑮, grandinin, methyl flavogallonate 및 ellagic acid 등을 분리동정하였다. ⑨는 solid tumor cancer cell에 세포독성이 강하였고, DPPH와 ROO^-,OH^-및 O^-_2에 가장 강한 소거활성이 있었으며, NO 생성을 가장 강하게 저해하였고, T-lymphocyte와 macrophage 증식을 유도하였다. 반면에 ③은 NO 저해활성이 가장 강하였고, T-lymphocyte 증식을 가장 촉진, ⑩은 macrophage 증식을 가장 강하게 유도하였다(Marzouk MSA, 2007).

항고지혈증효과: *Pimenta officinalis* 수침 ex(시료)는 고지방식이 rat에는 glycerol, triglyceride(TG) 및 phospholipid가 혈청뿐 아니라 간과 신장 조직에도 지방이 많았다. 고지방식이는 TBAR 값을 높여 산화 stress의 원인이 되며, 간과 신장에 diene conjugate와 GSH가 유난히 감소되었다. 고지혈증 rat에서 SOD, CAT 및 GPX같은 항산화활성도 감소하였다. 고지방식이 rat에 시료 투여는 정상에 가까운 생화학적 수치를 보였다. 이로써 시료의 항산화활성과 같이 항고지혈증 효과가 있다 판단되었다(Shyamala MP, 2005).

항염효과-Lupeol: *Pimenta racemosa* var. *ozua* 잎 MeOH ex는 carrageenan이나 dextran 유도 paw edema나 TPA-유도 ear edema(mice)에서 시료 농도 의존적으로 항염활성을 보였다. 시료의 항염 기전은 COX-선택적 저해와 유사하였고, 또 이 기전은 neutrophil 이주에 시료 중 triterpene이 관여, 항염활성을 나타내기 때문이었다(Fernandez A, 2001).

항통증·항염활성: 카리브 지방에서는 *Pimenta racemosa* var. *ozua*잎을 통증이나 염증에 사용하는 유명한 약이다. 본 연구에서는 *Pimenta racemosa* 잎의 항통증 및 항염활성을 acetic acid, formalin 및 hot plate test하였다. 시료 수침 ex 125와 250mg/kg에서 용량 의존적으로 통증을 감소시켰으나, 반대로 hot plate test에서는 licking도 jumping의 잠복기에 현저한 증가는 없었다. 동시료 동량에서 carrageenan-유도 rat paw edema는 1, 3 및 5시간 현저히 감소되었다. 또 edema TPA test는 0.5, 1.0 및 3mg/ear 시료 ex에서 농도 의존적으로 현저히 감소하였다. 독성은 중 정도로 LD_{50}값이 287mg/kg 이었다(Garcia MD, 2004).

CNS억제효과: *Pimenta dioica*(시료) EtOH ex와 H_2O ex의 몇 분획이 정상 혈압인 마취 rat에서 관찰한 결과, 시료 H_2O ex투여에서 중추신경계(CNS)에 억제효과를 보였고, 시료 H_2O ex 정맥주사에서 용량 의존적으로 평균 동맥압이 감소하였다. ED_{50} 53.94mg/kg.시료 H_2O ex 100mg/kg투여에서 평균 혈압 95% 감소로 EtOH ex 67% 감소보다 현저히 높았다. H_2O ex가 다른 분획에 비하여 심박동과 EKG에서 어떠한 비정상성도 특출하지는 않았다(Suarez A, 1997).

Myelosuppression 보호: *Pimenta dioica* L 잎은 인도의 케랄라(Kerala)와 망갈로르(Mangalore)에서 통증, 관절염, 해열 및 스트레스에 전통약으로 쓰였고, 열매는 요리에 쓰였다. 열매와 잎은 총 phenol성 물질이 많아 항산화활성이 높았다. 본 연구에서는 cyclophosphamide 유도 골수 억제(Swiss mice)에 잎 alcohol ex 시료가 보호 효과를 보였고, 시료 250, 500, 750mg/ kg/day를 경구투여에서 골수억제 (myelosuppression)를 현저히 보호하였다. 골수 억제는 골수 기능을 억제, 혈소판, 적혈구, 백혈구 등의 수를 감소시킨다(Nayak

Y, 2008).

항진균활성-정유: 25종의 약초 정유를 6종의 중요 병원성 및 독성 진균에 대해 균사 성장 억제를 실험하였다. *Fusarium oxysporum, F. verticillioides, Penicillium expansum, P. brevicompactum* 및 *Aspergillus fumigatus*에 대하여 한천 희석법으로 저해활성을 실험. 실험에 사용한 모든 정유는 이들 fungi의 성장에 영향을 주어, 5종의 정유 MIC에 가장 현저한 항진균활성을 보였다. 가장 강한 MIC는 *Pimento dioica* 정유였고, 정유 분석 결과, eugenol 64.29%, methyleugenol 20.55%였다(Zabka M, 2009).

항식중독균: Allspice, clove, oregano, thyme 4종의 향신료를 액체배지에 0-2%(W/V)를 첨가하고, 멸균 후, 6종의 식중독세균, *Aeromonas hydrophila, E. coli* 0157:H7, *Listeria monocytogenes*, *Staphylococcus aureus* 196E, *Salmonella typhimurium*, *Vibrio parahemolyticus*를 105-106 cells/mL 접종. 35℃, 24시간 배양한 결과, 향신료의 농도 의존적으로 세균 증식이 억제되었고, clove의 항균활성이 가장 우수하였고, allpice와 oregano가 우수. 0.3% clove 액체 배지에서 6종의 식중독 균의 증식이 억제되었다(박찬성, 1998-330). 저농도의 clove 0-0.5%w/v 함유 tryptic soybroth(TSB)에 *E.coli* 015:H7(Ec)을 105-107cells/mL 접종, Ec의 증식과 생존에 미치는 영향을 최적 온도 35℃와 저온-20, 5℃, 고온 50, 55℃에서 검토한 결과, clove TSB에 106-107cells/mL에 Ec접종 후 32일간 저온 -20, 5℃에서, Ec 생존억제는 냉장에서 시료 농도가 높을수록, 저장이 길수록 뚜렷하였다(0.3%와 0.4%에서 각각 32일, 24일에 사멸)(박찬성, 1998-106).

훈증·항진균활성-Ajowan·Allspice정유: Ajowan(*Trachyspermum ammi*)와 allspice(*Pimenta dioica*) 정유와 정유성분이 *Aspergillus* sp.인 *A. ochraceus, A. parasiticus* 및 *A. niger*에 항균활성을 실험한 결과, ajowan은 3균 모두에 100% 항진균성을 air concentration 56×10-3mg/mL에서, 올스파이스 정유는 *A. niger, A. ochraceus* 및 *A. paraciticus*에 각각 100, 84.4 및 83.5% 항균성을 보였다. GC/MS로 분석한 결과, ajowan에서 12성분, 올스파이스에서는 6성분이 분리. 항진균활성 물질은 ajowan과 올스파이스에서 thymol과

eugenol이 fumigant antifungal 활성에 기여하였다(Kim E, 2016).

항산화활성-열매①: *Pimenta dioica* 열매 EtOAc 용성 분획은 DPPH radical 소거활성, 강력한 항산화활성을 보여, 이를 분석한 결과, 5-galloyloxy-3,4-dihydroxypentanoic acid②와 5-(5-carboxymethyl-2 -oxocyclopentyl)-3Z-pentenyl 6-*O*-galloyl-β-D-glucoside⑬을 기지 11 polyphenol과 함께 분리동정하였고, ②와 ⑬은 강력한 DPPH radical 소거활성과 myricetin 같이 liposome 과산화를 억제하는 효과가 있었다. 기지물질은 ① gallic acid, ③ quercetin(Q), ④ Q-3-*O*-β-D-galactoside, ⑤ Q-3-*O*-β-D-glucuronide 6″-methyl ester, ⑥ myricetin(M), ⑦ M-3-*O*-β-D-galactoside, ⑧ kaempferol(K)-3-*O*-β-D-glucoside, ⑨ K-3-*O*-β-D-galactoside, ⑩ K-3-*O*-(2-*O*″-galloyl)-β-D-glucoside, ⑪ dihydromyricetin, ⑫ pimentol도 분리동정하였다(Miyajima Y, 2004)

항산화활성-열매②: 자메이카산 *Pimenta dioica* 열매 두 검체의 정유성분과 항산화활성을 실험하였다. 항산화활성은 DPPH, ABTS 및 superoxide anion법으로 측정. 45성분을 분리동정하였고, 주요 성분은 eugenol 74.71, 73.35%, methyl eugenol 4.08, 9.54% 및 caryophyllene 4.90, 3.30%. 항산화활성은 대단히 높아, DPPH IC_{50} 4.82, 5.14μg/mL, ABTS IC_{50} 2.27, 2.94μg/mL. superoxide IC_{50}17.78, 20.65μg/mL. metal chelating capacity IC_{50} 83.62, 101.77μg/mL로 환원력은 대단히 높았다. 정유의 항산화력은 순수한 eugenol보다 높았고, 천연 항산화제로서 양호한 flavour와 건강 기능성 물질 재료로 중요하였다(Padmakumari KP, 2011).

휘발성향미성분: Capillary GC와 GC/MS를 이용하여 향신료 가루의 향기성분을 분석한 결과, 육두구는 α-pinene 11.06%, β-pinene 11.17%, myristicin 19.98%, 쿠민은 cuminaldelyde 37.68%, 카다몬은 α-terpineol 47.33%, 1,8-cineole 20.56%, 고수는 linalool 61.72%, 정향은 eugenol 63.63%, eugenol acctate 20.59%, allspice는 eugenol 80.12%, methyl eugenol 10.85%, 카시아는 cinnamaldelyde 82.29%, 회향은 antheol 79.92% 등이 주성분이었다(김현위, 1989).

정유성분-잎①: 쿠바 서쪽 피나르델리오(Pinar del Rio)에서 *Pimenta adenoclada* 잎을 채집, GC-MS로 분석, 33성분을 동정하였고, 그중 주요 성분은 caryophyllene oxide 15.4%, α-muuroleol 9.4% 및 humulene epoxide II 7.6%였다(Pino JA, 2002). 남동 브라질, 대서양림(Atlantic Forest)에서 채집한 *Pimenta pseudocaryophyllus* 잎을 수증기 증류 후, GC, GC-MS로 분석, 정유 수율 0.48%, 정유중 chavibetol이 70.9%로 가장 많았고, 다음 methyleugenol 20.7%, *O*-cymene 2.8%, 1,8-cineole 1.2%였다(Marques FA, 2010).

정유성분-잎②: *Pimenta racemosa*를 북인도에서 경작, 봄과 가을에 채취, GC-FID, GC/MS로 분석, 봄경작 잎의 성분은 eugenol 72.9%로 가장 많았고, 다음 chavicol 7.7%, β-myrcene 9.6% 및 limonene 3.8%. 가을경작 잎의 성분은 eugenol이 가장 많아 92.9%, (S)-(-)-limonene enantiomer도 많아 41.1-45.3%, (R)-(-)-linalool 86.7-89.9%는 (R)-(+)-limonene과 (S)-(+) linalool의 혼합물 (Pragadheesh VS, 2013). 또 자메이카 *Pimenta dioica* 잎 정유에서 eugenol, methyl eugenol, β-caryophyllene 및 myrcene을 분리동정하였다(Jirovetz L, 2007).

정유성분-열매①: Mexican pimento berry(*Pimenta dioica*) 정유성분과 휘발성 성분을 수증기 증류와 supercritical CO_2로 추출. GC와 GC/MS로 분석 25성분을 동정하였다. Methyl eugenol이 48.3-67.9%로 가장 많았고, eugenol 14.9%, sabinene과 methyl salicylate는 본 실험에서 처음 분리되었다 (Garcia-Fajardo J, 1997). 또 limonene, 1,8-cineole, terpinolene, β-caryophyllene, β-selinene, methyl eugenol이 분리동정되었다(Tucker AO, 1991).

정유성분-잎·열매②: 카리브 제도에 약 15종이 서식. *P. quatemalensis* 잎과 열매의 정유성분을 수증기 증류후 GC/FID, GC/MS 분석한 결과, 각각 103과 60물질을 동정, 잎정유에 eugenol 72.8%, mono-와 sesquiterpene hydrocarbone 18.2%, 주요 성분은 β-caryophyllene 8.2%와 terpinolene 3.0%, 열매정유 중 eugenol 74.7%, β-caryophyllene 8.2%, terpinolene

3.3%이었고, 처음 보고였다(Chaverri C, 2015).

정유성분-Chemotypes: *Pimenta pseudocaryophyllus*를 중부 브라질, 세하도(Cerrado)에서 채집, 수증기 증류 후 GC, GC-MS로 분석 57성분을 동정, 3개 chemotypes 중 Cluster I은 geranial 41.2, neral 26.8, caryophyllene oxide 3.8 및 spathulene 3.7%, cluster II는 고농도의 (E)-asarone 21.8, (E)-caryophyllene 16.2 및 elemicin 8.8%, cluster III은 (E)-methyl isoeugenol 93.2% 등이었다(Paula JAM, 2011).

효능과 이용

1) 식용: 브라질, 멕시코 등에서 이용해온 향신료로 열매에서 추출한 피멘토 오일은 유지의 산화 방지 작용이 있어 생선 통조림용으로 러시아에서 대량 소비되고 있다. 또 방향성 약미로 피클, 비스킷, 스튜, 소스, 햄, 와인 등에 쓰이고 단 음식이나 매운 요리 등에도 쓰이며 혼성된 향미 때문에 다른 향신료와도 잘 조화된다. 잎은 차에 넣는다.

2) 약용: 소화, 살균, 항균 작용이 있고, 근육통, 신경통과 류머티스에도 열매를 탕약으로 쓴다.

3) 기타: 애프터셰이브 로션의 향료, 향수 재료 또 약품의 부향제로 쓴다. 자메이카에서는 완숙과로 럼주를 빚어 'pimento rum'이라 하고 올스파이스의 잎과 럼주를 함께 증류한 향료를 'bay rum(bay란 월계수 잎과 유사)'이라 하여 머릿기름으로 유명하다.

참고 문헌

1) 김미경, 정현진, 김옥미 등. **식품저장유통학회지** 1998 5(1) 81(김치 발효 관련 젓산균에 대한 향신료의 항균력)

2) 김현위, 허경택, 최춘언. **식품과학회지** 1989 21(1) 127[향신료(육두구, 쿠민, 카다몬, 심황, 고수, 정향, 올스파이스, 카시아, 회향, 셀러리시드, 흑후추 11종)의 휘발성 향미 성분에 관한 연구]

3) 박찬성. **조리과학회지** 1998 13(3) 330[향신료(clove, allspice, oregano, thyme)가

식중독 세균의 증식에 미치는 영향]

4) 박찬성. **조리과학회지** 1998 13 106[저온 저장 중 Allspice(*Pimento dioica* L.)에 의한 *E. coli* 0157: H7과 *Staphylococcus aureus* 196E 의 생존 억제]

5) Chaverri C, Ciccio JF. *Rev Biol Trop* 2015 63 303[Leaf and fruit essential oil composition of *Pimenta quatemalensis*(Myrtaceae) from Costa Rica]

6) Fernandez A, Alvarez A, Garcia MD, Sanez MT. *Il Farmaco* 2001 56 335 (Anti-inflammatory effect of *Pimenta racemosa* var. *ozua* and isolation of the triterpene lupeol)

7) Garcia MD, Fernandez MA, Alvarez A, Saenz MT. *J Ethnopharmacol* 2004 91 69 [Antinociceptive and anti-inflammatory effect of the aqueous extract from leaves of *Pimenta racemosa* var. *ozua* (Mirtaceae)]

8) Garcia-Fajardo J, Martinez Sosa M, Estrarron-Espinosa M, et al. *J Essent Oil Res* 1997 9181[Comparative study of the oil and supercritical CO_2 extract of Mexican pimento (*Pimenta dioica*)]

9) Jirovetz L, Buchbauer G, Stoilova I, et al. *Ernahrung/Nutrition* 2007 2 55[Spice plants: Chemical composition and antioxidant properties of *Pimenta* Lindl. essential oils, part 1: *Pimenta dioica* L. Merr. leaf oil from Jamaica]

10) Kikuzaki H, Hara S, Kawai Y, Nakatani N. *Phytochemistry* 1999 52 1307 (Antioxidant phenylpropanoids from berries of *Pimenta dioica*)

11) Kikuzaki H, Miyajima Y, Nakatani N. *J Nat Prod* 2008 71 861 (Phenolic glycosides from berries of *Pimenta dioica*)

12) Kikuzaki H, Sato A, Mayahara Y, Nakatani N. *J Nat Prod* 2000 63 749 (Galloylglucosides from berries of *Pimenta dioica*)

13) Kim E, Oh C-S, Koh S-H, et al. *J Essent Oil Res* 2016 28(3) 252[Antifungal activities after vaporization of ajowan(*Trachyspermum ammi*) and allspice (*Pimenta dioica*) essential oils and blends of their constituents against three *Aspergillus* species]

14) Marques FA, Wendler EP, Baroni ACM, et al. *J Essent Oil Res* 2010 22 150[Leaf

essential oil composition of *Pimenta pseudocaryophyllus* (Gomes) L. R. Landrum native from Brazil]

15) Marzouk MSA, Moharran FA, Mohamed MA, et al. *Z Naturforschung* 2007 62(7-8) 526(Anticancer and antioxidant tannins from *Pimento dioica* leaves)

16) Miyajima Y, Kikuzaki H, Hisamoto M, et al. *Biofactors* 2004 22 301(Antioxidant polyphenols from berries of *Pimenta dioica*)

17) Monterio OS, Souza AG, Soledade LEB, et al. *J Therm Anal Calorim* 2011 106 595 (Chemical evaluation and thermal analysis of the essential oil from the fruits of the vegetable species *Pimenta dioica* Lindl.)

18) Nabney J, Robinson FV. *Flavour India* 1972 3 50[Constituents of pimento berry oil(*Pimenta dioica*)]

19) Nayak Y, Abhilash D. *Pharmacology on line* 2008 3 719(Protection of cyclo-phosphamide induced myelo-suppression by alcoholic extract of *Pimenta dioica* leaves in mice)

20) Padmakumari KP, Sasidharan I, Sreekumar MM. *Nat Prod Res* 2011 25(2) 152 [Composition and antioxidant activity of essential oil pimento *Pimento divica* L Merr.) from Jamaica]

21) Park I-K, Kim J, Lee S-G, Shin S-C. *J Nematol* 2007 39(3) 275[Nematicidal activity of plant essential oils and components from ajowan(*Trachyspermum ammi*), allspice (*Pimenta dioica*) and litsea(*Litsea cubeba*) essential oils against pine wood nematode(*Bursaphelenechus xylophilus*)]

22) Paula JAM, Ferri PH, Bara MTF, et al. *Biochem System Ecol* 2011 39 643 [Intraspecific chemical variability in the essential oils of *Pimenta pseudo-caryophyllus*(Gomes) LR, Landrum(Myrtaceae)]

23) Pino JA, Bello A, Urquiola A. *J Essent Oil Res* 2002 14 400[The leaf oil of *Pimenta adenoclada*(Urb.) Burret from Cuba]

24) Pragadheesh VS, Yadar A, Singh SC, et al. *Med Aroma Plants* 2013 2(1) 118[Leaf essential oil of cultivated *Pimenta racemosa*(Mill.) JW Moore from North India]

25) Rao PS, Navinchandra S, Jayaveera KN. *Int Current Pharmaceu J* 2012 1(8) 221(A important spice, *Pimento dioica* L Merill: A review)

26) Rao SK, Iyengar MA, Rao G. *Indian Drugs* 2001 38(9) 458[Antimicrobial activity of the essential oil of the leaves of *Pimenta dioica* L.(Family: Myrtaceae)]

27) Seo S-M, Kim J, Lee S-G, et al. *J Agr Food Chem* 2009 57 6596[Fumigant antitermintic activity of plant essential oils and components from ajowan (*Trachyspermum ammi*), allspice (*Pimenta dioica*), caraway (*Carum carvi*), dill (*Anethum graveolens*), geranium (*Pelargonium graveolens*) and litsea (*Litsea cubeba*) oils against Japanese termite (*Reticulitermes speratus* Kolbe)]

28) Shyamala MP, Paramundayil JJ, Venukumar MR, Latha MS. *Indian J Physiol Pharmacol* 2005 49(3) 363[Probing the anti-hyperlipidemic efficacy of the allspice(*Pimento officinalis*) in rats fed with high fat diet]

29) Souza A. *Ph D Thesis* Univ de São Paulo São Paulo Brazil 2009(Variabilidade dos óleos voláteis de espécies de Myrtaceae nativas da Mata Atlântica)

30) Suarez A, Ulate G, Ciccio JF. *J Ethnopharmacol* 1997 55 111(Cardiovascular effects of ethanolic and aqueous extracts of *Pimenta dioica* in SD-rats)

31) Suarez A, Ulate G, Ciccio JF. *Rev Biol Trop* 2000 48(1) 53[Hypotensive action of an aqueous extract of *Pimenta dioica* (Myrtaceae) in rats]

32) Tucker AO, Maciarello MJ. *J Essent Oil Res* 1991 3 195(Volatile leaf oils of Caribbean Myrtaceae II *Pimenta dioica* L Merr of Jamaica)

33) Tucker AO, Marciarello MJ, Adams RP, et al. *J Essent Oil Res* 1996 3 323[Volatile leaf oils of Caribbean Myrtaceae 1. Three varities of *Pimenta racemosa* (Miller) J. Moore of the Dominican Republic and commercial bay oil]

34) Zabka M, Pavela R, Slezakova L. *Ind Crops Prod* 2009 30 250(Antifungal effect of *Pimenta dioica* essential oil against dangerous pathogenic and toxinogenic fungi)

9 우엉

Arctium lappa

국화과
(Compositae)

Edible Burdock(英)
Gobo(日)
牛蒡(中)

원산지: 유럽
용도: 식용 – 뿌리, 어린 잎
약용 – 뿌리, 잎, 열매

식물학적 특성

밭에 재배되는 귀화 식물로 2년초, 키는 약 1.5m, 뿌리는 육질, 곧고, 경생엽은 호생. 근생엽은 총생, 대형, 잎자루가 길고, 약간 심장형, 가장 자리에 톱니가 있고, 뒷면에는 털이 있다. 꽃은 짙은 자주색, 흰색, 두상화서, 모두 관상화, 총포는 둥근 모양, 총포편은 비늘 모양, 끝이 갈고리 모양으로 굽었다. 우리나라에는 1종 뿐(Lee, YN, II, p351).

성분

1) 영양성분

① 우엉뿌리, 생것 (6256) 100g중 열량 62.0kcal, 단백질 3.1g, 지질 0.2g, 당질 13.5g, 조섬유 1.2g, Ca 56.0mg, P 68.0mg, Fe 0.8mg, Zn 0.27mg, vitamin B_1 0.03mg, B_2 0.07mg, B_6 0.24mg, niacin 0.5mg, C 3.0mg, 엽산 22.8μg, E 0.60mg. 〈식이섬유 8.84g〉

② 우엉뿌리, 삶은 것(6257) 100g중 열량 65.0kcal, 단백질 1.8g, 지질 0.1g, 당질 15.3g, 조섬유 1.40g, Ca 60.0mg, P 62.0mg, Fe 1.10mg, Zn 0.27mg, vitamin B_1 0.06mg, B_2 0.04mg, B_6 0.24mg, niacin 0.2mg, 엽산 22.8μg, E 0.6mg. 〈식이섬유 3.58g〉

2) 특수성분

Arctiin(A-02692), Arctigenin(-)(A-02692), Arctinol A(P-01918), B(A-00269), Arctinal(P-01918), Arctic acid B(O-00789), C(O-00789), Lappaol F(L-00292), Lappahen a(L-00293), b(L-00293), Lappaol A-E, H(L-00291-292), 5-Deoxylongilobol(E-01890), 2-Hexenoic acid(E, H-00817), 1-Tridecene-3,5,7,9,11-pentayne, 12,13-Epoxy-2,4,6,8,10-tridecapentayne(T-01839), 2-(1-Undecen-3,5,7,9-tetranyl)oxirane(T-01794), 5-(2-Acetoxy-1-oxoethyl)-5′-(1-propynyl)-2,2′-bithiophene(A-00269), *α*-Amyrin(U-00159), *β*-Amyrin (O-00383), Lupeol(L-00847), *ψ*-Taraxasterol(T-00098), Apoltaxene (H-00280), Dihydroaplotaxene, Cyperene(C-02472), *β*-Elemene(E-00156), Caryophyllene(C-00482), *α*-Guaiene(G-00788), Clovene(V-00300), 2-Methoxy-3-methylpyrazine(M-00727), *2-Methylpropionic acid (M-01296), Costic acid(E-01821), Dehydrocostuslactone(G-00836), Ubiquinone(C-01618), Inulin(I-00201) 등이 우엉에서 분리동정되었다.

동속식물에서 1(5), 11-Guaiadiene(G-00788), 1,2-Epoxytridec-trans-3-ene-5,7,9-triyne, 1,3,11-Elematriene(E-00156), 1,3,5-Tri-*O*-Caffeoyl-4-*O*-succinoylquinic acid(Q-00030), *2-Methoxy-3-methylpyrazine, *2-Methylbutyric acid(B-01095), 2-Methylpropionic acid(P-01878), 9(10)-Dehydrofukinone(E-01373), α-Amyrin; acetate(U-00159), Arctic acid(P-01918), Artignan A-E, Artignan G, H, Arainone A; acetate(A-00269), *Artinone B(A-00269), Arctiol(E-01890), Atropine(T-02971), Benedictinolide, β-Amyrin(O-00383), β-Eudesmol(E-01913), Clovene (C-01540), *Cnicinolide(D-01967), Diarctigenin(A-02692), Dihydroaplotaxene(H-00280), Eremophilene(E-01336), Fukinone(E-01373), γ-Guanidinobutyric acid(G-00859), Heptadec-1-ene(H-00327), Heptadeca-1-cis-8-cis-15-triene-11,13-diyne(H-00299), Isolappaol A(L-00291), Lactucone(T-00098), Matairesinol(M-00323), Octenoic acid(3,1), *Phenylacetaldehyde(P-00961), Pseudotaraxasterol; acetate(T-00097), Taraxasterol; palmitate(T-00098), Trachelogenin(T-01604), Trideca-1,11-eiene-3,5,7,9-tetrayne(T-01795), Arctium acidic xylan(X-00092), *Arctium lappa* antimutagen, *Arctium lappa* sesquilignan AL-D, AL-F, Desmutagenic factor(*Arctium lappa*) 등도 분리되었다.

생리활성

Mini-review: *Arctium lappa*는 Europe, 북미 및 Asia에서는 수백년 질병 치료에 써왔고, 중국에서도 전통 약물(Traditional Chinese Medicine; TCM)로 써 왔으며, 생리활성으로는 우엉 씨, 뿌리, 잎의 항산화활성과 총 polyphenol 등 특수성분에 대한 생리활성이 연구되었다. 우엉조직이 강력한 radical scavenger 활성을 보여 부식, 약물 및 상품 활용의 천연 항산화 물질로 생각되었고, phenolic acid인 caffeic acid, chlorogenic acid 및 cynarin이 우엉 씨에, arctiin, luteolin 및 quercetin rhamnoside는 뿌리에서, phenolic acids, quercetin, quercitrin 및 luteolin은 우엉 잎에서 처음 동정되었다. 항산화 용량과 생리활성 대사 산물은 의학적 사용에 기초적 필수조건으로 새로운 건강 식품의 기능성 성분섭취는 식습관으로 중요조건이었다(Ferracane R, 2010). LC/MS/MS 분석에서 우엉의 부위별 뿌리의 활성물질은 TCM에서는 혈액을 해독(detoxify)하고, 혈액순환을 개선시켜, 습진 eczema 같은 피부병을 치료하며, 뿌리에서 항산화 및 항당뇨 화합물도 발견하였다. 씨의 몇 활성 물질은 항염증 효과가 있고 췌장 carcinoma 같은 암 성장에 강력한 억제 효과도 있으며 잎 추출물에서 구강 내 미생물 성장이 억제되는 활성 물질도 발견하였다. 우엉은 의학적 용도로 암, 당뇨병 및 AIDs 같은 만성 질병 치료 효과도 있으나, 우엉은 접촉성 피부염이나 다른 allergy/염증 반응을 일으키는 부작용도 있다(Chan YS, 2011).

세포독성·항암활성-열매①: *Bardanae fructus*(우엉 열매) ex는 in vitro에서 세포독성을, in vivo에서 human hepatoma $HepG_2$ 세포주와 mouse sarcoma 180 세포주에 항암활성을 보였다. 본 연구에서는 4분획과 시료에서 분리한 3물질 arctiin, arctigenin 및 chlorogenic acid에 대한 세포독성을 실험한 결과, arctiin과 arctigenin은 $HepG_2$ 세포에 대해 강력한 세포독성을 보였으나, Chang liver cell에는 거의 세포독성이 없었다. H_2O 분획에서 분리된 chlorogenic acid는 이들 세포에 별 영향을 보이지 않았다. Chang liver cell에 대한 artigenin의 세포독성은 GSH 합성 저해 물질 L-buthionine-(S,R)-sulfoximine (BSO) 처리로 현저히 증강되었다. 한편 $HepG_2$ cell에서 arctigenin의 세포독성은 먼저 관찰된 것과 같이 BSO에 의해 변하지 않았다. $HepG_2$ 세포에 대한 arctigenin의 세포독성은 노출 시간에 따라 증강되었다. 이러한 arctigenin 성질은 먼저 관찰된 것과 같이 시료의 세포독성 물질은 arctiin과 aglycone인 arctigenin으로 결론지었다(Moritani S, 1996-1515).

항암활성-Arctigenin②: 암세포는 산소와 마찬가지로 필수 영양소를 우선적으로 재빨리 섭취하며, 낮은 영양과 산소 공급 환경에서도 energy 대사를 조절, 극한 상황에서도 살아남는다. 연구자들은 일본 500종 Kampo medicine 중에서 *Arctium lappa* CH_2Cl_2 ex 50μg/mL 농도에서 영양 충분 상태에선 실제로 세포독성이 없었으나, 영양 고갈 상태에서는 우선적으로 100% 세포독성을 보였다. CH_2Cl_2 ex 분획에서 얻은 arctigenin은 세포독성이 있고, 영양 결핍 세포에 대해 0.01μg/mL arctigenin은 100% 우선적으로 세포독성을 보였다(Awale S, 2006).

항MH60증식-Artigenin③: Sino-Japan herbal medicine 중 전통적으로 crude drug extract에서 약리적 활성 물질을 탐색하였고 *Arctium lappa* L.(우엉) 열매 70% EtOH ex가 B cell hybridoma cell인 MH60에서 강력한 항증식 활성을 보였다. Bioassay-guided 정제로 새로운 lignan인 (+)-7,8-didehydroarctigenin을 기지 lignan인 (-)-artigenin이나 (-)-matairesinol과 함께 우엉 열매 수용성 EtOH ex에서 분리하였다. (-)-Arctigenin은 MH60

세포주(IC_{50}:10μM)에서 강력한 항증식 활성을 보였고, apoptosis 물질로 생각되었다(Kim, YJ, 2010).

항폐·간·위암활성-Artigenin④: 암 화학요법의 효과는 인체에서 다른 조직에 독성을 유발하는 한계가 가끔 있다. 그러므로 본 연구에서는 독성이 없는 화학요법제를 찾고자 364생약 추출물을 대상으로 정상세포와 A549(human lung adenocarcinoma)에 실험 결과, 효과 있는 9생약 중 *Artium lappa* ex가 탁월하여 이를 추출 정제한 arctigenin이 lung cancer A549, liver cancer $HepG_2$ 및 stomach cancer KATO III에 세포독성을 보였고, 정상 세포에는 독성이 없었다. Arctigenin은 암세포 증식을 특히 저해하여 arctigenin은 암세포에 선택적 세포독성을 보이는 항암 물질이었다(Susanti S, 2012).

항폐암-Arctigenin⑤: *Arctium lappa*(우엉)에서 분리된 항암활성이 있는 lignan인 arctigenin(시료)이나, 시료의 작용기전은 조직을 변화시키거나 cancer cell의 형태를 변화시킨다. 근래에는 폐 adenocarcinoma cell에서 증식 억제와 apoptosis 유도 mechanism에 초점을 두었다. 다양한 정상 세포주에 대한 비교로 암세포에 대한 윤곽이 뚜렷해졌다. 시료는 NPAT 단백질 발현의 down regulation을 통하여 G_0/G_1 phase에서 암세포의 증식이 선택적으로 차단되며, cyclin E/CDK2나 cyclin H/CDK7의 억제를 통해 down regulation 된다. 이는 Akt-1 관련 신호 회로의 조절을 통하여 apoptosis가 유도될 수 있기 때문이다. 더구나 GSH 합성 저해는 특히 암세포에 대하여 시료의 세포독성을 특히 증가시키기 때문. 이는 세포 내 GSH 함량이 시료가 cancer cell에 감염되기 쉬운 다른 입자의 영향을 받을 수 있다. 이러한 발견은 lung cancer cell에 대하여 ARG의 특별한 세포독성이 있기 때문이며, NPAT 발현의 선택적 변화에 의한 것으로 설명될 수 있다. 시료의 세포독성은 세포 내 GSH량 의존적으로 나타났다(Susanti S, 2013).

유방암예방-Artigenin⑥: *Arctium lappa*(우엉) lignan 성분 arctigenin 시료는 mitochondria caspase independent apoptotic pathway를 자극으로 human breast cancer MDA-MB-231 cell에서 apoptosis 유도 NOX와 p38 MAPK 회로에 의해 superoxide anion과 H_2O_2를 증가시킬 수 있다. 시료는 p38/

ATF-2 관련 H3K9 trimethylation에 의한 Bcl-2 발현을 변화시켜 ATG와 Endo G의 유리로 apoptosis를 유도하였다. 더구나 in vivo 실험에서 시료 처리는 MDA-MB-231 breast cancer xenograft tumor 성장을 현저히 억제시켜 어떠한 주조직 관련 독성 유도도 없이 암조직에서 증식 억제와 apoptosis와 관련되었다. 이로써 우엉 arctigenin은 estrogen receptor-negative 유방암 예방에 미래의 치료제로 생각되었다(Hsieh CJ, 2014).

항유방암효과-Arctiin⑦: *Arctium lappa*(Burdok) seed에서 분리된 arctiin의 chemopreventive 효과가 있고 PHIP-유도 유방암 rat(♀)와 MeIQX-associated hepatocarcinogenesis rat(♂)에서 실험하였다. Arctiin은 PhIP-유도 발암에서 특히 유선에서 증식기에 억제되었고, 또 한편으로는 MeIQX 유도 간암 발생에 약한 MeIQ-유도 hepatocarcinogenesis에 대해 약한 co-carcinogenic 영향을 주었다. 더구나 PhIP가 acinar cell 목적인 female SD rat에서 PhIP는 약한 pancreatic carcinogen이었다(Hirose M, 2000).

항암활성-Arctiin⑧: Arctiin은 *Arctium lappa* 우엉의 주요 lignan 성분으로 동물 model에서 항암활성이 있다. 최근 arctiin이 인체 prostate cancer PC-3 세포주의 성장 저해활성이 보고되었으나 그 작용기전은 잘 모르므로 본 연구에서는 arctiin이 HaCaT 세포주 인체의 영원한 keratinocyte인 HaCaT 세포주에서 암억제 retmoblastoma protein을 저해, 탈인산화시켰다. 또한 cyclin D1 단백질 발현의 down regulation과 관련된 arctiin이 성장을 억제시켰다. 더구나 arctiin-유도 cyclin D1 단백질 발현 억제는 인체 여러 형태의 tumor cell 즉 osteosarcoma, lung, colorectal, cervical 및 breast cancer 또 변형된 renal cell과 prostate cancer에서 일어난다. RNA-rendered 인체 유방암 MCF-7 세포주가 arctiin의 중요한 target로 cyclin D1과 관련되었다. 이로써 arctiin이 cyclin D1 단백질 발현을 down regulation시켜 적어도 arctiin의 항증식 효과에 부분적 기여로 보였다(Matusuzaki Y, 2008).

암세포증식억제-K562·MCF-7·786-O⑨: *Arctium lappa*는 고혈압, 통풍, 간염 및 다른 염증에 널리 쓰이는 약물로 우엉 뿌리는 간보호, 항염, free radical 소거 및 항증식 활성이 있다. 본 연구에서는 총 phenol 함량, DPPH radical 소거 및 항증식 활성을 연구하였다. 열탕, 실온에서 CH_2Cl_2, EtOH 및 H_2O; hydroethanolic 및 총 수침 우엉 뿌리의 DPPH 소거활성, 총 phenol성 물질 함량, 인체 암세포 중에서 항증식 활성을 평가하였고, 시료의 성분을 기기 분석 결과 radical 소거활성은 hydroethanolic ex가 가장 강하였고, soxhlet 추출에서 phenol성 물질이 가장 많았다. 더구나 CH_2Cl_2 ex는 K562, MCF-7 및 786-O human cancer cell lines에 선택적 항증직 활성을 보였다(Predes FS, 2011).

간보호활성-만성음주·$CCl_4$①: 만성 음주는 매일 4g absolute ethanol 또는 80mL liquid basal diet로 28일간 섭취. 0.5mL/kg CCl_4 복강 내 1회 주사로 중독시킨 후, 우엉 300mg/kg/day 7일간 섭취한 결과, ethanol 섭취군과 CCl_4 투여군에서 우엉 투여군이 병리학적, 생화학적 parameter가 현저히 개선되었으나, ethanol과 CCl_4 투여군은 cytochrome P-450과 NADPH-cytochrome C reductase가 감소되었고, 혈청 triglyceride와 lipid peroxidation의 수준은 증가되었으며, 혈청 transaminase 수준도 증가되었다. Glutathione 함량을 원상태로 환원시키고, 조직 병리학적 환부에 영향을 주었다. 이들 결과는 ethanol-유도 간 독성과 CCl_4 의한 가중된 간독성에 1일과 7일간 우엉 섭취에도 간독성을 반드시 수반하게 된다. 우엉의 간 보호 기전은 적어도 부분적으론 항산화 작용에 기인, 간세포의 산화적 항산화활성에 기인하거나 다른 우리가 모르는 보호 기전에 의해 감소될 수 있다(Lin, S-C, 2000-163).

간보호활성-EtOH; EtOH·$CCl_4$②: 우엉의 간보호 활성을 알고자, 시험군 A에 4g 순수 EtOH를 80mL를 액체 기본 사료에 용해하여 28일간 투여하고, 다른 군은 간 손상을 높이고자 0.5mL/kg CCl_4를 21째 날(우엉 투여 1일 전날) 복강 내에 1회 주사하고, control군은 순수 EtOH는 투여하지 않았다. 우엉 30mg/kg/3회/day 투여한 결과, 제1일과 제7일에 생화학적, 조직학적 변화가 EtOH 투여군과 EtOH+CCl_4 투여군에서 간손상이 현저하여, cytochrome P-450 함량과 NADH-cytochrome reductase 활성이 감소하였고, 혈청 triglyceride량과 지방 과산화가 증가하였고, 혈청 transaminase량은 증가하였다. 또 glutathione 함량을 환원하고 조직병리학적 기능장애도 복원되었다. 이로써 EtOH와 EtOH+CCl_4 유도 간 독성에 우엉 투여 간보호 활성 기전은 적어도 부분적으로 항산화활성과 간세포의 산화 stress나 다른 미지의 간보호 기전이 있는 것으로 생각되었다(Lin S-C, 2002-401).

항염활성-씨·Lignan①: *Arctium lappa* 씨 MeOH ex로부터 새로운 butyrolactone sesquilignan인 isolappaol ①과 함께 기지의 lignan인 lappol C ②, D ③, F ④ 및 diarctigenin ⑤를 분리동정하였고, 이들은 murine macrophage RAW 264.7 세포에서 LPS-유도 NO 생성을 평가한 결과, ④와 ⑤는 LPS-자극 RAW 264.7 세포에서 NO 생성을 강력히 저해하였다. IC_{50}값은 각각 9.5와 9.6μM이었다(Park SY, 2007).

항염활성-씨·Diarctigenin②: *Arctium lappa* 씨에서 분리된 diactrigenin은 lignan 성분으로 씨는 염증에 대체 약물로 쓰여 왔다. Diactrigenin은 NF-kB와 DNA 결합을 저해하는 물질로 대식세포에서 zymosan-유도 NF-Kb 활성화를 예방한다. 이는 염증 gene의 NF-kB 조절 transcription에 대해 diarctigenin의 억제하는 작용기전에 공헌하였다. 이로써 diarctigenin은 NF-kB 관련 염증 질환에서 강력한 약리활성으로 생각되었다(Kim BH, 2008).

항염증기전-씨·Arctigenin③: *Arctium lappa* L.의 씨 성분 arctigenin은 NO 생성과 LPS-활성 macrophages인 RAW 264.7과 THP-1에서 TNF-α 와 IL-6를 유리한다. NO 생성에 대한 저해활성 기전은 iNOS protein 발현과 iNOS 효소 활성에 대한 저해활성으로 생각되었다(Zhao F, 2009).

항염증효과-Allergy·Atopy④: 인간 유래 폐 상피세포 A549를 이용, 염증 반응을 유발, 유지시키는 데 중요한 역할을 보이는 ICAM-1의 억제적 조절효과를 평가, 염증 매개인자인 NO와 이의 생성에 미치는 iNOS의 발현조절에서도 억제효과를 확인하였고, 우엉 추출물이 인간 각질 형성 세포주의 세포 증식에 효과를 나타내었다. 본 연구에 사용된 폐 상피세포는 호흡기 질환, 천식 등 알러지 및 만성 염증 연구에 활용하고 있으며, 각질 형성 세포는 아토피 피부염의 만성 염증 반응에서 주요하게 확인하는 요소이다. 이상으로, 우엉의 항염증 효과는 다양한 염증 반응, 특히 알러지 및 아토피 피부염 질환을 더 악화시키는 만성 염증에 우엉 추출물이 유용한 소재로 보였다(Kim YJ, 2012; 한규철, 2004-107; Grewe, M, 1998).

장염완화-TNBS colitis model⑤: *Arctium lappa*는 Brazil 전통 약물로 위장관 증상을 완화시키는 데 쓰여 왔다. 본 연구는 우엉의 lactone sesquiterpene인 onopordopicrin이 풍부한 분획(ONP 분획)이 급성 TNBS 2,4,6-trinitrobenzene sulfonic acid-유도 실험 대장염 rat model에서 장염을 감소시켰다. 이 항염활성은 장 점막에서 neutrophil function, TNF-α 생성 및 COX-2 down regulation과 관련이 있는 것으로 보였다(de Almeida ABA, 2013).

항결장염⑥: 2,4,6-Trinitrobenzene sulfonic acid(TNBS)-유도 colitis model에 *Arctium lappa*의 lactone sesquiterpene onopordopicrin(ONP)이 풍부한 ONP 분획 투여 후 항염활성을 실험하였다. TNBS 투여군에서 colon wall 두께가 증가, 염증 세포 침투가 확대, myeloperoxidase(MPO) 활성과 TNF-α level이 증가하였다. 반대로 ONP 분획(25, 50mg/kg) 처리에서 macroscopic inflammation score가 감소하였고, 점액 분비는 형태적 변화와 함께 증가하였다. Neutrophil infilteration과 cytokine level 정도는 현저히 개선되었다. 더구나 COX-2 발현은 TNBS-처리 rats에서 증가하였고, 반대로 ONP 분획(50mg/kg) 투여로 COX-2 과발현은 감소하였다. 이로써 ONP 분획은 급성 실험 결장염을 감소시켜 소화기 질병 치료에 효능이 확인되었다(de Almeida ABA, 2012).

사구체신염개선-Arctiin⑦: *Arctium lappa*(우엉) 열매에서 분리한 arctiin은 cationic bovine serum albumin(CBSA) 유도 rat glomerulonephritis(사구체신염)을 완화시켰다. 이는 분명히 신장 기능을 개선하였고, 사구체 환부를 보호하며, IL-6, TNF-α 및 malondialdehyde(MDA)를 감소시키고, SOD 활성을 증가시켜, NF-kB p65 DNA 결합력을 억제시켰다. 이 결과를 위해 가능한 기전의 하나는 arctiin이 arctigenin으로 변화된 후 NF-kB 활성과 핵의 전이 다음, 이들 pro-inflammatory cytokine의 감소, SOD가 NF-kB 활성 저해 회로에 관여하기 때문이다. Arctiin은 일상적 연구와 사구체 신염 임상적 이용이 요구되며 NF-kB의 저해제로 개발을 추천한다(Wu JG, 2009).

항위궤양기전-Onopordopicrin①: *Arctium lappa* L.는 이뇨, 구제제(pellant) 및 소화자극과 피부과학적 분야에서 민속약으로 쓰여왔다. 우엉 잎의 sesquiterpene인 onopordopicrin(ONP)이 풍부한 분획의 항궤양 활성 mechanism에 대해 실험한 결과, ONP 분획의 위보호 활성 mechanism은 rodent in vivo model에서 인체 질병과 흡사하였다. ONP 분획 50μg/mL·po는 75% ethanol/HCl, indomethacin/bethanecol 68.9% 및 stress 58.3%로 유도된 점막 손상을 현저히 억제하였다. Pylorus ligature(유문결찰)에서 ONP 분획은 위액량에는 변화가 없었으나, 위액의 pH와 총 위산 농도에는 변화를 보였다. ONP 분획은 somatostatin 농도 control group 12.7에서 82.1 pmol로 증가시켰으나 혈청 gastrin은 control 361.5에서 62.6μu/mL로 감소시켰다. ONP 분획은 muscus(근육) 생산에는 현저한 변화는 없었고, ONP-분획의 위보호 활성은 N-ethylmaleimide 처리로 완전히 저해되었으나, L-NG-nitroarginine methyl ester 전처리 동물에서 변화는 없었다. 이러한 결과로 ONP 분획의 항분비 기전은 항위궤양 효과를 포함하나 내인성 sulfhydryl은 ONP 분획의 위보호 기전에는 중요한 역할로 작용하였다(de Almeida ABA, 2012; Dos Santos, AE, 2008; Liu, HC, 2012).

항궤양성결장염②: BALB/c mice에 100mg/kg 우엉 분말을 투여하고, 7일 후 dextran sulfate sodium(DSS) 식수에 5%, 8일간 계속 투여한 결과, 설사와 혈변이 결장의 조직에서 검색되었고, 면역 조직 화학적 조사로 결장조직에서 IL-6와 TNF-α가 탐색되었고, 체중과 병발의 대조군과 현저한 차이를 보였다. 조직검사에서 시료 투여군에서 점막 부종, 점막하발진, 궤양, 염증세포 침윤 및 결장 손실이 예방될 수 있었고, 더구나 면역조직 화학적 분석에서 시료군에서 염증성 cytokine인 IL-6와 TNF-α가 감소되었다. 이로써 우엉분말은 DSS-유도 결장염 mice에서 장의 손상과 염증성 cytokine이 감소, 궤양성 결장염에 유용한 식품임을 밝혔다(Huang TC, 2010).

동맥경화예방-항염증①: *Arctium lappa* MeOH ex(시료)는 인지질, deoxyribose, 단백질 및 low density lipoprotein(LDL)을 포함한 biomolecule의 산화적 손상에 대하여 항산화활성을 보였다. 더구나 시료는

GSH량뿐 아니라 항산화 효소의 활성도도 상승시켰다. 시료는 산화적 stress에 대한 저해활성으로 유익한 효과를 보였다. 또한 시료는 RAW 264.7 macrophage에서 NO 생성을 현저히 억제하였다. IkB-α 약화를 저하시켜 iNOS와 COX 효소 발현을 억제, RAW 264.7 macrophage에서 염증 부위에서 과잉의 NO 생산을 조절, 항염증 효과에 공헌하였다. 이러한 생물학적 기능이 있는 시료는 혈관벽에서 항염활성으로 동맥경화로의 진행을 예방할 것으로 인체 여러 기관에서 우엉 MeOH ex 시료는 LDL 산화와 NO 생성을 조절할 수 있다 생각되었다(Wang BS, 2006).

항혈전·항산화활성②: 우엉 EtOH ex(시료) 수율은 10.94%, 총 polyphenol 함량은 5.0mg/g, 총 당함량은 694.53mg/g, hexane(Hx), EtOAc 및 BuOH 분획은 각각 1.62, 0.42 및 5.98%, 물 잔유물 85.38% 시료들의 혈액 응고 저해활성은 thrombin time(TT), prothrombin time(PT) 및 activated partial thromboplastin time(aPTT) 측정 결과, EtOH ex에서 유의적 활성을 보이지 않았으나, EtOAc 분획에서 강력한 TT, PT aPTT 연장 효과를 확인, 농도 의존적 혈액 응고 저해를 확인하였다. 물 잔유물에서 내인성 혈액응고 인자 활성화에 의한 aPTT 감소 효과를 확인, 혈전 생성 촉진 효과가 있음도 확인하였다. 혈소판 응집 저해활성은 시료와 각 분획물은 임상에서 사용하는 aspirin보다 강력하였고, 특히 EtOAc 분획이 aspirin의 2배 이상 강하였다. 항산화활성은 EtOAc 분획이 DPPH, ABTS 및 nitrite에서 우수한 활성율을 보였다. 시료의 용혈 활성은 0.5mg/mL까지 나타내지 않아 우엉은 안전한 항혈전제로의 개발 가능성을 보였다(Kim MS, 2014).

항Allergy성염증-우방자①: 면역조절 작용 이상으로 인식되고 있는 알러지에 대한 우방자의 물 추출액이 항알러지 실험 결과, IgE 생성억제 효과를 보여 항알러지 효과가 인정되었다(유한철, 2001; 김홍진, 2002). 우방자의 항allergy성 염증효과를 알고자 macrophage 264.7 세포주를 이용, 분비되는 cytokine 양을 관찰한 결과, 우방자는 IL-6와 IL-1β 분비량을 증가시켰고, TNF-6와 IL-10 분비량을 억제시켰으나, IL-10 분비량은 농도 별 효과는 없었다. 이상의 결과로 우방자는 항allergy 염증에 효과가 있을 것으로 판단되었다(남지영,

2005; Sohn EW, 2011).

항Allergy 효과-조리우엉②: 우엉 salad, 튀김우엉, 식초우엉조림 같은 시판 조리 우엉의 항allergy 효과를 cyclooxygenase-2, lipoxygenase, phospholipase A2 및 hyaluronidase 효소 활성 저해활성을 분석하였고, rat basophilic leukemia(RBL)-2H3 세포주 탈과립 억제활성을 측정하였다. 식초우엉 조림 MeOH ex cyclooxygenase-2 활성을 저해하지 않았다. 우엉 salad와 우엉 튀김은 모든 실험에서 활성 저해를 보였다. 우엉 salad ex는 lipoxygenase, phospholipase A2 및 hyaluronidase를 강력히 저해하였다. 이로써 시판 우엉 salad는 더구나 날 우엉을 포함한 시판 조리 우엉은 항allergy 효과와 생리활성이 일치하였다(Sugiura Y, 2009; Sohn, EH, 2011; Knipping, K, 2008).

항균활성-치근간감염①: *Arctium lappa* 잎 조 침출물의 구강 내 치근간 감염(endodontic infection)균 *Enterococcus faecalis*, *Staphylococcus aureus*, *Pseudomonas aeruginosa*, *Bacillus subtilis* 및 *Candida albicans*에 대한 항균활성을 실험한 결과, endodontic pathogen에 우엉 성분이 강력한 항균활성을 보였다(Pereira JV, 2005).

항균활성-치근간감염②: 근관치료 미생물군에 항균활성이 있는 식물에서 천연 생물 활성물질로 새로운 치료가 가능할 수도 있다. 본 연구는 *Arcium lappa* (우엉)의 EtOAc 분획에서 phytotherapeutic agent로 intracanal dressing (소관 내 치료)제로 calcium hydroxide와 비교, 27위 턱 송곳니를 소독 후 *Pseudomonas aeruginosa*, *E. coli*, *Lactobacillus acidophilus*, *St. mutans* 및 *Candida albicans* 혼합 현탁액을 접종하였다. 이들을 3군으로 나누어 즉 1군은 $Ca(OH)_2$와 propylene glycol, 2군은 시료 EtOAc 분획과 propylene glycol, 3군은 propylene glycol(control)로 canal를 채워 7, 14 및 30일 후 개봉하고, 뿌리 canal에 5분간 방치하였다. Paper points brain heart infusion (BHI)를 petri dish에 옮겨 균의 성장을 분류하였다. Mild하게 자란 균은 1군, 2군에서 7일간 심하게 성장하였으나 14일과 30일에 전혀 성장되지 않았다. *Arctium lappa*의 EtOAc 분획에서 phytotherapeutic agent는 실험한 모든

미생물들의 성장을 억제하였다(Gentil M, 2006).

항균활성-무증상*H. pylori*③: 우엉 혼합물(BC: 우엉, 당귀, 자초, 참깨의 혼합물)을 자각 증상이 없는 *Helicobacter pylori* 감염 AGS(위상피세포)에 투여한 결과, MIC, cell viability(MTT), anti-adhesion activity 및 염증 markers로 평가한 결과, 우엉 혼합물를 8주간 투여에서 염증 marker인 UBT (urea breath test) 값이 현저히 감소되어 ulcer wound(궤양 상처)가 치료되었다. 이로써 우엉 혼합물은 자각 증상이 없는 *H. pylori* 감염을 치료시켰음을 보였다(Yen CH, 2018; Kamkaen N, 2006).

항산화물질①: 일본 우엉 *Arctium lappa* L. 뿌리에서 5종의 항산화 caffeoylquinic acid 유도체를 분리하고, NMR과 MS data로 동정한 결과, 1-*O*-5-*O*-dicaffeoylquinic acid ①, 1-*O*-5-*O*-dicaffeoyl-3-*O*-succinylquinic acid ②, 1-*O*-5-*O*-dicaffeoyl-4-*O*-succinylquinic acid ③, 1-*O*-5-*O*-dicaffeoyl-3-*O*-4-*O*-disuccinylquinic acid ④, 및 1-*O*-3, *O*-5-*O*-tricaffeoyl-4-*O*-succinylquinic acid ⑤이었고, 이들 항산화활성은 α-tocopherol〈 chlorogenic acid〈caffeic acid〈①=②=③=④〈⑤ 순이었다(Maruta Y, 1995).

항산화활성-씨·뿌리·잎②: 우엉의 씨, 뿌리, 잎의 phenol성 물질의 항산화활성을 측정한 결과, 우엉의 70% alcohol 물질과 TEAC 값과 총 phenol 물질은 67.39-1.63μ mol Trolox equivalent/100g dry weight(dw)와 2.87-45g gallic acid equivalent/100g dw. 성분은 LC/MS/MS 분석에서 caffeoylquinic acid 유도체, lignans(주 arctiin) 및 여러 flavonoids이었다. 우엉씨의 몇 phenolic acid는 caffeic acid, chlorogenic acid 및 cynarin은 seeds에, arctiin, luteolin 및 quercetin rhamnoside는 뿌리에, phenolic acids, quercetin, quercitrin 및 luteolin은 잎에서 처음으로 분석되었다(Ferracane R, 2010).

LDL산화억제-우방자③: Relative electrophoretic mobility를 측정한 결과, LDL보다 우방자 분획물을 가한 산화 LDL의 mobility가 현저히 감소, 항산화 효과가 인정되었고, 우수한 효과는 BuOH 분획에서 8시간 산화로 mobility가 감소하였다. TBA법으로 농도별 BuOH 분획에 대해 산화억제 효과를 측정한 결과, 시료 4ppm에서 현저한 효과를 보였다. LDL 중 vitamin E 함량(HPLC

측정)은 산화로 현저히 감소하였고, BuOH 분획에서 항산화 효과를 보였다. 이로써 우방자는 동맥경화 유발인자로 알려진 LDL의 Cu^{2+}에 의한 산화억제 효과가 인정되었다(양기숙, 1997).

항당뇨활성-혈당저하①: *Arctium lappa* L.(우엉) MeOH ex의 EtOAc 분획에서 α-glucosidase 저해활성을 보였다. EtOAc 분획을 분석한 결과, sitosterol-β-D-glucopyranoside ①를 동정하였고, α-glucosidase 저해활성은 200.0μ mol/mL에서 97.3% 저해, 50% 저해는 IC_{50}값은 30μmol/mL. EtOAc 분획에서 methyl palmitate ②, methyl linoleate ③ 및 methyl linoleneate ④를 GC-MS로 동정하였다. ②-④ 물질은 각각 73.4%, 66.5% 및 68.5% α-glucosidase 200μmol/mL 저해하였으며, IC_{50}은 각각 52.8, 47.5 및 46.7 μ mol/mL. 화학구조와 활성관계에서 methyl stearate ⑤, methyl oleate ⑥, palmitic acid ⑦, linoleic acid ⑧, linolenic acid ⑨, stearic acid ⑩ 및 oleic acid ⑪도 측정하였다(Miyazawa M, 2005).

항당뇨활성-씨 Lignan②: *Fructus Arctii*(우엉씨)의 lignan을 중국에서는 항당뇨제로 사용해 왔다. 본 연구에서는 alloxan-유도 당뇨 mice model에서 hyperglycemic-hyperlipidemic 당뇨 rat에서 관찰한 결과, 혈당, glucose tolerance, 혈청 insulin, 혈청 triglycerides 총 cholesterol 및 high density lipoprotein(HDL)을 측정하였다. 우엉 총 lignan을 mice와 rats에 2.0, 1.0, 0.5g/kg과 1.38, 0.69, 0.35g/kg를 10일간 투여 결과, alloxan-유도 당뇨 mice와 rat에서 혈청 glucose, TG 및 total cholesterol이 모두 현저히 감소하였다. 우엉의 lignan과 표준 물질로 사용한 glibenclamide 투여 당뇨 control과 비교에서 glucose tolerance, serum insulin 및 HDL-chol은 hypoglycemia 위험 없이 모두 증가하였다. 결과적으로 우엉씨에서 얻은 총 lignan은 보다 안전한 항당뇨제로 당뇨합병증 예방에 도움이 되며 항당뇨 의료 약제의 좋은 보조제라 생각되었다(Xu Z, 2008).

AGEs형성억제③: 당뇨병은 8-12시간 금식 후 혈당이 126mg/dL 이상, 경구 당부하 검사시 포도당 섭취 2시간 후 혈당이 200mg/mL 이상일 때 진단된다. 합병증으로는 당뇨성 망막증, 당뇨성 신경병증, 당뇨성 콩팥 질환, 관상동맥

질환, 뇌혈관 질환, 말초신경 질환 등이 알려졌다. 당뇨 환자에서 고혈당이 산화적 stress가 상승, insulin 저항성을 증가, 혈관, 신장, 망막 등에 손상을 일으킨다. 산화-stress에 의한 최종 당화 산물(advanced glycation end products: AGEs)이 당뇨 합병증의 주요 원인. 항산화, 항암 및 항염증 효능이 있는 우엉(root)·열무 추출물(시료)을 제조 AGEs 형성 저해를 확인하였다. AGEs는 bovine serum albumin(BSA)과 당류인 glucose, fructose, galatose를 혼합 37℃에서 3주간 배양, 생성시켰고, 매주 형광도 측정, fructosamine 분석, α-dicarbonyl compound 함량 측정으로 AGEs 생성을 확인. 시료의 AGEs 생성 저해는 AGEs 억제제인 aminoguanidine(AG)의 저해능과 비교. 시료는 BSA와 단당류인 glucose, fructose, galactose 각각의 당화 반응을 억제, 특히 당화 AGEs 생성을 저해하였다. 시료 농도 1mM AG보다 AGEs 생성 저해능이 우수, 4mg/mL 시료는 배양 3주에서 AGEs 생성을 약 80% 이상 억제하였다. AGEs 생성은 glucose 농도에 비례하여 증가, 시료는 당뇨 환자 식후 혈당 25mM glucose 군에서 1mM의 AG보다 우수한 저해 효과를 확인하였다(Lee D, 2016).

미백효과·Melanin 생성억제-우방자①: 우리나라에 자생하는 국화과 식물 6종: 감국 꽃, 구절초(전초), 포공영(전초), 우엉(전초), 인진호(지상부), 우방자(씨)의 MeOH ex와 hexane, $CHCl_3$, EtOAc, BuOH 및 H_2O 분획은 항미생물, 항산화 및 tyrosinase 저해활성을 실시, 항균활성은 우방자의 $CHCl_3$ 분획에서, 항산화활성은 인진호가 93%(MeOH ex)로 가장 높았다. Tyrosinase 저해활성은 MeOH ex에서 우방자만이 40%로 높았고, 감국 BuOH 분획은 48%였다. 6종의 시료 중 MeOH ex 중 우방자만이 항균, 항산화, tyrosinase 저해활성 등을 나타내었다(강정란, 2008).

미백효과-뿌리②: 우엉 뿌리의 생리활성을 알고자, MeOH ex와 EtOAc 및 BuOH 분획을 대상으로 polyphenol과 flavonoid 함량, DPPH radical 소거능과 tyrosinase 저해활성을 실험한 결과, EtOAc 분획이 가장 높았고, 다음 BuOH 분획으로 LC-MS/MS로 성분을 분리동정한 결과, cynarin과 chlorogenic acid이었다. 특히 cynarin이 항산화 및 미백 활성에 효과를 보였다(임도연, 2014).

갈변억제-PPO특성(뿌리): 식물체 갈변 현상의 주된 원인인 효소적 갈변은 polyphenol oxidase (PPO)가 관여하는 산화 반응으로 PPO는 tyrosinase, cresolase, catecholase, catechol oxidase 등으로, 주로 phenol은 quinone으로 산화시킨 후, 중합, 갈색의 melanin을 생성, 착색시킨다. 과일 및 야채 조직이 공기 중에 노출 시 phenol성 물질에 PPO가 작용, 갈변 현상의 원인. 본 연구에서는 우엉 뿌리에서 PPO를 여러 기법으로 추출 정제, 분자량이 30kDa의 단일 polypeptide chain으로 구성, pH 2-6과 8-10에서 효소 활성이 상실 또는 감소, 이 효소의 최적 pH는 7.0, 온도 35℃, catechol과 L-DOPA에 높은 효소 활성을 보였고, chlorogenic acid와 catechol에 KM 값이 각각 16.18mM, 23.11mM, ascorbic acid와 L-cysteine은 우엉 뿌리 PPO의 활성을 감소, Cu^{2+}도 활성을 감소시켰다(Lim JH, 2005).

단맛 증진-증건: 우엉을 90℃, 3시간 쪄서 60℃에서 20시간 건조를 9회 반복한 후의 이화학적 변화와 관능 특성을 조사한 결과, 수분 함량은 81.95%에서 7.64% 감소, 설탕 함량은 518.35mg/g, inulin은 86%, 환원당은 377.00mg/g으로 3회 증건할 때 가장 높았고, 갈변은 7회 증건에서 가장 심하였고, crude saponin 함량은 5회 증건 시 6.17%로 가장 높았다. Polyphenol 함량과 항산화활성 (DPPH, ABTS, FRAP)은 3회와 5회 증건 시 가장 높았다. 단 냄새, 구수한 냄새, 캐러멜 향미 및 body감의 특성도 높아졌다. 이상의 결과로 생 우엉은 inulin의 생리활성이 기대되고, 증건 3-5회 우엉에서 총 polyphenol과 saponin 함량의 증가로 높은 항산화활성과 단맛이 기대되었다(이금양, 2015).

새싹채소재배-항산화활성: 우엉 새싹 채소를 개발코자, 우엉 종자를 25℃, 명조건에서 발아 시 가장 왕성, 4일에 82%가 발아, 암조건에서 재배, 20℃에서 가장 왕성. 녹화 처리는 새싹 길이 생장을 억제하였으나, 자엽 길이와 부피 생장을 촉진하였다. 수확 후, 우엉 새싹 채소는 4℃보다 10℃ 저장이 효과적. 0, 1, 2, 3일 녹화 처리 새싹 채소의 항산화활성을 분석한 결과, radical 소거능 및 Fe^{2+} chelating 효과는 시판 브로컬리, 적채, 완두 새싹,

콩나물보다 우수하였다. 총 polyphenol과 flavonoid 함량이 우수, 특히 3일 녹화 우엉 새싹 채소가 가장 높았다. 지질 과산화 억제활성은 녹화 처리 길이가 길어질수록 우수하였다. 우엉 새싹 채소는 우엉 성채 잎줄기보다 항산화활성이 우수하였다. 따라서 우엉 새싹 채소는 기능성 채소로의 이용 가치가 높은 것으로 생각되었다(이무열, 2009).

뿌리성분: 우엉뿌리(牛蒡根)의 정유성분은 0.06-0.18%, 잎에서 약 0.03%, 수증기 증류로 정유 채취가 가능하며 그중 artigenin, arcetin 등의 정유물질이 많았고, inulin은 27-45%(한수정, 1993). 6월(9월)에 채취한 우엉의 무기성분은 각각 Na 49mg(444ppm), Mg 299(319), Al 10(ND), K 1817(1813), Ca 570(377), Mn 6(ND), Fe 17(4), Zn 1(ND), P 789(832)이었다(장경미, 1999).

우엉·죽순·연근-일반성분비교: 냉동건조한 죽순은 단백질 3.05%, 지질 0.48%, 섬유소 2.46%, 우엉은 당질 18.64%로 가장 많았고, 섬유는 죽순과 우엉에서 각각 62.5%, 41.9%, 연근 17.9%, 유리당은 죽순과 연근에서 sucrose가 가장 많았고, 우엉에서 fructose와 sucrose가 비슷한 함량을 보였다. 지방산은 죽순, 연근, 우엉에서 palmitic acid 24.5-37.6%, linoleic acid 44.6-65.2%, linolenic acid는 죽순에서만 많았으며, 아미노산은 aspartic acid, glutamic acid 및 lysine 함량이 높았으며, 죽순은 다른 시료보다 단백질과 단맛 아미노산이 많았다. 이 결과 섬유소는 죽순과 우엉, 감미 아미노산과 linolenic acid는 죽순에 많았다(장경미, 1999).

열매성분-우방자: 부위별 특수성분 arctiin은 15-20% 이며, arctigenin, matai-resinol, acetic acid, butyric acid, caffeic acid, chlorogenic acid, inulin, mucilage, pectin, lauric acid, linoleic acid, tiglic acid, lapaol 등도 분리되었다. 열매(牛蒡子)의 지방은 25-30%이었고, linoleic acid 38.5%, oleic acid 19.1%이었으며 유기산은 acetic acid, butyric acid, caffeic acid, chlorogenic acid, lauric acid, linoleic acid, oleic acid, stearic acid, tiglic acid, palmitic aicd, propionic acid 등이 분리되었다(조윤희, 2002).

씨성분-Linoleic acid 정량: 우엉씨에서 linoleic acid, α-linolenic acid, γ-linolenic acid를 측정하였다. 우방자의 불포화 지방산 함량은 linoleic acid

2.8872μl/g, 우방자의 유기용매 추출에서 5.8872μl/g, 물 추출물에서 0.1942μl/g이었고, 열탕 추출(3시간)에서 0.1942μl/g으로 가장 많았다. 우방자를 마쇄후, linoleic acid 함량은 추출 2시간일때 0.6137μl/g로 최대함량을 보였다(조윤희, 2002).

기타연구: 우엉의 영양적 가치는 다당류인 inulin, cellulose, hemicellulose가 많아 당뇨병, 심장병, 동맥 경화증의 성인병 예방과 변비로 인한 대장암 예방 효과가 있다. Arctigenin은 항암 효과와 anti-HIV 효과(in vitro)가 규명되었고, lignans인 arctigenin과 arctiin은 항암, 저혈당 및 paralysis 효과가 있으며, 우엉씨 추출물이 LDL 산화에 미치는 영향이 연구되었고 또 유방암에 항암(arctigenin과 lupeol), 항염, arctiin은 이뇨에, rheumatism과 신염(lupeol)에 효과 있다. 또한 우엉의 dietary fiber는 식용색소에 의한 독성 예방과 개선효과 및 중금속 흡수 예방효과도 보고되었다.

효능과 이용

1) 효능: 뿌리(牛蒡根) – 상한(傷寒), 육식중독(肉食中毒), 종기통(腫氣痛), 거풍(祛風), 관절염, 해독, 당뇨병.
   씨(牛蒡子) – 해열(解熱), 해독(解毒), 이뇨(利尿), 소염(消炎).

2) 식용: 뿌리는 우엉볶음, 튀김, 우엉찹쌀전병, 우엉장아찌, 우엉죽, 우엉술로, 어린잎은 나물로 이용.

3) 약용: 한방에서는 열매를 인후염증, 편도선염, 가래배출, 해열, 해독에, 우방근은 피부발진(종기, 버짐, 옴), 부종, 당뇨 등의 치료에 쓴다.
   민간에서는 뿌리를 거풍열(祛風熱), 발한, 이뇨(利尿)에, 씨는 이뇨, 해열, 볼거리에 쓰고, 해독에 응용한다.
   외국에서는 잎과 뿌리는 피부질환 치료제로 쓴다.

4) 기타: 차의 향료로 뿌리(2-hexenoic acid)를, 또 향장품(hand lotion)의 향료로도 쓴다.

★ 뿌리는 생식을 금한다.

참고 문헌

1) 강영화. **석사학위논문** 서울대학교 서울 1988(우방자의 PAF Antagonist 활성성분에 관한 연구)

2) 강정란, 이미경, 강상모. **응용생명화학회지** 2008 51(4) 321(국화류 추출물의 항산화 및 melanin 생성 억제 활성)

3) 김계은. **박사학위논문** 경희대학교 서울 2010(우방자의 아토피 피부염에 대한 효과)

4) 김승진. **최신원예** 1989 325 14(우엉)

5) 김홍진, 최정화, 김종한. **이비인후과학회지** 2002 15(2) 33(우방자 추출물 및 분획층이 항 알러지에 미치는 실험적 연구)

6) 남지영. **석사학위논문** 경희대학교 2005(우방자가 항알러지 염증 반응에 미치는 영향)

7) 양기숙, 심정민. **생약학회지** 1997 28(4) 275(우방자, 저밀도 지질단백질 산화)

8) 유한철, 김성훈, 김동희. **본초학회지** 2001 16(1) 111(우방자의 항알러지 효과에 관한 연구)

9) 이금양, 손양주, 전유호 등. **식품과학회지** 2015 47(3) 336(증건 횟수에 따른 우엉의 이화학적 변화 및 관능적 특성)

10) 이무열, 신소림, 박선희 등. **자원식물학회지** 2009 22(4) 304(우엉 새싹 채소의 재배 환경 구축 및 항산화 활성 탐색)

11) 임도연, 이경민. **생약학회지** 2014 45(2) 141(우엉 뿌리 추출물의 항산화 및 tyrosinase 저해 활성과 phenolic compound 분석)

12) 장경미, 이미순. **조리과학회지** 1999 15(5) 545(우엉의 영양 성분)

13) 조윤희, 성경화, 이은주, 등. **본초학회지** 2002 17(2) 11(우방자의 추출조건에 따른 Linoleic acid 정량)

14) 한규철, 이지용, 김덕균. **한방소아과학회지** 2004 18(2) 107(우방자가 아토피 피부염에 미치는 영향)

15) 한규철. **석사학위논문** 경희대학교 서울 2004(우방자가 아토피 피부염에 미치는 영향)

16) 한수정, 구성자. **조리과학회지** 1993 9(2) 82(우엉의 유리당, 지방산, 아미노산, 식이섬유의 조성)

17) Awale S, Lu J, Kalauni S et al. *Cancer Res* 2006 66 1751(Identification of arctigenin as an antitumor agent having the ability to eliminate the tolerance of cancer cells to nutrient starvation)

18) Barbosa-Filho JM, Costa M, Gomes C, Tromlin G. *J Braz Chem Soc* 1993 4 186 (Isolation of the pordopicrin, the toxic constituent of *Arctium lappa* L.)

19) Beckman JA, Creager MA, Libby P. *JAMA* 2002 287(19) 2570(Diabetes and atherosclerosis: epidemiology, pathophysiology, and management)

20) Chan YS, Cheng LN, Wu JH et al. *Inflammopharmacol* 2011 19 245[A review of pharmacological effects of *Arctium lappa* (burdock)]

21) Cho JY, Kim AR, Yoo ES et al. *J Pharm Pharmacol* 1999 51 1267(Immunomodulatory effect of arctigenin, a lignan compound, on TNF-α and NO production, and lymphocyte proliferation)

22) de Almeida ABA, Luiz-Ferreira A, Cola M et al. *J Med Food* 2012 15(4) 378[Anti-ulcerogenic mechanisms of the sesquiterpene lactone onopordopicrin-enriched fraction from *Arctium lappa* L. (Asteraceae): role of somatostatin, gastrin, and endogenous sulfhydryls and nitric oxide]

23) de Almeida ABA, Sanchez-Hidalgo M, Martin AR et al. *J Ethnopharmacol* 2013 146 300[Anti-inflammatory intestinal activity of *Arctium lappa* L. (Asteraceae) in TNBS colitis model]

24) Dos Santos AE, Baggio CH, Freitas CS et al. *J Pharm Pharmacol* 2008 60 795 (Gastroprotective activity of the chloroform extract of the roots from *Arctium lappa* L.)

25) Eich E, Pertz H, Kaloga M et al. *J Med Chem* 1996 39 86[(-)-Arctigenin as a lead structure for inhibitors of human immune deficiency virus type-1 integrase]

26) Ferracane R, Graziani G, Gallo M et al. *J Pharm Biomed Anal* 2010 51 399[Metabolic profile of the bioactive compounds of burdock (*Arctium lappa*) seeds, roots and

leaves]

27) Gentil M, Pereira JV, Sousa VTCS et al. *Phytother Res* 2006 20 184(In vitro evaluation of the antibacterial activity of *Arctium lappa* as a phytotherapeutic agent used in intracanal dressings)

28) Grewe M, Bruijnzeel-Koomen CA, Schöpf E et al. *Immunol Today* 1998 19 359(A role for TH1 and TH2 cells in the immunopathogenesis of atopic dermatitis)

29) Han BH, Yong HO, Kang YH, Han YN. *Yakhak Hoeji* 1995 39(1) 10(Screening of the Inhibitory effect of herbal medicines on the platelet activating factor (PAF) binding: 35 selected herbal medicines based on folk medicinal informations-*Arctium lappa*)

30) Han KE. *MS Thesis* Kung Hee Univ Seoul Korea 2007(Effects of *Arctii Fructus* on the atopic dermatitis)

31) Hirose M, Yamaguchi T, Lin C et al. *Cancer Lett* 2000 155 79(Effects of arctiin on PhIP-induced mammary, colon and pancreatic carcinogenesis in female Sprague-Dawley rats and MeIQx-induced hepatocarcinogenesis in male F344 rats)

32) Hsieh CJ, Kuo PL, Hsu YC et al. *Free Rad Biol Med* 2014 67 159(Arctigenin, a dietary phytoestrogen, induces apoptosis of estrogen receptor-negative breast cancer cells through the ROS/p38 MAPK pathway and epigenetic regulation)

33) Huang TC, Tsai SS, Liu LF et al. *World J Gastraenterol* 2010 16 4193(Effect of *Arctium lappa* L. in the dextran sulfate sodium colitis mouse model)

34) Jeon JY, Kim DJ, Ko SH et al. *Diabetes Metab* 2014 38(3) 197(Task force team of diabetes fact sheet of the Korean Diabetes Association, Current status of glycemic control of patients with diabetes in Korea: the 5th Korea national health and nutrition examination survey)

35) Jeong JB, Hong SC, Jeong HJ, Koo JS. *Int Immunopharmacol* 2011 11 1573 (Arctigenin induces cell cycle regulatory proteins in human gastric cancer cells)

36) Jung HA. *PhD Thesis* Wonkwang Univ Iksan 2001(Study on the mechanism of vascular relaxation induced by *Arctii Fructus*)

37) Kamkaen N, Matsuki Y, Ichino C et al. *Thai Pharm Health Sci J* 2006 1 12(The isolation of the anti-*Helicobacter pylori* compounds in seeds of *Arctium lappa* Linn.)

38) Kim BH, Hong SS, Hwon SW et al. *J Pharmacol Exp Ther* 2008 327(2) 393 (Diarctigenin, a lignan constituent from *Arctium lappa*, down-regulated zymosan-induced transcription of inflammatory genes through suppression of DNA binding ability of nuclear factor-κB in macrophages)

39) Kim MS, Lee YS, Sohn HY. *Kor J Food Preserv* 2014 21(5) 727(Anti-thrombosis and anti-oxidative activity of the root of *Arctium lappa* L.)

40) Kim YJ, Hwang JH, Cha M et al. *J Cell Physiol* 2010 224 33(Arctigenin blocks the unfolded protein response and shows therapeutic antitumor activity)

41) Kim YJ, Kang SC, Namkoong S et al. *Kor J Plant Res* 2012 25 1(Anti-inflammatory effects by *Arctium lappa* L. root extracts through the regulation of ICAM-1 and NO)

42) Knipping K, vanEsch E, Wijering SC et al. *Exp Biol Med (Maywood)* 2008 233 1469(In vitro and in vivo anti-allergic effects of *Arctium lappa* L.)

43) Kwon YK, Choi SJ, Kim CR et al. *Appl Biol Chem* 2016 59(4) 553(Antioxidant and cognitive-enhancing activities of *Arctium lappa* L. roots in Aβ 1-42-induced mouse model)

44) Lee D, Kim CY. *J Nutr Health* 2016 49(4) 233(Inhibition of advanced glycation end product formation by burdock root extract)

45) Li Y, Shi W, Li Y et al. *Environ Toxicol Pharmacol* 2008 26 13(Neuroprotective effects of chlorogenic acid against apoptosis of PC12 cells induced by methylmercury)

46) Lim JA. *MS Thesis* Pusan Natl Univ Busan Korea 1998[The study of antioxidation of burdock (*Artium lappa* L.)]

47) Lim JH, Jeong MC, Moon KD. *Kor J Food Preserv* 2005 12 489[Purification and characterization of polyphenol oxidase from burdock (*Arctium lappa*)]

48) Lin S-C, Chung TC, Lin CC et al. *Am J Chin Med* 2000 28 163(Hepatoprotective

effects of ***Arctium lappa*** on carbon tetrachloride- and acetaminophen-induced liver damage)

49) Lin S-C, Lin C-H, Lin C-C, et al. ***J Biomed Sci*** 2002 9 401(Hepatoprotective effects of ***Arctium lappa*** L on liver injuries induced by chronic ethanol consumption and potentiated by CCl_4)

50) Liu HC, Ku MK, Chung FY et al. *Genomic Med Biomark Health Sci* 2012 4 81 (Effectiveness of great burdock essence compounds in the adjuvant treatment of gastric ulcer patients infected with ***Helicobacter pylori***)

51) Maruta Y, Kawabata J, Niki R. *J Agr Food Chem* 1995 43 2592[Antioxidative caffeoylquinic acid derivatives in the roots of burdock (***Arctium lappa*** L.)]

52) Matsuzaki Y, Koyama M, Hitomi T et al. ***Oncol Rep*** 2008 19 721(Arctiin induces cell growth inhibition through the down-regulation of cyclin D1 expression)

53) Miyazawa M, Yagi N, Taguchi K. *J Oleo Sci* 2005 54(11) 589(Inhibitory compounds of α-glucosidase activity from ***Arctium lappa*** L.)

54) Moritani S, Nomure M, Takeda Y, Miyamoto KI. *Biol Pharm Bull* 1996 19(11) 1515[Cytotoxic components of bardanae fructus (Goboshi)]

55) Park BG. ***MS Thesis*** Sejong Univ Seoul 2009(Quality characteristics of Sulgiddak by the addition of burdock)

56) Park SY, Hang SS, Han XH et al. ***Chem Pharm Bull*** 2007 55(1) 150(Lignans from ***Arctium lappa*** and their inhibition of LPS-induced nitric oxide production)

57) Pereira JV, Bergamo DCB, Pereira JO et al. *Braz Dent J* 2005 16(3) 192 (Antimicrobial activity of ***Arctium lappa*** constituents against microorganisms commonly found in endodontic infectins)

58) Predes FS, Ruiz ALTG, Carvalho JE, et al. *BMC Compl Altern Med* 2011 11 25 (Antioxidative and in vitro antiproliferative activity of ***Arctium lappa*** root extracts)

59) Schroder HC, Merz H, Steffen R et al. ***Z Naturforsch*** 1990 45 1215(Different in vitro anti-HIV activity of natural lignans)

60) Shin SI. ***MS Thesis*** Myongji Univ Seoul 2011(Quality characteristics of Jochung

added with burdock root powder)
61) Singh VP, Bali A, Singh N, Jaggi AS. *Kor J Physiol Pharmacol* 2014 18(1) 1 (Advanced glycation end products and diabetic complications)
62) Sohn EH, Jang SA, Joo H et al. *Clin Mol Allergy* 2011 9 1(Antiallergic and anti-inflammatory effects of butanol extraction extract from *Arctium lappa* L.)
63) Sohn EW, Jang SA, Joo H et al. *Clin Molecul All* 2011 doi: 10.1186/1476-7961-9-4 (Anti-allergic and anti-inflammatry effects of butanol extract from *Arctium lappa* L.)
64) Sugiura Y, Torii T, Matsuda K, Yamada Y. *Food Sci Technol Res* 2009 15(4) 423 (Anti-allergic effects of extracts from commercial products of cooked burdock)
65) Susanti S, Iwasaki H, Inafuku M et al. *Phytomedicine* 2013 21 39(Mechanism of arctigenin-mediated specific cytotoxicity against human lung adenocarcinoma cell lines)
66) Susanti S, Iwasaki H, Itokazu Y et al. *J Nat Med* 2012 66 614(Tumor specific cytotoxicity of arctigenin isolated from herbal plant *Arctium lappa* L.)
67) Tian X, Sui S, Huang J et al. *Environ Toxicol Pharmacol* 2014 38 189(Neuro-protective effects of *Arctium lappa* L. roots against glutamate-induced oxidative stress by inhibiting phosphorylation of p38, JNK and ERK 1/2 MAPKs in PC12 cells)
68) Tsai WJ, Chang CT, Wang GJ et al. *Chin Med* 2011 6 1(Arctigenin from *Arctium lappa* inhibits interleukin-2 and interferon gene expression in primary human T lymphocytes)
69) Wang BS, Yen GC, Chang LW et al. *Food Chem* 2006 101 729[Protective effects of burdock (*Arctium lappa* L.) on oxidation of LDL and oxidative stress in RAW 264.7 macrophages]
70) Wu JG, Wu JZ, Sun LN et al. *Phytomedicine* 2009 16 1033(Ameliorative effects of arctiin from *Arctium lappa* on experimental glomerulonephritis in rats)
71) Xu Z, Wang X, Zhou M et al. *Phytother Res* 2008 22 97(The antidiabetic activity of

total lignan from *Fructus Arctii* against alloxan-induced diabetes in mice and rats)

72) Yen CH, Chiu HF, Huang SY et al. *Helicobacter* 2018 23(3) e12469(Beneficial effect of Burdock complex on asymptomatic *Helicobacter pylori*-infected subjects: A randomized, double-blind placebo-controlled clinical trial)

73) Zhao F, Wang L, Lin K. *J Ethnopharmacol* 2009 122 457(In vitro anti-inflammatory effects of arctigenin, a lignan from *Arctium lappa* L. through inhibition on iNOs pathway)

10 운향

Ruta graveolens

운향과
(Rutaceae)

Rue, Garden rue(英)

원산지: 유럽

용도: 식용·약용 – 잎, 줄기

역사

고대 로마에서는 주일날 교회에서 사제가 줄기로 성수(Holy water)를 뿌리는 관습이 있어 "은총의 풀(Herb of grace)"이라는 별명도 있다. 아침에 딴 Rue는 만능약이라 하였고 시력 회복에 특효약, 독이 있는 짐승에 물린 상처나 독버섯, 부자(附子)같은 것의 해독제로 썼다.

16-17세기에 흑사병이 유행하였을 때 일반 가정이나 법정에도 살균력이 강한 운향의 잎을 뿌려서 병의 전염을 막으려 하였으며 마르세이유에서도 전염병이 돌 때 Rue vinegar(향료식초)를 몸에 뿌려 전염병을 막았다 한다. Rue는 운향(芸香)이라고 하며 포기 전체에서 기묘한 향이 난다.

학명의 *Ruta graveolens*는 그리스어의 reuo 자유롭게 한다 또는 해방한다, 'ruesthai(구한다)' 등의 말로서 약효를 뜻하며 'gravis(강한)', 'olens(향기)'의 합성어로 독특한 향기가 있기 때문이다. Rue는 옛날부터 그 강한 향기 때문에 마취제나, 자극제로 쓰였고 주술적인 의미가 있다. 신약성경 누가복음 11장

42절에 운향은 십일조로 드리는 식물로 적혀 있다(Herbs p352).

식물학적 특성

키는 50-90cm 줄기가 곧게 자라는 상록의 다년생 초본 밑쪽은 목질화. 줄기는 회록색 잎은 2-3회의 우상복엽 호생 청록색 유점(油点)이 많다. 잔잎은 숟가락 모양, 노란꽃은 접산화서로 피며 꽃잎은 4-5장 꽃잎에 1cm길이의 술이 10개가 달려 있고, 중심부는 녹색, 열매는 삭과로 속에 흑갈색의 씨가 들어 있고 전체에서 불유쾌한 냄새가 난다. 한국에서는 재식하고 있다(Lee, YN, I, p679).

특수성분

Aborine(B-00272), Aborinine(T-01936), * 2,3-Butanendiol(B-01189), Daphnoretine methylether(E-00046), Byakangelicin(S, B-01188), Exo-dehydrochalepin(C-00828), Furofoline(F-00628), Gravacridonediol (G-00724), Gravacridonetriol(G-00725), Graveoline(G-00728), Graveolliferone (G-00727), * Isogravacridonechlorine(I-00472), Gravacridonechlorine(G-00723), * Rutoside(R-00494), Suberenone(S-01505), * 2-Undecanone(U-00061), * Undecanone(U-00061), Rutamarin(C-00828), Rutaretin(S, R-00493), Rutarin(R-00493), Rutacultin(D-03263) 등이 분리되었다.

동속식물에서 Bicoumol(B-00355), Chalepesin(C-00827), Gravelliferone: Methylther(G-00727), Isoimperitorin(I-00490), Isothamnisin A, B(I-00835), Oxypencedanin(S, O-00857), *Umbelliferone(H-01261), Xanthyletin (X-00046), 7-Hydroxy-5,8-dimethoxy-2H-1-benzopyran-2-one(T-01973), 5,7,8-Trihydroxy-2H-1-benzopyran-2-one(Trihydroxycoumarin)(T-01973)등이 규명되었다(DNP p766).

생리활성

Listeria **항균활성**①: 운향 75% EtOH ex 를 각종 용매로 분획한 후, 액체 배지(tryptic soy broth)에 첨가, *L. monocytogens* 5균주를 배양 시킨 결과,

$CHCl_3$ 분획 40ppm에서 72시간 증식 억제 효과를 보였다. 항균활성과 수율이 우수한 운향 $CHCl_3$분획을 silica gel column chromatography 로 1회 분획, 항균성이 우수한 획분 R7을 얻어, 20ppm에서 5균주 모두 증식이 억제되었다. 획분 R7을 계속 분리 정제한 RTG-1을 배지에 20ppm 첨가, 72시간 배양했을 때 생균의 검출이 없는 강력한 살균 효과를 보였으므로 구조를 동정한 결과 gravacridone chlorine 으로 확인되었다(안용선, 2000).

항균활성-*H. pylori*②: 40종 Herb 대상으로 *Helicobacter pylori*에 항균 물질 개발 일환으로 EtOH ex의 항균성을 검색한 결과, sage, rosemary, lavender, lemongrass, St. John's wort, rue, oregano 등 12종이 *H. pylori*에 항균성을 보였고, herb 추출물의 phenol 함량은 134.13-533.33μg/mL로 비교적 phenol성 물질 함량이 많았다(조영제, 2005-161).

항균활성-*H. pylori*③: *Ruta graveolens* L. 추출물의 총 phenol 함량은 16.39mg/g, EtOH ex 17.07mg/g. *Helicobacter pylori*에 항균활성은 200μg/mL polyphenol 첨가시 H_2O ex와 EtOH ex의 저해환이 각각 직경 12mm, 13mm(disk 법), 2-fold dilution 법에서도 EtOH ex가 항균활성이 높았다. 전자 공여능은 H_2O ex (DPPH)가 ACE와 xanthine oxidase 저해활성은 EtOH ex가 높았다. 시료분석 결과, rosmarinic acid 량이 EtOH ex에 많았고, 다음 quercetin이었다(조영제, 2005-460).

항장내해로운미생물④: *Ruta chalepensis* 잎 ex(시료)가 인체 특수 장내 bacteria에 저해활성을 in vitro에서 실험한 결과, 경구 LD_{50}값이 quinolone-4-carboxaldehyde는 mouse에서 1.26g/kg으로 포유류에 급성 독성이 낮았으나, *Clostridium perfringens*와 *E. coli*에 대해 해로운 bacteria에 강하여, 질병 치료에 강력한 치료 효과를 보였다. 이로써 시료는 해로운 미생물에 항미생물활성을 보여 건강 증진에 도움이 되리라 생각되었다(Cho J-H, 2005).

항통증효과기전: *Ruta graveolens* 추출물(시료)의 항통증 양상을 ICR mice에 시료 200mg/kg 경구투여에서 tail flick와 hot plate 실험에서 통증 완화 작용이 있었고, 시료 투여로 통증 반응 시간을 감소시겼다. Naloxone(opioid receptor 길항제)나 yohimbine(α_2-adrenergic receptor 길항제)를 복강 내 주사

(ip)에서 시료 투여로 writhing test에 통증이 감소되었으나, methysergide (5HT serotonergic receptor antagonist)는 시료 투여 writhing test로 일어난 항통증 영향은 없었다. 이로써 시료는 여러 통증 model에서 항통증 효과가 있음을 보였다. 이러한 항통증 효과는 opioidergic및 α_2 adrenergic receptor에 의해 조절되나 serotonergic receptor는 조절되지 않았다(Park S-H, 2010).

항염활성: *Ruta chalepensis* L. 추출물(시료)은 BALb/c mice에서 치사성 endotoxemia과정을 시험하였다. Endotoxin(LPS) 0.75mg을 실험 시작 전 14일 또는 7일 전에 주사한 결과, 시료는 치사량을 현저히 감소시켰다. 즉 대조군의 약 85%, 두 실험에서 32.5% 감소시켰다. LPS 고농도의 치사량에서 시료는 강력한 면역 약리활성을 보였다. 반대로 혈중 TNF, IL-6 및 IL-10양을 LPS 투여 대조군에서 현저한 차이는 없었다. 항염활성이 있는 시료 처리로 murine endotoxiemia(내독소혈증)에 대해 보호활성을 보였다(Iauk L, 2004).

간보호활성-ADH저해①: *Ruta chalepensis* 잎에서 alcohol dehydrogenase (ADH) 저해물질: ① quinoline(Q), ② Q-3-carboxyaldehyde, ③ Q-3-carboxylic acid, ④ Q-4-carboxylic acid, ⑤ Q-4-carboxyaldehyde 및 ⑥ 1, 10-phenanthroline을 분리, 이들 중 ADH 저해활성은 ⑤가 높았고 ⑤〉②〉①〉③〉④ 순. 이로써 ⑤는 ADH 저해활성이 커, 만성적 알콜 남용에 의한 간염이나, 간경변 등 알콜성 간질환 치료가 기대되는 물질이다(Jeon J-H, 2005).

간세포보호-Rutacarpine②: H_2O_2-유도 DNA-chain 파괴와 apoptosis에 rutaecarpine(R)의 저해 효과를 murine Hepa-1c17 세포에서 실험, 산화적 DNA 손상은 핵의 결합력을 fluorecence 활성화 세포 분리 분석과 comet assay로 측정. R은 500μM H_2O_2-유도 세포사를 DAPI 염색으로 평가한 결과, H_2O_2-유도 DNA-chain 파괴수는 DAPI 염색과 comet assay에서 rutaecarpine 처리로 DNA-chain 파괴수가 감소되었다(Lee S-J, 2012).

살충활성-쌀바구미: *Ruta chalepensis* 잎(시료)에서 살충 활성 물질과 그 유도체의 훈증제나 접촉독 실험에서, 시료 MeOH ex의 $CHCl_3$분획, 쌀바구미에 훈증법으로 1.02mg/cm^{2}에서 87.7% 사멸하였다. 시료의 살충성분을 분석한 결과, quinoline 4-carbaldehyde, *S. oryzae*에 LD_{50}

quinoline 0.063mg/ cm^2 훈증에서 가장 강하였고, 다음 Q-4-carboaldehyde 0.084mg/cm^2 및 Q-3-carbaldehyde 0.173 mg/cm^2. 접촉법에서 Q 0.057 mg/cm^2, 다음 Q-4-carbaldehyde 0.065 mg/cm^2, Q-3-carbaldehyde 0.092 mg/cm^2. Q골격에 aldehyde군을 옮기면 *S. oryzae*에 살충성이 증가하였다. 천연에 존재하는 Q-4-carbaldehyde와 그 유도체는 식품 저장 중 곤충 관리에 강하였다(Jeon J-H, 2013).

Alkaloids·Coumarins-지상부: *Ruta chalepensis* 지상부 alkaloid는 kokusaginine, skimmianine, arborinine, γ-fagarine, graveoline 및 새로운 alkaloid인 3-hydroxygraveoline. 또 coumarins인 chalpepin, rutamarin, bergapten, isopimpinellin 및 xanthotoxin을 분리동정하였다. 몇 alkaloid는 rat 임신 초기 예방에 투여하였으나 임신과는 별 영향이 없었다(Ulubelen A, 1986).

Furanocoumarins-잎: *Ruta graveolens* 잎의 EtOAc ex에서 furano-coumain인 5-methoxypsoralen, 8-methoxypsoralen 및 quinolone alkaloid인 graveolin, 8-methoxypsoralen(strongest photoirritant) 등이 함유되어 있다 (Diwan R, 2009).

잎·꽃·줄기·열매-성분: *Ruta graveolens*의 각 부위의 성분 중 oxygenated compounds는 ketone인 2-undecanone, alcohol인 2-undecanol, aliphatic acids인 pentanoic, hexanoic, octanoic, nonanoic acid등을 확인하였다 (Tounsi MS, 2011).

정유성분: CO_2-supercritical extraction에서 *Ruta graveolens* 잎에 2-nonanone 8.9%, 꽃에 2-undecanone 13.4%, 줄기에 chalepensin[3-(α,α-dimethylallyl) psoralen] 13%, 뿌리에 geijerene 19.3% 함유하였고(Guyaydin K, 2005), triterpenoid는 약 11%, monterpene; limonene, 18-cineole, 및 α-pinene이고 minor constituents는 octanoic acid, methylsalicylate, z-decanone, methylundecyl ketone 및 2-tridecanone등을 함유하였다 (Ivanova A, 2004).

효능과 이용

1) 식용: 잎은 크림 치즈, 달걀, 생선, 고기소스, 포도주에 넣는 향미료로 쓴다.

2) 약용: 고혈압의 치료제로 썼으며(rutin), 히스테리아 같은 신경질환, 약시, 복통, 타박상, 류머티스, 기침, 식욕증진, 통경, 신경통, 테니스엘보(tennis elbow) 등에 달여서 먹었다.

3) 기타: 파리를 막을 수 있고 책 갈피에 넣으면 좀이 쓸지 않는다. 옛날에는 이나 벼룩을 없애는 데도 쓰인 중요한 방충제다. 뿌리는 적색 염료로 쓰인다.

★ 다량은 유해하여 남용하는 것은 금물, 특히 임신 중에 금지.

참고 문헌

1) 안용선, 신동화, 백남인. **식품과학회지** 2000 32(6) 1379[운향(*Ruta graveolens* L.)으로부터 *Listeria monocytogenes* 에 대한 항균 활성 물질의 분리 및 구조 동정]

2) 조영제, 천성숙, 김정환 등. **식품영양과학회지** 2005 34(4) 460[Rue(*Ruta graveolens* L.) 추출물의 *Helicobacter pylori*에 대한 항균활성과 생리활성효과]

3) 조영제, 천성숙, 윤소정, 등. **응용생물화학회지** 2005 48(2) 161(Herb 식물로부터 *Helicobacter pylori*에 대한 항균효과 탐색-라벤더, 세이지, 로즈마리, 레몬그라스, 타임, 오레가노, 루, St. John's wort, 등)

4) Al-Said MS, Tariq M, Al-Yahya MA, et al. *J Ethnopharmacol* 1990 28 305(Studies on *Ruta chalepensis*, an acient medicinal herb still used in traditional medicine)

5) Chipault JR, Mizuno G. R, Hawkins J M, Lundberg WO, *Food Res* 1952 174 46 (The antioxidant properties of natural spices)

6) Cho J-H, Lee C-H, Lee H-S. *J Microbiol Biotechnol* 2005 15(3) 646(Antimicrobial activity of quinoline derivatives isolated from *Ruta chalepensis* toward human intestinal bacteria)

7) Diwan R, Malpathak N. *Bioorg Med Chem* 2009 17 7052(Furocoumarin: novel topoisomerase I inhibitors from *Ruta graveolens* L.)

8) Ena P, Camarda I, *Contact Dermatitis* 1990 22 63(Phytophotodermatitis from *Ruta corsica*)

9) Guarrera PM, *J Ethnopharmacol* 1999 68 183(Traditional antihelmintic, antiparasitic and repellant uses of plants in central Italy)

10) Guyaydin K, Savci S, *Nat Prod Res* 2005 19 203[Phytochemical studies on *Ruta chalepensis*(Lam.) lamarck]

11) Hale AL, Meepagala KM, Oliva A, et al. *J Agr Food Chem* 2004 52 3345(Phytotoxins from the leaves of *Ruta graveolens*)

12) Iauk L, Mangano K, Rapisarda A, et al. *J Ethnopharmacol* 2004 90 267(Protection against murine endotoxemia by treatment with *Ruta chalepensis* L. a plant with anti-inflammatory properties)

13) Ivanova A, KostovaI, Navas HR, Villegas J. *Z Naturforsch* 2004 59 169(Volatile components of some *Rutaceae* species)

14) Jeon J-H, Cho J-H, Kim H-G, Lee H-S. *Food Sci Biotechnol* 2005 14(6) 832 (Inhibitory effect of Ruta chalenpensis leaf-derived component against alcohol dehydrogenase)

15) Jeon J-H, Kim M-G, Lee H-S. *J Kor Soc Appl Biol Chem* 2013 56 591(Insecticidal activities of *Ruta chalepensis* leaves isolated constituent and structure-relationships of its analogues against *Sitophilus oryze*) effect of *Ruta chalepensis* leaf-derived component against alcohol dehydrogenase)

16) Kostova I, Ivanova A, Mikhova B, Klaiber I. *Monatsch Chem* 1999 130 703 (Alkaloids and coumarins from *Ruta graveolens*)

17) Lee S-J, Ahn H, Nam K-W, et al. *Biomed & Therap* 2012 20(5) 487(Effects of rutaecarpine on H_2O_2-induced apoptosis in murine Hepa-1c1c7 cells)

18) Park S-H, Sim Y-B, Kim S-M, et al. *J Kor Soc Appl Biol Chem* 2010 53(5) 593 (Antinociception effect and mechanism of *Ruta graveolens* L. in mice)

19) Saito Y, Kimura Y, Sakamoto T. *Nippon Eiyo Shokuryo Gakkaishi* 1976 29 505 (Studies on the antioxidant properties of Spices. III. The antioxidant effects of

petroleum ether soluble and insoluble fractions from spices)

20) Tounsi MS, Wannes WA, Ouerghemmi I. *Ind Crops Prod* 2011 33 617(Variation in essential oil and fatty acid composition in different organs of cultivated and growing wild *Ruta chalepensis* L.)

21) Ulubelen A, Terem B, Tuzlaci E, et al. *Phytochemistry* 1986 25(11) 2692(Alkaloids and coumarins from *Ruta chalepensis*)

22) Vitkova A, Philipov S, *Phytologia Balcanica* 1999 5 53(Phytochemical study of *Ruta graveolens* L.)

특허

1. 〈특허공개 10-2011-0077090〉 한림대학교 산학협력단(운향 뿌리 추출물을 포함하는 진통제 조성물)

〈조식제, 2, p724〉

11 울금

Curcuma domestica
Curcuma aromatica(wild turmeric)
Curcuma longa L.(Syn. *C. domestica*)

생강과
(Zingiberaceae)

Turmeric(英)

원산지: 인도, 열대 아시아

용도: 식용·약용 – 뿌리

역사

울금(turmeric)은 황색 염료로 사용 역사가 오래며, 고대 중앙아시아에는 태양을 숭배하는 아리안(Aryan)족이 황금색과 노랑색을 태양빛과 닮았다 하여 신성시하였다. 이 아리안족이 동쪽으로 세력을 확장하면서 BC 2000년경 인도에 침입하여 turmeric을 발견한 후, 제사나 의식 때에 음식물과 인체 염료로 썼다. BC 600년경 유럽으로 전파, 앗시리아 식물지에도 황색염료 식물로 기록되었다. 또 인도의 아유르베다(Ayurvedic) 의학과 우나니(Unani) 의학에서 주로 소화불양, 간질환, 피부감염 및 염증, 관절염 치료제로 2,500년 이상 사용해 왔다(Medicinal Herbs p183).

학명 *Curcuma*는 이 식물의 인도명 Kurkum에서, 아랍어의 Karkom 즉, 황색을 의미한다고 한다. 유태 법전에 Karkom은 염료와 치료에 쓰이는 것을 가리킨 말이라 한다.

울금의 기원 식물은 *C. longa, C. domestica, C. aromatica, C. zedoaria*

이며, 약용 부위는 괴근(塊根)이며, 강황의 기원식물은 *C. longa, C. domestica, C. aromatica*(郁金)로 약용부위는 근경(根莖)이다. 한방에서는 무해한 황색 염료 식물을 울금(鬱金)이라 하여 지혈제로 토혈, 코피, 혈뇨 등에 쓴다. 이상과 같이 울금과 강황은 단일종(單一種)이며, 약용 부위에 따라 전초를 울금으로 근경은 강황이라 말한다. 원산지는 인도이나, 대만, 인도네시아, 일본 등에서 또 근래에는 우리나라 진도에서도 재배하고 있다(이성노, 1987).

식물학적 특성

육질의 근경에서 싹이 나서 총생하는 다년생 초본, 근경은 비대하며 표면은 밝은 갈색 가락지처럼 둥근 마디.근경의 속살은 밝은 오렌지색, 향이 감미롭다. 색이 진한 것이 양질. 키는 50-100cm 잎자루에 큰 타원형의 잎이 7-8장씩 줄기를 감싸듯 두 줄로 호생. 잎의 표면은 선록색, 뒷면은 백록색으로 매끄럽다. 잎사이에 큰 수상화서로 나와 비늘같이 많은 포엽이 붙고 포엽 1개에 연노랑색의 꽃이 2-4송이씩 핀다. 포엽은 연록색 위로 올라가면서 흰색 또는 분홍색으로 피며 매우 아름다워 관상용으로도 쓴다. 근경은 양끝이 둔한 원주형 약간 구부러져 있고 굵기 1cm, 길이 2.5cm내외. 윤절이 있어 외부 형태의 특징. 주피가 붙어 있는 것은 황갈색, 주피를 제거한 것은 암등적색. 질은 단단하고 각질, 타액을 황염시키고 맛은 약간 쓰며 자극성이고 매운향. 내부는 내피가 있고 색깔은 등황색.

동속식물에는 강황(*C. aromatica*), 아출(*C. zedoaria*, 莪朮)이 있고, 같은 용도로 쓰인다(Herbs p186).

성분

1) 영양성분

울금 가식부 100g 중 탄수화물 58.2g, 단백질 7.8g, 지방 9.9g, 무기영양은 Ca 182mg, Fe 41mg, Mg 193mg, P 268mg, K 2525mg, Na 38mg, Zn 4mg, vitamin C 26mg, Niacin 5mg, 섬유소 6.7g이 함유되어 있다.

2) 특수성분

황색색소인 Curcumine 0.3%, 정유 1-5%, 전분 30-40%, Pectin과 소량의 지방유가 함유되어 있다.

Bisdemethoxycurcumin(C-02171), Demethoxycurcumin(C-02171), *1-(4-Methyl phenyl) ethanol(M-01272), Turmerone(R, B-00457)이 있다. Curcuminoids(total coloring material)는 15%로 Curcumin(주 diferuloymethane, C-02171) dicaffroyl methane, Caffroylmethane, p-coumaroyl-feruloyl methane이 있다.

정유는 5.5%내외이며, 주성분은 Tumerone(B-00477)이며 Ar-Tunerone(R, B-00457), Zingiberone, *Borneol(+, B-00691), d-Sabinene, Zigiberene (B-00459), Eugenol(M-00754), Camphor, Curdion, α-Phellandrene, Cineol 등이며 이담성분은 ρ-Tolylmethylcarbinol, 기타지방유 포화산 Sterols: β-Sitosterol, d-Sabinene, Zingiberene, Cholesterol, Sitosterol, Campesterol, Stigmasterol 및 Monoenoic, Dienoic acid 등이 분리동정되었다(DNP p511).

중국종의 성분은 Linalool, α,β-Pinene, Terpinene, Tumerone(B-00457), Bornerol(+, B-00691), Eugenol, Curcumin, Monodemethoxycurcumin, Didemethoxycurcumin 등이다. 한편 Curcuma aromatica에서는 Acetoxy-neocurdione(H-01857), Bimethoxycurcumin(C-02171), *(A-Methylphenyl)et hanol(M-01272), Curmadione(X-00002), Isocurmadione(X-00003), α-Curcumene(R, B-00448), β-Curcumene(R, B-00461), Epiprocurcumenol (H-01910), 13-Hydroxygermacrone(H-01886, epoxide), Iso-α-curcumene (B-00449), Isoprocurcumenol(H-01911), Methyl-zedoarondiol(D-02021), Neoprocurcumenol(H-01909), Zedoarondiol(D-02021)등이 분리되었다.

생리활성

항암활성-Curcuminoide · **유방암**①-Matrix metalloproteinase-3(MMP-3)은 유방암 세포의 침윤과 전이에서 주요한 단서의 key enzyme이다. Curcumin

(Cur.), demethoxycurcumin(DMC) 및 bisdemethoxy-curcumin(BDMC)는 항암효과가 보고된 울금분말에서 발견된 주요한 curcuminoid 들이다. 본 연구는 MDA-MB-231 유방암세포에서 분비되는 MMP-3 활성변화에 대해 Cur, DMC, BDMC의 효과를 비교하였다. MMP-3 수준은 casein zymography (CZ) ELISA 및, Western blotting으로 측정하였다. CZ에 의한, MMP-3 expression 분석은 침윤. 유방암세포 MDA-MB-231에서 높은 expression을 나타내었으나, 비침윤 유방암 세포 MCF-7에서는 나타나지 않았다. ELISA 분석은 MMP-3 수준을, curcuminoid 화합물은(Cur은 제외) CZ법으로 분석한 결과, MMP-3 수준을 감소시켰다. 더구나 Western blot 분석 결과에서 DMC와 BDMC만이 MDA-MB-231세포에서 MMP-3 분비가 감소되었으나 Cur는 효과가 없었다. MMP-3 활성은 어떤 curcuminoid 효과도 없었다. Cur, DMC, BDMC 처리 세포에서 세포 침윤이 현저히 억제되었고, DMC와 BDMC가 더욱 강하였다. 이들의 결과로, Cur, DMC 및 BDMC는 MMP-3 expression의 조절로 MMP-3억제제로 사용될 것으로 생각되었다(Boonrao, M, 2010).

항암효과-인체유방암·Curcumin②: 유방암 세포의 부착성은 curcumin 20μM로 처리시, 감소하였으며, 암세포의 이동성, 침윤성은 curcumin의 첨가량 증가에 따라 억제되었다. 단백 분해 효소인 MMP-7의 활성은 curcumin 10μM 이상으로 처리 시 감소하였으며, 본 실험 조건에서는 MMP-9의 양과는 관련성이 없었다. 본 연구 결과, curcumin은 MDA-MB-231 인체 유방암 세포에서 암세포 전이과정을 차단하는 것으로 나타나 암전이 억제 식품으로의 개발 가능성을 보였다(박명희, 2006).

항암활성-L1210세포독성③: 40여 종의 석유 에텔, 에텔, EtOAc 생약 ex를 L1210 세포에 세포독성을 실험한 결과, ED_{50}이 10μg/mL 이하인 생약은 자근, 울금, 인삼 줄기·잎, 선학초, 단삼, 고목, 희첨, 신선초, 괄루인, 황기, 칠피 이었다(이정형, 1986).

항암활성-L1210세포독성증강효과④: 울금 뿌리에서 L1210에 대해 세포독성 sesquiterpene을 분리하였고, 이는 β-sesquiphellandrene으로 동정되었다.

세포독성 증강 물질은 (+)-ar-turmerone이며, 이는 β-sesquiphellandrene (ED_{50}의 5배)의 세포독성을 5배나 증강시키며, 뿌리에서 분리된 미지의 sesquiterpene은 aurapten(6.3배)으로 미숙 탱자에서 분리되었다. 더구나 이는 세포독성이 MeCCMU 의 10배, cyclophosphamide의 10배가 증강되었다(Ahn, B-Z, 1989).

항암활성-대장암세포·Curcumin⑤: 인체 대장암 세포인 SW480 cell을 배양하면서, curcumin을 0, 10, 20, 30μM 첨가한 결과, curcumin 첨가 농도 의존적으로 세포 증식이 억제되었고, caspase-3의활성이 증가하였으며, 불활성 형태인 32 KDa의 procaspase-3 발현 감소와 일치하였다. 세포 사멸과 관련된 Bcl-family 발현에 있어 curcumin 첨가는 세포 사멸 억제 단백질 Bcl-2의 발현을 감소시키고 세포 사멸을 촉진하는 Bax의 발현에는 영향을 주지 않았다. 즉 Bcl-2/Bax의 비율이 유의적으로 감소하였고, AKt와 pAKt 발현도 curcumin 첨가로 감소하여, SW80 인체 대장암 세포에서 curcumin은 AKt세포 전달신호 경로를 억제하여 세포 사멸을 억제하는 Bcl-2의 발현을 억제하고, caspase-3의 활성을 촉진시켜 세포 사멸을 유도, 세포 증식을 억제하는 것으로 나타났다(최옥숙, 2004).

항암활성-대장암세포·Curcumin⑥: 식품에서 추출한 phytochemical은 여러 암종에서 암세포의 증식 억제와 apoptosis를 유도한다. 본 연구에서는 phytochemical의 하나인 curcumin과 EGCG를 HCT-116 대장암세포에 처리, 암세포의 증식 억제와 apoptosis 유도효과, 암세포 증식에 관여하는 Akt활성과 종양억제 인자인 p53 신호경로를 규명한 결과, curcumin과 EGCG 처리 시 HCT-116세포증식이 억제되었고, 암세포에서 apoptosis 효과가 나타남을 확인하였다. 동일조건하에서 Western blotting에서 Akt활성이 감소하였으며, p53 발현이 증가하였고, Akt 저해제인 LY 294002 처리에서 암세포 증식이 더욱 억제, p53 발현은 더욱 강하게 증가하였다. 따라서 HCT-116 세포에 curcumin과 E-GCG 처리는 암세포 증식 억제와 apoptosis는 p53 발현 증가에 따라 유도되며, 이러한 p53 발현 증가는 Akt신호 경로를 저해함으로 일어남을 확인하였다(박송희, 2011).

항암활성-HeLa세포생장억제·Curcumin⑦: Curcumin(diferuloyl methane)은 울금 근경 성분으로 항염제 및 항 발한제로 생각되어 왔다. 본 연구에서는 항산화제의 다른 유형으로 HeLa세포에 대해 curcumin의 세포독성 조절에 대하여 실험한 결과, curcumin의 세포독성 효과는 IC_{50}이 26.0μM에서 24시간 반응후 15.4로 감소, SOD 존재하에 현저히 향상되었으며, 그 활성은 catalase에 의해 변화되지 않았다. Curcumin의 효과는 4mM N-acetylcysteine (NAC) 존재하에서 명백하지 않았으나, MAC 1mM의 낮은 농도에서 curcumin 효과는 증가되었다. Thiol 군이 있는 cysteine과 β-mercaptoethanol은 curcumin 세포독성 조절에 NAC와 같이 양면성을 보였으나, 비thiol 항산화제인 ascorbic acid는 일정하게 증가되었다. SOD 존재 하에 ascorbic acid 0.5mM NAC, curcumin의 세포 내 농도는 31-66%로 현저히 증가시켰고, 4mM의 NAC는 농도가 감소되었다. 본 연구에서 thiol 환원제는 curcumin의 세포독성 조절에서 양면 효과를 보였고, 그들의 thiol군이 curcumin 특히 고농도에서 작용하는 것을 알 수 있었다(Hong, J, 2007).

항암효과-Plectin역할⑧: Plectin은 세포 골격 형성에 연결 단백질로, 세포 이동과 상처 치료에 중요한 역할을 하며, 특히 표피세포, 근육 및 다른 조직에서도 중요한 역할을 한다. Curcumin의 항암활성에 대하여 많은 연구가 있다. Curcumin은 여러 신호 체계를 통해 암세포 전이와 침윤을 저해할 수 있다. 본 연구에서는 인체 유방암과 폐암 세포의 전이나 침윤에 대해 SiRNA의 plectin 발현의 저하 작용에 대한 관찰이었다. SiRNA에 의한 plectin 발현의 저하 작용은 유방암과 폐암 세포에서 α-tocopherol과 genistein이 plectin유도 암세포 전이의 파괴를 저해하기 때문에 두 암세포에서 curcumin 유도 항전이와 항침윤 효과가 SiRNA에 의해 plectin 발현이 저하되었다. Curcumin은 plectin의 발현에 영향을 주지 않았으나, α-tocopherol과 genistein은 저하된 암세포에서 전이를 저해하였다. 본 연구 결과로 plectin의 새로운 역할과 curcumin이 암세포의 항전이와 항침윤에 강한 효과가 있음을 알게 되었다(Ha, YR, 2011).

항염증효과-Curcumin①: TLRs(Toll-like recptor)는 병원균이 숙주의 체내

들어왔을 때, 병원균의 독특한 구조를 인식, 선천성 면역 반응과 뒤이어 후천성 면역 반응을 유도하는 중요한 역할을 한다. Curcumin이 선행 연구에서 밝혀낸 TLR4 뿐아니라 TLR2, TLR6 및 TLR3도 분자학적 타깃으로 할 수 있음을 알 수 있었다. Cur이 MALP-2(TLR2, 6 agonist)-유도 IRAK-1(IL-1 receptor-associate kinase 4) degradation을 억제시켰다. 이 결과는 Cur의 분자학적 타깃이 IRAK-1 위에 있으며, TLR2와 TLR6가 될 가능성을 제시하고 있다. 또 Cur은 viral 자극제 poly[I:C](TLR3 agonist)-유도 IRF3(IFN-regulatory factor3)나 NF-kB(Nuclear factor kB) 활성화를 억제하였으나 TRIF(Toll/IL-IR domain-containing factor)에 의해 유도된 TRF3 활성화는 억제시키지 못하였다. 이런 결과 또한 TLR3자체가 Cur의 분자학적 타깃임을 제시해준다. 위의 결과를 종합해 볼 때, Cur의 분자학적 타깃이 IKKB 이외에 모든 TLRs가 될 수 있음을 제시한다. 이러한 결과는 Cur이 gram(-)균 뿐 아니라 virus나 bacteria 등 여러 병원균으로 유도되는 염증 반응이나 만성적 질병의 조절 가능성을 제시하고 있다(윤형선, 2007-175).

항염증효과-Resveratrol·Eg·CG·Curcumin②: 선천성 면역 반응 조절에 있어 중요역할을 하는 TLRs신호전달 체계는 최근 세계 각국에서 많은 연구가 있다. TLRs를 통한 NF-kB 활성화는 매우 체계적 신호전달 체계로 우리가 흔히 먹는 식품에 phytochemical인 여러 기능성 물질이다. 특히 phytochemical 중 항염증 효과가 잘 알려진 resveratrol, EG CG, curcumin의 분자적 타겟이 TLRs신호 전달 체계 안에서 밝혀졌다. 주로 phytochemical을 암이나 염증 억제에 관심을 두었으나 본 연구에서는 항염증 효과에 중점을 두었다. 기능성 식품의 주된 목적은 약품과는 다르게 질병 치료보다는 질병 예방에 주 목적이 있어 선천성 면역 반응을 위해서 필수적인 역할을 하는 TLRs신호 전달계에서 phytochmical들의 molecular target의 발견은 기능성 식품의 주된 목적을 잘 설명해 주는 것이다(TLRs: Toll-like receptors)(윤형선, 2007-481).

신경세포보호-Curcumin유도체①: HT22 신경세포(해마유래)에서 curcumin

(Cur) 유도체의 heme oxygenase-1(HO-1)발현 및 세포보호 효과를 조사한 결과, Cur유도체에 의한 HO-1 발현은 세포보호 효과와 관련이 있고, Cur유도체에 존재하는 methoxy group의 수가 많을수록 HO-1 발현 및 세포보호 효과가 크게 관찰되었으며, Cur유도체에 존재하는 α,β-unsaturated carbonyl group은 HO-1 발현 및 세포보호 효과가 필수적인 인자로 확인되었다. 본 연구 결과는 HO-1발현을 목적으로 하는 신경세포보호 약물 개발에 사용될 수 있을 것으로 사료되었다(정용관, 2011).

해마신경세포보호-Curcumin②: Curcumin(Cur)은 커리 향신료 황색 phenol 성분으로 항산화, 항염증 성질이 있어, 산화 stress와 면역 염증 관련 질병 치료에 사용되고 있다. 본 연구는 glutamate에 의한 excitotoxicity에서 해마 신경세포보호에 Cur의 효과에 대해, 태아 생쥐를 저농도 Cur로 처리, 신경세포가 glutamate에 의한 세포사멸이 보호되었으나, 산화 stress 조절과는 무관하였다. 고농도의 Cur전처리는 오히려 초대배양 신경세포의 세포사멸을 유도하였다. 해마 신경세포의 stress 반응 단백질인 HSP70이 저농도의 Cur처리는 현저히 증가하였으며, 세포사멸 marker인 절단된 PARP 양은 고농도의 Cur처리시 급증함이 immunoblot 분석에서 나타났다. 이러한 결과는 Cur이 excitotoxin인 glutamate에 대한 신경세포의 반응을 조절할 수 있음을 보여주고 Cur과 관련 화합물의 퇴행성 신경질환 예방 및 치료 가능성을 제시하고 있다(김소정, 2007).

신경병통증억제-Curcumin③: 신경병성 통증은 다양한 원인에 의한 말초신경의 손상으로 발생되며, 기계적 이질통과 통각 과민 등을 특징적으로 동반한다. 그러나 현재까지 소염 진통제나 아편양 제재 또는 항우울제 같은 많은 약과 신경 차단법이 개발 치료되고 있으나, 제한된 효과가 있을 뿐이다. 이에 신경병증성 통증이 신경 결찰군에서는 지속, ERK (extracellular signal-related kinase)의 활성화가 증가됨이 관찰되었으나, curcumin 투여군에서 통증이 결찰 3일부터 감소, 7일에는 완전히 해소됨과 동시에 척추 ERK 활성화가 대조군에 비해 차이가 없는 것으로 보아 curcumin이 ERK 활성화를 억제함으로써 통증 발생을 방지할 수 있는 것으로 사료되었다(김채은, 2008).

고지혈증·항혈소판응집-Curcuminoid①: 혈관 평활근 세포증식 및 이동에 관한 curcuminoid의 실험(in vivo)과 고지혈증 개선 효과, 항혈소판 개선 효과를 조사한 결과, curcuminoid 의 혈관 평활근 세포증식 억제활성 즉 IC_{50} 약 68μM, 혈관 평활근 세포의 이동도 매우 강하게 억제하였다. 또한 실험동물에 curcuminoid를 경구투여한 후, 혈액 검사에서 항혈전 활성과 항고지혈 활성은 고지혈 식이 동물군에서 curcumonoid 단독 투여와 이를 함유한 혼합물(mixture)를 7주간 경구투여한 결과, 현저한 혈액내 지질 개선 효과를 보였다. 두 실험군에서 모두 총 cholesterol, 유리 cholesterol, cholesterol ester, HDL, LDL, 중성 지방의 변화는 각각 24.4%, 28.6% 감소, 25.1%와 24.0%감소, 14.6%, 29.0% 감소, 46.6%와 51.5%증가, 27.0%와 32.0% 감소, 15.0%와 31.0% 감소로 유의적 개선을 보였다. 특히 curcuminoid 단독 투여와 그 mixture 모두, HDL의 증가, LDL의 감소로 동맥경화 지수가 대조군에 비해 48.0%와 56.0% 이상 현저히 감소되었다. 혈전 예방 효과는 고지혈식이를 투여한 동물에서 혈소판을 측정한 결과, 대조군보다 curcumonoid 단독 투여군과 혼합물 투여군에서 각각 21.1%, 29.1% 억제 효과를 보였다. 이는 양성 대조군(아스피린 투여)의 31.2% 억제 효과가 혼합물의 혈소판 응집 효과가 거의 유사하였다. 이로써 curcumonoid 단독 또는 그 혼합물은 심혈관 질환의 주요 위험 인자인 혈중 내 cholesterol 저하, 지질 함량 개선, 혈소판의 응집 억제 등으로 질환 예방과 치료에 기여할 것으로 기대되었다(안수현, 2003).

고지혈증완화-명일엽·울금②: 고콜레스테롤 식이(HCD) 유도 고콜레스테롤혈증(HCDB)과 poloxamer-407(P-407) 복강주사-유도 고 중성 지질혈증(HTGB)에서 명일엽과 울금 추출물 단독 또는 혼합투여 시 혈중 지질을 분석한 결과, HCD-HCB 쥐에서 총 cholesterol은 음성 대조군에 비해 명일엽군이 6.8%, 울금군이 22.1%, 복합군 28.2%감소하였다. HDL-cholesterol은 실험군간 차이는 없었으나, LDL-cholesterol은 음성 대조군에 명일엽군은 9.8%, 울금군은 28.8%, 복합군은 35.6% 감소되었다. 동맥경화 지수(AI)와 심혈관 위험지수(CRF)는 음성 대조군에 비해 울금군과 혼합군에서 감소하였다. 간기능에서 GOT활성은 음성 대조군에 비해 울금군과 복합군이 감소하였고, 특히 울금군이 감소가 커 정상대조군과 비슷하게 저하되었다. P-405유도 HTGB쥐에서 혈청 TG는 음성 대조군에 비해 명일엽이 17.2% 울금군이 19.7%, 복합군이 48.3% 감소하였다. 이상의 결과로, 명일엽과 울금 복합군이 식이유도 고콜레스테롤 혈중 쥐에서 총 cholesterol, LDL, AI, CRF 감소 효과를 보였고, P-407 유도 고중성 지방 혈중 모델에서도 중성 지방 감소 효과를 보였다. 이로써 명일엽과 울금 단독 투여보다는 복합 투여가 효과적이었다(김태현, 2008).

지방분해상승조절③: 울금 MeOH ex(CME)가 3T3-L1 지방세포에서의 지방분해 기전에 대하여 연구하였다. 대조군에 비해서 CME 20μg/mL 농도에서 72hr 지방축적을 oil red O 염색으로 정량한 결과, 19.9% 감소시켰고, 세포 내 TG 함량도 19.3% 감소시켰다. TG 함량 감소 기전의 측정은 glycerol 방출량을 측정하는 것이다. 3T3-L_1 지방세포를 CME 15와 20μg/mL와 배양하였을 때 배양 배지로 free glycerol을 20.4와 28.6% 유출을 증가시켰다. 실시간으로 polymerase chain reaction(PCR)정량은 hormone-sensitive lipase(HSL)와 adipose triglyceride lipase(ATGL)의 측정으로 CME 20μg/mL에서 21.2와 24.9% 현저히 증가시켰다. 이상의 결과로 CME가 HSL과 ATGL mRNA발현 유도로 지방분해를 촉진, glycerol 방출을 증가시키는 결과를 보였다(Lee, J, 2009).

항동맥경화-Curcumin효과④: 울금에 있는 노랑 색소 Curcumin(Cur)은 커리나 겨자에 있고, 항염과 항암활성이 있다. 본 연구에서는 저cholesterolemia와 항동맥경화 효과를 토끼에서 연구하였다. 고cholesterolemia는 토끼(♂)에 30일간 고cholesterol 식이로 만들고 이에 0.1%와 0.5% Cur을 가하여 30일간 사육하였다. 0.1% Cur투여군에서 혈중 cholesterol과 LDL-cholesterol(LDL)이 감소하였고, 지방 과산화를 억제하였다. 0.5% Cur군은 총 cholesterol은 11.7%, LDL은 12.8%, 지방 과산화는 대조군보다 47.9% 감소하였다. 간 cholesterol과 TG 함량 또한 대조군보다 각각 50.6%, 37.4%감소하였다. Cur투여 토끼의 동맥 지방 침착은 지방형성과 동맥 내막에 지방 침착도 감소하였다. 이러한 결과는 Cur이 혈청 cholesterol과 간

cholesterol 및 TG를 감소시켜 동맥 내 cholesterol 침착을 감소시켰다. Cur의 cholesterol 감소 효과와 더불어 항산화 및 항염 효과가 있어 동맥경화 예방에 중요한 역할을 하는 것으로 보였다(김태균, 2000).

Cholesterol저하-Curcumin: 울금의 curcumin(Cur)은 혈중 cholesterol (chol)과 LDL-chol을 감소시켜 심혈관계 질병(CVD)을 예방한다. Cur이 저chol효과에 강력한 기전에 관여하는 chol-7α-hydroxylase는 m-RNA 수준에서 chol에서 bile acid를 생합성하는 효소이다. SD계(♂)쥐에 45% 고지방식이와, 같은 식이에 0.1% Cur혼합 식이를 8주간 투여, 사육하였다. Cur-식이는 TG를 27%와 total cholesterol(T chol) 33%, LDL-cholesterol (LDL) 56%를 대조군보다 현저히 감소시켰다. 또한 Cur-식이는 동맥경화 지수(AI)를 대조군보다 48% 감소시켰고, 간 TG량은 Cur-식이군이 대조군보다 41% 현저히 감소시켰다. 또한 Cur-식이는 대변 중 TG와 T chol를 증가시켰고, Cur-식이는 mRNA에서 간의 CYP7A1을 2.16배로 증가시켰다. 이로써 CYP7A1 gene 발현 증가는 chol 저하효과가 Cur에 의한 것으로 생각되었다 (Kim, M, 2010).

Squalene synthase저해-Curcumin: 동맥 경화증 같은 심혈관 질환을 야기시키는 위험 요인인 cholesterol을 낮추기 위해 cholesterol 생합성의 조절 효소 중 하나인 squalene synthase(SS)의 활성을 저해하는 물질을 울금에서 분리 정제하여, 그 물질의 특성을 검토하였다. 기기 분석 결과, 분자량 368, 분자식 $C_{20}H_{21}O_6$였고, UV-VIS흡광은 243과 421nm로, curcumin임이 동정되었다. Curcumin 의 IC_{50}은 100μm이며, non-competitive inhibitor로 작용하였다(최성원, 2003).

Farnesyl transferase 저해활성: 생약 자원으로부터 farnesyl transferase (FPTase)저해제를 탐색하고자 193종의 식물에서 검색한 결과, *Areca catechu, Saururus chinensis, Curcuma longa, Artemisia princeps, Paeonia suffruicosa, Spatholobus suberectus, Cinnamonum cassia, Cinnamomum japonica* 등의 시료에서 60% 이상의 저해활성이 나타났다. *Curcuma longa* (울금)에서 FPTase 저해활성 물질은 curcuminoids이었다(강현미, 2003).

항산화효과증진-Curcumin+Vitamin C, E 혼합물①: Curcumin(Cur)과 vitamin E 및 C를 혼합투여와 단독투여 시 항산화 효과의 상승작용과 연장효과 여부에 대하여 관찰하였다. 각 항산화제를 SD계(♂) rat에 투여하고 180분 후에 혈액 중 총 항산화능(TAC)을 측정하였다. 5종 항산화제(M_1-M_5)가 상승 또는 길항효과가 있는지 항산화제 혼합물에 대하여 측정하였다. 혈액표본은 투여 후, 360분까지 채취하였다. 항산화제를 단독으로 한 번 투여 후 TAC 값은 현저히 증가하였으나, TAC 정점에 달하는 시간은 달랐다. 5종의 항산화제 중 M_2가 혈중 가장 높은 항산화 효과와 가장 긴 항산화능을 보였다. 이 결과로 curcumin 50, vitamin C 240, vitamin E 10 혼합물인 M_2가 항산화 작용의 상승 효과가 가장 컸다(Jeon, HY, 2008).

항산화능·화학안정성②: Curcuminoid(Curd)의 화학 안정성은 pH와 온도에 크게 영향을 받아, 온도와 pH의 상승은 황색도와 화학 안정성이 감소, 특히 일반적인 멸균 조건(121℃, 1.2 기압)에서 액상의 Curd를 고압 가열처리시 80-90% 황색도 감소와 구조적 파괴를 초래하였으나, 분말 Curd의 고압 가열시는 10%만 감소하였다. 고압처리 후 Curd의 DPPH 및 ABTC 라디칼 소거능은 각각 10.3, 33.4%의 활성감소가 있었으며, nitric oxide 소거능은 약간 증가하였다. 고압 가열 후 각 Curd의 잔류량 분석 결과, Curd는 99% 이상 감소, 가장 민감하였고, DMC(Demethoxycurcumin)는 16.5% 잔류하였다. 이상으로 Curd는 다양한 조리가공 과정으로 화학적 변화와 활성 변화가 크므로 식품가공 과정에서 Curd 안정화를 위한 적절한 가공, 조리 방법이 요구되었다(이보현, 2010).

항염효과-Curcumin·microglia 활성화①: Microglia는 뇌손상 및 외부로부터 이물질 침입 시 활성화되어 일차적 방어역할을 담당하나, 만성 염증을 동반하는 퇴행성 뇌질환같은 병리적 상태에서는 염증 및 세포독성을 매개하는 물질들 즉 nitric oxide, TNF-α, PGE_2, interleukin-1(IL-1)을 지속적 분비로 오히려 병을 악화시키는 원인이 되고 있다. Alzheimer병, Parkinson병 등의 퇴행성 뇌질환의 예방 및 치료에 ibuprofen이나 dexamethasone같은 비steroid나 steroid성 소염제를 이용하고 있다. 따라서 mycroglia의 활성화를 억제할 수 있는 물질들이 뇌질환을 예방할 수 있을 것으로 사료되어 본 연구에서는 천연 항염물질 중 카레 주성분인 Curcumin(Cur)과 생강 성분 gingerol이 LPS와 IFN-α로 활성화된 microglia에서 분비된 NO를 측정한 결과, 용량 의존적 생성억제를 보였으며, 10μM에서 거의 100% 저해되었고, IC_{50}은 2-5μM이었다. Cur이 뇌염증 반응에서 중요 역할은 microglia의 활성을 조절, 항염증 작용의 가능성을 시사하였다(정기경, 2000).

항염효과-Curcumin NO생성억제②: 강황의 curcumin(Cur)이 gram(-)균 염증과정 중 LPS 및 대식세포주로 분자 수준에서 조사한 결과, Cur은 농도 의존적으로 LPS 매개성 NO 생성을 억제하였고, 또 Cur은 Ap-1활성보다 NF-kB 활성을 세포 비특이적으로 억제하였다. 대식세포 내에서 NF-kB 활성은 AKt, IKK 및 IkBα 인산화에 유도되며, Cur은 이를 강력히 저해하였다. Cur에 의한 protein tyrosine kinase 활성 억제 시간을 고려할 때, Src 및 JAK-2 활성 억제는 IKK 및 IkBα 인산화 과정과는 별개의 분자적 억제 경향으로 판단된다. 본 결과로 Cur은 다양한 분자적 표적 단백질을 갖고 있으며, 이들의 동시적 억제는 Cur이 가지는 항염증 효과에 기여하는 것으로 판단되었다(이용규, 2007).

항염효과-DMC·Bis-DMC의 염증억제③: DMC (Demethoxycurcumin)와 Bis-DMC는 울금 뿌리의 주요 성분으로 근래 항산화활성과 항염효과가 항암효과와 함께 알려지고 있다. 본 연구에서는 DMC와 Bis-DMC에 대하여 LPS유도 NO 생성, iNOS, COX-2 및 RAW264.7 대식세포에서 NF-kB활성을 비교하였다. DMC와 Bis-DMC의 항염성은 NF-kB 활성억제로 시작되어 iNOS와 COX-2 표현 억제 결과로 평가되었다. 더구나 carrageenan유도 생쥐 턱 부종을 DMC와 Bis-DMC 모두 현저히 억제시켰다. 두 물질 중 DMC가 Bis-DMC보다 억제효과가 더 강한 것은 methoxy 군이 DMC의 항염 효과를 상승시키기 때문이었다(Guo, LY, 2008).

항균성-Turmerone·Curcumin①: 근경 MeOH ex에서 *Clostridium perfringen*(Cp)에 강력한 항균성을, *E.coli*에는 약한 항균성을 보였으나, *Bifidobacterium adolescentis*(Ba), *B. bifidum*(Bb) *B. longum*(Bl),

Lactobacillus casei(Lc)에 항균성을 보이지 않았다. 울금 근경의 생리활성 물질을 EI-MS와 NMR 분석 결과, ar-tumerone으로 동정되었고, 2와 1mg/disk에서 ar-tumerone은 Cp에 강력한, *E. coli*에는 mild한 생육 저해작용이 있었다. 또한 울금 근경의 curcumin은 2mg과 1mg/disk농도에서 강력한, 보통의 항균성을 Cp에 대해 보였고, *E. coli*에는 약하였으나, 울금 근경의 성분인 borneol, 1.8-cineole 및 sabinene은 위의 6균주에 활성이 없었다. 울금 근경의 중요한 약리활성 물질은 Cur과 ar-tumerone이 Cp와 *E. coli*에 대해 항균성이 있었다(Lee, HS, 2006).

항균활성물질동정②: 울금 분말을 MeOH로 추출, 여러용매로 분획, 식품부패 미생물의 증식억제 효과를 검색, 항균 물질을 분리 하였다. 울금의 EtOAc 분획의 1,000μg/disc 농도에서 *B. subtilis, S. aureus, L. monocytogens, E. coli, V. parahaemolyticus*에 대하여 8.5-13mm의 clear zone을 형성, 우수한 항균성을 보였다. 울금의 EtOAc추출물을 silica gel column chromatography와 TLC로 monitoring 하여 항균성을 실험한 결과, yellow oil의 항균성 물질에서 GC/MS, ^{1}H-NMR로 분석하여 C_8H_8O의 분자량 120.154의 2, 3-dihydrobenzofuran(coumaran)으로 동정되었다(최해연, 2009-1202).

항균활성·항glucosidase활성③: 울금 뿌리의 수침액에서 lectin을 80% $(NH_4)_2SO_4$로 침전시켜 ConA sepharose affinity chromatography로 정제하였다. 이 lectin은 총 단백질 41.2% 중 specific activity는 64.566 Hu/mg protein이었고, 분자량은 17.3 DK이었다. 이는 인간 혈액 B군에, 토끼, 생쥐, 쥐, guinea pig, goose 및 양의 적혈구에 혈구 응집 활성을 보였으며, 최적 pH는 6-7, 40℃에서 안정하였다. 활성은 Ca^{2+}와 Mn^{2+}에 의해 촉진되며, 내부 서열은 콩과 lectin과 유사하였다. 47과 94mg/0.3cm^2 농도에서 *Exerohilum turicicum*, *Fusarium oxysporum* 및 *Colectrotrichum cassiicola*에 대해 항진균 효과를 보였다. 또한 강한 α-glucosidase 저해활성이 있고, IC_{50}은 8mg/mL였다(Petnual, P, 2010).

항균활성·항생제증강효과④: DPPH radical 소거능과 MRSA에 대한 항균활성을 울금의 curcumin(Cur) 함량과는 각 활성간에 직접적 관계는 없거나 낮았다.

Cur함량은 $CHCl_3$ 분획에서 가장 높은 22.49%를 보였으나, DPPH radical 소거능과 MRSA에 대한 항균활성에서는 Cur함량이 2.5791%인 EtOAc 분획물이 월등히 높았다. 특히 EtOAc 분획은 항생제 내성균주인 MRSA에 우수한 항균력을 보였다. 상용 항생제인 ampicillin과 시료 분획물 병행처리한 항생제 증강효과에서는 분획물보다는 EtOH 추출물이 높았으며, 단독처리 시보다 낮은 농도에서 항균활성을 보여 기존의 항생제 사용량을 줄일 수 있는 항생 보조제 또는 증강제로의 가능성을 보였다(이경인, 2010).

첨가식품-항균활성·관능적특성⑤: 식용 식물 색조 자원인 울금 추출물(Cur. ex)의 항균성을 검색하고, 실제 식품에 이용여부를 알고자, 이를 떡과 국수에 첨가, 식품 보전 효과를 실험하였다. 울금을 건조, 분쇄 후 EtOH로 추출, 농축 후, 농축 ex 10%로 희석, 1-4mg/disc를 식품에 첨가, 식품 부패 미생물 증식 억제 효과는, *E. coli*와 *B. subilis*에서 Cur ex 농도 의존적으로 2mg/disc에서 각각 10, 11mm의 저해환을 형성, *S. aureus*에는 동 농도에서만 8.5mm의 항균력을 보였다. Cur ex를 0, 0.25, 0.50, 0.75, 1.00% 첨가한 떡과 국수를 0, 1, 2, 3, 4일간 20℃에 저장하면서 관찰, 관능검사 결과, 떡과 국수 모두에서 울금 ex 0.5% 첨가군이 선호도가 가장 높았다(최해연, 2009-350).

피동적피부과민억제-Curcuminoid①: 울금의 항알러지 효과를 알고자, 주성분인 curcumin, demethoxycurcumin 및 bisdemethoxy curcumin을 분리, 이에 대해 PCA와 scrach 행동에 억제 작용이 있는지 예비실험 결과, 이들 curcuminoid는 IgE-항원 복합체 (IAC)와 화합물 48/80-유도 scratch 행동을 억제하였다. 이들 curcuminoid는 탈과립, TNF-α와 IL-4 단백질 발현 및 IAC-유도 RBL-2H3 세포에서 전사인자 NF-kB 활성을 억제하였다. 이들 curcuminoid 중에서 curcumin이 가장 강력한 억제를, 다음 demethoxycurcumin과 bisdemethoxycurcumin 순이었다. Curcuminoid 중 특히 curcumin은 과민 반응이나 소양증같은 알레르기 증상에 개선 효과를 보였다(Trinh, H-T, 2009).

피부보호-자외선②: In vivo에서 8주간의 UVB-유발 피부 장벽 기능 손상에 대한 curcumin(Cur)의 보호능을 관찰한 결과, UVB-유도 경표피 수분 손실량 증가와 비정상적인 각질 세포의 증식이 Cur 섭취로 억제, Cur이 피부장벽 손상을 방어하고 피부 장벽 기능이 정상화 될 수 있게 하는 것을 알 수 있었다. 피부 장벽 기능 보호기전을 알고자, 각질 형성 세포 세포주를 이용, 피부장벽 조절인자에 Cur의 작용을 평가한 결과, Cur은 filaggrin과 SPT의 발현을 농도 의존적으로 증가시킴을 확인, 이로써 Cur이 각질 형성 세포의 정상적 분화를 촉진, 세라마이드 합성을 촉진으로 피부장벽 기능이 강화됨을 알 수 있었다.

항산화·미백효과-추출조건③: 화장품에 응용할 목적으로 추출조건을 달리하여 울금의 항산화 효과 및 미백 효과를 수행한 결과, DPPH 라디칼 소거능은 시료 1,000μg/mL 에서 초임계 추출 시료는 89.0% 저해율로, 전자 공여능이 가장 높았고, SOD 유사 활성도 시료 500μg/mL에서 95.0%로 초임계 추출이 가장 높았다. Xanthine oxidase 저해활성도 초임계 추출시료 1,000μg/mL에서 40%의 저해능을 보여 H_2O, EtOH, 1.3-butylene glycol추출물에 비해 높았다. Tyrosinase 저해활성은 EtOH 및 초임계 추출시료 1,000μg/mL에서 각각 82.0, 89.0%로 높은 저해율을 보였다. 이로써 울금 추출은 4가지 추출법 중 초임계 추출법이 가장 높은 항산화 효과 및 미백효과가 있어 화장품 소재로의 응용이 기대되었다.

휘발성분: 심황 뿌리의 노란 색소는 curcumin C로 카레의 특유 색을 나타내며, 휘발성 성분은 β-bisabolene 6.11% zingiberene 2.93%, β-caryophyllene 1.58%, camphene 0.72% 등의 terpene류와 sesquiterpene ketone이 tumerone 등이 있다(김현위, 1989).

Curcumin 함량: 한국에서 재배한 울금의 curcumin 함량은 0.099%, 수입품 0.068-0.097%, 근경(강황) 중에는 2.40-2.87%이고, 일본의 황색종은 0.54%, Java 산은 황색종이 0.12%, 등황색종이 2.32%, 인도산 등황색종이 1.92%였다(지형준, 1983).

추출법·생리활성-Curcumin: Curcumin 추출용매는 EtOH가 가장 좋았고, 항산화 효과는 EtOH〉초임계〉열수추출물 순이었다. Ames의 mutagenicity test 결과, 각 추출물의 돌연변이원은 없었고, TA98에 직접 변이원 2-AF에 대해 초임계 추출물의 저해율이 20.1%로 EtOH, 열수 추출물보다 가장 항돌연변이 효과가 높았다. 간접변이원 2-AF에 대해 초임계 추출물의 저해율이

20.1%로 EtOH, 열수 추출물보다 가장 항돌연변이 효과가 높았다. 간접 변이원 2-AF에 항돌연변이 효과는 초임계 추출물 0.1mL/plate에서 12.2%, EtOH와 열수 추출물에서는 없었다. Nitrite 분해능은 초임계 추출물이 가장 높았고(pH 1.2), 이 결과로 초임계 추출 curcumin은 항산화 효과, nitrite 분해능, 항돌연변이 효과 등 타 추출물보다 강한 생리활성이 있었다(정승현, 2004).

색소정량·안정성: 강황 색소인 curcuminoid 인 curcumin(Cur), demethoxy-curcuin(DMC), bisdemethoxy curcumin(BDMC)의 정량분석은 HPLC에 액상 칼람을 장착, 420nm의 UV검출조건, 이동상은 acetonitril: 0.1% acetic acid/water의 50:50 혼액 등 분석 조건을 확립. 국내 6곳에서 재배된 강황의 색소 함량 분석 결과, Cur가 91.6mg/g 으로 가장 많았고, DMC는 56.9mg/g, BDMC는 23.0mg/g로 가장 낮았으며, 총량은 평균 171.5mg/g. 강황 색소 추출물의 저장 중 함량 변화는 -20℃ 냉동저장 시 거의 손실이 없었으나, 상온 저장은 60일 후 급격히 감소, 저장 90일에 색소는 암조건에서 약 50%, 명조건에서 약 30%만이 남아, curcuminoid 색상 성분은 빛과 온도에 분해가 촉진됨을 알 수 있었다(김관수, 2005).

강황생육특성-한국남부: 강황의 원산지는 인도이나, 대만, 인도네시아, 일본 등에서 재배되고 있다. 우리나라에는 전남 진도에서 1979년 일본 오키나와에서 도입된 종경을 일부 재배하고 있다. 4월 30일 정식, 4주후에 80-88%가 출현되며, 초장은 97-137cm, 1주의 근경 중량은 759-983g, 10α당 수확량은 약 3.567-4.620kg, 흑색 PE필름으로 멀칭재배, 근경은 비대, 잡초가 배제되어 농가에 장려할 만하였다(최성규, 2004).

생리활성-Curry: 10종의 시판 instant curry 분과 6종의 향신료의 열 수침액의 생리활성을 실험하였다. 생강을 제외한 모든 향신료는 linoleic acid의 자동산화에 대하여 현저한 항산화활성을 보였고, Clove와 fennel의 항산화활성은 L-tocopherol, instant curry분 및 다른 향신료보다 높았다. Red pepper 52.8%, clove 및 coriander는 angiotensin 1-converting enzyme에 현저한 저해활성을 보였다. Instant curry 분과 향신료는 human cancer cell에

대하여 세포독성 효과는 MTT분석으로 나타났다. 흑후추 29.31% 세포독성율과 cardamon 19.41%는 MCF-7에 대하여 clove 42.92%은 HeLa 세포에 대하여 효과적이었다. 생강 34.21% cardamon 및 black pepper는 A172에, garlic 82.88%는 SN12C에 대하여, 또 garlic 71.63%, red pepper, ginger, fenugreek, SPC, cumin 및 MPC는 SNU-638, cassia 82.84%는 A549에 대하여 효과적이었다(정명수, 2003).

효능과 이용

1) 효능: 뿌리 – 활혈지통(活血止痛), 생기해울(生氣解鬱), 청혈량혈(淸血凉血), 이담퇴황(利膽退黃).

2) 식용: 생강 같이 근경의 껍질을 벗기고 삶아서 건조 후 가루로 만든 것을 울금이라 하여 향신료로 쓴다. 주로 카레의 염료와 겨자의 착색제, 단무지의 황색 착색제, 버터, 피클 등의 착색제로도, 잎에는 양하 같은 향기가 있어 잎으로 싸서 과자를 구우면 향이 배어 맛있고 생선 스프에 넣어도 좋다.

3) 약용: 뿌리는 수렴, 진통, 이담, 건위, 지혈작용 등이 있어 간장염, 담도염, 담석증, 황달 등 이담약으로 쓰며 특히, 담즙 분비 촉진제로 지방소화를 촉진하여 기름진 음식의 향신료로 쓰인다. 이 밖에 방향성 건위제, 식욕증진, 강장약으로도 쓴다. 또 세균이나 곰팡이의 생육을 억제하는 성분도 있어 항균, 농양, 관절염에도 외용한다. 갓난아기의 배꼽이 떨어지면 바르는 고약이나 여성들의 불필요한 곳에 나는 털의 발모방지 외용약으로도 쓰인다.

4) 기타: 인도나 인도네시아에서는 명주나 무명을 염색하였으며 중동지역 여러 나라에서는 샤프란 대용으로 인도 샤프란이라 불렀다. 지금도 고급요리의 황색염료로 사프란 대용으로 쓰이며 울금은 산성에서는 선황색, 알칼리성에서는 붉은 색으로 잇꽃과 교염(交染)하기도 한다.

동속식물

Curcuma aromatica Salisb: 중국 남부에서 생산되고 정유는 6.1%로 O-camphene, d-camphor, curcuminoids, tumerone, carron, curcumol 등이 동정되어 방향성 건위, 통경, 진정작용이 있고, 울금과 함께 응용한다.

참고 문헌

1) 강현미, 이승호, 유지용, 등. **생약학회지** 2003 34(1) 91(식물 추출물의 Farnesyl transferase 저해 활성 검색)
2) 김관수, 정명근, 박시형. **약용작물학회지** 2005 50(s) 211(강황색소의 정량 및 안정성)
3) 김소정, 김근호, 공경혜, 이재원. **생명과학회지** 2007 17(1) 12(Curcumin의 전처리는 excitatoxin에 의한 세포사멸로부터 해마신경세포를 보호)
4) 김재길. **원색천연약물사전(하)**, 남산당, 서울, 1984 191(강황)
5) 김채은, 박은성, 전영훈. **약용작물학회지** 2008 16(3) 183(Curcumin의 신경병증성 통증 억제 효과)
6) 김태균, 김승희, 강석연, 등. **약학회지** 2000 44(1) 71(콜레스테롤 혈중 토끼에서 curcumin의 항동맥경화 효과)
7) 김태현, 손연경, 황금희, 김미현. **식품영양과학회지** 2008 37(6) 708(명일엽과 울금추출물의 투여가 고 콜레스테롤 식이와 P-407로 유도한 고지혈증 쥐의 혈중 지질 함량에 미치는 영향)
8) 김현위, 허경택, 최춘인. **식품과학회지** 1989 21(1) 127(향신료의 휘발성 향미성분에 관한 연구: 육두구, 쿠민, 카르다본, 심황, 고수, 정향, 카시아, 후추-11종)
9) 민영희, 김지영, 박나영, 등. **식품조리과학회지** 2007 23(4) 502(강황첨가 두부의 이화학적품질특성)
10) 박명희, 김우경. **영양학회지** 2006 39(8) 756(Curcumin이 인체유방암세포 MDA-MB-231 cell의 전이과정과 Matrin metalloproteinase-9활성에 미치는 영향)
11) 박송이, 이솔화, 박옥진, 김영민. **생명과학회지** 2011 21(1) 89(HCT-116 대장암세포에서 AKt-P53 신경경로를 통한 curcumin과 EGCG의 apoptosis)

12) 안병준, 이종형. **생약학회지** 1989 20(4) 223

13) 안수현, 이종호, 박하림, 등. **영양학회지** 2003 36(2) 101(흰 쥐에서 Curcuminoid alc 이를 함유한 천연 식물 혼합물이 심혈관계에 미치는 영향)

14) 윤형선. 식품과학회지 2007 39(5) 481(Toll-like receptors 신호전달체계 조절을 통한 resveratrol, (-)-epi-gallocatechin-3-gallate, curcumin의 항염증 효과-포도, 녹차, 울금)

15) 윤형선, 강순아, Hwang Daniel. **식품과학회지** 2007 39(2) 175(Toll-like receptor 2, 3, 4의 신호전달체계 조절을 통한 curcumin의 항암, 항염증효과)

16) 이경인, 최철희, 김선민, 표병식. **생약학회지** 2010 41(1) 38(MRSA에 대한 울금 추출물 및 분획물의 항균활성과 항생제 증강효과)

17) 이보현, 김다람, 강승미, 등. **식품과학회지** 2010 42(1) 97(다양한 가공조건에서 curcuminoid의 화학 안정성 및 항산화능 변화)

18) 이성노, 이상인. **본초학회지** 1987 2(1) 95(울금과 강황의 기원에 관한 연구)

19) 이용규, 조재열. **약용작물과학회지** 2007 15(6) 451(대식세포주 RAW264.7 세포에서 curcumin의 lipopolysaccharide에 의한 nitric oxid 생성억제효과)

20) 이정형, 강석균, 안병준. **생약학회지** 1986 17(4) 286(항암성 천연물 및 그 유사체(X1)-한약재 및 민간약의 L1210 세포에 대한 독성)

21) 이종임, 이현순, 전우진, 등. **식품영양과학회지** 2000 29(2) 335(허브 추출물의 항응고 활성 검색-양파, 마늘, 정향, 쑥, 울금, rosemary, tarragon, mint, 백리향, 와사비)

22) 정기경, 이상진, 이선우, 등. **약학회지** 2000 44(5) 448(Curcumin이 microglia의 활성화에 미치는 영향-울금, 생강, 후추)

23) 정명수, 정승원, 이진선, 박기문. **식품과학회지** 2003 35(1) 123(시판 instant curry 및 curry 사용원료의 생리활성-clove, red pepper, cardamon, garlic, ginger, cumin, fevugreek)

24) 정승현, 장규섭, 고경희. **식품과학회지** 2004 36(2) 317[강황(*Curcuma longa* L.)으로부터 초임계유체 추출한 curcumin의 생리활성]

25) 정용관, 이윤정, 천현자, 등. **약학회지** 2011 55(4) 319(HT22 세포에서 curcumin

유도체가 Heme oxygenase-1 발현에 미치는 효과)
26) 조선희, 정순아, 송유진, 등. **식품영양과학회지** 2006 35(8) 997(돈육 소시지에 첨가한 감초 및 강황의 저장성 증진 및 아질산염 소거효과)
27) 지형준, 김현수. **생약학회지** 1983 14(2) 67(재배 울금의 Curcumin 함량)
28) 최성규. **약용작물학회지** 2004 12(1) 85(우리나라 남부지역에서 강황의 생육특성)
29) 최성원, 양재성, 이한승, 등. **식품과학회지** 2003 35(2) 297(울금에서 분리한 Squalene synthase 저해물질의 특성)
30) 최옥숙, 김우경. **영양학회지** 2004 37(1) 31(Curcumin이 인체 대장암 세포주인 SW480 cell에서 세포 사멸에 미치는 영향)
31) 최해연. **식품조리과학회지** 2009 25(3) 350(울금 추출물의 항균효과 및 첨가식품의 미생물학적·관능적 특성)
32) 최해연. **식품영양과학회지** 2009 38(9) 1202(울금으로부터 식품부패 미생물에 대한 항균성물질의 분리 및 동정)
33) Ahn, BZ, Lee, JH. *Kor J Pharmacogn* 1989 20(4) 223(Cytotoxic and cytotoxicity -potentiating effects of the *Curcuma* root on L1210 cell)
34) Boonrao, M, Yodkeeree, S, Ampasavate, C, et al. *Arch Pham Res* 2010 33(7) 989 (The inhibitory effect of turmeric curcuminoids on matrix metalloproteinase -3 secretion in human invasive breast carcinoma cells)
35) Guo, LY, Cai, XF, Lee, JJ, Kang, SS, et al. *Arch Pharm Res* 2008 31(4) 490 (Comparison of suppressive effects of demethoxycurcumin and bisdemethoxy-curcumin on expression of inflammatory mediators in vitro and in vivo)
36) Ha, YR, Choi, YW, Lee, SJ , *Food Sci Biotechnol* 2011 20(6) 1615(Critical role of plectin in anti-migration potential curcumin)
37) Hong J. *Food Sci Biotechnol* 2007 16(6) 1029(Curcumin-induced growth inhibitory effects on HeLa cells altered by antioxidant modulators)
38) Jeon, HY, Kim, JK, Lee, JE, et al. *Food Sci Biotechnol* 2008 17(6) 1151(A mixture of curcumin, vitamin C and E prolongs the antioxidant effect to beyond that of each component alone in vivo)

39) Kim M, Kim Y. *Nutr Res Practice* 2010 4(3) 191(Hypocholesterolemic effets of curcumin via up-regulation of cholesterol 7α-hydroxylase in rats fed a high fat diet)

40) Lee, HS. *Food Sci Biothchnol* 2006 15(4) 559(Antimicrobial properties of tumeric (*Curcuma longa* L.) rhizome-derived(Ba) ar-turmerone and curcumin)

41) Lee, J, Jun, W. *Food Sci Biotechnol* 2009 18(6) 1500(Methanolic extract of turmeric (*Curcuma longa* L.) enhanced the lipolysis by up-regulation of lipase mRNA expression in differentiated 3T3-L1 adipoytes)

42) Lee, SH, Choi, WJ, Lim, YS, Kim, SH. *J Food Sci Technol* 1997 9 161(Antimicrobiol effect of ethanol extract from *Curcuma aromatica* S.)

43) Petnual, P, Sangvanich, Karnchanatat, A. *Food Sci Biotechnol* 2010 19(4) 907[A lectin from the rhizomes of turmeric (*Curcuma longa* L.) and its antifungal, antibacterial and α-glucosidase inhibitory activities]

44) Seo, MS, Park, JE, Jang, MS. *Food Sci Biotechnol* 2010 19(3) 617[Optimization of sponge cake added with turmeric (*Curcuma long* L.) powder using mixture design]

45) Sung, HK, Choi, SH, Ahn, KS. *Kor J Orient Med Phatol* 1999 13 66(Study on the effects of Curcuma on angiogenic inhibition mechanism)

46) Trinh, HT, Bae, EA, Lee, JJ, Kim, DH. *Arch Pharm Res* 2009 32(12) 1783 (Inhibitory effect of curcuminoids on passive cutanous anaphylaxis reaction and scratching behavior in mice)

특허

1. 〈특허등록 제 824615호〉 동국대학교 산학협력단(울금 추출물을 함유하는 동맥경화 및 고혈압의 예방 및 치료용 약학 조성물)
2. 〈특허공개 10-2012-0002131호〉 목포대학교 산학협력단(울금 추출물을 함유하는 비만 치료 및 예방용 조성물)
3. 〈특허등록 제 506426호〉 주식회사 뉴로넥스(강황 추출물을 함유한 위염, 위궤양 예방 및

치료를 위한 조성물)

4. 〈특허공개 10-2011-0134641호〉 주식회사 한국신약(강황, 상황 및 황금 추출물을 유효 성분으로하는 뇌혈관 질환 예방 또는 치료용 또는 기억손상 개선용 약학적 조성물)

〈조식제, 2, p726〉

12 월계수

Laurus nobilis

녹나무과
(Lauraccae)

Laurel, Bay leaf(英)
Gekkei-ju(日)

원산지: 지중해 연안, 남부 유럽

용도: 정유 – 잎
식용·약용·향료 – 열매

역사

월계수의 학명 *Laurus*는 라틴어의 '칭송한다'는 뜻인 'laudis'가 변한 말이며 종명의 *nobilis*도 '고귀한'이란 뜻으로 고대 그리스나 로마 시대에 경기나 전투의 승리자 및 대시인에게 월계수로 엮은 관을 머리에 씌워 승리와 영광을 나타낸 고사에서 유래하여 품위있는 이름. 영명은 Victor's laurel이라고도 하나 일반적으로 bay, sweet bay라 하여 향신료의 위치가 더 높다.

또 속명(屬名)의 *Laurus*는 라틴어의 'lavo', 즉, '맑게 한다'에서 유래, 그리스 신화에는 아폴로 (Apollo) 에 쫓긴 다프네(Daphne)가 월계수로 변하여 아폴로는 사죄의 뜻으로 신목(神木)을 참나무에서 월계수로 바꾸었다는 일화가 있다. 밸런타인 데이(Valentine day)에 지금은 초코렛을 선물하나 중세에는 월계수의 가지를 주고 받았다고 한다(Herbs p252).

식물학적 특성

월계수는 암·수나무가 따로 있는 상록 소교목, 키는 10m 정도, 곁가지도 많아 관목 같다. 수피는 회갈색 새 가지는 암자홍색. 잎은 8cm 정도로 호생, 윤기나는 짙은 녹색. 얇으나 굳은 혁질, 장타원형 또는 피침형, 약간 주름지며 뒷면은 연녹색. 잎을 따면 달콤하고 고상한 향기가 난다. 연노랑의 잔꽃은 5-6월에 가지끝의 엽액에, 향기로운 원추화서로 달린다. 열매는 10월에 윤기 있는 흑자색의 장과, 씨가 1개씩 들어 있고 독특한 향기가 난다. 씨는 과육에 발아억제 물질이 있어 과육을 제거한 후 파종하나 대개 꺾꽂이한다.

우리나라에는 일제강점기에 경남, 전남, 제주도 등지에 도래(Lee, YN, I, p336).

성분

월계엽의 정유성분으로는 Cassythicine(S, C-00528), Cryptodorine(N-00226), Dehydro-1,8-cineole(E-01060), 6,8-Epoxy-p-menth-2-ene(E-01070), 1(10),5-Germacradiene-4,11,12-triol(G-00259), Isodomesticine (S, I-00424), Launobine(S, L-00348), Laurenobiolide(H-01875), Nandigerine(S, N-00026), Neolitsine(S, N-00226), Sabinene(-, T-01429), 2-Thujen-4-ol(IR, 4R′, 1R, 4S″, T-01430) 등이 있다.

*Laurus*속 식물에서 Actinodaphnine(S, A-00357), *Boldine(S, B-00669), Dicentrine(S, D-00796)등도 분리규명되었다(DNP p631).

생리활성

신경보호할성-AD증상경감①: Acetylcholine esterase(AchE) 저해와 항산화활성 실험 결과, *H. undulatum*, *Melissa officinalis*, *Laurus nobilis*, *Lavandular pendunculata*에서 높았다. *H. undulatum* 등은 Alzheimer's disease(AD) 환자에 투여 시 AchE 저해와 항산화활성이 있어 신경보호 활성으로 AD 증상을 경감시켰다(Ferrcira A, 2006).

신경보호효과-퇴행성신경병②: ROS는 Alzheimer's 병이나 Parkinson's 병

같은 신경 퇴행성 질병에서 중요한 중개자. 본 연구는 월계엽의 spirafolide가 인체 neuroblastoma SH-SY5Y에서 dopamine(Dp)-유도 apoptosis에 대해 신경보호 효과를 실험하였다. Dp 0.6mM에 24시간 노출시킨 세포는 apoptosis가 현저히 증가 또 ROS(Reactive oxygen species) 증가 및 세포 활성의 감소를 관찰. Dp에 노출되기 전 spirafolide(0.4, 2.0 및 10μM)에 24시간 전처리한 세포는 생존 세포가 현저히 증가, ROS 생성증가 및 세포 활력이 감소하였다. Dp에 노출 전 0.4, 2.0, 10μM spirafolide 전처리에서 세포 생존율이 증가하였고, 세포 내 ROS량은 감소하였다. 이러한 결과는 Dp 특성에 신경 보호 효과가 있음을 보였고 이는 퇴행성 신경병 치료에 월계엽의 spirafolide가 공헌할 것으로 생각되었다(Ham A, 2010; Koo UK, 2011).

항경련활성-잎정유: *Laurus nobilis* 잎 정유는 Iran의 전통, 항경련 약으로 실험 경련에 대해 항경련 활성을 평가하였다. 정유는 최대의 전기 자극과 특히 pentylenetetrazole 유도 강직성 경련에 보호 효과를 보였다. 효과 물질은 methyleugenol, eugenol 및 pinene, 정유의 항경련 용량에서 진정 및 운동 개선을 보였고, 이러한 효과 물질은 cineole, eugenol 및 methyl eugenol로 생각되었다(Sayyah M, 2002).

진통·항염활성-잎정유①: *Laurus nobilis* 잎 정유를 진통 및 항염증 활성에 대해 mice와 rat에서 평가한 결과, ① 현저한 진통 효과가 tail-flick와 formalin test에서, ② formalin 유도 edema에서 항염증 효과가 농도 의존적으로 보였고, ③ 항염증성 용량에서 중정도의 진정 효과를 보였다. 정유의 진통 및 항염증 효과는 대조 진통제와 비steroid 항염증성 약물: morphine이나 piroxicam과 비교할만 하였다(Sayyah M, 2003).

항염활성-NO억제②: *Laurus nobilis* 잎 MeOH ex로부터 새로운 물질 5αH, 7αH-eudesman-4α,6α,11, 12-tetraol(①, 1β,15-dihydroxy-5αH, 7αH-eudesma-3,11(13)-dien-12,6α-olide②와 기지의 sesquiterpene lactone인 santamarine③, reynosin④ 및 costunolide⑤ 또 blumenol⑥을 분리동정. 이들 ①-⑥물질은 LPS-유도 murine macrophage에서 NO 생성을 억제하였고, 이들 중 ②는 NO-유리(IC_{50} 0.8μM) 저해가 가장 강하였다(De Marino S, 2005).

심장병치료-Kaempferol glycosides①: *Laurus nobilis* 잎에서 acylated kaempferol glycoside 분리①-⑥를 실험 결과, 이들은 Na^+/Ka^+ adenosine triphosphatase(ATPase) inhibitor였으며, 이들은 울혈성 심부전과 심부정맥에 치료 효과를 보였고, compound ④와 ⑥은 *E. coli*를 제외한 강력한 항미생물활성을 보였다(Lee S, 2012).

동맥경화예방·치료②: Cholesterol acyltransferase(ACAT)는 cholesterol에 장쇄지방산 결합을 촉진하는 효소이며, ACAT 억제는 고cholesterol 혈증이나 동맥경화(atherosclerosis) 치료에 유용한 방법으로 쓰이고 있다. ACAT 억제효과를 163종 식용식물의 MeOH ex에 대한 실험 결과, 100mg/mL에서 human ACAT에 50%이상 억제효과는 15종 중 계지, 소두구, 정향, 월계수, 육두구, 차조기, 로즈마리, 후추, 산초 9종이었다(이대영, 2008).

Alcohol흡수저해-Sesquiterpene**구조**: 알콜 경구투여 rat에서 혈중 알콜 상승 저해활성이 있는 sesquiterpene은 α-methylene-γ-butyrolactone 구조인 costunolide①, dehydrocostuslactone②, zaluzanin D③, reynosin④, santamarine⑤, 3α-acetoxyudesma-1,4(15),11,13-trien-12,6α-olide⑥및 3-oxoeudesma-1,4,11(13)-trien-12,6α-olide⑦이 *Laurus nobilis* 잎(시료)으로부터 분리되었다. 활성에 요구되는 구조는 α-methylene-γ-butyrolactone⑫ 구조에 ②로부터 합성된 몇 환원산물(2a-2d)과 amino acid 부가물(2e,2f)과 이들 sesquiterpene으로 이와 관련된 물질⑬을 실험한 결과, ⑫구조에 α-methylene 또는 α-methyl group이 있는 γ-butyrolactone이나 γ-butyrolactol 구조는 ethanol 흡수저해에 필수적이다. ①,② 및 ⑫는 glucose 흡수에 현저한 효과가 없었고, 이들 sesquiterpene은 ethanol 흡수를 선택적으로 저해하였다. ①과 ② 단회 경구투여로 급성 독성은 ⑫보다는 낮게 나타났다(Yoshikawa M, 2000). *Laurus nobilis*의 costunolide와 α-methylene-γ-butyrolactone(α-MGBL)은 혈중 ethanol 상승저해 효과로 위액 증가에 의한 gastric emptying 저해와 ethanol 농도 희석에 의한 것으로 나타났다(Matsuda H, 2002).

Psychomotor변화: *Laurus nobilis* 추출물(시료) 전처리로 rat의 EtOH-유도

psychomotor 변화를 감소시켰다. 더구나 시료 전처리군에서 혈중 ethanol과 acetaldehyde량 상승을 저해하였다. 이는 시료가 EtOH-유도 행동변화를 감소시켰고, 이는 EtOH-유도 행동적 혼란을 감소시키는 기능성 식품으로써 강력함을 보였다(dela Pena IJI, 2014). 월계수, 자리, 백년초 혼합 추출물 투여는 ethanol 투여에 따른 정신운동 변화와 혈중 ethanol 및 acetaldehyde 농도 상승을 완화시켰다. 특히 혼합물(자리 50mg, 백년초 100mg, 월계수 100mg)이 천연물 단독 및 다른 혼합물에 비하여 더 개선된 효과를 보였다. 그러므로 향후 숙취 해소를 위한 건강 식품 개발에 응용 가능성을 보였다(김희진, 2014).

세포독성-잎: *Laurus nobilis* 잎 hexane, EtOH 및 H_2O ex를 brine shrimp bioassy 결과, hexane extract만 세포독성을 보였다(Kircak B, 2002).

항폐암·직장암-잎①: *Laurus nobilis* 잎으로부터 분리된 성분 6개 물질의 세포독성을 실험한 결과, gazaniloid와 10-epigazaniolide는 처음 분리, beynosin, santamarine, spirafolide 및 costunolide. 성분 중 costunolide가 가장 많았다. Reynosin과 santamarine은 human lung carcinoma cell line GLC4와 colorectal cancer cell line COLO 320(IC_{50}=124mM)에 세포독성을, 또 alcohol 흡수 저해활성도 있었다. Spirafolide는 항염효과 및 alcohol 흡수 저해를, costunolide는 간 glutathion S-transferase 활성과 phase II enzyme inducer로 해독 작용이 있으며, 근래는 anti-apoptotic protein BCl-2 감소로 apoptosis를 보였다(Fang F, 2005).

항난소암-Sesquiterpene(열매)②: *Laurus nobilis* 열매에서 새로운 sesquiterpene lauroxepine①과 기지물질 costunolide②, gazaniolide③, santamarine④, reyrosin⑤, 11,13-dehydrosantonin⑥, spirafolide⑦를 분리동정하였다. 이들을 ovarian 세포독성과 DNA damage를 3종 yeast에 대하여 실험한 결과, ovarian cancer cell line에 열매가 98%로 가장 강하였고, DNA repair-deficient yeast strain (pRAD 52 Gal)에도 63.2% 저해 효과를 보였다. 6개 기지 sesquiterpene lactone은 A2780 ovarian cancer cell line에 강한 세포독성을 보였으나, 신물질 lauroxepine은 세포독성이 없었다(Barla

A, 2007).

HL-60분화억제활성③: Costunolide는 세포독성과 화학 암 예방제로 costunolide의 항세포분화 효과와 HL-60 human leukemia 세포주의 분화에 대해 연구한 결과, costundoide는 HL-60에 대해 강력한 항분화 활성이 있었다(Choi J-H, 2002).

항산화활성-잎: *Laurus nobilis* 잎 EtOH ex(시료)는 120종 herb와 식용식물 중 alkylperoxy radical(ROO-) 소거활성이 가장 강함은 ROO- 세포독성이 *S. aureus* 209P의 생존율 측정에서 나타났다. 시료를 여러 유기용매로 분획. Alkylperoxy radical 소거활성 물질을 분석한 결과, 시료의 주요 flavonol은 3,5,7,3′-hydroxy 또는 3(5),7,3′,4′-hydroxy flavonol로 isoquercitrin. 이는 항산화 물질로 잘 알려진 epigallocatechin과 resveratrol과 비슷하였고, 합성 항산화제인 BHA와 BHT보다 항산화성이 높았다(Kang HW, 2002). SFME (solvent free microwave extraction)과 HD(hydrodistilation)에서 추출한 정유성분은 51성분으로 1,8-cineole, sabinene, linalool, α-terpineol, α-terpinyl acetate 및 methyl eugenol. Algeria산 laurel 성분은 α-pinene과 sabinene이 가장 많았고, 1,8-cineole이 가장 적었다. 항산화활성은 HD 정유성분이 SFME보다 효과적이었다. Laurel oil 성분 중 eugenol이 현저한 항산화활성을 보였다(Bendjersi FZ, 2016).

Antimycobacteria상승효과: *Laurel* oil의 antimycobacterial potential sesquiterpene lactone은 서로 상승 효과가 있다. 즉 sesquiterpene lactone인 costanolide와 dehydrocostuslactone은 *Mycobacterium tuberculosis* H37Rv(MICs 6.25, 12.5mg/L). 약물내성 *M. tuberculosis*에 대하여 anti-mycobacteria 활성은 순수 물질보다 혼합물이 효과적. 그러므로 두 lactone은 상승작용이 있는 각각의 효과보다는 1/8 MIC에서 상승 효과를 보였다(Luna-Herrera J, 2007).

기생성원충사멸효과: *Laurus nobilis* 잎 MeOH ex를 activity-guided 분획으로부터 2개의 guaianolide인 dehydrocostus lactone①과 zaluzanin② 및 새로운 p-methane hydroperoxide인 (1R,4S)-1-hydroperoxy-p-menth-2-

en-8-ol acetate③을 분리동정. 이들의 기생성 원충에 대한 minimum lethal concentration(*Trypanosoma cruzi*)은 각각 6.3, 2.5 및 1.4μM이었다(Uchiyama N, 2002).

정유성분-꽃: *Laurus nobilis* 꽃의 정유는 잎과 달리 β-caryophyllene 10.0%, viridiflorene 12.2%, germacradienol 10.1%, β-elemene 9.7% 및 (E)-ocimene 8.0%로 많았고, stem bark과 wood에 각각 β-eudesmol이 0.4, 3.4%, α-cadinol 0.1, 1.1% 함유. 꽃 β-edesmol 2.3%, α-cadinol 3.4%가 있었다(Fiorini C, 1997).

Fruit oil성분: Portugal Madeira 섬의 *Laurel* fruit oil은 고함량의 휘발성 물질 약 10%, transocimene과 germacrene D와, oleic 30%, linoleic acid 20%가 주 불포화 지방산, lauric 18%와 palmitic acid 22.5%이상이 주 포화 지방산. Oil 중 sterol은 olive oil과 같았고, β-sitosterol 84%로 가장 많았다. Dehydrocostuslactone과 costunolide은 2개 sesquiterpene lactone으로 5%이상. Madeira laurel oil은 너무 강한 flavor 때문에 근래에 잘 사용하지 않는다(Castilho PC, 2005).

비극성flavonoids-잎: *Laurus nobilis* 잎에서 비극성 flavonoids: kaempferol-3-*O*-α-L-(3″,4″-di-E- p-coumaroyl)-rhamnoside, kaempferol-3-*O*-α-L-(2″,4″-di-E-p-coumaroyl)-rhamnoside, kaempferol- 3-*O*-α-L-(2″-E-p-coumaroyl)-rhamnoside 및 새로운 kaempferol-3-*O*-α-L-(2″,4″-di-Z-p-coumaryl)-rhamnoside를 기기분석으로 분리동정하였다(Fiorini C, 1998).

Sesquiterpenes-잎: *Laurus nobilis* 잎에서 12개 기지 sesquiterpene이 있고, 10개 eudesmane lactone과 그들의 methylester. 이들 대부분 K562 leukemia cell에 중정도부터 강한 세포독성을 보였고, 어떤 것은 doxorubicin보다 더 강한 세포독성을 보였다(Julianti E, 2012).

효능과 이용

1) 식용: 소스의 향료, 양고기 요리의 향신료로도 쓰며, 생잎은 약간 쓴맛이, 건조잎은 달고 강한 향기가 있어 서양요리에는 필수적인 향신료. 또한

식욕촉진 뿐 아니라 방부력도 있어 소스, 소시지, 피클, 수프, 생선, 육류, 조개류 등의 요리 등의 부향제와 보존제로 쓰인다.

2) 약용: 로마 시대에는 월계수 잎과 열매는 만병통치약으로 여겼고 특히 향기는 공기를 맑게 하고 전염병 예방도 인정. 월계수 잎의 주성분인 cineole 50% 외에 수종의 정유성분이 있어 우울, 긴장성 두통, 기관지병, 방향성 건위약이나 도포제로, 또 말린 잎을 달여 진통 작용, 신경통, 류머티스 등에 이용하며. 열매는 지방유와 정유가 있어서 (oleum lauri) 건위약, 류머티스에 외용하였다.

3) 기타: 방충 효능도 있어 건조 월계수잎 2-3장을 쌀독에 넣어 두면 벌레가 생기지 않는다. 현재는 목욕제나 향수의 원료, 불면증을 위한 허브나 포푸리로 널리 이용된다.

참고 문헌

1) 김희진, dela Pena IJI, 윤서영, 등. **약학회지** 2014 58(6) 364(흰쥐에서 월계수, 자리, 백년초 혼합물에 의한 숙취 완화효과)

2) 이대영, 정태숙, 류하나, 등. **약용작물학회지** 2008 16(5) 341(식물추출물의 Human-ACAT 저해활성검색-당귀, 계지, 소두구, 정향, 월계수, 육두구, 차조기, 로즈마리, 후추, 산초 등)

3) Appendino G, Tagliapietra S, Nano GM. **Phytochemistry** 1992 31(7) 2537(A sesquiterpene alcohol from the fruits of *Laurus nobilis*)

4) Baratta MT, Dorman HJ, Deans SG, et al. *J Essen Oil Res* 1998 10 618(Chemical composition antimicrobial and antioxidative activity of laurel, sage, rosemary, oregano and coriander essential oils)

5) Barla A, Topcu G, Öksüz S, et al. *Food Chem* 2007 104 1478(Identification of cytotoxic sesquiterpenes from *Laurus nobilis* L.)

6) Bayramoglu B, Sahin S, Sumnu G. *Sep Sci Technol* 2009 44 722(Extraction of essential oil from laurel leaves by using microwaves)

7) Bendjersi FZ, Tazerouti F, Belkhelta-Silmani R, et al. *J Essent Oil Res* 2016 28(3)

202(Phytochemical composition of the Algerian *Laurus nobilis* L. leaves extracts obtained by solvent- free microwave extraction and investigation of their antioxidant activity)

8) Castilho PC, Costa MC, Rodrigues A, Partidario A. ***JAOCS*** 2005 82(12) 863 (Characterization of ***Laurel*** fruit oil from Madeira Island, Portugal)

9) Cho E-Y, Lee S-J, Nam K-W, et al. ***Biosci Biotechnol Biochem*** 2010 74(10) 2029 (Amelioration of oxygen and glucose deprivation-induced neuronal death by chloroform fraction of bay leaves)

10) Choi J-H, Seo B-R, Seo S-H, et al. ***Arch Pharm Res*** 2002 25(4) 480(Costunolide induces diferentiation of human leukemia HL-60 cells)

11) Christos NH, Evanthia ID. ***Int Biodeter Biodegr*** 2011 65 628[The effects of laurel(***Laurus nobilis*** L.) on development of two mycorrhizal fungi]

12) de Fiorni C, David B, Fouraste I, Vercauteren ***J Phytochemistry*** 1998 47(5) 821 (Acylated kaemperol glycosides from ***Laurus nobilis*** leaves)

13) De Marino S, Borbone N, Zollo F, et al. ***Planta Med*** 2005 71 706(New sesquiterpene lactones from ***Laurus nobilis*** leaves as inhibitors of nitric oxide production)

14) dela Pena IJI, dela Pena JB, Yoon SY, et al. ***Nat Prod Sci*** 2014 20 1(Supplementation of ***Laurus nobilis*** attenuate ethanol-induced psychomotor alteration in rats)

15) Fang F, Sang S, Chen KY, et al. ***Food Chem*** 2005 93 497[Isolation and identification of cytotoxic compounds from bay leaf(***Laurus nobilis***)]

16) Ferrari B, Castillo P, Toni F, et al. ***Phytochem Anal*** 2005 16 104(Direct identification and quantitative determination of costunolide and dehydrocostuslactone in the fixed oil of ***Laurus novocanariensis*** by ^{13}C-NMR spectroscopy)

17) Ferrcira A, Proenca C, Serralheiro MLM, et al. ***J Ethnopharmacol*** 2006 108 31(The in vitro screening for acetylcholinesterase inhibition and antioxidant activity of medicinal plants from Portugal)

18) Fiorini C, David B, Fourasté I, Vercauteren ***J Phytochemistry*** 1998 47(5) 821

(Acylated kaempferol glycosides from *Laurus nobilis* leaves)

19) Fiorini C, Fourasté I, David B, Bessiere JM. *Flavour Frag J* 1997 12 91 (Composition of the flower, leaf and stem essential oil from *Laurus nobilis* L.)

20) Ham A, Kim B, Koo U, et al. *Arch Pharm Res* 2010 33(12) 1953[Spirafolide from Bay leaf (*Laurus nobilis*) prevents dopamine-induced apoptosis by decreasing reactive oxygen species production in human neuroblastoma SH-SY5Y cells]

21) Jemâa JMB, Tersim N, Toudert KT, Khouja ML. *J Stored Prod Res* 2012 48 97 (Insecticidal activities of essential oils from leaves of *Laurus nobilis* L. from Tunisia, Algeria and Morocco and comparative chemical composition)

22) Julianti E, Jang K-H, Lee S, et al. *Phytochemistry* 2012 80 70(Sesquiterpenes from the leaves of *Laurus nobilis* L.)

23) Kang HW, Yu KW, Jun WJ, et al. *Biol Pharm Bull* 2002 25(1) 102(Isolation and characterization of alkylperoxy radical scavenging compound from leaves of *Laurus nobilis*)

24) Kim TJ, Nam KW, Kim B, et al. *Phytother Res* 2011 25 1392(Inhibitory effects of costunolide isolated from *Laurus nobilis* on IgE-induced degranulation of mast cell-like RBL-2H3 cells an the growth of Y16 pro-B cells)

25) Kircak B, Mert T. *Fitoterapia* 2002 73 242(Preliminary evaluation of cytotoxic properties of *Laurus nobilis* leaf extracts)

26) Koo UK, Nam K-W, Ham A, et al. *Neurchem Res* 2011 36 1991(Neuroprotective effects of 3α-acetoxyeudesma-1,4(15),11(13)-trien-12,6α-olid against dopamine-induced apoptosis in the human neuroblastoma SH-SY5Y cell line)

27) Lee S, Chung S-C, Lee S-H, et al. *Biol Pharm Bull* 2012 35(3) 428(Acylated kaempferol glycosides from *Laurus nobilis* leaves and their inhibitory effects on Na^+/Ka^+ adenosine triphosphatase)

28) Luna-Herrera J, Costa MC, Gonzalez HG, et al. *J Antimicrob Chemther* 2007 59 548(Synergistic antimicrobacterial activities of sesquiterpens lactones from *Laurus* spp.)

29) Marzouki H, Elaissi A, Khaldi A, et al. *Open Nat Prod J* 2009 2 96(Seasonal and geographical variation of ***Laurus nobilis*** L. essential oil from Tunisia)

30) Matsuda H, Kagerura T, Toguchida I, et al. *Life Sci* 2000 66 2151(Inhibitory effects of sesquiterpenes from bay leaf on nitric oxide production in lipopolysaccharide-activated machrophage: structure requirment and role of heat shock protein induction)

31) Matsuda H, Shimoda H, Ninomiya K, Yoshiokawa M. *Alcohol Alcohol* 2002 37 121(Inhibitory mechanism of costunolide, a sesquiterpene lactone isolated from ***Laurus nobilis***, on blood-ethanol elevation in rats: involvement of inhibition of gastric emptying and increase in gastric juice secretion)

32) Matsuda H, Shimoda H, Uemura T, Yoshikawa M. *Bioorg Med Chem Lett* 1999 9 2647(Preventive effect of sesquiterpenes from bay leave on blood ethanol elevation in ethanol-loaded rat: structure requirment and suppression of gastric emptying)

33) Ramos C, Teixeira B, Batista I, et al. *Nat Prod Res* 2012 26(6) 518[Antioxidant and antibacterial activity of essential oil and extracts of bay laurel, ***Laurus nobilis*** (Lauraceae) from Portugal]

34) Raymond JL, Michael A, Jean H. *Biochem Syst Ecol* 1996 24 93(Variation in chemical and physical properties during leaf development in Califonia bay tree: Predictions regarding palatability for deer)

35) Sayyah M, Saroukhani G, Peirovi A, Kamalinejad M. *Phytother Res* 2003 17 733 (Analgesic and anti-inflammatory activity of the leaf essential oil of ***Laurus nobilis*** Linn.)

36) Sayyah M, Valizadeh J, Kamalinejad M. *Phytomedicine* 2002 9 212(Anticonvulsant activity of leaf essential oil of ***Laurus nobilis*** against pentylenetetrazole-and maximal electroshock-induced seizures)

37) Sedef N, Nural K, Sibel K, Serpil S. *Food Nutr Sci* 2014 5 97(Antioxidant and antimicrobial activities of essential oils extracted from ***Laurus nobilis*** L. leaves by

using solvent free microwave and hydrodistillation)

38) Simic M, Kundakovic T, Kovacevic N. *Fitoterapia* 2003 74 613(Preliminary assay on the antioxidative activity of ***Laurus nobilis*** extracts; Laurel, bark 70.6% inhibition)

39) Uchiyama N, Matsunaga K, Kiuchi F, et al. *Chem Pharm Bull* 2002 50(11) 1514 (Trypanocidal terpenoids from ***Laurus nobilis*** L.)

40) Yogalakshmi B, Viswanathan P, Anuradna CV. *Toxicology* 2010 268 204 (Investigation of antioxidant, anti-inflammatory and DNA-protective properties of eugenol in thioacetamide-induced liver injury in rats)

41) Yoshikawa M, Shimoda H, Uemura T, et al. *Bioorg Med Chem* 2000 8 2071 (Alcohol absorption inhibitors from bay leaf(***Laurus nobilis***): Structure-requirements of sesquiterpenes for the activity)

13 유칼립투스 *Eucalyptus globulus*

도금양과
(Myrtaceae)

Blue gum tree(英)

원산지: 오스트레일리아, 태즈메이니아

용도: 정유·식용·약용 – 잎

역사

유칼립투스(eucaly)는 오세아니아의 삼림을 특징짓는 세계에서 가장 키가 큰 나무(기록상 99m)로 호주 해안 쪽에 무성하여 코알라의 먹이가 되는 나무로 널리 알려져 있으며, 자연에는 680종이나 있다. 호주 마오리족은 만능 약으로 쓰고, 백인들은 원주민에게서 이 식물의 약용법을 배웠다 한다.

학명 *Eucalyptus*는 그리스어의 아름답다는 뜻의 'eu'와 덮여 있다는 뜻의 'calyptos'의 합성어로 꽃봉오리가 모자 모양의 악편에 덮여 붙여진 이름이다. 종명 *golbulus*는 라틴어의 'golbos', 작은 구형이라는 뜻으로 열매가 잘고 동그랗기 때문이다.

1852년 상업적 유칼립투스 기름을 약사 Joseph Bosisto가 만들어 Dandenong, Victoria, 호주에서 판매하게 되었다(Deni Bown, p206). 1860년경 지중해 지방으로 도입된 약용식물로 성분은 잎에 휘발성 정유가 많아 자연적으로 증발하여 줄기나 어린 가지 등에 기노(kino)라는 적갈색

수지가 엉켜 붙어 고무같다 하여 gum tree라 한다. 1870년 Cloez, FS가 주성분 eucalyptol을 분리하였고, 1880년대 외과 의사들이 살균제로 사용하기 시작하였다. 1930년대 영국 Halls 회사가 menthol과 eucalyptus로 기침 완화용 사탕 Mentho-Lytus를 개발하였다(Medicinal Herbs p75).

유칼립투스는 내한성이 약한 것과 강한 것이 있으며 blue gum은 내한성으로 제주도와 남부 해안에 1970년대에 심어 절화용으로 쓰이고 있다. 공해에도 강하고 생장이 빠르며 병충해도 없으나 강풍에 약하다.

식물학적 특성

60-100m 자라는 상록수 대표적인 것이 blue gum(긴잎 유카리)로, 줄기가 갈색이나 회색으로 변하며 매끄럽고 외피가 불규칙하게 노끈처럼 길게 벗겨진 피침형, 잎은 수직으로 드리워지고 비비면 짙은 향기가 나며, 어린나무는 10m쯤이나 성목은 20-30cm의 낫 모양 납진흰가루를 띤 광택 있는 짙은 녹색 유점(油点)이 많아 정유와 향료의 원료가 된다. 꽃잎과 악편이 서로 맞붙어 모자 모양을 한 특이한 형태. 악편이 떨어지면서 2cm 크기의 꽃은 하얀 수술이 많다. 열매는 삭과로 꽃 모양 목질의 컵모양 화상(花床)에 싸여 꼭대기가 3-6갈래로 갈라지면서 잘다란 씨가 흩어진다. 씨로만 번식되며 동속식물로 *E. citriodora*와 *E. piperita* 등이 있고 같은 용도로 쓴다(Herbs p207).

유칼립투스의 종류

① Lemon eucaly(*E. citriodora*)는 80-90%의 citronellal이 함유되어 향료 채취를 위해 재배되며, 줄기가 비늘처럼 벗겨지며 키 20m로 작은 편. 잎은 레몬같은 강한 향기가 난다. Lemon scented gum이라는 이름처럼 정유가 많이 함유되어 있고 추위에 약하다.

② Peppermint eucaly(*E. piperita*)는 Sidney peppermint라고도 하며 박하향의 정유가 함유되어 박하의 합성원료로 쓰인다.

★ 주의할 것은 아무리 약효가 좋아도 외용할 뿐 내복(内服)은 삼가야 한다 (Herbs p207).

특수성분

정유의 주성분은 cineole이며 기타 성분에는 1-Acetyl-4-isopropenyl-cyclopentene(A-00241), Alloaromadendrene(A-02793), Globulol(A-02787), Epiglovulol, ledol *p*-Cymene, Cuminal, Pinene, Terpineol 11,12 Dehydroursolic lactone acetate(잎), Macrocarpal B, C(M-00039), D(M-00040), E(M-00041), Euglobal Ia$_1$, a$_2$(E-01947), Ib(E-1948), Euglobal Ic, IIa(E-01949), IIb(E-01950), IIc(E-01951), III(E-01952), IVa, IVb(E-01953), V(E-01955), VII(E-01956), Pinocarveol(1S, 3R, 5S, P-01329) 등이며 이외에 Pinocarvone(-, P-01332) 등이 있다.

동속식물에는 Alpinetin(D-01883), Aromadendrene(+, A-02793), Aromadendrin(2R, 3R, T-00733), *β-Caryophyllene(C-00482), Corilagin (C-01829), Cryptone(R, I-00693), Delphin(H-00744), 8-Demethyleucalyptin (T-02410), 8-Demethylsideroxylin(T-02410), 5, 7-Dimethoxyflavone (D-01883), Engelitin(T-00733), Eucalyptin(T-02079), Glucogallin(T-01965), *4-Isopropylphenol(I-00744), Leptospermone(L-00454), Leucoperlargonidin (-, P-00504), Phellandral(S, M-00532), *β-Phellandrene(M-00478), Piceid(D-02648), Pinocembrin(R, D-01883), *α-Terpinene(M-00474), γ-Terpinene(M-00476), 3-Thujene(T-01428) 등이 있다(DNP p554-5).

생리활성

항염증활성-1,8-Cineole①: *Eucalyptus*의 terpenoid oxide인 1,8-cineole의 임상적으로 적절한 항염증 활성이 천식같은 기관지 질병에서 장기간 치료가 요구되는 기관지천식에 유효할 것으로 생각되었다. 또 여러 염증과 steroid 과민증 즉 allergy성 비염과 염증성 장 질환에 1,8-cineole이 만성 염증성 질환에 치료 효과가 더 좋을 것으로 생각되었다(Juergens UR, 2003).

항염증활성-TNBS②: Trinitrobenzene sulfonic acid(TNBS)-유도 colitis(결장염) rat에 1,8-cineole은 예방할 수 있다. 이러한 보호 효과는 적어도 1,8-cineole이 항산화 기전에 참여, 나아가 non-specific 염증성 장

질환의 예방과 치료에 강력한 치료적 효용가치가 있는 것으로 생각되었다(Santos FA, 2004).

항염·진통활성-정유①: Eucaly 잎 정유성분 1,8-cineole (terpenoid oxide)은 carrageenan-paw edema와 cotten pellet 유도 granuloma 같은 몇 실험적 rat 부종에 저해 효과가 있었다. 또 복강 모세혈관 침투성과 formalin 화학적 자극 및 intraplanter formalin, 복강 내 acetic acid-유도 화학적 통증에 naxolon (1mg/kg) 전처리로 회복되지 않았으므로 μ-opioid 수용기 길항제, non-opioid 기전도 포함되었다 생각. Cineole은 장 운동을 현저히 저해하였고, phento-barbital 수면 시간을 연장시켰으며, 중추신경계에 정말 같은 진통 억제 효과를 보였다. 이상의 결과는 prostaglandin과 monocyte 자극에 의한 cytokine 형성은 이들의 항염 및 진통제로서의 사용이 유용할 것으로 생각되었다(Santos FA, 2000).

항염·진통활성-정유②: Acetic acid-유도 writhe(mice)와 hot plate method (rats)의 진통 효과는 eucaly 3종; *E. citriodora* (Ec), *E. tereticornis*(Et) 및 *E. globulus*(Eg) 정유에서 모두 활성을 보였고, 항염활성은 rat paw edema (carrageenan, dextran)는 neutrophil의 복강 내 이동과 carrageenan과 histamine 유도 혈관내 침투가 나타났으나, 농도 의존적은 아니었다. 이는 중성구 의존적 항염활성이 독립적으로 일어나 eucaly 정유는 새로운 진통 및 항염증제로의 개발 근거가 되었다(Silva J, 2003).

항동통(Antinociceptive)활성-잎: *E. camaldulensis* 잎 정유에서 분리된 1,8-cineole과 β-pinene(monoterpens)의 antinociceptive 활성을 tail-flick와 hot plate 법으로 spinal과 supraspinal level 반사작용을 morphine이나 naloxone과 비교한 결과, cineole은 morphine과 진통 작용이 비슷하였고, 서로 상승작용이 있었으나, naloxone은 cineole 효과에 길항작용은 없었다. β-pinene은 rat에서 supraspinal 진통작용만 있었고 naloxone에는 (같은 정도에서) morphine의 진통 효과와 반대였다. Morphine+cineole과 naloxone+β-pinene의 구조와 활성 관계는 입체 화학구조와 이들 분자들의 atomic charge에서 유사성을 보였다(Liapi C, 2007).

COPD완화효과-Cineole: COPD(Chronic obstructive pulmonary disease: 만성 폐색성 폐질환) 환자에 eucalyptus oil 주성분인 cineole 200mg을 환자와 placebo에 매일 3회 6개월(겨울) 투여한 결과, 호흡 곤란이 완화되었고, 폐기능과 건강상태가 개선되었다(Worth H, 2009).

면역증강효과①: 인체의 체내에 과량 생성된 활성산소는 생체조직 내 세포와 면역체계에 관련된 효소를 손상, 암이나 면역질환 같은 퇴행성 질환을 야기시킬 수 있다. 본 연구에서는 13종 허브 추출물에 대해 유해산소 소거능, 암 세포주(Hepa-lclc7, KB-3-1)와 정상 세포주(L-929)에 대한 세포독성(SRB assay법)을 조사한 결과, superoxide 소거능은 eucalyptus, peppermint, mate, sage, thyme, yarrow 등이 강한 활성을 보였고, 또 이들은 Hepa-lclc7, KB-3-1 같은 암세포주 및 L-929 정상세포주에 세포독성을 보였으며, 면역증강 활성실험에서 sage만이 표준시료의 37% 활성을 보였다(정하열, 2000).

면역반응향상②: Mouse 비장 세포에서 *Eucalyptus*(E)에 노출시 IL-2 생성은 저농도에서 증가, 고농도에서 감소, *Geranium*(G)에서도 유사반응을 보여, E나 G를 생체내 적용시 T-세포 증식을 포함하는 IL-2 관여, 면역 반응이 증강될 것으로 보였다. 비장 세포에서 IL-4 생성은 E의 고농도에서 증가를 보였으나, 저농도에서는 큰 변화를 보이지 않았으며, G는 농도 의존적으로 증가하였다. 따라서 E나 G를 생체내 적용시 IL-4 증가로 B세포 증식을 포함, IL-4 관련 여러 면역 반응을 향상시킬 것으로 생각되었다(차봉규, 2006).

항산화활성-Tannins·Flavonoids①: 16 *Eucalyptus*속 식물 중 *E. rostrata* 추출물이 항산화활성이 가장 높았다. *E. rostrata*에서 9개의 활성 물질을 분리동정하였고, 이들 중 tannin과 acylated flavonol glycoside, galloyl group이 있는 모든 물질은 합성물보다 항산화활성이 높았고, spiraeoside와 quercetin 4′-*O*-β-D-glucopyranoside-6″-gallate는 강력한 superoxide dismutase 활성이 있었다(Okamura H, 1993).

항산화활성-**수피**②: Eucaly 수피의 80% MeOH 추출물의 $CHCl_3$ 및 EtOAc 분획에서 7종의 화합물①-⑦을 분리. 정제한 결과, 이들은 flavonoid 화합물로 rhamnazin①, rhamnetin②, naringenin③, eriodictyol④, quercetin⑤, taxifolin⑥, dihydrokaempferol-3-rhamnoside⑦로 동정되었다. 각 물질들의 쥐 간 microsome에 대한 지질 과산화 억제활성은 0.08-30μg/mL로 높았으며, taxifolin은 vitamin E보다 월등히 높은 항산화활성을 보였다 (이인경, 1998).

항산화활성-휘발물질③: *Eucalyptus* species[*E. polyanthemos*(Ep), *E. globulus*(Eg), *E. perriniana* (Epr)] 추출물과 그들의 주요 휘발성 물질의 항산화활성은 2가지 방법으로 측정한 결과, Ep의 thymol은 특히 천연 항산화제인 α-tocopherol과 비슷하였고, thymol, 1,8-cineole, benzyl alcohol과 terpinen- 4-ol은 eucaly 휘발성 추출물의 항산화력에 도움을 주었다(Lee KG, 2001).

항산화활성-과실정유④: *Eucalyptus camaldulensis*(Ec) 과실을 수증기 증류, fruit marc를 EtOH로 추출. 휘발성 oil을 분석, 과실의 정유성분은 aroma-dendrene 17.99%, α-pinene 12.68%, p-cymene 5.39%, α-gurjunene 6.65%, cubenol 9.23%, thymol 1.62% 및 p-cymen-7-ol 0.73%. Ec의 EtOH ex의 주요 물질은 분석 결과, ellagic acid로 동정. 과실 정유와 EtOH ex의 항산화활성은 thiocyanate법으로 평가한 결과, EtOH ex는 BHA, TBHQ와 비슷하였고, 과실 EtOH ex의 linoleic acid 12일의 고도의 저해활성은 아마도 ellagic acid 함량이 높기 때문으로 생각되었다(El-Ghorab AH, 2002).

항고혈당효과: *Eucalyptus globulus*(Eg)의 항고혈당 활성은 insulin 분비 자극과 근육 당흡수 항진에 의한 것으로, 하나의 활성 물질보다는 여러 물질의 당 대사에 대한 것으로 생각되었다. 그러므로 Eg는 당뇨 치료에 효과적. 항혈당성 식이 부가물로 대표되며, 미래 당뇨 치료를 위한 새로운 경구적 주요 활성물질로 생각되었다(Gray AM, 1998).

지방과산화억제-수피: 유칼리 수피로부터 지방 과산화 억제 물질 12개중 1개의 물질 aromatic monoterpene①과 11개 기지물질 pinoresinol②, vomifoliol③, 3,4,5-trimethoxyphenol 1-*O*-β-D-(6′-*O*-galloyl) gluco-pyranoside④, methyl gallate⑤, rhamnazin⑥, rhamnetin⑦, eriodictyol⑧, quercetin⑨, taxifolin⑩, engelitin⑪ 및 catechin⑫를 분리동정하였다.

Vomifoliol③을 제외한 11개 물질은 rat liver microsome에서 지방 과산화를 현저히 저해하였다(Yun B-S, 2000).

운동능력향상-PD model: *Eucalyptus citriodora* 잎 ex를 transgenic *Drosophila* model(파리)의 정상 인간 신경에서 α-synuclein(h-αs)을 실험. 이들 파리는 가령에 따라 운동신경 부조가 나타난다. 잎 ex에서 9개 성분이 동정, 시료 ex 0.25-1.0μl/mL 농도로 식이에 21일간 투여 시, 정상 인체 신경세포에서 h-αs 발현이 Parkinson's disease(PD) model에 기어오르는 능력과 산화적 stress를 실험한 결과, 시료 ex 투여는 PD model 파리 두뇌에서 기어오르는 능력과 산화적 stress 감소가 시료 농도 의존적으로 나타났다. 이 결과는 PD증상 연구에서 이러한 model의 유용성을 뒷받침하였다(Siddique YU, 2013).

세포독성-과실정유: India, 북서 Himalaya산 *Eucalyptus citriodora* 과실 정유의 화학 성분과 세포독성을 평가코자, 수증기 증류로 0.23%의 정유를 얻어 분석한 결과, α-pinene 54.1g/100g, γ-terpinene 8.6g, E-caryophyllene 6.6g, β-pinene 6.3g, limonene 5.5g 및 1,8-cineole 4.3g. 정유의 세포독성은 SRB assay로 human lung cancer(A549), HeLa, Chinese hamster ovarian carcinoma(CHOK1) 세포주에 IC_{50}은 87.5-96.8μg/mL. 과실정유는 human lymphocyte(MTT assay)에 현저한 독성이 있었다. 본 실험에서 정유가 독성학적으로 안전한 새로운 강력한 자원이고, 본 식물 과실 정유의 성분과 세포독성은 처음 보고이다(Koundal R, 2015).

위보호-Ethanol손상: 1,8-cineole은 독성이 없는 용량에서 rat의 ethanol 손상에 보호활성을 보였다. 1,8-cineole은 600mg/kg 이상 용량을 rat에 투여, 또 더 오랫동안 투여하여도 체중 증가를 감소시켰으나, 신장 독성이나 간 독성은 나타나지 않았다. 이는 1,8-cineole이 약물 처방에서 위보호제로서 안전하였고, 1,8-cineole의 위보호는 ethanol-유도 nonprotein-sulfhydryl의 고갈을 예방하였다. 항산화제 작용을 함으로써, 또 일부 leukotrinene 형성을 차단함으로써 lipoxygenase 저해에 의한 것이었다(Santos, FA, 2001).

HIV-RTase저해물질: 유칼리에서 분리, 동정한 macrocarpal A-E는 HIV-RTase 저해 물질이었다(Hishizawa M, 1992).

항미생물활성-잎①: *Eucalyptus perriniana* 잎 추출물의 항미생물활성을 검색한 결과, *S. aureus*와 *B. subtillis*에 활성을 보였고, 이 물질들을 검색한 결과, grandiol ①로, compound ②는 phloroglucinolterpene (none aromatic)으로 *B. subtilis*와 *S. aureus*에 MIC가 각각 10μg/mL, 4μg/mL. Gram(-) bacteria인 *E. coli*와 *Pseudomonas aeruginosa*, yeast와 fungi인 *S. cerevisiae* 및 *Aspergillus oryzae*에 항미생물활성을 보였다 (Nakayama R, 1990). 또한 *E. macrocrap* 잎 추출물에서 분리한 phloroglucinol dialdehyde diterpene 유도체 macrocarpal B-G 등은 antibacteria 활성을 보였다 (Yamakoshi Y, 1992).

항미생물활성-잎 Flavonids②: *Eucalyptus* 26종 잎 extract에 대하여 항미생물활성을 실험. *E. globalus*, *E. maculata* 및 *E. viminalis*는 6종의 gram(+) bacteria인 *S. aureus,* MRSA, *B. cereus*, *Enterococus faecalis*, *Alicyclobacillus acidoterrestris*, *Propionibacterium acnes* 및 fungus *Trichophyton metagrophytes*에 현저한 성장 저해활성을 보였으나, gram(-) bacteria *E. coli*, *Pseudomonas putida*에는 강력한 활성은 보이지 않았다. *E. maculata*에서 분리된 2′,6′-dihydroxy-3′-methyl- 4′-methoxydihydro-chalcone, eucalyptin 및 8-desmethylleucalyptin은 7종 미생물에 MIC 1.0-31mg/mL에서 강력한 항미생물활성을 보였다. Eucaly extract와 *E. miaculata*의 3개 화합물은 식중독, 여드름 및 athletes foot 미생물에 효과가 있었다(Takahashi T, 2004).

항미생물효과-잎정유③: *Eucalyptus robusta*(Er)와 *E. saligna*(Es) 잎 정유를 GC-MS로 분석, Er의 주성분은 monoterpene인 α-pinene 73.0%, Es는 phenolic stage 중 vegetative phase 주성분 p-cymene 54.2%과 γ-terpinene 43.8%, 개화기 주성분은 p-cymene 22.5%, 3개 oil 중 *St. aureus*, *E. coli* 및 *Candida albicans*에 대한 항미생물활성은 *E. robusta* oil이 시험한 모든 균주에 가장 저해가 강하였다(Sartorelli P, 2007).

항진균효과①: *E. globulus* 정유나 주요 성분 1,8-cineole과 ketoconazole을 함께 *Candida*와 6종 *Trichophyton* species(Ts)에 실험한 결과, ketoconazole의 anti-candida 효과는 *E. globulus* 정유나 1,8- cineole 병용이 현저한 개선 효과를 보였다(Lim S, 2008).

항진균활성-정유②: *Eucalyptus urophylla*(Eu), *E. grandis*(Eg), *E. camaldulensis* (Ec) 및 *E. citroiodora*(Eci)를 수증기 증류한 정유 중 Eu정유의 주성분은 γ-terpinene, Eg와 Ec의 주성분 1,8-cineole, Eci의 주성분은 citronellal로 anti-mildew(식품곰팡이-백분병)에 가장 강하였고, 목질 부패 진균에는 Eci 정유가 목재저장에 가장 우수. Citronellal과 citronellol은 mildew와 fungi에 유용한 항진균활성이 있었다(Su Y-C, 2006).

항진균활성③: *Eucalyptus citriodora*와 주요 성분 citronellal의 쌀 병원균 *Rhizoctonia solani*와 *Helminthosporium oryzae*에 항진균 효과를 실험한 결과, 병원균이 시료 첨가로 극적으로 감소하였고, *R. solani*와 *H. oryzae*에 각각 10과 20ppm에서 완전히 저해되었다. Citronellal은 eucalyptus oil보다 더 강하였다. 이로써 eucaly volatile oil은 식물 병원성 fungi를 강력히 억제하였다(Ramezani H, 2002).

항진균활성-약물내성④: Eucaly 정유의 병원성 fungi, bacteria 및 약물내성 변이 *Candida albicans*, *E. coli* 및 *Mycobacterium segmatis*에 대하여 agar disc diffusion 및 broth dilution method로 분석한 결과, eucaly 정유는 *Trichophyton rubrum* 다음 *Histoplasma capsultum*, *C. albicans* 및 *Cryptococcus neoformans*에 활성을 보였고, gram(+)와 gram(-) 균에 약물내성 변형 *C. albicans*와 *E. coli*에도 활성을 보였다. 이로써 eucaly 정유는 진균성 및 약물내성 감염에 대한 가치 있는 항미생물 약물로 생각되었다 (Lugman S, 2008).

항구강미생물활성: Eucaly 잎으로부터 8개 phloroglucinol-sesquiterpene 화합물; 3개의 새로운 물질인 macrocarpals H, I 및 J을 분리동정하였고, 이 3개 물질은 구강 병원성 미생물 MIC값 0.2μg/mL-6.25μg/mL에 활성을 보였고, 또한 이들은 glucosyltransferase에 활성을 갖고 있었다. 기지물질은

macrocarpals A①-D④, eucalyptone⑥과 새로운 물질 macrocarpals H⑦, I⑧ 및 J⑨ 등이었다(Osawa K, 1996).

항여드름균활성: Lemone과 *Eucalyptus* oil은 노화 방지 및 살균 작용 등이 있다. 본 연구에서 lemone(L)과 *Eucalyptus*(E) oil을 각각, 또는 혼합 oil의 항산화 및 항균활성을 측정한 결과, E oil은 항산화능(DPPH)을 보였으나, 약하였고, L과 E 혼합 oil은 증대되지 않았다. Paper disk법 항균 실험에서 두 oil 모두 *Candida albicans*와 *Propionibacterium acnes*(Pa, 여드름균)에 항균성이 우수하고, 농도 의존적 효능이 있었다. 두 oil 혼합시 Pa에 항균력이 상승. Lemon과 eucaly 혼합 oil은 피부나 여드름 등 피부염 개선에 유효할 것으로 생각되었다(김지혜, 2011).

항Malaria활성-정유: 뇌성 malaria는 개발국에서 주요 건강 과제의 하나로, 악성 말라리아 원충 *Plasmodium falciparum*(Pf)에 의한 약물에 대한 내성과 함께 특히 어린이들에게 사망률이 증가되고 있다. 천연 식물로부터 새로운 강력한 자원이 *Eucalyptus* oil 성분 1,8-cineole이 chloroquine-과민성과 chloroquine 내성 Pf의 성장과 전염을 저해하였다. 이 병원충 배양액에 직접 oil 첨가 시 이 기생충의 발전을 tiophozoite 초기에 정지시켰다. 배양액에서 직접 monoterpene 농도 측정을 시도한 결과, 숙주 RBC에 영향을 주지 않고, 기생충을 사멸시킬 수 있는 적정량을 측정한 결과, 경제적이고, 품질 관리가 가능한 항malaria 치료제로 생각되었다(Su V, 2008).

천연살충제-정유: 호주 원산인 *Eucalyptus*는 oil, gum, pulp, 목재가 의약품과 미용적 가치가 있어 세계적으로 재배하며 식품, 향료나 의약 산업에서 대단히 중요하다. 더구나 항미생물, 항진균, 곤충 기피제, 제초제, 회충구제, 선충구제 등에도 중요. 본 연구에서는 환경적 benign pest control에 eucaly oil을 천연 살충제로, 즉 bacteria, fungi, 곤충, 선충, 잡초 및 진드기에 대하여 환경적으로 무계획한 합성 살충제 사용의 독성학적 문제와 증가하는 pest 내성 문제를 감소시키는 데 중요한 역할이 되리라 생각되었다(Batish DR, 2008).

모기기피효과-정유: *E. urophylla* 주요 정유성분은 α-pinene 11.73%, 1,8-cineole 49.86%, β-ocimene 6.25%, γ-terpinene 9.11% 및 α-terpinyl acetate 7.63%.

모기 애벌레 살충 효과가 탁월. 기피효과는 우수. 모기 애벌레 살충 및 기피 주물질은 1,8-cineole이었다(Rini Pujiarti, 2016).

1,8-Cineole대사-Koala·인체: Koala(♢)의 1,8-cineole 대사를 알고자, *Eucalyptus cephalocarpa* 잎[1,8-cineole 2.53% 함유(dry mass), 1,8-cineole 섭취량이 3.1g/day]을 주어 뇨와 대변을 24시간 모아 분석, hydroxy cineolic acid가 85%, 새로운 대사산물 7,9-dicineolic acid 약 10%. 결과적으로 koala는 1,8-cineole은 conjugation 회로를 사용치 않고, 전적으로 산화에 의존, 해독, 제거시켰고(Boyle R, 2001), 인체에서는 1,8-cineole을 cytochrome P3A4와 P3A5 간 효소에 의해 대사. cytochrome p450 인체 효소는 ring carbon oxidation이 용이. 이두 대사 산물, 2α-hydroxy-1,8-cineole과, 3α-hydroxy-1,8-cineole을 섭취동물 소변에서 확인하였다(Duisken M, 2005).

1,8-Cineole, β-pinene증산-미숙꽃: *Eucaly* callus를 2,4-D와 BA 존재하에, 명암 조건하에서 미숙꽃과 수술을 길러, 이를 수증기 증류, n-pentane으로 추출한 결과, 미숙꽃에서 1,8-cineole 34.7%, β-pinene 7.7% 및 spathulenol 9.5%, 수술에서는 alkane, alkene 및 alcohol 함유, 미숙 꽃에서 monoterpene 92.08-96.56%. 주 monoterpene은 명암 조건하에서 생육, 1,8-cineole 62.70과 69.26%, β-pinene 27.09와 25.31%를 얻었다(Giamakis A, 2001).

Triterpenoids-목부: Eucaly 목부에는 몇 pentacyclic diterpenes인; oleane, ursane 및 lupane 골격물질을 함유. 잘 알려진 물질은 β-amyrin, erythodiol, uvaol, acetyloleanolic, acetylbetulinic, acetylursolic, betulinic, ursolic, 23-hydroxyursolic 및 trans-p-methoxycinnamoyloxy-ursolic acid를 함유하였다. 3개의 새로운 triterpenoids는 methyl cis-p-methoxy-cinnamoyloxy oleanolate, methyl cis-p-methoxy-cinnamoyl oxyursolate 및 methyl 11α-methoxy-3-acetoxy ursolate를 분리동정하였다(Santos GG, 1997).

정유성분-과실·잎: Greece 자생 *Eucalyptus camaldulensis*의 과실과 잎 정유의 연중 변화를 분석한 결과, 62물질을 과실 정유에서 얻었고, spathulenol 19.0%, β-pinene 18.8% 및 p-cymene 4.8%이 주성분. 잎의 년중 43물질을 얻었고, 주요 성분은 1,8-cineole 25.3-44.2%, spathulenol 19.2%를 얻었으나,

낮을 때는 0.5%였다(Tsiri D, 2003).

정유성분-과실: Portugal에서 자란 *E. globulus* 과실 정유에서 33물질을 동정하였고, monoterpene 50.4%, sesquiterpene 49.6%, 주요 성분은 aromadendrene 25.1%, α-phellandrene 17.2%, 1,8-cineole 11.7%, ledene 5.83% 및 globulol 5.23% 이었다(Pereira SI, 2005).

정유성분-잎①: Cuba산 *Eucalypus resinifera*(Er), *E. tereticornis*(Et) 및 *Corymbia maculata*의 정유를 수증기 증류, GC, GC/MS로 분석. 수율과 성분을 비교한 결과, Er 정유는 1,8-cineole 68.0% 주성분. 반대로 Et는 1,8-cineole 23.2%와 cymene 13.8%, 또 Cm은 α-pinene 49.7%, α-eudesmol 11.3%이 주성분이었다(Pino JA, 2002).

정유성분-잎②: Morocco의 9개 *Eucalyptus*속 식물 잎을 분석한 결과, 1,8-cineole 68% 이상으로 많았고, 이들 중 5개 *Eucalyptus*속(*E. cinerea*, *E. baueriana*, *E. smithii*, *E. bridgesiam* 및 *E. microtheca*)에서 1,8-cineole이 80% 이상이었다(Erira S, 2004).

정유성분-잎③: Nigeria의 *Eucalyptus cloeziana*(Ec)와 *E. propinqua*(Ep) 잎 수증기 증류 후, 분석한 결과, Ec에서 α-pinene 46.6%과 1,8-cineole 15.4%, Ep에서 1,8-cineole 61.8%와 γ-terpinene 23.3%가 주성분이었다(Ogunwande IA, 2005).

정유성분-잎④: 중국 유칼리 잎 정유에서 47개 물질이 확인, 주성분은 1,8-eucalyptol 72.71%, α-pinene 9.22%, α-terpineol 2.54%, (-)-globulol 2.77%, α-terpineol acetate 3.11% 및 alloaromadendrene 2.47%였다(Song A, 2009).

정유-잎⑤: *Eucalyptus* 속 식물; *E. regnanas*, *E. delegatensis*, *E. globulus*, *E. nitens*, *E. denticulata*의 성엽(adult leaves)의 정유 함량을 조사한 결과, *E. nitens* 0.7%, drywt, *E. denticulata* 0.8%은 다른 3 *Eucalyptus* 정유 3.0-6.1%보다 현저히 적었고, *E. delegatensis*와 *E. regans*는 α와 β-pellandrene 및 trans-menth-2-en-l-ol이 많았고, *E. regans*는 α-, β-, γ-eudesmol도 많았다. 반대로 *E. globulus*는 1,8-cineole과 α-pinene이, *E. denticulata*는 γ-terpinene 및 p-cymene이 많았다. *E. nitens* 정유 조성은 *E. globulus*와 *E. denticulata*

중간. 정유량의 차이는 종에 따라 큰 차이가 있었다(Li H, 1995).

계절과정유-잎: 북인도 아열대 eucaly 잎에서 성분의 변화를 GC/MS로 분석한 결과, 4월-7월(고온) 수확물의 정유수율은 1.8-2.1%. 성분은 citronellal 69.7-87.4%가 가장 높았고, 다음 citronellol 5.1-9.9%, linalool 2.1-6.4%, isopulegol 0.9-3.1%, citronellyl acetate 0.4-1.2%였다(Manika N, 2012).

효능과 이용

1) 식용: 허브차로 마신다.

2) 약용: 정유는 소염, 청량(清凉), 방부 등의 작용이 있어 신경통, 류머티즘, 화상, 피부병 등에 도포, 거담 작용도 있어 기침, 천식, 기관지염 등에 증기를 흡입하며 목욕재로 순환기계를 자극하여 진정시켜 주므로 감기나 편두통, 신경통에 효과 있고, 이 등에 살충 효과도 있다.

중국에서는 이를 안엽(按葉)이라 하여 말린 잎을 감기, 인플루엔자, 설사, 장염, 관절염, 방광염, 화상, 습진 등에 쓰며. 또, 혈당치를 내리는 특성으로 당뇨병 치료에 기여. 잎에서 eucaly를, 수피에서는 탄닌을, 수액에서 기노(kino: 의약에 씀)가 얻어진다.

3) 기타: 목재는 우수한 건축재, 펄프재. 최근에는 석유 식물로서 주목받고 있고, 수피는 염료가 되며, 포푸리나 마사지용으로, 목욕재로도 쓴다.

★ 많이 사용하면 두통, 경련, 혼미가 오며 심하면 치명적일 수 있다.

참고 문헌

1) 김지혜, 김민정, 최수기, 등. **화장품학회지** 2011 37(4) 303(레몬 및 유칼립투스 essential oil이 피부상재균에 대한 항산화 및 항균 효과)

2) 레베카 L, 존슨, 스티븐 포스터, 티어로나 로우 독, 데이비트 키퍼. **메디컬 허브백과** (주)조선에듀케이션, 2015, p75)

3) 이인경, 윤봉식, 김종평, 등. **생약학회지** 1998 29(3) 163(유칼리 나무의 수피로부터 분리한 항산화 활성물)

4) 정하열, 김현배. **식품과학회지** 2000 32(3) 699(13종 허브 추출물의 superoxide

소거능과 세포독성 및 면역증강 효과 검색-sage, peppermint, thyme, yarrow, eucaly)

5) 차봉규, 장명웅, 정영기, 김광혁. **생명과학회지** 2006 16(1) 162(*Eucalyptus*와 *Geranium*이 mouse splenocytes에서 IL-2 및 IL-4 생성에 대한 효과:)

6) Amakura Y, Umino Y, Tsuji S, et al. *Food Chem* 2002 77 47(Constituents and their anti-oxidative effects in eucalyptus leaf extract used as a natural food additive)

7) Astiani DP, Jayuska A, Arreneuz S. *Equator J Chem* 2014 3(3) 44(Antibacterial activity of *Eucalyptus pelita* essential oil *Escherichia coli* and *Staphylococcus aureus*)

8) Batish DR, Singh HP, Kohli RK, Kaur S. *Forest Ecol Mangem* 2008 256 2166 (*Eucalyptus* essential oil as a natural pesticide)

9) Bouseta A, Scheirman V, Coltin S. *J Food Sci* 1996 61 683(Flavor and free amino acid composition of lavender and eucalyptus honeys)

10) Boyle R, McLean S, Foley W, et al. *Compar Biochem Physiol Part C* 2001 129 385 [Metabolites of dietary 1,8-cineole in the male koala(*Phescolaoctos cmereus*)]

11) Cheong SS, Huang GG, Chen YJ, et al. *Bioresour Technol* 2009 100 452(Chemical compositions and larvicidal activities of leaf essential oils from two *Eucalyptus* species)

12) Duisken M, Sandner F, Blömeke B, Hollender J. *Biochem Biophys* 2005 1722 304 (Metabolism of 1,8-cineole by human cytochrome p450 enzymes: Identification of a new hydroxylated metabolite)

13) El-Ghorab AH, Fadel HM, El-Massry KE. *Flavour Fragr J* 2002 17 306(The Egyptian *Eucalyptus camaldulensis* var. *brevirostris*: chemical compositions of the fruit volatile oil and antioxidant activity)

14) Erira S, Bessiere JM, Menut C, et al. *Flavour Fragr J* 2004 19 172(Chemical composition of essential oil of nine *Eucalyptus* species growing in Morocco)

15) Giamakis A, Kretsi O, Chinou I, Spyropoulos CG. *Phytochemistry* 2001 58 351 (*Eucalyptus camaldulensis*: volatiles from immature flowers and high production

of 1,8-cineole and β-pinene by in vitro cultures)

16) Gray AM, Flatt PR. *J Nutr* 1998 128 2319(Antihyperglycemic actions of *Eucalyptus globulus* are associated with pancreatic and extra-pancreatic effects in mice)

17) Hishizawa M, Emura M, Kan Y, et al. *Tetrahedron Lett* 1992 33(21) 2983 (Macrocarpals: HIVRTase inhibitors of *Eucalyptus globulus*)

18) Juergens UR, Dethlefsen U, Sein Kamp G, et al. *Respir Med* 2003 97 250[Anti-inflammatory activity of 1,8-cineole(eucalptol) in bronchial athma; a double-blined placebo-controled trial]

19) Koundal R, Kumar D, Walia M, et al. *Flavour Fragr J* 2015 31 158(Chemical and in vitro cytotoxicity evaluation of essential oil from *Eucalyptus citriodora* fruits growing in the northwestern Himalaya, India)

20) Lahlou S, Fegueiredo AF, Magalhaes PJC, Leal-Cardoso JH. *Can J Physiol Pharmacol* 2002 80 1125(Cardiovascular effects of 1,8-cineole, a terpenoid oxide present in many plant essential oils, in normotensive rats)

21) Lee KG, Shibamoto T. *J Sci Food Agr* 2001 81 1573(Antioxidant activities of volatile components isolated from *Eucalyptus* species)

22) Li H, Madden JL. *Bioch Sys Ecol* 1995 23(2) 167(Analysis of leaf oils from a *Eucalyptus* sp. trial)

23) Liapi C, Anifantis G, Chinou I, et al. *Planta Med* 2007 73 1247(Antinociceptive properties of 1,8-cineole and β-pinene from the essential oil of *Eucalyptus camaldulensis* leaves in rodents)

24) Lim S, Shin S. *Nat Prod Sci* 2008 14 27(Combined effect of the essential oil from *Eucalyptus globules* with ketoconazole against *Candida* and *Trichophyton* species)

25) Lugman S, Dwivedi GR, Darokar MP, Kalra A, et al. *Int J Essent Oil Ther* 2008 2 69(Anti-microbial activity of *Eucalyptus citroidora* essential oil)

26) Manika N, Mishra P, Kumar N, et al. *J Med Plants Res* 2012 6 2875(Effect of season on yield and composition of the essential oil of *Eucalyptus citriodera* Hook. leaf grown in sub-tropical conditions of north India)

27) Nakayama R, Murata M ,Homma S, Aida K. *Agr Biol Chem* 1990 54(1) 231 (Antibacterial compounds from *Eucalyptus perriniana*)

28) Ogunwande IA, Olawore NO, Adeleke KA, Ekundayo O. *Flavour Fragr J* 2005 20 637(Volatile constsituents from the leaves of *Eucalyptus cloeziana* F. Mueld and *E. propinqua* Dean & Maiden from Nigeria)

29) Okamura H, Miura A, Yakou Y, et al. *Phytochemistry* 1993 33(3) 557(Antioxidant activity of tannins and flavonoids in *Eucalyptus rostrata*)

30) Osawa K, Yasuda H. *J Nat Prod* 1996 59(9) 823(Macrocarpals H, I and J from the leaves of *Eucalyptus globulus*)

31) Pereira SI, Freire CSR, Neto CP, et al. *Flavour Fragr J* 2005 20 407(Chemical composition of the essential oil distilled from fruits of *E. globulus* grown in Portugal)

32) Pino JA, Marbot R, Quert R, Garcia H. *Flavour Fragr J* 2002 17 1[Study of essential oils of *Eucalypus resinifera* Smith, *E. tereticornis* Smith and *Corymbia maculata*(Hook)]

33) Ramezani H, Singh HP, Batish DR, et al. *New Zealand Plant Prot* 2002 55 327 (Fungicidal effect of volatile oils from *Eucalyptus citriodora* and its major constituents citronellal)

34) Rini Pujiarti, Kasmudjo. *J Kor Wood Sci Technol* 2016 44(6) 494(Chemical compositions and insecticidal activity of *Eucalyptus urophylla* essential oil against *Culex quinquefasciatus* Mosquite)

35) Salari MH, Amine G, Shirazi MH, et al. *Clin Microb Infect* 2006 12 178 (Antibacterial effects of *Eucalyptus globulus* leaf extract on pathogenic bacteria isolated from specimens of patients with respiratory tract disorders)

36) Santos FA, RAO VSN. *Digest Dis Sci* 2001 46(2) 331(1,8-Cineole, a food flavoring agent, prevent ethanol-induced gastric injury in rats)

37) Santos FA, Silva RM, Campos AR, et al. *Food Chem Toxicol* 2004 42 579 [1,8-Cineole(eu-calyptol), a monoterpene oxide attenuates the colonic damage in

rats on acute TNBs-colitis]

38) Santos FA. *Phytother Res* 2000 14 240(Anti-inflammatory and antinociceptive effects of 1,8-cineole a terpenoid oxide present in many plant essential oils)

39) Santos GG, Alves JCN, Rodilla JML, et al. *Phytochemistry* 1997 44(7) 1309 (Terpenoids and other constituents of *Eucalyptus globulus*)

40) Sartorelli P, Marquioreto AD, Amaral-Baroli A, et al. *Phytother Res* 2007 21 231 (Chemical composition and antimicrobial activity of the essential oils from two species of *Eucalyptus*)

41) Siddique YU, Mujtaba SF, Jyoti S, Naz F. *Food Chem Toxicol* 2013 55 29(GC-MS analysis of *Eucalyptus citriodora* leaf extract and its role on the dietary supplementation in transgenic *Drosophila* model of Parkinson's disease)

42) Silva J, Abebe W, Sousa SM, et al. *J Ethnopharmacol* 2003 89 277(Analgesic and anti-inflam- matory effects of essential oils of *Eucalyptus*)

43) Song A, Wang Y, Liu Y. *Asian J Trad Med* 2009 4(4) 134(Study on the chemical constituents of the essential oil of the leaves of *Eucalyptus globulus* Labill from China)

44) Su V, King D, Wooddrow I, et al. *Flavour Fragr J* 2008 23 315(*Plasmodium falciparum* growth is arrested by monoterpene from *Eucalyptus* oil)

45) Su Y-C, Ho CL, Wang EI-C, Chang S-T. *Taiwan J For Sci* 2006 21(1) 49(Antifungal activities and chemical compositions of essential oils from leaves of four *Eucalyptus*)

46) Takahashi T, Kokubo R, Sakaino M. *Lett Appl Microbiol* 2004 39 60(Antimicrobial activities of eucalyptus leaf extracts and flavonoids from *Eucalyptus maculate*)

47) Tsiri D, Kretsi O, Chinon IB, Spyropoulos CG. *Flavour Fragr J* 2003 18 244 (Composition of fruit volatiles and annual changes in the volatiles of leaves of *Eucalyptus camaldulensis* Dehn growing in Greece)

48) Worth H, Schacher C, Dethlefsen U. *Respirat Res* 2009 10 69[Cocominant therapy with cineole (eucalyptol) reduces exacerbations in COPD: A placebo-controlled

double-blind trial]

49) Yamakoshi Y, Murata M, Shumizu A, Homma S. ***Biol Biotech Biohem*** 1992 56(10) 1570 (Isolation and characterization of macrocarpals $\beta \rightarrow G$, antibacterial compounds from ***Eucalyptus macrocarpa***)

50) Yun B-S, Lee I-K, Kim J-P, et al. ***Arch Pharm Res*** 2000 23(2) 147(Lipid peroxidation inhibitory activity of some constituents isolated from the stem bark of ***E. globulus***)

14 유향나무 *Boswellia carteil*

감람나무과
(Burseraceae)

Boswellia, Frankincense(英)
乳香(中)

원산지: 북아프리카, 아라비아 남부

용도: 수지 – 거담, 방부, 진정제

역사

고대 이집트 여왕 하트셉수트(Hatshepsut)의 사원에 유향나무가 항아리에 담겨 있는 부조가 지금도 룩소에 있고, 이는 얼굴을 젊게 한다고 했다. 예부터 종교적으로 또 화장품이나 의학적 목적으로 혈액 순환, 호흡기계, 비뇨기계에, 방부, 진통, 거담 및 진정제로 쓰여 왔고, 해독제나 만병 통치약으로 쓰였다. 일반적으로 맛은 쓰고, 냄새가 없는 전통 약이다(Herbs p145-146).

식물학적 특징

열대 아시아와 북동 아프리카(Kenya, Ethiopia, Somalia)에서 자라는 상록 교목 또는 소목으로, 25종이 있고, 수피에 frankincense 수지가 자연스럽게 분비되며 동속식물에는 *B. frereana*, *B. papyrifera*, *B. sacra*, 및 *B. serrata* 등이 있다(Herbs p145-146).

특수성분

*Boswellia carteri*에서 α-Boswellic acid(O-00331), 4, 23-Dihydroroburic acid(R-00303), Incensole(E-00386), Incensole oxide(E-00386), Isoincensole oxide(D-00934), 11-keto-β-boswellic acid(H-02770), 12-oleanene-3, 24-diol; (3α), 24-carboylic acid(Ac, O-00331), serratol(C-00704), 12-Ursene-3,11-dione(U-00147)이, *B. frereana*에서 3β-Acetoxydammar-24-ene-16β, 20R-diol(D-00053), α-boswellic acid, Ac(H-02770), serratol(C-00704), 3-thujene (T-01428)이, *B. serrata*에서 11-keto-β-boswellic acid(H-02770), serratol (C-00704), 3-thujene(T-01428) 등이 분리되었다(DNP p447).

활성성분

Frankincense에는 5-9% volatile oil 함유; α-pinene, phellandrene, 1-octylacetate 및 여러 monoterpene 과 diterpene, 60% resin 물질; 주로 pentacyclic triterpenoids 즉 boswellic acids, 이의 acetates, 기타 triterpene 및 mucilage(점질물)가 함유되어 있다.

생리활성

항관절염·항고지혈활성: *Commiphora mukul*에서 얻은 guggal을 인도에서 류머티즘 치료에 일반적으로 쓰여 오고 있으나, 그 기전은 아직 모르나, non-steroid 물질로 부작용이 없는 항염증제로 쓰인다. 임상에서 류머티스 환자 120명을 대상으로 실험한 결과, 높은 치료 효과를 보았다(Atal CK, 1981).

항염활성: Salai guggal(*Boswellia serrata*) ex는 비steroid계 항염제와 항관절염 약으로 위궤양 발생이 없는 장점이 있고(Singh GB, 1986). 소혈청 단백질(bovine serum albumin, BSA) 유도 토끼 관절염에 boswellic acid(25-100mg/kg/day) 경구투여에서 토끼 무릎관절의 백혈구 수가 감소(Sharma ML, 1989). 또 galactosamine과 *Sal.* endotoxin을 복강 내 투여, 급성 간독성을 유발 mice에서 8시간내에 sorbitol dehydrogrnase(SDH), SGOT 및 S-GPT 활성이 증가, galactosamin/endotoxin 투여 1시간 전 acetyl boswellic acid

(수지성분) 투여로 혈청 효소들이 현저히 감소, 이는 acetyl boswellic acid가 cylooxygenase 회로 저해가 동물 model에서 보호, leukotriene 형성이 저해되었기 때문(Safayhi H, 1991). *B. serrata* 수지에서 얻은 boswellic acid (BA)의 항염 기전은 5-lipoxygenase(5-LO)를 통해 leukotriene 합성을 저해하나 12-lipoxygenase와 cyclooxygenase 영향을 받지 않고, BA는 Fe나 ascorbate에 의해 arachidonic acid의 과산화가 개선되지 않는다. 이는 BA가 leukortriene 합성의 산화 환원 저해자로 또는 5-LO와 함께 직접 작용하거나 전이를 차단하지 않는 특수성 때문으로 생각되었다(Ammon HPT, 1993). 5-LO 저해활성이 있는 BA는 human leukocyte elastase(HLE) 활성을 차단, HLE와 5-LO 저해는 BA계 물질 같은 pentacyclic triterpene에 의해 일어나며, leukotriene량과 HLE 방출은 여러 염증성 질병과 과민성을 기초로 한 반응에서 증가. BA는 성상세포종(astrocytoma) 환자에서 leukotriene E4가 소변 배설 증가를 저해, leukotriene 생산을 차단, 항염활성을 나타내었다 (Safayhi H, 1992).

항미생물활성: Olibaum 정유에서 33성분을 분리동정하였고, ester 62.1%, alcohol 15.4%, monoterpene 9.9%, diterpene 7.1%, 항미생물활성은 수증기 증류 정유가 *St. aureus, Sarcina lutea, Muco. phlei, B. subtilis, E. coli* 등에 항미생물활성을 보였다(Abdell Wabab, SM, 1987). Oman, Turkey 및 Israel에서 생산된 olibaum oil을 분석, Oman oil은 α-pinene 56.6%, Turkey와 Israel oil은 octyl acetate 68.5%, 28.5%, octanol 11.1%, 10.1%. Oman oil은 *B. frereana*, Turkey와 Israel oil은 *B. carteri*. 항미생물활성은 Somalian oil중 (E)-β-ocimene, octanal, octyl acetate와 octanol이 *Penicillium chrysogenum*에 *B. carteri*의 (E)-β-ocimene이 가장 강력하였다(Hayashi S, 1998).

항백혈병: *Boswellia serrata*의 gum resin에서 triterpene인 β-boswellic acid (BA) ①, 3-*O*-acetyl-β-BA ②, 11-keto-BA ③, 및 3-*O*-acetyl-11-keto-BA ④를 얻었고, 항종양 실험 결과(in vitro), DNA, RNA 및 HL-60 단백질 합성을 용량 의존직으로 저해, 이들중 ④가 가장 강하게 저해하였고 ④가 HL-60

세포주에 세포독성을 비가역적으로 저해하였다(Shao Y, 1998). *B. carterii*에서 얻은 BA acetate는 leukemia cell분화와 apoptosis가 가능. 골수성 백혈병(myeloid leukemia) HL-60, U937 및 ML-1에 BA acetate가 90% 형태적 변형을, 80-90% NBF가 감소, 특이적 또는 비특이적 esterase가 Ba에 의해 증가. Ba가 적색 백혈병(erythroid leukemia), DS-19 및 K562 세포분화를 방해. HL-60에서 BA는 24시간 생세포를 60% 감소시켰고, 3일후에 생세포가 없었다. 형태와 DNA 분절 분석에서 BA가 세포 고사(apoptosis)를 주로 하였다(Jing Y, 1999).

항암·항고지혈활성: *B. serrata* triterpenoid인 boswellic acid(BA) 및 그 유도체는 항염 및 항관절염에 쓰여 왔다. Boswellin(B)은 TPA-유도 피부염, 표피증식, 표피세포 층수 및 DMBA 유도 종양으로 전개를 저해하였다. 0.2% BA 투여에서 자궁방 결합 조직 지방층(parametrial fat pad)이 감소. BA, 3-*O*-acetyl-β-BA, 11-keto-β-BA 및 3-*O*-acetyl-11-keto-BA가 HL-60 세포배양에 용량 의존적으로 HL-60 DNA 합성을 저해하였다. 이로써 HL-60 세포 DNA 합성은 BA가 저해하였다(Huang MT, 2000).

진통·정신약리효과-Resin: *Boswellia serrata* resin으로부터 비phenol성 분획이 뛰어난 진정(sedative) 및 진통 효과를 보였고, 점진적으로 운동활성을 감소, ptosis(하수증)가 rat에서 나타났다. 현저한 진통 효과가 hot-wire와 기계적 압박법에서 관찰되었고 이는 30분에 시작, 약 2시간 지속되었다. Nalorphine은 약물의 진통 효과에 길항작용이 현저하지 않았다. 이 분획은 secobarbitone-유도 수면 rat에서 증강되었다. 2차적 반응은 훈련된 rat에서 특히 차단되었고, conditoned-avoidance response(기피 반응)은 현저하지 않았다(Menon MK, 1971)

수지성분①: *Boswellia carterii* (bejo)와 *B. freroana* (maidi)를 Somalia 북쪽 Migiurtinia에서 채집, 분석한 결과, Bejo와 Maidi에 α-thujiene 이 각각 19.23, 10.14%, α-pinene 7.16, 0.73%, sabinene 9.44, 3.14%, limonene 7.82, 3.44%, β-caryophyllene 4.91, 0.40%, α-muurolene 6.68, 0.60%, p-cymene 3.53, 4.28%, caryophyllene oxide 3.29, 0.21% 및 1.8-cineole, β-bourbonene 등이 소량함유 되었다(Chivari G, 1991). *B. carterri* resinoid의 diterpene 분획에서 cembrene A①, isocembrene②, incensole④, incensole oxide⑤, isoincensole oxide⑥, 및 incensole acetate⑦, 신물질 verticillane type diterpene인 verticilla-4(20), 7.11-trinene⑧을 동정하였고(Basar S, 2001), Supercritical CO_2추출법(20bar, 15℃)에서 *B. carterri*를 분석, incensole acetate 32.0%, octanol acetate 25.1%, incensole 17.8% 및 phyllocladene 7.7%, 수증기 증류에서 octanol acetate 45.2%, phyllocladone 13.2% 및 incensole 6.1%, incensole acetate 13.0%로 매우 달랐다(Marongiu B, 2006). 또한 *B, serrata*수지에서 2개 새로운 triterpenoid; 2α, 3α-dihydroxy-urs-12-ene-24-oic acid와 urs-12-ene-3α, 24-diol을 분리동정하였다(Maheajan B, 1995), *B. serrata* resin은 4곳에서 시판품을 수집, 분석한 결과, 35성분을 동정, 시료 A, B, C 및 D의 수율은 각각 82, 91, 77, 및 82%. 모든 시료의 주성분은 α-thujone 과 α-pinene은 한 시료에만 존재하고, 모든 정유는 monoterpene hydrocarbone을 함유하였다(Singh B, 2007).

수피성분②: *B. serrata*유래 India Olibaum bark 수지를 분석(수증기 증류), 40성분을 분리- α-pinene, α-thujene, β-pinene, α-phellandrene, limonene, p-cymene, linalol, α-terpineol 및 estragole 등이 처음 동정되었다(Verghese J, 1987). *B. serrata*수피 수증기 증류. GC 및 GC-MS로 분석, 35성분, monoterpene의 주성분은 *α*-pinene 73.3%, β-pinene 2.05%, cis-verbenol 1.97%, trans-pinocarvacol 1.80%, borneol 1.78%, myrcene 1.71%, verhenone 1.71%, limonene 1.42%, thuja-2.4(10)-diene 1.18%, 및 p-cymene 1.0%, oil 중 α-copaene 0.13%만이 sesquiterpene이었다(Kasalo AA, 2002).

Monoterpenes: Burseraceae(Kenya) 식물 *B. neglecta*(Bn), *Commiphora africana*(Ca), *C. campestris*(Cc) 및 *C. ogadensis*(Co)수지를 수증기 증류 후, 분석한 결과, 모든 정유에서 α-pinene이 가장 많았고, α-thujene(Bn, Ca), sabinene(Cc), myrcene과 car-3-ene(Co) 및 p-cymene(Bn, Ca)을 함유하였다(Provan GJ, 1987).

Frankincense: *B. papgrifera*의 frankincense에서 얻은 정유를 분석, n-octyl acetate 56%, octanol 8%, 및 limonene 6.5%가 주성분 (Dekebo A, 1999). *B. neglecta* (Bn), *B. pirottae* (Bp), *B. rivae* (Br)를 수증기 증류후 분석한 결과, Bn에서 thujene 19.2%, α-pinene 16.7%, 및 terpinen-4-ol 12.5%, Br에서 limonene 14.8%, Bp에서 trans-vebenol 15.5%, 와 terpinen-4-ol 14.6%를 동정하였다(Baser KHC, 2003).

효능과 이용

1) 효능: 활혈지통(活血止痛).
2) 약용: 혈액순환 개선, 어혈제거, 복부 통증 완화, 마비동통, 굴신불리, 관절염 치료, 타박상, 어혈로 생기는 동통제거, 종기와 피부궤양 등에 진통제로 외용.
3) 식용: 정유를 캔디, 제과에, 또 후식 아이스크림, 청량음료 등에 응용한다.
4) 기타: 근래에는 주름방지 크림, 캔디나 제빵용, 후식의 향료 등에 이용한다.

참고 문헌

1) Abdel Wabab SM, Aboutabl EA, El-Zalabani SM, et al. *Planta Med* 1987 382(The essential oil of Olibaum)
2) Ammon HPT, Mack T, Singh GB, Safayhi H. *Planta Med* 1991 57 203(Inhibition of leukotriene B4 formation in rat peritoneal neutrophils by an ethanolic extract of the gum resin exudate of *Boswellia serrata*)
3) Ammon HPT, Safayhi H, Mack T, Sabieraj J. *J Ethnopharmacol* 1993 38 113 (Mechamism of anti-inflammatory actions of curcumine and boswellic acid)
4) Atal CK, Gupta OP, Singh GB. *Proc BPS* 1981 203(Salai guggal: a promising anti-arthritic and anti-hyperlipidemic agent)
5) Basar S, Koch A, König WA. *Flavour Fragr J* 2001 16 315(A verticillane-type diterpene from *Boswellia carterii* essential oil)
6) Baser KHC, Demirci B, Dekebo A, Dagne E. *Flavour Fragr J* 2003 18 153

(Essential oil some *Boswellia* spp., *Myrrh* and *Opopanax*)

7) Böker D-K, Winking M. *Dent Ärzteblatt* 1997 41 A-1197(Die Rolle von Boswellia-Säuren in der therapie maligner gliome)

8) Chivari G. *J Essen Oil Res* 1991 3 185[Differentiation between resins *Boswellia carterii* and *B. frereana* (Frankincense) of Somali origin]

9) Dekebo A, Zewdu M, Dagne E. *Bull Chem Soc Ethiop* 1999 13(1) 93(Volatile oils of frankincense from *Boswellia papyrifera*)

10) Hayashi S, Amemori H, Kameoka H. *J Essen Oil Res* 1998 10 25(Comparison of volatile compounds from Olibanum (*Boswellia* gum-resin) from various countries)

11) Hoerlein RF, Orlikowsky TH, Zehrer C, et al. *J Pharmacol Exp Thera* 1999 288 613(Acetyl-11-keto-β-boswellic acid induces apoptosis in HL-60 and CCRF-CEM cells and inhibits topoisomerase 1)

12) Huang M-T, Badmaev V, Ding Y, et al. *BioFactors* 2000 13 225(Anti-tumor and anti-carcinogenic acticities of triterpenoid, β-boswellic acid)

13) Jing Y, Nakajo S, Xia L, et al. *Leukemia Res* 1999 23 43(Boswellic acid acetate induce differentiation and apoptosis in leukemia cell lines)

14) Kasalo AA, Adio AM, Oyedeji AO, et al. *Flavour Fragr J* 2002 17 462[Volatile constituents of *Boswellia serrata* Roxb (Burseraceae) bark]

15) Mahajan B, Taneja SC, Sethi VK, Dhar KL. *Phytochemistry* 1995 39(2) 453(Two triterpenoids from *Boswellia serrata* gum resin)

16) Marongiu B, Piras A, Porcedda S, Tuveri E. *Flavour Fragr J* 2006 21 718(Extraction of *Santalum album* and *Boswellia carterii* volatile oil by supercritical CO_2: influence of some process patameters)

17) Menon MK, Kar A. *Planta Med* 1971 19 333(Analgesic and psychopharmacological effects of the gum resin of *Boswellia serrata*)

18) Proietti G, Strappaghetti G, Corsano S. *Planta Med* 1981 4 417(triterpenes; lupeol. epilupeol)

19) Provan GJ, Gray AI, Waterman PG. *Flavour Fragr J* 1987 2 115(Monoterpene-rich resins from some Kenyan Burseraceae)

20) Safayhi H, Mack T, Ammon HPT. *Biochem Pharmacol* 1991 42(10) 1536 (Protection by boswellic acid against galactosamine/endotoxin induced hepatitis in mice)

21) Safayhi H, Mack T, Sabieraj J, Anazodo MI. *J Pharmacol Exp Ther* 1992 261 1143 (Boswellic acids: novel, specific, nonredox inhibitiors of 5-lipoxygenase)

22) Safayhi H, Sailer E-R, Ammon HPT. *Mol Pharmacol* 1995 47 1212(Mechanism of 5-lipoxygenase inhibition by acetyl-11-keto-β-boswellic acid)

23) Sailer E-R, Subramanian LR, Rall B, et al. *Br J Pharmacol* 1996 117 615[Acetyl-11-keto-β-boswellic acid (AKBA): Structure requirments for binding and 5-lipoxygenase inhibitory activity]

24) Shao Y, Ho C-T, Chin C-K, et al. *Planta Med* 1998 64 328(Inhibitory activity of boswellic acids from *Boswellia serrata* against human leukemia HL-60 cell in culture)

25) Sharma ML, Bani S, Singh GB. *Int J Immunopharmacol* 1989 11(6) 647[Anti-arthritic activity of boswellic acids in bovine serum albumin(BSA) -induced arthritis]

26) Singh B, Kumar R, Bhandari S, et al. *Flavour Fragr J* 2007 22 145(Volatile constituents of natural *Boswellia serrata* oleo-gun-resin and commecial samples)

27) Singh GB, Atal CK. *Agents Actions* 1986 18 407(Pharmacology of an extract of Salai guggal ex-*Boswellia serrata*, a new non-steroidal anti-inflammatory agent)

28) Verghese J, Joy MT, Retamar JA, et al. *Flavour Fragr J* 1987 2 99(A fresh look at the constituents of Indian Olibaum oil-α-thujene rich)

15 육두구

Myristica fragrans

육두구과
(Myristicaceae)
도금양과
(Myrtaceae)

Nutmeg(英)
肉荳蔻(中)

사용 부위: 향신, 식용·약용 – 종자유, 가종피

역사

육두구(Nutmeg, 肉荳蔻)는 예부터 서양에서 귀중한 향신료이며, 동양에서도 역시 귀중한 한약제이다. 이는 나무열매로 살구나 매실처럼 핵과. 열매의 씨인(仁: 胚乳)을 말린 것을 육두구(nutmeg)라 하고 씨를 싸고 있는 그물 같은 빨간 가종피(假種皮)를 말린 것을 mace라 하여 둘 다 스파이스로 쓰는데 mace가 더 향이 강하고 값도 훨씬 고가이다. 흔히 케익이나 비스킷, 도넛에 쓰이는 향이 그것이다.

육두구의 학명 *Myristica*는 balsam에 쓰인다는 그리스 말로 'myron'은 balsam(유향)을 뜻하며 종명 *fragrans*는 방향이 있다는 뜻으로 씨에 향기 있는 정유가 있어 붙여진 이름이다.

육두구를 Muskat(muscace)라고도 하는데 사향(麝香)의 뜻이 와전된 말이라 한다. Nutmeg과 정향의 주산지인 Moluccas 섬을 최초에 눈독들여 활약한 것이 말레이시아인(콘론)이고 다음이 인도인이었다고 한다. Nutmeg의 가장 오랜 기록은 BC 1000년경에 만들어진 바라문교의 성전(聖典) 베다(Veda)에 실려 있다 하며 도취성 음료에 쓰고 있었는지도 모른다고 한다(Herbs p284).

식물의 특성

암수이주의 상록교목 높이 10-20m. 잎은 호생 잎자루가 있는 장타원형의 혁질(5-10cm×5cm 전후), 앞면은 짙은 녹색 뒷면은 회색. 꽃은 액생, 종모양으로 생긴 꽃받침은 끝이 셋으로 갈라지고 꽃잎은 없다. 황백색 화관(花冠)은 육질이며 향기가 있다. 열매는 4-6cm의 동그란 핵과로 오렌지색으로 익고, 과육은 즙이 많고 두께가 0.5cm쯤 된다. 익으면 둘로 갈라져 자주색의 3cm 크기의 씨가 반쯤 노출된다. 씨는 새빨간 가종피에 싸여 배유(인)는 회색으로 굳고 마르면 표면에 주름이 생긴다. 한번 심으면 8-9년 뒤부터 수확이 가능하고, 30년경이 최성수기이며, 60년가량 수확할 수 있다.

우리 나라에서의 재배는 경제성이 없다.

육두구(Nutmeg)는 강한 향기와 쓴맛이 있으며 정유(5-15%)와 비휘발성유(25-40%)를 함유하고, 비휘발성유인 지방은 가압 온침하며 약 75%까지 얻고 이를 muskat butter라 하며 상온에서 고형이다(Herbs p285).

특수성분

2-(4-Allyl-2,6-dihydroxyphenol)-1-(3,4-dihydroxyphenol)-1-propanol (A-01070), Austrobailignan 7(H-02247), Elemicin(T-02777), Fragrasin A_2(D-01693), B_1, B_2, B_3(H-00702), D1(P-00491), Fragransol A(F-00397), B(F-00398), Isomyristicin(E, I-00557), (Z, I-00557), Machilin F(T-00865), Sabinene(+, T-01429), *Safrole(S-00027), Virolngin B(A-01071), Malabaricanol (D-01693) 등이 육두구에서 분리(DNP p675-676).

생리활성

생리활성-Phenylpropanoid: 육두구의 종인을 80% MeOH 로 추출, 추출물을 극성에 따라 $CHCl_3$, EtOAc, n-BuOH, H_2O로 분획하고, column chromatography 하여 3종의 phenylpropanoid 화합물 각각 31mg, 79mg, 18mg을 얻어 정제한 결과, compound I은 meso-dihydroguaiaretic acid, compound 2는 nectadrin B, compound 3은 syringin methyl ether로 동정되었다. Nectadrin B는 육두구의 대표적인 물질로, syringin methyl ether는 기지물질이나, meso-dihydroguaiaretic acid은 처음 분리되었다. 분리된 물질의 생리활성 즉 cholesterol 생합성 및 흡수에 관계하는 ACAT 와 HMG-CoA reductase, 항균활성과 관계 있는 chitin synthase III 활성 저해 효과를 측정한 결과, ACAT활성은 100μg/mL에서 compound 1은 60.0%, compound 3은 27.2% 저해하여, compound 1이 가장 저해활성이 컸다. HMG-CoA reductase 활성은 각 화합물 200μg/mL에서 compound 1만이 12.2% 억제하였다. Chitin synthase III 억제활성은 각 화합물 140μg/mL에서 compound 1이 42.6%, compound 3이 45.5% 억제하였다(송명종, 2004).

암세포증식저해효과: 육두구의 MeOH ex은 A549(인체비소세포암주) 등 5종 암세포주에 대해 농도 의존적 세포증식 저해 효과를 보였고, 육두구 MeOH ex의 분획에서 safrole①과 5종의 lignan을 분리정제한 결과, machilin A ②, licarin B ③, macelignan ④, meso-dihydroguaiaretic acid ⑤, myristragenol A ⑥이 동정되었다. 분리물질 ①-⑥은 각각 A549, SK-OV-3(난소암주), SK-MEL-2(피부종양주), XF-498(중추신경계종양주) 및 HCT-15(직장 종양주) 등에 in vitro에서 세포증식 저해 효과를 보였으며 대조약품 doxorubicin에 다음 가는 양호한 효과를 보였다(이정원, 2005).

항균활성①: 카레에서 수증기 증류로 정유성분을 분리하고, gram(-)균과 gram(+)균 효모 및 곰팡이에 대한 항균력을 검토하였다. 14종의 향신료의 정유의 항균력을 agar diffusion법으로 실험한 결과, 항균력이 강한 5종, clove, cumin, nutmeg, oregano, rosemary를 선별하였으며, 이들의 최소 생육억제 농도 (MIC)를 측정한 결과, 매우 낮은 농도 0.2-9mg/mL에서 양호한 효과를 보였고, 생육억제 효과는 gram(-)균보다 (+)균에 항균효과가 좋았으나, (+)균이나 유산균은 낮은 항균효과를 보였다(정창기, 1990).

항미생물 · 항산화활성-정유②: *Myristica fragrans* 정유는 *Fusarium*

*graminearum*의 모든 시험 농도에서 강력한 저해활성을 보였고, 실험 fungus와 bacteria에 중정도 저해활성을 보였다. 정유와 추출물은 모두 BHA나 BHT보다 강한 항산화활성을 보였다. 정유를 분석한 결과, 49물질이 동정되었고, 주요 성분은 sabinene 20.22%, 다음 terpinen-4-ol 12.08%, safrole 10.32%, α-pinene 9.7%, β-phellandrene 6.56% 및 γ-terpinen 5.93%. acetone ex에서 23성분이 동정, 주요 물질은 isocroweacin 18.92%, elemicin 17.68%, methoxyeugenol 8.13%, linoleic acid 4.12%, dehydrodiisoeugenol 4.06%, palmitic acid 2.8% 및 trans-isoeugenol 2.76%였다(Singh G, 2005).

항미생물·항산화활성-씨③: *Myristica fragrans*씨의 acetone ex가 가장 강한 항산화활성을 보였고, acetone ex의 총 phenol성 물질은 93.12mg gallic acid equivalents(GAE)/100g dwt. DPPH 소거능은 63.04%, chelating activity 64.11%, acetone ex가 *St. aureus*와 *Aspergillus niger*에 항균 및 항진균활성이 가장 강하였다. Acetone ex를 GC/MS 분석 결과, 32성분 중 sabinene 28.61%로 가장 많았고, β-pinene 10.26%, α-pinene 9.72%, myristicin 4.30%, isoeugenol 2.72%, p-cymeme 1.81%, carvacrol 1.54%, eugenol 0.89% 및 β-caryophellene 0.82%였다(Gupta AD, 2013).

항 *E. coli* 0157④: Allspice, anis seed, black pepper, cayenne pepper, cardamom, celery seed, cinnamon, clove, coriander, cumin, dill, nutmeg 등 11종의 향신료를 25℃, 10분간 70% EtOH로 추출, 상등액을 시료로 하여 *E. coli* strain(0157, 06, 0148, 029, 0124)들에 실험한 결과, nutmeg EtOH ex만 0157 strain에 항균활성을 보였고, *E. coli* 0157 strain은 비병원성 *E. coli* 균주보다 β-pinene에 더욱 예민한 것으로 나타났다(Takikawa A, 2002).

항 Bacteria활성-씨⑤: *Myristica fragrans*은 식품의 향신료로, 본연구에서는 씨를 분석 trimyristisin, miristic acid, myristin을 분리동정하였고, gram(+)균 *St. aureus*, *B. subtilis* 및 *Micrococcus luteus*와 gram(-)균, *Pseudomonas aeruginosa*와 *E. coli*에 항균활성을 실험한 결과, 분리된 물질에 대하여 양호한 항bacteria 활성을 보여, 이들은 합성 보존제의 대체 천연물질로 생각되었다(Narashimhan B, 2006).

충치예방효과①: 충치균 *Streptococcus mutans* 의 증식 억제 효과를 생약재와 향신료의 추출물 13종, 정유 27종에 대하여 실험한 결과, oregano, thyme(백리향), sage(살비아), fennel(회향), nutmeg(육두구), rosemary, calamus(창포), *Cassia* cortex(계피)의 정유에서 생육억제 활성이 나타났고, 특히 oregano 정유가 MIC 0.05 μL/mL에서 생육억제 활성이 가장 높았다. Oregano, thyme, sage 의 EtOH ex보다 정유가 충치균에 생육억제 효과가 더 높았다. 또한 oregano 정유는 당류에 작용하여 glucan의 형성을 억제하였다(유영선, 1993).

항구강병원균-과육·씨·Mace②: Malaysia, Penang 섬에서 재배한 *Myrstica fragrans*의 과육, mace 및 seed의 EtOAc와 EtOH ex 중 구강 병원균에 항균활성을 보였고, 과육의 EtOAc ex가 가장 강한 항균성을 보였다. Seed와 mace의 EtOH ex가 EtOAc ex보다 더 강한 항균성을 보였다. Gram(+) cariogenic과 gram(-) periodontopathic bacteria에 항균활성을 보였다. *M. fragrans*는 치약이나, 구강 세척제 같은 구강위생 제품으로 치과영역에 중요 자원이라 생각되었고, 더구나 치아우식이나 치근막병 예방에 도움이 되리라 생각되었다(Shafiei Z, 2012).

항구강병원균-Macelignan③: 구강 병원균 특히 치우식 병원균 *St. mutans*에 대해 *Myristica fragrans*는 강력한 저해활성을 보였고, 활성 성분을 분석한 결과 macelignan으로 MIC가 3.9mg/mL로 sanguinarine 15.6μg/mL, eucalyptol 250μg/mL, menthol과 thymol 500μg/mL 및 methyl salicylate 1000μg/mL보다 높았다. Macelignan은 다른 구강미생물, *St. sobrinus, St. sulivarius, St. sanguis, Lactobacillus acidophilus* 및 *L. casei*는 MIC 2-31.3μg/mL보다 강하였다. 특히 macelignan은 *S. mutans*에 20μg/mL에서 1분내에 불활성화되었고, 구강 bacteria에 빠르고, 강력한 항균성을 보여 기능성 식품이나 구강 위생제로 천연 항균제로 이용할 수 있다(Chung JY, 2006; Kim, KJ, 2002).

5-HT흡수억제-신경세포①: 109종의 생약 MeOH 추출물을 배양 흰쥐의 신경세포에 투여하고 농도별 생약 추출액이 5-hydroxy tryptophan(5-HT)

흡수 억제 효과를 관찰한 결과, 100% 흡수 억제는 강활, 석창포, 토천궁, 청피, 석결명, 육두구 였고, 80-99%흡수 억제 효과는 건강(생강), 모과, 양강, 의이인(율무), 적작약, 천초 등이 였으며, 60-80% 흡수 억제 효과는 맥아, 상백피(뽕나무 껍질) 우방자, 자초, 오매 등, 40-60% 흡수 억제는 백리향, 오미자, 황금, 감국, 감초, 두충, 곽향(배초향) 등이었다(현미, 1995).

신경세포보호②: Nutmeg의 신경세포보호 효과는 KA 수용체를 보호함으로써 항경련 효과 같은 중추 신경 저해 작용이 있어, 신경 노화로 유도되는 stroke나 Alzheimer's desease 같은 질병에 치료 효과가 기대되었다(김지예, 2004).

기억력개선-씨③: *Myristica fragrans* 씨 nutmeg hexane ex 5, 10, 20mg/kg (po)를 연속 3일 young, aged mice에 투여한 결과, elevated plus-maze와 passive-avoidance apparatus에서 학습과 기억력이 향상되었다. Nutmeg ex는 scopolamine(0.4mg/kg, ip)-과 diazepam(1mg/kg, ip)-유도 학습과 기억감퇴 유도에서 5mg/kg(po) 3일 연속투여에서 어리거나 성숙한 mice에서 학습기억력이 향상되었다. Nutmeg의 기억력 개선기전은 항산화, 항염 또는 procholinergic activity와도 관련이 있을 것으로 생각되었다(Parle M, 2004).

간보호활성-Myristicin: LPS와 D-galactosamine유도 간손상 쥐에 21종 spice의 간보호 활성을 실험, nutmeg이 혈청 aminotransferase활성 평가에서 가장 강한 간보호 활성을 보였다. Bioassay 평가 추출에서 nutmeg 주요 정유 중 myristicin이 가장 강력한 간보호 활성을 보였다(Morita T, 2003).

동맥경화예방: *Myristica fragrans* 씨 추출물(시료) 투여로 고cholesterol(chol) rabbit에서 혈청 chol과 LDL-chol을 69.1%와 76.3% 저하시켰고, chol/phospholipid비를 31.2% 저하, 감소된 HDL비를 현저히 증가시켰고, 간, 심장동맥 chol, phospholipid 및 triglyceride 축적을 예방하여 동맥의 atheroma를 70.9-76.5% 용해시켰다. 시료투여 토끼의 변 중 chol과 phospholipid가 현저히 증가하였다(Sharma A, 1995).

항당뇨병-제2형: Macelignan과 한약제를 제2형 당뇨 동물모델에 3주간 병용 투여에서 macelignan 단독 투여에서 공복혈당과 내당능을 비롯 혈중 free fatty acid, HDL/고cholesterol(HTR), 또 AI(atherogenic index)에서는

macelignan 단독 투여군과 비교, 큰 차이는 없었으나 HbAIc, insulin 민감도, 혈중 triglyceride량에서는 유의성 효과를 보였다. 이로써 macelignan 단독투여보다는 한약제 병용투여가 효과적이라 생각되었다(Yeo J, 2010).

항염·진통·항혈액응고활성-추출물: *Myristica fragrans* $CHCl_3$ ex의 항염, 진통 및 항혈액응고 활성을 실험(in rodents)한 결과, carrageenan-유도 rat paw edema와 acetic acid 유도 writhing(in mice) 또 ADP/adrenaline 혼합유도-혈전(in mice)에 대하여 보호 효과를 보였다(Olajide OA, 1999).

항염증효과-Myristicin: *Myristica fragrans* 씨 nutmeg의 향기로운 물질은 당근, basil, 계피 및 파슬리에도 있다. Myrisiticin은 anti-cholinergic, antibacterial 및 간보호 활성 등이 알려져있다. 본 연구에서는 항염활성에 대한 연구로 myristicin의 항염증 활성은 NO, cytokine, chemokine 및 Ca-pathway를 통한 PIC-자극 macrophage의 LIF를 저해함으로써 항염활성을 보였다(Lee JY, 2011).

항산화활성-Aglycone①: Nutmeg 성분중 glycoside와 aglycone의 항산화활성을 DPPH와 FRAP법으로 비교한 결과, free volatiles보다 aglycone이 항산화활성이 더 높았다(Jukic M, 2006).

항산화활성-정유②: *Myristica fragrans* fruit을 GC/MS로 분석한 결과, 38성분을 동정하였고, 주성분은 sabinene 29.4%, β-pinene 10.6%, α-pinene 10.1%, terpene-4-ol 9.6%였다. 모든 olearesin의 주성분은 elemicin이며, EtOH olearesin의 정유가 다른 olearesin보다 많았고, 생리활성도 강하였다. 항산화활성을 ferric thiocyanate법, linoleic acid system, 환원력, chelating effect 및 DPPH radical 소거활성 측정에서 EtOH olearesin이 강하였다. 이로써 *M. fragrans*의 정유와 EtOH olearesin은 천연식품 보존제라 생각되었다(Kapoor IPS, 2013; Jukic, M, 2006).

항산화성-성분③: Nutmeg, Rosemary, Sage 및 Clove 향신료의 항산화력을 탐색코자, 위 4종의 휘발성 정유성분과 비휘발성 추출물을 수증기 증류와 용매추출법으로 추출하고, 항산화활성은 lard를 기질로, 이들 향신료를 랜시매트법으로 측정한 결과, 휘발성 정유성분은 항산화력이 없는 것으로 평가되며, 비휘발성 정유성분은 같은 랜시매트법에서 항산화성이 증가되었다. 특히 rosemary와 nutmeg의 항산화성이 컸다(이영춘, 1993).

살충 · 방충활성-담배: 육두구(*Myristica fragrans*) 씨를 수증기 증류 후 GC/MS로 분석, ① eugenol 19.9% ② methyleugenol 16.7%, ③ methylisoeugenol 16.8% ④ elemicin 1.7% ⑤ myristicin 2.3% ⑥ safrole 1.6% ⑦ sabinene 11.8% ⑧ γ-terpinene 등 27성분이 분리동정. 이들 중 ①②④⑤는 cigarette beetle인 *Lasioderma serricorne*에 강력한 방충효과가 있어 LD_{50}값 9.8μg/adult로 positive control인 DEET와 대등한 효과를 보였다(Du S-S, 2014).

휘발성향미성분: 향신료 육두구, 쿠민, 카다몬, 심황, 고수, 정향, 올스파이스, 카시아, 회향, 셀러리시드, 흑후추 11종을 capillary GC와 GC/MS를 이용하여 향신료 가루의 향기성분을 분석한 결과, 육두구는 α-pinene 11.06% β-pinene 11.17%, myristicin 19.98% 쿠민은 cuminaldelyde 37.68%, 카다몬은 α-terpineol 47.33%, 1,8-cineole 20.56% 고수는 linalool 61.72% 정향은 eugenol 63.63% eugenol acctate 20.59%, allspice는 eugenol 80.12%, methyl eugenol 10.85% 카시아는 cinnamaldelyde 82.29%, 회향은 antheol 79.92% 등이 주성분이었다(김현위, 1989).

정유성분-씨: 정유분석에서 육두구 씨를 hydrodistillation assisted by microwave(HDAM)와 head space solid phase micro-extraction(HS-SPME)으로 분석한 결과, 정유량과 성분이 추출시간, 특히 축적량에서 현저한 차이를 보여 sabinene은 31.48-38.78%, α-pinene은 12.74-14.09% 및 β-pinene 10.01-12.11%였다(Bouchachia C, 2017).

효능과 이용

1) 식용: 육두구는 유럽에서는 주로 조리용으로 육류나 생선의 냄새를 없애는 데 긴히 쓰이고, 햄, 치즈, 푸딩, 리큐르, 육두구 버터 등의 부향제로 쓰인다. Mace가 더 향미가 좋고 과육은 신맛과 탄닌이 있어 소금물에 삶아 잼과 젤리를 만든다.

2) 약용: 육두구는 주로 소화, 식욕증진, 구풍제로 사용하며 가스가 찰 때, 설사, 진통(labor pains), 메스꺼울 때, 구토 등의 완화제로도 쓴다. 가루로 빻아서 홍분, 강장, 미약 등으로도 쓴다.

3) 기타: 화장품, 비누, 양초 등의 부향제로 포플리의 부재료로도 쓴다. Eugenol과 myristic acid, linoleic acid, palmitic acid, oleic acid 같은 여러 가지 성분이 함유되어 있어 정유는 자극성 연고나 맛사지 등의 외용약으로 쓰이며 비누의 향료로도 쓰인다.

★ 단 주의할 것은 감각장애(방향을 잃는 것), 복시(複視), 환각, 경련 등의 부작용을 일으키는 경우가 있으므로 과용해서는 안 된다.

참고 문헌

1) 김지예, 반주연, 방경환 등. **약용작물학회지** 2004 12(5) 415(*Myristicae Semen* extract protects excitotoxicity in cultured neuronal cell)

2) 김현위, 허경택, 최춘언. **식품과학회지** 1989 21(1) 127[향신료(육두구, 쿠민, 카다몬, 심황, 고수, 정향, 올스파이스, 카시아, 회향, 셀러리시드, 흑후추 11종)의 휘발성 향미 성분에 관한 연구]

3) 백남인, 안은미, 한재택 등. **농화학회** 99년도 임시총회 및 춘계학술발표회 발표논문 초록집, pp.107[육두구 (*Myristica fragrans* Houtt.)로부터 활성 물질의 분리]

4) 송명종, 안은미, 방면호 등. **응용생명화학회지** 2004 47(3) 365(육두구의 Phenyl propanoid 분리)

5) 유영선, 박기문, 김영배. **산업미생물학회지** 1993 21(2) 187(생약재 및 향신료의 *Streptococcus mutans* 증식억제 효과)

6) 이영춘, 윤종훈. **식품과학회지** 1993 25(4) 351(rosemary, sage, clove 및 nutmeg의 휘발성 및 비휘발성 성분의 항산화성)

7) 이정원, 이성옥, 서지희 등. **생약학회지** 2005 36(3) 240(육두구 추출물의 암세포 증식 저해 효과)

8) 정창기, 박완규, 유익제 등. **식품과학회지** 1990 22(6) 716(카레 향신료 정유성분의

항균성-clove, cumin, nutmeg, oregano, rosemary)

9) 현미, 정전섭, 이태희 등. **생약학회지** 1995 26(4) 349[배양된 흰쥐의 신경세포에서 5-Hydroxytryptophan(5-HT) 흡수에 대한 각종 전통 생약 추출물의 억제 효과)

10) Archer AW, *J Chromatog* 1988 438 117(Determination of safrole and myristicin in nutmeg and mace by HPLC)

11) Bouchachia C, Benkaci-Ali F, Eppe G, Scholl G. *J Essent Oil Res* 2017 29(6) 481 (Effect of different parameters on composition of volatile components of *Myristica fragrans* seeds extracted hydrodistillation assisted microwave and head-space solid-phase micro-extraction)

12) Brenner N, Frank OS, Knight E, *J R Soc Med* 1993 86 179(Chronic nutmeg psychosis)

13) Chung JY, Choo JH, Lee MH, Hwang JK. *Phytomedicine* 2006 13 261[Anticariogenic activity of macelignan isolated from *Myristica fragrans*(nutmeg) against *Streptococcus mutans*]

14) Du S-S, Yang K, Wang C-F, et al. *Chem Biodivers* 2014 11 1449(Chemical constituents and activities of the essential oil from *Myristica fragrans* against cigarette beetle *Lasioderma serricorne*)

15) Filleur F, Bail JC, Duroux JL, Simon A, Chulia A. *J Planta Med* 2001 67 700 (Antiproliferative, anti-aromatase, anti-17β-HSD and antioxidative activities of lignans isolated from *Myristicae arentea*)

16) Gupta AD, Bansal VK, Babu V, Maithil N. *J Gene Engin Biotechnol* 2013 11 25 [Chemistry, antioxidant and antimicrobial potential of nutmeg (*Myristica fragrans* Houtt)]

17) Hussain SP, Rav AR. *Cancer Lett* 1991 56(3) 231[Chemopreventive action of mace (*Myristica fragrans*) on methylcholanthrene-induced carcinogenesis in the uterine cervix in mice]

18) Jassen J, Lackman GM. *J Ethnopharmacol* 1990 29 179(Nutmeg oil: identification and quantification of its most active constituents as inhibitors of platelet

aggregation)

19) Jukic M, Politeo O, Milos M. *Croatia Chem ACTA* 2006 79(2) 209[Chemical composition and antioxidant effect of free volatile aglycones from nutmeg (*Myrstica fragrans*) compared to its essential oil]

20) Kapoor IPS, Singh B, Singh G, et al. *Int J Food Proper* 2013 16 1059[Chemical composition and anti-oxidant activity of essential oil and oleoresins of nutmeg (*Myristica fragrans*) fruits]

21) Kim KJ, Han Y N, *Yakhak Hoeji* 2002 46 98(Lignans from *Myristica fragrans*)

22) Lee JY, Han YB, Woo WS, Shin KH. *Kor J Pharmacogn* 1990 21 2170(Antioxidant activity of diarylbutanes)

23) Lee JY, Park W. *Molecules* 2011 16 7132 Anti-inflammatory effect of myristicin on RAW 264.7 macrophages stimulated with polyinosinic-polycytidylic acid)

24) Morita T, Jinno K, Kawagishi H, et al. *J Agr Food Chem* 2003 51 1560[Hepato-protective effect of myricitcin from nutmeg (*Myristica fragrans*) on LPS/D-galactosamine-induced liver injury]

25) Nakatani N, Ikeda K, Kikuzaki H, Kido M, Yamaguchi Y. *Phytochemistry* 1988 27 3127(Diarylbutane lignans from *Myristica argentea* and their antimicrobial action against *Streptococcus mutans*)

26) Narashimhan B, Dhake AS. *J Med Food* 2006 9(3) 395(Antibacterial principles from *Myristica fragrans* seed)

27) Olajide OA, Ajayi FF, Ekheilar AI, et al. *Phytother Res* 1999 13 344[Biological effects of *Myristica fragrans* (Nutmeg) extract]

28) Parle M, Dhingra D, Kulkarni SK. *J Medicinal Food* 2004 7(2) 157(Improvement of mouse memory by *Myristica fragrans* seeds)

29) Ram A, Lauria P, Gupta R, Shama VN. *J Ethnopharmacol* 1996 55 49(Hypo-lipidemic effect of *Myristica fragrans* fruit extract in rabbits)

30) Shafiei Z, Shuhairi NN, Yap NMFY, et al. *Evid Based Compl Alternat Med* 2012 10 1155(Antibacterial activity of *Myristica fragrans* against oral pathogens)

31) Sharma A, Mathur R, Dixit VP. *Indian J Physiol Pharmacol* 1995 39(4) 407 (Prevention of hypercholesterolemia and atheroscelerosis in rabbits after supplementation of *Myristica fragrans* seed extract)

32) Shin KH, Kim ON, Woo WS. *Arch Pharm Res* 1988 11 240(Isolation of hepatic drug metabolism inhibitors from the seeds of *Myristica fragrans*)

34) Singh G, Marimuthu P, De Heluani CS, Catalan C. *Food Microbiol Safety* 2005 70(2) 141[Antimicrobial and antioxidant potential of essential oil and acetone extract of *Myristica fragrans* Houtt(aril part)]

35) Sonavane GS, Sarveija VP, Kasturo VS, Kasturo SB. *Pharmacol Biochem Behav* 2002 71 339(Anxiogenic activity of *Myristica fragrans* seeds)

36) Sonavane GS, Sarveiya VP, Kasture VS, Kasture SB. *Pharmacol Biochem Begav* 2002 71 247(Angiogenic activity of *Myristica fraqgrans* seeds)

37) Takikawa A, Abe K, Yamamoto M, et al. *J Biosci Bioeng* 2002 94(4) 315(Antimicrobial activity of nutmeg against *E. coli* 0157)

38) Van Gils C, Cox PA. *J Ethnopharmacol* 1994 42 117(Ethnobotany of nutmeg in the spice islands)

39) Woo WS, Shin KH, Wagner H, Hotte, H. *Phytochemistry* 1987 26 1542(The structure of macelignan from *Myristica fragrans*)

40) Yeo J, Cho S-I, Jung MH. *J Life Sci* 2010 20(7) 1113[The hypoglycemic effect of complex of Chinese traditional herbs(CTH) and macelignan in type 2 diabetic animal model]

16 잇꽃

Carthamus tinctorius

국화과
(Compositae)

Safflower(英)
紅花(中)
Benibana(日)

원산지: 이집트, 그리스

용도: 식용 – 어린 잎
제유 – 씨
염료 – 꽃

역사

잇꽃(safflower)은 일명 홍화라고 하며 홍색 염료로 알려진 유명한 식물. BC 2500년 이집트의 제 6왕조 비문에 기록이 있고 미라를 싸는 천(屍衣)을 물들였다. BC 1300년경의 왕의 무덤에서도 잇꽃이 발견되었고 인도에서도 기원년경에는 염료 및 기름을 위해 재배되었다는 기록이 있다.

BC 2세기경 중국 한(漢)나라 장건(長騫)이 서역 이란에서 가져왔다고 전해지며 우리나라에는 확실치 않으나 6세기경 고구려 승려 담징(曇徵)이 일본으로 가져갔다 하니 이때에 재배되었음이 짐작된다. 유럽에는 중세에 전파, 미국에는 19세기 초에 전해졌으나 지금은 북미, 남미, 인도, 중국, 유럽남부, 일본, 동남아 등에 염료 및 유료작물로 대량 재배되고 있다.

잇꽃에는 carthamin이라는 불수용성 적색소와 safflower yellow라는 수용성 황색소를 염료로 이용할 때는 물에 담가 황색소를 제거, 붉은 색소만을 채취한 것을 연지(燕脂)라 한다. 연지가 처음 만들어진 것은 은(殷)나라 주왕

(紂王)의 왕비 달기(妲己)가 연(燕)나라에서 가져왔기에 "연지"라 하였다. 우리 결혼식때 새색시가 연지 곤지를 찍는 풍습은 붉은 색이 악귀를 물리친다는 주술적인 의미로 결혼식의 신성함을 지키기 위해서라 한다.

잇꽃의 학명 *Carthamus tinctorius*로 *Carthamus*는 아랍어의 'Korthom' 즉, '염색한다'라는 말에서, 종명의 *tinctorius*도 '염색용'의 라는 뜻이다. 영명 safflower는 사프란(saffron) 대용으로 쓰이는 염료라는 뜻에서 붙여진 이름이다(Herbs p157).

식물학적 특성

한국, 중국, 인도, 일본에 약 1m 자라는 1-2년생 초본. 피침형 잎은 호생. 잎 끝과 가장 자리에 날카로운 가시. 가지 끝에 두상화가 가시 많은 꽃받침에 싸여 개화. 처음 선황색(鮮黃色)이 3-4일 후 오렌지색으로, 2-3일 후 선홍색 검붉은 색, 마지막 흑갈색. 개화부터 독특한 향기가 있고, 홍화(연지)로 조제한 후에도 계속 향기가 있다. 꽃진 후 팥알 만한 백색씨가 결실한다(Lee, YN, II, p364).

특수성분

*Carthamus tinctorius*에 1-Chloro-3,11-tridecadiene-5,7,9-triyn-2-ol (E,E,C-01074), 2-Chloro-3-tridecadiene-5,7,9,11-tetrayn-1-ol(E,C-01078), 2,8-Decadiene-4,6-diyn-1-ol(2E,8Z, D-00158), 2,8-Decadiene-4,6-diyn-1-ol 3-methylbutanoyl(D-00158), 4,6-Decadiyn-1-ol; isoralerate(D-00172), 8-Decene-4,6-diyn-1-ol; Methylbutanoyl(Z, D-00229), 1,3-Diacetoxy-4,6,12-tetradecatriene-8,10-diyn(T-00328), 15,20-Dihydroxypren-4-en-3-one(15α, 20R, D-02723), Linolenelaidic acid(O-00143), Tracheloside (T-01604) 1,11-Tridecadiene-3,5,7,9-tetrayne(E, T-01795), 1,3-Tridecadiene-5,7,9,11-tetrayne(Z, T-01794), 1,11-Tridecadiene-3,5,7,9-tetrayne(Z, T-01795), 1,3,5,11-Tridecadiene-7,9-sliyne(E,E,E, T-01820), 1,3,5,11-Tridecadiene-7,9-sliyne(3E, 5Z, 11E, T-01820), 1,3,5,11-Tridecadiene-7,9-

sliyne(3Z, 5E, 11Z, T-01820), 1,3,11-Tridecatriene-5,7,9-triyne(T-01835) (DNP p463-464).

꽃에는 Chalcones계의 주성분 홍색색소 Carthamin(0.3-0.6%, C-00475), Isocarthamin(T-00740)과 수용성 황색색소 Safflomin A(S-00009)와 C(S-00010), Safflor yellow A(S-00011), Safynol(T-01800), Tracheloside (T-01604), Safflor yellow B(S-00012), Serotobenine(S-00600)이 있으며, Flavone계로는 Carthamidin(T-00740), Neocarthamidin(T-00740), 6-Glucosidoxy-2,4,4',5-tetrahydroxychalcone(황색변종), 5-Glucosidoxy-6,7,4'-trihydroxychalcone 또는 Neocarthamin(상아변색종), 6-Glucosidoxy-4,4'-dihydroxy-2,5-guinochalcone(적색종), Adenosine, Lignan, Glycoprotein 등이 있으며 Polyacetylene으로는 3-cis,11-trans 및 3-trans, 11-Transtrideca-1,3-11triene-5,7,9-triyne이 있다. 특히 씨에는 20-30%의 지방유 (fatty oils)를 함유, 홍화유 safflower seed oil은 linoleic acid 75% oleic acid 18%, $\triangle^5$-avenasterol, $\triangle^7$-avenasterol, tocopherol, tracheloside, c-glucosyl quinochalcone, carthamoside, tinctorine(T-01481), luteolin 7-glucoside, kinobeon A등이 함유되어 있다(DNP p463-464).

생리활성

Mini-review: 홍화 추출액은 혈행 증가 효과, 심근경색 예방, 혈관 이완효과, 혈소판 응집방지, 진통작용, 진정 효과, 항염 효과, 항종양 효과, 항산화 효과가 있음이 보고되었다. 종자유에는 필수 지방산 vitamin F가 함유되어 혈중 지방 저하 작용 등 성인병 예방에 적용된다. 즉 linoleic acid가 70%이상 함유되어 혈중 cholesterol 배출로 혈관을 확장, 혈압 강하 작용을 하며 동맥경화 예방과 치료의 목적으로 미국에서는 safflower oil을 대량 재배하고 있다(Bae S-J, 2002; Choi YH, 2004; Choi HS, 2018; Wang Y, 2014).

골다공증억제-씨①: Ovary 절제(OVX) rat에서 잇꽃씨 시료를 투여하고 IGF-I, IGF-II, IGFBP-3, BLAP, P, Ca^{2+}, estrogen, femur/체중 비 및 조직 형태학적 실험과 더불어 골격 대사도 관찰하였다. 즉 ① OVX rats에 시료투여로 혈청

IGF-I, IGF-II 및 IGFBP-3를 증가시켰고, ② OVX와 시료 처리 rat에서 BALP는 증가하였으나, estrogen, Ca^{2+}, P, femur/체중 비는 대조군과 비교, 별 변화가 없었다. ③ 시료 처리 OVX rats은 OVX rat에서 proximal fibula metaphysis trabecula bone mass가 양성이었다. 이 결과로 시료는 OVX rat에서 혈청 IGFs, IGFBP-3 및 BALP에 영향을 주어, 골다공증에서 혈청 IGFs와 IGFBP-3 수준이 하나의 parameter로 사용할 수 있을 것으로 생각되었다[IGF(insulin-like growth factor) IGFBP(binding protein)](Kim S-M, 2003).

골다공증억제-녹각·홍화자②: 난소를 적출한 흰쥐에 녹각과 홍화자를 첨가, 경구투여 결과, 대조군에 비하여 녹각과 홍화자 투여군에서 골아세포의 활성을 촉진시켜 골형성을 유도, 뼈의 골소수 면적과 골밀도를 증가시켜, 골다공증의 억제효과가 관찰되었다(육태한, 2006).

골다공증치료-홍화씨Yogurt③: Sham-operation한 rat를 6주간 정상식이로 사육(대조군), 난소 절제, 6주간 저Ca 식이군(정상군; G_1), yoghurt 첨가군(G_2) 및 홍화씨 yoghurt 첨가군(G_3, G_4)에 각각의 식이로 사육 후, 사료 효율 및 체중 증가량은 홍화씨 yoghurt군 G_3, G_4군이 높았으며, 왼쪽 대퇴골 밀도, 강도, 회분 및 mineral 함량은 대조군과 G_1이 유사. 홍화씨 첨가량이 높을수록 유의적으로 높았고, 4% 홍화씨 yoghurt(G_4)군이 골다공증 치유효과가 높았다. 이상의 결과로 홍화씨 yoghurt 식이군이 높은 치유효과로 가장 우수하였다(Kim KY, 2004).

골다공증예방효과-홍화자·두충④: MG-63 조골세포의 생존률에 미치는 영향은 홍화자와 두충 혼합제제군이 홍화자나 두충 단독처리군에 비해 MG-63 조골세포의 생존을 증가시켰다. 또 ALP(alkaline phosphatase) 활성에 미치는 영향은 홍화자 처리군은 ALP활성 증가 효과를 보이지 않았으나, 홍화자와 두충 혼합제제군에서 20, 50μg/mL에서 138.7, 133.4, 130.7%로 ALP 활성을 증가시켰다. 이로써 홍화자나 두충 단독 처리군보다 홍화자와 두충 혼합 제제군이 골다공증 예방 소재로 이용 가능성을 보였다(심재근, 2013).

두개골결손부재생-씨⑤: 백서 두개골 결손부를 형성코자, 홍화씨 추출물

(시료)을 직접 국소에 투여, 골형성과 골유도 등골대사에 미치는 영향을 실험한 결과, 염증세포 침윤이나 모세혈관 증식을 시료 투여군에서 초기에는 약하였으나, 1주 후에 출혈과 염증성 결체조직, 4주 후에 골보다 치밀 섬유조직이, 8주에 미성숙 신생 골조직과 일부 섬유조직으로 결손부가 대치되었으며, 시료투여 4주에 섬유조직 형성대신 많은 양의 치밀골 조직으로 대치, 8주에 섬유 결체 조직없이 대조군보다 성숙 골의 양태를 관찰할 수 있었다. 신생골 성숙은 4주후에 대조군보다 시료투여군에서 빨랐다. 조직계측에 의한 신생골 형성 면적은 시료 투여군에서 대조군보다 실험기간 모두 증가 경향이 있었으며, 8주에 특히 유의적 증가를 보였다. 이는 치조골 결손부나 손상 시에도 같은 결과로 생각되었다(김덕규, 1999).

뇌손상치료효과-홍화①: 뇌손상으로 변화되는 유전자 중에서 향후 새로운 약물의 신규 타겟이 될 수 있는 유전자를 선별, 단백질 상호작용을 이용한 network 분석을 수행한 결과, Naf, Dlgap1, Ctnnb1, Slc6a9 및 Strn3 단백질이 중심체로 작용. 다른 단백질과 상호 연결되어 있음을 확인, 즉 본 단백질이 뇌손상 유발 단백질의 network 중심 역할을 하리라 생각되었다. 위의 유전자들이 홍화 추출물 처리로 발현이 정상으로 회복되는 유전자를 탐색, 새로운 뇌손상 치료에 도움이 되리라 생각되었다(임세현, 2008).

뇌손상회복-홍화②: Intra-cranial hemorrhage(ICH) model에 홍화 추출물 시료와 collagenase type IV를 투여한 결과, 뇌손상 회복에 관여하는 gene의 발현이 증가하거나 감소되는 현상을 발견. 즉, 시료투여로 발현이 정상으로 돌아온 유전자 기능이 뇌출혈로 유발된 기능 일부가 회복되었고, 개별 pathway로는 olfactory transduction, colorectal cancer 및 thyroid cancer pathway 등이 유의적이었다(김부여, 2010).

신경보호효과-치매완화①: 홍화는 중추 신경계와 관련된 진전, 발작 및 간질에 사용되는 전통 생약, 이에 전뇌 허혈로 유도되는 신경과 인지개선 효과를 관찰한 결과, 시료 200mg/kg/day, po 투여로 전뇌 허혈 후, 해마 CAI pyramidal neuron의 생존이 증가되었고, 단기기억 신경기능이 측정되었다. 시료 2번 투여 후, 전뇌 허혈에서 신경세포 상실과 신경세포사를 감소시켰고,

TBARS(55.3μM/mg) 함량을 감소, 해마에서 GSH(27.2μM/mg) 활성을 현저히 개선시켰다. 이는 시료 처리로 배움과 기억상실을 감소시켰고, 전뇌 허혈에 의한 신경세포 감소도 조절되었다. 이로써 홍화 지상부는 혈관성 치매 치료에 강력한 후보라 생각되었다(김영옥, 2014).

인식개선-만성음주②: 만성음주는 뇌손상 유도로 여러 형태의 치매 원인이 될 수 있다. 과음은 acetaldehyde 과잉과 체내 산화적 stress, apoptosis 신경세포 염증으로 학습과 인식 부족을 야기시킨다. 본 연구에서는 C47BL/N mice에 16% alcohol 경구투여와 홍화씨 시료 100, 200mg/kg/day 투여 결과, T-maze test에서 alcohol 투여 대조군보다 기억과 인식능력이 시료군에서 현저히 개선되었다. 또 시료는 뇌, 신장 및 간장에서 alcohol 유도 지방 과산화, NO 생산이 억제되었다. 더구나 alcohol이 뇌에서 acetylcholinesterase 활성을 증가시켰으나, 이는 시료 투여로 현저히 감소하였다. 이로써 홍화씨는 alcohol 관련 치매 예방 가능성을 보였다(Choi HS, 2018).

항염증활성-씨①: LPS-유도 활성화된 대식세포에 홍화자 추출물 5, 10, 25 및 50μg/mL 처리 결과, NO, PGE_2, TNF-α, IL-1β, IL-6, iNOS, COX-2 생성을 억제시켰고, PGE_2는 50μg/mL에서 60% 정도 저해율을 보였고, iNOS와 COX-2 역시 50μg/mL에서 각각 54%, 65% 저해되었다. 홍화자 EtOAc 분획은 염증성 cytokine인 TNF-α, IL-1β, IL-6 생성을 감소시켰다. 이로써 홍화자 추출물은 염증 예방과 치료에 효과적임을 알 수 있었다(김동희, 2013).

진통소염활성②: Safflower(*Carthamus tinctorius* L.) 꽃에서 kaempferol 3-*O*-rutinoside(K-3-R)와 K-3-*O*-glucoside(K-3-G)를 분리동정한 후, 진통작용은 acetic acid-유도 writhing test, formalin test 및 cinnamaldehyde test로, 항염활성은 carrageenan-유도 paw edema와 xylene-유도 ear edema로 측정한 결과, 수용성 EtOH ex(HE)(500, 1,000mg/kg), K-3-R 150, 300 및 600mg·kg에서 현저히 acetic acid와 formalin 유도 통증을 억제하였다. 이들의 경구투여에서도 진통작용을 보였으며 cinnamaldehyde-유도 paw edema도 모두 항염활성을 보였다. 경구투여 모든 용량에서 진통 활성이 aspirin보다 우월하였다. 결과적으로 *Carthamus tinctorius*는 현저한 진통

작용과 항염증 활성이 있었으며 이는 K-3-R, K-3-G에 의한 활성으로 생각되었다(Wang Y, 2014).

면역조절활성: 홍화 물 추출물 시료의 면역세포 특히 lymphocyte의 증식을 알고자, 시료를 가하며 3일간 배양한 후 증식을 측정한 결과, 시료는 B세포의 증식을 유도하는 mitogen으로 작용, T세포의 증식에는 오히려 다소 억제. 항 CD3 항체와 LPS를 이용, 활성화한 T세포와 B세포를 비교한 결과, 배양 초기에는 고농도 1,000μg/mL 시료가 T 및 B세포의 증식을 억제하였으나, 배양 3일째 B세포의 증식이 증가. T세포는 그때까지 계속 억제. 이때 CD4+와 CD8+ T세포 간에는 민감성의 차이는 없었다. 증식억제 시 시료는 T-세포의 apoptosis를 유도. cytokine의 생산도 억제. 이로써 홍화는 생체 내에서 B세포에 영향을 주지 않았고, T세포만의 활성을 조절할 수 있음을 암시하였다(Choi YH, 2004).

암세포세포독성-Phenol성물질①: 볶은 홍화씨 MeOH ex는 $HepG_2$, MCF-7 및 HeLa 암세포에 대하여 MTT 분석에서 용량 의존적으로 중정도의 세포독성을 나타내었다. MeOH ex의 EtOAc 분획이 암세포에 강력한 세포독성을 보였고, 동 분획에서 feruloyl serotonin(S_1), N-(p-coumaroyl)serotonin(S_2), matairesinol(L_1), 8´-hydroxyarctigenin(L_2), luteolin(F_1), acacetin(F_2) 등을 분리동정하였고, 이들은 암세포에 세포독성이 있어 F_1, F_2는 HeLa, MCF-7, $HepG_2$(IC_{50} 33.6-62.1μg/mL)에 강력한 세포독성을 보였다. 이로써 홍화씨의 phenol성 성분은 강력한 암세포 화학적 예방제로 활용이 기대되었다(Bae S-J, 2002).

위암치료효과-항암제병용②: 홍화 0.1, 1, 10μg/mL 사용, A431, HeLa, human lymphocyte에 대한 효과에서 세포독성은 없었고, 시료 300μg/mL 이상에서 인체 위암 세포주 AGS와 MKN45에 항암효과가 있었다. 홍화와 항암제 병용투여 시 항암효과가 증강되었다. 즉 cisplatin은 AGS, doxorubicin은 MKN 45에서 항암작용이 증대되었다(김정아, 2011).

항산화능비교-국산·중국산씨①: 국산과 중국산 홍화자의 항산화 효능을 관찰한 결과, 각각의 물 추출물에서 중요한 항산화 인자인 Nrf-2 전사를 활성화시켰으며,

핵내 Nrf-2 발현과 Nrf-2-dependent 유전자 발현 역시 한국산, 중국산 홍화자의 수침액에서 현저하였다. 또 모든 홍화자 실험군에서 ROS의 생성을 유도하지 않았다. 이러한 결과는 홍화자의 항산화 효능의 기전이 ROS 생성과 상관없는 Nrf-2 전사인자의 활성화에 기인함을 시사하고 있으며 이로 인한 홍화자는 산화 stress나 만성 염증성 질환 조절에 유효할 것으로 사료. 또 EtOH ex보다 H_2O ex가, 중국산보다 한국산 홍화자가 양호한 효능이 확인되었다 (신현종, 2013).

항산화활성-꽃②: 잇꽃의 BuOH 용성 분획에서 4개의 C-glycosyl-quinochalcone인 safflomin C, isosafflomin C. methylsafflomin C 및 methylisosafflomin을 분리동정하였고, 이 quinochalcone은 caffeic acid나 ascorbic acid와 유사한 EC_{50}값을 보였다. 항산화능은 ABAP-ABTS 분석에서 1.34로 강한 항산화활성을 보였다(Yoon H-R, 2008). 홍화 MeOH ex에서 20종의 물질; β-amyrin acetate①, trilinoletin②, linoleic acid③, quercein④, apigenin⑤, kaempferol⑥, luteolin⑦, ferulic acid⑧, syringaresinol⑨, isoferulic acid⑩, 4-hydroxybenzoic acid⑪, quercetin-3-*O*-β-D-glucopyranoside⑫, 8Z-decaene-4,6-diyne-1-*O*-β-D-glucopyranoside⑬, 4,6-decadiyne-1-*O*-β-D-glucopyranoside⑭, (2S)-4′,5,6,7-tetrahydroxyflavaone-8-*O*-β-D-glucopyranoside⑮, (2R)-5,7,8′,4-tetrahydroxyflavone 8-*O*-β-D-glucopyranoside⑯, adenosine⑰, kaempferol 3-*O*-α-L-rhamnopyranosyl β-D-glucopyranoside⑱, hydroxysafflor yellow A⑲ 및 safflomin A⑳를 분리동정하였고, 이들 중 ⑫-⑱은 항산화활성(DPPH)이 있었으며, ⑫가 가장 강하여 IC_{50}값이 56.7μM. ⑬-⑯의 항산화활성은 처음 보고이다 (최현규, 2011).

항간활성-씨: 홍화씨의 식품학적 성분은 수분 5.58%, 조단백 37.16%, 조회분 3.52%, 조지방 13.69%, 탄수화물 40.05%, 총 amino acid는 391.99mg% 필수 amino acid는 122.97mg%, alanine 75.43mg%, arginine 37.93mg%, aspartic acid 33.24mg%로 많이 함유, 유리당은 fructose 3.29%, linoleic acid 약 79.46%, oleic acid 10.42%, 무기질은 K 및 Ca이 각각 1.528mg%,

1.005mg%. 총 phenol과 총 flavonoid 함량은 각각 55.52 GAE/g, 78.69mgQE/g. 항균활성은 *St. aureus, Sal. typhimurium, E. coli, Candida albicans, B. cereus, Listeria monocytogens, Vibrio parahaemolyticus* 및 *Clostridium perfringens*균에 가장 강한 항균성을 보였다(유석영, 2013).

항비만·지방세포분화억제-씨: N-(p-coumaroyl) serotonin(NC)와 N-feruloylserotonin(NF)은 홍화씨 유래의 특이적 serotonin 유도체로, 주로 식물이 병원균을 방어하기 위해 만들어 내는 hydroxycinnamic acid amide계 물질이다. 본 연구에서는 NC와 NF가 지방전구 세포의 지방 분화에 미치는 영향을 oil-red O염색과 triglyceride 측정. GPGH 활성 측정 등을 통해 알아본 결과, NC와 NF는 모두 지방분해를 억제함이 관찰되었다. 효능 비교 물질인 serotonin 자체로는 지방 분화 효과는 관찰되지 않았다. NC와 NF는 우수한 항산화능을 보였다. 이상의 결과로 NC와 NF는 지방세포 분화억제를 통한 항 비만 소재로의 가능성이 확인되었다(정은선, 2011).

위장관운동증진효과: 위장관 운동 조절 작용을 하는 cajal 세포에서 홍화가 항산화 효과를 보였고, 향도잡이를 조절하였다. 특히 홍화가 위장관 운동을 촉진시키는 점은 변비 등 장운동 조절에 이상이 있는 환자에 장 운동을 도와주는 보조제로의 역할에 도움이 되리라 생각되었다(손호준, 2011).

장내유익균성장-씨: 홍화씨 MeOH ex의 hexane 분획 10과 5mg/mL 및 홍화씨유는 *B. bifidum*과 *B. longum*의 성장에 현저한 촉진효과가 있었으나, *Lactobacillus*에는 별 도움이 없었다. 성장촉진 효과가 있는 hexane 분획의 주요 지방산은 linoleic acid 78.18%, oleic 11.67%, palmitic 6.66%, stearic 2.14%, behenic 0.30%, arachidic acid 0.28% linolenic 0.20%, eicosenoic 0.19%, myristic 0.11%, docosahexaenoic 0.10%, palmitoleic 0.08%, linoceric 0.05%, heptadecanoic 0.03% 및 pentadecanoic acid 0.02%였다. 이상의 결과로 홍화씨 유와 hexane 분획 지방산이 *bifidus*의 성장과 장내 bacteria 성장과 번식에 도움이 되었으리라 생각되었다(Cho J-H, 2002).

Melanogenesis저해-씨: 홍화씨 80% etOH ex와 etOAc 분획을 melanogenesis activity guided로 분리하여 버섯 tyrosinase 저해활성을 실험한 결과,

N-feruloyl serotonin①, N-LP-coumaroylserotonin② 및 cacetin③이 EtOAc 분획에서 분리된 성분으로 tyrosinase 저해활성이 현저하였다. 또 ①과 ②는 melanogenesis 저해제로 알려진 arbutin과 비교하여 *Streptomyces bikiniensis*와 B16 melanoma cell에서 melanin 생성을 강력히 저해하였다 (Roh JS, 2004).

피부주름개선-유박①: 홍화씨는 한방에서 진정, 보혈등에 쓰이는 약재, 본 실험에서는 홍화씨 유박(oil cake: OC)에서 식물성 유사 여성 호르몬(phyto-estrogen), serotonin 유도체 함유. 정제 분말을 제조, 화장품 재료로의 적용 가능성을 실험하였다. 씨 추출물을 식물성 유사 여성 hormone인 resveratrol과 genistein 및 기능성 주름 개선제로 알려진 retinol과 ursolic acid와 함께 항주름 효과와 관련된 항산화, elastase 활성 저해 효과, 섬유아세포 활성 촉진 효과 및 collagen 생성 촉진 효과를 비교한 결과, serotonin 유도체 함유 홍화씨 추출물은 피부에 자극 없이 항산화 효과, elastase 활성저해 효과, 섬유아 세포로 활성촉진 효과 및 collagen 생성촉진 효과가 우수하여 주름 개선용 기능성 화장품 원료로 기대되었다(김미진, 2004-15).

피부주름개선-씨②: 홍화씨 추출물의 피부주름 개선효과를 알고자, collagen 발현효과 및 MMP-1 발현억제 효과를 측정한 결과, collagen 발현효과는 retinol보다 우수하였고, MMP-1 발현저해 효과는 oleic acid와 유사하게 농도 의존적으로 저해하였다. 또 0.1% 홍화씨 추출물 함유. Cream은 대조군(홍화씨 추출물 미함유 cream)에 비하여 피부 주름 개선효과가 크게 나타나, 홍화씨 추출물은 주름 개선 기능성 화장품 신소재로 기대되었다(김미진, 2004-449).

효능과 이용

규합총서(閨閤叢書)에는 옷감의 염료, 화장품으로는 연지로, 씨에서 짠 기름은 나물을 무치면 고기맛 같아 진미라는 등 잇꽃의 이용법이 소개되어 있다.

1) 식용: 잇꽃은 색깔이 아름다워 과자, 술, 음료, 떡 등의 천연 착색제로 쓰인다. 어린 식물은 '잇나물'로, 종자유(safflower oil)는 식용유, 샐러드유로 성인병 예방에 예부터 먹었다.

2) 약용: 동의에서 잇꽃은 중요한 약초로 이시진은 본초강목에서 혈액순환 개선, 통증 제거, 월경불순의 통경제로, 특히, 산전산후의 부인병에 정혈제로 소개하였다.

한방에서는 홍화라 하여 혈행 장해, 통경, 냉증, 산전 산후, 갱년기 장해 등에, 또 뇌일혈 후 반신불수에도 쓰며, 완하, 발한, 해열작용이 있고, 히스테리컬한 기분을 진정 시키는 효과도 있다.

민간요법으로는 홍화차는 감기 완화나 피로회복에, 홍화주는 피로회복에 효과 있다고 알려져 있다.

3) 기타: 옛날에는 잇꽃은 옷감(울, 실크, 피혁제품)의 염료, 서화용 물감으로, 즉 잇꽃 기름을 태워 얻은 그을음으로 만든 홍화묵(紅花墨)은 서예가의 귀한 필묵이었다. 종자유는 페인트, 와니스 등의 공업용 유료 작물로도 중요하며 꽃꽂이나 드라이플라워로도 이용. 연지나 루주(rouge)의 장점은 무해무독하며 잘 퇴색되지 않고 향기도 지속된다. 잇꽃 염료가 한동안 값싼 화학염료 타르(tar)계 색소에 밀렸으나, 화학염료의 위해로 잇꽃의 진가가 회복되고 있다.

★ 임신 중에는 복용을 주의한다.

참고 문헌

1) 기성식, 김기정, 이영동. **본초학회지** 2001 16(2) 85(홍화와 익모초가 CCl_4로 손상된 흰쥐의 간에 미치는 영향)

2) 김덕규, 홍성우, 유경태, 등. **치주과학회지** 1999 29(2) 297(홍화씨 추출물의 국소투여가 백서 두개골 결손부 재생에 미치는 영향)

3) 김동희, 황은영, 손준호. **생명과학회지** 2013 23(1) 55(대식세포 내에서의 홍화자 추출물의 항염증 활성)

4) 김미진, 김자영, 최상원 등. **화장품학회지** 2004 30(1) 15[홍화씨 추출물의 피부 주름개선 효과(I)]

5) 김미진, 김자영, 최상원 등. **화장품학회지** 2004 30(4) 449[홍화씨 추출물의 피부 주름 개선 효과(II)]

6) 김부여, 임세현, 이금산, 등. **한방내과학회지** 2010 31(4) 706(흰쥐의 손상된 뇌조직에서의 유전자 발현 변화에 대한 홍화 추출물 투여의 작용)
7) 김영옥, 이상원, 양승옥, 등. **약용작물학회지** 2014 22(1) 46(홍화 지상부 추출물의 전뇌 허혈에 대한 신경보호효과)
8) 김정아, 한송이, 송호준, 등. **동의생리병리학회지** 2011 25(3) 166(홍화가 인체 위암 세포에 미치는 효과)
9) 서현주, 김준한, 곽동윤, 외 5인. **영양학회지**, 2000, 33, 411(늑골 골절을 유도한 흰쥐에서 홍화씨 분말 및 분획들의 급여가 골절 회복 중 골조직에 미치는 영향)
10) 손호준, 김정아, 한송이, 등. **동의생리병리학회지** 2011 25(4) 603(홍화가 위장관 cajal 간질세포에 미치는 영향)
11) 신현종, 진재호, 이광규, 등. **동의생리병리학회지** 2013 27(6) 745(한국산, 중국산 홍화자의 Nrf2 매개 항산화 효과)
12) 심재근, 이재혁, 여명구, 박정숙. **동아시아식생활학회지** 2013 23(1) 39(홍화자와 두충 혼합 추출물이 MG-63 조골세포의 alkaline phosphatase 활성에 미치는 영향)
13) 유석영, 이영준, 강석남, 등. **식품저장유통학회지** 2013 20(2) 227(홍화씨의 식품학적 성분 분석 및 항균활성)
14) 육태한, 배진승, 김영주. **동의생리병리학회지** 2006 20(5) 1226(녹각과 홍화자가 난소 적출에 의한 실험적 흰쥐 골다공증 model에 미치는 영향)
15) 임세현, 손영수, 백진웅, 등. **예방한의학회지** 2008 12(3) 81(홍화 추출물에 의한 뇌출혈 흰쥐 뇌조직의 유전자 발현조절)
16) 전선민, 김준한, 이희자 등. **영양학회지** 1998 31 1049(한국산 홍화씨분말 보충식이의 급여가 골절된 흰쥐의 골대사지표에 미치는 영향)
17) 정은선, 김승범, 김무한, 등. **화장품학회지** 2011 37(2) 171(홍화씨 추출물 유래 serotonin 유도체의 지방전구세포 분화억제 효능에 대한 연구)
18) 조성희, 최상원, 최영선, 이원정. **식품영양과학회지** 2001 30 112(고콜레스테롤식에서 홍화박과 들깨박이 난소절제 흰쥐의 지질대사에 미치는 영향)
19) 최현규, 강연복, 박성희, 등. **생약학회지** 2011 42(2) 110(홍화의 성분 및 항산화 활성)

20) Bae S-J, Shim S-M, Park Y-J, et al. *Food Sci Biotechnol* 2002 11(2) 140[Cytotoxicity of phenolic compounds isolated from seeds of safflower(*Carthamus tinctorius* L.) on cancer cell lines]

21) Cho J-H, Kim M-K, Lee H-S. *Food Sci Biotechnol* 2002 11(5) 480(Fatty acid composition of safflower seed oil and growth-promoting effect of safflower seed extract toward beneficial intestinal bacteria)

22) Cho SJ. *Ph D Thesis* Yonsei Univ Seoul Korea 2004(Study on the synthesis and QSAR of N-(p-coumaroyl) serotonin analogues as tyrosinase inhibitor)

23) Choi HS, Lee AY, Park CH, Shin YS. *Food Sci Biotechnol* 2018 27(5) 1475 (Protective effect of *Carthamus tinctorius* L. seed on oxidative stress and cognitive impairment induced by chronic alcohol consumption in mice)

24) Choi YH, Do JS, Nam SY. *Kor J Pharmacogn* 2004 35(4) 330(Effect of water extract of *Carthamus tinctorius* L. on in vitro activity of T and B lymphocytes)

25) Hotta Y, Nagatasu A, Liu W, et al. *Mol Cell Biochem* 2002 238 151(Protective effects of antioxidant serotonin derivatives isolated from safflower against postichemic myocardial dysfunction)

26) Jang JH. *Ph D Thesis* Catholic Univ Daegu 2006(The changes in lipid and bone metabolism and effects of safflower tea supplementation on bone status in postmenopausal women)

27) Jun MS, Ha YM, Kim HS, et al. *J Ethnopharmacol* 2011 133 524(Anti-inflammatory action of methanol extract of *Carthamus tinctoris* involves in heme oxygenase-1 induction)

28) Kim DH, Lee JH, Ahn EM, et al. *Food Sci Biotechnol* 2006 15 781[Phenolic glycosides isolated from safllower seeds increase the alkaline phosphatase(ALP) activity of human osteoblast-like cells]

29) Kim EO, OH JH, Lee SK, et al. *Food Sci Biotechnol* 2007 16 71[Antioxidant properties and quantification of phenolic compounds from safflower(*Carthamus tinctoris* L.) seeds]

30) Kim HJ, Bae YC, Park RW, et al. *Calcified Tiss Int* 2002 71 88(Bone protecting effect of safflower seeds in ovariectomized rats)

31) Kim HY. *Ph D Thesis* Yonsei Univ Seoul Korea(The effect of safflower see extract on periodontal healing of one-wall intrabony defects in beagle dogs)

32) Kim JH, Kim JK, Kang WK, et al. *J Food Sci Nutr* 2003 32 733(Chemical composition and DPPH radical scavenger activity in different sections of safflower)

33) Kim JH. *MS Thesis* Kyungbuk Univ Daegu Korea 2002(Lignan isolated from safflower seeds induces apoptosis in human promyelocytic leukemia cells)

34) Kim KY, Kim SB, Lim JW. *J Anim Sci Techol* 2004 46(1) 69(Effects of safflower seed yogurt on the osteoporosis in ovariectomized rat)

35) Kim S-M, Choi I-H, Kim N-S. *J Vet Clin* 2003 20(3) 263(Effect of safflower seeds on the serum levels of insulin-like growth factors, insulin-like growth factors binding protein-3 and BALP in osteoporosis induced-ovariectomized rats)

36) Kim SM. *MS Thesis* Chunbuk Univ Junju Korea 2001(Effects of safflower seeds on the serum levels in insulin-like growth factors, (IGE) binding protein-3 and BALP in the osteoprosis induced-ovariectomized rats)

37) Lee JH, Jeong CS, Kim GH. *Food Sci Biochemical* 2009 18(1) 143[Antioxidant and suppressive effects of ethanolic extract fractions from safflower(*Carthamus tinctoris* L.) flower on the biosynthesis of inflammatory mediators from LPS-stimmulated RAW 264.7 cells]

38) Lee KH. *Ph D Thesis* Youngnam Univ Daegu Korea 2003(The effect of safflower seed extract on BMP-2 gene expression during bone fracture healing in rats)

39) Lee SB. *Ph D Thesis* Kyungbuk Univ Dague 2003[Analysis of expressed sequence tags (ESTs) of flower buds in safflower(*Carthamus tinctorius* L.)]

40) Lee YS, Choi CW, Kim JJ, et al. *Int J Mol Sci* 2009 10 292[Determination of mineral content in methanolic safflower(*Carthamus tinctoris* L.) seed extract and its effect on osteoblast markers]

41) Li F, He ZS, Ye Y. *Chin J Chem* 2002 20 699(Flavonoids from *Carthamus tinctorius*)

42) Li H, Han S, Wang X, et al. *Food Chem Toxicol* 2009 47 1797(Effect of the *Carthamus* yellow from *Carthamus tinctorius* L. on hemorheological disorders of blood stasis in rats)

43) Liu F, Wei Y, Yang Z, et al. *Acta Pharm Sci* 1992 27 785(Hypotensive effects of safflower yellow in spontaneously hypertensive rats and influence on plasma renin activity and angiotensin II level)

44) Park MH. *MS Thesis* Kyunghee Univ Seoul Korea 2002[Analysis of expressed sequence tags(ESTs) of flower buds in safflower(*Carthamus tinctorius* L.)]

45) Rhyu IC, Lee YM, Ku Y, et al. *J Kor Acad Periodontol* 1997 27 867[The biologic effects of safflower(*Carthamus tinctorius* L.) extract and *Dipsasi radix* extract on periodontal ligament cells and osteoblastic cells]

46) Roh JS, Han JY, Kim JH, Hwang JK. *Biol Pharm Bull* 2004 27(12) 1976[Inhibitory effects of active compounds isolated from safflower(*Carthamus tinctorius* L.) seeds for melanogenesis]

47) Roh JS. *Ph D Thesis* Yonsei Univ Seoul Korea 2005[Isolation, identification and characteri- zation of antioxidants and antimelanogenesis compounds from saffl ower(*Carthamus tinctorius* L.) seeds]

48) Seo IH, Choi SW. *J Food Sci Nutr* 2009 14(4) 373[Preparation of high quality safflower (*Carthamus tinctorius* L.) seed extract by high-pressure extraction process]

49) Shin SM, Bae SJ. *The Congress of Food Sci Nutr* 2000 Seoul abstract No. P11 [Effects of cytotoxicity and quinone reductase incubation of five different fractions of safflower(*Carthamus tinctorius* L.) seed against cancer cell lines]

50) Siddigi EH, Ashraf M, Al-Qurainy F, Akram NA. *J Sci Food Agr* 2011 91 2785[Salt-induced modulation in inorganic nutrients, anti-oxidant enzyme, proline content and seed oil composition in safflower(*Carthamus tinctorius* L.)]

51) Song HR, Ra DK, Kim TS, et al. *J Vet Clin* 2002 19 66(Effect of safflower seed on new bone formation)

52) Song WS. *Ph D Thesis* Yonsei Univ Seoul Korea 2003(The effects of bio-resorbable barrier membrane containing safflower seed extracts on the periodontal healing of one-wall intrabony defects in beagle dogs)

53) Tian J, Jang W, Wang Z, et al. *Chin Tradit Herb Drugs* 2003 34 741(Effects of safflower flavone on local cerebral ischemia and thrombosis formation in rats)

54) Wang Y, Chen P, Tang C, et al. *J Ethnopharmacol* 2014 151 944(Antinociceptive and anti-inflammatory activities of extract and two isolated flavonoids of *Carthamus tinctorius* L.)

55) Yeilaghi H, Arzani A, Ghaderian M, et al. *Food Chem* 2012 130 618[Effect of salinity on seed oil content and fatty acid composition of safflower(*Carthamus tinctorius* L.) genotypes]

56) Yoon HR, Han HG, Paik YS. *J Appl Biol Chem* 2007 50 175(Falvonoid glycosides with antioxidant activity from the pet als of *Carthamus tinctorius*)

57) Yoon HR, Paik YS. *J Appl Biol Chem* 2008 51 169(Isolation of two quinochalcones from *Carthamus tinctorius*)

58) Yoon H-R, Paik Y-S. *J Kor Soc Appl Biol Chem* 2008 51(4) 346(Radical-scavenging activities of four quinochalcones of safflower)

59) Yuk DH, Kang JH, Lee SR, et al. *Am J Chin Med* 2002 30(1) 95[Inhibitory effect of *Car-thamus tinctorius* L. seed extracts in bone resorption mediated by tyrosine kinase, COX-2 and prostaglanin E2]

60) Zhu H, Wang Z, Ma C, et al. *Planta Med* 2003 69 429(Neuroprotective effects of hydroxy safflor yellow A: in vivo and in vitro studies)

특허

1. 〈특허등록 제447624호〉 학교법인 고려중앙학원(홍화로부터 분리한 대식세포 활성화 다당류 및 그 제조방법 및 그 용도)

2. 〈특허등록 제803924호〉 코리아나화장품(토마토, 포도, 홍화씨 혼합 초임계 유체추출물을 유효성분으로 하는 피부노화방지용 화장 조성물)
3. 〈특허등록 제387091호〉 엘지생활건강㈜(홍화씨 추출물을 함유하는 구강 위생 증진용 조성물)
4. 〈특허등록 제815433호〉 한국식품연구원(발아홍화 및 그의 제조방법)
5. 〈특허등록 제739215호〉 경상대학교 산학협력단(홍화와 삼백초를 이용한 양계용 시료첨가제 및 그 제조방법)
6. 〈특허등록 제905540호〉 전남대학교 산학협력단(천연 홍화에서 추출한 황색, 홍색 분말염료 및 그 제조방법)
7. 〈특허등록 제193906호〉 삼탄인터네셔널㈜(홍화 추출물 및 그를 함유한 혈액순환 개선제)
8. 〈특허등록 제202319호〉 삼탄인터네셔널㈜(홍화 추출물 및 그를 함유한 진토제)
9. 〈특허등록 제345825호〉 우리홍화인 영농조합법인 외 1(홍화씨로부터 뼈형성을 촉진하는 세로토닌 리그난 및 폴라보노이드 성분의 추출방법
10. 〈특허공개 10-2012-0029 124호〉 내추럴솔루션㈜(홍화새싹의 페놀성 화합물의 함량을 증가시키는 방법 및 이 홍화 새싹을 함유하는 화장료 조성물)

〈조식제, 2, p754〉

17 자작나무 *Betula platyphylla*

자작나무과
(Betulaceae)

Birch, white berch(英),
Shira-kamba(日),
白樺(中)

원산지: 북부 유럽, 아시아

용도: 이뇨 – 잎
약용 – 수피
항소양제 – Tar oil

식물학적 특성

산중턱 이하의 양지에 나는 낙엽 교목, 키 20m 가량, 수피는 흰색, 수평으로 벗겨지고, 작은 가지는 자록색, 잎은 삼각상 난형, 길이 5-7cm. 가장자리에 겹톱니가 있고, 뒷면에는 지점(脂点)이 있다. 꽃은 암수 한그루, 유이화서는 아래로 처지고, 원형, 열매는 소견과 날개가 열매 너비보다 넓다.

동속식물에는 좀자작나무(*B. fruitcosa*), 만주자작나무(*B. platyphylla* Sukatschv), 박달나무(*B. schmidtii* Regal) 등 7종이 우리나라에 분포. 약 40종이 북반구에 있다(Lee, YN, I, p223).

특수성분

*Betula platyphylla*에서 Betulafolienpentol(D-00040), Betulafolienetetrol A(D-00051), B(D-00044), Betulafolientrioloxide I(E-00468), 12,20-Dihydroxydammar-24-en-3-one;(12β, 20S, D-01665), 3-Epiocotillol II(E-

00464), Platyphyllonol(H-01322), Platyphylloside(H-01322) 등이 동정되었다(DNP p443).

생리활성

암치료·예방-Betulinic acid①: 생리활성이 강력한 betulinic acid(Ba)는 항암활성이 있는 천연물. 항암활성은 암세포에 있어 mitochondria pathway를 제동시켜 apoptosis로 암세포에 세포사를 유도할 수 있다. 여러 형태의 암세포에 대하여 Ba의 세포독성은 여러 type의 암세포, 정상세포 및 조직치료에 있어 Ba에 전반적으로 저항하였다. Mitochondria에 직접 작용하는 물질들은 시험적 암치료가 가능하다. 그들이 표준 화학 요법에 실패할 경우, 세포사를 유도할 수 있기 때문이다. 이로써 Ba 같은 mitochondria-표적물질은 인체 암치료에 있어 새로운 치료 전략에 강력한 방법으로 생각되었다(Fulda S, 2008).

항암·항산화활성②: *Betula platyphylla* var. *japonica* 추출물은 Bcl-2/Bax를 down regulation과 caspase-3 활성 저농도에서는 항산화활성화를 통하여, 고농도에서는 apoptotic effect를 보였다(Ju EM, 2004).

자궁암예방-Betulinic acid③: 흰 자작나무 껍질의 betulinic acid(BA)의 인체 자궁 경부암 세포 KB세포에서 BA가 세포 증식을 감소시키고, 세포 사멸 유도를 확인. KB세포에서 BA가 세포 증식억제, 이는 specificity protein 1 (Sp1)과, Sp1의 표적 단백질인 myeloid cell leukemia-1(Mcl-1) 및 survivin의 감소 때문임이 확인되었다. 따라서 BA는 자궁 경부암에서 과다 발현되는 Sp1을 조절하는 새로운 화학적 암예방 물질로 생각되었다(Shin J-A, 2011).

항암활성-Betulinic acid④: 여러 종류의 종양에 betulinic acid(BA)는 항암효과를 보였고, 여러 정상조직은 BA에 저항성을 보였다. 본 연구에서는 BA의 증식억제 효능과 MC-3 세포주에서 세포생존을 저해, 세포 사멸을 유도하였다. BA는 Sp1과 2의 하향 분자표적인 survivin에 영향을 주었으나, 다른 하향 분자표적인 Mcl-1에서는 유의한 변화를 보이지 않았다. 따라서 BA는 Sp1과 survivin을 조절, 세포사멸을 일으키는 잠재적 항암제 후보로 사료되었다. 악성도가 높은 점액 표피양 암종은 치료가 어렵고 5년 생존률이 매우 낮다(Lee J-E, 2013).

악성두경부암세포독성⑤: Betulinic acid은 다양한 종양세포에 대해 세포독성이 있다. 이러한 효과는 두경부 squamous cell carcinoma cell에 대해 실험한 결과, HNSCC cell에 대하여 apoptotic activity 시료 농도 의존적임을 알게 되었다(Thurnher D, 2003).

간보호·항산화활성-수피: *B. platyphylla* 수피의 50% MeOH ex(시료)에서 CCl_4-유도나 galactosamine-유도 간손상에 superoxide 소거와 항산화활성 같이 강력한 저해활성을 보였다. 시료에서 새로운 diarylheptanoid인 betulaplatoside Ia①와 Ib② 및 신 arylbutanoid인 betulaplatoside II③를 기지 방향물질 7종을 분리, ①, ②와 2종 기지 diarylheptanoids; (5S)-5-hydroxy-1,7-bis-(4 hydroxyphenyl)-3- hepanone 5-*O*-β-D-apiofranosyl (1→6)-β-D glucopyranoside⑥과 aceroside VIII⑦은 D-GalN-유도 rat 간세포에 1차적으로 세포독성을 보였다. 몇 방향족 물질은 O_2- 소거와 항산화활성이 강하였다(Matsuda H, 1998).

골관절염완화효과-수피①: Rabbit의 오른 무릎에 collagenase를 주사, 관절염을 일으킨 후, 이들에 자작나무 수피 BuOH 분획 100mg/kg을 1회/일 28일간 경구투여 결과, 시료 농도 의존적으로 stiffness와 global histologic score가 감소하였다. Proteoglycan 강도는 시료 농도 의존적으로 증가되었다. 시료 농도 의존적으로 synovial fluid도 시료 처리군에서 현저히 증가하였다. 이로써 자작나무 수피는 MMPS/TIMP-1 균형과 osteoarthritis model(in vivo)에서 염증 관련 분자의 조절이 연골변화를 보호하는 것으로 보여, 자작나무 수피는 골관절염 치료에 효과적 후보 물질이라 생각되었다(Huh J-E, 2009).

항염효과-화피②: 자작나무 수피는 전통적으로 진통, 항진균, 항염 생약으로 쓰여 왔으나 그 기전에 대한 연구는 부족. 본 연구에서는 화피의 항염효과를 검토코자, LPS-유도 mouse macrophage RAW 264.7 시료를 처리, 염증성 매개체의 분비량 및 발현을 측정. 그 억제 작용 기작을 밝히고자 NF-kB 활성도를 확인한 결과, 염증성 매개체인 NO와 PGE_2의 분비량은 화피 추출물(시료) 농도 의존적으로 억제되었고, 각각 시료 처리군 100μg/mL에서 최대

88.8, 93%의 억제율을 보였고, 염증성 매개체인 iNOS와 COX-2 발현이 시료 농도 의존적 감소를 보였으며, LPS-유도 RAW 264.7 macrophage의 NF-kB의 활성화는 화피 추출물에 의해 시료 50, 100μg/mL에서 NF-kB 활성화가 억제됨을 확인하였다(유미현, 2006).

항염증·항nociceptive효과③: 본 연구에서 자작나무는 항염증과 동물 model의 관절염에서 IL-1β-자극 fibroblast-like synoviocytes(FLS)에서 anti-nociceptive effect를 보여, 자작나무는 관절염 치료에 약학적 후보로 생각되었다(Huh J-E, 2011).

Atopy피부염억제-수피④: *Betula platyphylla*(Bp) 수피(세포)를 NC/Nga mice에 경구투여에서 아토피 피부염같은 피부염 증상 발전을 저해하였다. 아토피 피부염 발전 저해는 NC/Nga mice에서 Th_2 cell 반응억제를 통하여 저해하는 것으로 보였다(Kim E-C, 2008).

항산화활성-왕벚나무·자작나무: 화피(자작나무 수피)와 왕벚나무 수피를 임상에서 모두 쓰고 있다. 왕벚나무와 자작나무 간에 HPLC 분석에서 큰차이를 보였고, 왕벚나무 H_2O ex와 EtOH ex 중 EtOH ex가 큰 차이를 보였으나, 자작나무는 추출물간 큰차이가 없었다. RAW 264.7 세포에 세포독성에는 모든 추출물의 50-200μg/mL에서 85%이상 세포 생존율을 보였다. 총 polyphenol은 자작나무 EtOH ex에 382.20mg/g으로 가장 많았고, 총 항산화능, NO, DPPH radical 소거능, ABTS 항산화능, H_2O_2 소거능, ROS 생성억제능 역시 자작나무 EtOH ex가 가장 높았다. 임상에서 사용되는 왕벚나무와 자작나무 모두 항산화능이 인정되었고, H_2O보다 EtOH ex가, 왕벚나무보다 자작나무 수피가 높았다(홍상철, 2013).

충치예방·염증질환-수피: 화피(자작나무 수피)의 충치균(*Streptococcus mutans*) 및 치주질환균(*Porphyromonas gingivalis*)에 항균 효과를 측정한 결과, 각균 모두 EtOH ex에 가장 강한 항균성을 보였고, pH 변화에서 *S. mutan*에 대해 화피 ex 50μg/mL이상에서 pH값이 높아졌으나, 50μg/mL이상 농도에서는 큰 변화가 없었으며, *P. gingivalis*에 의한 pH값의 변화에서 유의성은 없었다. 또 proteinase-activated receptor-2(PAR-2)에 의한 흰쥐 및 발바닥 부종

model에서 시료를 경구투여로 trypsin-유발 발바닥 부종, 혈관 투과성, myeloperoxidase 활성도에서 모두 억제율을 보여 항염증 활성이 뚜렷하였다. 이로써 화피는 충치 예방 및 염증 질환 치료에 효과가 있음을 보였다(임종필, 2011).

항균효과-화피, 석류피, 옻나무피: 국산, 중국산의 화피추출물(BE)과 국산 석류피(PE) 및 염부수백피 추출물(RE)의 phenol 함량, 여드름 균주에 항균성 및 항산화활성을 실험한 결과, 총 phenol량은 국산 BE가 중국 BE보다 약 2배 많았고, 열수 BE와 EtOH BE 모두 국산이 많았다. 석류피는 WE가 많았으며, RE는 EtOH ex가 가장 많은 phenol성 물질을 함유, DPPH radical 소거활성은 국산 BE가 중국 BE보다 높았고, EtOH ex〈열수 ex, 석류피는 EtOH ex가 높았고, RE는 열수 ex와 EtOH ex 모두 우수. Ascorbic acid와 유사한 수준. SOD 유사활성은 국산 BE가 중국 BE보다 높았고, EtOH BE〉열수 BE, PE와 RE 모두 EtOH ex가 높았다. *S. epidermidis*, *S. aureus*, *P. acne*균에 항균성과 최소 저해 농도는 모든 추출물이 항균성을 보였으며, 국산 BE가 수입 BE보다 clear zone이 컸고, 최소 저해 농도도 국산 BE가 낮았다. P와 R의 EtOH ex가 항균활성이 높았고, MIC도 낮았다(김완인, 2013).

당뇨병완화: 당뇨병 발병 원인 중 산화적 stress의 유해성 확인과 이에 대한 항산화제의 효과는 in vitro로 항산화활성을 검토하였으며, STZ-유도 당뇨 쥐에서 생화학적, 조직학적 특성을 관찰(in vivo), 치료 내지 예방 측면에서 화목피를 추출, 추출물을 대상으로 실험한 결과, 항산화성은 분리한 물질이 quercetin(Q)와 비슷하였고, rat brain homogenated MDA량 측정에서 Q와 유사하게 산화물 억제, 췌장 β-cell이 necrosis가, islet에 shrinkage가 관찰되었고, STZ-처리 1일 후 시료(화목피추출물) 처리군만이 정상 혈당이 유지, STZ-처리 7일 후 시료 처리군만이 정상 혈당 유지, Q 처리에서는 28%만 혈당치 상승, 이는 β-cell 괴사를 막아 당뇨병 발병 혹은 진행을 막았다 생각되었다. 조직에서의 phosphatidyl choline hydroperoxide(PCOOH) 측정결과, 시료군이 정상수준으로 PCOOH가 생성, 강한 항산화 효과를 보였으며, Q군은 33%, STZ-유도 당뇨군은 50% 증가, 화목피 투여가 STZ에 의한 free radical 생성을 소거함으로써 지질 과산화를 억제시켰다. 이상의

결과로 화목피는 당뇨병과 당뇨합병증에서 생성되는 free radical 소거할 수 있는 강력한 항산화성이 없었다(임병우, 2000).

면역증진-기능성식품개발: 자작나무 수액 동결건조물(시료)의 투여는 체액성 면역의 증가로 체내 이물질의 제거율을 증가시켰으며 부동시간(immobility time)의 감소와 백혈구수계 세포수의 증가를 보였다. 특히 6주간 시료 투여 후, 시행한 강제수영 부하시험에서 2주간 투여군보다 부동시간의 감소와 백혈구계 세포수의 증가가 보다 명확하게 관찰되었다. 이는 시료의 장기적 섭취가 단기 섭취보다 비특이적 면역의 증가와 더불어 체력과 인내력 증가에 의한 면역력 증가에 보다 효과가 있을 것으로 판단되었다(이창현, 2009).

HSVs-치료효과: Betulin은 자작나무(*Betula papyrifera*) 수피에서 분리한 pentacyclic triterpenoid. Betulin의 *Herpes simplex* virus type1(HSV-1)과 type2(HSV-2)에 대한 항virus 활성을 vero cell에서 viral plaque 감소로 평가한 결과, Betulin은 HSV-1과 HSV-2에 대하여 EC_{50}은 각각 0.40과 4.15μg/mL로 저해활성을 보였다. Betulin의 세포독성은 neutral red uptake 분석으로 vero cell에서 관찰, 50% cytotoxic concentration(CC_{50})는 73.1μg/mL. betulin과 acyclovir(ACV)의 상승작용은 ACV와 betulin 0.068과 0.4μg/mL보다 높았다. 이들보다 낮은 농도에서 additive effect가 있었다. 항virus 상승효과는 HIV-1보다 HIV-2에 대하여 상승효과가 있었고, ACV 0.45μg/mL와 betulin 8.4μg/mL보다 더 높았다(Gong Y, 2004).

인식향상·신경보호-Diarylheptanoids: *Betula platyphylla* 수피 표준화된 추출물의 주성분인 diarylheptanoids 투여에서 인식향상 활성이 있었고, 이는 CREB-BDNF 신호의 증가와 신경세포사를 저해함으로써 신경퇴화를 예방하는 것으로 나타났다. 이로써 표준화된 *B. platyphylla* 수피추출물과 주요 물질 diarylheptanoid는 신경 퇴화 병리의 진전을 예방하고 인식 현상을 증진시켰다[CREB; cyclic AMP response element-binding protein, BDNF; brain-derived neurotrophic factor](Lee KY, 2012).

수액성분: 자작나무 수액은 4월 14일-4월 21일에 가장 많이 유출(850.4mL/일), 수액의 pH는 4.5-5.0, 당도 1.0-2.0%으로 고로쇠 수액과 거의 동일. 탄수화물은

이당류 sucrose, 단당류 glucose 및 fructose, 무기질 Ca, Mg, F, Zn, Fe 등으로 인체에 부족하기 쉬운 미량 영양소이다(조남석, 1998).

성분-자작나무변재: 큰잎자작나무(*Betula maximowicziana*) 변재의 MeOH 추출물에서 flavonoid 및 lignan 배당체; catechin 7-*O*-β-D-xylopyranoside, lyoniresorsinol 9′-*O*-β-D-glucopyranoside 및 diarylheptanoid인 11-oxo-3,8,12,17-tetrahydroxy-9-ene[7,0]-metacyclophane을 분리동정하였다(이학주, 2003).

정유성분-Bud: *Betula browicziana* A. Güner, *B. litwinowii* Doluch, *B. medwediewii* Regel, *B. pendula* Roth 및 *B. recurvata* V. vassil의 buds를 Clevenger type 기구와 SDE로 각각 수증기 증류 후, GC/MS로 분석한 결과, 14-hydroxy-β-caryophyllene①, 14-hydroxy-4,5-dihydro-β-caryophyllene ②를 분리동정하였다(Demirci B, 2003).

효능과 이용

1) 효능: 진해, 거담, 천식에 유효, 폐렴균, 연쇄상 구균 등의 발육 억제.
2) 약용: 황달, 이질, 설사, 복통에 유효, 폐렴, 편도선염, 만성기관지염, 급성유선염, 치주소염, 신우신염에 효과.
3) 식용: 수액은 맥주, 와인, 증류주(spirits) 및 vinegar 발효에 사용한다.

참고 문헌

1) 김완인, 김지은, 이선희, 등. **본초학회지** 2013 28(3) 45(화피, 석류피, 염부수백피 추출물의 항산화 및 항균효과)
2) 박동기, 임병우. **동의병리학회지** 2000 14(1) 171(신흥목, 황금, 정향, 화피 및 마가목으로부터 분리된 BuOH 분획이 항체 생산능, 지질 대사 및 지질 과산화에 미치는 영향)
3) 유미현, 박은경, 김명훈, 등. **한의학회지** 2006 27(1) 184(화피의 항염효과에 관한 연구)
4) 윤승락, 조종수, 김태옥. **목재공학** 1992 20(4) 15(자작나무와 단풍나무류의 수액

채취 및 이용)

5) 이창현, 조영민, 박의석, 신청섭, 이주연, 정헌상. **식품과학회지** 2009 41(4) 413 [자작나무(*Betula platyphylla* var. *japonica*) 수액에 대한 in vivo 생리활성]

6) 이학주, Kato A. **목재공학** 2003 31(2) 45[큰잎 자작(*Betula moximowicziana*) 변재의 추출 성분]

7) 임병우, 서태원, 신홍묵, 등. **본초학회지** 2000 15(2) 71(화목피 추출물이 STZ-유도 흰쥐의 당뇨와 free radical에 미치는 영향)

8) 임종필. **동의생리병리학회지** 2011 25(4) 635(화피의 충치균과 치주 질환균에 대한 항균 활성 및 항염 효과)

9) 조남석, 김홍은, 민두식, 박철하. **목재공학** 1998 26(3) 93(건강음료로서 자작나무 수액의 유출량에 미치는 영향인자)

10) 홍상철, 전지애, 김동희. **동의생리병리학회지** 2013 27(4) 391(산화적 손상에 대한 화피의 효능-왕벚나무와 자작나무 수피의 항산화능 비교 평가)

11) Chintharlapalli S, Papineni S, Ramaiah SK, Safe S. *Cancer Res* 2007 67(6) 2816 (Betulinic acid inhibits prostate cancer growth through inhibition of specificity protein transcription factors)

12) Cho NK, Kim DH, Sung SH. *Kor J Pharmacogn* 2014 45(4) 294(Simultaneous determination of platyphylloside, aceroside VIII and betulin in *Betula platyphylla* bark by HPLC-DAD)

13) Cho YJ, Huh JE, Kim DY, et al. *Biol Pharm Bull* 2006 29 1408(Effect of *Betula platyphylla* var. *japonica* on proteoglycan release, type II collagen degradation, and matrix metalloproteinase expression in rabbit articular cartilage explants)

14) Cichewicz RH, Kouzi SA. *Med Res Rev* 2004 24(1) 90(Chemistry, biological activity and chemotherapentic potential of betulinic acid for the prevention and treatment of cancer and HIV infection)

15) Demirci B, Baser KHC. *Flavour Frag J* 2003 18 87(Essential oils from the buds of *Betula* spp. growing in Turkey)

16) Dephelenn C, Soica C, Ledeti I, et al. *Chem Cent J* 2012 6 137(Study of the

betulin enriched birch bark extract effects on human carcinoma cells and ear inflammation)

17) Eichenmuller M, Hemmerlein B, Von Schweinitz D, Kapler R. *Br J Cancer* 2010 103(1) 43(Betulinic acid induces apoptosis and inhibits hedgehog signalling in rhabodomyosarcoma)

18) Fulda S, Jeremias I, Steiner HH, et al. *Int J Cancer* 1999 82 435(Betulinic acid: A new cyto- toxic agent against malignant brain-tumor cells)

19) Fulda S, Kroemer G. *Drug Discov Today* 2009 14(17) 18(Targeting mitochondrial apoptosis by betulinic acid in human cancers)

20) Fulda S. *Int J Mol Sci* 2008 9 1096(Betulinic acid for cancer treatment and prevention-review)

21) Gong Y, Raj KM, Luscombe CA, et al. *Antiviral Res* 2004 64 127(The synergistic effects of betulin with acyclovir against *Herpes simplex* viruses)

22) Huh J-E, Back Y-H, Kim Y-J, et al. *J Ethnopharmacol* 2009 123 515(Protective effects of butanol fraction from *Betula platyphlo* var. *japonica* on cartilage alterations in a rabbit collagenase- induced osteoarthritis)

23) Huh J-E, Hong J-M, Baek Y-H, et al. *J Ethnopharmacol* 2011 135 126(Anti-inflammatory and anti-nociceptive effect of *Betula platyphylla* var. *japonica* in human IL-1β-stimulated fibroblast- like synoviocytes and in experimental animal models)

24) Ju EM, Lee SE, Hwang HJ, Kim JH. *Life Sci* 2004 74 1013(Antioxidant and anticancer activity of extract from *Betula platyphylla* var. *japonica*)

25) Kashiwada Y, Chiyo J, Ikeshiro Y, et al. *Bioorg Med Chem Lett* 2001 11(2) 183 (3, 28-Di-*O*- dimethylsuccinyl1-betulin isomers as anti-HIV agents)

26) Kaspercyk H, La Ferla-Brühl K, Westhoff MA, et al. *Oncogene* 2005 24 6945 (Betulinic acid as new activator of NF-kB: molecular mechanisms and implications for cancer therapy)

27) Kim E-C, Lee H-S, Kim SK, et al. *J Ethnopharmacol* 2008 116 270(The bark of

Betula platyphylla var. *japonica* inhibits the development of atopic dermititis-like skin lesions in NC/Nga mice)

28) Kim SH, Park JH, Kim TB, et al. *Bioorg Med Chem Lett* 2010 20 2824(Inhibition of antigen- induced degranulation by aryl compound isolated from the bark of *Betula platyphylla* in RBL-2H3 cells)

29) Lee J-E, Jung J-Y, Yoo H-J, Cho S-D. *J Food Hyg Safety* 2013 28(3) 202(Betulinic acid induces apoptosis in human mucoepidermoid carcinoma cells through regulating specificity protein 1 and its downstream molecule, survivin)

30) Lee KY, Jeong EJ, Huh J, et al. *Phytomedicine* 2012 19 1305(Cognition-enhancing and neuroprotective activities of the standerdized extract of *Betula platyphylla* bark and its major diarylheptanoids)

31) Matsuda H, Ishikado A, Nishida N, et al. *Bioorg Med Chem Lett* 1998 8 2939 (Hepatoprotective superoxide scavenging and autioxidative activities of aromatic constituents from the bark of *Betula platyphylla* var. *japonica*)

32) Pandey MK, Sung B, Aggrawal BB. *Int J Cancer* 2010 127(2) 282(Betulinic acid suppresses STAT3 activation pathway through incubation of protein tyrosine phosphatase SHP-1 in human multiple myeloma cells)

33) Park SY, Na CS, Jeong WC, Lee JC. *J Kor Orient Med Ophthalmol Otolaryngol Dermatol* 2012 25(3) 13(A literature study of *Pericarpium granati* and Cortex *Betulae platyphyllae*)

34) Pavlova NI, Savinova OV, Nikolacva SN, et al. *Fitoterapia* 2003 74(5) 489(Antiviral activity of betulin, betulinic acid and betuulonic acid against some enveloped and non-enveloped viruses)

35) Pisha E, Chai H, Lee IS, et al. *Nat Med* 1995 1(10) 1046(Discovery of betulinic acid as a selective inhibitor of human melanoma that functions by induction of apoptosis)

36) Rzeski W, Stepulak A, Szymanski M, et al. *Naunyn Schmiedebergs Arch Pharmacol* 2006 374(1) 11(Betulinic acid; decrease expression of bcl-2 and cyclin D1, inhibits

proliferation, migration and induces apoptosis in cancer cells)

37) Schmidt ML, Kuzmanott KL, Ling-Indeck L, Pezzuto JM. *Eur J Cancer* 1997 33(12) 2007(Betulinic acid induces apoptosis in human neuroblastoma cell lines)

38) Shin J-A, Choi E-S, Jung J-Y, et al. *J Food Hyg Safety* 2011 26(2) 150(Betulinic acid, a naturally occurring triterpene found in the bark of the white birch tree induces apoptotic cell death in kB cervical cancer cells through specificity protein 1 and its down stream)

39) Smite E, Pan H, Landgrent LN. *Phytochemistry* 1995 40(1) 341(Lignan glycosides from inner bark of *Betula pendulata*)

40) Suh JW. *Korean Patent* 2007 14 692(Phamaceutical agent containing the *Betula platyphylla* Sukachev var. *japonica* Hara extract as an effective ingredient and its use)

41) Tan YM, Yu R, Pezzuto JM. *Clin Cancer Res* 2003 9 2866(Betulinic acid-induced programmed cell death in human melanoma cells involves mitogen-activated protein kinase activation)

42) Thurnher D, Turhani D, Pelzmann M, et al. *Head Neck* 2003 25 732(Betulinic acid; a new cytotoxic compound against malignant head and neck cancer cells)

43) Wick W, Grimmel C, Wagenknecht B, et al. *J Pharmacol Exp Therp* 1999 289 1306(Betulinic acid-induced apoptosis in glioma cells: A sequential requirment for new protein synthesis, formation of reactive oxygen species, and caspase processing)

44) Yanbo S, Kojima Y, Terazawa M. *J Wood Sci* 1999 45 326(Two lignan rhamnosides from birch leaves)

45) Yokota M, Zenda H, Kosuge T, et al. *Yakugaku Zasshi* 1978 98(12) 1607(Studies on isolation of naturally occuring biologically active principles. V. Antifungal constituents in *Betulae cortex*)

46) Zuco V, et al. *Cancer Lett* 2002 175(1) 17(Selective cytotoxicity of betulinic acid on tumor cell lines, but not on normal cells)

특허

1. 〈특허등록 제950255호〉 ㈜에스케이임업, ㈜엘컴사이언스(자작나무 수액을 유효성분으로 함유하는 인지기능 개선용 조성물)
2. 〈특허등록 제869696호〉 ㈜아모레퍼시픽(자작나무 추출물을 함유하는 피부 항상성 유지 화장료 조성물)
3. 〈특허등록 제770140호〉 ㈜더마랩 보령메디앙스주식회사(자작나무 수액과 대황 및 애기수영의 혼합 추출물을 함유하는 물티슈 조성물)
4. 〈특허등록 제1072133호〉 박창훈외 4명(피부미백효능을 상승시키는 화장료 조성물)

〈조식제, 1, p426〉

18 장미

Rosa spp.

장미과
(Rosaceae)

Rose(英)

원산지: 유럽, 아시아

용도: 꽃, 열매, 잎

역사

장미(Rose)는 동서고금을 통하여 아름다움의 대명사로 모든 사람에게 사랑받고 향기의 여왕으로 대우받는 식물이다. 약효 또한 서구 역사와 함께 발전해 와 기원은 약 50만년 전 지구상에 인간이 출현하기 이전 백아기(白亞紀) 말기인 약 7,000만년 전 현화식물(顯花植物) 중의 하나인 들장미로 보는 것은 미국의 오리건주나 콜로라도에서 발견된 화석으로 약 3,500만-3,200만년 전의 점신기(漸新期)로 추정된다.

장미의 원종은 주로 북반구에 분포하고 인류와 함께한 장미의 역사는 중국, 서아시아, 북아프리카 등지에서는 BC 3000년쯤의 것으로 알려진다. BC 2000년경 유럽에 전해져 처음에는 꽃잎을 의약품으로 사용했으며, 고대 산스크리트의 범어(梵語)에도 장미의 증류법 기록이 발견되었고, BC 1600년경 고대 문명지인 크레타섬의 미노스 왕궁 벽화에서 장미가 발견되었다.

야생 장미를 처음 재배한 것은 BC 2000년경 바빌론, 페르시아(이란)로 추정되며 거기에서 메소포타미아와 소아시아를 거쳐 로도스섬, 크레타섬, 그리스, 로마로 퍼져 간 것으로 추정되고 있다. 에게해의 로도스(Rhodos)섬은 장미를 많이 재배하여 섬 이름이 붙여졌고, 이 섬에서 출토된 옛날 돈에는 장미 꽃잎이 5장인 무늬가 조각되어 있다.

유럽에서는 장미를 Rosa 또는 Rose 등으로 부르는 것은 그리스어의 G.K. Rhodon으로 잔가지나 꽃을 의미하는 것이며, 고대 그리스에서 붉다(Red)는 말로 붉은 장미에 붙인 것이 나중에 장미의 어원이 되었다. 동양에서는 주나라(周: BC 1000년) 때 장미(薔薇)가 이 식물에 붙인 최초의 이름으로, 주로 약용하였다. 고대의 그리스, 로마 시대에도 꽃과 열매를 이용하였다.

Rose oil의 역사는 중국과 산스크리트 문헌에 장미향에 대한 기록이 있고, BC 4세기경 히포크라테스(Hipocrates)가 "Rosaceum oleum"(Rose oil)을, 신선한 rose 꽃을 올리브유에 넣은 것을 말하였고, 터키 지방에서 생산하였으며, AD 77년에 Pliny는 32종의 질병에 rose 제제를 처방하였다. AD 1세기경 디오스크로데스(Dioscorides)가 장미유를 생산하였다. Rose water와 rose oil 생산과 사용에 대해 Ihni Haldan이 그의 책에 언급하였다. 터키 장미유의 질은 위도, 기후, 추수시기, 발효정도에 따라 다르고 장미의 종류와 그 제법에 따라서도 다르며 특허로 등록되어 있다(Herbs p346).

우리나라에서는 신라 신문왕 때 설총이 장미를 가인(佳人)에 비유하였고 또 지봉유설(芝峰類說)이나 산림경제(山林經濟)에도 노란 장미가 흔하여 4월의 세시 음식으로 떡을 만들어 먹었다고 동국세시기에 적혀 있다. 서양에서도 야생장미(들장미) 꽃을 설탕 절임이나 과자 향료로 쓰기도 한다.

식물학적 특성

Rosa hybrida Hortorum은 야생 장미속 식물의 교잡종, 꽃에서 향기가 나는 것이 많으며, 품종이 다양하며 관상용으로 높이 평가한다. 우리나라에 *Rosa*속 식물은 11종이 분포한다(Lee, YN, I, p561).

Rosa canina, Dog rose나 찔레는 장미 대목으로 쓸 만큼 튼튼하나 다른 야생 장미는 씨로 번식하고 다소 약한 편이며 향료로 꽃을 수확할 때는 꽃이

반개한 이른 아침에 수확한 꽃을 곧 증류하면 향의 손실도 적고 변질도 막을 수 있다 한다.

장미 품종

품종이 여러 가지 있으나 원종의 대표적인 것은 다음과 같다(Herbs p347).

① Dog rose(*Rosa canina* L.): Roma의 병사가 미친 개에 물렸을 때 장미 뿌리의 약효를 계시받고 이 장미 뿌리로 아들의 병을 고친 후부터 dag(가시)가 dog(개)로 변하여 "개장미(dog rose)"가 되었다고 한다. 이 꽃은 서아시아-유럽에 분포. 연분홍색 홑겹 꽃이 피고 향기는 약한 편이다. 타원형 열매는 rose hip의 대표로 vitamin C가 많아 잼과 차로 쓰인다. 2차 세계대전 시 감귤류의 대용으로 쓴적도 있으며 강장, 이뇨, 수렴, 완하제로 탁월한 효과가 있다.

② French rose 또는 Apothecary rose(*Rosa gallica officinalis* L.): 고대 그리스 때 이미 정원에 재배하였으며 이슬람 교도가 유럽에 침입, 전파된 장미이고 소관목으로 곧게 자라며 짙은 pink, 즉 빨강에 가까운 진분홍색의 화사한 꽃이 겹으로 핀다. 고대 그리스 의사는 꽃을 강장약으로, 로마 여인들은 장미 가루로 마사지하여 약효와 향료로도 쓰였다. 약방에서 취급한 약용제로, 와인 및 향료로 활용되었고 아로마 테라피에도 쓰였다.

③ Damask Rose(*Rosa damascena* Miller): 터키 원산, 십자군이 다마스쿠스(Damascus)에서 서유럽으로 전파시켰다 한다. 꽃잎이 많고 짙은 핑크, 흰색, 얼룩 무늬 등이 있으며 향기가 강해 최고급 rose oil의 원료가 된다. 이 정유는 부인의 정신적 긴장, 특히 산후의 우울증, 긴장감 등에 진정제. 가장 오래된 도입의 기록은 고대 이집트인이다.

④ Cabbage rose, Provence rose(*Rosa centifolia* L.): Kocasus, Maketonia 원산으로 꽃이 결구 cabbage 같이 만첩이 지고 꽃잎이 많고 지름이 7-9cm나 되며 핑크색으로 rose water의 원료로 쓰인다. 추위에 다소 약하나 소화, 수렴 효과가 있다.

⑤ Sweet brier(*Rosa eglanteria: Rosa rubiginosa*): 북유럽 원산으로 잎에

향기가 있고 넝쿨진다. 홑겹의 핑크색 꽃은 4-5cm 크기로 향기가 좋고 꽃이 진 뒤 작고 앙증맞은 빨간 열매가 결실되며 꽃과 열매를 모두 이용한다. Sweet brier라는 것은 열매를 이름하며 잎, 꽃, 열매, 모두에 향기가 있고 특히 잎으로는 syrup을 만든다.

⑥ Ramanas rose(*Rosa rugosa rubra*)(해당화): 한국, 중국, 일본 등이 원산지로 중국에서는 매괴(玫瑰)라 한다. 장미유 원료인 꽃잎은 수렴작용이 있어 지사제, 월경과다에 지혈제로 쓰인다. 뿌리에는 tannin이 함유되어 적갈색 염료로 잿물, 명반, 석회 등을 넣으면 더욱 짙은 색이 되고 철분을 넣으면 흑갈색으로 변색한다. 수피와 근피를 모두 이용하며, 아이누족은 이것으로 의복을 염색하였다고 전한다. 또 꽃봉오리는 술을 담아 차로 복용하면 피로회복제가 되며 열매는 과실주를 담기도 한다. 꽃은 향료뿐 아니라 목욕재, 포플리로도 쓰인다.

⑦ 찔레꽃(*Rosa multiflora*): 옛날부터 그 열매를 영실(營實)이라 하여 하제의 원료나 이뇨제로 쓰였다. 과용하면 심하게 설사를 일으키므로 주의한다. 또 영실은 과숙 직전의 다소 푸른 것을 말려 한방에서 쓰며 건조시킨 꽃잎을 건위, 지혈, 구갈, 하제로 이용한다. 장미 말린 꽃잎은 수렴성 매운 맛이 있어 강장제로 쓰이는 것이 과학적으로 입증되고 있다.

영양성분

장미꽃의 일반 성분은 건물 기준으로 조단백질 16.3%, 조지방 2.9%, 조회분 5.4%, 조섬유 16.1%. 유리당은 fructose, glucose, xylose가, β-carotene은 205.2μg/100g, ascorbic acid는 129.5mg/100g 함유. 무기질은 K, P, Mg, Ca, Na, Fe 순으로 다량 함유, K는 1,981.7mg/100g으로 가장 많았다. 구성 아미노산은 aspartic acid, glutamic acid, lysine, leucine 순으로 많았고, 각각 4,007.3, 1,114.8, 672.6, 661.0mg/100g. 지방산 조성은 76.3%가 불포화 지방산으로 그중 linoleic acid가 58.2%였다(양미옥, 2002).

특수성분

*Rosa damascena*에는 Damascenone(M-00400), *R. rubiginosa*에는 Rubixanthin(All-E, R-00434), *Rosa multiflora*에서 Multiflorin A, B(A-00540), Multinoside A; acetate(Q-00019), Rosamultin(T-02715)이, *Rosa cania*에는 Cornustannin 2(C-01840), 1-*O*-Galloylpeduncullagin(P-00272), Tellimagrandin II(H-00698), 1,2,6-Trigalloylglucose(T-01907) 등이, *Rosa*속 식물에서 Cyanidin 3-glucofuranoside(P-00583), 4,8-Dimethyl-1,3,7-nonatriene(E, D-03172), 1-Docosene(D-03524), 3-Eicosene(E-00097), 3′-Epilutein(L-00885), Rosafluin(D-03100), 3-Tricosene(T-01766), 4,8,12-Trimethyl-1,3,7,11-tridecatetraene(3E,7E,T-02890) 등이 분리규명되었다(DNP p763-764).

생리활성

항산화·항균성: 장미(*Rose hybrida* L. cv. Mary Devor)의 일반 성분, 식이섬유, 총 flavonoids 및 총수율을 측정하였고, EtOH 농도 0, 75, 85, 95%로 추출하고, 추출물 첨가 농도 0.02, 0.05%와 저장 기간에 따른 과산화 물가, 산가, TBA가를 측정하였다. 과산화 물가를 측정하여 산화 유도 기간을 살펴본 결과, rose 추출물(Rex) 첨가군이 대조군이나 *α*-tocopherol (α-T), BHT보다 항산화능이 높았다. 특히 85% EtOH Rex 0.05% 첨가시 산화 유도 기간이 가장 길었다. 산가와 TBA가는 Rex 및 BHT 첨가군이 대조군 및 *α*-T 첨가군보다 저장 기간에 따라 감소하였다. 즉 Rex는 BHT와 유사한 항산화 효과를 보였다. 시험 균주 *E. coli*, *Sal. typhimurium*, *Staphyl. aureus*에 대해 Rex는 강한 항균성을 보였고, 특히 85% EtOH Rex가 *E.coli*에 강한 항균성을 보였다. 이로써 장미 추출물은 천연 항산화제와 항균제로의 개발이 기대되었다(이혜란, 2003).

항산화활성-RR 보충제: *Rosa roxburghii*(RR) fruit sample을 비흡연, 젊은 건강인 36명에 투여군과 placebo군에 5주간 투여, 혈중 glutathione redox state를 glutathione reductase, glutathione peroxidase, superoxide dismutase 및 8-OHdG를 측정한 결과, 혈중 antioxidant capacity와 GSH:GSSH 비가 현저히 증가. 이로써 RR을 식이 보충제로 사용에서 항산화 상태를 증가시킬 수 있음을 보였다(Jonse van Rensburg C, 2005).

항Stress활성-열매①: *Rosa roxburghii* fruit ex(시료)의 항산화활성과 oxidative stress를 rat 간세포에서 실험. 총 ascorbic acid 45g/L와 총 polyphenol 65g/L 함유한 시료 0.08%(v/v)에서 rat 간세포의 항산화활성이 현저히 증가하였다. 시료 처리로 glutathion redox state가 감소되었으나, Chang 간세포와 MT-2 lymphoblast에서는 증가. 5%(v/v)시료에서 세포독성과 유전독성(genotoxicity)은 없었다. 또 t-BHP 유도 산화적 stress에 대해 rat 간세포에서 현저한 보호를 받았다. Ames test에서 *S. typhimurium* TA98, TA100 및 TA102의 실험에서 돌연변이 활성이 없었고, mutagen인 2-acetylamino-fluorene과 aflatoxin B_1에 대해 시료는 현저한 항돌연변이 효과를 보였으나, methylmethane sulfonate에 대하여는 적었다. 이로써 시료는 건강 증진 효과, 특히 산화적 stress에 도움이 될 것으로 생각되었다(Van der Westhuizen FH, 2008).

항Stress효과-열매②: 장미 열매 추출물 시료 0.1% 및 0.5% 첨가 stress 해소 음료 RS-0.1과 RS-0.5를 제조. Communication box를 이용, 동물 실험. Stress 지표 물질은 뇌조직의 noradrenaline(NA)과 대사 산물인 MHPG-SO_4 및 NA/MHPG-SO4 비율 및 혈중 corticosterone(CS) 분비량으로, 시료 음료의 항stress 효과를 평가하였다. Stress 증가는 RS-0.1과 RS-0.5 투여에서 혈중 CS 분비량은 각각 24.3%, 38.0%가 감소하였다(Choi, JH, 1999). 또 항stress효과가 있는 장미 열매 추출물 1.0, 3.0 및 5.0% 함유 yoghurt를 제조, communication box를 사용, 사회 심리적 stress 유발군에 투여, stress 지표 물질 corticosterone과 뇌조직의 noradrenaline 분비량을 측정. 시료의 항stress 효과를 평가한 결과, 시료 농도 의존적으로 stress 자극으로 증가되는 MHPG-SO_4(noradrenaline 대사산물)가 17-28.4% 감소하였다(최진호, 2003).

항충동효과-Rose oil③: Rose oil의 성분을 분석하고, anticonflict effect를 나타내는 약리학적 활성 성분을 찾고자, rose oil을 GC/MS로 분석한 결과, myrcene, benzyl alcohol, 2-phenethyl alcohol, citronellol, geraniol, citronellyl acetate, eugenol, geranyl acetate 및 methyl eugenol이었다. 이들을 Geller와 Vogel conflict test로 실험한 결과, 2-phenethyl alcohol과 citronellol은 rose oil과 같이 anticonflict effect를 보였다(Anticonflict-항충동, 항갈등)(Umezu T, 2002).

불안완화효과-Rose oil④: 실험 30분 전에 불안 제거 약제인 diazepam(DZP) 1.0, 2.0mg/kg ip 투여 rat(⇕)와 rose oil 1.0, 2.5 및 5.0% w/w 흡입 rat을 elevated plus-maze(EPM) test로 비교한 결과, rose oil에 노출이 DZP투여와 근사한 anxiolytic-like effect를 보였다. Rose oil의 일정 농도에 노출은 EPM 관찰에서는 DZP와 유사한 불안 제거 효과를 보여 임상적으로 유용성이 인정되었다(de Almeida RN, 2004).

항암활성: Taif rose 정유의 안전성 용량은 50μg/mL이하. IC_{50} 100μg/mL까지는 안전하였다. $HepG_2$(간암)과 MCF7(유방암)에 대한 항암활성은 NCI guidline IC_{50} 〈20μg/mL에서 보였고, rose oil은 $HepG_2$ IC_{50}13.03, MCF7 IC_{50} 16.44로 항암활성이 강하였다(EL-Sayed S, 2016).

Antiallergy효과-꽃잎: White rose petal extract 시료의 hexane 분획이 즉각적 면역-type allergy반응에 실험 mouse model에서 효과적으로 완화시켰고, atopic dermatitis cell model에서 mast cell 탈과립과 Th1/Th2 cytokine을 저해하였다. 이로써 시료의 비극성 hexane 분획은 강력한 항allergy와 항atopy 피부염 효과가 있어, 항atopy 피부염에 약학적 이용이 유리할 것으로 생각되었다(Jeon JH, 2009).

Anti-HIV활성-꽃: *Rosa damascena* 꽃의 수침 ex와 MeOH ex는 중정도의 anti-HIV(human immunodeficiency virus) 활성을 보였다. Anti-HIV 활성 9개 물질이 MeOH ex에서 분리되었고, tetrahydroxy flavanone(kaempferol) ①은 virus protease의 감염 virus의 성숙 감퇴 효과로 생각하였고, pentahydroxy-flavone(quercetin) ②과 두 kaempferol 3-치환 유도체는 CD4에 gp 120 결합을 방해함으로써 HIV-감염을 저해하는 것으로 보였다. 2-phenylethanol-*O*-(6-*O*-galloyl)-β-D-glucopyranoside 8은 gp 120과 결합을 방해함으로 또 감염 virus를 중화시킴으로 HIV 감염을 저해하였다(Mahmood N, 1996).

기관지이완효과-장미: 장미 *Rosa damascena*는 guinea pig 기관지의 강력한 이완효과(bronchodilatory)는 theophylline과 비교로 확인하였다. 장미의 기관지 이완효과 기전은 β-adrenoceptors를 자극하거나 histamine H1 수용체 저해로 생각되었다. 또 Ca-channel에 시료의 저해 효과는 기관지에 대해 이완효과에 의한 것으로 생각되었다(Boskabady MH, 2006).

동맥경화예방①: *Rosa roxburghii* tratt juice(RRTJ)는 천연물로 무해하고, LDL 항산화 효과가 있어, 동맥경화 병인을 제거하는 데 중요한 역할을 할 것으로 생각되었다(Zhang C, 2001).

ACE저해·혈전용해활성②: Majoram, lavender, dill, rosemary, hyssop, rose, lemon balm, pineapple, sage, echinacea 등 9종의 추출물 및 분획에 대하여 ACE 저해, HMG-CoA reductase 저해 및 혈전용해 활성을 실험한 결과, 장미꽃의 열수 추출물의 ACE 저해활성이 133.8%로 가장 높았고, 70% EtOH 추출물은 *P68-3 80.5%로 모두 높았다. 혈전용해 활성도는 장미꽃의 열수 추출물과 EtOH 추출물이 모두 높았다. 이로써 장미꽃 추출물의 혈액순환 개선효과가 뛰어나, 기능성 식품으로의 개발이 기대되었다(권은경, 2006).

혈관이완기전-뿌리: 장미근 MeOH 추출물(시료)은 내피 세포 의존적으로 혈관 평활근을 이완시켰고, 이러한 효과는 농도 의존적. NO/cGMP 신호 전달계를 차단하여 완전히 억제되었다. 더욱이 혈관 조직을 시료와 반응시키면, cGMP 생성이 증가. 이 증가는 혈관 내피 세포의 제거나 NOS나 SGC차단에 의해 없어졌다. 그러나 시료의 혈관 이완 효과는 prostacyclin 생성 차단이나 K^+나 Ca^{2+}통로 차단에 영향을 받지 않았고, 또 muscarine성 수용체 및 β-adrenaline성 수용체 차단제 등에도 영향을 받지 않았다. 이로써 시료는 혈관 평활근 이완 기전은 내피 세포에서의 NO/cGMP 경로를 활성화시켜 나타나는 것으로 사료되었다(김대중, 2007).

항비만활성-과실: *Rosa canina* fruit 80% acetone ex 50mg/kg/d와 seed ex 12.5와 25mg/kg/d(pericarps를 제외)를 2주간 투여한 결과, 체중과 내장 지방의 증가를 저해. 활성 물질은 trans-tiliroside 0.1-10mg/kg/d가 체중 증가와 특히 내장 지방 증가를 억제. 특히 glucose loading 1g/kg; ip에서

혈당을 현저히 감소시켰다. 한편 kaempferol과 p-coumaric acid는 이런 작용이 없었고, kaempferol 3-*O*-β-D-glucopyranoside(K3G)는 체중이나, 내장지방 증가를 감소시켰으나 현저하지 않았다. 이상의 결과는 K3G와 p-coumaroyl moiety는 항비만 효과가 있는 것으로 보였다. 이로써 trans-tiliroside는 새로운 항비만제로의 개발이 기대되었다(Ninomiya K, 2007).

진통·소염활성-정유: *Rosa damascena* 추출물은 acetic acid와 formalin 동물 실험에서 강력한 진통 작용과 carrageenan 동물 model에서 항염활성을 보여 *Rosa damacena* hydroalcoholic extract는 통증과 염증에 유효한 소염 진통제로 이용 가능성을 보였다(Hajhashemi V, 2010).

정유성분-꽃①: 중국 중부의 *Rosa rugosa* 꽃 정유를 분석, 108성분을 GC와 GC/MS로 동정한 결과, citronellol 60.0%, geraniol 8.6%, nerol 2.8%, citronellyl acetate 2.7%, E,E-farnesol 2.4% 및 tridecan-2-one 2.3%, 이들이 정유의 78.8%를 함유하였다(Ueyama Y, 1990-219). *Rosa brunonii*의 꽃을 수증기 증류 후, GC/MS로 분석에서 35종 물질을 동정. 총 oil의 78.4%, 주성분은 eugenol 30%, citronellol 2.65%, geraniol 10.5% 및 terpinen-4-ol 13.7%였다(Kaul VK, 1999). *Rosa damascena* 꽃을 직접 증류한 rose oil보다 oil 추출물과 rose water로부터 재증류하는 것이 총 alcohol이 많았다. Rose oil 성분은 CH_2Cl_2로 rose water 추출로 2-phenethyl alcohol(55.16%, 63.12%)로 많았으나 citronellol+nerol 13.02%, 11.05%, geraniol 12.23%, 8.56% 및 linalool 7.93%, 6.62%로 함량이 낮았다(Babu KGD, 2002).

정유성분-꽃②: 휘발 성분으로 중국의 *Rosa davurica* 꽃 concrete의 성분 분석에서 eugenol 23.8%, benzyl alcohol 24.5%, β-ionene 7.0%, dihydro-β-ionol 3.3%, linalol 6.0% 및 benzaldehyde 2.5%가 주요 성분이었고 꽃 concrete 정유는 plum-like 및 osmanthus flavor-like odour였다(Ueyama Y, 1990-115).

정유성분-지상부③: Iran 남부의 *Rosa damascena* Mill의 지상부를 수증기 증류 후 GC/MS로 분석한 결과, oil 수율은 0.16%, 25성분 중 nonadecane 39.73%, heneicosane 32.38%, docosane 7.34%, citronellol 6.14% 및 nonadecene 5.69%를 주요 성분으로 동정되었다(Moein M, 2010).

Rose oil 성분①: Turkey의 *Rosa damascena* Mill. 2종류의 oil 군 중에서, DOEP(decanted oil distilled from fresh petal) 군에서 3개와 BODP(blended oil distilled the paled from fermented petals) 군에서 4개, 총 7개의 sample을 기기분석하여, 68성분을 분리동정한 결과, oil은 88-99%(27 hydrocarbones, 19 alcohols, 8 aldehydes, 6 oxides ether, 5 esters, 2 ketones, 1 phenol)이며 citronellol 24.47-42.97%, nonadecane 6.44-18.95%, geraniol 2.11-18.04%, ethanol 0.00-13.43%, heneicosane 2.28-8.90%, nerol 0.75-7.57% 및 1-nonadecene 1.80-5.40%이었고, oil 성분은 장소, 토질, plant breeding, 수확 조건, 꽃잎의 발효 여부, 증류 과정 및 oil의 관리 등에 따라 달랐다 (Bayrak A, 1994).

Rose oil-성분②: Chinese *Rosa damascena* L. rose oil을 GC-FID분석으로 citronellol 30.71%, nonadecane 16.95%, geraniol 16.11%, nerol 7.57%, heneicosane 7.04% 및 9-eicosene 4.71%, SPME-head space 분석으로 citronelol 37.05% , geraniol 18.62%, nerol 9.91% 및 methyl eugenol 3.56%. 위의 분석에서 71 compound가 분리동정하였다(Jirovetz L, 2005).

Rose oil-성분③: India Pradesh Kangra valley 해발 4,000ft 에서 채취한 장미(rose oil)를 GC/MS 분석한 결과, 32성분을 분리동정하였고, 이들 중 주요 물질은 citronellol 40%, geraniol 14.49%, nonadecane 12.30%, heneicosane 6.69% 및 phenylethyl alcohol 4.06%였다(Sood RP, 1992).

Rose oil 비교④: Bulgaria와 Turkey rose oil을 분석 비교한 결과, 가장 많은 성분은 citronellol로 각각 33.40, 45.05%, 다음 geraniol와 neral 8.47, 11.87, C_{19} paraffin과 C_{19} olefin은 14.51, 13.06, C_{21} paraffin과 C_{21} olefin 4.28, 3.30, methyleugenol과 C_{16} paraffin 3.37, 3.26, linalool 2.18, 0.54 rose absolute (Marco)에는 phenethyl alcohol, decanol 및 terpinen-4-ol 74.06%, citronellol 8.77%, geraniol과 neral 5.18%(Buccellato F, 1980).

Rose oil-Sulphur compound⑤: Bulgarian rose 정유는 rose 꽃잎을 증류, HPLC, GC 및 GC-MS로 분석 16 유황성분; n-butyl methyl disulphide①, dimethyl trisulphide②, n-hexyl methyl disulfide③, 3-(4-methyl pent-3-

enylthiophene④, 3-methyl-2-(3-methylbut-2-enyl)thiophene⑤, 3-(4,8-dimethylnona-3,7-dienyl)thiophene⑥, α-mintsulphide, 4-(4-methylpent-3-enyl)-1,2-dithiacyclohex-4-ene⑦, 1,2-epithiohumulene⑧, 4,5-epithiohumulene⑨ 및 4,5-epithiocaryophyllene⑩를 분리동정하였고, 이들은 rose oil에서 처음 보고이며, rose 정유의 odour의 특성을 부여하였다(Omata A, 1991).

Damascenone배당체-꽃잎①: *Rose damascena* petal로부터 glucosidic β-damascenone 전구체를 분리동정한 결과, 3-hydroxy-7,8-didehydro-β-ionol 9-*O*-β-D-glucopyranoside①, 3-hydroxy-7,8- dihydro-β-ionol 9-*O*-β-D-glucopyranoside②, 3-hydroxy-7,8-dihydro-β-ionol 3-*O*-β-D-glucopyranoside③, 2-phenylethyl-*O*-β-D-glucopyranoside④, 2-phenylethyl-*O*-β-D-galactopyranoside⑤, ben zyl-*O*-β-D-glucopyranoside⑥, (2E)-2,6-dimethyl-6-hydroxyocta-2,7-dienyl-*O*-β-D-glucopyranoside ⑦, (2Z)-2,6-dimethyl-6-hydroxyocta-2,7-dienyl-*O*-β-D-glucopyranoside⑧ 및 (2E,6E)-2,6-dimethyl- 1-hydroxyocta-2,6-dien-8-yl-*O*-β-D-glucopyranoside⑨이었다 (Straubinger M, 1997).

Citronellyl배당체-꽃잎②: *Rose damascena* var. *bulgaria* 꽃잎에서 citronellol의 aroma 전구체 citronellyl-2-*O*-β-D-glucopyranosyl-β-D-glucopyranoside(citronellyl-β-sophoroside)를 효소적 가수분해 후, GC와 GC/MS로 동정하였다(Oka N, 1998).

Rose concrete·absolute·hydrosol-꽃③: Rose concrete는 600-750kg rose 꽃을 3,000L extraction vessel에서 hexane으로 20분간 60-65℃에서 처리한 것, 약 375-400kg 장미꽃에서 1kg의 concrete를 얻을 수 있다. Rose absolute는 rose concrete를 EtOH로 추출, 이 추출물을 -15--20℃에서 냉각한 채로 여과, EtOH를 감압하여 제거한 것. Hydrosol은 rose absolute를 60-75%, phenylethyl alcohol은 rose absolute의 주요 성분. Phenetylalcohol은 물에 가용. Rose oil에 있는 성분은 일반적으로 낮아 1.2-2.2%, rose absolute의 fragrance는 rich, sweet, rose spicy 및 honey로 rose oil과 rose concreate는 향수로 쓰인다(Kurkcuoglu M, 2003).

Rose concrete·absolute·solide residue 성분-꽃④: Rose concrete와 absolute는 향수와 화장품 산업에서 기본적으로 많이 이용되며, Turkey가 rose oil 생산에 가장 중요한 나라 중에 하나. Rose absolute를 GC와 GC/MS로 분리동정한 결과, 주요 성분은 β-phenylethyl alcohol, citronellol, geraniol, nerol, eugenol, methyleugenol, geranylacetate, benzylalcohol, nonadecane, nonadecene 및 farnesol, solid residue (absolute by product)는 silica gel로 polarity에 따라 hexane, 5% Et_2O in hexane 및 Et_2O 등 3 fraction으로 나누어 GC와 GC/MS로 분석, solid residue는 주로 strait-chain 포화 탄화수소 (C_{15}-C_{31})와 carboxylic acid ester 및 그들 중 동계 물질이었다(Ayci F, 2005).

Wax성분: Damask와 Kazanlik fresh rose의 concrete는 각각 0.36%, 0.35%, concrete 중 wax와 absolute는 Damask wax 53.13%, absolute 46.87%, Kazanlik wax 38.44%, absolute 53.90%. Damask wax 구성성분은 hydrocarbon 57.1%, esters① 7.1%, carbonyl compound 2.0%, esters② 3.1%, secondary alcohol 3.4%, primary alcohol과 기타 극성물질 12.5%, Kazanlik rose hydrocarbon 48.6%, esters① 9.3%, carbonyl compound 7.4%, ester② 2.4%, secondary alcohol 8.1%, primary alcohol과 기타 극성물질 19.0%였다 (Mladenov K, 1983).

향기성분-Flavour·Fragrance①: Bulgarian rose oil의 flavour와 fragrance 분석에서 1960년대 127성분이, 1980년대에 275성분이 분석되었다. Rose oil 성분은 odorants와 flavouring material로 이루어졌으며, rose oil의 필수성분은 (±)nerol oxide, rose absolute는 monoterpene butenolide인 3-(4-methyl-3-pentenyl)-2-buten-4-olide와 3-methyl-4-(3-methyl-2-butenyl)-2-buten-4-olide, cis와 trans 2-(3-methyl-2-butenyl)-3-methyltetrahydrofuran. 또 rose ketone은 일반적으로 rose absolute에 중요. β-damascenone, 3-hydroxy-β-damascone, β-damascone, α-damascenone, α-damascone이며, rose oil의 진위 판정에는 odourless (Z)-9-nonadecene으로 약 3%를 함유해야 한다 (Ohloff G, 1987).

향기성분-Rosa hybrida②: *R. hybrida*의 floral fragrance를 solid-phase trapping 추출과 GC/MS로 분석한 결과, alcohols, aldehydes, alkanes, monoterpenes, sesquiterpene, esters, ethers 및 ketones, 주요 성분은 citral, n-nonane, n-butylacetate, n-decane, β-phenethylacetate 및 hexadecanol. floral fragrance는 rose species와 sampling에 따라 다르다. 흥미로운 것은 bis(2-ethylhexyl)phthalate 같은 분비성 분해물이 동시에 검색되기도 한다(Kim H-J, 2000)

향기성분-*Rosa damascena*③: 중국의 *R. damascena* 정유 조성과 SPME-headspace 분석. GC-FID와 GC-MS로 정유분석과 pleasant floral odour를 분석. 특히 monoterpene이 향기 표적 성분. GC/FID 분석에서 chinese rose oil 중 citronellol 30.7%, nonadecane 16.95%, geraniol 16.11%, nerol 7.57%, heneicosane 7.04% 및 9-eicosene 4.7%이었고 SPME-head space로 분석한 결과; citronellol 37.05%, geraniol 18.62%, nerol 9.91% 및 methyl eugenol 3.56%. GC/FID 분석분과 SPME-head space 분석분의 두 rose oil odour impressin과 human skin에 응용도 시도하였다(Jirovets L, 2005).

Carotenoid 공급원: *Rosa mosqueta* hips(*R. rubinosa*, *R. eglanteria*)의 carotenoid 성분을 조사한 결과, 6 주요 carotenoid; β-carotene, lycopene, rubixanthin, gazaniaxanthin, β-cryptoxanthin 및 zeaxanthin과 minor carotenoid; violaxanthin, antheraxanthin 및 γ-carotene을 함유. β-carotene 49.76mg/kg(dry wt.), lycopene 391.9mg/kg, rubixanthin 703.7mg/kg, gazaniaxanthin 289.2mg/kg, β-cryptoxanthin 183.5mg/kg, zeaxanthin 266.6mg/kg, minor carotenoid는 67.1mg/kg(dry wt.). 이로써 carotenoid는 음식과 음료에 provitamin A 자원으로 활용이 기대되었다(Hornero-Méndez D, 2000).

장미색소 안정성: 국내에서 선호하는 장미 품종은 red sandra로, 이의 색소 이용 가능성을 알고자 안정성을 실험한 결과, 장미를 식품에 응용, 가공 저장 시 anthocyanin의 화학 구조상, 그 안정성을 확보하기 위해 산성을 유지하고 금속용기를 피하며, 20℃ 미만 온도에 저장이 바람직하였다(양미옥, 2006).

효능과 이용

1) 식용: 들장미 열매 차 Rose hip tea는 새콤하고 상쾌하여 유럽 각국에서 vitamin C의 섭취로 마시는 건강음료이며, 열매를 삶아 잼을 만들고 술이나 음식의 부향제로도 쓰인다.

2) 약용: 꽃과 잎은 강장, 이뇨, 수렴제로 쓰이며, 꽃차는 목과 소화기계 염증에도 효과가 있다. 잎에는 완하작용, 수렴작용이 있어 여러 상처 치료에 외용하였다. 당시 강심제, 두통약, 복통약, 현기증, 오심구토, 각성제, 미약(媚藥) 등으로 쓰였다. 16세기 유럽에 흑사병이 돌 때 장미 꽃잎을 찧어 환약으로, 또 장미꽃을 태워 공기를 맑게 하여 병마를 쫓는 민속도 있었다. 전염병 예방용 장미꽃 주머니를 허리에 찼던 것이 나중에 향낭으로 발전하였다.

3) 향료: 장미꽃은 장미수 Rose water와 장미유 Rose oil 원료로 쓴다. 현재 주산지는 프랑스 남부, 불가리아, 루마니아, 페르시아, 서인도이다. 옛날 페르시아에서 제일 먼저 증류법을 개발하여 장미수나 장미유를 만병통치약으로 세계 시장에 주요 수출품이었다. 여성용 향수에 약 96%, 남성용 화장품에 약 42%의 rose oil이 들어간다(Herbs p346).

4) 기타: 더운 나라 왕후 귀족들은 청량제 및 목욕제나 방향제로 사용하였으며 장미꽃은 포푸리, 베갯속, 꽃다발 등의 귀한 소재였다.

Rose Herb Tea 만드는 법

① 장미 생 꽃잎에 같은 양의 설탕을 섞어 물을 조금 붓고 2-3시간 약한 불로 졸인 다음 레몬 주스를 조금 넣으면 더욱 맛이 있고 미용 효과도 있다.

② 장미 마른 꽃잎 30-40g에 끓는 물 1/2L를 부어 하루쯤 두었다가 걸러내고 그 물에 50g의 설탕을 넣어 끓여 시럽을 만든다. 이것을 매 식전 큰술갈 하나씩 먹으면 진경·진정 효과가 있다.

향식초 만드는 법

1L의 wine vinerger에 장미 꽃잎 2줌을 넣고 2주일쯤 침출, 걸러낸 후

습포제로 쓴다. 화상이나 벌레에 물린 데, 목이 아플 때, vinerger(향식초)를 만들어 쓴다. 1컵의 물에 2티스푼을 넣어 양치질(함수제)하면 목병이 나으며 류머티스, 신경통에는 목욕물에 장미 꽃잎 2줌을 넣으면 효과.

16세기 유럽에 흑사병이 돌 때 장미 꽃잎을 찧어 환약으로, 또 장미꽃을 태워 공기를 맑게 하여 병마를 좇았다 한다.

참고 문헌

1) 권은경, 김영언, 이창호, 김해영. **식품과학회지** 2006 38(5) 691(9종 허브류로부터 ACE 저해활성, HMF-CoA reductase 저해활성 및 혈전용해 활성에 대한 검색)

2) 김대중, 조남조, 이준경, 등. **동의생리병리학회지** 2007 21(2) 108(장미근 메탄올 추출물의 혈관이완 기전에 대한 연구)

3) 양미옥, 조은자, 하재호. **식품영양과학회지** 2002 31(3) 539(식품 소재로서의 장미꽃의 화학성분 조성)

4) 양미옥, 조은자. **동아시아식생활학회지** 2006 16(4) 468(식품재료로서 장미꽃잎 색소의 안정성)

5) 이주호. **석사학위논문** 대전대학교 대전 2004(金櫻根의 monosodium urate로 유발된 백서의 통풍에 미치는 영향)

6) 이혜란, 이지민, 최남순, 이종미. **식품과학회지** 2003 35(3) 373(장미 에탄올 추출물의 항산화성 및 항균성)

7) 전해경, 한귀정, 최남순, 등. **농촌생활연구소 시험연구보고서** 1977 374(식용화의 성분규명과 이용적성 연구)

8) 최진호, 김대익, 민병태, 조원기, 최민경. **식품영양과학회지** 2003 32(6) 942 (사회, 심리적 Stress에 미치는 장미 요구르트의 영향)

9) Ayci F, Aydinli M, Bozdmir ÖA, Tutas M. *Flavour Fragr J* 2005 20 481(GC investigation of rose concrete, absolute and solide residue)

10) Aydili M, Tutag M. *Flav Fragr J* 2003 18 26(Production of rose absolute from rose concrete)

11) Babu KGD, Singh B, Joshi VP, Singh V. *Flavour Fragr J* 2002 17 136(Essential oil

composition of Damask rose(*Rosa damascena* Mill) distilled under different pressures and temperatures)

12) Baser KHC. *Perfum Flav* 1992 17(3) 45(Turkish rose oil)

13) Basim E, Basim H. *Fitoterapia* 2003 74 394(Antibacterial activity of *Rosa damascena* essential oil)

14) Bayrak A. *J Sci Food Agr* 1994 64 441[Volatile oil composition of Turkish rose (*Rosa damascena*)]

15) Baydar H, Schulz H, Kruger H, et al. *J Essent Oil Bearing Plants* 2008 11(3) 224 [Influences of fermentation time, hydro-distillation time and fractions on essential oil composition of Damas Rose(*Rosa damascena* Mill)]

16) Baydar NG, Baydar H. *Ind Crops Prod* 2013 41 375[Phenolic compounds, anti-radical activity and antioxidant capacity of oil-bearing rose(*Rosa damascena* Mill) extracts]

17) Boskabady MH, Kiani S, Rakshandah H. *J Ethnopharmacol* 2006 106 377 (Relaxant effects of *Rosa damascena* on guinea pig tracheal chains and its possible mechanisms)

18) Buccellato F, Metuchen NJ. *Perfum Flav* 1980 5(2) 29(An anatomy of rose)

19) Cai YZ, Xing J, Sun M, et al. *J Agr Food Chem* 2005 53 9940[Phenolic antioxidants (hydrolysable tannins, flavonols, and anthocyanin) identifed by LC-ESI-MS and MALD I-QITTOF MS from *Rosa chinensis* flowers]

20) Cha JH, Kim M-J, Kim HS, Kim YI. *J Kor Biol Nurs Sci* 2010 12 133(Effects of aroma-theraphy in blending of basil, lavender, rosemary and rose on headache anxiety and serum cortical level in the middle-aged woman)

21) Choi JH, Kim DI, Park SH, et al. *Kor J Life Sci* 1999 9 612(Effects of rose fruit extract drinks on sociopsychological stress)

22) de Almeida RN, Mota SC, Faturi CB, et al. *Pharm Biochem Beh* 2004 77 361 (Anxiolytic-like effects of rose oil inhalation on the elevated plus-maze test in rats)

23) EL-Sayed S, Abdel-Hameed Salih A, Bazaid Heba A Hagag. *J Essent Oil Res* 2016

28(2) 121(Chemical characterization of *Rosa damascena* Miller var. *trigintipetals* Dieck essential oil and its in vitro genotoxic and cytotoxic properties)

24) Giray FH, Omercikart MC. *Bulg J Agr Sci* 2012 18(5) 658(Economics of *Rosa damacena* in Isparta, Turkey)

25) Gómez RC, Malec LS, Vigo MS. *Anal Asoc Quim Arg* 1993 81 9(Chemical composition of ripe fruits of *Rosa rubiginosa* L.)

26) Hadjiahoondi A. *Daru* 2009 17 175(Chemical composition and antioxidant activity of the extract and essential oil of *Rosa damascena* from Iran, population of Guilan)

27) Hajhashemi V, Glannadi A, Hajilao M. *Iran J Pharm Res* 2010 9(2) 163(Analgesic and anti-inflammatory effects of *Rosa damascena* hydroalcoholic extract and its essential oil in animal models)

28) Hodisan T, Socaciu C, Ropau I, Neamtu G. *J Pharm Biomed* 1997 16 521 (Carotenoid composition of *Rosa canina* fruits determined by TLC and HPLC)

29) Hornero-Méndez D, Minguez-Mosquera MI. *J Agr Food Chem* 2000 48 825 (Carotenoid pigment in *Rosa mosqueta* Hips, an alternative carotenoid source for foods)

30) Hu WY, Bai Y, Han XF, Zheng Q, et al. *Chin Pharm J* 1994 25 529(Anti-artherosIcrosis effect of *Rosa roxburghii* trat)

31) Hussain AI. *PhD Thesis* Faisalabad Uni Pakistan 2009(Characterization and biological activities of essential oils of some species of Lamiaceae)

32) Jeon JH, Kwon S-C, Park D, et al. *Arch Pharm Res* 2009 32(6) 823(Antiallergic effects of white rose petal extract and anti-atopic properties of its hexane fraction)

33) Jirovets L, Buchbauer G, Stoyanova A, et al. *Flavour Fragr J* 2005 20 7(Solid phase microextraction/GC and olfactory analysis of the scent and fixative properties of the essential oil of *Rosa damascena* L. from China)

34) Jonse van Rensburg C, Erasmus E, Loots DT, et al. *Eur J Nutr* 2005 44 452(*Rosa roxburghii* suppulementation in a controlled feeding study increases plasma

antioxidant capacity and glutathione redox state)

35) Kaul VK, Gujral RK, Singh B. *Flavour Fragr J* 1999 14 9(Volatile constituents of the essential oil of flowers of ***Rosa brunonii*** Lindl)

37) Kim H-J, Kim K, Kim N-S, Lee D-S. *J Chromatogr A* 2000 902 389(Determination of floral fragrance's of ***Rosa hybrida*** using solid phase trapping -solvent extraction and GC-MS)

38) Kovats E. SZ. *J Chromatogr* 1987 406 185[Composition of essential oils, part 7. Bulgarian oil of rose (*Rosa damascena* Mill.)]

39) Kurkcuoglu M, Abdel-Megeed A, Baser KH. *J Essen Oil Res* 2013 25 364(The composition of Taif rose oil)

40) Kurkcuoglu M, Baser KHC. *Chem Nat Comp* 2003 39(5) 457(Studies on Turkish rose concrete, absolute, and hydrosol)

41) Mahmood N, Piacente S, Pizza C, et al. *Biochem Biophys Res Commun* 1996 229 73(The anti-HIV activity and mechanisms of action of pure compounds isolated from *Rosa damascena*)

42) Malcc LS, Civeira ME, Vigo MS. *An Asoc Quim Arg* 1993 81 445(Seeds of *Rosa rubiginosa* L. chemical composition of seed oil and residual seed meel)

43) Marchini FB, Martins DM, de Teves DC, Simoes MJ. *Rev Paul Med* 1988 106 356 (Effect of *Rosa rubiginosa* on the healing of open wounds)

45) Mladenov K, Yochikova Y, Stoianova-Ivanova B. *Phytochemistry* 1983 22(4) 943 (Wax composition of Kazanlik and Damask roses)

46) Moein M, Karami F, Tavallali H, Ghasemi Y. *Iran J Pharm Res* 2010 9 163 (Composition of the ssential oil of *Rosa damascena* Mill. from south of Iran)

47) Ninomiya K, Matsuda H, Kubo M, et al. *Bioorg Medcin Chem Lett* 2007 17 3059 (Potent anti-obese principle from *Rosa canina*: Structural requirements and mode of action of trans-tiliroside)

48) Ohloff G, Demole E. *J Chromatogr* 1987 406 181(Importance of the odoriferous principle of Bulgarian rose oil in flavour and fragrance chemistry)

49) Oka N, Ikegami A, Ohki M, et al. *Phytochemistry* 1998 47(8) 1527(Citronellyl disaccharide glycoside as an aroma precusor from Rose flowers)

50) Oka N, Ohki M, Ikegami A, et al. *Nat Prod Lett* 1997 10 184(First isolation of geranyl disaccharide glycosides as aroma precursors from rose flowers)

51) Omata A, Yomogida K, Nakamura S, Ota T. *Flavour Fragr J* 1991 6 149(New Sulphar components of Rose oil)

52) Sood RP, Singh B, Singh V. *J Essent Oil Res* 1992 4 425[Constituents of Rosa oil from Kangra valley, H. P. (India)]

53) Shafei MN, Rakhshanda H, Boskabady MH. *Iranian J Pharm Res* 2003 2 231 (Antitussive effect of *Rosa damascena* in guinea pigs)

54) Straubinger M, Knapp H, Oka N, et al. *J Agr Food Chem* 1997 45 4053(Isolation of a glucosidic β-damascenone precursor from Rose petals)

55) Tascone O, Fillatre Y, Roy C, Meierheurich UJ. *J Agr Food Chem* 2015 63 4922 (Behavior of multiclass pesticide residue concentrations during the transformation form Rose petals to Rose absolute)

56) Ueyama Y, Hashimoto S, Nii H, Furukawa K. *Flavour Fragr J* 1990 5 115[The volatile constituents of Shi Mei (*Rosa davurica* Pall.) flower concrete from China]

57) Ueyama Y, Hashimoto S, Nii H, Furukawa K. *Flavour Fragr J* 1990 5 219(The essential oil from the flowers of *Rosa rugosa* Thumb. var. *plena* Regal)

58) Umezu T, Ito H, Nagano K, et al. *Life Sci* 2002 72 91(Anticonflict effects of rose oil and identification of its active constituents)

59) Van der Westhuizen FH, Van Rensburg CSJ, Rautenback GS, et al. *Phytother Res* 2008 22 376(In vitro antioxidant, antimutagenic and genoprotective activity of *Rosa roxburghii* fruit extract)

60) Velioglu YS, Mazza G. *J Agr Food Chem* 1991 39 463(Characterization of flavonoids in petals in *Rosa damascena* by HPLC and spectral analysis)

61) Wu LF, Yang LD, He ZF, Xiong LY, et al. *Chin J Vet Sci* 1995 15 386(Effects of *Rosa roxburghii* juice on the experimental hyperlipidemia and arthersclerosis in

rabbits)

62) Zhang C, Liu X, Qiang H, et al. *Clin Chimi Acta* 2001 313 37(Inhibitory effects of *Rosa roxburghii* tratt juice on in vitro oxidative modification of LDL and on the macrophage growth and cellular cholesteryl ester accumulation induced by oxidized LDL)

특허

1. 〈특허등록 제10753725호〉 차전애프엔비(주)(감미 추출물을 함유하는 기억력 증진용 건강기능식품)
2. 〈특허등록 제389096호〉 한국화장품(주)(피부 미백 기능을 가지는 장미꽃잎 추출물 및 이를 함유한 피부 미백 화장료 조성물)
3. 〈특허등록 제1134716호〉 (주)아모레퍼시픽(EGCG와 장미 추출물을 함유하는 피부 외용제 조성물)
4. 〈특허등록 제289555호〉 조OO 외 2(장미 추출물을 이용한 스트레스 해소 음료)
5. 〈특허등록 제755190호〉 (주)참선진종합식품(장미꽃잎 열수 추출물 및 이를 이용한 기능성 음료 제조방법)
6. 〈특허등록 제10-2012-0025934호〉 (주)엘지생활건강(담자균류로 발효시킨 장미 발효 추출물을 유효성분 으로 포함하는 향료 조성물 및 이의 제조 방법)
7. 〈특허등록 제1245034호〉 최OO (장미 추출물이 함유된 기능성 비누의 제조 방법)

〈조식제, 2, p780〉

19 정향

Eugenia cayophyllata
Syzygium aromaticum

정향과
(Myrtaceae)

Clove(英), 丁香(中)

원산지: 말루쿠 제도, 코모로 제도

용도: 향신 – 꽃봉오리, 잎, 줄기

역사

고대 이집트 때부터 즐겨 쓴 향료로 미라의 방부제로, 중국에서는 BC 3세기에 궁중에서 임금과 대화할 때 구취 제거에 이용하였고 그리스, 로마로 이어져 기원전부터 동서무역의 중요 품목 중의 하나였다. BC 266년에 이미 중국에서 이용되었고, 4세기에는 유럽에 전파되어 AD 869년경에는 매우 비싸게 거래되었으며 네덜란드가 AD 1605년 향료 군도를 얻은 후부터는 전매하기 시작. 다른 지역 것은 상업상 전부 없애 버렸다는 기록이다. AD 1770년 프랑스가 입수하여 재배하였고, AD 1830년 이후 페낭, 마다가스카르에 전파되었다. 향신료 중에서 꽃봉오리를 쓰는 것은 정향 뿐이다. 정향은 cardamon과 함께 safran에 버금가는 값비싼 향신료로 향기가 휘발되므로 꽃이 채 피기 전 꽃봉오리를 말린 것으로 수확적기가 까다롭고 1cm 크기의 꽃을 따야 하는 노력도 많이 든다. 상쾌하고 달콤한 향기가 특징인 정향은 말린 꽃봉오리의 생김새가 못(釘) 같다 하여, 또 clove라는 영명도 프랑스어의

'clou(못)'에서 비롯되었다. 14세기에 오스만튀르크에 의해 육로의 동서교역이 차단되자 스페인이나 포르투갈이 해로(海路) 개척에, 네덜란드, 영국, 프랑스 등 열강 제국의 식민지 쟁탈전이 벌어졌다. 정향과 nutmeg의 원산지는 말루쿠 제도이나 지금은 아프리카의 잔지바르, 마다가스카르, 펨바섬 등이 정향의 세계 생산량의 95%를 차지하고 있다. 정향은 씨로 번식하며 한번 심으면 100년씩 수확할 수 있으며 심어서 4-5년 뒤부터 수확할 수 있고 수확 성수기는 15-20년이다. 꽃봉오리가 붉어지면 빨리 수확하여 말려 밀폐 용기에 보관한다.

학명 *Eugenia*는 사보이의 왕자로 식물을 애호한 Eugen(1663-1736)의 이름을 딴 것이며 종명 *armotica*는 "방향 있는"이라는 라틴어로 좋은 향기가 있어 붙여졌다(Herbs p378).

식물학적 특성

4-7m씩 자라는 열대성 상록 교목 잎은 대생 피침형 표면은 짙은 녹색 광택이 있고 뒷면은 회색 혁질이 두텁다. 꽃은 가지 끝에 집산화서로 피며 악편이 통같고 육질(1cm) 붉은 색. 끝이 네 개로 갈라져 흰색 꽃잎이 4갈래로 핀다. 녹색 꽃봉오리가 빨갛게 익을 때 가장 향기롭다. 암흑갈색의 단단한 꽃봉오리는 4개의 carlyx와 이 위에 4개의 막질화판이 미처 피지 못하고 꽃봉오리 채로 있다. 산지에 따라 크기(10-18mm)가 다르며 피부에 대형의 유실이 두줄로 엇갈려 퍼져 있으며 화주 중심부 포간이 관찰된다. 꽃이 벌어지면 향이 날아간다. 열매는 장타원형의 핵과 3cm(Lee, YN II, p65).

특수성분

정향에는 Acetyleugenol(M-00754) 3%, Caryophyllene(E-00377), Caryophyllene epoxide(E-00377)가 있으며, Triterpenoid는 Oleanolic, 2α-Hydroxyoleanolic acid, Chromon glycoside: eugenoside I , II가 있고 Tannins는 Eugenin(D-02299), Cornustanin 2(C-01840), Isoeugenitol

(D-01718), Isoeugenitin(D-01718), Eugenitin(D-01717), Eugenitol(D-01717), Isoeugenitol(D-01718), Tillimagrandin II(H-00698), Cornustannin 2(C-01840), 1-(2,4,6-Trimethoxyphenyl)-1,3-butanedione (T-02770) 등이 있다(DNP p556).

건조 꽃봉오리 중 정유는 15-20%이며 주성분은 Eugenol 70-85%가, 그 외에 1,2,3-trigalloyl 4,6-hexahydroxy diphenoyl β-D-glucopyranose, 1-Desgalloyleugenin, alkaloid는 higenamine, flavonoids계 물질로는 rhamnetin, kaempferol 등이 있으며 기타 gumstoff 13%과 fat 5-15%등을 함유한다.

생리활성

Mini-review: 정향의 꽃봉오리를 건조 후 추출한 정유는 통증완화, 치료증진 및 향료와 향 공업에서 활용되었다. 정유 주성분은 phenylpropanoid인 carvacrol, thymol, engenol 및 cinnamaldethyde등이며, 정향의 생리활성은 미생물, 기생충, 병원성 미생물, *Herpes simplex*와 간염 C virus 등에 또 항산화, 항진균 및 항virus 활성 등이 있다. 성분 eugeniin은 antiviral activity, 정향 MeOH ex는 gram(-) 호기성 치근막 구강병원균 성장 억제, eugenol은 담즙 분비 촉진 효과, eugenol과 acetyleugenol은 혈소판 응고 저해, thromboxane 생산, antispasmodic, sedative effect가 연구되었다. GC/MS로 36성분이 동정되었고, 그 함량은 eugenol 88.58%, eugenol acetate 5.62%, β-caryophyllene 1.39%, α-heptanone 0.93%, ethyl hexanoate 0.66%, humulenol 0.27%, α-humulene 0.19%, calacorene 0.11% 및 calamenene 0.10% 등이었다(Chaieb K, 2007-501).

기억손상완화-PEP저해: 정향 꽃 봉우리의 MeOH 추출물 EtOAc 분획에서 2개의 신물질 acetophenone glycoside인 2,6-dihydroxy-4-methoxy-acetophenone 3-C-β-D-glucoside ①과 2,6-dihydroxy-4-methoxy-acetophenone 3-C-β-D-(6′-*O*-galloyl)glucoside ②와 함께 기지물질 eugenin③, 8-C-glucosylnoreugenin ④ 및 gallic acid ⑤를 분리동정하였다. 이들 중 물질②는

prolylendopeptidase 억제활성이(IC_{50} 17.2μM) 현저하여, 기억 손상과 인식 감퇴에 강력한 치료 후보물질로 생각되었다(Han A-R, 2010).

항균·항암활성①: 32종의 생약재의 70% EtOH와 H_2O 추출물을 제조, 항균, 항곰팡이, 항암 및 항고혈압을 조사하였다. 32종의 생약재를 100℃에서 2시간 추출, 동결건조 후 시료로 썼다. 70% EtOH 계피 추출물을 1,000μg 첨가시 10mm 이상의 항균환을 보여 항곰팡이 활성을, 정향 H_2O ex가 SNU-1 위암세포와 HeLa 자궁암세포에 세포독성을 보였다(도정룡, 2005).

항암활성②: Bioassay-directed fractionation으로 clove terpene을 분리, 5개 기지물질 즉 β-caryophyllene ①, β-caroyophyllene oxide②, α-humulene③, α-humulene oxide④ 및 eugenol⑤를 분리동정하였고, 이들 물질은 해독효소 glutathione S-transferase를 mouse liver와 소장에서 강력한 유도 효과를 보였다. 해독 효소를 유도할 수 있는 천연 항암제는 화학적 발암 물질의 저해활성이 있어 이들 sesquiterpene들은 강력한 항암제라 생각되었다(Zang GQ, 1992). Clove oil에는 eugenol과 β-caryophyllene이 각각 78%, 13% 함유. 이들의 세포독성을 human fibroblasts와 endotheial cell에 실험한 결과, clove oil은 0.03%에서 73%의 세포독성이 eugenol과 함께 있었다(Prashar A, 2006).

HL-60암예방-Eugenol·VitD3③: Eugenol은 정향, 월계엽, 육계잎 등 여러 향신료 정유의 주요 성분으로 악성 종양 세포 성장을 저해, 사멸을 유도함이 보고되었다. 본 연구에서는 eugenol이 세포 분화 유도에 관여 하는지 알고자 HL-60 전 골수성 백혈병 세포의 분화에 미치는 eugenol의 효과를 HL-60 세포에 eugenol 150μM을 투여, 세포로 성장이 저해 되었으며, 1,25$(OH)_2$ vitD_3 3nM와 병합 처리 시, 더 큰 저해 효과를 보였다. 이때 eugenol은 1,25$(OH)_2$ vitD_3 3nM로 유도되는 세포주기 G0/G1 단계에서 정지를 더 증가시킴을 알 수 있었다 . 또 이는 eugenol이 1,25$(OH)_2$ vitD_3 3nM와 상호 작용으로 저농도의 1.25$(OH)_2$ vitD_3 3nM로 자극된 세포 분화 신호를 더 증대시킴을 나타내었다. 이러한 eugenol에 의한 세포 분화 유도는 암의 화학적 예방 효과에 유용성을 보였다(Yoo CB, 2005).

심장보호효과-Eugenol: Doxorubicin(Dr) 심장 독성에 대한 eugenol 보호 효과를 알고자 Dr 20mg/kg을 복강 내 1회 주사로 심장독을 일으키고, 정향의 정유성분인 eugenol을 경구로 5일간 연속 투여한 결과, eugenol은 creatine kinase와 lactate dehydrogenase 혈중 농도를 감소시켰고, 심전도 교란을 회복시켰다. 또 eugenol은 Dr-유도 항산화 방어 기전 결여, 지방 과산화 감소 및 심장 조직에서 세포 내 Ca^{2+}와 NO량 증가를 완화시켰다. 더구나, Dr-유도 심장 손상의 조직학적 실험에서 eugenol이 현저히 감소시켰다. 면역 조직학적 분석은 eugenol이 심장 근육 세포에서 Dr-유도 심근 세포의 caspase-3의 활성을 예방하였다. Eugenol의 심장 보호 효과는 capsazepine 투여와, vanilloid receptor-1 길항제보다 현저히 억제되지는 않았다. Eugenol은 항산화활성과 Ca^{2+}축적이나, NO농도를 감소시킬 수는 없었으나, 급성 Dr 심장 독성에 대한 보호제로 강력한 후보 물질로 생각되었다(Fouad AA, 2011)

건위효과: HCl-ethanol 위 손상 실험에서 정향의 MeOH 추출물(시료)의 방어효과를 확인하였고, HCl-ethanol 위 손상, 위액 분비 기초실험, indomethacin 위 손상 실험, acetic acid 궤양 실험에서 시료의 급·만성 위염 및 위 손상을 관찰하였다. LD_{50}은 경구투여에서 3,000mg/kg이상이었고, HCl-ethanol 위 손상 실험에서 EtOAc 분획 165mg/kg과 BuOH 분획 215mg/kg이 손상을 감소시켰고, acetic acid 궤양 실험에서 궤양 크기를 BuOH 분획 215mg/kg이 감소시켰다. 이로써 정향은 급·만성 위염과 위 손상에 보호 작용이 있으며, 그 기전은 위액 분비의 억제 작용에 의한 것이었다(정기화, 1992; Morsy, MA, 2008).

혈관이완효과-Eugenol①: Clove의 주요 성분인 eugenol은 전압과 수용체 작용 Ca-channel의 활성화로 유도되는 혈관 수축을 저해하는 Ca 길항제로 작용. 이러한 저해 작용은 적어도 부분적으로 Na-guanylyl cyclase 회로를 통해 혈관 내피에 작용하는 인자에 의해 조절되는 것으로 보였다(Damiani CEN, 2003).

혈관이완작용기전-수피②: 정향피 물 추출물을 혈관 절편과 반응시킨 결과, 조직내 cGMP의 생성량이 농도 의존적으로 증가하였다. 이는 정향피 물

추출물이 혈관 내피 세포 의존적이었고, NO/ cGMP계 의존적으로 혈관을 이완시켰다. 이 과정에서 L형 Ca^{2+} 통로와 K^{+} 통로가 부분적으로 관여하는 것으로 생각되었다. Cyclase 회로를 통해 혈관 내피에 작용하는 인자에 의해 조절되는 것으로 보였다(송철민, 2006).

항혈전효과①: 정향의 용매별 추출물의 항산화활성은 DPPH법, ROS 및 RNS 소거활성으로 실험한 결과, 정향의 EtOH 및 EtOAc 추출물에서 항산화 효과가 높았고, 인체 LDL 산화 억제 효과는 대조군 AA보다 우수한 효과를 보여, 산화 LDL 내의 지질 과산화물의 축적으로 각종 연쇄 반응을 억제, 세포 의존성 동맥 경화 초기단계에서 예방할 수 있었다. 정향의 혈소판 응집 억제 효과 및 혈전 용해능은 thrombin 유도 혈소판 응집에 항혈소판 제제인 aspirin과 유사한 억제 효과를 보였고, 혈전 분해 활성은 fibrin plate상에서 정향 농도 의존적으로 fibrin 분해량의 증가로 확인하였다(양영이, 2011)

동맥경화예방·치료②: Cholesterol acyltransferase(ACAT)는 cholesterol에 장쇄지방산 결합을 촉진하는 효소이며, ACAT 억제는 hypercholesterol-emia나 atherosclerosis 치료에 유용한 방법으로 쓰이고 있다. ACAT 억제효과를 163종 식용식물의 MeOH ex에 대한 실험 결과, 100mg/mL에서 human ACAT에 50% 이상 억제효과는 15종 중 계지, 소두구, 정향, 월계수, 육두구, 차조기, 로즈마리, 후추, 산초 9종이었다(이대영, 2008).

진통효과·기전-Eugenol: Eugenol(1-10mg/kg) 경구투여로 acetic acid-유도 통증 시험에서 시료용량 의존적으로 진통 효과를 보였고, 그 진통 효과는 적어도 30분 지속. Formalin을 발바닥에 주사 시, 통증에 대한 반응은 2차적 시료 투여로 감소. Yohimbine(α_2-adrenergic receptor 길항제)이나 naloxone (opioid receptor 길항제) 복강 내 주사로 통증이 완화되었으나, methysergide (5-HT serotonic receptor 길항제) 통증 시험에서 시료의 진통 효과는 나타나지 않았다. 이로써 eugenol의 진통 효과는 α_2-adrenergic과 opioid receptor에 작용하는 진통 효과 물질이었다(Park S-H, 2011).

항당뇨활성-잎①: Paraguay 천연 약물, *Eugenia uniflora* 잎 수침 ex(시료)는 항당뇨 약물로 쓰였고, mice의 sucrose 내성 test에서 혈당 증가를 저해하였다.

α-glycosidase 저해 물질을 양 ion 교환수지로 분리한 활성 물질은 새로운 활성 물질 uniflorine A①와 B② 및 기지물질, (+)-(3α,4α,5β)-l-methyl-piperidine-3,4,5-triol ③이었다(Matsumura T, 2000). India *Syzigium cumini* 씨는 당뇨 치료에 일반적으로 사용. Alloxan 유도 당뇨 쥐에서 시료 alcohol ex 100mg/kg 경구투여에서 혈당과 뇨당 및 혈중 지방이 현저히 감소하였고, 또 총 hemoglobin를 증가시켰다. 시료는 모든 수치를 정상으로 회복시켰고 insulin과 유사하였다(Stanely P, 2004).

항당뇨활성-씨②: STZ-유도 당뇨 쥐의 산화적 stress는 만성 합병증에서 중요하다. 본 연구는 *Eugenia jambolana* seed kernel EtOH ex(시료) 투여로 당뇨 쥐의 간과 신장에서 조직 항산화 효소와 지방 과산화를 실험. 시료 투여로 STZ-유도 당뇨 쥐의 혈당 및 당화 hemoglobin을 현저히 감소시켰고, 몸무게, 혈중 insulin 및 hemoglobin을 증가시켰으며, superoxide dismutase, catalase, glutathione peroxidase 및 환원 glutathione 함량을 간과 신장에서 감소시켜 조직병리학적 검사에서 거의 정상 수준으로 회복시켰다. 이로써 시료는 표준 저혈당 약물, glibenclamide와 같이 항산화 효과가 있었다(Ravi K, 2004).

항응고활성①: 허브 추출물의 항응고 활성 검색(양파, 마늘, 쑥, 정향, 울금, 와사비 등)-93종의 허브를 냉수(Fr-1), MeOH(Fr-2), 열수(Fr-3)추출물에 대하여 내인성 경로에 작용하는 항응고 활성을 수용성 획분인 Fr-1과 Fr-3에 대해 activated partial thromboplastin time(APTT)으로 검색한 결과, 양파, 마늘, 정향, 쑥, 울금 등이 높은 활성을 보였으며, 외인성 경로와 공통 경로에 작용하는 항응고성 활성은 저분자임을 감안하여 Fr-1과 Fr-2의 각각 prothrombin time(PT)과 thrombin time(TT)로 검색한 결과, mint, 이탈리안 시즈닝, rosmary, tarragon, 울금, 백리향, 와사비는 공통경로에 항응고 활성을 보였으나, 외인성 경로에 활성을 보인 시료는 없었다. 1, 2차 검색 결과, 가장 강한 활성을 보인 것은 정향이었고, Holland산이 가장 강하였다(이종임, 2000-335).

항응고 활성②: EC-2B와 EC-2C 획분은 정향 알칼리 추출에서 EtOH 침전,

cetavlon 처리 및 한외여과분획으로 EC-2B는 APTT(Activated partial thromboplastin time)에서 항응고 활성이 있고, EC-2C 획분은 APTT와 TT (Thrombin time) 모두에서 항응고 활성이 있으며, EC-2B와 EC-2C에서 모두 혈소판 응집억제능이 관찰되었다. EC-2B와 EC-2C 획분의 경구투여에서 모두 독성이 없었으며, EC-2B 획분은 1,000mg/kg(mouse, iv)에서 독성이 없었으나, EC-2C 획분은 LD_{50} 322mg/kg에서 독성이 있었다. 두 획분의 in vivo에서 항응고 활성을 60% 생존율의 dose로 표기한 결과, EC-2B는 131mg/kg, EC-2C는 58mg/kg이었다(Lee, JI, 2000-712; Srivastava, KC, 1993).

항응고활성-잎 Phenylpropanoids③: 정향잎의 정유에 있는 eugenol과 isoeugenol 및 그들의 congener는 혈소판 응고 측정기(platelet aggregometer)로 측정, aspirin과 비교하였다. 정향잎의 정유에는 eugenol과 isoeugenol이 분리 확인되었고, IC_{50}은 arachidonic acid(IC_{50}, 0.05μM)와 collagen(IC_{50}, 0.9μM) 및 혈소판 활성인자(IC_{50}, 12.2μM)로 유도된 것들에 대하여 대단히 효과가 있었고, eugenol과 isoeugenol은 aspirin보다 강력한 활성이 있었다 (이종임, 2000-543).

Allergy저해-꽃봉오리: 정향 꽃봉오리 수침 ex(시료)의 즉각적 과민 반응에 대해 실험하였다. 시료는 rat에서 compound 48/80-유도 전신적 과민증과 국소 IgE-유도 수동적 피부 과민 반응을 저해하였다. 시료 25-1,000mg/kg 전처리에서 혈청 histamine은 농도 의존적으로 감소하였다. 더구나 시료 농도 의존적으로 compound 48/80이나 anti-nitrophenyl IgE에 의해 rat 복강 내 mast cell에서 histamine 유리를 저해하였다. 시료 첨가 시 일시적으로 PRMC에서 cAMP량과 basal cell과 비교했을 때, 약 47배로 현저한 증가를 보였다. 이로써 시료는 in vivo와 in vitro에서 mast cell로부터 histamine 유리를 저해함으로써 즉각적 과민 반응을 저해하였다(Kim HM, 1998).

항균성·항산화활성-Phenol성물질①: 일반적으로 많이 쓰이는 32종의 생약 수침액에 대하여 항산화와 총 phenol성 물질량, 항균성과 MIC를 측정하였다. 총 phenol성 물질함량과 radical 소거활성은 *Terminalia chebula*가 가장 많았고 (585.87mg/g, 38.15%), 다음 *S. officinalis*(429.21mg/g, 29.33%), *Pueraria* *thunbergiana*(377.31mg/g, 30.01%) *Rubus coreanus*(316.23mg/g, 26.77%) 순이었다. *T. chebula, R.coreanus, E. aromaticum* 및 *S. officinalis*의 수침액이 *E. coli, Sal. typhimurium, Pseudomonas aeruginosa, Staphylococcus aureus, Bacillus subtilis* 및 *Lactobacillus plantarum*에 대해 강력한 항균활성을 보였고, 대상 미생물에 대한 MIC도 높은 효율을 보였다. 총 phenol성 물질과 항균활성의 상호관련성이 모든 시료에서 0.89(*E. coli*), 0.79 (*B.subtilis*), 0.78(*S.aureus*), 0.85(*L. plantarum*), 0.85(*P. aeruginosa*) 및 0.25(*S. typhymurium*)로 높았다(정향, 칡, 복분자, 단삼)(Do, J-R, 2004).

항미생물활성-Polyphenol량②: 32종의 생약재 추출물에 대하여 병원균의 식중독균, 세균, 젖산균 및 효모 등 12종의 균주 *B. subtilis, M. luteus, Sta. aureus, Sta. epidermidis*(Se), *Strep. mutans, E. coli, Psd. aruginasa, Sal. typhimurium. V. vulnificus, Lac. brevis, Leu. mesenteroides(Lm), Sacch. cerevisiae*에 대해 항균활성을 검색한 결과, 계피, 목단 적양, 정향, 팔각향 등의 MeOH 추출물에서 12균주에 강한 활성을 보였으나, 젖산균과 효모에는 낮은 활성을 보였다. 최소저해농도는 *B. subtilis*에 강한 증식 억제 효과를 보였고, Se나 Pa에 대부분의 시료에서 저해활성이 나타났다. Lm도 대부분의 시료 추출물에서 억제 효과를 보여 항균 효과는 다른 결과를 보였다. 시료 중 강한 항균성을 보인 녹차, 정향, 적양, 인진호 등은 polyphenol 함량이 7mg/g 이상 높아, 이들이 항균성에 영향을 준 것으로 생각되었다(문지숙, 2004-207).

항미생물활성-Gram(+)·gram(-)균③: 정향의 꽃봉오리를 수증기 증류하여 얻은 정유는 7%, 이를 분석 동정한 결과, eugenol, caryophyllene, eugenol acetate 및 α-humelene, 주성분은 eugenol. 본 정유는 gram(-) bacteria인 *E. coil* ATCC35218, *E. coil*, *Klebsiella pneummiae*, *Sal. paratyphi*, *Citrobactor* spp. 및 *Enterobacter cloacae*, gram(+) bacteria *St. aureus* ATCC25923 및 fungus *Candida albicans*에 항미생물활성을 보였고, 항산화활성은 DPPH 법에서 eugenol이 높았다(Ayoola GA, 2008).

항균·용혈활성④: 국내산 및 수입산 한방 생약재 61종의 EtOH ex를 disc-diffusion법으로 항균성을 실험한 결과, 최소 생육억제 농도(MIC)와 최소 사멸

농도(MBC/MFC)를 평가한 결과, 정향이 다양한 세균, 진균에 1.25mg/mL의 MIC와 1.25-5.00mg/mL의 MBC/MFC를 보여 가장 광범한 항균활성을 확인하였다(류희영, 2010).

항식중독균⑤: 4종의 향신료를 액체 배지에 0-2%(W/V)를 첨가하고, 멸균 후 6종의 식중독 세균, *Aeromonas hydrophila*, *E. coli* 0157;H7, *Listeria monocytogenes*, *Staphylococcus aureus* 196E, *Salmonella typhimurium*, *Vibrio parahemolyticus*를 105-106cells/mL접종. 35℃, 24시간 배양한 결과, 향신료의 농도 의존적으로 세균 증식이 억제되었고, clove의 항균활성이 가장 우수하였고, allpice와 oregano가 우수. 0.3% clove 액체배지에서 6종의 식중독 균의 증식이 억제되었다(박찬성, 1997; Mytle N, 2006). 저농도의 clove (0-0.5%w/v) 함유 tryptic soybroth(TSB)에 *E.coli* 015:H7(Ec)을 105-107cells/mL 접종, Ec의 증식과 생존에 미치는 영향을 최적 온도 35℃와 저온 -20, 5℃, 고온50, 55℃에서 검토한 결과, clove TSB에 106-107cells/mL에 Ec접종 후 32일간 저온 -20, 5℃에서, Ec 생존 억제는 냉장에서 시료 농도가 높을수록, 저장이 길수록 뚜렷하였고, 0.3%와 0.4%에서 각각 32일, 24일에 사멸하였다(박찬성, 1998).

항Herpes활성①: *Syzygium aromatica* bud (clove)와 *Paeoniae* species roots에서 antiherpetic(antiviral) 성분을 분리동정한 결과, 각각 eugenin과 1,2,3,4,6-penta-*O*-galloyl-β-D-glucose였고, 이들 tannin은 antiherpetic activity를 보였다. Antiherpetic substance 38개를 실험한 결과, galloyl이나 hexahydroxydiphenoyl군이 있었고, 더 강한 활성 tannin들은 세포독성이 더 컸다(Takechi M, 1985).

B형간염Virus증식억제②: 정향 꽃봉오리 수침 ex는 molmey murine leukemia virus(MMLV)의 reverse transcriptase의 활성을 100% 저해하여, 항HBV 작용은 밝혀졌다(Kang SY, 1999).

항미생물활성-질염①: Clove oil은 urogenital infection을 포함한 진균성 병원균에 항미생물활성이 있고, 특히 *Candida albicans*, *Cryptococcus neoformans* 및 *Aspergillus fumigatus*등 병원성 미생물에 강력하였다. 본

실험은 동물 model인 murine 질염 실험에서 강력한 효과를 보였고, clove oil은 자궁 *Candida*증에 가장 효과가 컸다(Ahmad N, 2005).

항진균활성-Onychomycosis②: Clove 정유와 eugenol이 손(발)톱진균증 환자에게서 얻은 진균(*Candida albicans*, *C. tropicalis*, *C. krusei*, *T. rubrum*, *T. mentagrophytes* 및 *Geotrichum candidum*)에 항진균 효과를 실험한 결과, clove oil MIC 2%와 eugenol MIC 4%가 현저한 항진균활성을 보였다(Gayoso CW, 2005).

항병원성진균③: Clove 정유는 항산화활성이 있고(DPPH), 53종 병원성 진균에 대해 항진균활성이 있었다(disc paper diffusion). 정유에 eugenol 88.6%, eugenol acetate 5.6%, β-caryophyllene 1.4%, 및 2-heptanone 0.9% 함유하였고, 항산화활성은 BHT와 유사하며, *Candida*에 항진균활성이 강력하였다(Chaieb K, 2007-403).

항진균활성-정유④: Clove oil과 eugenol(정유의 85.3%)의 항진균활성은 *Candida*, *Aspergillus* 및 피부 사상균주 American type culture collection에 항진균 효과를 실험한 결과, 정유와 eugenol은 실험 진균주에 저해활성을 보였고, 정유와 eugenol은 특정 fungi 세포막 성분 ergosterol 함량을 상당히 감소시켰다. *Candida*와 *Aspergillus*에 의한 germ tube 형성은 MIC 값 이하의 정유와 eugenol에 의해 거의 완벽하게 저해되었다. 이로써 clove 정유와 eugenol은 fluconazole-resistant 균주를 포함한 임상적 관련 진균에 대해 항진균효과가 상당하였다(Pinto E, 2009).

항충치균활성①: 105종의 생약 EtOAc, MeOH ex 중 충치균 *Steptococcus mutans* OMZ 176에 강한 항균활성을 보인 생약 추출물은 정향, 마두령, 관중, 원추리, 반하, 녹수초, 현삼 등이 었다(Namba, T, 1982; 도동선, 2002).

항우치균②: *Syzygium aromaticum*(clove)의 MeOH ex 시료는 gram(-) 염기성 구강 우치균 *Porphyromonas gingivalis*(Pg)와 *Provotella intermedia* (Pi)를 포함한 구강 내 우치균 성장 저해활성을 보였다. 시료로부터 bioassay-directed로 분리한 8개 활성 물질은 5,7-dihydroxy-2-methylchromone, 8-C-β-D-glucopyranoside, biflorin, kaempferol, rhamnocitrin, myrcetin, gallic acid, ellagic acid 및 oleanolic acid이었다. 이들 물질은 *St. mutans*, *Actinomyces viscosus*, *P. gingivalis* 및 *P. intermedia*에 항미생물활성을 보였고, flavone 중 kaempferol과 myricetin은 우치 병원균, *P. gingivalis*와 *P. intermedia* 성장 억제활성이 강력하였다(Cai L, 1996).

Candida증치료제개발③: 항*Candida* 활성이 우수한 천연물을 얻고자, 298종의 식용 또는 약용되는 식물에 대하여 조사하였다. 시료 추출물의 항*Candida*(Anti-C)실험은 disc-paper법과 microbroth dilution법을 이용, *Candida albicans*(Ca)와 *S. cerevisiae*(Sc) 대상으로 평가한 결과, 20종 시료, 각종 추출물에서 Anti-C 활성을 보였고, 특히 멍석 딸기, 정향, 천황련, 작약, 모란, 대극잎 등이 효과가 있었다(손호용, 2003).

항구강 Candida증④: Oregano와 clove 정유성분 carvacrol과 eugenol은 immunosuppressed rat에서 *Candida albicans* 유도 *Candida*증(oral)에 carvacrol 0.1%와 engenol 0.2% 첨가 후 평가한 결과, 구강의 colony 수를 carvacrol과 eugenol 또는 nystain을 8일간 연속 처리한 후, 대조군과 비교한 결과, carvacrol과 eugenol은 계속 생장하는 *C. albicans*를 살균하였고, 이 살균 효과는 물질 유리와 동반되었다. 이로써 carvacrol과 eugenol은 중요한 잇몸(envelop) 손상 관련 기전에 의한 anti-candidal effect로 생각되었다 (Chani N, 2005).

항균작용⑤: 마늘, 생강, 계피, 정향을 식중독균 *E. coli* 0157: H7과 *S. aureus*에 대해 항균작용을 조사하였다. 분말 향신료를 세균 배양액의 대수증식기에 0-2% 첨가한 후, 세균 증식을 660nm에서 흡광도를 측정하여 증식 억제율과 항균성을 비교한 결과, 생강이 가장 높았고, 계피〉정향〉마늘 순이었다. 시료 첨가 후 5시간 내에 완전히 증식이 억제되는 농도는 마늘 1% 이상, 생강과 계피 0.3%에서 두 균주의 증식이 완전히 억제되었고, 정향은 *E. coli*에 5% 이상에서, *S. aureus*는 0.3% 이상에서 억제되었다. 전자 현미경 관찰 결과, 향신료 처리 *E. coli*와 *S. aureus*는 균체의 세포벽과 원형질막이 분리와 용해로 심하게 손상되었다. *E. coli*는 균체 내용물이 빠져 나왔고, *S. aureus*는 세포벽이 팽윤되어 세포의 형태가 비정상임이 관찰되어, 향신료는 세포벽과

원형질막의 용해를 촉진, 세포가 사멸됨이 관찰되었다(김미림, 2000).

항균활성-정유성분⑥: 카레에서 수증기 증류로 정유성분을 분리하고, gram(-)균과 gram(+)균 효모 및 곰팡이에 대한 항균력을 검토하였다. 14종의 향신료의 정유의 항균력을 Agar diffusion법으로 실험한 결과, 항균력이 강한 5종, clove, cumin, nutmeg, oregano, rosemary를 선별하였으며, 이들의 최소 생육억제 농도(MIC)를 측정한 결과, 매우 낮은 농도 0.2-9mg/mL에서 양호한 효과를 보였고, 생육억제 효과는 gram(-)균보다 (+)균에 항균효과가 좋았으나, (-)균이나 유산균은 낮은 항균효과를 보였다(정창기, 1990).

항Vibrio-생강, 겨자, 마늘, 정향⑦: 식중독균(*Vibrio*)의 향신료 정유; 생강, 겨자, 정향, 마늘 등 6종의 항균성을 비교하였다. 정유의 휘발성분은 GC와 GC/MS로 분석하였다. 정향의 싹과 잎 및 전체 정유에서 Vv(*Vibrio vulnificus*) 02에 60.6-80.3% 높은 항균성을 보여 생강, 겨자, 마늘에 내성이 강했던 Vv 02는 정향이 강하였고, 주요 휘발성분은 싹에 eugenol 83.33%, β-caryaophyllene 7.4%, 잎에 eugenol 86.4%과 β-caryophyllene 10.03%, 정향 전체 정유는 eugenol 86.4%, β-caryophyllene 9.71%였다. 이들 결과로 생강, 겨자, 마늘, 정향 등의 휘발성 정유는 *Vibrio*균에 항균성이 우수한 것으로 나타났다(박찬성, 1998-89).

항염증활성-Eugenol①: 정향의 EtOAc 분획에서 7종의 물질인 eugenol, oleanolic acid, kaempferol 7-*O*-methylether, 3,4,3′-tri-*O*-methylellagic acid, maslinic acid, sitosterol glucoside 및 isorhamnetin-3-C-glucoside를 분리동정하였으며, 이중 COX-2 저해(항염증성) 물질은 eugenol이었다(손건호, 1998; Li W, 2006).

항염증·항산화성②: 염증 반응의 중요 작용인자인 NO 저해율을 24종 식물 추출물에 대하여 25μg/mL에서 조사한 결과, 가자, lavender, 정향이 우수. 최고농도 100μg/mL에서 lavender는 NO 생성량이 20-30 % 감소하였으며, RAW 264.7 세포주에 LPS로 처리, 염증을 유발시킨 후, NO 생성 및 pro-inflammatory cytokine인 TNF-α의 생성 저해활성을 보였으며, LPS 유도 염증 인자도 감소시켰다. 총 polyphenol 함량은 lavender 73.98μg/mg, flavonoid는 11.77μg/mg, RC_{50}은 17.25μg/mg이었다(채인경, 2011).

항산화효과①: 정향을 물, MeOH, Et_2O로 추출, 이들 추출물의 항산화 효과를 linoleic acid와 linolenic acid 기질에서 비교한 결과, 각 추출물의 phenol 함량은 23.1%(물), 42.8%(MeOH), 34.9%(Et_2O)이었고, Eugeol 함량은 MeOH 추출물에 6.1%, Et_2O 추출물에 8.1%, 물추출에는 검출되지 않았다. DPPH 소거 효과는 물 추출물은 36.1%, MeOH 추출물은 30.9%, Et_2O 추출물은 29.7%였다. Linolenic acid 기질에서의 항산화 효과는 BHT〉Et_2O 추출물〉α-Tocopherol〉MeOH 추출물〉물 추출물 순이었고, linoleic acid 기질에서는 BHT〉물 추출물〉MeOH 추출물〉Et_2O 추출물〉 α-tocopherol 순이었다(김동석, 2004).

항산화활성-Eugenol·eugenol acetate②: Clove bud를 55℃, 95mmHg 수증기 증류에서 22 compound를 분리동정, 주성분은 eugenol 24.371mg/g, eugenol acetate 2.453mg/g. eugenol acetate 및 benzyl alcohol은 hexanal 산화를 각각 99.99 및 82% 억제(30일 500μg/mL). 이 항산화 물질은 암, 동맥경화, 당뇨 및 면역 결핍을 포함한 여러 질병과 관련이 있는 지방 과산화를 예방하는데 도움이 된다고 생각되었다(Lee K-G, 2001).

항산화효과③: 정향 추출물, BHA 및 α-tocopherol을 각 기질에 200ppm 첨가한 후 자동산화 및 가열산화 시 과산화물가, 산가 및 공액 이중산가의 변화를 보면 자동산화 시 대두유 기질에서의 항산화 효과는 Et_2O 추출물〉MeOH 추출물〉BHA〉α-tocopherol〉물 추출물≥대조군 순이었고 각 실험물질 첨가군의 유효기간은 각 9.5일, 9.6일, 10.7일, 11.8일, 10.4일 및 9.7일로 Et_2O 추출물이 가장 길었다. 또 가열산화 조건하에서의 항산화 효과는 MeOH추출에서만 대두유의 산가 및 공액 이중산가의 증가폭을 감소시켰다(박상일, 2004).

항산화성·ADH 저해성④: 32종의 생약재 MeOH 추출물에 대해 생리활성 물질 및 알콜 대사에 대해 실험한 결과, DPPH법에 의한 free radical 소거능은 정향, 녹차, 목란, 적양은 90% 이상 활성을 보였고, 줄기껍질〉잎〉열매〉뿌리 순으로 활성이 나타났다(문지숙, 2004-201).

미백효과-Tyrosinase억제: 오매, 계피, 정향, 강활, 방풍 등 14종의 식물에 대하여 tyrosinase 효소 활성 억제 효과를 검색하였다. 오매, 방풍, 강활, 계피는 미약한 억제 효과를, 정향 MeOH 추출물은 상당히 강한 억제활성을 보였다. 정향의 MeOH ex의 BuOH 분획에서 더욱 강한 tyrosinase 억제활성을 보였고, 이는 1mg/mL에서 arbutin과 유사한 억제활성을 보였다 (박정일, 1997).

진드기살충활성-Bud oil①: *Eugenia caryophyllata*(clove) bud oil 유도 eugenol과 congener인 acetyleugenol, isoeugenol 및 methyleugenol은 성숙 *Dermatophagoides farinae*(Df)와 *D. pteronyssinus*(Dp) 피부 사상균에 살충 활성이 있어, 피부 직접 접촉이나, 훈증법을 이용 benzylbenzoate와 N.N-diethyl-m-toluamide(DEET)와 비교, 물질의 종류와 용량, mite의 종에 따라 반응이 다양. Df 성충에 가장 강한 물질은 methyleugenol LD_{50} 0.94mg/cm^2, isoeugenol 5.17mg/cm^2, eugenol 5.47mg/cm^2, benzyl benzoate 9.22mg/cm^2 및 acetyleugenol 14.16mg/cm^2. DEET 37.59mg/cm^2 순. Dp 성충에 methyl-eugenol 0.67mg/cm^{2}로 isoeugenol 1.55mg/cm^2, eugenol 3.71mg/cm^2, acetyleugenol 5.41mg/cm^2 및 benzyl benzoate 6.59mg/cm^2, DEET 17.85mg/cm^2 순이었다(Kim E-H, 2003).

진디물퇴치효과-Eugenol②: 정향 70% EtOH ex의 hexane, $CHCl_3$ 및 EtOAc 분획에 대해 aphid(*Uroleucon lactucicola*) 살충 실험 결과, hexane 분획이 가장 강하였고, hexane 분획 중 eugenol 함량은 43.7%였다. 이로써 eugenol은 bio-pesticide개발의 시초가 되리라 생각되었다(Jung JY, 2014).

콩벌레퇴치효과-정유: 13개 식물 정유의 bean bug 퇴치 활성을 전기 생리적 반응으로 확인하였다. 실험 정유 caraway(100%), clove bud oil(92%)은 실험 정유 중 현저한 bean bug 퇴치농도 0.142μg/cm^{2}에서 현저히 퇴치되었고, caraway와 carvane 56%과 limonene 44%, eugenol 81%, isoeugenol 12% 및 β-caryophyllene 7% 농도에서 퇴치 효과가 있었다. 이중 eugenol은 bean bug에 가장 강한 퇴치효과가 있었다(Yang J-O, 2009).

꽃봉오리성분: 정향(*S. aromaticum*)의 꽃봉오리에서 7개의 성분을 분리동정한

결과, eugenol ①, oleanolic acid ②, kaempferal 7-*O*-methylether ③, 3,3′4-tri-*O*-methyl ellagic acid ④, maslinic acid ⑤, β-sitosterol-3-*O*-glucoside ⑥ 및 isorhamnetin 3-*O*-glucoside ⑦였고, ①은 cyclooxygenase-2 (COX-2) 저해활성을 보였다(Son KH, 1998). 정향 꽃봉오리의 BuOH 분획에서 3성분인 3,3′,4-tri-*O*-methylellagic acid ①, 3-*O*-β-D-glucopyranosyl-3,5,4′-trihydrox-7,3′-dimethoxyflavone ② 및 gallic acid ③을 분리동정하였고, ①은 정향에서, ③은 *Eugenia* 속 식물에서 처음 분리되었다(박만기, 1997). 정향의 EtOH ex에서 polyoxygenated chromone C-glucoside인 isobiflorin (5,7-dihydroxy methylchromone-8-C-β-D-glucopyranoside)와 biflorin을 분리동정하였다(Zhang Y, 1997).

정유성분-잎: India의 little Andaman에서 생산된 clove 잎을 수증기 증류하여 정유 4.8%를 얻어, GC와 GC/MS 분석으로 16개 물질을 분리동정한 결과, 주요 물질은 eugenol 94.4%, 다음 β-caryophyllene 2.9%였다. Clove은 eugenol의 주요 산물로 특히 India의 Andaman, Nicebar 및 Lakshdeep 섬의 주요 농산물이다(Raina VK, 2001).

정유성분-꽃봉오리·잎: Clove 꽃봉오리를 GC/MS로 분석한 결과, 정유성분은 eugenol, β-caryophyllene, α-humulene, α-farnesene 및 eugenol acetate가 주요 물질. 다음 methylsalicylate, α-copaene, β-ocimene, *z*-nonanone, ethyl hexanoate 및 acetophenone도 완숙 꽃봉오리에서 동정되었다. 또 clove 잎의 정유는 β-caryophyllene, eugenol, α-humulene, 3-hexen-l-ol, 3-hexen-l-yl acetate 및 hexylacetate가 동정되었다(Kasai H, 2015; Srivastava AK, 2005).

휘발성향미성분: 정향을 수증기 증류, 유기 용매로 분획하여, GC로 휘발성 향미 성분을 분석한 결과, α-pinene 0.14%, α-caryophyllene 10.81%, borneol 1.12%, cuminaldehyde 0.12%, eugenol 63.63%, eugenol acetate 20.59%였다 (Son, KH, 1998).

효능과 이용

1) 식용: 정향은 중요한 향신료로 육류의 누린내와 생선의 비린내 등을 없애

주며 햄, 소시지의 부향제로, 달콤한 향미는 푸딩, 과일 펀치, 케이크, 차, 술 등의 향미료로도 쓰인다. 중국의 오향(五香)의 하나로 우리에게도 익숙한 향료이다.

2) 약용: 정향 정유의 phenol은 강한 소독 작용이 있어 치과의 항균 소독제로, 또 충치에 국소마취, 진통 작용이 있어 치료제로 쓰인다. 이밖에 항산화, 방부, 항균, 진통, 구충, 구취 흥분제가 되며 건위, 정장, 간장의 묘약이 된다. 또, 침출액은 함수제로, 류머티즘의 도포제로, 정향의 방부, 살균력은 향료 중에서 가장 강력한 편이다. 잎과 줄기도 유점이 있어 정향유 채취원료로 이용하나 질은 꽃봉오리만 못하다. 자궁 수축, 동물 적출 장관 수축 국소 마취에 의한 진통(치과), 점막 자극, 국소 마취, 기관지 점막에 방부적인 거담 작용, 취유, 인후에 대한 살균 방부 작용, 방향성 건위, 동양 의약에서는 냉온 약으로 복통, 토사에 쓴다.

3) 기타: 성분에는 정유 15%와 탄닌 13%가 함유되어 있으며 주성분 정향유를 증류하여 얻는 eugenol은 화장품, 치약, 약품 등의 부향제로 쓰며 향수도 만든다. 인도네시아의 담배에 정향 가루가 섞여 향기롭고, 또 땀내 제거 방향제로도 쓴다.

참고 문헌

1) 강석연, 김태균, 박민수 등. **응용약물학회지** 1999 7(2) 133(정향, 마황, 계피의 간염 B형 *Virus* 증식억제효과)

2) 김동석, 정승현, 문주수 등. **식품영양과학회지** 2004 33(4) 609(용매별 정향 추출물의 항산화 효과)

3) 김미림, 최경호, 박찬성. **식품저장유통학회지** 2000 7(1) 124(향신료 분말의 *E. coli*와 *Staphylococcus aureus*에 대한 항균 작용-마늘, 생강, 계피, 정향)

4) 김현위, 허경택, 최춘언. **식품과학회지** 1989 21(1) 127[향신료(육두구, 쿠민, 카다몬, 심황, 고수, 정향, 올스파이스, 카시아, 회향, 셀러리시드, 흑후추 11종)의 휘발성 향미 성분에 관한 연구]

5) 도동선, 이상명, 나민균, 배기환. **생약학회지** 2002 33(4) 319(충치 원생 세균 *Steptococcis mutans* OMZ 176에 대한 약용식물 추출물의 항균 활성-정향, 마두령, 관주, 원추리, 반하, 녹수초, 현삼)
6) 도정룡, 김기주, 조진호 등. **식품과학회지** 2005 37(2) 206(생약재의 항균, 항고혈압, 및 항암활성)-계피 정향
7) 류희영, 안선미, 신용규, 손호용. **미생물생명공학회지** 2010 38(2) 190(한약재의 항균 활성 및 인간 적혈구 용혈 활성-정향 등)
8) 문지숙, 김선재, 박윤미 등. **식품저장유통학회지** 2004 11(2) 201(약용식물 추출물에 대한 항산화성과 알코올 탈수소 효소(ADH) 저해성 연구)
9) 문지숙, 김선재, 박윤미 등. **식품저장유통학회지** 2004 11(2) 207(약용식물 추출물에 대한 항미생물활성 검색과 polyphenol 함량)
10) 박만기, 박정일. **약학회지** 1997 41(2) 149(정향의 화학성분)
11) 박정일, 신영근, 신언경 등. **약학회지** 1997 41(4) 518(수종생약의 tyrosinase 억제효과-오매, 정향, 계피, 방풍, 강활, 목향 등 14종)
12) 박찬성. **조리과학회지** 1998 14(1) 266(Clove에 의한 *E. coli* 0157; H7의 증식과 생존억제); 1997 13(5) 602(저온저장 중 clove가 *Listeria monocytogenes*와 *Sal. typhimurium*의 생존에 미치는 영향)
13) 박상일, 손종연. **조리과학회지** 2004 20(1) 81(대두유의 자동산화 및 가열산화에 미치는 정향추출물의 항산화효과)
14) 박정일, 신영근, 신언경 등. **약학회지** 1988 41(4) 518(수종 생약의 Tyrosinase 억제효과-오매(매실), 계피, 정향, 방풍, 강활, 목향 등 14종)
15) 박찬성. **식품저장유통학회지** 1998 5(1) 89(식용식물의 식중독 세균에 대한 항균 작용: 1. *Staphylococcus aureus*에 대한 clove의 항균 작용)
16) 박추자, 박찬성. **식품조리과학회지** 2007 23(6) 793(감초와 향신료 물 추출물의 항균 및 항산화능-육포, 감초, 정향, 고추)
17) 손건호, 권순열, 김주선, 강삼식 등. **약학회지** 1998년도 학술대회(양강 및 정향으로부터 COX-2 저해제의 분리)
18) 손호용, 금은주, 권윤숙 등. **생명과학회지** 2003 13(5) 604(Candidiosis 치료제

개발을 위한 약용 및 야생 식물의 항진균 활성의 검색)
19) 이옥환, 정승현, 손종연. **식품영양과학회지** 2004 33(3) 494(용매별 정향 추출물의 항균활성2)
20) 이종임, 이현순, 전우진 등. **식품영양과학회지** 2000 29(2) 335(허브 추출물의 항응고 활성 검색)
21) 이종임, 이현순, 전우진 등. **식품영양과학회지** 2000 29(3) 543(정향 추출물의 항응고 활성양식 및 In vivo Test)
22) 임현희, 김은옥, 서미자, 최상원. **식품영양과학회지** 2011 40(10) 1361[정향(*Eugenia Caryophyllata* Thunb.) Eugenol 및 그 유도체의 항산화 및 항염증 활성]
23) 송철민, 신선호, 정현애 등. **동의생리병리학회지** 2006 20(5) 1166(정향피 추출물의 혈관 이완 효과 및 작용 기전에 대한 연구)
24) 양영이, 이민자, 이혜숙, 박원환. **동의생리병리학회지** 2011 25(3) 471(정향 추출물이 항산화, 항혈소판 응집효과 및 혈전용해능 탐색)
25) 이경희, 곽종환, 송경식. **농화학회** 포스터발표논문초록 1997년 춘계학술발표 초록집 p29(정향으로부터 분리된 prolylendopeptidase inhibitor)
26) 정기화, 이은방. **식품위생안전성 학회지** 1992 7(2, 3) 83(급 만성 위염 및 위 손상에 관한 정향추출물의 효과)
27) 정창기, 박완규, 유익제 등. **식품과학회지** 1990 22(6) 716(카레 향신료 정유성분의 항균성- clove, cumin, nutmeg, oregano, rosemary)
28) 정윤정. **석사학위논문** 경상대학교 경남 진주 1999(정향 ethanol 추출물의 항균 특성)
29) 채인경, 유미희, 김혁일, 이인선. **생명과학회지** 2011 21(4) 561(가자, 라벤더, 정향의 항염증 및 항산화 활성 검색)
30) Aheng GQ, Kenney PM, Lam LKT. *J Nat Prod* 1992 55 999[Sesquiterpenes from clove (*Engenia caryophyllata*) as potential anticarcinogenic agents]
31) Do, J-R, Kang, S-N, Kim, K-J, et al. *Food Sci. Biotechnol* 2004 13(5) 640(Anti-microbiol and antioxidant activities and phenolic contents in the water extract of medicinal plants-정향, 칡, 복분자, 단삼 등)

32) Han, KM, Kim, DH, Ahn, EM, et al. *Kor J Med Crop Sci* 2007 15(2) 82(Anti-coagulation and anticancer constituents from *Eugenia caryophylla* Thunb.)

33) Ahmad N, Alam MK, Shehbaz A, et al. *J Drug Targ* 2005 13(10) 555(Antimicrobial activity of clove oil and its potential in the treatment of vaginal candidiasis)

34) Ali SM, Khan AA, Ahmed I, et al. *Ann Lin Microbiol Antimicrob* 2005 4 20 (Anti-microbial activities of eugenol and cinnamaldehyde against the human gastic pathogen *Helicobacter pylori*)

35) Ayoola GA, Lawore FM, Adelowotan T, et al. *Afr J Microbiol Res* 2008 2 162 [Chemical analysis and antimicrobial activity of the essential oil of *Syzigium aromaticun* (clove)]

36) Baskaran Y, Periyasamy V, Venkatraman AC. *Toxicology* 2010 268 204(Investigation of antioxidant, anti-inflammatoroy and DNA protective properties of eugenol in the acetamide-induced liver injury in rats)

37) Cai L, Wu CD. *J Nat Prod* 1996 59 987(Compounds from *Syzygium aromaticum* processing growth inhibitory activity against oral pathogen)

38) Chaieb K, Hajlaoui H, Zmantar T, et al. *Phytother Res* 2007 21 501[The chemical composition and biological activity of clove essential oil, *Engenia caryophyllata* (*Syzigium aromaticum* L., Myrtaceae) A short review]

39) Chaieb K, Zmanter T, Ksouri K, et al. *Mycoses* 2007 50 403(Antioxidant properties of the essential oil of *Eugenia caryophyllata* and its antifungal activity against a large number of clinical *Candida* species)

40) Chani N, Bennis S, Chami F, et al. *Oral Microbiol Immunol* 2005 20 106(Study of anticandidal activity of carvacrol and eugenol in vitro and in vivo)

41) Cho J-H, Lee C-H, Son D-J, et al. *Food Sci Biotechnol* 2004 13(3) 315(Antiplatelet activity of phenylpropanoids isolated from *Eugenia caryophyllata* leaf oil)

42) Damiani CEN, Rossoni LV, Vassallo DU. *Vascul Pharmacol* 2003 40 59(Vasorelaxant effects of eugenol on rat thoracic arota)

43) Fouad AA, Yacoubi M. *Arch Pharm Res* 2011 34(5) 821(Mechanisms underlying

the protective effect of eugenol in rats with acute doxorubicin cardiotoxicity-clove)

44) Gayoso CW, Lima EO, Oliveira VT, et al. *Fitoterapia* 2005 76 247(Sensitivity of fungi isolated from onychomycosis to *Eugenia caryophyllata* essential oil and eugenol)

45) Ha MH. *MS Thesis* Seoul Natl Univ Seoul 2000(Potent insecticidal activity of eugenol derived from flower buds of *Eugenia caryophyllata*)

46) Han A-R, Paik Y-S. *J Kor Soc Appl Biol Chem* 2010 53(6) 847[Identification and PEP inhibitory activity of acetophenone glucosides from the clove buds(*Syzygium aromaticum*)]

47) Jung JY, Yang J-K. *J Kor Wood Sci Technol* 2014 42(5) 624(Insecticidal activity of extracts isolated from *Syzygium aromaticum*)

48) Kang SY, Kim TG, Park MS, et al. *J Appl Pharmacol* 1999 7 133(Inhibitory effects of *Eugenia caryophyllata*, *Ephedra sinica* and *Cinnamomum cassia* on replication of HBV in HepG2 cells)

49) Kasai H, Shirao M, Ikegami-kawai M. *Flavour Fragr J* 2015 31 178[Analysis of volatile compound of clove(*Syzygium aromaticum*) buds as influenced by growth phase and investigation of antioxidant activity of clove extracts]

50) Kim E-H, Kim H-K, Ahn Y-J. *J Agr Food Chem* 2003 51 885[Acaricidal activity of clove bud oil compounds against *Dermatophagoides farinae* and *D. pteronyssinus* (Acari:pyroglyphidae)]

51) Kim HM, Lee EH, Hong SH, et al. *J Ethnopharmacol* 1998 60 125(Effect of *Syzygium aromatieum* extract on immediate hypersensitivity in rats)

52) Lee JI, Lee HS, Jun WJ, et al. *J Kor Soc Food Nutr* 2000 29(3) 712(Physiological characteristics of fraction from *Eugenia caryophyllata*)

53) Lee K-G, Shibamoto T. *Food Chem* 2001 74 443[Antioxidant property of aroma extract isolated from clove buds(*Syzygium aromaticum*(L.) Merr. et Perry)

54) Lee, YC, Yoon, JH. *Kor J Food Sci Technol* 1993 25(4) 351(Antioxidative effects of

voltile oil and oleoresin exracted from rosemary, sage, clove and nutmeg)

55) Li HY, Park CK, Jung SJ, et al. *Dent Res* 2007 86 898(Eugenol inhibits K+ currents in trigeminal ganglion neurons)

56) Li W, Tsubouchi R, Qiao S, et al. *Biomed Res* 2006 27 69(Inhibitory action of eugenol compounds on the production of nitric oxide in RAW 264.7 macrophages)

57) Morsy, M A, Fouad, A A. *Phytother Res* 2008 22 136(Mechanisms of gastro protective effect of eugenol in indomethacin-induced ulcer in rats)

58) Matsumura T, Kasai M, Hayashi T, et al. *Pharm Biol* 2000 38(4) 302(α-Glycosidase inhibitors from Paraguaian natural medicine, Nangapiry, the leaves of *Eugenia uniflora*)

59) Mytle N, Anderson GL, Doyle MP, Smith MA. *Food Control* 2006 17 102[Anti-microbial activity of clove (*Syzygium armaticum*) oil in inhibiting *Listeria monocytogenes* on chicken frankfurters]

60) Nagababu E, Sesikeran B, Lakshmaiah N. *Free Radic Res* 1995 23 617(The protective effects of eugenol on carbon tetrachloride induced hepatotoxicity in rats)

61) Namba T, Tsunezuka M, Bae, KH, Hattori, M. *Planta Med* 1982 44 100(Studies on dental caries prevention by traditional chinese medicine)

62) Park S-H, Sim Y-B, Lee J-K, et al. *Ach Pharm Res* 2011 34(3) 501(The analgesic effects and mechanism of orally administered eugenol-clove, allspice)

63) Pinto E, Vale-Silva L, Cavaleiro C, Salgneiro L. *J Med Microbiol* 2009 58 1454 (Antifungal activity of the clove essential oil from *Syzygium aromaticum* on *Candida*, *Aspergillus* and dermatophyte species)

64) Prashar A, Locke IC, Evans CS. *Cell Prolif* 2006 39 241[Cytotoxic of clove oil and its major components to human skin cells]

65) Raina VK, Srivastava SK, Aggarwal KK, et al. *Flavour Fragr J* 2001 16 334 (Essential oil composition of *Syzygium aromaticum* leaf from little Andaman India)

66) Ravi K, Ramachandran B, Subramanian S. *Biol Pharm Bull* 2004 27(8) 1212

(Protective effect of *Eugenia jambolana* seed kernel on tissue antioxidant in STZ-induced diabetic rats)

67) Son KH, Kwon SY, Kim HP, et al. *Nat Prod Sci* 1998 4(1) 130(Constituents from *Syzygium aromaticum* Merr et Perry)

68) Srivastava, K. C. *Prostagl. Leukot. Essent. F. A.* 1993 49 885[Antiplatelet principles from a food spice clove(*Syzygium aromaticum* L.)

69) Srivastava AK, Srivastava SK, Syamsundar KV. *Flavour Fragr J* 2005 20 51(Bud and leaf essential oil composition of *Syzygium aromaticum* from India and Madagascar)

70) Stanely Mainzeu, Prince P, Meuon VP, Pari L. *J Ethnopharmacol* 1998a 61(1) 1 (Hypoglycemic activity of *Syzigium cumini* seeds: effect on lipid peroxidation in alloxan diabetic rats)

71) Stanely P, Prince M, Kamalakkannau N, Menon VP. *J Ethnopharmacol* 2004 91 209(Antidiabetic and antihyperlipidaemic effect of alcholic *Syzigium cumini* seeds in alloxan induced diabetic albino rats)

72) Suresh P, Ingle VK, Vijayalakshmi V. *J Food Sci Technol* 1992 29 256(Antibacterial activity of eugenol in comparison with other antibiotics)

73) Takechi M, Tanaka Y, Takehara M, et al. *Phytochemistry* 1985 24(10) 2245 (Structure and antiherpetic activity among the tannins-clove)

74) Won MH, Lee JC, Kim YH, et al. *Neurosci Lett* 1998 254 101(Postischemic hypothermia induced by eugenol protests hippocampal neurons from global ischemia in gerbils)

75) Yang J-O, Park J-H, Son B-K, et al. *J Kor Soc Appl Biol Chem* 2009 52(6) 668 (Repellency and electrophysiological response of caraway and clove bud oils against bean bug *Riptortus clavatus*)

76) Yoo CB, Han KT, Cho KS, et al. *Cancer Lett* 2005 224 41(Eugenol isolated from essential oil of *Eugenia caryophyllata* induces a ROS-mediated apoptosis in HL-60 human promylocytic leukmia cells)

77) Zang GQ, Kenney PM, Lam KT. *J Nat Prod* 1992 55(7) 999[Sesquiterpenes from clove(*Eugenia caryophyllata*) as potential anticarcinogen agents]

78) Zhang Y, Chen Y. *Phytochemistry* 1997 45(2) 401[Isobiflorin, a chromone C-glucoside from cloves (*Eugenia caryophyllata*)]

79) Zheng GQ, Kenney PM, Lam LKT. *J Nat Prod* 1992 55 997[Sesquiterpenes from clove (*E. caryophyllata*) as potential anticarcinogenic agents]

20 제비꽃 *Viola odorata* L.

제비꽃과
(Violaceae)

Violet, Sweet violet(英)
Sumire(日)

원산지: 유럽 남부, 서아시아

용도: 식용·약용 – 꽃, 잎

역사

Violet은 제비꽃의 총칭이나, 유럽에서는 향기로운 제비꽃인 sweet violet을 지칭한다. 고대 로마인은 이 화환을 머리에 쓰거나 목에 걸고 술을 마셔 숙취를 예방하였다 한다. 고대 그리스나 로마의 여인들은 이 꽃에서 얻은 염료를 화장품(eye shadow), 수면제로도 이용했었다. 그리스는 BC 400년경 일찍이 violet을 재배하여 아테네 시장에서 팔았다 한다.

Violet 향을 사랑한 Muhammad는 한겨울의 따뜻함, 한여름의 시원함으로 높이 평가했다. 나폴레옹은 결혼 기념일마다 조세핀 황후에게 violet 꽃다발을 선물하였다 하며 영국의 향수광인 엘리자베스 1세는 궁중에 자가 증류실을 가졌다 한다. Violet은 장미, 라벤더와 함께 대표적 향수 원료식물. 프랑스 남부에서는 지금도 대량 재배하며, 유럽에서는 재배 역사가 200년이나 되나 우리나라에도 약 46종이 있으나 향기로운 것은 없다(Herbs p405).

식물학적 특성

10-25cm로 자라는 내한성 다년생 초본 변종이 많다. 하트형의 밝은 녹색 잎은 잘고 꽃은 잎 사이에서 꽃대가 나와 진보라색 5판화를 차례로 꽃피운다. 향기롭고 꿀이 있는 꽃이 피나 결실되지 않는다.

원예종에는 꽃이 큰 것과 작은 것, 연보라, 흰색, 분홍꽃 등이 있으며 홑겹과 겹꽃도 있다.

한국에는 삼색 제비꽃(*V. tricolor*), 노랑 제비꽃(*V. orientalis*) 등 약 46종이 있다(Lee, YN, I, p752).

특수성분

*Viola*속 식물에는 Keracyanin(K-00191), Myricetin; rutinoside(H-00734), Violanin(H-00744) 등이 있다. Violet oil의 정유성분은 Eugenol(M-00754)과 Oalmone이 주이다(DNP p862).

생리활성

진통·소염작용: 자화지정 꽃 수침액은 mice의 hot plate test와 같이 acetic acid 유도 writhing syndrome에 대하여 용량 의존적으로 현저한 진통 작용을 보였고, rat의 난백에 의한 paw-edema에 대하여 현저한 저해 효과를 보였다(고운채, 1987).

항관절염효과: 정상세포인 lung fibroblast cell에서 세포독성이 나타나지 않았고, RT-PCR을 이용한 mRNA 발현에서 자화지정 100μg/mL 이상에서 실험한 모든 pro-inflammatory cytokine이 감소하였다. IL-1β, IL-6, TNF-α 정량에서 100μg/mL 이상에서 대조군에 비해 감소하여 RT-PCR 결과와 부합, ROS 정량은 10μg/mL에서 대조군에 비해 감소. 이상의 결과로 자화지정은 항염증 효과가 인정되었다(이병웅, 2003).

항염·항Allergy활성-Arachidonic acid 대사저해: 국내 자생 식물 195종을 선택하여, 이들 추출물이 직·간접적으로 염증 반응에 관여하는 것을 선택, arachidonic acid 대사계 관련 효소의 저해활성을 검색한 결과, 사람 재조합

group IIA PLase A2 및 Rat의 비만 세포주 RBL-2H3 cell lysat를 효소원으로 쥐골수-분화 비만 세포계를 이용, 검색 결과, Group IIA에 90% 이상 강한 저해활성 식물은 모란, 쥐손이풀, 석결명, 대극, 호장, 이삭여뀌였고, PAF 생합성에 70% 이상 강한 저해활성은 강활, 달맞이꽃, 진달래, 범부채, 박하, 고본, 감초(유럽) 이삭여뀌 등이며, COX-2에 60% 이상 저해활성 식물은 성개나리, 맥문동, 삽주 등이었다. 5-LOdp 80% 이상 저해활성 식물은 배초향, 우산나물, 제층국, 제비꽃 삼지구엽초, 작두콩 등이었다. 이들은 항염이나 항allergy제 개발에 이용 가치가 있다고 생각되었다(문태철, 2003).

진통효과·작용기전: *Viola tricolar L.*(삼색제비꽃) 추출물의 진통 작용은 tail-flick 및 hot-plate test를 시료 200mg/kg 투여로 실험하였고, 또 acid-induced writhing test에서도 진통 효과가 있었다. 삼색제비꽃 추출물은 여러 통증 model에서 진통 작용을 보였으나, opioid나 serotonin receptor가 아닌 α_2-adrenergic receptor에 효과가 있었다(박수현, 2010).

항암활성-Cyclotides: *Viola arvensis*와 *V. odorata*에서 분리된 macrocyclic peptides(cyclotides) monochlorogenic fluorometric microculture assay로 10개 human tumor cell lines의 세포독성 약물 내성에도 세포독성을 실험하였다. 환자에서 얻은 tumor cell 배양과 정상 lymphocyte와 비교, 세포독성을 측정. 3종 cyclotide; varv A, varv F, 및 cycloviolacin O_2, 모두 용량 의존적으로 강한 세포독성을 보였고, 그중 cycloviolacin O_2가 가장 강하였고(IC_{50} 0.1-0.3μM), 다음 varv A(IC_{50} 2.7-6.35μM) 및 varv F(IC_{50} 2.6-7.4μM), 화학적, 생물학적 각별한 안전성이 있어 임상에서도 이들은 타 항암제와 차별화 되었고, 항암제로 약리학적 도구로써도 강력하였다(Lindholm P, 2002).

신경세포보호①: 최근 노화를 비롯한 퇴행성 신경 질환, 심혈관계 질환, 각종 성인병의 원인이 활성산소에 기인. 따라서 항산화제 개발이 주목. 본 연구에서는 제비꽃 추출물의 항산화활성 및 세포보호 효과를 확인, 활성 물질을 분리, 규명한 결과, α-tocopherol 유도체인 9-hydroxy-α-tocopherol(α-TP)로 확인. α-TP의 항산화활성(DPPH)은 농도 의존적으로 증가, 세포보호 효과는 NT8-RE-105세포에서 50, 100ng/mL 처리 시, glutamate 단독 처리보다

α-TP 처리 세포에서 신경돌기의 출현 유도 신경세포 생존을 확인. MTT reduction assay에서도 동일하게 glutamate 단독처리 시 40.7% 세포 생존율을 보였고, α-TP 처리 세포에서 41.8, 51.6, 72.4%로 농도 의존적으로 세포가 회복되었다. LDH release assay에서도 동일한 결과를 보였다(이미라, 2010).

신경세포보호-Glutamate stress②: 중추 신경에 중요한 흥분성 신경 전달 물질인 glutamate에 의한 산화적 손상에 제비꽃(*Viola mandshurica*) 추출물의 효과를 실험한 결과, glutamate-유도 세포독성에 보호 효과를 보였다. Glutamate-처리 N18-RE-105 세포주에 대해 항산화의 보호 효과를 MTT 환원 assay로 측정하였고, glutamate-유도 세포독성에 대해 제비꽃 유기 용매 추출물 중, acetone 추출물이 lactate dehydrogenase 유리 실험 결과, 가장 강한 신경세포보호 효과를 보여, 제비꽃 추출물이 glutamate-유도 산화적 stress에 대해 새로운 강력한 신경세포보호 후보 물질로 생각되었다(이미라, 2008).

Melatonin생성-Tryptophan, tryptamine: 분석 결과 *Viola*속 식물에 melatonin이 고루 분포함을 알게 되었고, tryptamine(Tam)과 tryptophan(Trp)을 공급한 결과, Trp 공급이 melatonin 함량에 증가를 보였다. melatonin은 송과선에서 밤에 생산되는 것으로 불면증 치료에 사용되고 있으며, 그 외 항산화, 항암, 통증 제어, 대사 조절 등 다양한 작용이 알려져 있다(김여재, 2011).

당뇨합병증예방①: Aldose reductase(Ar)는 polyol 회로의 key enzyme으로 당뇨 합병증에서 중요한 역할을 하여 Ar 저해는 당뇨 합병증 예방에 강력한 작용을 한다. 몇 isoflavonoid의 Ar 저해활성을 rat 수정체에 대하여 평가(in vitro), Ar 저해활성은 tectoridin-4′-*O*-β-D-glucoside가 rat lens에 IC_{50}이 0.54μM에서 저해하였다. 유사한 활성은 *Viola hondoensis* 의 천연 tectorigenin과 tectoridin이었고, 반대로 tectorin-4′-*O*-β-D-glucoside는 tectorigenin과 tectoridin보다 저해활성이 강하였다. 이러한 활성이 있기 위해서는 isoflavonoid에 glucose 결합이 요구되었다(Moon HI, 2006).

당분해효소저해②: 제비꽃을 MeOH, EtOH, acetone, H_2O로 추출, 농축하여 시료로 사용하였다. 시료들의 총 phenol 함량은 MeOH ex(34.49mg/g gallic acid)에 가장 많았고, DPPH 및 ARTS radical 소거능은 acetone ex(1,000μg/mL에서 각각 21.13% 와 43.53%)가 가장 높았다. 환원력은 수침액(1,000μg/mL에서 0.454)이 가장 활성이 높았다. 항당뇨 활성인 α-amylase와 α-glucosidase에 대한 저해활성은 acetone ex가 가장 높았고, 1,000μg/mL 에서 모든 효소 활성을 저해하였다. 이상으로 시료의 추출물은 항산화능과 항당뇨 관련 효소의 저해능을 확인하였다(이보배, 2008).

피부노화억제: *V. hondoensis*(아욱제비꽃) 전초에서 bioassay guided 분획으로 분리. Triterpenoid saponin인 autoside A(3-*O*-[*O*-β-D-glucopyranosyl(1→2)-*O*-β-D-glucopyranosyl] oleanolic acid)를 분리. 이들 중 autoside A는 MMP-1 (Matrix metalloprotainase-1)에 강력한 저해활성이 있고, MMP-1 발현에서 UV에 의한 피부 변화를 예방하였다. 이는 본 식물에서 처음 분리된 것이다 (Moon HI, 2004). 또 본 식물 전초에서 분리한 2′,4′,7-trihydroxy isoflavone도 UV에 MMP-1 발현을 감소시켰다(Moon HI, 2005).

항미생물활성-지상부: 삼색 제비꽃 지상부의 infusion, decoction, EtOH ex는 *St. aureus*, *B. cereus*, *St. epidermidis* 및 *Candida albicans*에 현저한 항미생물활성을, *Pseudomonas aeruginosa*, *Enterococus faecalis*, *E. coli* 및 *Klebsiella pneumoniae*에 중정도의 활성을 보였다. CH_2CH_2, EtOAc 및 MeOH 분획은 낮은 항미생물활성을 보였다. 병원균에 대한 항미생물활성은 피부 조건에 따라 달라질 수 있다. 가장 활성이 강한 것은 함유 화합물의 서로 상승 작용에 의한 것으로 보였다(Witkowska-Banaszczak E, 2005).

Flavonol glycosides-잎①: *Viola japonica* 잎에서 flavonol triglycoside인 kaempferol-3-robinobio-7-rhamnoside를(Moon CK, 1981-146), *V. lactiflora* 지상부에서 flavonol glycoside인 robinin(kaempferol-7-rhamnoside-3-galactorhamnoside)와 kaempferitin(kaempferol-3,7-dirhamnoside)를(Moon CK, 1981-147), 또 금강제비꽃(*V. diamantica*) 잎에서 kaempferitin과 kaempferol-7-rhamnoside(육창수, 1989), 아욱제비꽃(*V. hondoensis*) 전초에서 5개 flavonoids: 2′,4′,5,7-tetrahydroxy isoflavone①, 2′,4′, 7-trihydroxy isoflavone②, 4′,7′ dihydroxy flavone③, isoorientin④ 및 isovitexin⑤를

분리. 이중 ②는 UV에 단백질 농도 의존적으로 MMP-1 발현을 감소시켰다(Moon HI, 2005).

Flavone di-C-glycoside②: *Viola arvensis*는 *V. tricolor*의 subspecies로 *V. arvensis*에서 새로운 flavonoid di-glycoside인 violarvensin①을 지상부에서, 또 기지물질 violanthin②도 분리동정하였다. ①의 구조는 apigenin-6-C-β-D-glucopyranosyl-8-C-β-D-6-deoxyglucopyranoside였다(Carnat AP, 1998).

Flavone-C-glycoside③: *Viola yedoensis*로부터 새로운 flavone C-glycoside인 apigenin 6-C-α-L- arabinopyranosyl-8-C-β-L-arabinopyranoside, apigenin 6-C-α-L-arabinopyranosyl-8-C-β-D-glucopyranoside(isoschaftoside), apigenin 6-C-β-D-glucopyranosyl-8-C-α-L-arabinopyranoside(schaftoside), apigenin 6-C-β-D-glucopyranosyl-8-C-β-L-arabinopyranoside(neoschaftoside), apigenin 6,8-di-C-β-D-glucopyranoside(Vicenin-2), apigenin 6-C-α-L-arabinopyranosyl-8-C-β-D-xylopyranoside, apigenin 6-C-β-D-xylopyranosyl-8-C-α-L-arabinopyranoside, luteolin 6-C-β-D-glucopyranoside(isocarlinoside)를 ^{1}H 및 ^{13}C-NMR로 동정하였다(Xie C, 2003).

영양·유용성분-한·중비교: 자화지정(*Viola mandshurica*) 꽃의 환원당과 유리당이 각각 104,851.11mg%, 118.85mg%로 가장 많았고, 수용성 단백질과 polyphenol은 각각 1,259.26mg%, 2,366.67mg%. Flavonoid는 2,370.75mg%(중국·잎). 1,844.43mg%(국산·잎), 유리 amino acid는 잎〉뿌리〉꽃〉중국산 잎, 뿌리에 arginine이 전체의 55% 이상, 모든 부위에 valine, aspartic acid, glutamic acid, alanine, arginine 등이 많았다. amino acid 유도체는 잎에 2,058.80mg%로 가장 많았고, α-aminoadipic acid는 모든 부위에 50% 이상, 무기질은 중국산 잎 5,917.57mg%로 가장 많았고, 모든 부위에 K, Ca, Mg가 많았으며, 특히 잎과 꽃에 95% 이상. 이상의 결과로 국산이 환원당, polyphenol, flavonoid 및 무기질이 낮았으나, 수용성 단백질, 아미노산은 다량 함유, 뿌리와 꽃에도 유용 성분이 다량 함유. 음료나 건강보조 식품 등 기능성 제품 개발이 기대되었다(이양숙, 2008).

정유성분-지상부: Italy, Monte Labbro 지방의 *Viola etrusca* 지상부 정유를

분석한 결과, methyl salicylate 96%, 그외 mono-, sesquiterpene 및 non-terpenic alcohol 및 aldehyde가 분리동정되었고, 꽃 냄새 성분은 노랑 꽃을 SPME법으로 분석한 결과, 주로 1,8-cineole 38.9%, sabinene 16.7%, (E, E)-α-farnesene 15.2%, benzyl acetate 3.5%, α-pinene 3.5%, 및 myrcene 3.4%. 보라 꽃에서는 (E)-ocimene 43.4%, limonene 20.6%, β-sesqui-phellandrene 8.0%, 및 (E, E)-α-farnesene 6.9%, 주성분 methyl salicylate는 정유성분 96%의 주요 물질로, 냄새 물질은 노랑꽃 0.75%와 보라꽃 1.11%에 있으나, 정유 중에는 없거나, 있어도 대단히 소량이다(Flamini G, 2002).

효능과 이용

1) 식용: *V. odorata*의 향기는 후각을 마비시키며 특히 흰꽃 향기가 최고라 하며 vinegar나 포푸리로 만들어 주머니에 넣고 다니기도 한다. 잎과 꽃은 샐러드를 만들며, 꽃에는 달콤하고 순한 짙은 향기뿐 아니라 꿀이 많으며 잎과 꽃에 vitamin C도 풍부하여 violet 시럽, 와인, 케이크 등을 만들기도 한다. *V. tricolor*(삼색제비꽃)은 샐러드나 아이스 큐브(ice cube)를 만든다.

2) 약용: *V. odorata*의 시럽은 호흡기계 질환인 기관지염, 후두염, 구내염, 거담제 등으로, 이뇨작용, 정혈작용, 완하작용과 함께 신경피로, 홍분 등을 풀어주는 진정작용이 있다. 불면증에는 머리맡에 두면 편안히 잠들고 violet 잎차는 불면증 환자에 효과 있고 잎은 종기나 목이 아플 때, 꽃이나 잎을 달인 즙은 편도선염, 감기, 간질, 황달, 간장병 등에 썼고, *V. tricolor*는 약용이 더 많아 관절염 완화, 이뇨 등에도 썼다.

3) 향료: 향기는 palmone과 eugenol을 주성분으로 한 정유로 violet oil이라 하여 향수와 화장품의 부향제로 쓰인다. 꽃의 청색즙은 산성에서는 적색, 알카리성에서는 청색으로 변한다.

참고 문헌

1) 고운채, 신민교. **생약학회지** 1987 18(4) 210(자화지정의 진통 및 소염 작용에

관한 실험적 연구)

2) 김여재, 윤영하, 박웅준. **생명과학회지** 2011 21(2) 328(제비꽃 속(*Viola*) 식물에서 tryptophan과 tryptamine 공급이 melatonin 생성에 미치는 영향)

3) 문태철, 정해진, 이은경, 등. **생약학회지** 2003 34(1) 109(한국 자생식물로부터 Arachidonic acid 대사계 효소 저해제 검색)

4) 박수현, 심윤범, 서홍원 등. **약용작물학회지** 2010 18(4) 238(Mouse에서 삼색제비꽃 추출물의 진통 효과와 매커니즘)

5) 육창수, 이우철, 문창규. **약학회지** 1989 33(2) 124[금강제비꽃 잎의 Flavonoid 배당체(II)]

6) 이미라, 한창석, 한동열 등. **응용생명화학회지** 2008 51(1) 79(Glutamate에 의한 산화적 stress로부터 신경세포를 보호하는 제비꽃 추출물의 영향-*Viola mandshurica*)

7) 이미라, 황지환, 박재희 등. **생약학회지** 2010 41(3) 166(제비꽃 추출물에서 분리된 9-hydroxy-α-tocopherol의 항산화 활성 및 세포 보호효과-*Viola mandshurica*)

8) 이병웅, 김종희. **본초학회지** 2003 18(3) 89(Interleukin-1β와 tumor necrosis factor α로 유발된 염증 유발 cytokine 발현 및 생성에 대한 자화지정의 억제효과)

9) 이보배, 박순례, 한창식 등. **식품영양과학회지** 2008 37(4) 405(제비꽃 추출물의 항산화 활성 및 α-amylase와 α-glucosidase에 대한 저해활성)

10) 이양숙, 김남우. **식품저장유통학회지** 2008 15(5) 699(자화지정의 아미노산과 유용성분 비교분석)

11) Asilbekova DI, Gusakova SD, Glushenkora AJ. *Chem Nat Comp* 1999 35(5) 295 (Composition of the floral waxes of *Rosa gallica*, *Jasminum grandiflorum* and *Viola odoratum*)

12) Carnat AP, Carnet A, Fraisse D, et al. *J Nat Prod* 1998 61 272(Violarvensin, a new flavone di-C-glycoside from *Viola arvensis*; 야생팬지)

13) Chen B, Colgrave ML, Daley NL, et al. *J Biol Chem* 2005 280 22395(Isolation and characterization of novel cyclotides from *Viola hederaceae*: Solution structure and anti-HIV activity of vhl-1, a leaf specific expressed cyclotide)

14) Craik DJ, Dalry NL, Mulvenna J, et al. *Current Protein Peptide Sci* 2004 5 297 (Discovery, structure and biological activities of the cyclotides)

15) Daly NL, Koltay A, Gustafson KR, et al. *J Mol Biol* 1999 285 333(Solution structure by NMR of circulin A: a macrocyclic knotted peptide having anti-HIV activity)

16) Flamini G, Cioni PL, Morelli I. *Flavour Fragr J* 2002 17 147[Analysis of the essential oil of the aerial parts of *Viola etrusca* from Monte Labbro(South Tuscany, Italy) and in vivo analysis of flower volatiles using SPME]

17) Göransson U, Broussalis AM, Claeson P. *Anal Biochem* 2003 318 107(Expression of *Viola* cyclotides by LC-MS and tandem MS sequencing of intercysteine loops after introduction of charges and cleavage sites by aminoetheylation)

18) Göransson U, Lnijendijk T, Johansson S, et al. *J Nat Prod* 1999 62 283(Seven novel macrocyclic polypeptides from *Viola arvensis*)

19) Göransson U, Svangard E, Claeson P, Bohlim L. *Curr Prot Peptide Sci* 2004 5 317 (Novel strategies for isolation and charaterization of cyclotides: The discovery of bioactive macrocyclic plant polypeptides in the Violaceae)

20) Ireland DC, Colgrave ML, Nguyencong P, et al. *J Mol Biol* 2006 357(Discovery and characterization of a linear cyclotide from *Viola odorata*: Implications for the processing of circular proteins)

21) Lindholm P, Göransson U, Johansson S, et al. *Mol Cancer Therap* 2002 1 365 (Cyclotides: A novel type of cytotoxic agents-*Viola arvensis*, *V. odorata*)

22) Moon CK, Yook CS. *Kor J Pharmacogn* 1981 12(3) 146(Ein flavonoid triglykosid aus *Viola japonica*)

23) Moon CK, Yook CS. *Kor J Pharmacogn* 1981 12(3) 147(Flavonol-glykoside aus herba *Viola lactiflora*)

24) Moon HI, Chung JH, Lee JK, Zee OP. *Arch Pharm Res* 2004 27(7) 730 (Triterpenoid saponin from *Viola hondoensis* W. Becker et H Boss. and their effect on MMP-1 and type 1 procollagen expression)

25) Moon HI, Jung JC, Lee J. *Bioorg Med Chem* 2006 14 7592(Aldose reductase

inhibitory effect by tectorigenin derivatives from *Viola hondoensis*)

26) Moon HI, Lee J, Zee OP, Cbwng JH. *Food Sci. Biotechnol* 2005 14(1) 143 (Flavonoid compound from *Viola hondoensis* and their effect on matrix metalloproteinase-1 in UV-irradiation of cultured human skin fibroblast)

27) Schopke T, Hassan Aqha MI, et al. *Sci Pharmaceut* 1993 61 145(Hämolytisch aktive Komponenten aus *Viola tricolor* L. and *V. arvensis* Murray)

28) Svangard E, Göransson, U, Smith D, et al. *Phytochemistry* 2003 64 135(Pròmary and 3-D modelled structures of two cyclotides from *Viola odoreta*)

29) Trabi M, Svangard E, Herrmann A, et al. *J Nat Prod* 2004 67 806(Variation in cyclotide expression in *Viola* species)

30) Witkowska-Banaszczak E, Bylka W, Mashawska I, et al. *Fitroterapia* 2005 76 458 (Antimicrobial activity of *Viola tricolor* herb)

31) Xie C, Veiteh NC, Houghtn PJ, Simmonds MS. *Chem Pharm Bull* 2003 51 1204 (Flavone C-glycosides from *Viola yedoensis* Makino; 들제비꽃)

21 짚신나물 *Agrimonia eupatoria*

장미과
(Rosaceae)

Agrimony, Church steeples(英),
龍牙草(中)

원산지: 유럽

용도: 식용 – 어린잎
약용 – 전초

역사

수상화서가 교회의 종탑을 연상시켜 'church-steeples'라고도 하며 또 별 같은 작고 앙증맞은 꽃은 레몬이나 살구 같은 향기가 벌과 곤충을 불러 'lemonade', 'lemon-flower'라고도 한다.

짚신나물(agrimony)은 고대 그리스 시대부터 유명한 약초로, 어원은 그리스어의 'ager(들판)'과 'nun(수녀)'의 합성어며 종명의 *eupatoria*는 소아시아(Pontus)의 식물 연구가인 국왕 미트리다테스 6세(Mithridates VI)의 이름을 따서 붙인 것이다(BC 132-63). 옛날에 짚신나물은 간장병에 잘 듣는 약초라 하여 'livewort'라고도 불렀다(Herbs p107).

식물학적 특성

들이나 길가에 키 30-150cm로 자라는 다년초. 전체에 거친 털이 많다. 잎은 호생, 깃꼴겹잎, 작은 잎은 5-7장, 크기가 고르지 않고, 여러 쌍, 큰 것은 긴

타원형, 피침형 또는 도란형, 끝이 날카롭고, 거친 치아 모양의 톱니가 있으며, 양면에 털이 있고, 턱잎은 반달 모양, 고르지 않은 치아 모양의 톱니가 있다. 꽃은 수상, 총상화서로 줄기 끝과 가지 끝에 붙는다.

한국에는 산짚신나물 *Agrimonia coreana*과 짚신나물 *A. pilosa* 2종뿐이다(Lee YN, I. p.559).

특수성분

*Agrimonia pilosa*에는 Agrimol A, B, C, D, E, F, G, Agrimoniin(A-00582), Agrimonolide(S, A-00583), Agrimophol(A-00584), Ellagic acid(E-00174), Gallic acid(T-01965), Defuscin(H-02875), Potentilin(B-00532), Pseudo-aspidin(P-02016), 1,2,3,19-Tetrahydroxy-12-ursen-28-oic acid(T-01071), *A. japonica*에는 Agrimonic acid A(A-00580), B(A-00581)가 분리되었다.

생리활성

항균·항산화활성-씨: *Agrimonia eupatoria* 씨의 hexane, CH_2Cl_2 및 MeOH ex는 항박테리아 활성 및 항산화활성이 있다(Copland A, 2003).

항식중독균활성: *Agrimonia pilosa* 추출물은 식중독균 *E. coli* 0157:H7균주(박신, 1998; 이은숙, 2003)에, *Listeria monocytogens*에 항균성(박나영, 2004), *Pseudomonas aeruginosa*, *Bacillus cereus* 및 *Salmonella enteriditis*에 항균성(배지현, 2005)을 보였으며, *Staphylococcus aureus*에 항미생물활성을 보인 *A. pilosa* 뿌리에서 분리된 catechin 유도체인 pilosanol A, B 및 C를 분리동정하였다(Kasai S, 1992).

항식물병원균: *A. pilosa* 전초 추출물에서 오이 세균성 모무늬 병원균 *Pseudomonas syringee* pv. *lacrymans*, 토마토 풋마름 병원균 *Ralstonia solanacearum* 및 담배 세균성 병균 *Ps. syringee* pv. *tabaci*에 항균성을 보였고, 이를 분리 분석한 결과, agrimol B(분자량 682.7)이었다(정성봉, 2006).

항간염 B virus 활성: *Agrimonia eupatoria*의 지상부 수침 ex(시료)에 대해 hepatitis B virus(HBV)에 HBsAg 유리 저해를 실험. HBsAg 분비 저해

효과는 시료 60℃ 침출물이 가장 강하였고, 7월 중순 시료가 가장 높았다. *Agrimonia pilosa*와 *A. coreana pilosella*가 저해활성이 강하여, 이에 HBV에 가장 강한 antiviral activity가 있음을 시사하였다(Kwon DH, 2005).

항Influenza virus 활성: Influenza virus 발생과 재발로 인간이 새로운 상태로 지속적 위협을 받고 있다. 항바이러스 활성이 있는 생약을 검색한 결과, *A. pilosa* 추출물이 influenza A virus EC_{50} 값이 MDCK cell에 14-23μg/mL, virucidal effect는 160-170ng/mL에서 influenza A와 B에 효과가 있었다. 조류 influenza virus인 H_9N_2에서 280ng/mL로 가장 저해활성이 강하였다(Shin W-J, 2010).

항Allergy 효과: 짚신나물 추출물(시료)의 비만세포 및 제1형 알레르기 동물모델에서 항알레르기 효과와 그 작용기전을 연구한 결과(in vitro), 시료는 RBC-2H3 및 골수유래 비만세포(BMMC)에서 항원자극에 대해 농도 의존적 항알레르기 효과(IC_{50}≒50μg/mL)를 보였다. 이러한 항알레르기 효과는 가역적이었으며, 시료는 항원에 의해 유도된 IgE 및 비만세포 의존성 알레르기 동물모델에서 농도 의존적으로 알레르기 반응을 억제하였다. 작용기전으로 시료는 비만세포 초기 신호전달 활성화에 중요한 Syk kinase 활성을 억제하였으며 이는 Src-family kinase의 기질인 Syk-kinase 317번 amino acid 잔기인 tyrosine의 인산화를 억제하는 것을 볼 때 Lyn이나 Fyn 등 Src-family kinase의 억제를 통해 항알레르기 효과를 획득하는 것으로 생각되었다(김영미, 2010).

뇌보호활성: 흰 쥐 선조체에 collagenase 주사로 선조체 내출혈을 유도, 이에 선학초 추출물(시료)을 3일간 경구투여한 후, 변화를 관찰한 결과, 시료는 뇌출혈 체적과 뇌부종 비를 감소시켰고, 내출혈 주변부에서 apoptotic body 증가를 억제치 못하였으나, 신경세포 감소를 억제시켰다. 선조체 내출혈 주변부에서 c-Fos 양성세포 수를 억제, 내출혈 부위 iNOS 발현 양상은 별 차이 없었으나, 내출혈 주변부에서 MMP-9 양성세포 수를 억제. 또 MMP-12 양성세포 수도 억제. 뇌조직 출혈 부위의 뇌조직 손상을 보호하는 것으로 판단되었다(최용석, 2010).

혈관이완효과·기전: 선학초의 혈관이완 작용을 농도 의존적으로 phenylephrine의 전처리로 수축된 동맥 혈관을 이완시켰다. 이러한 효과는 NO/cGMP 경로를 활성화하여 이완시키는 것으로 생각되며, 이 과정에서 L형 Ca^{2+} 통로가 부분적으로 관련된 것으로 판단되었다(조려화, 2006).

간보호활성: *Agrimonia pilosa* 뿌리 수침액에서 분리한 isocoumarin, agrimonolide와 agrimonolide-6-*O*-β-glucoside와 (+)catechin 중 agrimonolide는 tacrine-유도 인체의 간 $HepG_2$세포에 대한 독성과 tert-butylhydroperoxide-유도 세포독성에 대해 간보호 활성을 보였고(Park E-J, 2004), 또 시료 지상부 수침 ex는 CCl_4와 galactosamine 경구투여 급성 또는 만성 간독성에 간보호 활성을 보였다(Kang SC, 2006).

항종양활성-뿌리①: *Agrimonia pilosa* root MeOH ex(시료)를 실험 전, 후에 복강 내 주사한 결과, 몇몇 종양 세포 S-180, Meth-A fibrocarcinoma 및 MM-2 mammary carcinoma 이식한 동물에서 생명연장 효과를 보였다. 시료는 MM-2 세포주에 in vitro에서 강력한 세포독성을 보였다(Koshiura R, 1985).

항종양활성-Agrimoniin②: *Agrimonia pilosa* 뿌리의 여러 추출물에서 항종양 활성이 있었고, mouse 유방 carcinoma MM2 세포주에 4일 전 복강 내 주사한 결과, 중성의 당이 없는 분획에서 항종양 활성을 보였다. Agrimoniin은 항종양 활성 분획에서 분리되었고, 이는 10-30mg/kg single dose로 처리전후 투여에 항종양 활성을 보였다. 또 agrimoniin은 강한 세포독성을 보였다(Miyamoto K, 1985).

세포독성유도-Agrimoniin③: *Agrimonia pilosa*에 함유된 tannin, agrimoniin 주사(ip) 후 peritonial exudate cell(PEC)의 세포독성을 실험. Plastic nonadherent PEC는 미처리 대조군보다 현저히 높은 NK세포 활성을 보였다. Adherent PEC는 MM_2와 MH134 세포주에 세포독성을 보였고, adherent PEC는 종양세포 자체는 분해되지 않았으나, anti-MM_2 sera 존재에서 MM_2 세포주에 대해 세포분해를 보였다. Agrimoniin 주사(ip) 후, PEC의 이런 효과는 NK cell 활성 증가에 가장 먼저 작용하였고, 주사 후 2일에 최고에

달하였다. 항체-의존 세포 분해 활성 유도는 주사 6일 후에 최고에 달하였다(Miyamoto K, 1988).

항암활성④: *Agrimonia pilosa* root의 agrimoniin은 mouse 유방암 MM2 세포에 항암활성을 보였고, agrimoniin 10-30mg/kg 단회 투여에서 완전히 종양이 퇴치되었다(in mice)(Miyamato K, 1985). 또 tannin인 agrimoniin은 ascites type과 solid type rodent tumor MM_2 세포주에 10mg/kg 투여에서 tumor(in mouse)을 완전히 억제, ip 주사나 경구투여에서 MM_2 mice 생명을 연장시켰다(Koshiura R, 1985; Miyamoto K, 1987, 1988). 또한 *A. pilosa* 뿌리 hexane 분획물은 정상세포 DC 2.4의 생육에는 별 영향이 없었으나, 위암세포주 SNU-719 생육을 94.2%로 강한 억제를, Hep 3B(간암세포주)에는 83.2% 억제를(서훈석, 2008), MGC-803(위암)에도 억제(Zhao L, 2009), 인체 위암 AGS 억제(최순자, 2009)를 보였다. 또 P-388 murine lymphocyte leukemia model에서(장일무, 1983), HL-60에 시료 benzene과 MeOH ex 5μg/mL 이하에서 항암활성을 보였다(배기완, 1996). 암세포 전이에서도 시료가 현저한 세포기질 점착 저해활성을 보였다(이상명, 2000).

항암활성⑤: 암세포 성장 억제활성은 선학초의 hexane분획이 가장 높아 HT-29에 11.63-90.07%, SNU-1에 16.84-95.11%, HeLa cell에 44.4-96.40% 억제. 이상의 결과로 선학초의 EtOAc와 BuOH 분획은 항산화성이, hexane과 $CHCl_3$ 분획은 위암, 대장암 및 자궁경부암에 항암효과가 있었다(민경진, 2008).

Insulin 분비증진: 짚신나물 추출물(시료)은 추출 중 열 사용 의존적으로 insulin 분비를 증진시켰고, 이는 항 고혈당, insulin 분비 및 insulin 유사 활성이 있음을 보였다(Gray AM, 1998).

항염증활성: *Agrimonia pilosa* 80% EtOH ex는 NO 유출과 ROS 생성 저해활성이 현저하였고, 특히 시료의 BuOH ex가 가장 강한 항염활성을 보였다(in vitro). 또 LPS-유도 RAW 264.7 대식세포에서 NO 생성을 현저히 감소시켰으며, BuOH ex와 carrageenan 유도 rat paw edema model에서 현저한 항염활성을 보였다(Jung CH, 2010). 또 *A. pilosa*는 다량의 polyphenol을 함유, 이는 LPS-유도 RAW 264.7 대식세포에서 NO indicator로 nitrite

축적을 저해. NO 저해물질은 시료 분석 결과, aromadendrin(A), dihydrokaempferol 3-*O*-β-D-glucoside(D) quercetin(Q), agrimonolide-6-*O*-β-D-glucoside(Ag) 및 loliolide(L)을 분리동정. 이들 중 (A), (D) 및 (Q)는 flavonoid로 다른 phenol성 물질들에 비해 직접 NO를 강력히 제거하였다(Taira J, 2009).

항산화활성: *Agrimonia pilosa* 수침 ex의 항산화활성을 radical scavenging 및 anti-lipid peroxidation ability를 측정. EtOAc 분획과 BuOH 분획이 효과적 항산화활성을 보여, 분석한 결과, quercetin, hyperoside, taxcifoliol, luteolin 7-*O*-β-D-glucopyranoside 및 rutin이었다(Zhu L, 2009). 항산화활성 물질 추출에 있어 초음파 추출법(UEA), Soxhlet 추출법(SEA)으로 추출. 총 phenol과 총 flavonoid 함량은 UEA가 SEA보다 많았고, 항산화활성은 DPPH, ABTS로 측정한 결과, 항산화활성은 UEA〉SEA〉BHT 순. 이는 다량의 phenol성 물질과 flavonoid 함량에 기인하는 것으로 보였다(He C, 2010).

항균활성-여드름균: 선학초 MeOH ex는 여드름균 *Propionibacterium acne*에 항균성 MIC값 0.005mg/mL을, 대조물 triclosan MIC값 0.004mg/mL에 비하면 매우 항균성이 높다고 평가되며, *Staphyllococcus aureus*를 비롯, 여러 호기성 균주에도 항균성이 우수하였다(김현주, 2006).

미백효과·항산화성: 선학초의 EtOH ex의 미백효과를 $B_{16}F_{10}$ 세포에서 세포독성, tyrosinase 활성억제. Melanin 양의 변화 및 melanin 활성 관련 단백질 발현량을 측정한 결과, 현저히 감소되었고, 항산화활성(DPPH radical 소거)도 우수하였다(김대성, 2010). 또한 시료의 수침액의 미백효과를 버섯 tyrosinase와 B_{16}BLO melanoma cell에서 실험한 결과, melanin합성 효소단백질(TRP-1과 TRP-2)의 발현이 억제되었으며, 항산화활성(DPPH, hydroxy radical 소거)도 강하였다(김태혁, 2011).

성장·생리활성: 선학초 전초 추출액(시료)을 0, 0.02, 0.04, 0.08% 흰쥐에 경구투여하여, 성장과 생리활성을 조사한 결과, 증체량은 대조군에 비해 0.02% 급여구에서 353.2g으로 5% 성장하였으나, 0.04% 급여구에서 5% 감소하였고, 사료효율은 0% 급여와 0.02% 급여구에서 0.14로 비슷한 경향이었으나 다른 수준에서는 7% 정도 낮았다. 백혈구 수는 대조군에 비해 0.02% 급여구를 제외한 모든 급여 수준이 증가할수록 백혈구 수가 증가하였다(Lee, YH, 2002).

휘발성풍미성분변화-조리법: 짚신나물의 생시료와 가열시료의 휘발성 풍미성분은 dynamic headspace법으로 정유성분을 분리한 후, GC/MS로 성분을 확인한 결과, 생시료에서는 탄화수소류 16종, 알콜류 7종, ester류 4종, aldehyde와 ketone이 각각 1종씩, 또 benzene 화합물이 7종으로 확인. 가열시료에서는 탄화수소류만 6종이 확인되었다. 생시료에 가장 많은 것은 3-hexenol(18.79%; peak area), α-pinene(16.44%), 1,2-dimethyl benzene (9.93%), limonene(8.47%), trans-caryophyllene(4.22%), ethanol(4.02%) 등이었다(이혜정, 1995).

Flavonoid 분리: *Agrimonia pilosa*로부터 capillary electrophoresis법으로 flavonoid, catechin, hyperoside, quercitrin, quercetin 및 rutin을 분리 측정하였다. 이 방법은 간단하며, 비교적 만족할 만한 방법이었다(Xu X, 2005).

Phenolic glycoside-지상부: *Agrimonia pilosa* 지상부의 MeOH ex로부터 3개의 물질 (-)-aromadendrin 3-*O*-β-D-glucopyranoside①, desmethyl agrimonolide 6-*O*-β-D-glucopyranoside② 및 5, 7-dihydroxy-2-propyl-chromone 7-*O*-β-D-glucopyranoside③ 및 9개의 기지물질; agrimonolide 6-*O*-glucoside, takanechromone C, astragalin, afzelin, tiliroside, luteolin, quercetin, isoquercetin 및 quercitrin을 분리동정하였다(Kato H, 2010).

Triterpenoid-전초: *Agrimonia pilosa* 전초의 methylether ex에서 새로운 2개의 triterpenoid인 1β, 2α, 3β, 19α-tetrahydroxyurs-12-en-28-oic acid와 1β, 2β, 3β, 19α-tetrahydroxyurs-12-en-28-oic acid를 동정하였다(Kouno I, 1988).

Ellagitannin-뿌리: 4개 새로운 ellagitannin; potentillin①, agrimoniin②, agrimonic acid A③ 및 B ④를 *Agrimonia japonica* 뿌리에서 분리동정하였다. ①과 ②는 *Potentilla kleiniana*에서도 분리되었다(Okuda T, 1984).

효능과 이용

1) 식용: 뿌리를 커피 대용으로 달여 마시기도 하며 어린순을 나물로, 튀김이나 볶음으로 이용.

2) 약용: 본초학에서는 혈액 응고로 지혈 효과가 있어 자궁 출혈 방지에. 신씨 본초학에서는 자궁암에, 한방에서는 폐암, 간암, 설암 등의 출혈에, 강심, 위궤양, 장염, 설사, 구내염 등에도 응용.
서양에서는 신장, 간장, 비장, 담낭 등의 질병치료에 쓰며 또 성악가는 달인 물로 성대를 보호. 꽃즙은 신경안정 효과에 이용. 프랑스에서는 지금도 삔 데나 상처에 외용. 또 건강음료로 상용하면 정혈 효과가, 레몬즙을 섞어 어린이 감기예방에도 쓴다. 탄닌(Tannin)의 수렴 작용은 소화 흡수를 촉진하여 소화기계 강장제로, 위나 십이지장 궤양, 대장염 억제에, 쓴 고미질은 담석증과 간경변 치료에, 이뇨작용이 있어 류머티스(rheumatis), 중풍 환자의 치료에, 또 안약으로도 쓰인다.

3) 기타: 탄닌은 가죽 가공에 귀중한 식물. 식물 전체가 노랑색 염료로도 중요.

참고 문헌

1) 김대성, 김영목, 우원홍, 문연자. **동의생리병리학회지** 2010 24(3) 236(선학초 추출물의 melanin 합성 억제 및 항산화 효과)

2) 김영미. **약용작물학회지** 2010 18(6) 398 (짚신나물 추출물의 항 알레르기 효과)

3) 김태혁, 김정미, 백종미, 등. **약용작물학회지** 2011 19(3) 177(짚신나물 물추출물의 항산화 활성 및 미백효과에 관한 연구)

4) 김현주, 임혜원, 김보현, 등. **화장품학회지** 2006 32(1) 53(선학초 추출물의 항 여드름균 효능연구)

5) 민경진, 송진욱, 차춘근. **식물위생안전성학회지** 2008 23(2) 149(선학초 추출물의 항산화 및 항암활성)

6) 박나영, 박경남, 이신호. **식품영양과학회지** 2004 33(2) 244(용아초 추출물의 항균력과 식품보존효과)

7) 박신, 권오진. **생물공학회지** 1998 13(2) 168(E. coli 0157:H7의 제어를 위한

선학초 추출물과 NaCl 병용효과)

8) 배기완, 이준성, 민병선. **생약학회지** 1996 27(3) 173(L1210과 HL60 암세포에 대한 야생 식물의 세포독성 검색-짚신나물 등)

9) 배지현, 손미애. **영양학회지** 2005 38(2) 112(선학초 추출물이 식중독 유발세균의 증식에 미치는 영향)

10) 서훈석, 정봉환, 조용구. **약용작물학회지** 2008 16(3) 139(짚신나물, 삼백초의 항산화와 항암활성 효과)

11) 이상명, 이호재, 이충환, 등. **생약학회지** 2000 31(4) 394(암세포에 대한 식물 추출물의 기질 접착 저해 활성-용아초(짚신나물))

12) 이은숙, 서부일. **본초학회지** 2003 18(1) 15 (짚신나물 추출물에 의한 E. coli KCTC 2441의 생육억제)

13) 이혜정, 이경희, 구성자. **조리과학회지** 1995 11(2) 122(조리에 따른 한국산 짚신나물 Agrimonia japonica의 휘발성 풍미성분의 변화)

14) 장일무, 김제훈, 한대석. **생약학회지** 1983 13(2) 62(한국산 생약의 약리작용 및 독성연구(제4보), 급성독성 및 항암작용-짚신나물, 석창포, 두릅, 수수꽃다리 등)

15) 정성봉, 양바름, 최춘환, 김익수, 박경석. **농약과학회지** 2006 10(3) 230 (식물 병원균에 대한 짚신나물추출물의 항균 활성과 Agrimol B 동정)

16) 조려화, 이준경, 조국현, 등. **생약학회지** 2006 37(2) 67(선학초 부탄올 추출물의 혈관이완 효과의 기전에 대한 연구)

17) 최순자, 백종우, 박종형 등. **한방내과학회지** 2009 30(2) 399(선학초(짚신나물)에 의한 in vitro와 in vivo에서의 암세포 사멸 기전탐색)

18) 최용석, 김연섭. **본초학회지** 2010 25(4) 31(선학초가 선조체 내출혈 흰쥐의 뇌조직 손상에 미치는 영향)

19) Cao LH, Lee JK, Cho KH, et al. *Kor J Pharmacogn* 2006 37(2) 67(Mechanism for the vascular relaxation induced by butanol extract of *Agrimonia pilosa*)

20) Copland A, Nahar L, Tomlinson CTM, et al. *Fitotherapia* 2003 74 133(Antibacterial and free radical scavenging activity of the seeds of *Agrimonia eupatoria*)

21) Correia H, Gonzalez-Paramas A, Amaral M, et al. *Biomed Chromatogr* 2006 20(1)

88(Polyphenolic profile characterization of *Agrimonia eupatoria* L. by HPLC with different detection devices)

22) Gao K, Zhou L, Chen J, Li F, Zhang L. *J Chin Med Mater* 2000 23 561(Experimental study on decoction *Agrimonia pilosa* Ledeb-induced apoptosis in HL-60 cells in vitro)

23) Gray AM, Flatt PR. *Br J Nutr* 1998 80 109(Action of the traditional antidiabetic plant, *Agrimonia eupatoria*; effects on hyperglycemia, cellulary glucose metabolism and insulin secretion)

24) He C, Ji X, Pan Y, et al. *Med Chem Res* 2010 19 448(Antioxidant activity of alcoholic extract of *Agrimonia pilosa* Ledeb.)

25) Hsu MF, Young JH, Wang JP, Teng CM. *Am J Chin Med* 1987 15(1-2) 43[Effect of hsien-ho-t'sao(*Agrimonia pilosa*) on experimental therombosis in mice]

26) Jung CH, Kim J-H, Park SJ, et al. *Immunol Investig* 2010 39 159(Inhibitory effect of *Agri-monia pilosa* on inflammation by suppression of iNOS and ROS production)

27) Kang SC, Lee CM, Koo HJ, et al. *Kor J Pharmacogn* 2006 37(1) 28(Hepatoprotective effects of aqueous extract from aerial part of agrimony)

28) Kasai S, Watanabe S, Kawabata J, et al. *Phytochemistry* 1992 31(3) 787(Antimicrobiol catechin derivatives of *Agrimonia pilosa*)

29) Kato H, Li W, Kioke M, Wang Y, Koike K. *Phytochemistry* 2010 71 1925(Phenolic glycosides from *Agrimonia pilosa*)

30) Koshiura R, Miyamoto K, Ikeya Y, Tauchi H. *Jpn J Pharmacol* 1985 38(1) 9(Antitumor activity of methanol extract from roots of *Agrimonia pilosa* Ledeb.)

31) Kouno I, Baba N, Ohni Y, Kawano N. *Phytochemistry* 1988 27(1) 297(Triterpenoids from *Agrimonia pilosa*)

32) Kwon DH, Kwon HK, Kim HJ, et al. *Phytother Res* 2005 19 355(Inhibition of hepatitis B virus by an aqueous extract of *Agrimonia eupatoria* L.)

33) Lee YH, Kim MB, Chung DS. *Kor J Medicinal Crop Sci* 2002 10(3) 167(Effect of extract *Agrimonia pilosa* L. on biological activity in rats)

34) Miyamoto K, Kishi N, Koshiura R. *Jpn J Pharmacol* 1987 43 187(Antitumor effect of *Agrimoniin*, a tannin of *Agrimonia pilosa* Ledeb., on transplantable rodent tumors)

35) Miyamoto K, Kishi N, Murayama T, et al. *Cancer Immunol Immunother* 1988 27 59(Induction of cytotoxicity of peritoneal exudate cells by agrimoniin, a novel immunomodulatory tannin of *Agrimonia pilosa* Ledeb.)

36) Miyamoto K, Koshiura R, Ikeya Y, Taguchi H. *Chem Pharm Bull* 1985 33(9) 3977 (Isolation of agrimoniin, an antitumor constituent, from the roots of *Agrimonia pilosa* Ledeb.)

37) Murayama T, Kishi N, Koshiura R, et al. *Anticancer Res* 1992 12 1471(Agrimoniin, an antitumor tannin of *Agrimonia pilosa* Ledeb. induces interleukin-1)

38) Okuda T, Yoshida T, Kuwahara T, et al. *Chem Pharm Bull* 1984 32(6) 2165 (Tannins of rosaceous medicinal plants I., Structure of potentillin, agrimonic acid A and B, and agrimoniin, a dimeric ellagitannin)

39) Park E-J, Oh H, Kang T-H, et al. *Arch Pharm Res* 2004 27(9) 944(An isocoumarin with hepatoprotective activity in HepG2 and primary hepatocytes from *Agrimonia pilosa*)

40) Pei YH, Li X, Zhu TR. *Yao Xue Xue Bao* 1989 24 837(Studies on the structure of a new isocoumarin glucoside on the root sprouts of *Agrimonia pilosa* Ledeb.)

41) Shin W-J, Lee K-H, Park M-H, Seong B-L. *Microbiol Immunol* 2010 54 11(Broad-spectrum antiviral effect of *Agrimonia pilosa* extract on influenza viruses)

42) Taira J, Nanbu N, Ueda K. *Food Chem* 2009 115 1221(Nitric oxide-scavenging compounds in *Agrimonia pilosa* Ledeb. on LPS-induced RAW 264.7 macrophages)

43) Tomilinson C-TM, Nahar L, Copland A, et al. *Biochem System Ecol* 2003 31 439 [Flavonol glycosides from the seeds of *Agrimonia eupatoria*(Rosaceae)]

44) Wang JP, Hsu MF, Teng CM. *Am J Chin Med* 1985 13(1-4) 109[Antiplatelet effect of Hsien-ho-t'sao (*Agrimonia pilosa*)]

45) Wang JP, Hsu MM, Tenh CM. *Am J Chin Med* 1984 12(1-4) 116[Antihemostatic

effect of Hsien-ho-t'sao (*Agrimonia pilosa*)]

46) Xu X, Qi X, Wang W, Chen G. *J Sep Sci* 2005 28 647(Separation and determination of flavonoids in *Agrimonia pilosa* Ledeb. by capillary electrophoresis with electrochemical detection)

47) Zhao L, Zhang X-N, Gu H-Y, et al. *Food Sci Biotechnol* 2009 18(1) 103(Effects of a compound extract from *Agrimonia pilosa* Ledeb. *Grifola umbellata*(pers.) pilat, and Gambogia on human gastric carcinoma)

48) Zhu L, Tan J, Wang B, et al. *Chem Biodiver* 2009 6 1716(Antioxidant activities of aqueous extract from *Agrimonia pilosa* Ledebb and its fractions)

특허

1. 〈특허등록 제1121514호〉 대전대학교, 산학협력단(짚신나물 추출물을 유효성분으로 하는 항아토피용 화장료 조성물)
2. 〈특허등록 제327762호〉 바이오코리아(주)(짚신나물로부터 분리한 B형 간염 바이러스 표면 항원 생성 억제 물질과 그 추출 방법 및 용도
3. 〈특허등록 제809797호〉 경상북도 농업기술원(짚신나물(선학초) 뿌리 추출물과 이들로부터 분리한 화합물을 함유하는 식물 탄저병 방제 조성물)
4. 〈특허등록 제201110075336호〉 한림대학교 산학협력단 & 농촌진흥청(짚신나물 추출물을 포함하는 진통제 조성물)

〈조식제, 1, p473〉

22 참깨

Sesamum indicum

참깨과
(Pedalidaceae)

Sesam, Gingile, Benniseed(英)
Goma(日)
胡麻(子)(中)

원산지: 인도, 이집트

용도: 식용 – 씨, 조미용
약용 – 잎

식물학적 특성

밭에 재배하는 키 1m의 1년초. 원 줄기는 사각형, 잎과 줄기에 부드러운 털이 밀생. 잎자루는 길고 긴 타원상 피침형. 잎은 뾰족 가장 자리는 밋밋, 밑부분의 것은 3갈래, 잎자루의 밑은 황색 돌기. 연한 자주꽃은 엽액에 한 송이씩, 씨는 흰색, 노란색, 검은색. 한국에는 1속 1종뿐. 한국, 중국, 일본에서 재배한다 (Lee, YN, II. p218).

성분

1) 영양성분

① 흰참깨 말린 것(5049) 가식부 100g 중 열량 552.0kcal, 단백질 18.8g, 지질 49.9g, 당질 17.7g, 조섬유 4.50g, Ca 1245.0g, P 620.0mg, Fe 10.50g, Zn 7.10mg, vitamin A 0.0RE, β-carotene 0.0μg, B_1 0.55mg, B_2 0.20mg, B_6 0.77mg, niacin 5.6mg, 엽산 94.8μg, E 1.30mg. 〈식이섬유 11.37g〉

② 흰참깨 볶은 것(5050) 가식부 100g 중 열량 580.0kcal, 단백질 19.3g, 지질 53.8g, 당질 15.3g, 조섬유 5.30g, Ca 1149.0g, P 595.0mg, Fe 10.90g, Zn 10.20mg, vitamin A 2.0RE, β-carotene 0.9μg, B_1 0.55mg, B_2 0.22mg, B_6 0.77mg, niacin 5.2mg, 엽산 94.8μg, E 1.40mg. 〈식이섬유 11.58g〉

③ 검정깨 말린 것(5047) 가식부 100g 중 열량 559.0kcal, 단백질 18.4g, 지질 51.4g, 당질 15.9g, 조섬유 4.20g, Ca 1237.0g, P 613.0mg, Fe 11.40g, Zn 7.10mg, vitamin A 0.0RE, β-carotene 0.0μg, B_1 0.53mg, B_2 0.16mg, B_6 0.77mg, niacin 5.1mg, 엽산 1.3μg, E 7.60mg. 〈식이섬유 21.34g〉

④ 검정깨 볶은 것(5048) 가식부 100g 중 열량 565.0kcal, 단백질 20.4g, 지질 50.7g, 당질 17.1g, 조섬유 5.40g, Ca 1066.0g, P 558.0mg, Fe 9.10g, Zn 10.25mg, vitamin A 2.0RE, β-carotene 12.0μg, B_1 0.40mg, B_2 0.13mg, B_6 0.77mg, niacin 5.0mg, 엽산 1.4μg, E 7.30mg. 〈식이섬유 17.93g〉

⑤ 참기름(14021) 가식부 100g 중 열량 884.0kcal, 지질 100g, Zn 0.16mg, vitamin E 29.1mg

2) 특수성분

*Sesamum indicum*에서 Asarinin(S-00634), 2-(4-Methyl-1,3-Pentadienyl)9,10-anthracenedione, *3-Hydroxy-3-methylglutaric acid(H-02424), Cafferic acid(D-02670), Epi-sesamine(7-epi, S-00634), Ferulic acid(;trans, H-02285), Flax antifungal protein, Gentisic acid(D-01537), Justisolin; *O*-(β-D-glucopyranosyl-(1→2)[β-D-glucopyranoside(1→6), β-D-glucopyranoside]; *O*-β-D-glucopyranoside(H-02474), Justisolin; *O*-soporoside(J-00171), *Linamarin(H-02444), Linocinnamarin(H-02875), Linustatin(H-02444), Lotaustralin(H-02323), Neolinustatin(H-02323), Neopetin, trans-*O*-Hydroxycinnamic acid(H-02873), Planteose(P-01447); *p*-Methoxy-trans-cinnamic acid(trans, H-02875), Protocatechic acid(D-01539), Sec-Isolariciresinol diglucoside(H-00681), Sesamolin(S-00098), Sinplexoside aglycone(P-01374), Squalene(S-01183), *Vanillic acid(D-01539), α-Tochopherol

(T-01508), γ-Tochopherol(T-01511), α-Globuline 등이 분리(DNP p785).

참깨에서 Lignan으로는 Sesamin(1%), Sesamolin(0.3%), 정유성분으로는 2-Pentanol(P-00755), n-Hexanal, n-Heptan, 2-Heptanol(H-00407), n-Nonanol, Benzaldehyde(B-00221), Methyl furfural(M-01061), 2-Hexanal, Guaiacol(M-00739), Phenol(P-00958), Furfural alcohol(F-00547), 2-Acetyl-3-Methylfuran(A-00251), Acetylpyrazine(P-02254), 2-Acetylpyrrol (P-02312), Sesamol(M-00989), Sesamin(S-00634) 등이 밝혀졌고 그 외에 N-Carbamoylputrescine(A-01239), *p*-Coumaric acid(H-02875), Pendaliin (T-00871), *Pendalitin(T-00871), Sesamolinol(S-00635), Sesamose(S-00636)도, 잎에는 Pendallin(T-00871)이 동정되었다.

생리활성

참깨-성분·생리활성: 참깨는 인류가 이용한 유지작물 중 가장 오래된 작물의 하나로 생리활성이 뛰어나 고대부터 건강증진에 애용되었다. 특히 저온저장 30년 이상에서도 발아율이 유지, 이는 lignan과 밀접한 관계가 있다. 성분 중 sesamin, sesamolin, sesaminol, sesamol 등의 lignan 생리활성은 항산화, α-tocopherol과 상승효과, 노화억제, cholesterol 저하, 암 세포 증식억제, 혈압상승억제, 간기능 증강 및 체내 불포화 지방산 비율 조절, 고도 불포화 지방산 생합성 저해, 혈청 cholesterol 저하 등의 활성이 연구되었다(Ru SN, 2003; 최춘언, 1997). 일반성분은 지질 51%, 단백질 20%, 당질 15%이며, amino acid 조성은 isoleucine(42mg), leucine(75), lysine(31), methionine(36), cystine(25), met+cys(61), phenylalanine(51), tyrosine(39), phe+try(90), tryptophan(18), threonine(39), valine(54), histidine(29), arginine(140), alanine(140), aspartic acid(91), glutamic acid(200), glucine(55), proline(423), serine(47) 등이며, 참기름의 tocopherol(Toco)은 α-Toco(0.36), β-Toco(trace), γ-Toco(43.66), δ-Toco(0.66) 등이다. 생리활성 물질 lignans는 sesamin, sesamolin, sesaminol, pinoresinol 등이 있고, 특히 1% sesaminol 식이로 4주 사육(rat)한 결과, 혈중 cholesterol 저하, 간조직의 과산화 억제를

보였고, sesamin은 간에서 alcohol 해독작용 촉진 효과및 인슐린 비의존성 당뇨환자에 cholesterol 감소 효과도 보고되었다(박수진, 2004; 강명화, 1999-126; Namiki, M, 1995).

기능성참기름-생리활성: 초임계 유체추출법(SFE)이란 임계온도와 압력 이상에서 온도, 압력의 변화에 더 이상 고체, 액체와 기체로 변하지 않는 상태를 초임계 상태라 말한다. 전통적 참기름 제조법과 비교하면, 기능성 성분인 γ-tocopherol 1.3-1.6배 증가, sesamol 6.6배, lignan 300%, sterol 123-130% 증가, 인은 1/50로 감소 또 휘발성 향기성분의 손실을 막고(140%) trans 지방산은 약 30% 감소되었다. 기능성 성분인 lignan은 sesamin, sesamolin, sesaminol, pimoresinol이 있고, sesamin은 고혈압 예방, 생체 내 다가불포화 지방산비 n-6/n-3를 조절하며, sesamolin은 sesaminol, sesamol과 함께 항산화활성이 있고 sesamolin은 백혈병 세포주 HL-60의 성장을 억제하였다(주영운, 2005).

기억력회복능-Sesaminol glucoside①: 항산화 물질이 신경세포의 산화 억제 가능성으로 치매 치료제 개발 가능성에 착안, 참깨 추출물 중 sesaminol glucoside(SG)가 PC12세포에서 β-Amyloid(Aβ) 신경독성 억제를 확인하였다. 본 연구에서는 SG의 Aβ 생성 원인 β와 γ-secretase 억제 여부를 동물 model에서 SG를 장기투여, 공간 학습능력을 water maze법으로 scopolamine(Sp) 유도 기억력 손상에 보호 효과를 관찰한 결과, SG 자체는 기억능 자체에 변화 영향은 없었으나 Sp에 의한 기억 및 학습 억제에 회복능력이 농도 의존적으로 나타났다. 또 생쥐 뇌의 cortex와 hippocampus에서 Sp에 의해 유도된 β-secretase 활성 억제 여부를 측정한 결과, SG가 cortex와 hippocampus에서 농도 의존적으로 억제, γ-secretase 활성도 cortex에서 농도 의존적으로 억제함으로써 Aβ 과형성을 억제함을 확인하였다. 이로써 SG가 Sp에 의한 β-, γ- secretase 활성 억제 및 Aβ 생성억제를 통해 신경세포보호와 기억력 회복의 중요한 기전임을 제시하였다(Lee SY, 2005a; 엄민영, 2004).

인지결함개선-Sesaminol②: 노쇠 촉진 mice P8(SAMP 8)에서 연령 관련 인지 결함에 sesamolin glucoside(SG)의 효과를 연구. 9월령 SAMP8(♂)에 식이중

SG 0, 0.25, 0.5% 함유사료를 12주간 급여, SAMP8 대조군의 서행은 SAMP군에서 높았고, 피동회피 실험(passive-avoidance test)에서 SG 투여군이 낮아졌다. Morris water maze에서 SAMP8 대조군의 탈출 잠복기는 증가되었고 0.5% SG 투여군에서 회복되었다. SG-투여는 SAMP8의 뇌에서 TBARS량이 현저히 감소. 한편 SG 투여군의 뇌에서 catalase, superoxide dismutase 및 glutathione peroxidase 활성이 SAMP8 대조군에서 보다 감소하였다. 이로써 sesaminol glucoside는 연령에 의한 항산화능이 인지 결함을 완화시킴을 알 수 있었다(Um MY, 2009).

기억력증진-흑지마③: Scopolamine(1mg/kg ip)-유도 기억력 감퇴 model에서 70% EtOH 흑지마 ex(시료) 단회 투여 시 시료 용량 의존적으로 기억력 개선효과를 보였고, 정상상태 동물 model에서도 단회 투여에서도 기억력 강화 효과를 보였다. Alzheimer 치매 중요 요인 중 하나인 β-amyloid(Aβ)의 연쇄반응으로 세포사멸에 의한 신경세포의 손실. 이 과정 중 염증 반응으로 microglia가 분비하는 chemokine과 cytokine은 Aβ 생성을 가속, 신경세포 사멸을 촉진하는데 시료의 주성분 sesamine이 microglia 활성화를 억제, Alzheimer 치매 진행을 예방하리라 생각되며, 또 sesamine glucoside도 Aβ 유도 Alzheimer 치매 model에 기억력 개선효과가 보고되기도 하였다(Kim JM, 2010; Um, MY, 2009).

신경보호-탈지참깨④: 본 연구는 탈지 참깨 ex(DSE)가 국소 빈혈 model에서 보호활성을 평가하였다. HT_{22} 세포에서 산소-포도당 고갈에 의한 국소빈혈(ischemia) model에서 산소 공급은 세포사 보호 역할과 지방 과산화에 대한 저해 효과를 관찰하였다. In vivo에서 국소 빈혈은 중뇌동맥 패쇄 rat model에서 패쇄 후 22시간 신경 행동 결핍이 생기고 DSE(0.1Mg/mL)는 세포사를 현저히 감소시켰고 지방 과산화도 감소시켰다. DSE는 국소빈혈 2시간 후 뇌경색 범위가 용량 의존적으로 감소하였고, sensory 투여로 치료 효과를 보였다. 이로써 본 연구에서 DSE는 항산화 기전에 의해 ischemia model에서 효과 가능성을 보였다(Jamarkattel-Pandit N, 2010).

퇴행성질환보조-Dopamine생합성촉진⑤: 참깨의 lignan 성분인 sesamin은 세포 내 tyrosine hydroxylase(TH) 활성 및 TH mRNA 함량 증가를 유도하여 P12 세포에서 dopamine 생합성 촉진작용을 나타내며 protein kinase-cyclic AMP-response element binding protein 경로를 매개하고 있음을 제시하고 있다. Sesamin을 이용 신경 퇴행성 질환의 보조 요법제(adjuvant phyto-nutrient)로 개발이 기대되었다(Zhang M, 2010).

인지기능개선·항산화능⑥: 탈지 참깨와 탈지 들깨의 MeOH 추출물이 기억과 학습능력 감퇴의 특성을 가지고 있는 노화촉진 마우스 SAMP8의 인지기능 및 항산화 체계에 미치는 영향을 알고자 각 추출물 0.3% 첨가 식이로 3개월간 섭취시킨 후, passive avoidance test로 인지기능 변화를 측정하였고, 뇌 중 acetylcholinesterase(AchE) 활성, 지질 과산화물 및 항산화 효소 활성을 분석한 결과, 탈지 참깨와 탈지 들깨의 MeOH 추출물(시료)이 노화촉진으로 감소된 step through latency가 증가하였으나, 혈액과 뇌조직의 AchE 활성에는 영향을 미치지 못하였다. 체내 과산화물은 SAMP8 대조군에서 유의하게 증가하였으나, 시료를 첨가함으로 감소하였으며 SOD와 GPx의 활성은 증가하였다. 따라서 시료는 노화촉진 마우스의 인지기능을 개선시키며, 이는 cholinergic 신경 전달 체계의 변화보다 체내 지질 과산화물 억제 및 항산화 효소에 의한 메커니즘으로 생각되었다(엄민영, 2004).

제2형당뇨완화-탈지분말: 당뇨 여성 환자에 탈지 참깨분말(시료)을 30일과 60일간 투여한 후 공복혈당을 30일 투여군에서, 체중은 60일 투여에서 현저한 차이를 보였다. 식후 혈당과 당화 hemoglobin은 별 차이 없었다. 시료 30일 투여군과 60일 투여군의 체중 차이는 현저하였다. 이로써 탈지 참깨는 당뇨 여성의 혈당 조절과 체중 조절에 저렴하고, 맛있고 건강에 좋은 식품으로 생각되었다(Figueiredo AS, 2008; Takeuchi, H, 2001).

항염·항노화-Lignan: 참깨의 lignan 화합물인 sesamin, sesamol, sesaminol, sesaminol diglucosides(SDG) 및 sesaminol triglucosides(STG)의 항염증 활성을 검색한 결과, sesamin이 가장 높았고, NO 생성 억제 효과, 세포독성, iNOS 및 COX-2 발현에 미치는 영향을 실험한 결과, sesamol, sesamin은 NO 생성 억제 효과는 높았으나 sesamol과 sesaminol은 세포독성이 있었다.

Sesamin(IC_{50} 64μM)은 세포독성은 없으면서 NO 생성을 억제, iNOS 발현도 억제하였다. 이로써 sesamin은 피부 노화중 염증반응 중요 매개인자인 NO 생성을 억제, 항염활성을 보였고, 항염증 관련 새로운 항노화제 개발에도 도움이 되리라 생각되었다(Lee HJ, 2006; Fukuda, Y, 1986).

항산화효과①: α-Linolenic acid가 농축된 들깨 지방산 에스테르에 대한 참깨 lignan 물질의 항산화 효과를 알고자, 참깨 lignan 물질인 sesamol과 들깨 ether extracts가 들깨유 유래 HALA(high purity α-linoleic acid) ethyl ester에 유용한 항산화제 역할을 하였다(정보영, 1997). 검은깨와 흰깨의 항산화활성을 비교한 결과, 검은깨가 약간 높았으며 볶음처리를 하였을 때 항산화활성이 증가하였고, 볶은깨로 기름을 짜서 기름과 박의 항산화활성을 조사한 결과 기름이 박보다 강하나 박도 상당한 항산화활성 물질의 잔류가 인정되었다(유수노, 1993).

항산화활성②: 참깨와 들깨 종자유 중의 천연 산화 방지제를 규명하고자, 참깨와 들깨 종자를 생것과 볶은 것을 대상으로 그 추출물 중 천연 산화 방지제인 sesamol과 tocopherol을 TLC와 GC로 분석한 결과, 참깨 종자유 생것(RS)과 볶은 것(BS)oil에서 δ-tocopherol과 sesamol이 검출되었고 들깨 종자유 생것(RP)과 볶은 것(BP) oil에서 δ-tocopherol과 미지 산화 방지제로 사려되는 -OH 물질이 검출되었다(황성자, 1982-30).

산화안정성-Lignan①: 볶음 참깨 기름에서 추출한 lignan 화합물 sesamol, sesamin, sesamolin을 추출 60℃에서 7일간 자동산화와, 해바라기씨 기름의 180℃에서 10시간 가열 산화를 conjugated dienoic acid(CDA)함량, p-anisidine values(PAV)와 지방산 조성으로 측정하였고, 산화 중 lignan의 함량도 측정하였다. Lignan 화합물 첨가로 CDA가 감소하였고, 60℃나 180℃에서 산화 중 PAV도 감소하여 참기름 lignan은 해바라기씨 기름의 자동 산화나 가열 산화를 감소시켰다. Sesamol은 기름의 자동 산화와 가열 산화에서 CDA 형성, hydroperoxide 분해가 가장 효과적으로 감소하였고, 이의 항산화활성은 α-tocopherol보다 현저히 높았다. 해바라기씨 기름에 sesamol, sesamin, 및 sesamolin 첨가는 sesamol의 급속한 변질과 기름의 산화 중

변질을 막았다. 기름의 산화 중 sesamin과 sesamolin 파괴는 α-tocopherol보다 낮았다. 이 결과로 해바라기씨 기름의 산화 안정성은 볶은 참기름의 sesamol, sesamin 및 sesamolin 첨가로 개선될 수 있다고 생각되었다(Lee, J. 2007; 강명화, 1999-217).

산화안정성-흑참깨기름②: 흑참깨분 참기름(BSFO), 흰 참깨분 참기름(WSFO) 및 흰 통참깨 참기름(WSO)의 산화유도기간, 과산화물가, 전자공여능을 측정, 산화 안정성을 비교하였다. BSFO의 산화 유도기간은 평균 12.25시간, WSFO는 4.37시간, WSO는 9.1시간, 저장 12일 후 과산화 물가는 BSFO는 1.3meg/kg oil, WSFO는 18.2 meg/kg oil, 또 전자공여능은 BSFO의 각 사용 농도별로 WSFO에 비해 9% 이상 높아, 동일 조건에서 BSFO의 산화 안정성이 WSFO나 WSO보다 우수하였다. 이는 흑참깨분 참기름에 있는 sesamol 및 sesamolin 같은 lignan뿐 아니라 흰참깨분 기름에 없는 적갈색 색소성분 때문으로 생각되었다(남미진, 2008).

백혈병억제-Sesamolin①: 참깨에서 분리된 sesamolin의 백혈병 세포주 HL-60 생장 억제 효과를 알고자, 백혈병 HL-60세포에 sesamolin을 투여한 결과, sesamolin 농도와 시간 의존적 HL-60세포의 생합성을 억제하였다. 60-100μg/mL의 sesamolin은 HL-60세포를 파괴하였고, 60μg/mL에서 HL-60 세포의 DNA, RNA, 단백질 합성억제 정도는 35.1%, 6.1%, 5.3%, 200μg/mL에서 각각 86.8%, 81.5%, 96.7%였다. DNA 합성에 대한 sesamolin의 억제효과는 비가역적이었다(Ru, SN, 2003; Miyahara, Y, 2001).

발암예방-참기름PAHs함량②: 인도산, 중국산, 국내산 참깨를 열풍 건조후 참기름을 제조, 이들 중 PAHs(polycyclic aromatic hydrocarbons) 함량 변화와 대형 마트 판매 참기름도 분석 비교하였다. 돌연변이 원성과 발암성이 있는 8종의 PAHs를 선정, HPLC/FLD 분석, 명도, 적색도, 황색도를 측정한 결과, 볶은 후 착유 참기름이 복기 전보다 PAHs 가 증가. 복기 전 PAHs는 인도산〉중국산〉국내산 순. 인도산 참깨의 PAHs는 0.95μg/kg으로 환경오염 가능성이 큰 수치. 250℃ 25분 볶은 참기름의 PAHs은 중국산〉국내산〉인도산 순. 중국 참깨 PAHs가 3.97μg/kg으로 복기 전보다 4배 이상이었다.

중국산 참깨는 다른 원산지보다 볶음 온도와 시간에 큰 영향을 보였다. 국내 판매 중인 참기름의 PAHs는 0.79-2.15μg/kg. Benzo(α)pyrene은 0-0.19μg/kg으로 기준치 2μg/kg 이하였다. PAHs는 자동차 매연, 배기 gas, 공장 매연, 화석연료의 불완전 연소 등으로 생길 수 있다. 간접 가열법인 열풍 볶음 후, 착유 참기름은 직접 가열 볶음 후 착유 참기름보다 PAHs가 적었다(Seo, I, 2009-21; 서일원, 2009-355).

남성불임치료가능성-흑지마: Leydig cell에 대해 흑지마 추출물의 항산화 작용이 본 실험에서 확인되었고, 이 결과는 흑지마의 EtOH 추출물의 고환 조직에 대한 SOD, catalase 및 LPO 등 항산화 지표 개선효과와 일치하였으며, 고환 조직의 항산화 기전은 시료가 고환 내의 Leydig cell에 대한 항산화 작용과 밀접한 관계가 입증되었다. 또한 흑지마가 Leydig cell에 대한 항산화 효과 및 세포보호 효과가 남성 불임 치료에 응용성이 확인되었다(장문석, 2011).

간지질축적억제: 소맥분에 참깨와 lysine(Lys)을 보족한 흰쥐의 간지질 축적과 plasma 및 간장 중의 유리아미노산에 대하여 연구하고자, Wistar계 흰쥐(♂)에 소맥분에 참깨와 Lys 보충사료로 3주간 사육하였을 때 간지질 축적과 plasma, liver의 free amino acid를 관찰 결과, 소맥 단독균(H)보다 Lys 첨가군(Lys-H)이 좋았고, 지질 축적량은 H보다 10% 참깨와 Lys 0.25, 0.5% 첨가 사육군에서 성장은 개선되었으나 간지질이 축적되었다. 소맥분에 대두유나 shortening 첨가 시보다 참깨 첨가가 지질 축적을 억제. Plasma 중 free amino acid 함량은 Lys 첨가 사료군에서 대조군보다 Phe, Tyr, Leu, Ileu, Val, Lys, Met 등이 증가하였다. 간 중 free amino acid는 A와 B군보다 Lys 첨가 C, D군에서 Phe, Tyr, Asp, His, Lys 등이 증가, 그 밖의 free amino acid는 모두 감소하였다(이명희, 1981).

미백효과: 참깨 70% EtOH ex시료의 항산화와 미백효과를 알고자, 전자공여 측정결과, 1,000μg/mL에서 71.7%, tyrosinase 저해는 1,000μg/mL에서 42% 저해하였다. Melanoma cell(B16F10)에서 MTT assay 결과, 세포 생존율은 시료 1,000μg/mL에서 84.3%의 독성을 보여, 세포 생존율 90% 이상은 시료 500μg/mL 이하였다. 시료의 microphthalmia-associated transcription factor(MITF) tyrosinase related protein-1(TRP-1), TRP-2 및 tyrosinase의 단백질 발현 효과를 50, 250, 500μg/mL 농도에서 측정한 결과, 시료 500μg/mL에서 각각 68.3, 39.2, 89.7 및 22.3%의 단백질 발현을 억제하였다. 양성대조군은 glyceraldehyde-3-phosphate dehydrogenase. 이로써 참깨 추출물은 항산화 및 미백효과 화장품 소재로의 가능성을 보였다(Yoo D-H, 2017).

아미노산조성: 흰깨, 검은깨, 들깨의 아미노산 조성을 규명하고자, 흰깨, 검은깨, 들깨의 날것과 볶은 것의 아미노산 조성을 HPLC로 분석한 결과, 날것보다 볶은 것이 아미노산 함량(threonine을 제외)이 가장 많았고 공통적으로 Glu(18-21%), Thr(16-19%), Gly(8-9%), Leu(7-7.5%), Asp.(7-7.4%) 순으로 많았고 가장 적은 아미노산은 Met(1-2%), Ilue(3%)이었다(김혜자, 1986-190).

지방산조성-참깨·들깨: 참깨와 들깨종자 중 지방을 HPLC로 분석한 결과, 참깨 종자유에는 linoleic acid 49.6%로 가장 많았고, oleic acid 34.7%〉palmitic acid 8.3%〉stearic acid 5.9%〉linolenic acid 1.5% 순이며, 들깨유에는 linolenic acid가 63.8%로 가장 많았고, linoleic acid 14.5%〉oleic acid 13.6%〉palmitic acid 6.4%〉stearic acid 1.7% 순이었다(황성자, 1982-15).

지방산변화-참기름·들기름: 참깨유는 저장 중 지방산 조성 변화는 없었고, stearic acid가 감소, oleic acid와 linoleic acid는 증가. 들깨유는 oleic acid와 linoleic acid는 감소, linolenic acid는 증가하였고 다른 지방산은 전반적으로 감소하였다. 시판 들깨유는 직접 짠 들깨유보다 palmitic, stearic, oleic, linoleic acid가 많았고 linolenic acid는 적었다(최상도, 1983-261).

Sterol함량-채종·참깨·들깨유①: Sterol을 분석한 결과, 채종, 참깨, 들깨기름 중 campesterol과 β-sitosterol(주성분)이 있고 반치복법과 planimetry법으로 분석한 결과, 채종(rape seed)유에 campesterol 각각 24.31%, 26.16%, β-sitosterol 각각 58.90, 57.50%, brassicasterol 11.54, 11.70%, Δ^7 sterol이 5.25, 4.64%, 참깨기름에 campesterol이 20.35, 16.79%, stigmasterol 9.15, 8.69%, β-sitosterol 43.49, 44.58%, Δ^7 sterol이 11.25, 14.28%, 기타 sterol이 15.76, 15.56%, 들깨기름에 campesterol 12.45, 13.00%, stigmasterol 5.40, 3.70%, β-sitosterol이 72.32, 74.57%, Δ^7 sterol이 9.83, 8.67%이었고,

채종유에는 brassicasterol이 있었으나 stigmasterol은 없었다(고영수, 1977). 채유방법이 참기름의 sterol 조성에 미치는 영향을 알고자 분석한 결과, 참기름 중 불검화물은 RW가 3.1%, RTE는 2.6%, 총 sterol은 RTP가 0.68%, RTE가 0.48%, 전 sterol 중 free sterol이 37.9(RTP)-52.7%(RTE)로 stearylglycoside Δ^5-avenasterol 13.0-17.2%, campesterol 및 stigmasterol은 각각 9.1-11.0%, 7.4-11.5%, 미지 sterol 23.5-24.6% (최상도, 1985-365).

Sterol조성변화-참깨저장중②: 참깨 저장 중 지질의 특성 및 sterol의 조성 변화를 알고자, 시료를 56개월 저장 후 유지함량을 측정한 결과, 참깨 1,000g당 수확 직후 50.3g이 45.5g으로 감소. 산가는 1.8이 13.4로 증가. sterylester는 9.9mg이 6.7mg으로, sterylglycoside는 3.8mg에서 8.3mg으로, 검화물가는 24.3mg이 20.9mg으로, 분획별 sterol은 4,4-dimethylsterol과 4-monomethylsterol이 감소, 4-demethylsterol의 sterol 조성 변화는 campesterol 및 stigmasterol은 변화가 없었으나 sitosterol은 51.0%에서 48.2%로 감소, Δ^5-avenasterol은 15.2%에서 18.4%로 증가되었다(최상도, 1987-1118).

풍미성분①: 참깨 종실의 가열조건이 기름의 휘발성 화합물과 풍미성분의 생성에 미치는 영향을 알고자, 참깨를 100, 200, 300℃에서 30, 60, 90, 120분 각각 가열하여 착유한 참기름의 휘발성 화합물을 Tenax에 흡착. 추출하여 GC/MS로 35종의 화합물을 확인, 이들은 aldehyde, ketone, pyrazine, pyrrole, aliphatic 및 aromatic hydrocarbone류 등이었고, ethylpyrazine, 2,3-dinonacosane은 300℃ 같은 고온에서는 생성되지 않았다(이영근, 1991). 참깨 볶음 조건이 참기름의 향미에 미치는 영향을 알고자, 참깨를 100℃, 200℃, 300℃에서 30, 60, 90, 120분 볶은 결과, 200℃, 90분이 가장 좋은 조건이었다. 참기름의 향기성분은 31가지가 확인되었고, 가장 많은 성분은 furfurals(sweet candy-like-flavor)와 pyrazines(roasted-like-flavor)이었고, aldehyde(C_5-C_{10}) 및 ketone은 산화지방취의 나쁜 냄새의 물질이다(이영근, 1993-407; Song, JY, 1996).

향기성분②: 참기름의 향기성분은 GC/MSD로 분석한 주요 성분은 methylpyrazine, acetic acid, 2-furan carboxaldehyde 및 2-furanmethanol 등 20종이며 sniffing test 결과, pyrazine류와 2-furan carboxaldehyde는 좋은 향을, acetic acid와 2-furanmethanol은 참기름의 좋지 않은 냄새로 밝혀졌다(하재오, 1997).

항산화성분: 참깨 중의 항산화 성분으로 sesamin, sasamol, sesaminol, sesamolin 등이 규명되었고, sesamin과 sesamolin은 bactericide, insecticide effect가 있다(유수노, 1992, 1993).

참기름진위판정: 참기름의 특이성분 함량과 순도연구에서 참기름 중 sterol 성분은 sesamin이며, 진품은 0.3% 이상을 함유하므로 참기름의 진위나 타종유지 혼입 여부도 구별할 수 있다(최효선 1995).

기타 연구: 참깨 지방의 지방대사(흰쥐) 참깨의 감마선 조사량과 free radical 농도, 참깨 sesamin의 NIDDM 당뇨병 환자의 지질 대사, sesamin의 생리적 기능, 참깨 단백질의 기능성, 볶음 온도가 참깨 분리 단백질의 항영양인자와 기능성, 국산과 중국산 참깨 기름의 풍미 비교, 적출장관에 대하여 acetylcholine-like 작용물질이 참깨에서 확인이 보고되었다.

효능과 이용

1) 효능: 씨 – 허약, 윤오장(潤五臟), 풍병(風病), 종창(腫瘡), 보폐(補肺), 보간신(補肝腎).
잎 – 거풍, 해독, 윤발(潤髮), 견근골(堅筋骨).

2) 식용: 고소한 맛 때문에 병후 회복에 참깨죽(胡麻粥)은 식욕이 생기며, 정력에도 도움이 된다. 나물의 조미료로 깨소금 또는 통깨로 쓰거나, 기름을 짜서 이용한다.

3) 약용: 동의에서는 잎은 류머티스, 관절염, 변비, 씨는 폐염, 허약증에, 민간에서는 씨는 정력강화, 살균소독제, 심장병, 고혈압, 위궤양, 위암, 동맥경화, 변비, 피로회복, 십이지장 궤양, 버짐, 무좀, 독충 물린데, 치질, 편도선염 등에 쓴다.
인도네시아에서는 현기증, 임질, 설사에 잎을 쓰고, 중국에서는 씨와 씨기름을 신장, 간장 허약에, 감기, 류머티즘, 마비, 발기부전에 이용.

4) 향료: 꽃의 향기성분은 cologne 만드는 데 쓰며, 씨는 향미료로 식용한다.

참고 문헌

1) 강명화, 류수노, 방진기, 등. **식품영양과학회지** 2000 29(2) 188(국내산, 국외산 참깨의 이화학적 특성 비교)

2) 강명화, 방진기, 민관식. **국제농업개발학회지** 1999 11(1) 126(참깨 함유 세사민, 세사몰린성분의 생리적 기능)

3) 강명화. **식품과학회 1999년도 식품관련학회 춘계 연합학술대회 논문초록집**, pp. 217(참깨 Lignan류의 항산화 기능)

4) 강치희, 박재갑, 박정웅, 전상수. **식품영양과학회지** 2002 31(1) 17(국내산 및 중국산 참기름과 변조 참기름의 지방산 조성에 관한 연구)

5) 고영수, 장유경, 이효지, 등. **영양학회지** 1977 10(2) 44(한국산 식물식용유지의 성분에 관한 연구, 제1보, 채종, 참깨, 들깨유의 sterol에 대하여)

6) 권영주, 이정일, 성창근, 오만진. **농산물저장유통학회지** 1999 6 194(한국산 및 중국산 참깨의 화학성분)

7) 김숙희, 홍미영. **영양학회지** 1993 26 513(지방이 흰쥐의 지방대사, 혈소판 성상에 미치는 영향); 524(적혈구 성상, Ca 함량)

8) 김을상, 임경자. **인간과학** 1979 23 91(참깨와 들깨의 영양학적 연구)

9) 김준평, 심우만, 김종익. **농화학회지** 1980 23(1) 14(참깨박 단백질의 분리와 조성)

10) 김진, 박정륭, 전정례. **동아시아식생활학회지** 1999 28 435(볶음온도가 참깨 분리단백질의 항영양인자와 기능성에 미치는 영향)

11) 김현위, 박기문, 최춘언. **식품과학회지** 2000 32(2) 238(참깨 볶음온도, 휘발성 향기성분 변화)

12) 김현위. **식품과학회지** 2000 32(2) 246(참깨 볶음온도와 항산화성분 변화)

13) 김혜경, 이양자, 이기열. **영양학회지** 1979 12(1) 51(저장 조건이 들깨유 및 참깨유의 산패도에 미치는 영향)

14) 김혜자, 고영수. **가정학회지** 1985 24 79(흰깨 검은깨 들깨, 무기질, saponin 함량)

15) 김혜자, 고영수. **영양학회지** 1986 19(3) 190(한국산 식물식용유지의 성분에 관한 연구-제7보-HPLC에 의한 흰깨, 검은깨, 들깨의 아미노산 조성)

16) 남미진, 정하열. **식품과학회지** 2008 40(2) 141(흑참깨분으로 착유한 참기름의 산화 안정성)

17) 노일협, 이문선. **영양학회지** 1983 16(2) 107[참기름의 특이성분 함량과 순도결정에 관한 연구(제1보)-sesamin 및 관련 sterol 중심으로]

18) 류수노, 박기문, 강명화. **국제농업개발학회지** 1999 11(3) 312(참깨 세사민이 인슐린 비의존성 당뇨병 환자의 혈청지질 농도에 미치는 영향)

19) 박수진, 강명화. **식품산업과 영양** 2004 9(2) 331(참깨의 기능성)

20) 박원옥, 이열, 성낙응. **식품과학회지** 1974 6(3) 147(참깨피의 독성효과에 관한 연구)

21) 박현숙, 안빈, 양차범. **식품과학회지** 1990 91 350(참깨와 들깨 단백질의 기능성에 관한 연구)

22) 서일원, 남혜정, 신한승. **식품과학회지** 2009 41(4) 355(참깨 볶음 조건이 참기름 중 PAHs 생성에 미치는 영향)

23) 서정희, 김제란, 이기동, 권중호. **식품위생안전성학회지** 1996 11 215(한국산, 참깨, 참기름의 주요성분)

24) 엄민영, 최원희, 안지윤, 등. **식품과학회지** 2004 36(4) 637(노화촉진 마우스에 있어 참깨박 및 들깨박의 MeOH 추출물이 인지기능 및 항산화능에 미치는 영향)

25) 오명숙, 이중희, 손숙미. **가정학회지** 1995 102 143(국산 참깨와 중국산 참깨로 제조한 참기름의 풍미비교)

26) 유기중, 이춘녕. **농화학회지** 1982 25(1) 55(참깨의 Isozyme에 관한 연구-발아도중 단백질, peroxidase 및 isocitrate lyase 변화)

27) 유수노, 이정일, 강삼식, 최창열. **작물학회지** 1992 37 377(참깨의 항산화성분 정량분석 연구)

28) 유수노, 이정일, 최창열, 강삼식. **작물학회지** 1993 38 23(항산화성분 함량의

변화)

29) 윤명호, 신준한, 김한수. **아주의학** 1997 2(2) 165(참깨에서 추출한 sesamin 섭취가 혈청 지질 농도에 미치는 영향)

30) 윤희남. **식품과학회지** 1996 28 298(휘발성 성분을 이용한 참기름의 관능적 특성 평가)

31) 이명희. **식품영양과학회지** 1981 10(1) 77(소맥분에 참깨와 lysine을 보족한 흰쥐의 간지질 축적과 plasma 및 간장 중의 유리아미노산에 대하여)

32) 이민정, 김기홍. **응용생명화학회지** 2005 48(2) 128(산지에 따른 참깨종자의 이화학적 특성 비교수단, 중국, 인도, 파키스탄, 나이지리아, 모잠비크, 케냐 등)

33) 이상화, 주광지. **농화학회 97년 춘계 학술발표 초록집** pp. 85(참깨의 볶음 방법과 참기름 향기 성분 변화)

34) 이영근, 임선욱, 김정욱. **농화학회지** 1993 36(6) 407(참깨 복음 조건이 참기름의 향미에 미치는 영향)

35) 이은정, 양재승. **식품과학회지** 2002 34(3) 396(감마선 조사된 참깨, 들깨의 조사선량과 저장 기간에 따른 free radical 농도의 변화)

36) 장문석, 정규직, 장원규, 박성규. **본초학회지** 2011 26(1) 133(흑지마가 Leydig cell의 항산화에 미치는 영향)

37) 정보영, 류수노, 허한순. **식품영양과학회지** 1997 26(6) 1033(α-Linolenic acid가 농축된 들깨 지방산 에스테르에 대한 참깨 lignan 물질의 항산화효과)

38) 정철월. **한림정보산업대논문집** 1999 29 419(국내산 참깨와 수입 참깨 품질 비교 연구)

39) 조희숙, 안명수. **식생활문화학회지** 1999 14(1) 43[탈지 참깨박 중 페놀산의 대두유에 대한 항산화효과(III)]

40) 주광지, 김진주. **식품과학회지** 2002 34(6) 984(참기름 혼합유 안정성과 향기성분)

41) 주영운, 강명화. **식품산업과 영양** 2005 10(3) 22(초임계 유체추출법에 의한 기능성 참기름 생산)

42) 최상도, 김형갑. **식품영양과학회지** 1985 14(4) 365(채유방법이 참기름의 sterol

조성에 미치는 영향)

43) 최상도, 조강운, 김형갑. **식품영양과학회지** 1987 16(2) 1118(참깨 저장 중 지질의 특성 및 sterol의 조성변화)

44) 최상도, 조무제. **농화학회지** 1983 26(4) 261(저장중, 지질, 지방산 조성변화); 265(저장중, 지질, 미량성분함량변화)

45) 최춘언. **식품공업** 1997 141 16(참깨 세사민의 생리기능과 그 이용)

46) 최춘언. **식품과학과 산업** 1994 27(3) 37(한국의 참깨 식문화)

47) 최효선, 고영수. **한양대한국생활과학연구** 1995 13 249(시판 참기름 및 참깨 제품의 진위판별에 있어서의 지방산 및 sesamol 성분의 이용)

48) 하재호. **식품과학회지** 1997 29(6) 1101(참기름의 휘발성 향기성분의 특성)

49) 한진숙, 문수연, 안승요. **식품과학회지** 1997 29 15(정제공정이 참기름의 항산화물질과 산화안정성에 미치는 영향)

50) 홍범석, 서병태, 박형언, 이규남, 이덕행. **서울특별시 환경연구소보** 1985 21 53 (산지별 참깨유의 sesamin 함량); 1986 22 80(타식용유 혼합시 sesamin함량의 변화)

51) 황경수, 허덕, 남영중, 민병용. **농화학회지** 1983 26(3) 157(참기름 진위판별과 지방산조성의 이용)

52) 황성자, 고영수. **영양학회지** 1980 13(4) 177(한국산 식용 식물 유지의 성분에 관한 연구- 제4보- 참깨와 들깨 종자 중 sesamol의 정량)

53) 황성자, 고영수. **영양학회지** 1982 15(1) 15[한국산 식품 식용유지의 성분에 관한 연구;(제5보) HPLC에 의한 참깨와 들깨종자 중 지방분석]

54) 황성자, 고영수. **영양학회지** 1982 15(1) 30[한국산 식물식용유지의 성분에 관한 연구:(제 6보) 참깨와 들깨 종자유 중의 천연 산화 방지제]

55) Ahmad S, Yousuf S, Ishrat T, et al. *Life Sci* 2006 79 1921(Effect of dietary sesame oil as antioxidant on brain hippocampus of rat in focal cerebral ischemia)

56) Akimoto, K, Kitagawa, Y, Akamatsu, T, et al. *Ann Nutr Metab* 1993 37 218 (Protective effects of sesamin against liver damage caused by alcohol or carbontetrachloride in rodents)

57) Figneiredo, AS, Modesto-Filho J. *Brazil J Pharamcogn* 2008 18 77(Effect of deffated sesame(*Sesamum indicum* L.) flour on the glucose level in type 2 diabetic women)

58) Fujiyama-Fujiwara, Y, Umeda, R, Igarashi, O. *J Nutr Sci Vitaminol* 1999 24 214 (Varietal variation of sesamin, sursumin on Δ5-desaturation and chain elongation of polyunsaturation fatty and metabolism in primary cultured rat hepatocytes)

59) Fukuda, Y, Osawa, T, Namiki, M. *Nippon Shokuhin Kogyo Gakkaishi* 1985 32(6) 407(Studies on enhancement in oxidative activity of sesame seed induced by germination)

60) Fukuda, Y, Nagata, M, Osawa, T., Namiki, M. *J Am Oil Chem Soc* 1986 63 1027 (Contribution of lignan analogues to antioxidative activity of refined unroasted sesame seed oil)

61) Hamada, N, Fujita, Y, Tanaka, A, et al. *J Neural Transm* 2009 116 841(Metabolites of sesamin, a major lignan in sesame seeds, induce neuronal differentiation in PC12 cells through activation of ERK1/2 signaling pathway)

62) Hirata, F, Fujita, K, Ishikura, Y, et al. *Artherosclerosis* 1996 122 136(Hypocholesterolemic effect of sesame lignan in human)

63) Hou, RC, Huang, HM, Tzen, JT, Jeng, KC. *J Neurosci Res* 2003 74 123(Protective effects of sesamin and sesamolin on hypoxic neuronal and PC12 cells)

64) Ikeda S, Kagaya M, Kobayashi K, et al. *J Neurosci Vitaminol* (Tokyo) 2003 49 270 (Dietary sesame lignan decrease lipid peroxidation in rats fed docosahexaenoic acid)

65) Jamarkattel-Pandit N, Pandit NR, Kim M-Y, et al. *Planta Med* 2010 76 20 (Neuroprotective effect of defated sesame seeds extract against in vitro and in vivo ishcemic neuronal damage)

66) Kim HJ. *PhD Thesis* Hanyang Univ Seoul Korea 1987(Studies on the constituents of white sesame, black sesame and perilla seed)

67) Kim J. *PhD Thesis* Yeungnam Univ 1996(Effect of treatment on functional

properties and antinutrition factors of sesame protein concentrate)

68) Kim JM, Kim DH, Park SJ, et al. *Kor J Pharmacogn* 2010 41(3) 196(Memory enhancing properties of ethanolic extract of black sesame and its ameliorating properties on memory impairments in mice)

69) Lee DH. *MS Thesis* Industry Pukyong Natl Univ 2004(Change in physicochemical and quality characteristics during storage in sesame gruels using sesame)

70) Lee HJ, Son DJ, Kang MH, et al. *J Soc Cosmet Scientists Kor* 2006 32(3) 173 (Effects of lignan compound of sesame on LPS-induced NO generation in murine macrophage RAW 264.7 cells)

71) Lee J, Kim M, Choe E. *Food Sci Biotechnol* 2007 16(6) 981(Antioxidant activity of lignan compounds extracted from roasted sesame oil on the oxidation of sunflower oil)

72) Lee SY, Ha TY, Son DI, et al. *Neurosci Res* 2005a 52 330(Effect of sesaminol glucosides on β-amyloid-induced PC12 cell death through antioxidant mechanisms)

73) Miyahara Y, Hibasami H, Katsuzaki H, et al. *Int J Mol Med* 2001 7 369(Sesamolin from sesame seed inhibits proliferation by inducing apoptosis in human lymphoid leukemia Molt 4B cells)

74) Nagano D, Kwak CJ, Fujii K, et al. *J Pharmacol Exp Ther* 2006 318 328(Sesamin metabolites induce an endothelial NO dependent vasorelaxation through their anti-oxidative property-independent mechanisms: possible involvement of the metabolites in the antihypertensive effect of sesamin)

75) Nakai M, Harada H, Nakahara K, et al. *J Agric Food Chem* 2003 12 1666(Novel antioxidative metabolism in rat liver ingested sesamin)

76) Namiki, M, *Food Res. Internat.* 1995 11 281(The Chemistry and physiological functions of sesame)

77) Ru S-N, Kim K-S, Kang SS. *Kor J Pharmacogn* 2003 34(3) 237(Growth inhibitory effects of sesamolin from sesame seeds on human leukemia HL-60 cells)

78) Sankar D, Rao MR, Samboandam G, Pugalendi KV. *J Med Food* 2006 9 408(A pilot study of open label sesame oil in hypertensive diabetics)

79) Seo I, Nam H, Shin H-S. *Kor J Food Sci Technol* 2009 41(1) 21(Determination of polycyclic aromatic hydrocarbons in sesam oils dried from sesame seeds of different places of origins)

80) Sirato-Yasumoto S, Katsuta M, Okuyama Y, et al. *J Agric Food Chem* 2001 49 2647(Effects of sesame seeds rich in sesamin and sesamolin on fatty acids oxidation in rat)

81) Song JY. *MS Thesis* Dong-guk Univ Seoul Korea 1996(Effects of roasting conditions of sesame seed on oxidative stability and flavor characteristics of sesame oil)

82) Takeuchi H, Mooi LY, Inagaki Y, He P. *Biosci Biotechnol Biochem* 2001 65 2318 (Hypoglycemic effect of a hot-water extract from defatted sesame(*Sesamum indicum* L.) seed on the blood glucose level in genetically diabetic KK-Ay mice)

83) Um MY, Ahn JY, Kim S, et al. *Biol Pharm Bull* 2009 32 1516(Sesamol glucosides protect α-amyloid peptide-induced cognitive deficits in mice)

84) Utsunomiya T, Shimada M, Rikimaru T, et al. *Hepatogastroenterology* 2003 50 7609(Antioxidant and anti-inflammatory effects of a diet supplemented with sesamin on hepatic ischemia-reperfusion injury in rats)

85) Yeo SS. *Food Sci Biotechnol* 2007 16(1) 110(Generation of sesame flavor by the thermal reaction technique)

86) Yoo D-H, Joo D-H, Lee JY. *Kor Soc Life Sci* 2017 3 318(Antioxidant function and inhibitory effects of expression of MITF, TRP-1, TRP-2 and tyrosinase of Sesamum indicum L. B16F16 melanoma cells)

87) Zhang M, Choi HS, Lee MK. *Kor J Pharmacogn* 2010 41(3) 221(Enhancement of dopamine biosynthesis by sesamin in P12 cells)

23 치커리

Cichorium intybus

국화과
(Compositae)

Chicory, Succory(英), 菊苣(中)
Kiku-nigana(日)

원산지: 서아시아, 유럽, 북아프리카

용도: 식용·약용 – 뿌리, 꽃, 잎

역사

치커리(chicory)의 뿌리는 커피 대용, 어린잎은 채소로 이용하는 식물. 로마 시대에 재배한 채소로 유월절에 먹는 쓴나물의 하나, 고대 그리스 시대에는 학질이나 간장병에 썼다 한다. 꽃피는 시간이 정확하여 스웨덴의 식물학자 Linne도 정원 꽃시계로 심었다 전해진다. 청색꽃이 많으며 흰색, 붉은색 꽃이 있고, 잎이 붉은 것 등 품종이 다양하다.

학명의 *Cichorium intybus*는 고대 이집트어로 종명 *intybus*는 1월을 뜻하는 'tybi'에서 또 영명의 별칭인 'succory'는 라틴어 'succurrere(밑으로 자란다는 뜻)'에서 뿌리가 땅 속에 자라 붙여진 이름이다(Herbs p168).

식물학적 특성

60cm-1.5m 자라는 다년생 초본, 엉성한 가지. 줄기 밑 잎은 긴 원형, 윗쪽 잎은 호생, 우상복엽 잔잎이 깊이 갈라지고 뒷면에 솜털. 뿌리는 굵은 직근.

육질 맛은 쓴 편. 엽액에서 민들레꽃 같은 청색 두상화(頭狀花). 꽃은 개폐운동을 하며 진 뒤에 갈색 씨가 결실한다.

한국에는 1970년대에 도입, 인천에서 재배했으나 지금은 설악산에서 재배하고 있다(Lee YN, II, p366).

성분

1) 영양성분

① **치커리 잎**(6288) 생것 100g 중 열량 23.3kcal이고 단백질 0.7g, 지질 0.3g, 당질 4.7g, 조섬유 1.00g, Ca 100.0mg, P 4.7mg, Fe 0.9mg, Zn 0.42mg, Vitamin A 360RE, β-Carotene 536.0μg, B1 0.06mg, B2 0.10mg, B6 0.10mg, C 24.4mg, Niacin 24.4mg, 엽산 109.5mg, E 2.26mg.

② **치커리 뿌리**(6289) 100g 중 열량 28.0kcal이고 단백질 1.4g, 지질 0.2g, 당질 17.5g, 조섬유 2.0g, Ca 41.0mg, P 61.0mg, Fe 0.80mg, Zn 0.42mg, Vitamin A 1.0mg, B1 0.04mg, B2 0.03mg, B6 0.10mg, C 5.0mg, Niacin 0.4mg, 엽산 209.5mg, E 2.26mg.

③ **치커리차**(15088) 100g은 열량 325kcal이고 단백질 1.5g, 당질 77.7g, 섬유 7.0g, Ca 170mg, P 166mg, Fe 27.0mg, Vitamin B1 0.22mg, B2 0.46mg, Niacin 10.2mg.

2) 특수성분

*Cichorium intybus*에서 Apigenin, Hyperin, Cichoriolide A, Cichorioside A, B, C, Cichoralexin(O-00706), 8-Deoxylactucin, Esculine, Esculetin, Luteolin 7-glucoside, Quercitrin, Cyanidin-3-(6''-malonylglucoside) (P-00583), Cichoralexin(O-00706), Cichoriin(D-01543), Lactucin(D-02523), Lactupicrin(D-02523), Delphinidin 3,5-dimolylglucoside(H-00744)가 있다. Chicoric acid(2R, 3R, C-00893), Chicoric acid(2S, 3S, C-00893) 등이 분리되었다(DNP p482).

생리활성

항간독성효과-뿌리 Callus①: 천연 치커리 뿌리와 callus 뿌리의 CCl_4-유도 간독성에 대하여 albino rat에서 항 간독성 효과를 비교한 결과, 천연 뿌리와 callus 뿌리의 항 간독성은 같았다(Zafar R, 1998).

간세포보호활성②: 볶음 치커리 물 추출물(시료)은 간세포의 독성을 유발시키지 않았으며, 5mM의 galactosamine(GM)을 5시간 배양에서 LDH 활성이 가장 높았다. 5mM GM-유발 흰쥐의 간세포에 시료를 투여한 결과, 간세포로부터 유리되는 LDH 활성을 감소시켜, 간세포보호 활성을 보였다(박채규, 2003).

중성지방축적감소①: 치커리 뿌리 추출물(시료)의 orotic acid(OA) 투여 rat에서 중성지방 대사에 대하여 연구하였다. OA 투여 rat에서 간의 무게와 간 중성지방이 현저히 증가 하였으나, 시료 투여로 간의 중성지방이 감소하였다. 간세포에 OA 투여 쥐는 광범하게 지방적이 함유되어 있었으나, 시료 투여로 간에 중성지방 축적이 감소되었다(Cha J-Y, 2010).

중성지질저하②: 치커리 수용성 추출물(시료) 2%, 4% 첨가 식이를 SD계 흰쥐에 3주간 투여 후, 중성지질(TG) 대사에 미치는 영향을 검토한 결과, 혈청 TG 농도는 대조군에 비해 시료 투여군에서 현저히 감소하였다. Apolipoprotein B 함유 lipoprotein의 합성 및 분비에 필수적인 간장 microsomal TG transfer protein(MTP) 활성은 치커리 투여군에서 현저히 감소하였다. 간 조직에서 중성지질 합성의 중요 조절 효소로 알려진 phophatidate phosphohydrolase (PAP) 활성은 각 실험군 간에 큰 차이는 없었다. 또 혈청 및 간 조직의 cholesterol, 인지질, 유리 지방산 농도는 각 실험군 간에 큰 차이도 없었다. 이상의 실험에서 치커리 수용성 추출물 2%와 4% 투여는 간 조직에서 혈중으로 분비함에 중요한 역할을 하는 MTP활성의 감소가 혈청 TG농도 감소에 중요한 영향 요인으로 생각되었다(차재영, 2005).

항염·혈당저하-뿌리①: 치커리 뿌리 MeOH ex는 carrageenan 유도 rat hind paw edema에 대조 물질 aspirin과 같은 항염 효과를 보였고, CCl_4에 의한 mice liver 손상에 MeOH ex, EtOAc 및 BuOH 분획에서 간보호 효과를 보여

ALT와 AST도 감소, 담즙 분비는 각 분획에서 현저히 증가하였다. STZ-유도 당뇨 rat에서 항당뇨 활성은 1주와 3주에서 혈당 량이 현저히 감소하였다(Ki C-G, 1999).

항염증효과-뿌리②: 치커리 뿌리 EtOAc ex는 항염증 활성이 강력한 pro-inflammatory agent TNF-α에 의해 PGE_2 합성을 저해하였다. 이는 ① NF-kB 활성 저해를 COX-2 발현 유도로 방해하는 것과 ② COX(주로 COX-2) 효소 활성의 직접적 저해 기전에 의한 것으로 보였다. 치커리 주요 guaianolide의 하나인 8-deoxyactucin이 COX-2 유도 주요 저해 물질로 보였다(Cavin C, 2005).

암세포억제-Magnolialide①: 치커리에 함유된 magnolialide, α1, β-hydroxy eudesmanolide 및 artesin 등 몇 성분을 함유하고 있으나, magnolialide만이 leukemia HL-60 및 U-937세포의 분화유도를 억제하였다(Lee K-T, 2000).

세포독성-Sesquiterpene lactone②: *Cichorium endivia*와 *C. intybus*의 새로운 4개 sesquiterpene lactone은 cichoriolid A와 cichorioside A, B 및 C, 또 기지의 9개 sesquiterpene을 분리동정하였다. 즉, 새로운 eudesmane type sesquiterpene lactone인 cichoriolid A⑩, 3개 새로운 glycoside; cichorioside A⑪, B⑫) 및 C⑬ 또 기지의 6개 guaiane-type sesquterpene lactone; 8-deoxylactucin①, crepidiaside A②, lactucin③, lactucopicrin④, crepidiaside B⑤ 및 11β, 13-dihydrolactucin⑥, 2개 기지 germacrane-type sesquiterpene gylcosided인; picriside B⑦, sonchuside A⑧ 및 한 개의 eudesmane-type sesquiterpene glycoside인, sonchuside C⑨, 8-deoxylactucin①, crepidiaside B⑤, sonchuside A⑧ 및 cichoriolide A⑪를 분리하였다. 세포독성은 aglycone에 비해 L-5178Y 세포에 sesquiterpene lactone glycoside가 낮았다(Seto M, 1988; Kisiel W, 2001).

진통·진정작용: Lactucin ①, lactucopicrin ② 및 11β, 13-dihydrolactucin ③은 상추와 치커리의 쓴 맛의 sesquiterpene lactone으로 진통 및 진정 작용이 mice에 있어 이들은 15, 30mg/kg에서 ibuprofen 30mg/kg과 유사한 진통작용을 보였다. Tail-flick test에서는 ibuprofen 60mg/kg에서 이들은

30mg/kg에 의한 진통 효과를 보였다. ②는 실험 물질 중 가장 강한 진통 효과를 보였고, ①과 ②는 점진적인 운동시험에서 진정 작용을 보였으나 ③은 이 작용이 없었다(Wesolowska A, 2006).

당소화활성-치콘: 치커리 종근으로 치콘을 재배, 엽색이 노란색과 붉은 색, 5종의 치콘 추출물의 항산화활성(DPPH)을 측정한 결과, 모두 우수한 항산화활성을 보였고, 특히 노란색 4종(Kibora, Metafora, Vintor, Halifax) 치콘과 붉은색 Redoria종이 1mg/mL에서 94.2%로 높았다. 혈당 조절능을 평가코자 porcine pancrease, human saliva 및 *Bacillus licheniformis* 기원의 α-amylase와 효모 기원 α-glucosidase에서 저해활성을 조사한 결과, α-glucosidase에서만 17.5-38.6%의 저해활성을 보였다. 치콘의 단백질 분해능은 치콘 추출물 모두 pancreatin보다 우수. Redoria 추출물이 항산화 모든 활성이 가장 우수. 이로써 치콘(치콘은 치커리 뿌리를 길러 수확 후, 다시 이 뿌리를 일정기간 저온처리 후 다시 재배한 것)을 항산화제나 소화제 등의 천연 소재로의 이용 가능성을 보였다(이광재, 2009).

AchE저해활성: 치커리 뿌리성분 2개 sesquiterpene lactone인 8-deoxy-lactucin과 lactucopicrin은 aectylcholinesterase(AchE) 활성을 농도 의존적으로 저해하였다. AchE 활성 저해 물질로는 드물게 alkaloid가 아닌 물질이 특징이었다. 이들은 Alzheimer's 병, 사지 운동실조, 위근 무력증 및 Parkinson's 병 같은 증상치료에 공헌하리라 생각되었다(Rollinger JM, 2005).

항Malaria활성-Lactucin·lactucopicrin: 치커리 뿌리 수용성 추출물에서 light-sensitive plant remedy인 항malaria 물질을 분리동정한 결과, light sensitive sesquiterpene lactone인 lactucin과 lactucopicrin이었다(Bischott TA, 2004).

면역활성증진: Chicon(*Cichorium endivia* L.)은 chicory(*C. intybus* L.) 뿌리를 싹 틔운 새싹 채소를 말한다. 치콘을 초음파로 추출한 추출물은 대조군보다 human B와 T cell 성장을 10-20% 증가시켰고, TNF-α와 IL-6 분비. 치콘 ex 0.5mg/mL 첨가는 TNF-α와 IL-6 분비 또한 증가시켰으며, NK cell 활성화도 대조군보다 1.37배 개선시켰다. Macrophage로부터 NO 생성도 chicon ex에서 LPS보다 증산되었다. 일반적으로 초음파 처리 추출물은 일반 추출보다 면역 조절 활성이 높았다. 치콘의 최적 초음파 EtOH 추출조건은 60-100℃ 였다(권민철, 2008).

Ca흡수증진-Chicory fructan: 폐경 후 여성에서 치커리 fructan fiber 보조제가 골밀도, 무기질 흡수 및 혈청수치에 미치는 영향에 대해 연구하였다. 폐경 후의 한국 건강한 여성 26명을 2군으로 나누어 8g maltodextrin-sucrose 위약군(C), 8g chicory fructan 군(F)에 각각의 식이로 3개월간 식이한 후, 두 군 간의 골밀도는 별 차이 없었으나, F군에서 Ca흡수가 42%로 현저히 증가, C군은 29% 감소하였으나, 요중 Ca 배설은 두 군간 현저한 차이는 없었다. 이로써 일반 식이에 chicory fructan 첨가 식이는 폐경 후 여성에서 Ca 흡수를 현저히 증가시켰다(Kim Y-Y, 2004).

Melantoin·polyphenol 증가: 4일간 24℃ 에서 alfalfa, chicory, rape, red kale 및 sunflower를 발아시킨 후 측정한 결과, melantoin 함량은 씨보다 발아 후에 증가, melantoin 함량이 가장 많은 chicory 2,037.7 pg/g, polyphenol 함량은 8.7mg/g(66%), melantoin 전구물질 tryptophan(0.5mM) 투여에서는 melantoin 함량은 증가하지 않았다(Kim SJ, 2011).

Sesquiterpene lactone-Hairy root: 변형된 뿌리 배양 치커리에서 guanine과 germacrane type의 sesquiterpene lactone 생성을 발견하였고, lactucopicrin, 8-desoxylactucin 및 3개의 sesquiterpene lactone glycoside인 cerpidiaside B, sonchuside A 및 ixerisoside D를 뿌리에서 분리동정하였다(Malarz J, 2002).

쓴맛성분-뿌리: 신선한 치커리 뿌리에서 5개 기지성분 및 1개의 새로운 sesquiterpene lactone을 분리한 결과, 11(S),13-dihydrolactucopicrin(A)으로 동정하였고, 분리 물질의 쓴 맛을 실험한 결과, 새로운 물질(A)만이 0.2ppm에서 가장 강한 쓴 맛을 보였고, 4개의 lactone은 quinine-HCl과 비슷하였다(van Beek TA, 1990).

효능과 이용

1) 식용: 뿌리의 건조 가루를 커피에 섞거나 커피 대용으로 카페인이 없는 건강 음료, 또 강장, 소화작용이 뛰어난 음료로 이용. 채소로는 서양 민들레처럼 쌉살하고 달큰한 맛이 있어 치코리 순을 겉절이나 샐러드로, 꽃은 케이크나 요리의 장식용이나 염색에도 쓴다.

2) 약용: 한방에서는 담즙 분비를 증가시키므로 담석증이나 황달 등 간장 질환의 치료제로, 강장제, 건위소화제, 이뇨제, 완하제, 해열제로, 변비, 빈혈, 류머티즘, 통풍 등의 치료제로 이용. 술에 담근 건강주는 항균작용, 항염증 작용이 있다.

중국에서도 국거(菊苣)라 하여 한방에서 포기 전체를 신장염, 간염, 황달의 치료에 쓴다.

참고 문헌

1) 강수일, 김수일. **농화학회지** 1997 40 34(새로운 endo-inulinase를 이용한 치커리 추출물로 부터 Inulo-올리고당의 생산)

2) 강수일, 박상기, 김경윤, 김수일. **농화학회** 96년 추계학술발표회 포스터 초록 pp54(식품 및 미생물)(산과 효소 가수분해에 의한 치커리로부터 기능성 올리고당 생산)

3) 권민철, 한재건, Qadin SA, 등. **약용작물학회지** 2008 16(1) 9(초음파 추출물을 이용한 치콘의 면역 활성증진)

4) 기창건, 임동술, 이숙연. *Nat Prod Sci* 1999 5(4) 155(Biological activities of the root of *Cichorium intybus*)

5) 김현구, 이부용, 신동빈, 권중호. **식품과학회지** 1998 30(6) 1279(볶음조건이 치커리의 이화학적 특성과 향기성분에 미치는 영향)

6) 박상기, 강수일, 김수일. **농화학회** 1996 39 414(수확시기, 저장온도 및 가공방법에 따른 치커리의 가용성 당의 조성 변화)

7) 박상기, 강수일, 김수일. **농화학회** 1995 심포지움 및 학술발표 포스터 초록 pp178[수확시기에 따른 치커리 (Chicory, *Cichorium intybus*, L.) 뿌리의 당조성

변화]

8) 박상동, 이수정, 성낙주. **식품영양과학회** 1998년 제44차 추계 학술발표회 및 정기총회 pp33(적치커리중 니트로화 반응을 억제시키는 화합물의 분리 및 구조동정)

9) 박채규, 전병선, 심기환. **약용작물학회지** 2003 11(5) 329(볶음 치커리의 생리활성)

10) 박채규, 차재영, 전병선, 김나미, 심기환. **식품영양과학회지** 2000 29(3) 518 (치커리 물추출물이 흰쥐의 혈청중성지방 및 microsomal triglyceride transfer protein (MTP)활성에 미치는 영향)

11) 박희준, 권상혁, 유기욱 등. *Nat Prod Sci* 2000 6(2) 86(Isolation of magnolialide and artesin from *Cichorium intybus*)

12) 이광재, 박민희, 서현택 등. **식품저장유통학회지** 2009 16(6) 1008(품종별 치콘 추출물의 생리활성 탐색)

13) 이정선, 신현경. **식품과학회지** 1997 29 1295(치커리 추출물 첨가가 in vitro 전분 가수분해율 및 정상성인의 혈당반응에 미치는 영향)

14) 이정선, 염태라, 신현경. **영양학회지** 1998 31 13(돼지감자 및 치커리 섭취가 흰쥐의 지질대사에 미치는 영향)

15) 이정선, 이지수, 신현경. **영양학회** 1997 30 781(치커리 추출액이 Streptozotocin 유발 당뇨쥐의 혈당과 지질대사에 미치는 영향)

16) 이정선, 이지수, 양차범, 신현경. **식품과학회** 1995년 추계학술발표대회 초록/포스터 발표 논문초록(치커리추출액이 streptozotocin 유발 당뇨쥐의 혈당과 혈중지질 대사에 미치는 영 향, 산학수산)

17) 차재영, 박채규, 강호영, 조영수. **생명과학회지** 2005 15(4) 613(흰쥐의 중성지질 대사에 미치는 치커리 추출물의 영향)

18) 차재영, 박채규, 조영수. **농화학회** 99년도 임시총회 및 춘계 학술 발표논문 초록집 pp 88(The decrease of serum triglyceride by chicory water-soluble extracts is accompainied with an inhibited activity of MTP in rats)

19) 홍미정, 이기동, 김현구, 권중호. **식품과학회지** 1998 30 413(볶음처리에 따른

치커리의 기능성 및 관능적 특성 변화)
20) 홍미정, 이기동, 김현구, 정신교, 권중호. **농화학회** 97년 춘계 학술발표 초록집 pp135 포스터 발표논문 초록(식품가공 분야 Poster-볶음처리에 따른 치커리 (*Cichorium intybus* L.)의 이화학적 특성 변화)
21) 홍미정, 이기동, 김현구, 권중호. **식품영양과학회지** 1998 27 591(치커리의 볶음처리에 따른 갈색화 특성 변화)
22) Bischott TA, Kelley CJ, Karchesy Y, et al. *J Ethnopharmacol* 2004 95 455 (Antimalarial activity of lactucin and lactucopicrin: sesquiterpene lactones isolated from *Cichorium intybus* L.)
23) Cavin C, Delannoy M, Malnoe A, et al. *Biochem Biophys Res Comm* 2005 32(7) 742(Inhibition of the expression and activity of COX-2 by chicory extract)
24) Cha J-Y, Park C-K, Cho Y-S. *Food Sci Biotechnol* 2010 19(4) 865[Hepatoprotective effect of chicory (*Cichorium intybus*) root extract against orotic acid induced fatty liver in rats]
25) Choi MK. *PhD Thesis* Hanyang Univ Seoul Korea 1989(A study on the ingredients of chicory harvested in Korea and coffee)
26) Ki C-G, Yim D-S, Lee S-Y. *Nat Prod Sci* 1999 5(4) 155(Biological activities of the root of *Cichorium intybus*)
27) Kim SJ, Cho MH. *J Food Sci Nutr* 2011 16(2) 184[Melatonin and polyphenol contents in some edible sprouts (Alfalfa, chicory, rape, red kale and sunflower)]
28) Kim Y-Y, Jang K-H, Lee E-Y, et al. *Nutr Sci* 2004 7(3) 151(The effect of chicory fructan fiber on calcium asorption bone metabolism in Korean postmenopausal women)
29) Kisiel W, Zielinsk K. *Phytochemistry* 2001 57 523(Guaianolides from *Cichorium intybus* and structure revision of *Cichorium* sesquiterpene lactones)
30) Lee K-T, Kim J-I, Park H-J, et al. *Biol Pharm Bull* 2000 23(8) 1005(Differentiation-inducing effect of magnolialide, α1,β-hydroxy eudesmanolide isolated from *Chichorium intybus,* on human leukemia cells)

31) Malarz J, Stojakowska A, Kisiel W. *Z Natur Forsch* 2002 57c 994(Sesquiterpene lactones in a hairy root culture of *Cichorium intybus*)

32) Rollinger JM, Mock P, Zidorn C, et al. *Curr Drug Discov Technol* 2005 2 185 (Application of the in Combo screening approach for the discovery of non-alkaloid acetylcholinesterase inhibitors from *Cichorium intybus*)

33) Seto M, Miyase T, Umehar K, et al. *Chem Pharm Bull* 1988 36(7) 2423 (Sesquiterpene lactones from *Cichorium endivia* L. and *C. intybus* L. and cytotoxic activity)

34) van Beek TA, Maas P, King BM, et al. *J Agr Food Chem* 1990 38 1035(Bitter sesquiterpene lactones from chicory roots)

35) Wesolowska A, Nikiforuk A, Michalska K, et al. *J Ethnopharamcol* 2006 107 254 (Analgesic and sedative activities of lactucin and some lactucin-like guaianolides in mice)

36) Zafar R, Mujahid Ali S. *J Ethnopharmacol* 1998 63 227(Anti-hepatotoxic effects of root and root callus extracts of *Cichorium intybus* L.)

24 카바

Piper methysticum

후추과
(Piperaceae)

Kava, Kava Kava(英)

원산지: 폴리네시아(피지, 사모아, 통가, 바누아투)

용도: 진정제 – 뿌리

역사

수천 년 동안 남태평양 섬 주민들은 카바(Kava) 뿌리를 건조시켜 물에 우려 의식이나 사회적 목적으로 사용해 왔다. 1700년대 유럽에 이 무독한 음료가 전파되었으며, 스웨덴 식물학자 2명이 처음으로 이 식물에 대하여 서술하였고, 1877년 Parke-Davis 제약회사가 서양에 소개하였다. Cook 선장의 최초 원정이후 1914년 British Pharmacopoeia에, 독일 식민주의자들이 카바를 유럽에 소개하였고, 1950년 US 처방전에 등재되었다. 독일 약전에 penicilin 발견 이전에 임질(gonorrhea) 치료제로 카바를 명문화 하였다. 1980년대 초 호주에서 원주민 사회에 음료가 유행하였고, 때로는 ethanol 함유 음료로 팔리기도 하였다. 1990년대 이래로 US와 유럽에 stress, insomnia 및 anxiety 치료 목적으로 시중에 nonaqueous solvents로 많이 팔렸다. 1990년 초에 카바 추출물이 간염, 간경화 및 강렬한 liver failur로 전개됨이 임상 예가 보도되었다. 결과적으로 몇몇 유럽 국가와 캐나다는 Kava extract 사용을 금지시켰다. 2002년 유럽, 잉글랜드, 캐나다 당국에서 카바 판매를 금지시켰으나, 2008년 유럽국가들은 카바 금지령을 해제하였다(Medicinal Herbs p31; Herbs p321).

특수성분

1-cinnamoylpyrrolidine(E, C-01340), 5,6-Dehydrokawain(E, D-00318), 5,6-Dihydro-5-hydroxy-4-methoxy- 6-(2-phenylethyl)-2H-pyran-2-one(5R,6S, D-01258), Dehydromethysticin(M-01470), 6-[(3,4-Dimethoxyphenyl) ethyl]-5,6-dihydro-4-methoxy-2H pyran-2-one(H-02234), 3-(3,4-Dimethoxyphenyl)-2-propenoic acid(D-02670), Flavokawain A(T-00610), B(T-02007), C(T-00610), 11-Hydroxy-12-methoxydihydro Kawain(S, H-02234), *Kawain(R, K-00170), Marindinin(K-00170), 1-(m-Methoxycinnamoyl)pyrrolidine (H-02874), 11-Methoxyyangonin(Y-00013), *Methysticin(R, M-01470), Pipermethystine (P-01377), 5,6,7,8-tetrahydroyangonin(S, T-01102), *Yangonin(Y-00013)가 동정(DNP p723).

생리활성

Mini-review: Kava 뿌리 주성분인 kava lactone은 다양한 neuroreceptor, 특히 GABA와 dopamine receptor의 결합 Na+channel 들을 저해하였고, 이러한 상호작용은 sedative, 근육이완, 항진전(anti-convulsive), tranquilising 및 analgesic 효과를 나타낸다. Kava는 benzodiazepine과 같으나 생리적 또는 정신적 의존성은 없다. 임상에서 antiety, tension 및 agitation 또는 psychosomatic(심신증)의 갱년기 합병증(complaints) 환자치료에 효과를 보였다. 이러한 장점에도 불구하고, 비록 Kava가 치료량에서 심각한 독성이 나타난 바 없으나 만성적 Kava 남용은 심각한 독성작용을 주의해야 한다.

Kava-Safty Review: Kava 사용에 있어 용량, 역작용, 독성, 상호작용 및 Kava 작용기전을 간단히 요약하였고, Kava의 강력한 간독성에 대하여 광범위하게 기술하였다. 가능한 한 보고들을 통합 정리하였고, 중점되는 것을 피하고, 각 report에 대하여 명확히 세세한 내용들과 각 나라의 사용 설명에 대해서도 첨가하였다(Ulbricht C, 2005).

진통작용: Kava root의 pyrone 화합물은 mephenesin보다 strychnine 중독에 대하여 더 보호활성이 있었고, 고용량의 pyrone 화합물도 mephensin이나 barbiturate가 strychnine과 같은 발작 증상을 보인다. 이는 아마도 pyrone이 한 순간 polysynaptic 반사가 차단되는 용량에서 항strychnine 기전이 나타날 수 있기 때문으로 생각되었다(Kretzschar R, 1970). 또 Kava 음료와 Kava resin의 진통 작용은 지용성 추출물에서 8개 pyrone이 tail immersion test에서 진통 작용이 있었고, kawain, dihydrokawain, methysticin 및 dihydromethysticin도 진통 작용이 대단히 효과적이었다. Kava의 진통 작용은 nonopiate pathway에 의해 일어난다(Jamieson DD, 1990).

불안해소①: 비정상적인 불안, 심신질환 및 psychoreactive disorder 환자에 cavain(2×200mg/day)군과 placebo군을 28일간 실험, 실험전 14일간 Hamilton anxiety scale(HAMA)과 adjective check list로 측정한 결과, placebo에 비해 치료 효과가 cavain군이 현저히 우수하였다(Lehmann E, 1989). 또 Kava 근경 ex WS1490 100mg×3/day가 placebo와 같은 횟수로 4주간 불안증상 환자 29명에 실험한 결과, 불안증상이 시료투여 1주 후 placebo군보다 현저히 감소, HAMA score도 감소하였다(Lehmann E, 1996).

불안증완화효과②: Kava-kava extract WS1490와 placebo가 불안증 외래 환자에 25주간 투여한 결과, tricyclic 항우울제와 benzodiazepine의 대체 치료에서 효과가 있었고, tricyclic과 benzodiazepine 병용시 약물내성에 문제는 없었다(Volz H-P, 1997).

불안치료-KAVA 체계적 요약·Meta분석③: 불안해소 합성약물은 불안치료에 효과적이나 부작용이 있다. 자원과 시간에 대한 제한은 가끔 정신적 중제 실행 불가능함 같은 치료에 부담을 준다. 부작용이 거의 없는 효과적인 복용 약물은 치료 종목에서 더 환영을 받는다. 이러한 체계적 요약과 meta-analysis는 불안증상 치료에 Kava 추출물의 효과에 대하여 초점을 두었다. 체계적인 문헌적 고찰은 computer databases(MEDLINE, EMBASE, BOSIS, AMED,

CISCOM 및 Cochrane Library)에서 찾을 수 있다. Kava에 대한 전문가들은 더 많은 정보를 이에 접속함으로서 참고가 된다(Pittler MH, 2000).

항발작효과-(±)-Kavain: (±)-Kavain은 전압 의존적 Ca^{2+}와 Na^{+} channel 저해를 일으켰고, (±)-Kavain은 [^{3}H]-saxitoxin-과 [^{3}H] batrachotoxin 결합으로, 국소 마취제와 유사하며, 4-aminopyridine 유도 [Na^{+}], [Ca^{2+}] 증가와 체내 glutamate 유리를 억제하였다(Gleitz J, 1996).

급성간염: Herbal 제품은 광범하게 얻을 수 있고, 여러 의약품으로서 해가 없는 치료제로 일반적으로 널리 이용되고 있다. 그 예로 Kava Kava 사용에 관련된 급성 간염의 한 예로 미국에서 항우울제나 신경안정제로 쓰이고 있는 한 보고서에서 14세 건강한 여아에 hepatic failur가 있는 여아가 병원에 내원하여 plasma phoresis를 포함한 처음 치료에서 성공치 못하고 증상이 악화되었다. 최후로 간이식이 요구되었고, 현재는 건강하다. 간 생검(biopsy)에서 chemical hepatitis에 의한 간세포 necrosis(괴사)를 보였다. 간부전(Liver failure)의 몇 경우는 부정적이었다. 환자의 병력에서 Kava Kava-함유물을 4개월 복용했음을 알게되었다. Kava Kava 사용과 간부전은 Kava Kava 사용을 뒷받침 하고 있다. 건강관리 전문가들은 Kava Kava가 간 독성 가능성을 알고 있어야 하고, 어떠한 대체 약물의 독성은 감시 program과 이런 제품의 품질관리에 강조되어야 함이 중요하다. 의사들은 herbal products의 독성을 알아야 하고, 설명할 수 없는 간 손상에 대해 물어야 한다. 당국에서는 이러한 herbal medicine은 법률로 입법화를 요구해야 한다(Humberston CL, 2003).

Saccade·인식손상-Kava중독: Kava는 *Piper methysticum* 식물 추출물로 태평양군도 사회에서는 사회적 또는 정신적으로 중요성을 갖는다. Kava를 함유한 herbal remedies는 불안과 불면증 등 심리적 치료에 사용되었다. 본 연구는 소량의 Kava 제제 실험에서 임상적 급성효과로 인식이나 동작기능에 대해 변화를 보였다. Kava의 적응량에서 중독은 연구되지 않았다. Kava 섭취 11명에서 각각의 행동은 대조군 17명에서 saccade와 인지시험을 이용하여 비교한 결과, 평균적으로 중독된 개개인 들은 Kava powder의 205g 섭취(clinical dose의 약 150배)군을 14.4시간 지속되었고, 시험 8시간 전에 종료되었다. Kava 섭취 중독은 보행 부전 ataxia, 진전 tremor, 진정 sedation, blepharospasm, GGT 및 ALP 간효소가 증가되었고 saccadic dysmetria (운동조정 곤란), saccadic slowing과 함께, 시각적 관찰, 정확성이 감소되었고, 다만 과제의 복잡성만이 증가되었을 뿐이었다. Kava 중독은 동작협조, 특수적 비정상과 시각적 주의가 비정상이 특징이며, 복합적 인식기능은 정상이었다. Saccade 비정상성은 소뇌와 gamma aminobutyric acid (GABA)적 기능의 혼란으로 생각되었다(Cairney S, 2003).

Cytochrome p450 저해활성①: Kava 근경 crude extract 시료가 약물대사 간 효소인 cytochrome p450 3A4에 저해 작용이 있는지 실험한 결과, kavapyrone이 p450 3A4를 저해하여 Kava가 독성을 나타내는 것으로 보였다. 본 효소로 대사되는 약물은 midazolam, erythromycin 및 terfenadine 등이며, 식물 추출물 중 St. John's wort, *Angelica dahurica*, *Silybum narianum* 및 포도 juice가 본 효소를 저해하였다(Unger M, 2002).

Cytochrome p450 저해활성②: 냉동 인간 간세포에서 cytochrome p450 isoform 저해활성은 Kava root EtOH ex, Kava lactone, methysticin, desmethoxy yangonin 및 yangonin이 농도 증가에 따라, p450 isoform의 촉매 활성이 저해되었다(in vitro). Kava ex와 Kava 3 lactone도 CYPs, IA2, 2C9, 2C19, 2EI 및 3A4에 강력한 저해를 보였다. 실험 물질들은 인체 간세포에 중정도의 독성을 보였고, methysticin이 가장 강한 세포독성으로 가장 강한 효소 저해제이고, 다음 Kava root ex, desmethoxy yangonin, yangonin 순이었다(Zou L, 2004).

피부병증-Kava: 태평양군도에서 Kava는 수천년 의례적으로 사용해온 정신활성 psychoactive 음료. Kava는 Polynesia에 자생하는 *Piper methysticum*의 뿌리로 만들며, 비발효음료, 중독의 신경 안정의 복합성, 신경 안정성이 있고, Kava는 특유의 피부가 비늘처럼 벗겨지는 돌발의 peculiar scaly eruption 원인이 일어나기도, 이러한 현상은 James Cook 선장이 태평양 탐험 시 선원에 의해 처음 보고되었으나, 이런 피부병이 더 이상 기록은 없었다. Kava를 많이 마시는 사람은 ichthyosiform 비늘모양이 발생되기도, 이를 Kava 피부병이라 한다. 이는 cholesterol 대사와 관계가 있다 하나 밝혀지지 않았다. 현재도 Kava는 의례적 음료로 사용되고 있으나, 서양에서는 건강식품, 또 이완제로 사용하고 있다(Norton SA, 1994).

인지행동약화-급성중독①: Kava와 과실주스 혼합물 및 과실주스만을 시험자에 투여, 반응 시간과 반응 현상, 즉 급성 인지 기능과 심장 박동, 호흡율, 혈압 등을 측정, 그들의 중독 정도, stress 및 각성 list를 작성, Kava 섭취 후 약 1시간에 중독증상이 극에 달하였다고 응답하였다. Kava 섭취군에서 신체의 휘청거림이 증가하였고, 인식 행동이 더 나빠졌다(Prescott J, 1993).

인지행동약화②: Kava와 alcohol을 각각 또는 함께 인체에 투여하고 관찰한 결과, Kava만 투여 시 인지행동에는 별 영향이 없었으나, Kava와 alcohol 함께 투여 시 인지 행동이 약화되었다(Foo H, 1997).

뿌리성분①: Polynesia 제도에서 예부터 피로회복이나 불안해소에 음료를 마시는 Kava 뿌리 성분을 분석한 결과, methysticin III, dihydromethysticin, yangonin, kawain I 및 kawain II를 분리동정하였다(Klohs MW, 1959). 근경과 시판 분말에서 7,8-dihydrokawain 0.12%, kawain 0.12%, 5,6-dehydrokawain 0.03%, 5,6,7,8-tetrahydroyagonin 0.02%, 7,8-dihydro-methysticin 0.075%, yangonin 0.075% 및 methysticin 1.12%였다(Duve RN, 1981).

뿌리성분②: Kava 뿌리 $CHCl_3$ ex를 HPLC-ES, MS를 이용 분석한 결과, 7개 주요 kavalactone 즉 methysticin④, dihydromethysticin⑤, kavain⑥, 7,8-dihydrokavain⑦, 5,6-dehydrokavain⑧, 5,6-dehydromethysticin⑨ 및 yangonin⑩, 6개의 minor 성분은 11-hydroxy-12-methoxy dihydrokavain①′, 7,8-dihydro-5-hydroxykavain②′, 11,12-dimethoxydihydrokavain③′ 및 flavokavain A④′, B⑤′ 및 C⑥′, 등이었다(He X-G, 1997).

잎·줄기·뿌리성분③: Fiji의 Kava 잎에서 alkaloid인 *Piper methystine*, 뿌리에서 desmethoxy yangonin, 줄기에서 dihydrokawain이 주성분으로 분석되었다(Smith RM, 1983).

효능과 이용

1) 효능: 불안증 및 과민증 완화, 수면향상.

2) 식용: 카바 뿌리를 으깨서 빚은 걸쭉하고 쓴맛의 카바 술은 폴리네시아에서 종교적 의미로 사용하는데 조금만 마셔도 입 안이 평안하고 만족감이 돌며, 많이 마시면 euphoria 상태에 빠질 수 있다.

3) 약용: 수 세기동안 약초로 또 의식용에 사용해 왔고, 허브 의학에서 불안, 신경성 긴장, 우울증 및 관련 증상에 정신적 부작용 없이 사용되며, 폐경 및 월경 전 증후군과 관련된 불안증 완화에 도움이 된다. 허브 의학 전문의들도 불면증과 일부 수면장애에 카바를 추천한다.

참고 문헌

1) Backhauss C, Krieglstein J. *Eur J Pharmacol* 1992 215 265(Extract of Kava(*Piper methysticum*) and methysticin constituents protect brain tissue against ischemic damage in rodent)

2) Barceloux DG. *Medical Toxicology of Natural Substances* A John Wiley & Sons INC Publ 2008 p325(Kava, *Piper methysticum* Forster: medical use, ingredient, absorptin and excretion, hepato-toxicity, medical use, drug interaction toxicity)

3) Bilia AR, Gallon S, Vincieri FF. *Life Sci* 2002 70 2581(Kava-kava and anxiety: growing knowledge about the efficacy and safety)

4) Brodie M, Bunney B. *J Neurophysiol* 1996 76 2077(Serotonin potentiates dopamine inhibition of ventral tegmental area neurons in vitro)

5) Brown AC, Onopa J, Holck P, Kaufusi P, et al. *Clin Toxicol* 2007 45 549 (Traditional Kava beverage consumption and liver function tests in predominantly Tongan population in Hawaii)

6) Cairney S, Maruff P, Clough AR, Collie A, et al. *Human Psychopharmacol* 2003 18 525(Saccade and cognitive impairment associated with Kava intoxication)

7) Chanwai LG. *Emerg Med* 2000 12 142(Kava toxicity-case study)

8) Cote CS, Kor C, Cohen J, Auclair K. *Biochem Biophys Res Comm* 2004 322 147

(Composition and biological activity of traditional and commercial Kava extracts)

9) Davies LP, Drew CA, Duffield P, et al. *Pharmacol Toxicol* 1992 71 120(Kava pyrones and resin; studies on $GABA_A$, $GABA_B$ and benzodizepine binding sites in rodent brain)

10) Duve RN. *Analyst* 1981 106 160(Gas-liquid chromatographic determination of major constituents of *Piper methysticum*)

11) Ernst E. *Lancet* 2002 359 1865(Safety concerns about Kava)

12) Escher M, Desmeules J, et al. *BMJ* 2001 322 139(Hepatities associated with Kava, a herbal remedy for anxiety)

13) Foo H, Lemon J. *Drug Acohol Rev* 1997 16 147(Acute effect of Kava, alone or incombination with alcohol, on subjective measures of impairment and intoxication and on cognitive performance)

14) Gleitz J, Friese J, Beile A, et al. *Eur J Pharmacol* 1996 315 89(Anticonvulsive action of (±)- kavain estimated from its properties on stimulated synaptosomes and Na^+ channel receptor sites)

15) He X-G, Lin L-Z, Lian L-Z. *Planta Med* 1997 63 70[Electrospray high performance liquid chromatography Mass spectrometry in phytochemical analysis of Kava(*Piper methysticum*) extract]

16) Humberston CL, Akhtar J, Krenzelok EP. J *Toxicol Clin Toxicol* 2003 41 109(Acute hepatitis induced by Kava kava)

17) Jamieson DD, Duffield PH. *Clin Exp Pharmacol Physiol* 1990 17 495(The antinociceptive actions of Kava components in mice)

18) Jussofie A, Schmitz A, Hiemke C. *Psychopharmacol Berl* 1994 116 469 (Kavapyrone enriched extract from *Piper methysticum* as modulator of the GABA binding site in different regions of rat brain)

19) Keledjian J, Duffield PH, Jamieson DD, et al. *J Pharm Sci* 1988 77 1003(Uptake into mouse brain of four compounds present in the psychoactive Kava)

20) Kraft M, Spahn TW, Menzel J, et al. *Deutch Med Wochenschr* 2001 126 970

(Fulminantes Leberversagen nach Einnahme des pflanzlichen Antidepressivums Kava-Kava)

21) Lehmann E, Kinzler E, Friedemann J. *Phytomed* 1996 3(2) 113[Efficacy of a special Kava extract(*Piper methysticum*) in paitient with states of anxiety, tension and excitedness of non- mental origin-A double-blind placebo-controlled study of four weeks treatment]

22) Lehmann E, Klieser E, Klimke A, et al. *Pharmacopsychiatry* 1989 22 258(The efficacy of cavain in patients suffering from anxiety)

23) Mathews JM, Etheridge AS, Black SR. *Drug Metab Dispos* 2002 30 1153(Inhibition of human cytochrome p450 activities by Kava extract and Kavalactones)

24) Munte TF, Heinze JJ, Matzke M, Steitz J. *Neurophycobiol* 1993 27 46(Effects of oxazepam and an extract of Kava roots(*Piper methysticum*) on event-related potentials in a word recognition task)

25) Norton SA, Ruze P. *J Am Acad Dermatol* 1994 31(1) 89(Kava dermopathy); 21 697(Effects of kawain and dihydromethysticin on field potential changes in the hippocampus)

26) Pittler MH, Ernst E. *Psychopharmacol* 2000 20 84(Efficacy of Kava extract for treating anxiety: systematic review and meta analysis)

27) Prescott J, Jamieson D, Emdur N, Duffield P. *Drug Alcohol Rev* 1993 12 49(Acute effects of Kava on measures of cognitive performance, physiological function and mood)

28) Russmann S, Lauterburg BH, Helbling A. *Ann Intern Med* 2001 135(1) 68(Kava hepatotoxicity-case study)

29) Shulgin AT. *Bull Narcotics* 1973 25 59(The narcotic pepper-the chemistry and pharmacology of *Piper methysticum* and related species)

30) Smith RM. *Phytochemistry* 1983 22(4) 1055(Kava lactones in *Piper methysticum* from Fiji)

31) Stevinson C, Huntley A, Ernst E. *Drug Saf* 2002 25(4) 251(A systematic review of

the safety of Kava extraction in the treatment of anxiety-Review article)

32) Ulbricht C, Basch E, Boon H, et al. *Expert Opin Drug Saf* 2005 4 779(Safety review of Kava(*Piper methysticum*) by the natural standard research collaboration)

33) Unger M, Holzgrabe U, Jacobsen W, et al. *Planta Med* 2002 68 1055[Inhibition of cytochrome p450 3A4 by extracts and Kavalactones of *Piper methysticum*(Kava)]

34) Volz H-P, Kieser M. *Pharmacopsychiar* 1997 30 1(Kava-Kava extract WS1490 versus placebo in anxiety disorders-A randomized placebo-controlled 25week outpatient trial)

35) Warnecke G. *Fortschr Med* 1991 109 119(Pschosomatic dysfunctions in the female climacteric clinical effectiveness and tolerance of Kava extracts WS1490)

36) Zou L, Henderson GL, Harkey MR, et al. *Phytomedicine* 2004 11 285[Effects of Kava(*Piper methysticum*) on cDNA-expressed cytochrome p450 enzymes and human cryopreserved hepatocytes]

25 캐모마일 *Matricaria recutita* *Matricaria. chamomilla*

국화과
(Compositae)

Camomile(英), 母菊(中)

원산지: 유럽, 북아프리카, 북아시아

용도: 강장제 – 꽃

역사

캐모마일(chamomile)은 로마 제국의 팽창과 함께 유럽 전역에 전파된 보편화된 약초로 감기나 두통이 날 때, 피로할 때 차로 애용되었다. 또 고대 이집트 의학서 *Codex Ebers*에 최초로 기록되었고, 이집트인은 학질의 오한에 이용했다. 1653년 영국에서 소화제로, 1987년 독일인들은 '올해의 식물'로 선정하였다. 사과 같은 향기가 있어 고대 그리스인은 'chamai(작은)' 'melon(사과)'라 했다. 즉, '땅에서 나는 작은 사과'라는 뜻에서 chamomile이 유래되었고, 스페인에서도 같은 뜻으로 manzilla라 하며, 이것을 넣은 셰리주를 manzanilla라 한다.

Chamomile에는 1년생 국화과 초본인 German chamomile과 다년생 초본인 Roman chamomile이 있으며 독일종은 *Matricaria*속(屬)이고, 로마종은 *Anthemis*속으로 *Matricaria*는 'mater' 즉, '어머니 자궁'을 뜻하며 부인병에 효과가 있고, 목욕물에 넣으면 hysteria를 진정시키는 탁월한 효과가 있다. *Anthemis*는 '꽃'이라는 뜻으로 꽃이 태양을 연상시키듯 중심부가 황금빛이기 때문이며 약효는 둘 다 같다. Roman chamomile은 옆으로 기듯 퍼지는 성질이 있고 '원기를 회복하여 소생한다'는 뜻이며 방충 효과도 있다 (Herbs p272; Medicinal Herbs p145).

식물학적 특성

Chamomile은 잎이 호생 2회 우상복엽 실 같은 녹색의 잎이 잘게 갈라진 새의 깃털같이 부드럽다. 꽃은 5월에 줄기 끝에 두상화(頭狀花)로 쑥갓꽃 같이 피며 중심부 노란 빛의 관상화(管狀花)는 약효 성분이 함유. 흰색 설상화(舌狀花)는 낮에는 벌어지고 밤에는 닫힌다. 사과 같은 달콤 새콤한 향기가 있다.

우리나라의 *Matricaria chamomilla* L.은 귀화한 식물이다(Lee, YN, II, p317).

Chamomile의 품종

내한성은 있으나 여름의 고온 건조에는 약하다. 여러 품종이 있으나 5종을 소개하면 다음과 같다(Herbs p272).

① **German chamomile**(*Matricaria recutita* **또는** *M. chamomilla.* **L.**) 1년생 초본 유럽, 북아시아가 원산. 키는 50-100cm 가는 줄기 끝에 노란 관상화(중심부)가 둥글게 튀어올라 꽃이 피며 며칠 지나면 흰 꽃이 잎이 뒤집히듯 밑으로 처지고 꽃술로 보이는 노란 관상화만 남는다. 뒤집히기 전에 꽃을 말려 차로 이용. 이 차는 불면증, 진정작용, 구강염, 인후염의 소염제 및 소화기 계통에 항염 작용과 강장 작용, 발한 작용이 있어, 감기에 마시면 땀이 나면서 열이 내리게 된다. 몸이 찬(냉증) 사람은 chamomile 탕(약탕)에 목욕하며, 신경통 류머티스(rheumatis)에도 효과가 있고 경련에도 진정제로, 또 미용효과도 뛰어나 'steam pack'으로 이용하기도 한다.

② **Roman chamomile**(*Anthemis nobilis* 또는 *Chamaemelum nobile*) Europe 원산. 유럽에서는 주로 이를 사용. 다년생 초본 키는 30cm 정도 줄기는 옆으로 포복하듯 퍼지며 German 종보다 큰 꽃이 피며 German 종과의

차이점은 잎에서도 강한 사과향이 난다. 잔디밭을 밟을 때 사과향이 난다.

③ **Dyer's chamomile**(*Anthemis tinetoria*) 유럽이 원산. 다년생 초본. 키는 50cm 줄기 끝에 노란색의 꽃이 피며 이 꽃은 염색용. 절화나 건조화로 많이 이용되고, 포기 나누기로 쉽게 번식.

④ **Double-flowered chamomile**(*Chamaemelum noble plunem*) 다년생 초본. 크림색의 흰 겹꽃이 피는 품종, 꽃과 잎에 사과향이 있다. 꽃을 따서 Roman 종과 같이 진정, 항염, 강장, 발한 등에 약용하며 주로 차와 목욕재, 화장품 등에, 또 포플리, 건조화, 염색 등에도 이용. 포기 나누기로도 번식.

⑤ **Lawn chamomile**(*Chamaemelum nobile* Treneague) 다년생 초본 특징은 꽃이 피지 않는 것. 잔디밭을 만드는데 적합, 잎에서 사과향이 난다.

①-④의 꽃은 파종 후 8주가 경과하면 수확할 수 있으며 수확 적기의 꽃 중심부(관상화)는 황금색이 되고 불룩하게 부풀어 오르며 흰색의 설상화가 핀다. 꽃송이만 모아 단시간에 풍건, 밀폐용기에 보관.

특수성분

꽃의 정유는 0.5-0.9%이며 정유성분은 (-)-α-Bisabolol(약 50%), α-Farnesene 등이 밝혀졌고, Flavonoid는 Apigenin 7-(2″-*O*-acetyl glucoside)(C-01921), Apigenin 7-(6″-*O*-acetyl glucoside)(C-01921), Quercetin glycoside(P-00565), Patulitrin(P-00633), Polycladin(T-02691), (-)-α-Bisabolol(B-00441), α-Bisabolol oxide A, B, C(B-00486-00488)등 이며 Azulenes는 Cosmosiin (C-01921), Matricarin(H-02688), Matricin(D-01987), Chamazulene(D-3113)등 성분이, Coumarins는 Herniarin(H-01261), Umbelliferone(H-01261), Esculin(D-01543) 등이, Triterpenoids는 Taraxasterol, 기타 acetylene 화합물 Chamomilla ester(T-01832), Chamomilla alcohol(E, T-1832), Chrysoeriol(7-*O*-rutinoside)(T-02348) 등이 있다(DNP p657).

생리활성

Mini-review: *Matricaria chamomilla* 추출물의 phenol성 물질은 열수 추출물(H-ex) 23.64mg/g, 60% EtOH ex은 24.98mg/g이었고, HPLC 분석 결과, 생리활성이 높은 rosemarinic acid, quercetin이 많았다. 각 추출물의 항산화 효과는 DPPH가 H-ex와 60% EtOH ex에서 각각 91.05%, 95.49%로 높았고 antioxidant protection factor(PE)는 H-ex가 0.71보다 60% EtOH ex 1.48로 높았다. *Helicobactoer pylori*에 대한 추출물의 항균활성은 H-ex은 clear zone이 나타나지 않았으며, 60% EtOH ex는 200μg/mL에서 9.42mm로 낮았다. ACE 저해활성은 H-ex가 87.98%, 60% EtOH ex에서 91.36%로 고혈압에 효과를 보였다. XOase 억제 효과는 H-ex가 73.48%, 60% EtOH ex가 81.96%로 높은 활성을 보였다. 이상으로 chamomile 60% EtOH ex는 항산화제, 고혈압, 관절염 등에 효과가 기대되었다(조영제, 2005).

세포보호활성: 산화적 stress는 인간의 각종 질병을 일으키는 중요 요소로 작용한다. Chamomile 수침 ex는 생약으로, 차로 항염 및 항산화활성을 나타낸다. H_2O_2-유도 macrophage RAW 264.7 세포 손상에 대해 세포보호 활성을 보였다. Chamomile 전처리 세포에서 H_2O_2 유도 세포 손상을 농도 의존적으로 현저히 감소시켰다. Oxidative stress로부터 chamomile-보호 macrophage는 NAD(P): quinone oxidoreductase, SOD 및 catalase 등의 몇 항산화 효소로 유도되었고, 전사인자 Nrf_2의 핵내 측정과 이의 항산화 반응과 결합이 증가하였다. 더구나 chamomile은 용량 의존적으로 세포 내의 ROS에서 H_2O_2-유도 증가를 감소시켰다. 이상의 결과로 chamomile은 산화적 stress에 대한 보호 효과와 세포 손상에 방어 효과를 보였다. 이는 본 연구가 처음이었다(Bhaskaran N, 2012).

진정·진경효과-Apigenin①: *Matricaria chamomilla* 건조꽃은 진정 및 진경효과에 쓰여왔다. 본 연구에서는 *M. chamomilla* MeOH ex에서 분리한 apigenin에 대한 약리활성을 실험하였다. 전기 생리학적 실험에서 배양 cerebellar granule cell은 apigenin이 GABA-활성화 Cl- current를 용량 의존적으로 감소시켰고, 이로써 apigenin의 진정 작용은 $GABA_A$ 수중기

활성의 동기가 될 수 없고, 이 작용은 $GABB_A$보다 다른 신경 전달계와 작용하는 것으로 나타났다(Avallone R, 2000).

Stress저하효과-정유②: Ovary 절제 rat에서 chamomile oil 증기 흡입은 stress-유도로 혈청중 adrenal cortex tropic hormone(ACTH) 증가가 감소되었다. Diazepam과 함께 chamomile oil 증기 투여로 혈청 ACTH 수준이 더욱 감소하였다(Yamada K, 1996).

불안제거효과-Apigenin③: Mice 복강 내에 apigenin을 투여한 결과, CNS에 현저한 억제작용 없이 불안완화 효과를 보였다(Viola H, 1995).

Aroma therapy-뇌졸중 환자①: Aroma 요법이 뇌졸중 환자의 자율 신경계와 stress에 대한 신체 저항도에 미치는 효과를 알고자 lavender와 chamomile aroma를 사용한 결과, 부교감 신경을 활성화시키고, 교감 신경의 활성화를 억제, 동시에 자율 신경계의 균형을 유지하는 효과를 확인, 자율 신경계 불균형 관련 증상인 headache, hot flash, irreagular heart beat, nervousness, depression, anxiety의 완화를 위한 간호 중재로 활용할 과학적 근거로 생각되었다(Shin Y-S, 2004).

Aroma theraphy-치매행동완화②: Lavender, chamomile, grapefruit을 혼합, aroma 손 마사지법과 흡입법을 1회/일, 15일간 실시한 결과, 근심, 걱정, 두려움, 공포, 우울, 수선한 행동, 저조한 행동, 수면장애 및 야간 배회 행동 등이 개선되었다. 이로써 치매 노인에 aroma 요법이 삶의 질을 높일 수 있으므로 노인 요양 시설에서 활용하면 치매 노인의 심신 건강에 기여되리라 생각되었다(최승완, 2008).

항염활성-Chamazulene: Matricine과 변형 물질 chamazulene은 chamomile extract의 구성 성분으로 둘 다 생체 내에서 항염 작용을 나타낸다. Chamomile 제제는 피부 염증과 소화관 질병치료에 써왔다. 중성 granulocyte에서 이들은 leukotriene 생산. Chamazulene은 intact cell에서 농도 의존적으로 leukotriene B_4 형성을 저해. IC_{50}값은 15와 10μM. Matricine은 200μM 이상에서 이런 효과를 보이지 않았다. Chamazulene은 IC_{50} 2μM에서 (matricine제외) arachidonic acid의 화학적 과산화를 차단시켰다. 또

matricine 200μM 이상에서도 인체 혈소판에서 cyclooxygenase와 12-lipoxygenase 활성에 아무런 효과가 없었다. 이로써 matricine이 아니고 chamazulene은 leukotriene 합성을 저해하여 항염활성에 기여하고, 항산화 작용도 있었다(Safayhi H, 1994; Jakovlev O, 1983; Bhaskaran N, 2010). Chamomile의 항염활성은 성분 (-)-α-bisabolol이 (+)-α-bisabolol이나 합성 racemic bisabolol보다 더 강하였다(Jakovlev V, 1979).

만성염증감소-Flavonoids①: 증가된 sphingolipid는 free radical 생성과 고령에서 만성 염증 상태를 간에서 증가시킨다. 식물 polyphenol은 항산화 및 항염증 효과가 있다. 본 연구에서는 간이나 간세포에서 *Chamomilla recutita* flavonoid인 apigenin-7-glycoside나 luteolin-7-glucoside 각각 또는 혼합물을 이용, sphingolipid 대사에 미치는 영향을 관찰한 결과, 3월령 Wistar rat보다 고령 24-및 27-8월령 rat의 간과 간세포에서 sphingolipide가 더 많았다. 시료의 flavonoid 투여로 분리된 간세포에서 지방과 지방대사에 현저한 영향으로 sphigomyelin 분해 효소(SMase) 활성의 증가를 감소시켰다. 이로써 고령 rat liver에서 SMase는 flavonoid-유도로 ceramide 수준을 감소시키는 주요 물질로 염증을 감소시켰다(Babenko NA, 2006).

감염성 관절염완화-꽃②: Chamomile 꽃 추출물(시료)이 *Candida albicans* 감염성 관절염에 치료 효과가 있으며 작용기전은 활성화된 macrophage에서 분비되는 NO가 주변 세포와 조직을 파괴하여 통증이 야기. 이에 시료는 NO 생성을 억제하였다. 또 시료는 T-lymphocyte의 증식을 억제하였다. 시료를 분석한 결과, chlorogenic acid와 rutin이 있어 이 두 성분이 관절염에 효과가 있었다. 이로써 부작용이 심한 기존의 관절염 치료제 대신 할 수 있으리라 생각되었다. Chlorogenic acid와 rutin은 이미 항관절염 효과가 연구되었다(김정현, 2014).

Atopy피부염개선-정유③: Dinitrochlorobenzene(DNCB) 유도 atopy성 피부염 유발 mouse model에서 3% German chamomile oil 도포는 육안적으로 염증을 완화시킴과 더불어 혈청내 IgE 생성을 억제시킴을 확인하였으며, 안전성에도 별 문제가 없는 것으로 확인하였기에 보건

미용학적 및 대체 의학적 측면에서 atopy 피부염 치료 또는 개선에 유용성이 있을 것으로 판단되었다(이순희, 2008).

궤양저해효과-Bisabolol④: Chamomile(*Matricaria chamomilla*)의 성분 bisabolol은 indometacin, stress 또는 ethanol 유도 궤양 발생을 억제하였다. Chemical stress(acetic acid)나 heat-coagulation에 의한 궤양 치료를 bisabolol이 단축시켰고, chamomile ex(Kamillosan)도 ethanol 유도 궤양 발생도 저해하였다(Szelenyi I, 1979).

항고혈당-지상부: *Matricaria chamomilla* EtOH ex(시료)는 STZ-유도 당뇨 rat에서 항 고혈당 효과를 보였고, free radical 형성을 저해하였으며, 시료 중 여러 항산화물에 의해 reactive oxygen 대사 산물을 제거될 것으로 생각되었다. 또한 시료는 STZ-유도 당뇨 rat에서 췌장의 조직병리학적 변화를 저해하였다. 이로써 *M. chamomilla*는 새로운 당뇨의 임상적 관리에 대체물로, *M. chamomilla* 지상부는 당뇨관련 합병증도 예방할 수 있다 생각되었다 (Cemek M, 2008).

암세포성장억제-Geraniol①: 시료투여 14일전에 Morris 7777 hepatomas 이식 후, 42일간 geraniol 23mM/kg diet, 350μM/d을 buffalo rat(♂)에 투여한 결과, tumor 성장이 억제되었고, 다음 실험은 B16 melanoma도 geraniol 투여로 용량 의존적으로 성장이 억제되었다. 식이 geraniol(0.65, 6.5 및 65mM/kg) 투여에서 C57BL mice(♀) 종양 이식 전 14일과 이식 후 21일 투여에서 6.5와 65mM geraniol/kg diet에서 억제되었다(Yu SG, 1995). Geraniol의 apoptosis 유도 활성도, 농도와 시간 의존적이었고 5mM geraniol 처리 세포에서 핵의 형태적 수축과 분절이 일어났다(Izumi S, 1999).

결장암경감-Geraniol②: 5-Fluorouracil cytotoxicity와 관련이 있는 두 효소, thymidylate synthase와 thymidine kinase 발현에 대한 geraniol의 결장암 세포에 대한 효과를 관찰하였다. Geraniol과 5-fluorouracil의 항암 효과는 Swiss nu/nu mice에 TC-118 human tumor를 이식하여 평가하였다. Geraniol 150μM에서 thymidylate synthase와 thymidine kinase 발현을 암세포에서 2배 감소시켰고, nude mice에서 5-fluorouracil 20mg/kg과

geraniol 150mg/kg 함께 투여에서 종양부피가 53% 감소, geraniol 단독 투여 시는 26% 감소. 5-fluorouracil 단독에서는 효과가 없었다(Carnesecchi S, 2004).

항Leukemia-HL-60, NB4③: 이집트에서 재배한 chamomile 꽃과 marjorana 잎 정유의 항암활성은 leukemia HL-60과 NB4 세포주에 대해 두 정유 모두 항암활성이 있었으며, 항산화활성은 현저하였다. Chamomilla와 marjorana 정유의 항산화활성으로 암, 미성숙, 동맥경화 및 당뇨와 관련된 지방 과산화 같은 인체에서의 산화적 손상을 예방할 수 있다 생각되므로 이들은 강력한 천연 항산화제 및 항암제로의 사용이 기대되었다. Chamomile oil을 GC/MS로 분석한 결과, 47성분, 주성분은 bisabolol oxide A, B 37.85%, chamazulene 14.77%, guaiazulene 12.42%, α-bisabolol 9.81% 및 bisabolone oxide A 4.12%였다(Romeilah RM, 2009).

항암활성-Apigenin배당체④: *Matricaria chamomilla*는 수세기 동안 전통약으로 쓰여 왔으나 항암활성에는 정보가 없다. 본 연구에서는 여러 암세포에 대하여 시료의 수침 ex와 MeOH ex의 항암활성을 정상세포와 비교한 결과, 암세포에 대해서만 differntial apoptosis를 보였고, 시료를 HPLC 분석 결과, apigenin-7-*O*-glucoside가 chamomile의 주성분. Minor glycoside에 대해서도 항암성을 관찰. Apigenin-7-*O*-glucoside만 암세포 성장을 저해하였다. Aglycone인 apigenin에서는 항암성이 관찰되지 않았다(Srivastava JK, 2007).

항균·항산화-정유①: *M. chamomilla* 정유성분 18성분을 동정하였고, 이들 중 주요 성분은 guaiazulene 25.6%, (E)-β-faranesens 20.1%, chamazulene 12.4%, α-bisabolol oxide B 7.3%, α-bisabolol 7.3% 및 hexadecanol 5.6%. 항산화활성은 carotene bleaching test에 120분에 82.5% 저해하였다. 정유의 항균활성은 *Streptococcus pyogenes*, *S. mutans*, *S. salivarius*, *S. faecalis* 및 *S. sanguis*에 강력하여 0.1/0.2, 0.5/1.5, 0.5/0.8, 4/7 및 0.5/1.1 g/mL였다(Owlia P, 2007).

항미생물활성-정유②: *Chamaemelum mixlum* 지상부를 Corsica와 Sardinia에서 채집, GC/MS로 분석. (Z)-heptadeca-9,16-dien-7-one는 처음 발견된 물질.

Corsica oil 성분 중 oxygenated fraction (MIC〈 0.1mg/mL)은 *Candida albicans, Citrobacter frendii, Enterococcus faecalis, E. coli, Klebsiella pneumoniae, Listeria monocytogenes* 및 *Staphyllococcus aureus*에 대한 항균성은 irregular monoterpene alcohol과 (Z)-heptadeca-9,16-dien-7-one에 기인한다고 생각되었고, *C. mixtum* oil은 천연 항균제로 식품과 의약품에 bacteria와 yeast 성장을 예방하는 항미생물활성 천연물로 생각되었다(Darriet F, 2012).

기능성식품원료: 혈장과 간의 지질 과산화물 함량은 chamomile이 가장 낮았고 sage와 녹차도 낮았다. 산화적 스트레스의 지표 xanthine oxidase 활성은 혈장에서 녹차군이, 간에서 chamomile과 녹차군이 유의적으로 낮았다. 적혈구내 SOD 활성은 다류군이 다소 높고, 간 내 SOD 활성은 sage와 녹차군이 많이 높았다. 혈장내 항산화 vitamin A는 모든 군 간 유의성 차이는 없었고, 총 carotenoid는 모두 대조군보다 높았다. Vitamin E는 모두 높았으나, chamomile군은 대조군보다 유의성 차이가 있었다. Vitamin C는 녹차군만이 유의적으로 높았다. 시료 모두 노령 흰쥐의 체내 항산화능 증진에 효과있었고, 그중 녹차와 chamomile 섭취 시 혈장과 간의 지질 과산화 손상이, 모두 억제된 것으로 나타나, 만성 퇴행성 질병과 노화 억제를 위한 기능성 식품 개발에 이용 가능성을 보였다(정세원, 2003).

정유성분-부위별①: India에서 자란 *Chamomilla recutita* L.의 부위별 정유를 분석한 결과, whole capitula와 discflorets에 6-methyl-hept-5-en-yn-dicycloether A가 ray-floret oil보다 많았다. Ray-floret oil에 linalool, nerol 및 α-bisabolone oxide A가 많았다. 잎과 줄기 및 뿌리 oil에는 chamazulene이 없는 것이 큰 차이이다. 줄기 oil에 다량의 limonene이 있고, (E)-α-farnesene이 잎, 뿌리 oil에 다량 함유, α-humulene, hexadec-11-yn-13,15-diene, isophytol 및 phytol이 본 식물에서 처음 발견되었다(Das M, 2002).

정유성분-꽃②: Brazil Parana 주에서 자란 *Chamomilla recutita* flower head의 정유를 GC/MS로 분석한 결과, 다른 곳에서 채취한 chamomile과 비슷하였다. Brazil chamomile 정유의 주성분은 bisabolol oxide B 23%, bisabolol oxide A 17%, (Z)-β-farnesene 16%, α-bisabolol 13%, chamazulene 8% 및 chamospiroether 5%였다(Matos FJA, 1993).

정유성분-야생③: Morocco chamomile(*Cladanthus mixtus*) 만개한 지상부 정유의 화학적 변화를 평가하였다. *C. mixtus*는 Morocco 5곳 Benguerir, Kentira, Settat, Melcnes 및 Tamesna에서 채취한 검채만을 분석한 결과, camphor 14-27%, β-myrcene 3-17%, santolina triene 3-15%. 이들 중 chefchaouane 정유는 청색, 이는 chamazulene 〈1% 때문, Oujda, Bouznik 및 Sidi Alal Ibahraol 정유는 황색. Oujda 정유는 β-myrcene 3-17%, trans-β-farnesene 18%, 2-tridecanone 16%는 chefchaouane 정유로, 주성분 trans-β-farnesene 43%. Sidi Alal Ibahraouli 정유는 santolina alcohol과 1,8-cineole이 각각 17%와 12%, Bouznika는 2-methyl-2-trans-butenyl methacrylate 34%였다(Elouaddari A, 2013).

정유성분-재배④: Himalaya 낮은 곳에서 재배된 *Matricaria recutita*의 정유를 GC, GC/MS로 분석. 41개 물질을 분리, oil의 97.5%를 동정. 주성분은 α-bisabolol oxide A 36.5%, B 8.6%, E-β-farnesene 14.0%, α-bisabolol 16% 및 chamazulene 5.6%, 북 India 평지의 정유는 α-bisabolol oxide A 28.7%, B 12.2 %, α-bisabolol 11.3%, E-β-farnesene 8.1%, chamazulene 2.3%. 수증기 증류 시 시간에 따라 성분량의 변화를 보이기도, 즉 α-bisabolol oxide A는 2시간 증류에서 최대 36.5%, α-bisabolol 16%, α-bisabolol 3시간 증류에 16.0%로 증가하였다(Sashidhara KV, 2006).

정유성분⑤: *Matricaria decipiens* 정유를 GC, GC/MS로 분석. 27성분은 oil의 96%. 주성분 1,8-cineole 10.5%, camphor 6.5%, (Z,Z)-Marticaria ester① 33.3%, (E,Z)-Matricaria ester② 6.0%, (Z,E)- Marticaria ester③ 8.6%, (E,E)-Marticaria ester④ 4.0%. 정유수율은 *M. decipiens* 0.2%, *M. discoides* 0.04%, *M. oreades*(꽃 0.06%, 잎 0.08%, 뿌리 0.4%), *M. inodora* 0.04%, *M. matricario ides* 꽃 0.5%였다(Javidnia, K, 1999).

향기성분: Chamomile의 꽃, 씨, 줄기, 잎, 전초를 부위 별로 채취하여 SDE 추출 후, GC와 GC/MS/IRD로 31개 성분을 확인하였고, chamomile 성분 중

약리활성의 품질 지표 물질인 4가지 주요 성분 chamazulene, bisabololozide A, B, bisabolol 함량은 꽃 75.1%, 씨 76.6%, 줄기와 잎 10.9%, 전초 48.9%로 꽃과 씨에 대량 함유하고 있으며, 외국산 꽃의 정유 중 49.2% 함유하고 있다 (김용태, 1992).

효능과 이용

1) 식용: 쌉쌀하고 향기로운 꽃은 유럽에서는 신선한 것이나 건조시킨 것을 뜨거운 물에 넣어 식후에 커피 대신 마신다.

2) 약용: 캐모마일 차는 꽃만 이용하며 진정작용, 소화촉진 작용이 뛰어나 취침 전에 차로 마시면 편히 잠들 수 있다. 과로하거나 스트레스에 쌓인 수험생, 샐러리맨에게 적합하며 목욕재로 이용하면 근육통, 신경통, 피로 등이 깨끗이 없어진다. 최면효과도 있어 라벤더와 함께 캐모마일 꽃송이를 베개 속에 넣으면 안면을 취할 수 있다. 프랑스, 벨기에, 영국 등에서 널리 재배된다.

3) 기타: 목욕제로 쓰거나 베갯속으로 이용한다.

참고 문헌

1) 김승욱 외. **구강보건학회지** 1994 18(2) 574(Chamomile 배합 세치제와 sage oil 배합 세치제와 chlorhexidin 배합 세치제 및 *Sanguinaria* 배합 세치제가 치주병 원인균에 미치는 영향)

2) 김용태, 박준영, 김옥찬 등. **농화학회지** 1992 35 122[한국산 카모밀의 향기성분 (*Matricaria chamomilla* L.)]

3) 김정현, 김송이, 홍유나, 등. **약학회지** 2014 58(5) 343(Chamomile 꽃 추출물의 *Candida albicans* 기인성 감염성 관절염에 대한 효과)

4) 신유선, 조영숙, 정유진. **기초간호자연과학회지** 2004 6(2) 5(아로마 요법이 뇌졸중 환자의 자율 신경계와 stress에 대한 신체 저항도에 미치는 영향-lavender, chamomile)

5) 이순희, 민경진, 이경옥, 등. **미용학회지** 2008 14(2) 337(아토피성 피부염에

German chamomile oil 도포가 혈청 IgE 양 변동에 미치는 영향)

6) 정세원, 김미경. **영양학회지** 2003 36(7) 699(캐모마일, 세이지, 녹차전분의 섭취가 노령 흰쥐의 항산화능에 미치는 영향)

7) 조영제, 윤소정, 김정환, 천성숙. **식품영양과학회지** 2005 34(4) 446[캐모마일(*Matricaria chamo-milla* L.)의 생리활성]

8) 최승완. **노년학** 2008 28(4) 1069(아로마 요법이 치매행동 심리증상에 미치는 영향-라벤더, 카모마일)

9) Amsterdam JD, Li Y, Soeller I, et al. *J Clin Psychopharmacol* 2009 29 378(A randomized, double blined, placebo-controlled trial of oral *Matricaria recutita*(chamomile) extract therapy for generalized anxiety disorder)

10) Avallone R, Zauoli P, Puia G, et al. *Biochem Pharmacol* 2000 59 1387 (Pharmacological profile of apigenin, a flavonoid isolated from *Matricaria chamomilla*)

11) Babenko NA, Shakhova EG. *Exp Gerontol* 2006 41 32(Effect of *Chamomilla recutita* flavonoids on age-related liver sphingolipid turnover in rats)

12) Bhaskaran N, Shakla S, Srivastava JK, Gupta S. *Int J Mol Med* 2010 26 935 (Chamomile: an anti-inflammatory agent inhibits inducible NO synthase expression by blocking Re(A/p65 activity)

13) Bhaskaran N, Sirvastava JK, Shukla S, Gupta S. *Phytother Res* 2012 16(Chamomile confers protection against H_2O_2-induced toxicity through activation of Nrf2-mediated defense response)

14) Bianco MI, Luquez C, de Jong LI, Fernandez RA. *Int J Food Microbiol* 2008 121 357(Presence of *Clostridium botulinum* spores in *Matricaria chamomilla* and its relationship with infant botulism)

15) Carnat A, Carnat AP, Fraisse D, Ricoux L, et al. *Fitoterapia* 2004 75 32(The aromatic and polyphenolic composition of Roman chamomile tea)

16) Carnesecchi S, Bras-Goncalves R, Bradaia A, Zeisel M, et al. *Cancer Lett* 2004 215 53(Geraniol, a component of plant essential oils, modulates DNA synthesis and

potentiates 5-fluorouracil efficacy on human colon tumor xenografts)
17) Cemek M, Kaga S, Simsek N, et al. *J Nat Med* 2008 62 284(Antihyperglycemic and anti-oxidative potential of *Matricaria chamomilla* L. in STZ-induced diabetic rats)
18) Darriet F, Bendahou M, Costa J, Muselli A. *J Agr Food Chem* 2012 60 1494 (Chemical compositions of essential oils of the aerial parts of *Chamaemelum mixlum* L. Allori-Chamile)
19) Das M, Mallavarapu GR, Kumar S. *J Med Aromat Plant Sci* 1998 20 1074 [Chamomile (*Chamomilla recutita*): Economic botany, biology, chemistry, domestication and cultivation]
20) Das M, Ram G, Singh A, et al. *Flavour Fragr J* 2002 17 9(Volatile constituents of different plant parts of *Chamomilla recutita* L. Raush grown in the Indo-Gaugetic plains)
21) Elouaddari A, El Amrani A, Eddine JJ, et al. *Flavour Fragr J* 2013[Yield and chemical composition of the essential oil of Moroccan chamomile {*Cladanthus mixtus* (L.) chevall} growing wild at different sites in Morocco]
22) Ganzera M, Schneider P, Stupper H. *Life Sci* 2006 78 856(Inhibitory effects of the essential oil of chamomile and its major constituents on human cytochrome p450 enzymes)
23) Giordano-Labadie F, Schwarze HP, Bazex J. *Contact Dermat* 2000 42 247(Allergic contact dermatitis from chamomile used phytotherapy)
24) Izumi S, Takashima O, Hirata T. *Biochem Biophys Res Commun* 1999 259 519 (Geraniol is a potent inducer of apoptosis-like cell death in the cultured shoot primordia of *Matricaria chamomilla*)
25) Jakovlev O, Isaac O, Flaskamp E. *Planta Med* 1983 49 67(Pharmacological investigations with compounds of chamomile VI. Investigations on the antiphlogistic effects of chamazulene and matricine)
26) Jakovlev V, Isaac O, Thiemer K, Kunde R. *Planta Med* 1979 35 125[Pharmacological investigations with compounds of chamomile II) New investigations on the

antiphlogistic effects of (-)-α-bisabolol and bisabolol oxides]

27) Javidnia K, Shafiee A. *Flavour Fragr* J 1999 14 153(Constituents of the essential oil of *Matricaria decipiens* C. Koch)

28) Kesmati M, Abbasizadeh Z, Mofhaddam HF. *Pak J Med Sci* 2008 24 735(Study of benzodizepine like effects of *Matricaria recutita* on morphine withdrawal syndrome in adult male rats)

29) Kobayashi Y, Nakano Y, Inayama K, et al. *Phytomedicine* 2003 10 657(Dietary intake of the flower extracts of German chamomile(*Matricaria recutita* L.) inhibited compound 48/80-induced itch-scratch responses in mice)

30) Kobayashi Y, Takahashi R, Ogino F. *J Ethnopharmacol* 2005 101 308(Antipruritic effect of the single oral administration of German chamomile flower extract and its combined effect with antiallergic agents in ddY mice)

31) Kovacik J, Tomko J, Backor M, Repcak M. *Plant Growth Regul* 2006 50 239 (*Matricaria chamomilla* is not a hyperaccumulator, but tolerant to cadmium stress)

32) Lu T, Cantrell CL, Robbs SL, Franzblau SG, Fisher NH. *Planta Med* 1998 64 665 (Anti-microbacterial *Matricaria* esters and lactones from *Astereae* species)

33) Martins MD, Marques MM, Bussadori SK, et al. *Phytother Res* 2009 23 274 (Comparative analysis between *Chamomilla recutita* and corticosteroids on wound healing. An in vitro and in vivo study)

34) Matos FJA, Machado MIL, Alencar JW, Graveiro AA. *J Essent Oil Res* 1993 5 337 (Constituents of Brazilian chamomile oil)

35) McKay DL, Blumberg JB. *Phytother Res* 2006 20 519[A review of the bioactivity and potential health benefits of chamomile(*Matricaria recuita* L.) tea]

36) Motl O, Repcak M, Budesinsky M, Ubik K. *Arch Pharm*(Weinheim) 1983 316 908 (Weitere Best-and tile des Kamillen öls, 3 Mitt.)

37) Owlia P, Rasooli I, Saderi H. *Res J Biol Sci* 2007 2(2) 155(Anti-streptococcal and antioxidant activity of essential oil from *Matricaria chamomilla* L.)

38) Paulsen E. *Contact Dermat* 2002 47 189(Contact sensitization from compositae-containing herbal remedies and cosmetics)

39) Rodriguez-Serna M, Sanchez-Motilla JM, Ramon R, et al. *Contact Dermat* 1998 39 192(Allergic and systemic contact dermatitis from *Matricaria chamomilla* tea)

40) Romeilah RM. *Res J Med Med Sci* 2009 4(2) 332(Anticancer and antioxidant activity of *Matricaria chamomilla* L. and *Marjorana hortensis* essential oils)

41) Rudzki E, Rapiejko R, Rebandel P. *Contact Dermat* 2003 49 162(Occupational contact dermatitis with athma and rhinitis from chamomile in a cosmatician also with contact *Urticaria* from both chamomile and lime flowers)

42) Safayhi H, Sabieraj J, Sailer E-R, Ammon HPT. *Planta Med* 1994 6 410 (Chamazulene; An antioxidant-type inhibitor of leukotriene B4 formation)

43) Sashidhara KV, Verma RS, Ram P. *Flavour Fragr J* 2006 21 274(Essential oil composition of *Matricaria recutita* L. from the lower region of Himalayas)

44) Shin Y-S, Cho Y-S, Jung Y-J. *J Kor Biol Nurs Sci* 2004 6(2) 5(The effects of aroma-theraphy on autonomic nerve system and physical resistance of a stress-Lavender, Chamomile)

45) Singh O, Khanam Z, Misra N, Srivastava MK. *Pharmacogn Rev* 2011 5 82 [Chamomile(*Matricaria chamomilla* L.): An overview]

46) Srivastava JK, Gupta S. *Health promoting benefits of Chamomile in the eldery population* In Complementary and Alternative Therapies in the Aging Population Watson RR(Eds) Elsevier Inc Academic Press: San Diego CA USA ISBN 978-0-12-374228-5, 2009

47) Srivastava JK, Gupta S. *J Agr Food Chem* 2007 55 9470(Antiproliferative and apoptotic effects of chamomile extract in various human cancer cells)

48) Svehlikova V, Bennet RN, Mellon FA, et al. *Phytochemistry* 2004 65 2323 [Isolation, identification and stability of acylated derivatives of apigenin 7-*O*-glucoside from chamomile(*Chamomilla recutita* L.)]

49) Szelenyi I, Isaac O, Thiemer K. *Planta Med* 1979 35 218(Pharmacological

experiments with compounds of chamomile III. Experimental studies on the ulcer protective effect of chamomile)

50) Viola, H, Wasowski, C, Stein, ML, et al. *Planta Med* 1995 61 213(Apigenin, a component of *Matricaria recedita* flowers, is a central benzodiazepine receptor-ligand with anxiolytic effects)

51) Weidner C, Wowro SJ, Rousseau M, et al. *Plos One* 2013 8(11) 1[Antidiabetic effects of chamomile flowers extract in obese mice through transcriptional stimulation of nutrient sensors of the peroxisome proliferator-activated receptor(PPAR) family]

52) Yamada K, Miura T, Mimaki Y, Sashida Y. *Biol Pharm Bull* 1996 19(9) 1244(Effect of inhalation of chamomile oil vapour on plasma ACTH level in ovariectomized-rat under restriction stress)

53) Yu SG, Hildebrandt LA, Elson CE. *J Nutr* 1995 125 2763(Geraniol, an inhibitor of mevalonate biosynthesis, suppresses the growth of hepatomas and melanomas transplanted to rats and mice)

26 쿠민 *Cuminum cyminum* L.

산형화과
(Umbelliferae)
미나리과
(Apiaceae)

Cumin(英)

원산지: 지중해 연안, 이집트, 시리아, 레바논 등

용도: 식용·약용 – 씨, 정유

역사

쿠민(cumin)은 씨를 이용하는 향신 식물로 고대 이집트의 BC 1500년경의 파피루스에 기록된 800여 종의 약초 중에 들어 있을 정도이며 미라를 만들 때 방부제로 쓰였을 만큼 재배 역사가 오래되었다. 성경에도 선지자 이사야는 쿠민의 농사짓는 법과 추수하는 방법을 이사야서 28:25-27에 설명하였고, 옛날에는 중요한 식물이었다. 이사야는 BC 800년대의 사람이다. 옛날에는 에티오피아산과 이집트산이 최고였으나 지금은 북아프리카 연안, 중·근동 지방, 구소련, 인도 등에서 재배하며 특히 인도에서는 카레의 혼합 향료로 재배되고 있다(Herbs p186).

식물학적 특성

연약한 1년생 초본, 줄기가 가늘고 20cm 안팎으로 잘 넘어진다. 잎은 실처럼 가늘게 찢어진 2-3회 우상복엽. 가지 끝에 작은 흰색 또는 연분홍색 꽃이 복산형 화서로 개화한다. 열매는 가는 갈색(5-7mm×2mm). 씨가 익으면 베어서 바람이 잘 통하는 그늘에 말려 보관한다(Herbs p186).

특수성분

Cumin의 씨에는 2.5-4%의 정유가 함유되었고 Cuminal(I-00686) 성분은 타는 듯한 매운맛이다. 그 외에는 Apigenin-7-*O*-Digalacturonoside (T-02175), Crotonylcosmosiin (C-01921), Cosmosiin; *O*″-Galacturonosyl (C-01921), *Cumylalcohol (I-00690), Luteolin; 4′-*O*-*β*-D-glucopyranoside (T-00771) 등이 동정되었다(DNP p510).

생리활성

Mini-review: Cumin(*Cuminum cyminum*)은 BC 1500년경 이집트의 파피루스에 기록된 800여 종의 약초 중 하나로, 미라 제조 시 쓰였던 방부제로 재배가 오래되었고, 현재에도 인도에서는 카레에 혼합향료로 쓰인다. Cumin씨는 소화증진에(Milan KSM, 2008), 항미생물활성이 있어 항*Vibrio* 효과(Hajlaoui H, 2010), 항충치(류일환, 2007), 항치주염, 구취예방(Kang E-J, 2005), 항산화(EL-Ghorab AH, 2010), 혈당조절 효과도 연구되었다(Lee H-S, 2005).

소화증진효과-씨: 생리식염수, 열수, oleoresin 및 정유에서 여러 효소 활성에 대한 연구 결과, 생리식염수나 열수 추출물에서 항산화활성과 함께, amylase, protease, lipase 및 phytase 활성이 최대로 증가하였다. 본 연구에서는 탈지 cumin이나 spent cumin의 사용에 대한 것으로, 생리 식염수와 열수 추출 cumin은 원료 cumin의 효소 활성과 유사하였다. Spent cumin은 탄수화물 23%, 단백질 19%, 지방 10%, 수용성 식이섬유 5.5%, vitamin은 thiamin 0.05, riboflavin 0.28, niacin 2.7mg/100g. 풍부한 무기질은 $Fe^{2}+$ 6.0, $Zn^{2}+$ 6.5mg/100g, phytase 농도차이는 Fe와 Zn 생물 활성을 현저히 증가시켰다. 이로써 spent cumin은 소화증진과 양호한 영양 구성을 보여 여러 건강식품 처방에서 강력한 재료로 쓰일 수 있다(Milan KSM, 2008).

항균활성: 32종 향신료의 EtOH, Et_2O, EtOAc 추출물을 김치 주 발효균 *Lactobacillus plantarum*(Lp) *Leuconostoc mesenteroides* (Lm)에 대한 항균력을 조사한 결과, Lp에 대한 항균력은 수침 ex에서 caraway, cardamon, paprika, tarragon 제외 28종이 항균활성이 있었고, Et_2O ex 에서 arrowwort, paprika, tarragon 제외 29종이, EtOAc ex에서 paprika, tarragon 제외 30종이, EtOH ex에서 clover, paprika, tarragon 제외 29종이 항균력을 보였다. Lm에 대하여는 수침 ex에서 caraway, cardamon, paprika, thyme 제외 28종에서 Et_2O ex에서 cardamon, cumin, paprika, tarragon, thyme 제외 27종이 항균성을 보였고, EtOAc ex에서 paprika, thyme 제외 30종에서 EtOH ex에서 cardamon, cumin, paprika, thyme 제외 28종이 항균력을 보였다. 그중 arrowwort , basil, garlic, tumeric 이 비교적 우수하였다. Lm에 항균력이 없었으나, Lp에 높은 항균력이 있는 것은 thyme 수침 ex, cardamon, cumin, thyme, Et_2O ex 와 EtOH ex, thyme EtOAc ex 등이었다(김미경, 1998)

항미생물활성-36년 Cumin: 35년 이상 저장된 Bulgaria cumin씨의 정유를 GC, GC-MS로 분석, olfactometry와 항미생물활성을 조사하였다. Cumin oil에서 60성분이 동정되었고, pleasant, fresh, clean 및 spicy(typical cumin-like) odour로 고품질을 보였다. Cumin에 aldehyde 36%, β-pinene 19.3%, p-cymene 18.4% 및 γ-terpinene 15.3%. Cumin 정유의 항미생물활성은 *Aspergillus niger*, gram(+) bacteria *Bacillus subtilis* 및 *St. epidermidis*에 대하여 *S. cerevisiae*와 *C. albicans*만큼 강하였다(Leopold J, 2005).

식품보존·항균활성-Cumin·Rosmary①: Cumin과 rosmary의 주성분은 α-pinene 29.1, 14.9%, 1,8-cineole 17.8, 7.43% 및 linalool 10.4, 14.9%. Cumin oil은 *E. coli, S. aureus* 및 *L. monocytogens*에 대해 rosmary보다 항미생물활성이 강하였고, cumin과 rosmary에 노출되었을 때 완전한 사멸시간은 각각 20과 25분, 180과 240분, 90과 120분. 항산화활성은 DPPH assay와 β-carotene bleaching test에서 rosmary oil이 cumin보다 강하였다. 이상의 결과로 cumin과 rosmary 정유는 식품 보존에 강력한 물질로 생각되었다

(Gachkar L, 2007).

식품보존 항미생물·세포독성-정유②: Cumin은 식품가공에서 보편적으로 사용되는 향신료의 하나. 본 연구는 항미생물, 항산화 및 세포독성을 관찰하였다. *E. coli, S. aureus* 및 *S. faecalis*는 여러 농도에서 감수성이 높았다. 총 phenol 함량은 33.43μg/mg. 항산화활성은 BHT와 BHA와 유사하게 강하였고, 식품, 화장품 및 의약품에 응용할 수 있다. Cumin은 사용이 쉽고, 대중적이며, 저렴한 가격, 향기 공헌 및 여러 식품 레시피에 주요 물질로 첨가가 쉽다. 이로써 cumin의 정유는 천연 항미생물활성과 항산화제로도 공헌하리라 생각되었다(Allahghdari T, 2010).

항*Vibrio* spp: Tunisia *Cuminum cyminum*을 GC와 GC-MS로 분석, 21성분을 분리동정하였고, 주성분은 cuminaldehyde 39.48%, γ-terpinene 15.21%, *O*-cymene 11.8%, β-pinene 11.13%, 2-caren-10-al 7.93%, trans-carveol 4.49% 및 myrtenal 3.5%였다. 또 강한 antibacteria 및 antifungal 활성이, 특히 *Vibrio* spp.에 11-23mm 저해환을 형성, MIC와 MBC는 각각 0.078-0.31mg/mL에서 0.31-1.25mg/mL까지 저해환을 보였다. Cumin의 항산화활성은 4가지 실험에서 BHT와 비교되었다. 이로써 Cumin 정유는 antibacterial, antifungal 및 항산화 물질이 있어, 식품저장과 치료나 nutraceutical 공업에 유용할 것으로 사려되었다(Hajlaoui H, 2010).

김치보존성-향신료: 김치의 좋은 맛과 보존성을 유지시키고자, 초기 김치 숙성균 *Leuconostoc mesenteroides*(Lm)에는 무관하고 산패균인 *Lactobacillus plantarum*(Lp)를 저해할 수 있는 항균제 탐색에 10여 종의 향신료의 항균성을 paper disk 법으로 조사한 결과, cardamon, thyme, cumin의 EtOH 추출물이 Lp에 항균성을 보였고, cardamon, thyme, cumin 추출물의 농도별 항균성을 조사한 결과, cardamon과 thyme 추출물은 4% 이상에서, cumin 추출물은 1% 이상에서 항균성을 보였다(김옥미,1998).

카레의 항균성: 카레를 수증기 증류로 정유성분을 분리하고, gram(-)균과 gram(+)균, 효모 및 곰팡이에 대한 항균력을 검토하였다. 14종의 향신료 정유의 항균력을 agar diffusion법으로 실험한 결과, 항균력이 강한 5종,

clove, cumin, nutmeg, oregano, rosemary를 선별하였으며, 이들의 최소 생육억제 농도(MIC)를 측정한 결과, 매우 낮은 농도 0.2-9mg/mL에서 양호한 효과를 보였고, 생육억제 효과는 gram(-)균보다 (+)균에 항균 효과가 좋았으나, (+)균이나 유산균은 낮은 항균 효과를 보였다(정창기, 1990).

항충치활성-HEU①: 쿠민 씨에서 충치균 *Streptococcus mutans*(Stm)에 항균성 물질 2-hydroxyethyl β-undecanate(HEU)를 분리하였고 HEU는 Stm 성장시 50mM 30hr 배양에서 산의 생성을 억제하였고, Stm의 포도당 분해에 HEU는 5mM에서 70%, 50mM에서 90% 당의 이용을 저해. 당 분해 효소, glycer-aldehyde-3-p-dehydrogenase(GADP); phosphophenolpyruvate, glucose phosphotransferase(GPTS); 막 ATPase, HEU의 농도 의존적 저해 작용이 있었고, GADP, GPTS, ATPase의 IC_{50}는 각각 1, 0.9, 5mM에서 저해하였다. 더구나 HEU는 50mM에서 80% 치아 Ca ion 유출을 방해하였다. 이러한 결과는 HEU는 강력한 탄수화물 대사 저해로 Stm 성장을 억제하였다(류일환, 2007; Lim SJ, 2004).

항치주염효과-HPS②: Cumin seed에서 추출 정제한 HPS(Halitosis prevention substance)의 항치주염 활성을 인간 백혈구로 염증 매개 물질 LTB4 및 PGs 생성 효소인 5-lipoxygenase(5-lipo)와 cyclooxygenase(cyclo) 및 조직파괴 효소인 collagenase(colla)와 elastase(elas)의 저해 효과를 규명하였다. HPS의 항 치주염 활성을 인간 백혈구로 염증 매개 물질 LTB4 및 PGs의 생성 효소인 5-lipo와 cyclo 및 조직파괴 효소인 colla와 elas의 저해 효과를 규명한 결과, HPS는 5×10-2M 첨가시 97%의 PMNL로부터 LTB4 생합성이 저해되었으며 (IC_{50}은 2×10-4M), 균질화된 인간의 PMNL 5-lipo 활성에 HPS의 저해 효과는 5×10-2M 첨가 시 92% 효소 활성이 저해되었다(류일환, 2007; Kang E-J, 2005).

구취예방효과③: 구취(Halitosis)는 휘발성 유황 화합물(VSC's)이 구강내 단백질 분해 치근막 bacteria에 의해 주로 발생한다. 구취 감소 용액으로 시장에서 여러 mouth-rinse들이 판매되고 있다. 본연구는 강력한 구취제거 물질을 찾고자 cumin씨 분말을 용매로 추출, 유상 물질 0.98%를 얻어 분석한 결과, 2-hydroxyethyl β-undecanate이었다. 구취 예방 물질은 *Fusobacterium nucleathum*과 *Porphyromonas gingivalis*성장을 1×10-2M에서 72.44%, 64.3%, 5×10-2M에서 99.85%와 91.62% 저해하였다. 구강 미생물에 의해 생산되는 L-methionine-α-deamino γ-mercaptomethane-lyase(MET-ase)을 저해하였다. 더구나 구취 예방 물질 증가로 구강내 공기 감소에서 구강 미생물에 의해 VSC's 생성이 감소하였다. 이로써 cumin씨는 구취 예방제로 생각되었다(Kang E-J, 2005).

항염활성-Carvacrol: Cumin seed 성분인 carvacrol은 COX-2 촉매에 의해 prostagrandin E_2 생성을 억제함으로써 항염활성을 보였다. Carvacrol의 항염활성은 cyclooxygenase(COX-2)에 의해 일어나는 것으로 나타났다 (Landa P, 2009).

당뇨치료-Cuminaldehyde: *Cuminum cyminum* L. 씨(시료)에서 분리한 물질을 SD rat(♂)에서 분리한 lens aldose reductase와 α-glucosidase에 시판품 aldose reductase 저해제 quercitrin과 α-glucosidase 저해제인 acarbose와 비교하였다. 시료에서 분리한 생리활성 물질 cuminaldehyde로 동정하였고, 이는 aldose reductase와 α-glucosidase에 저해 효과를 보여, 당뇨 치료제로써 유용성이 인정되었다(Lee H-S, 2005).

항산화비교-Cumin·Ginger: Cumin과 생강의 성분과 항산화활성을 비교, 신선품과 건조 생강의 성분은 camphene, p-cineole, α-terpineol, zingiberene 및 pentadecanoic acid가 주성분. Cumin volatile oil은 2.52%, 신선생강은 0.31%, cumin volatile oil은 cuminal, γ-terpinene 및 pinocarveol, 비휘발 추출물은 cumin MeOH ex 4.08%, 신선생강 n-hexane ex 0.52%(최소). 신선생강 MeOH ex의 phenol 성분은 95.2mg/g, hexane ex 87.5mg/g, cumin hexane ex 최저 phenol성분은 0.6mg/g(dry), DPPH법에서 cumin 정유의 항산화활성이 가장 높아 85.44%, 다음 건조 ginger 정유 83.87% 및 신선 생강 정유 83.03%, FRAP에서 DPPH와 유사. Cumin 정유는 Fe^{3+} ion에서 가장 강하였고, 다음 건조와 신선 생강이었다. 이로써 건조, 신선 생강과 cumin은 식품의 강력한 항산화제로 유용성이 컸다(EL-Ghorab AH,

2010).

항산화활성-정유·Phenolics: Cumin 뿌리, 줄기, 잎 및 꽃의 정유, 총 phenol, flavonoid 및 tannin, 각각의 phenol성 물질과 항산화활성을 실험. 정유는 뿌리 0.03%, 줄기와 잎에 0.1%, 꽃에 1.7%. 정유의 주요 성분은 뿌리 bornyl acetate 23%, 줄기,잎-α-terpinene 34%, 꽃-γ-terpinene 51%. 총 phenol성 물질 함량 11.8-19.2mg(GAE/g dw). Polyphenol은 root에 13종, 줄기와 잎에 17종, 꽃에 15종이 함유. 뿌리 주요 phenol성 물질은 quercetin 26%, 줄기와 잎에 p-coumaric, rosmarinic, trans-2- dihydrocinnamic acid 및 resorcinol이 주성분. 꽃에 vanillic acid가 주성분 51%. 정유의 항산화활성은 꽃의 acetone ex가 가장 강하였고(DPPH), 줄기와 잎 acetone ex는 chelating power가 가장 강하였다(Bettaieb I, 2010).

항식물병원균-정유: 식물병 원인균 *Fusarium oxysporum*은 식물 위축병의 하나인 시들음 병을 유발하나, cumin의 정유성분 oxygenated compounds인 cuminaldehyde와 cuminyl alcohol이 이를 저해하였다(Agrawal S, 1996).

항균성-나무·버섯질병: *Cuminum cyminum*(cumin)과 *Carum carvi*(caraway) 과실의 수증기 증류한 정유를 분석한 결과, cumin 정유에서 p-mentha-1,4-dien-7-al, cumin aldehyde, γ-terpinene 및 β-pinene이, caraway 정유는 carvone, limonene, germacrene D 및 trans-dihydrocarvone을 분리동정(GC/MS). 항bacteria 활성은 agar diffusion method로 gram(+)와. (-) bacteria에 특히 genera *Clavibacter*, *Curtobacterium*, *Rhodococcus*, *Erwinia*, *Xanthomonas*, *Ralstonia* 및 *Agrobacterium*에, 즉 나무나 재배 버섯 질병에 항균활성을 보여 bacterial disease 관리에 이들의 정유가 강력한 유용성을 보였다(Iacobellis NS, 2005).

휘발성향미성분: 향신료 육두구, 쿠민, 카다몬, 심황, 고수, 정향, 올스파이스, 카시아, 회향, 셀러리씨, 흑후추 11종의 향미성분을 capillary GC와 GC/MS를 이용하여 향신료 가루의 향기성분을 분석한 결과, 육두구는 *α*-pinene 11.06% *β*-pinene 11.17%, myristicin 19.98% 쿠민은 cumin-aldelyde 37.68%, 카다몬은 α-terpineol 47.33%, 1.8-cineol 20.56%, 고수는

linalool 61.72%, 정향은 eugenol 63.63%, eugenol acetate 20.59%, allspice는 eugenol 80.12%, methyl eugenol 10.85%, 카시아는 cinnamaldelyde 82.29%, 회향은 antheol 79.92%, 등이 주성분이었다(김현위,1989).

종자유감소-가뭄: Cumin 씨의 기름은 가뭄에 감소, 수분 처리에 주 지방산이 감소. Petroselinic acid는 인체 영양과 산업에도 대단히 중요한 지방산. 더구나 가뭄은 제2차 대사 산물 생산에 현저한 영향을 주며, 특히 terpene hydrocarbone 생합성에 큰 영향이 있다. 특히 정유 대조군 chemotype의 γ-terpinene/phenyl-1,2-ethanediol이 γ-terpinene/cuminaldehyde가 된다. Cumin seed 항산화활성(DPPH), β-carotene/linoleic acid, chelating 및 reducing power가 가뭄이 심화되면 phenol성 물질의 증가로 강해진다(Rebey IB, 2012).

식이섬유자원: Cumin은 총 식이섬유 total dietary fiber(TDF)가 59.0%, 불용성 식이섬유(insoluble DF) 48.5%, 수용성 식이섬유(soluble DF) 10.5%, cumin에서 oil과 oleoresin 추출후의 spent residue(SDF) TDF 62.1%, IDF 51.7% 및 SDF 10.4%, spent residue에 starch 7.7%, bound fat 5%를 함유. Spent residue 3.3g/g의 수분을 함유. 잔여수분은 4.0g/g. swelling 용량 4.47mL/g. 이로써 cumin 섬유는 양호한 식이섬유 자원으로 쓸모가 많다(Sowbhagua HB, 2007).

정유성분: Cumin 씨의 정유성분은 수증기 증류(HD)와 supercritical CO_2 extraction(SFE; 40℃, 100bar)을 비교한 결과, 대부분 성분이 SFE에서 많았으나, 열에 민감한 물질 p-mentha-1,4-dien-7-al은 SFE에서 41.0%, HD에서 27.4%로 감소, p-mentha-1,3-dien-7-al은 SFE에서 0.2%, HD에 8.2%로 증가 (Eikani MH, 1999). Cumin 씨를 수증기 증류, GC/MS로 분석한 결과, 주성분은 cuminaldehyde 27.60%, γ-terpinene 17.25%, p-mentha-1,3-dien-7-al 15.18%, β-pinene 10.22% 및 p-mentha-1,4- dien-7-al 9.48%이며 그 외 p-cymene 5.51%, p-mentha-3-en-7-al 2.91%, α-phellandrene 1.60%이 있다(Beis SH, 2000).

정유성분-중국산: Cumin씨의 정유를 수증기 증류한 수율은 3.8%. 정유성분은 GC, GC/MS로 분리동정한 결과, 37화합물, oil의 97.97% 얻었고, cuminal 36.31%, cuminic alcohol 16.92%, γ-terpinene 11.44%, safranal 10.87%, p-cymene 9.85%, β-pinene 7.7%가 주성분이었다(Li R, 2004).

정유성분-Cumin·Caraway: Iran산 cumin과 caraway 정유 분석에서, 각각 19성분과 39성분이 분리되었고, hemometric technique의 도움으로 각각 49성분과 98성분이 분리되었다. 주요 cumin성분은 γ-terpinene 15.82%, 2-methyl-3-phenylpropanol 32.27% 및 myrtenol 11.64%을, caraway에서 γ-terpinene 24-40%, 2-methyl-3-phenylpropanol 13.2%와 2,4(10)-thujadiene 14.02%였다. 다른 조건에서의 경작에서도 두 씨는 28성분이었다(Jalali-Heravi M, 2007).

효능과 이용

1) 식용: 옛날 이집트, 그리스 로마 시대부터 쿠민을 육류인 양고기, 조류, 소고기 등의 요리에 향신료로 후추처럼 썼으며 중세에 와서는 가장 일반적인 향신료의 하나가 되었다. 지금도 자극성 풍미는 카레뿐 아니라 각종 요리에 부향제 및 향미, 향신료로 또 릭큐, 치즈, 피클, 스프, 스튜, 빵, 케익 등에 쓰인다.

2) 약용: 열매의 정유성분은 흥분제와 구풍제로 쓰이며 씨를 소화불량, 간기능 개선, 두통 등에 이용하고, 특히 소화를 촉진하고 장내에 가스가 차는 것을 막아준다.

참고 문헌

1) 김미경, 정현진, 김옥미, 오영애, 김순동. **식품저장유통학회지** 1998 5(1) 81(김치 발효 관련 젖산균에 대한 향신료의 항균력)

2) 김옥미, 김미경, 이승언, 이갑랑, 김순동. **식품영양과학회지** 1998 27(3) 455 [향신료(cardamom, thyme, cumin) EtOH 추출물이 김치에서 분리한 *Lactobacillus plantarum*과 *Leuconostoc mesenteroides*의 항균성에 미치는 영향]

3) 김현위, 허경택, 최춘언. **식품과학회지** 1989 21(1) 127[향신료(육두구, 쿠민, 카다몬, 심황, 고수, 정향, 올스파이스, 카시아, 회향, 셀러리시드, 흑후추 11종)의 휘발성 향미 성분에 관한 연구]

4) 류일환, 강은주, 이갑상, 박정순. **식품과학회지** 2007 39(6) 669[Cumin(*Cuminum cyminum* L.) seed로부터 정제한 2-hydroxyethyl-β-undecenate의 항치주염 효과의 효소학적 평가]

5) 정창기, 박완규, 유익제, 박기문, 최춘언. **식품과학회지** 1990 22(6) 716(카레 향신료 정유성분의 항균성- clove, cumin, nutmeg, oregano, rosemary)

6) Agrawal S. *Curr Sci Ind* 1996 71(3) 177[Volatile oil constituents and wilt resistance in cumin(*Cuminum cyminum* L.)]

7) Allahghadri T, Rasooli I, Owlia P, et al. *J Food Sci* 2010 75 H54(Antimicrobial property, antioxidant capacity and cytotoxicity of essential oil from cumin produced in Iran)

8) Bandoni A, Juarez MA, Mizrahi I. *Essenze Deriv Agrum* 1991 61 32[Studies on essential oil of cumin(*Cuminum cyminum* L.)]

9) Beis SH, Azcan N, Ozk T. *Chem Nat Comp* 2000 36(3) 265(Production of essential oil from cumin seeds)

10) Ben Arfa A, Combes S, Preziosi-Belley L, et al. *Lett Appl Microbiol* 2006 43 149 (Antimicrobial activity of carvacrol related to its chemical structure)

11) Bettaieb I, Bourgou S, Wannes WA, et al. *J Agr Food Chem* 2010 58 10410 [Essential oils, phenolics and antioxidant activities of different parts of cumin (*Cuminum cyminum* L.)]

12) Bettaieb I, Knioua S, Hamrouni I, et al. *J Agr Food Chem* 2011 59 328[Water-deficit impact on fatty acid and essential oil composition and antioxidant activities of cumin(*Cuminum cyminum*) aerial parts]

13) Borges P, Pino *J Nahrung* 1993 2 123(The isolation of volatile oil from cumin seeds by steam distillation)

14) De Vincenzi M, Stammati A, De Vincenzi A, et al. *Fitoterapia* 2004 75 801

(Constituents of aromatic plants: carvacrol)

15) Detelho MA, Rao VS, Montenegro D, et al. *Phytother Res* 2008 22 442(Effects of a herbal gel containing carvacrol and chalcones on alveola bone resorption in rats on experimental periodontal)

16) Eikani HM, Goodarznia I, Mirza M. *Flavour Fragr J* 1999 14 29[Supercritical carbon dioxide extraction of cumin seeds(*Cuminum cyminum* L.)]

17) EL-Ghorab AH, Nauman M, Anjum FM, et al. *J Agr Food Chem* 2010 58 8231[A comparative study on chemical composition and antioxidant activity of ginger(*Zingiber officinale*) and cumin(*Cuminum cyminum*)]

18) Gachkar L, Yadegari D, Rezaei MB, et al. *Food Chem* 2007 102 898(Chemical and biological characteristics of *Cuminum cyminum* and *Rosmarinus officinalis* essential oils)

19) Hajlaoui H, Mighri H, Noumi E, et al. *Food Chem Toxicol* 2010 48 2186(Chemical composition and biological activities of Tunisian *Cuminum cyminum* L. essential oil: A high effectiveness against *Vibrio* spp. strains)

20) Hammad AAI, Youssef BM. *Egypt J Microbiol* 1995 29 115(Growth inhibition of some food-borne molds by garlic and cumin essential oils)

21) Iacobellis NS, Cantore PL, Capasso F, Senatore F. *J Agr Food Chem* 2005 53 57 (Antibacterial activity of *Cuminum cyminum* L. and *Carum carvi* L. essential oil)

22) Jalali-Heravi M, Zekavat B, Sereshti H. *J Chromatogr A* 2007 1143 215(Use of GC-MS combined with resolution methods to characterize the essential oil components of Iranian cumin and caraway)

23) Jukic M, Politeo O, Maksimovic M, et al. *Phytother Res* 2007 21 259(In vitro acetylcholinesterase inhibitory properties of thymol, carvacrol and their derivatives thymoquinone and thymohydroquinone)

24) Kang E-J, Ryu I-H, Lee K-S. *Food Sci Biotechnol* 2005 14(5) 621[Purification and properties of HPS(Halitosis prevention substance) isolated from cumin(*Cuminium cyminum* L.)]

25) Kubo I, Kinst-Hori I. *J Agr Food Chem* 1998 46 5338(Tyrosinase inhibitors from cumin)

26) Landa P, Kokoska L, Pribylova M, et al. *Arch Pharm Res* 2009 32(1) 75(In vitro anti-inflammatory activity of carvacrol; inhibitory effect on COX-2 catalyzed prostaglandin E_2 biosyntheis)

27) Lee H-S. *J Agr Food Chem* 2005 53 2446(Cuminaldehyde: Aldose reductase and α-glucosidase inhibitory derived from *Cuminum cyminum* L. seeds)

28) Leopold J, Gerhard B, Albena S, et al. *Int J Food Sci Technol* 2005 40 305 [Composition, quality control and antimicrobial activity of essential oil of cumin(*Cuminum cyminum* L.) seeds from Bulgaria that had been sotred for up to 36 years]

29) Li R, Jiang ZZ. *Flavour Fragr J* 2004 19 311(Chemical composition of the essential oil of *Cuminum cyminum* from China)

30) Lim SJ, Benjavongklchai E, Kuvatanasachati J. *J Ethnopharmacol* 2004 92 281 (Inhibitory effect of some herbal extracts on adherence of *Streptococcus mutans*)

31) Mekaui R, Benkaci-Ali F, Scholl G, Eppe G. *J Essent Oil Bearing Plants* 2016 19 1903[Effect of the extraction technique, heating time and cryogenic grinding (N2 at-196℃) on the composition of cumin seeds volatile oil]

32) Milan KSM, Dholakia H, Tiku PK, Vishreshwaraiah P. *Food Chem* 2008 110 678 [Enhancement of digestive enzymatic activity by cumin(*Cuminum cyminum* L.) and role of spent cumin as a bionutrient]

33) Pajohi MR, Tajik H, Farshid AA, Hadian M. *Appl J Microbiol* 2011 110 943 (Synergistic antibacterial activity of the essential oil of *Cuminum cyminum* L. seed and nisin in a food model)

34) Rebey IB, Jabri-Karoui I, Hamrouni-Sellami I, et al. *Ind Crops Prod* 2012 36 238 [Effect of drought on the biochemical composition and antioxidant activities of cumin(*Cuminum cyminum* L.) seeds]

35) Ryu IH, Kang EJ, Lee KS. *Food Sci Biotechnol* 2006 15(4) 516[Anti-cariogenicity of

2-hydroxyehtyl β-undecanate from cumin(*Cuminum cynium* L.) seed]

36) Shahraz H, Hizfa A, Bushra K, Khan II. *Pak J Bot* 2004 36 395(Lipid studies of *Cuminum cyminum* fixed oil)

37) Singh G, Upalhay RK. *Fitoterapia* 1990 62(1) 86(Fungi toxic activity of cuminaldehyde main constituent of the *Cuminum cyminum* oil)

38) Sowbhagua HB, Suma PF, Mahadevamma S, Tharanathan RN. *Food Chem* 2007 104 1220(Spent residue from cumin a potential source of dietary fiber)

39) Sowbhagya HB, Srinivas P, Kaul TP, Krishnamurthy N. *Food Chem* 2011 127 1856[Enzyme-assisted extraction of volatiles from cumin(*Cuminum cyminum* L.) seeds]

40) Varo PT, Heinz DE. *J Agr Food Chem* 1970 18(2) 239(Identification and characterization of 1,4-p-methadien-7-al isolated cumin seeds)

41) Varo PT, Heinz DE. *J Agr Food Chem* 1970 18(2) 234(Volatile components of cumin seed oil)

27 타라곤 *Artemisia dracunculus*

국화과
(Compositae)

French tarragon, Tarragon(英)

원산지: 남부 유럽

용도: 식용·약용 – 정유, 잎, 가지

역사

타라곤(tarragon)은 미식(美食)을 즐기는 프랑스에서 허브의 여왕으로, 달콤한 향기와 약간 매콤하면서도 쌉쌀한 맛이 프랑스 요리에는 중요한 향신료이다.

Tarragon이란 이름은 프랑스어의 'estragon'의 사투리라 하며 어원은 종명 *dracunculus*은 라틴어의 '작은 용'이라는 뜻으로 소용돌이치듯 뒤엉켜 있는 갈색의 뿌리가 작은 뱀이 똬리를 틀고 있는 모습과 같다 하여 비롯된 것이다. BC 5000년경부터 그리스인이 이 식물을 재배하였고, 히포크라테스는 이를 뱀이나 미친 개에게 물렸을 때 상처의 해독제로 사용하였다 한다(Herbs p130).

식물학적 특성

다년생 초본 키는 50-60cm 꽃이 피어도 결실이 되지 않는 불염성(不捻性)인 것이 특색. 잎은 버들잎처럼 좁고 갸름하여 윤기가 있고 짙은 녹색. 노란색 총알 모양의 조그만 꽃봉오리가 맺히나 꽃이 피지는 않는다. 주로 꺾꽂이와 포기 나누기로 번식시킨다.

동속식물인 *Artemisia dracunculoides*는 시베리아 원산지로 Russian tarragon이며 French tarragon보다 크며, 자극성은 강하나 향이 적다. 향신료 tarragon하면 주로 French tarragon을 이른다(Herbs p133).

성분

1) 영양성분

Tarragon 가식부100g 중 탄수화물 50.2g, 단백질 22.8g, 지방 7.2g이며 무기질은 Ca 1,139mg, Fe 32mg, Mg 347mg, P 313mg, K 3,020mg, Na 62mg, Zn 4mg, vitamin A 4,200IU, Riboflavin 1mg, Niacin 9mg 함유하고, 무기질 Ca, Fe, K도 상당량 함유.

2) 특수성분

α, β-Pinene(P-01362, P-01321), Camphene(C-00191), Limonene(L-00581), Ocimene(D-03225, D-03224), p-Methoxy-cinnmicaldehyde, Phellandrene (M-00477), Capillene(P-00997), Artemidinol(B-01108), Artemidiol (B-01108), *Capillone(P-00999), L-Pinitol(I-00170), 4,6-Hepadiyne-1,3-diol (H-00359), 9-Hydroxygeraniol(D-03183), Inulobiose(I-00202), Methylchaviol (P-01891), *4-Methoxybenzylalcohol(H-01272), 3-(4-Methoxyphenyl)-2-propenal(H-02872), 6-Methyl-2-methylene-6-octene-1,3,8-triol(M-01165), 5-Phenyl-1,3-pentadiyne(P-01008) 등 다수의 성분이 밝혀지고 있다.

French tarragon은 정유가 0.5-3.1%이고 정유의 주성분은 methylchaviol 60-70%이고, Russian tarragon의 정유는 0.25-2.06%이며 향기가 약하다.

생리활성

당뇨합병증완화-AR저해①: *Artemisia dracunculus* L. EtOH ex 시료는 항당뇨 활성이 있다. Aldose reducatse(AR2) 저해제, 당뇨 합병증에서 key enzyme AR2가 중요하다. 시료 3.75μg/mL는 AR2 활성을 40% 저해하였고, AR2 저해제인 quercitrin은 54% 저해하였다. Bioactivity guided fractionation 및 isolation에서 4개 bioactive compound는 저해활성이 58%-77% (3.75μg/mL)였다. AR2 저해활성 물질을 분석한 결과, ① 4,5-di-*O*-caffeoyl quinic acid, ② davidigenin, ③ 6-demethoxy capillarisin 및 ④ 2′,4′-dihydroxy-4-methoxydihydrochalcone이었다. ①, ③, ④는 AR2 저해활성 물질로는 처음 보고이며, 이러한 결과로 *A. dracunculus* ex가 당뇨 합병증을 완화시킬 것으로 생각되었다(Logendra S, 2006).

항당뇨활성-PMI-5911②: *Artemisia dracunculus* EtOH ex (PMI-5011)은 제2형 당뇨에 저혈당 효과가 있고, 적어도 6종의 생리활성 성분을 함유. 이들 활성 성분을 평가코자, 고지방식이 유도 비만 C578L/6J mice(♂)에 PMI-5011 500mg/kg을 관급식 4시간 후, 측정한 결과, 혈당이 감소하였고, 시료의 저혈당 활성은 bioenhancer Labrasol을 항당뇨제 metformin의 활성과 비교, 3-5배 증가하였다. 2′,4′-dihydroxy-4-methoxy-4-methoxy-dihydro-chalcone은 Labrasol의 한 성분으로 적어도 당뇨 치료약 metformin 200-300mg/kg/day 활성을 보였다. 이로써 Labrasol 같은 생리활성 증진제는 PMI-5011 같은 식물 치료제와 병용시 그들의 효력이 증진되거나 감소될 수 있다(Ribnicky DM, 2009).

혈소판응집저해①: 혈관벽에 혈소판 부착은 혈전증의 가장 중요한 인자중 하나로 혈전증이나 심혈관계 질환의 원인의 하나로 본 연구는 tarragon, summer savory 및 majoram이 Iran 민속약에서 혈액 항응고 약초를 대상으로, 인체 혈소판에 이들 약초 잎의 추출액 50-200μg/mL를 60분 반응시킨 결과, tarragon, summer savory 및 majoram 200μg/mL와 혈소판과 반응시킨 결과, 각각 51%, 48% 및 40% 혈소판 응고를 저해하였다. 이로써 이들 herb 식물은 심혈관 질병이나 혈전(thrombosis) 치료에 효과가 있을 것으로 생각되었다(Yazdanparast R, 2008).

혈액응고저해-잎②: *Artemisia dracunculus*(시료)는 Iran의 상용 채소이며, 민속약으로 혈액 응고를 저해하는 중요한 역할을 한다. 시료 잎 분말

25-200μg/mL 농도 중 MeOH ex와 $CHCl_3$분획 200μg/mL에서 혈액 응고 저해활성을 보였다. 이러한 성질은 동맥경화나 동맥에서 혈전 형성을 저해할 수 있다(Shariyary L, 2007).

신경장애완화: *Artemisia* 속 식물은 항산화 및 항염활성이 있다. 본 연구는 *Artemisia dracunculus* EtOH ex인 PMI-5011은 고지방식이 prediabetes와 비만 model에서 산화 stress와 proinflammatory가 말초신경계에서 변한다. C57B16/J mice에 16주간 고지방식이로 비만, 중정도의 고혈압, 신경전달 결핍, 체온 및 기계적 hypoalgesia 및 tactile allodynia가 유도될 때, 12/15-lipoxygenase의 과발현, 12(S)-hydroxyeicosatrienoic acid가 축적되고, 말초신경과 spinal cord에 nitrosative stress가 된다. PMI-5011 500mg/kg/d, 2주간 투여에서 혈당의 정상화, 느린 신경 전달 및 감각 신경병 등이 정상화되었다. 12/15-lipoxygenase 상승 조절이 감소되며, 말초 신경계에서 단백질 발현이 감소되었다. 이로써 PMI-5011은 안전하고 독성이 없는 식물 추출물이며, 질병 초기에 신경 장애 치료에 유용할 것으로 생각되었다(Watcho P, 2010).

항경련활성-정유: *Artemisia dracunculus* L.을 항간질 약(복용)으로 Iran에서 민속약으로 써왔다. 항경련 성분은 본 식물의 지상부 정유성분으로 maximal electroshock(MES)와 pentylenetetrazole model(seizure) 실험에서 ED_{50}0.84와 0.26mL/kg에서 용량과 시간 의존적으로 antiseizure activity가 나타났다. 항경련에서 정유는 진정 및 행동을 rotarod test에서 보였다. 정유를 분석한 결과, trans-anethole 21.1%, α-trans-ocimene 20.6%, limonene 12.4%, α-pinene 5.1%, allo-ocimene 4.8%, methyl eugenol 2.2%, β-pinene 0.8%, α-terpinolene 0.5%, bornyl acetate 0.5% 및 bicyclogermacrene 0.5%였고, 항경련 및 진정 효과는 이들 중 monoterpene 성분으로 나타났다(Sayyah M, 2004).

김치보존효과-Thyme·Tarragon첨가: Thyme의 H_2O, Et_2O, EtOAc, EtOH 추출물은 모두 *Leuconostoc mesenteroides* 에 저해환을 조성치 않았으나, *Lactobacillus plantarum* 에는 저해활성이 있었고, 그중 H_2O ex에서

저해환이 가장 컸다. 반면 tarragon의 H_2O, EtOAc, EtOH 추출물은 *L. plantarum*에 저해환을 형성치 않았으나, *L. mesenteroides*에 저해환을 형성하였고, 그중 H_2O ex에서 극히 강하였다. Thyme H_2O ex(TM) 첨가는 tarragon H_2O ex(TG) 첨가보다 pH의 저하와 산도의 상승이 현저히 지연되었다. 총 균수는 TM 첨가구가 TG 첨가구보다 낮았으며, TM 첨가구에서 *Lactobacillus* 속 젖산균 수가, TG 첨가구에서는 *Leuconostoc* 속 젖산균 수가 각각 낮았다. 김치의 경도와 아삭아삭한 조직감은 TM 첨가 김치에서 높았다. 종합적인 맛, 향신료의 맛, 향으로 평가한 TM과 TG 적정 첨가량은 다같이 0.6% 였으며, 특히 향이 강하여 0.6% 이상은 좋지 않았다 (김미경, 1998-49).

항미생물활성-잎정유: *Artemisia douglasiana* 잎(시료) 정유를 GC-MS로 분석한 결과, 주요 성분은 camphor 29%, artemisia ketone 26%, artemisia alcohol 13%, α-thujone 10%, 1,8-cineole 8% 및 hexanol 5%였다. 시료는 paraplegic youth(양측 하지마비 청년)에서 만성 방광 감염에 효과적인 보충 생약제로 쓰였다. 시료 잎 oil과 중요성분은 *B. cereus, St. aureus, E. coli, Pseudomonas aeruginosa, Candida albicans* 및 *Aspergillus niger*에 항미생물 실험을 행하였다. 정유는 제한된 항미생물활성을 보였고(in vitro) host 방어에 어느정도 작용하리라 생각되었다(Setzer WN, 2004).

항진균·항산화-정유①: Turkish tarragon(*Artemisia dracunculus*)를 수증기 증류한 정유를 GC/MS로 분석, 30성분을 얻어, (Z)-anethole 81.0%, (Z)-β-ocimene 6.5%, (E)-β-ocimene 3.1%, limonene 3.1% 및 methyl eugenol 1.8%를 동정하였다. *A. dracunculus, A. absinthium, A. santonicum* 및 *A. spicigera* 정유의 agricultural pathogenic fungi에 강력한 활성을 보였으나, *A. dracunculus* 정유는 가장 약한 antifungal activity를 보였다. 이들의 항산화활성(DPPH)은 BHT보다 약하였다(Kordali S, 2005).

항진균활성-딸기병균②: *Artemisia dracunculus* L. var. *dracunculus*를 수증기 증류로 얻은 정유를 분석, ① 5-phenyl-1,3-pentadiyne, ② capillarin를 분리동정하였고, 이들은 딸기 진균인 *Colletrotichum fragariae, C.*

gloeosporiodes 및 *C. acutatum*에 항진균활성을 보였고, 이러한 보고는 처음이었다. 본 정유 중 ①의 함량은 4%였고, methyl eugenol도 본 정유에서 동정되었으며, 항진균활성이 확인되었다(Melepagala KM, 2002).

살곤충활성-Alkamides: *Artemisia dracunculus* 지상부에서 기지 alkamide인 pellitorine과 신 alkamide인 neopellitorine A와 B 및 기지 coumarin인 herniarine을 분리동정하였다. 이들 물질들은 200μg/mL 농도에서 *Sitophilus oryzae*와 *Rhyzopertha dominica*에 살충 활성을 보였다(Saadali B, 2001).

Flavonoid-**생리활성**: 100여 종의 식·약용 식물의 총 flavonoid를 측정하고, 총 산화효과(TAS), superoxide scavanger(SOS) 활성을 측정한 결과, propolis 52.1mg, 사철쑥, 인진쑥, spearment, 황금, 참취 순으로 40.4mg 이상이었으며, 정향, pepermint, 꽃 박하, vervain, 마요라나, bergamot, 미질향, penyroyal, lemonbalm, tarragon, dill 은 10mg 이상이었다(이종미, 2001).

식용안전성평가①: 긴 역사를 갖고 있는 *Artemisia dracunculus* L.(tarragon)은 향신료나 약물로 써왔고, Russia와 프랑스에서는 재배식물로 이용되고 있다. 형태적, 화학적으로 각 나라 산물은 달라, 2차 대사 산물의 생리활성이 문제였다. 정유는 0.15-3.1%, coumarins 1% 이상, flavonoids와 phenol-carbonic acid를 함유. In vivo 주로 rodent에서 Russia산 시료는 강력한 항염증, 간 보호 및 항고혈압 효과를 보였다. 특히 estragole 82% 이상과 methyl eugenol 39% 이상 두 성분의 독성 실험 결과, 급성 독성이나 돌연변이 활성이 인간 소비량에서 없었고, 수침 ex에는 대단히 소량의 estragole과 methyl eugenol이 있어 대단히 제한된 위험성이 있을 뿐. 전반적으로 임상 연구에 대해 분류학적 및 식물화학적 정리에 초점을 더 강화하고 더 많은 연구가 요구되었다(Obolskiy D, 2011).

식용안정성평가②: *Artemisia dracunculus*(Russian tarragon)EtOH ex를 Tarralin으로 의약용과 식용 herb로 사용. 이는 French tarragon과 매우 비슷하며, 요리용으로 쓰인다. Tarralin은 Ames test에서 완전한 mutagenic activity는 없었다. 또한 5,000mg/kg에서 급성 독성도 없었고, 14일간 반복 경구투여에서도 독성이 없었다. 또 10, 100 및 1,000mg/kg 90일간

투여에서도 체중이나 생리 기능 관찰에도 별 변화가 없었다. 장기 무게나 혈액 성분 및 현미경 관찰에서도 별 변화가 관찰되지 않았다. 이로써 Tarralin은 안전하고 독성이 없음을 밝혔다(Ribnicky DM, 2004).

Artemisia dracunclus chemotypes: India Shansha(Himachal Pradesh), North-West Himalaya에 자생하는 tarragon을 개화기에 채집, 분석한 결과, 24성분을 동정, 주요 성분은 capillene 58.8%, Z-β-ocimene 8.63%, β-phellandrene 7.03%, terpinalonene 5.87%, camphene 4.16%, spathalenol 2.02%, β-pinene 1.02%. 본 식물의 주성분은 capillene 58.8%로 capillene chemotype. 세계 각곳의 생산된 주성분이 달라 type으로 분류 즉 French type 주성분은 methylchavicol 49.5%, Russian type β-pinene 23-31%, Polish type elemycin 38-60%, Oregon type Z-β-ocimene 22와 terpinolene 25%, Teheran type trans-anethol 21과 20%, Himalayan tarragon은 capillene chemotype capillene 58.38%였다(Chauhan RS, 2010).

정유성분-Unusual Alkynes: Oregon에서 자란 *Artemisia drancunculus* L. var. *drancunculus*를 수증기 증류 후, GC/MS로 분석, 0.1% methyl chavicol이 검색, 주성분은 terpinolene 25.4%, (Z)-β-ocimene 22.2%, 흥미있는 것은 2개의 대단히 드문 alkyene으로 5-phenyl-1,3-pentadiyne 11.7%와 6-phenyl-2,4-hexadyne (capillene) 4.8%였다(Pappas R, 2001).

정유성분: Cuba *Artemisia dracunculus* L.를 GC와 GC-MS로 분석한 결과, 42성분을 동정하였고, 주성분은 elemicin 53.0%와 methyl eugenol 17.6%였다(Pino JA, 1996).

효능과 이용

1) 식용: 타라곤은 쌉쌀하고 향기롭고 카이브, 처빌, 파슬리와 함께 타라곤을 혼합한 핀제르브(fines herbes) 재료. 닭, 생선 등 요리에 잎사귀로 맛을 낸다. 근래에는 약용보다도 향신료로 더 많이 쓰며 특히 프랑스 요리의 여러 소스에 쓰인다. 건조 외에 올리브, 버터, 과일식초 등에 수 주일간 담가서 저장하거나, 냉동으로도 보관한다. 타라곤 식초는

과일식초에 타라곤 잎을 수 주일간 담가 샐러드 드레싱이나 마요네즈, 마리네이드 등에 쓰는 풍미 좋은 세계적 식초이다.

2) 약용: 뿌리는 류머티스와 치통에 외용하고 산화방지와 살균작용이 있고 살충작용도 있어 어린이 구충제로도 쓰이며 향기요법제로 월경불순, 식욕촉진과 방향성 건위제로도 쓴다.

3) 기타: 정유는 향미료, 향수의 원료, 세제 등에 부향제로 쓰고, 여름에 잎을 수시로 수확할 수 있고 꽃봉오리가 달리기 직전이 정유가 가장 많아 이때 수확한다.

★ 임신부는 복용을 삼간다.

참고 문헌

1) 김미경, 김옥미, 김일두, 등 5명. **식품저장유통학회지** 1998 5(1) 49(Thyme 과 Tarragon 물 추출 첨가가 김치의 품질과 보존에 미치는 영향)

2) 김미경, 정현진, 김옥미, 오영애, 김순동. **식품저장유통학회지** 1998 5(1) 81(김치 발효 관련 젖산균에 대한 향신료의 항균력)

3) 이종미, 오상석, 한대석, 손은심. **식생활문화학회지** 2001 16(5) 504(식물성 식품 중 총 플라보노이드 함량과 생리활성 탐색)

4) Abad MJ, Bedoya LM, Apaza L, Bormejo P. *Mol* 2012 17 2542(The *Artemisia* L. Genus: A review of bioactive essential oils-Review)

5) Aglarova AM. *PhD Thesis* Mahachkala 2006(Comparative analysis of secondary metabolites of *Artemisia dracunculus* L. Russian and French cultivars)

6) Chauhan RS, Kitchlu S, Ran G, et al. *Ind Crops Prod* 2010 31 546(Chemical composition of capillene chemotype of *Artemisia dracunculus* L. from north-west Himalaya India)

7) De la Fuente JA, Manzanaro S. *Nat Product Rep* 2003 20(2) 243(Aldose reductase inhibitory from natural sources)

8) Hosseini AAM. *PhD Thesis* Wageningen Univ 2005[Quality, energy requirement and costs of drying tarragon(*Artemisia dracunculus* L.)]

9) Jaeger R, Purpura M, et al. *Patent Applicant PhytoLab GmbH& Co KG 2009147229(A1)* 2009-12-10(Synergistic enhancement of cellular ergogenic nutrient uptake, like creatine or carnitine, with tarragon)

10) Kordali S, Kotan R, Mari A, et al. *J Agr Food Chem* 2005 53 9452(Determination of the chemical composition and antioxidant activity of the essential oil of *Artemisia dracunculus* and of the anti-fungal and antibacterial activities of Turkish *A. absinthium*, *A. dracunculus*, *A. santonicum* and *A. spicigen* essential oils)

11) Logendra S, Kibnicky DM, Yang H, et al. *Phytochemistry* 2006 67 1539(Bioassay-guided isolation of aldose reductase inhibitors from *Artemisia dracunculus*)

12) Melepagala KM, Sturtz G, Wedge DE. *J Agr Food Chem* 2002 50 6989(Antifungal constituents of essential oil fraction of *Artemisia dracunculus* L. var *dracunculus*)

13) Obolskiy D, Pischol I, Feistel B, et al. *J Agr Food Chem* 2011 59 11367[*Artemisia dracunculus* L. (Tarrageon): A critical review of its traditional use, chemical composition, pharmacology and safety]

14) Ong G, *MS Thesis* Iowa State Univ Ames IA USA 148(The Influence of pack aging, temperature, and light on the color and flavor retention of paprika, rosemary, thyme and tarragon)

15) Pappas R, Sturtz G. *J Ess Oil Res* 2001 13 187(Unusual alkynes found in the essential oil of *Artemisia dracunculus* L. var. *dracunculus* from the Pacific Northwest)

16) Pino JA. *J Essent Oil Res* 1996 8(5) 563(Chemical composition of the essential oil of *Artemisia dracunculus* L. from Cuba)

17) Raskin I, Ribnicky DM, Komarnytsky S, et al. *Trends Biotechnol* 2002 20(12) 522 (Plants and human health in twenty-first century)

18) Ribnicky DM, Kuhn P, Poulev A, et al. *Int J Pharmaceutics* 2009 370 87(Improved absorption and bioactivity of active compounds from an anti-diabetic extract of *Artemisia dracunculus* L.)

19) Ribnicky DM, Poulev A, O'Neal J, et al. *Food Chem Toxicol* 2004 42 585

(Toxicological evaluation of the ethanolic extract of *Artemisia dracunculus* L. for use as a dietary supplement and in functional foods)

20) Saadali B, Boriky D, Blaghen M, et al. *Phytochemistry* 2001 58 1083(Alkamides from *Artemisia dracunculus*)

21) Sayyah M, Nadjafina L, Kamalinejad M. *J Ethnopharmacol* 2004 94 283 (Anticonvulsant activity and chemical composition of *Artemisia dracunculus* L. essential oil)

22) Setzer WN, Vogler B, Schmidt JM, et al. *Fitoterapia* 2004 75 142(Antimicrobial activity of *Artemisia douglusiana* leaf essential oil)

23) Shariyary L, Yazdanparst R. *J Ethnopharmacol* 2007 114 184(Inhibition of blood platelet adhesion, aggregation and secretion by *Artemisia dracunculus* leaves extracts)

24) Supilnikora AV. *PhD Thesis* Samara Palestine 2004[Developing of methods of quantitative and qualitative analysis for tarragon(*Artemisia dracunculus* L.)]

25) Watcho P, Stavniichuk R, Ribnicky DM, et al. *Mediat Inflam* 2010 2010 268547 (High-fat diet-induced neuropathy of prediabetes and obesity: Effect of PMI-5011, an ethanolic extract of *Artemisia dracunculus* L.)

26) Yazdanparast R, Saee A. *Biomed Lett* 1999 59 137(Effects of aqueous tarragon, *Artemisia drancunculus*, extract on lipid and coagulatory parameters in rats)

27) Yazdanparast R, Shahriyary L. *Vascular Pharmacol* 2008 48 32(Comparative effects of *Artemisia dracunculus*, *Satureja hortensis* and *Origanum majorana* on inhibition of blood platelet adhesion, aggregation and secretion)

28 호로파 *Trigonella foenum-graecum*

콩과
(Leguminosae)

Fenugreek(英)
葫蘆巴(中)

원산지: 그리스, 서아시아, 프랑스 남부

용도: 식용·약용 – 씨, 잎
염료 – 씨

역사

호로파(fenugreek)는 BC 4000년경에 이라크에서 발견되었고, BC 1500년경 Ebers papyrus에 유도분만 허브로 기록하고 있다. 이집트에서는 월경통에 사용하였다고 한다. 일찍이 BC 7세기경에 경작하였다 하며, AD 11세기경 Chinese medicine에서 처음 언급되었고, Chinese와 Ayurvedic medicine에서도 tonic herb로 기록되었다.

Fenugreek는 한방에서 호로파(葫蘆巴)라 하여 완화제(緩和劑), 영양제로 쓰는 약초로 씨나 잎에는 독특한 향기와 쓴맛이 있다. 또 영향초(靈香草) 또는 영릉향(靈凌香)이라 하여 향료의 원료로 쓴다. 그 향기는 설탕을 태운 것 같은 즉, 카라멜이나 메이플 시럽같은 달콤하고 셀러리 같은 향기를 갖고 있다. 송나라 사람이 이란에 갔을 때 고대 페르시아(Iran)에서 이 식물을 hulbat라 한 것을 발음대로 hulabat라 한 것이 '호로파'로 붙여졌다 한다. 호로파는 인도나 중국, 동남아, 유럽, 북남미, 미국 등에서 널리 재배 이용되는 식물로 약용 외에

씨의 추출물은 카레 가루의 황색 염료, 소스의 제조 원료 등 식품 가공에 쓰이며, 우리는 수입한다.

학명 *Trigonella foenum-graecum*은 그리스어의 'treis' 즉, 3과 'gonia 뿔(모난 것)'을 뜻하여 씨가 모난 것을 말하며, *foenum*은 fennel을, *graecus*는 향을 뜻한다(Herbs p393).

식물학적 특성

콩과에 속한 1년생 초본으로서 30-60cm로 자라며 잎이 clover를 잘게 한 것 같은 3장의 잔잎이 짙은 녹색이나 뒷면은 흰빛을 띠며 3층복엽으로 거치가 있다. 꽃은 6-8월에 엽액에 나비모양의 흰꽃이 1-2 송이씩 피며 열매는 5-7.5cm 길이의 가느다란 콩 꼬투리가 새 주둥이처럼 구부러진다. 그 속에 결명자씨처럼 모가 진 씨가 10여 개가 생겨 익으면 황갈색이 된다. 포기 전체에 향기가 있고 특히 씨가 강하다. 우리나라 강원도 석개재에 동속식물 *T. archidulis-nicolai*(sirjaeu) Vassilez(티베트개자리) 단 1종이 있다(Lee, YN, I, p645).

성분

1) 영양성분

씨: 100g 중 탄수화물 48.3g, 단백질 23.0g, 지방 6.4g이고 무기영양소는 Ca 176mg, Fe 34mg, Mg 191mg, P 298mg, K 770mg, Na 67mg, Zn 3mg, vitamin C 3mg 등이다.

2) 특수성분

*Trigonella foenum-graecum*에서 Asparasaponin I(F-00663), Fenugrin B(F-00068), Mannobiose(M-00210), Spirosta-3,5-diene(25S, S-01059), Trigoforin(T-02789), Trigonelline(T-01917), Trigraecum(D-01900), Vitexin (V-00415), Yamogenintetroside B(F-00663)등이 분리동정되었다.

동속식물에서 Biorobin(T-00770), Coumarinic acid(H-02873), Sativan (T-02258), Trigocoumarin(T-01916), Trigonostemone(T-02425) 등도

분리되었다(DNP p848).

생리활성

Mini-review-건강과 질병: *Trigonella foenum-graecum* L.(fenugreek) 씨는 전통적으로 치료제나 향신료로 써왔다. 수년 동안 이제까지 현대 과학적 방법으로 성분 분석과 더불어 생리활성을 연구해온 결과를 종합하면, carminative, gastric stimulant, antidiabetic 및 galactogogue(lactation-inducer) 효과와 최근 연구로는 hypocholesterolemic, antilipidemia, antioxidant, hepatoprotective, anti-inflammatory, antibacterial, antifungal, antiulcer, antilithigenic, anticarcinogenic 및 기타 등등의 생리활성이 밝혀지면서 fenugreek은 어떠한 부작용도 없는 건강 기능성 영양제뿐 아니라 약학적, 치료적 식물로 생각되었다(Yadav UCS, 2014).

성장Hormone분비촉진: Fenugreek 씨 MeOH ex를 bioassay-guided saponin I ①과 diosein⑨가 rat 뇌하수체 세포에서 성장 hormone을 분비시켰고, gitogenin ⑤는 중 정도로 분비시켰다. Rat 뇌하수체 세포에서 steroid계 saponin이 성장 hormone 분비를 촉진시켰다(Shim, SH, 2008).

Insulin분비촉진-씨①: Fenugreek 씨에서 insulin 분비촉진 활성 물질, 새로운 amino acid인 4-hydroxyisoleucine을 분리 정제하였다. 이 amino acid는 fenugreek 씨가 당뇨 전통약으로 쓰여 왔음을 알 수 있게 하였다. 이 amino acid는 glucose 유도 insulin 분비를 증가. 100μmol/L1mmol/L 농도에서 Langerhans 섬에 rat와 인간에서 직접 작용하였다. Glucose 농도 3mmol/L나 5mmol/L에서 효과가 없었으나, 고농도 6.6-16.7mmol/L에서 효과적이었다. 고로 insulin 비의존성 당뇨병 NIDDM 치료에 새로운 치료제로 기대되었다(US patent 5,470,879; 28, NOV. 1995; Eur. Pat. appl. EPO, 587,476. Fr. Demande Fr. 2,695,317; 10 Mar 1995)(Sauvaire Y, 1998).

당뇨완화효과-씨②: Alloxan-유도 당뇨 rat에서 fenugreek 씨(시료)는 혈중 지방 과산화와 순환 항산화제에 대하여 실험. 혈중 glutathion, ascorbic acid 및 β-carotene을 현저히 감소시켰으나 α-tocopherol은 증가되었다. 식이 중 시료는 지방 과산화를 감소시켰고, glutathion과 β-carotene 함량은 증가되었으나, α-tocopherol 함량은 감소, ascorbic acid 함량은 변함이 없었다. 정상 rat에서 항산화제가 높은 것은 일반 사료 섭취 control rat와 비교, 시료 함유 사료 때문이었다. 이로써 당뇨 쥐에서 free radical 대사가 중단, 시료 함유 사료에 의해 정상화되는 것으로 생각되었다(Ravi Kumar P, 1999). 또 중간 정도의 제2형 당뇨 환자에 시료 투여로 혈당량이 개선되었고, 중성 지방이 감소, HDL-cholesterol이 현저히 증가하였으며, insulin 저항도 감소되어, 제2형 당뇨병의 혈당 조절에 효과가 있는 것으로 나타났다(Gupta A, 2001).

혈당저하효과-잎③: *Trigonella foenum-graecum* 잎 ex를 20-30세 20명에 투여, 안전성과 효과를실험. 시료 40mg/kg 분말 10mL 수침 ex나 이에 coffee 넣은 물을 투여한 결과, 섭취 4시간 후, 혈당이 13.4% 감소. K은 14.1% 감소하였다. 혈청 cholesterol, 총 단백 및 혈중 urea는 변함이 없었다. 섭취 후 24시간 동안, 1/3이 공복, 배뇨나 현기증을 느꼈다. 정상인에서 수침 ex는 혈당 감소가 효과적이었다(Abdel-Barry JA, 2000).

당뇨개선효과-씨·잎④: 혈당 강하 효과가 있는 fenugreek 씨와 잎을 정상 및 당뇨 쥐에(씨 25g, gum isolate 5g, 및 잎 150g), 씨 전체, 탈지 씨, gum isolated, 탈지 gum 씨, 조리 씨 및 조리 잎을 건강군에 투여, 포도당이나 식후 혈당 증가가 씨 투여로 예방되었고, 혈중 insulin 또한 변하였다. 포도당 면적은 씨 전체 투여에서 가장 컸고(42.4%), 다음 gum isolated(37.5%), 씨 추출물(36.9%), 조리 씨(35.1%) 순. Gum 제거 씨와 잎은 혈당에 효과가 적었으나, 씨 21일간 당뇨 쥐에 투여한 결과, 혈중 glucose와 insulin 반응이 현저히 개선되었고 24시간 뇨당과 혈청 cholesterol은 감소하였다(Sharma RD, 1986).

혈당강하효과-씨⑤: Fenugreek 씨를 2g과 8g/kg을 정상 rat에 경구투여한 결과, 정상쥐나 당뇨쥐에 혈당 강하가 현저하였고, 혈당 강하 효과는 시료 농도와 관련이 있었다 (Khosla P, 1995). Fenugreek 씨 성분은 고농도의 fibre 50.2%이상, gum 17.7%, hemicellulose 22.0%, cellulose 8.3% 및 lignin

2.2%. 씨의 저혈당 및 저지방 효과는 이러한 섬유소가 위장에서 직접적으로 포도당과 cholesterol 흡수를 방해함으로써 항당뇨 활성을 보였다. 씨 단백질의 특성적 amino acid도 저혈당 작용에 관여하는 것으로 생각되었다 (Puri D, 1998).

항당뇨효과-씨⑥: STZ-유도 제1형 당뇨 rat에 fenugreek 씨 추출 물질 특이한 amino acid인 (2S, 3R, 4S) 4-hydroxyisolencine(4HL)가 고혈당 조건에서 insulin 분비를 증가, 항당뇨 활성을 보였고, 4HL의 항당뇨 활성은 처음 보고였다. STZ-유도 제1형 당뇨에서 4HL은 혈당을 65% 감소시켰다. 더구나 4HL은 혈중 고지질(HDL, LDH 및 triglyceride) 및 uric acid를 정상군과 유사하게 유지시켰다. 이로써 4HL은 제1형 및 제2형 당뇨병 관리에 강력한 효과가 있다 생각되었다(Haeri MR, 2012).

혈당·Cholesterol저하-씨⑦: Fenugreek 씨 extract는 적어도 90%의 steroid saponin을 함유. 약리실험에서 정상쥐와 STZ-유도 당뇨쥐에서 사료에 시료 12.5mg/day/300g b.wt를 투여한 결과, steroid saponin(furostanol type)는 정상쥐에서 식이 섭취량을 증가시키고, 식이 행동을 개선, 당뇨쥐에서도 식이 행동을 규칙적으로 하게 하고, 지속적 체중 증가를 보여, 당뇨 대조군과는 달랐다. 이 결과로 정상쥐와 당뇨쥐에서 혈중 중성 지방 변화는 없었으나, 총 cholesterol은 감소하였다. 이로써 fenugreek steroid계 saponin은 식이 소비량과 식이 행동을 향상시키고, 혈청 cholesterol을 감소시켰다(Petit PR, 1995). Fenugreek 씨 extract는 실험 동물과 인간 모두에서 항고혈당 및 cholesterol 저하 효과를 보였다. 이는 시료의 섬유질이 위 공복을 지연시키고, 탄수화물 소화효소를 저해하였으며, 혈중 insulin 농도를 증가시켰고, 주요 유리 amino acid인 4-hydroxy isoleucine은 췌장에서 insulin 분비를 증가시켰다. Cholesterol 저하효과는 시료의 섬유질과 saponin에 의해 간 cholesterol을 bile salts로 배설. 총 cholesterol의 LDL과 VLDL을 선택적으로 감소시켰고, HDL-cholesterol은 alloxan유도 당뇨 rat와 typeII 당뇨 개체에 시료 처리로 증가되었다. 또한 시료는 어떤 독성도 없었다. 시료의 규칙적 섭취는 당뇨 관리와 동맥경화 및 관상동맥 심장 질환 예방에 좋을 것으로 생각되었다(Al-Habori M, 1998; Bordia A, 1997).

AD완화-씨: Alzheimer's disease(AD)는 뇌의 신경 퇴행성 질병으로 노인의 대부분 dementia(치매)가 있는 만성, 진행성 질환의 하나이다. 실험 결과, fenugreek 씨 성분 trigonelline은 강력한 acetylcholine esterase 저해활성이 있어 AD 환자 치료에 유용할 것으로 생각되었다(Satheeshkumar N, 2010).

수면유도효과-Oleamide: Fenugreek의 중성 및 극성 lipid는 triacylglycerol과 phosphatidyl ethanolamine이고, fenugreek의 지방산은 oleic, linoleic 및 linolenic acid가 총 지방산의 16.3, 50.0 및 24.4%. 그 외 주요 물질 N-acylphosphatidyl ethanolamine(NAPE)과 fatty acid amide를 처음으로 분리동정하였다. 주요 NAPE에서 N-linolylphosphatidyl ethanolamine이 발견되었고, oleamide는 lipid 분획에서 주요 fatty acid amide였다. Oleamide의 역할은 NAPE가 약리학적 성질에 공헌하는 것과 같이 내적 수면유도 인자로의 역할이었다(Chatterjee S, 2010).

남성갱년기개선: Fenugreek 씨와 야관문 잎과 줄기를 각각 70% EtOH로 추출, 농축 후 분말로 만들어 식용수에 용해하여 시료로 사용하였다. 남성 갱년기 증상을 알고자 흰쥐에 시료 40mg/kg, 80mg/kg 매일 경구로 4주간 투여 후, 혈중 testosterone 증가, 혈중 총 cholesterol과 중성지방은 감소. HDL-cholesterol은 증가. 강제 운동에서 수영시간이 대조군보다 길었고, 정자의 형성과 활성에 영향을 주는 testosterone도 증가하였다. 또 간독성을 알고자 AST와 ALT를 측정한 결과, 대조군과 별 차이 없었다. 시료 40mg/kg보다 80mg/kg 투여군에서 개선효과가 컸다(Lee KS, 2015).

관상동맥질환완화①: Coronary artery disease 환자에 fenugreek-함유 식이를 5주간 투여한 결과, 실험 대상인 심한 당뇨환자에서 고혈당이 현저히 감소하였고, 유리 지방산과 cholesterol 및 중성지방이 정상 수준으로 돌아왔다. 이로써 fenugreek은 관상동맥 질환에 어느 정도 완화 효과가 있는 것으로 생각되었다(Bordia A, 1997).

당·지방흡수저하·혈액응고방지②: *Trigonella foenun-graecum*의 수용성 식이섬유를 제2형 당뇨 rat에 투여한 결과, 항고혈압, 혈중 지방 저하효과 및 혈소판 응고 감소 효과를 보였다(Hannan JMA, 2003).

혈중지방저하-씨③: *Trigonella foenun-graecum* L. 씨의 혈중 지방 저하 효과를 38-58세 남녀, 평균 BMI 24.4, 272mg/dL cholesterol에 isocaloric diet로 시료 100g 탈지 씨를 20일간 투여한 결과, 혈중 총 cholesterol, LDL 및 VLDL cholesterol 및 triglyceride 수준이 현저히 감소하였고, HDL-cholesterol은 별 변화가 없었으나, 총 cholesterol, LDL 및 VLDL cholesterol은 현저히 감소하였다. 이상의 결과로 fenugreek 씨는 고지혈증 환자에 도움이 되리라 생각되었다(Sharma RD, 1991).

Cholesterol저하-발아씨④: 발아시킨 fernugreek 씨 분말 12.5g과 18.0g을 50-65세 고cholesterol 남녀에 한 달간 투여 후, 공복 혈액 검사 결과, 18.0g 시료 투여군에서 총 cholesterol과 LDL-C 수준이 현저히 감소하였고, 12.5g 시료군도 감소하였으나, 두 군 모두 HDL-C와 VLDL-C 및 중성지방은 현저한 변화는 없었다(Sowmya P, 1999).

Chol-담석형성억제-씨⑤: *Trigonella foenum-graecum* 씨는 실험 mice에서 담석(chol-gallstone) 형성을 강력히 억제하였다. 담석 형성 식이 0.5% cholesterol(Chol)을 시험 mice에 10주간 투여, 담석을 형성시키고, 시료를 실험식이에 5, 10 및 15% 첨가, 사육한 결과, 담석 발생이 63%, 40% 및 10%였다. 대조군은 담석 형성 100% 발생. 시료는 chol 식이 mice의 chol을 26-31%, 간 chol은 47-64% 감소시켰다. 이로써 시료는 chol 대사에서 담석 형성에 강력한 저해제로 건강 보조 물질로 생각되었다(Reddy, RLR, 2009).

Anabolic, androgenic effect-FG: Furostanol glycosides(FG)는 *Trigonella foenum-graecum*(TF)에서 분리한 물질로, 거세 미숙 Wistar-rat(♂)에 투여 후, 거세치 않은 미숙 rat와 조직학적 관찰에서 testosterone(testo) 10mg/mL이나 FG 10, 35mg/mg, po 매일 1회 4주 투여 결과, 혈중 testo와 blood urea nitrogen(BUN)을 측정. 시험군에서 FG 35mg/kg, po와 testo 10mg/kg 주 2회 투여에서 체중과 함께 근육이 증가되었고, 거세 rat에 FG 투여군에서 거세치 않은 rat와 별 변화가 없었고, 간조직 검사에서도 거세치 않은, FG 투여 rat 고환의 조직 병리학적 검사에서 별 변화가 없었다. 이로써 FG는

androgen 활성이 없이도 동화작용(anabolic activity)을 보였다(Aswar U, 2010).

지방간경감효과-씨①: Zucker obese rats에 단기간 *Trigonella foenungraecum*씨를 사전 임상적 평가에서 간의 중성지방 축적 감소가 혈중 insulin이나 혈당에 영향 없이 지방간 경감 효과가 분명하였다. 이는 tumor necrosis factor(TNF-α)가 작용한 것으로 생각되었다(Raju J, 2006).

간보호효과-씨②: Ethanol-유도 간 손상 rat에 fenugreek 씨 polyphenol ex 시료의 영향을 알고자 만성 ethanol 섭취(6g/kg/day-60일) rat liver 손상을 thiobarbituric acid-반응물질 과형성, 지방 hydroperoxide 및 conjugated diene, 지방 과산화 최종 물질 및 단백질 산화 marker인 sulfhydryl군 감소를 보였다. 효소와 비효소적 항산화 감소활성과 EtOH 처리 rat에서 thiol group 저하 활성감소(non-protein과 단백질)가 EtOH 처리 rat에서 관찰되었다. 시료를 EtOH-식이 rat에 투여로 지방 과산화 산물과 단백질 carbonyl 함량이 감소. 항산화 효소 증가 및 thiol group 저장이 증가. 이로써 시료는 만성 EtOH 투여에 의한 병리학적 간의 변화를 완화시켰다 생각되었다(Kaviarasan S, 2008).

간해독효과-씨③: 공해로 독성 aluminium(Al)이 일반적으로 토양과 물이 산성비로 오염되었을 때, 특히 초식동물에서 grass-tetany 증상이 출산직후 암소에서 Mg 결핍으로 나타난다. 이에 fenugreek 씨를 사료에 첨가, 사육한 결과 해독되었다. 과량의 Al은 간의 위축(atrophy)이 일어나며, 간 효소 AST, ALT 및 GTP 저해 및 지방 과산화와 LDH 활성이 증가 등 간 생리에 교란을 초래, 간독성이 나타났다. 이에 fenugreek 씨는 이러한 간독성을 해독함으로써 grass-tetany 예방 및 치료 효과가 있었다(Belaid-Nouira Y, 2013).

면역·신장보호-종자유: 당뇨쥐에서 빈번히 일어나는 심각한 합병증은 면역 실조와 신증으로, fenugreek oil(시료)은 당뇨군과 비교하면 혈당을 현저히 개선시켰고, 당내성 및 insulin 감수성도 개선시켰다. 특히 췌장의 β-cell 손상이 감소되었다. 더구나 당뇨쥐에서 SOD, catalase, glutathion peroxidase 활성 감소, 특히 신장 glutathione 함량 감소는 시료 투여로 정상에 근사하였고, lipid peroxidation, creatinine, albumin 및 urea의 증가도 시료 투여로 감소되었다. 결과적으로 fenugreek oil은 당뇨병에서 혈청학적 상태, 면역 조절에 의한 신장독성이 완화되었고, 시료의 항상성으로 insulin 자극 작용에도 도움이 되었다(Hamden K, 2010). STZ-유도 당뇨쥐에 fenugreek 씨 extract(시료) 투여는 시료의 항산화활성을 통하여, 기능적 및 형태적 손상에 대해 신장 조직이 보호되었다(Xue W, 2011).

항염활성-Dioscin①: *Trigonella foenum-graecum* 시료는 인도, 파키스탄 및 중국에서 수세기 동안 향신료로 사용해왔다. 각종 미생물에 의해 배당체가 biotransformation에 의해 생리적 활성과 bioavailability가 증가되었다. 본 연구는 시료 추출물과 dioscin이 식용 미생물에 의해 생체내 변환하여 각종 세포에 세포독성을 부여함에 초점을 두었다(Yum, CH, 2010).

항염·해열효과-잎②: Iran의 *Trigonella foenum-graecum* 잎 추출물 시료를 formalin-유도 부종에서 항염활성을 보였고, 맥주효모 현탁액을 복강 내 주사, 고열 증상에 시료투여로 해열효과를 보여, 시료는 항염 및 해열효과가 있는 것으로 나타났다. 시료 분석에서 alkaloid, cardiac glycosides 및 phenol성 물질이 주성분. 항염, 진통 및 해열 효과는 NSAID-like mechanism으로 생각되었으나, alkaloid 존재(flavonoid, saponin, steroid 및 기타 효과 물질의 부재)는 tail-flick test에 NSAIDs에서 통상 없는 진통작용을 보여 이는 다른 기전에 의한 것으로 생각되었다(Ahmadian A, 2001).

진통·항염-Alkaloid·flavonoid분획③: Fenugreek 씨 MeOH ex(시료)는 formalin과 carrageenan-유도 paw edema test에서 진통 및 항염활성을 농도 의존적으로 현저한 활성을 보였다. 시료는 분석 결과, alkaloid와 flavonoid가 풍부하였다(Mandegray, A, 2012).

항유방암활성-씨①: 7, 12-dimethyl benz(a)anthracene(DMBA)-유도 유방암 rats에 fenugreek 씨 시료는 강력한 항암활성이 있었다. 시료 ex 200mg/kg에서 DMBA-유도 유방암 증식을 현저히 저해, 유방암 생성을 억제시켰다. 유방암에 현저한 화학 예방 효과는 처음 보고이다(Amin A, 2005).

항결장암②: HT-29 결장암에 대한 세포독성은 *Aspergillus usamii*, *Bifido-*

bacterium infantis, *B.* sp. Int57 및 *Leuconostoc paramesenteroides*에 의해 증가되었으나, *A. niger*에 의해 감소되었다. 다른 5종의 종양세포에 dioscin 7.5μM 처리 후, HT-29 세포가 실제로 즉시 사멸하였다. 5μM dioscin은 sub-G_1기를 증가시켰다(cytometer). Caspase-3 활성은 dioscin에 의해 증가되어 dioscin은 세포독성과 연관이 있는 것으로 보였다(Yum CH, 2010).

Allergy: Fenugreek 씨의 심한 allergy 반응이 처음으로 보고되었고 allergy 식품 list에 새로운 allergen으로 첨가되었다. Fenugreek 씨는 double blind placebo-controlled challenge와 immunoblotting에 의해, skin scratch test 환자 혈액에서 Ig E-관련 allergy 임이 확인되었다. Fenugreek 씨 성분은 단백질 26.29%, 지방 5.8%, 탄수화물 44.1%, 100g 씨는 333kcal(Patil SP, 1987).

골다공증치료효과-씨①: 난소 적출 흰쥐에 호로파 추출물을 투여한 결과, 척추, 대퇴, 배골 경골 밀도가 증가, 특히 척추 골밀도가 시료투여 후 4주와 8주에서 대퇴 골밀도와 배골 경골 밀도에서 시료투여 4주에 난소 적출군에 비하여 모두 증가. 체중은 시료 투여군이 난소 적출군에 비해 감소되었으며, 시료투여 4주 후 체중이 난소 적출군보다 유의적 감소를 보였다(서부일, 2006).

항관절염활성-씨②: Adjuvant-유도 관절염이 fenugreek 씨(시료)의 현저한 감소 효과를 TNF와 IL-유도 연골 파괴에 보호 효과가 있는 것으로 항산화와 혈청학적(haematological) 성질로 생각되었다. 항관절염 효과는 아마도 시료 중의 flavonoid, alkaloid 및 triterpenoid의 효과로 생각되었다(Suresh P 2012)

Al독성완화-씨: 신부전 환자에 인삼염 결합제로 aluminum(Al) 사용이 여러 나라에서 이용되고 있어 Al염과 신경병 관련 질병에 대한 안전성이 문제되고 있다. 신부전과 연관된 Al독성을 경감시키고자, fenugreek 씨(시료)가 $AlCl_3$ 유도 신장 독성 rat에 효과가 있었다. $AlCl_3$을 한 달간 500mg/kg 경구투여 후, 1,600ppm 음용수 투여를 5개월 지속한 결과, ALP 저해, total antioxidant status(TAS)의 감소. lipid peroxidation(LPO) 혈액과 뇌에도 유도되었고, 신장 atrophy와 Bowman's capsule, 사구체와 다른 여러 관들의 형태적 변화 및 몇몇 신장 질병이 야기되었다. 시료 분말을 사료에 5% 첨가, 두 달간 투여,

정상 urea, creatinine, ACP 및 혈당도 정상으로 또 TAS의 복귀, LPO 저해 및 손상 신장도 조직 병리학적 변화를 보였다. 이로써 신장 독성이 만성적 Al-염 경구투여로 뇌와 신장에서 관련된 독성이 시료 함유식이로 신장, 뼈 및 뇌 보호가 복구되었다(Belaid-Nouria Y, 2013 22, 466).

화학성분-씨: *Trigonella foenum-graecum*으로부터 diosgenin, yamogenin은 주요 sapogenin, trigonellagenin, artifact인 gitogenin, tigogenin은 Moroccan 씨에만 있고, 씨의 petrol ex는 7%의 fixed oil. Sterol은 β-sitosterol 및 cholesterol이 있으며, gitogenin은 씨에만 있었다(Fazli FRY, 1971).

지방성분-씨: *Trigonella foenum-graecum* 씨 oil은 7.8%, 불쾌취와 쓴맛. 식물이 자란 환경, 기후, 토양 등에 따라 씨 oil 함량에 차이가 있었다. Sudan산 씨 oil은 총 포화 지방산 17.7%, palmitic acid 11%, 총 불포화 지방산은 82.3%, linoleic acid 43.2%, linolenic acid 22%, oleic acid 16.7%, almond, groundnut, olive 및 sesame oil과 비교 linolenic acid가 가장 많았고, drying oil에 속한다. 일반 drying oil에는 cotton 씨 oil, corn oil, soybean oil, tung oil 및 linseed oil 등이며, 대부분 paint, varnish, lacquers 및 printer's ink로 쓰인다(Sulieman AM, 2008).

필수지방산-씨: Fenugreek 씨 oil은 필수지방산인 linoleic acid (n-6), α-linolenic acid (n-3)는 모든 fenugreek genotype에서 양호한 함량으로, n-6 : n-3 지방산은 인체 소비량에 매우 근접한 이상적 비율로 fenugreek genotype의 지방산 조성에서 현저한 genotype의 변화로 fenugreek 같은 새로운 유지 작물의 유용성이 기대되었다(Rathore SS, 2017).

독성평가-씨: Insulin 비의존성 당뇨 60명의 환자에 24주간 fenugreek 씨를 투여, 독성 평가를 체중, 임상적 양상 및 symptom, 혈청 SGOT, SGPT, alkaline phosphatase, bilirubin, creatine, 혈중 urea 및 혈청학적 양상으로 평가. 25g fenugreek 씨 분말 포함 실험식이 투여에서 신장이나 간에 독성이 없었으나, 12주 후 혈중 urea 함량이 감소하였다(Sherman RD, 1996).

효능과 이용

1) 식용: 씨는 볶아서 커피 대용으로, 인도에서는 어린잎을 채소로 식용하며, 씁쌀하고, 향긋하며 감미롭다. 콩나물처럼 길러서 샐러드로도 먹으며 별미. 향신료, 약용채소, 사료 등 용도가 다양하다.

2) 약용: 말기 당뇨, 소화불량, 위염, 폐결핵, 월경통, 진통(labor pain), 최유 등에 복용하고 피부염, 두통, 다리 부종, 탈장 등에 외용한 유럽에서 19세기경까지 약용식물로 재배, 씨가루를 꿀과 버무려 종기에 붙이거나 가축의 치료제로도 썼다. 식초에 버무린 것은 궤양에, 몰약과 섞은 것은 탈모 방지에, 차는 인후염에, 양치질약으로, 또는 자궁 내막염에 좌욕하면 효과 있다.

3) 기타: 씨는 황색염료에, 씨 추출물은 합성 메이플 시럽, 바닐라, 카라멜, 버터스카치(butterscotch) 등의 식품 가공 시 향미료로 쓰인다.

★ 임신부는 복용을 삼가한다.

참고 문헌

1) 서부일. 본초학회지 2006 21(3) 97(호로파가 골다공증 흰쥐의 골밀도와 체중에 미치는 영향)

2) Abdel-Barry JA, Abdel-Hassan IA, Jawad AM, Al-Hakiem MHH. *East Mediter Health J* 2000 6(1) 83(Hypoglycemic effect of aqueous extract of the leaves of *Trigonella foenum-graecum* in healthy volunteers)

3) Ahmadian A, Javan M, Semnanian S, et al. *J Ethnopharmacol* 2001 75 283(Anti-inflammatory and antipyreic effects of *Trigonella foenum-graecum* leaves extract in the rat)

4) Al-Habori M, Rana A. *Phytother Res* 1998 12 233(Antidiabetic and hypo-cholesterolaemic effects of fenugreek-review)

5) Amin A, Alkaabi A, Al-Falasi S, Daoud SA. *Cell Biol Int* 2005 29 687[Chemopreventive activities of *Trigonella foenum graecum*(Fenugreek) against breast cancer]

6) Annida B, Stanely Mainzen, Prince P. *J Med Food* 2004 7 153(Supplementation of

fenugreek leaves lower lipid profile in STZ-induced diabetes rats)

7) Arace M, Norouzi M, Habibi G, Sheikhatan M. *Pak J Pharm Sci* 2009 22 126 (Toxicity of *Trigonella foenum-graecum*(Fenugreek) in bone marrow cell proliferation in rat)

8) Aswar U, Bodhankar SL, Mohan V, Thakurdesai PA. *Phytother Res* 2010 24 1482 (Effect of furostanol glycosides from *Trigonella foenum-graecum* on the reproductive system of male albino rats)

9) Belaid-Nouira Y, Bakhta H, Haouas Z, et al. *BMC Vet Res* 2013 9 22(Fenugreek seeds, a hepatoprotector forage crop against chronic $AlCl_3$ toxicity)

10) Belaid-Nouira Y, Bakhta H, Haouas Z, Flehislim I, Cheikh HB. *Nutr Res Pract* 2013 7(6) 466(Fenugreek seeds reduce aluminum toxicity associated with renal failure in rats)

11) Bhatia K, Kaur M, Atif F, et al. *Food Chem Toxicol* 2006 44 1744(Aqueous extract of *Trigonella foenum-graecum* L. ameliorates additive urotoxicity of buthionine sulfoximine and cyclophosphamide in mice)

12) Bin-Hafeez B, Haque R, Parvez S, et al. *Int Immunopharmacol* 2003 3 257 [Immunomodulatory effects of fenugreek(*Trigonella foenum-graecum* L.) extract in mice]

13) Bordia A, Verma SK, Srivastava KC. *Prostagl Leukot Essen Fatty acid* 1997 56(5) 379[Effect of ginger(*Zingiber officinalale*) and fenugreek(*Trigonella foenum-graecum*) on blood lipids, blood sugar and platelet aggregation in patients with coronary artery disease]

14) Chatterjee S, Variyar PS, Shama A. *Food Chem* 2010 119 349(Bioactive lipid constituents of fenugreek)

15) Duru M, Erdogan Z, Duru A, et al. *Pak J Zool* 2013 45 1007[Effect of seed powder of herbal legume fenugreek(*Trigonella foemum-graecum* L.) on growth performance, body components, digestive parts, and parameters of broiler chicks]

16) Fazli FRY, Hardman R. *Phytochemistry* 1971 10 7497(Isolation and characteriza-

tion of steroids and other constituents form *Trigonella foenum-graecum*)

17) Gupta A, Gupta R, Lal B. *JAPI* 2001 49 1057[Effect of *Trigonella foenum-graecum*(fenugreek) seeds on glycaemic control and insulin resistance in type 2 diabetes mellitus: α-double blined placebo controlled study]

18) Haeri MR, Limaki HK, White CJB, White KN. *Phytomedicine* 2012 19 571[Non-insulin dependent anti-diabetic activity of(2S, 3R, 4S) 4-hydroxyisoleucine of fenugreek(*Trigonella foenum- gracecum*) in STZ-induced type 1 diabetic rats]

19) Hamden K, Masmoudi H, Carreau S, Elfeki A. *Immunopharmacol Immunotoxicol* 2010 32(3) 437(Immunomodulatory, β-cell and neuroprotective actions of fenugreek oil from alloxan-induced diabetes)

20) Hannan JMA, Rokeya B, Faruque O, et al. *J Ethnopharmacol* 2003 88 73(Effect of soluble dietary fibre fraction of *Trigonella foenun-graecum* on glycemic, insulinemic, lipidemic and platelet aggregation status of type 2 diabetic model rats)

21) Helambe SS, Dande RP. *Int J Curr Pharmaceut Rev Res* 2012 2 76(Fenugreek, An overview)

22) Javan M, Ahmadiani A, Semnanian S, Kamalinejad M. *J Ethnopharmacol* 1997 58 125(Antinociceptive effects of *Trigonella foenum-graecum* leaves extract)

23) Kassem A, Al-Aghbari A, Al-Habori M, Al-Mamary M. *Contraception* 2006 73 301 (Evaluation of the potential antifertility effect of fenugreek seeds in male and female rabbits)

24) Kaviarasan S, Anuradha CV. *Pharmazie* 2007 62 299(Fenugreek seed polyphenols protect liver from alcohol toxicity; a role on hepatic detoxification system and apoptosis)

25) Kaviarasan S, Sundarapandiyan R, Anuradha CV. *Cell Biol Toxicol* 2008 24 391 (Protective action of fenugreek(*Trigonella foenum-graecum*) seed polyphenols against alcohol-induced protein and lipid damage in rat liver)

26) Khosla P, Gupta DD, Nagpal RK. *Indian J Physiol Pharmacol* 1995 39(2) 173 [Effect of *Trigonella foenum-graecum*(fenugreek) on blood glucose in normal and

diabetic rats]

27) Lee KS, Lee EK, Kim SY, et al. *Kor J Food Sci Technol* 2015 47(4) 492(Effect of a mixed extract of fenugreek seeds and *Lespedeza cuneata* on testosterone deficiency syndrome)

28) Mandegary A, Pournamdari M, Sharifitar F, et al. *Food Chem Toxicol* 2012 52 2503(Alkaloid and flavonoid rich fractions of fenugreek seed (*Trigonella foenum-graecum* L.) with antinociceptive and anti-inflammatory effects)

29) Murakami T, Kishi A, Matsuda H, et al. *Chem Pharm Bull* 2000 48 994[Medicinal foodstuffs XVII, Fenugreek seed(3). Structures of new furstanol-type steroid saponins, trigoneosides Xa, Xb, XIb, XIIa, XIIb, and XIIIa, from the seeds of Egyption *Trigonella foenum-graecum*]

30) O'Mahony R, Al-khtheeri H, Weerasekera D, et al. *World J Gastroenterol* 2005 11 7499(Bactericidal and anti-adhesive properties of culinary and medicinal plants against *Helicobacter pylori*)

31) Patil SP, Niphadkar PV, Bapat MM. *Ann Allergy Athma Immunol* 1987 78(3) 297 [Allergy to fenugreek(*Trigonella foenum-graecum*)]

32) Petit PR, Sauvaire YD, Hillaire-Buys DM, et al. *Steroids* 1995 60 674(Steroid saponins from fenugreek seeds: Extraction, purification and pharmacological investigation on feeding behavior and plasma cholesterol)

33) Puri D, Prabhu KM, Murthy PS. *Indian J Physiol Pharmacol* 2002 46 457 (Mechanism of action of a hypoglycemic principle isolated from fenugreek seeds)

34) Puri D. *Indian J Physiol Pharmacol* 1998 42(3) 423(Therapeutic potentials of fenugreek)

35) Raju J, Bird KP. *Int J Obesity* 2006 30 1298[Alleviation of hepatic steatosis accompanied by modulation of plasma and liver TNF-α levels by *Trigonella foenun-graecum* seeds in Zucker obese(fa/fa) rats]

36) Raju J, Patlolla JeM, Swamy MV, Rao CV. *Cancer Epidemiol Biomarkers Prev* 2004 13 1392(Diosgenin, a steroid saponin of fenugreek, inhibits azoxymethane-

induced aberrant crypt foci formation in F344 rats and induces apoptosis in HT-29 human colon cancer cells)

37) Ramakrishnarao R, Platel K, Srinivasan K. *Nahrung* 2003 47 408(In vitro influence of spices and spice active principles on digestive emzymes of rat pancreas and small intestine).

38) Rathore SS, Saxena SN, Kakani RK, et al. *Legume Res* 2017 40(4) 609[Genetic variation in fatty acid composition of fenugreek(*Trigonella foenum graecum* L.) seeds oil]

39) Ravi Kumar P, Anuvadha CV. *Phytother Res* 1999 13 197(Effect of fenugreek seeds on blood lipid peroxidation and antioxidants in diabetic rat)

40) Reddy RLR, Srinivasan K. *Can J Physiol Pharmacol* 2009 87 933(Fenugreek seeds reduce atherogenic diet-induced cholesterol gallstone formation in experimental mice)

41) Satheeshkumar N, Mukherjee PK, Bhadra S, Saha BP. *Phytomedicine* 2010 17 292 (Acetylcholinesterase enzyme inhibitory potential of standardized extract of *Trigonella foenum-graecum* L. and its constituents)

42) Sauvaire Y, Petit P, Broca C, et al. *Diabetes* 1998 47 206(4-Hydroxyisoleucine, a novel amino acid potentiator of insulin secretion)

43) Sharma RD. *Nutr Res* 1986 6 1353(Effect of fenugreek seeds and leaves on blood glucose and serum insulin responses in human subjects)

44) Sharma RD, Ragharam TC. *Phytother Res* 1991 5 145(Hypolipidemic effect of fenugreek seeds: A clinical study)

45) Sherman RD, Sarkar A, Hazra DK, et al. *Phytother Res* 1996 10 519(Toxicological evaluation of fenugreek seed; a long term feeding experiment in diabetic patients)

46) Shim SH, Lee EJ, Kim JS, et al. *Chem Biodiversity* 2008 5 1753(Rat growth-hormone release stimulators from fenugreek seeds).

47) Sowmya P, Rajagalakshmi P. *Plant Food Human Nutr* 1999 53 359(Hypo-

cholesterolemic effect of germinated fenugreek seeds in human subjects)

48) Srinivasan K. *Food Rev Intl* 2006 22 203[Fenugreek(*Trigonella foenum-graecum*): A review of health beneficial phsiological effects]

49) Sulieman AM, Ali AO, Hemavathy J. *Int J Food Sci Technol* 2008 43 380[Lipid content and fatty acid composition of fenugreek(*Trigonella foenum-graecum* L.) seeds grown in Sudan]

50) Suresh P, Kavitha Ch N, Babu SM, et al. *Inflammation* 2012 35(4) 1314(Effect of ethanol extract of *Trigonella foenum-graecum*(Fenugreek) seeds on Freund's adjuvant-induced arthritis in albino rats)

51) Sushma N, Derasena T. *Hum Exp Toxicol* 2010 29 311[Aqueous extract of *Trigonella foenum-graecum*(fenugreek) prevents cypermethrin-induced hepatotoxicity and nephrotoxicity]

52) Uemura T, Goto T, Kang MS, et al. *J Nutr* 2011 141 17(Diosgenin, the main aglycone of fenugreek, inhibits LXRα activity in HepG$_2$ cells and decreases plasma and hepatic triglycerides in obese diabetic mice)

53) Xue W, Lei J, Li X, Zhang R. *Nutr Res* 2011 31 555(*Trigonella foenum-graecum* seed extract protects kidney function and morphology in diabetic rats via antioxidant activity)

54) Yadav UCS, Baquer NZ. *Phram Biol* 2014 52(2) 243(Pharmacological effects of *Trigonella foenum-graecum* L. in health and disease-Review)

55) Yum CH, You HJ, Ji GE. *J Kor Soc Appl Biol Chem* 2010 53(4) 470(Cytotoxicity of dioscin and biotransformed fenugreek)

29 홉

Humulus lupulus

삼과
(Cannabinaceae)

Hop, Humulus(英)
Kanamugura(日)

원산지: 유럽, 서아시아, 북아메리카

용도: 맥주 향료 – 암꽃송이
식용 – 어린 잎

역사

홉(hop)은 유럽, 서아시아 및 북아메리카가 원산, 맥주의 향과 맛을 내기 때문에 맥주 양조업자와 맥주 애호가에게 잘 알려진 식물이다. 원래 홉은 천연 방부제와 같은 특성 때문에 맥주에 첨가하기 시작하였으나 나중에 맛이 쓰나 좋은 맛을 인정받아 술 맛을 내는 재료가 되었다. 로마인들은 아스파라거스처럼 생긴 홉의 어린 순을 먹었고, 영국 제도의 시골에서는 20세기까지 이런 관습이 계속되었다. 로마 의학자인 Pliny the Elder는 *Lupulus salictarius*라 명명하였고, 종명 *Lupulus*는 어린 늑대를 뜻하는 라틴어에서 유래되었다. 유럽인들과 북아메리카 원주민들은 홉을 약으로 사용하였다. 오늘날 허브 의학에서도 홉을 천연 수면제로 매우 큰 가치가 있다. 미국의 원주민들은 홉을 통증 및 불면증 치료제로 썼고, 잠이 빨리 들기 위해 홉 차를 마셨고, 유럽에서는 류머티즘, 고열, 심장 질환, 설사, 히스테리로 인한 통증에도 사용하였다. 또한 홉은 수면 유도제로도 명성이 높다. 홉 재배는 1428년

영국에서 시작되었다 하고, 1516년 빌헬름 4세(Wilhelm IV)가 독일의 모든 맥주에 맥아, 홉, 물만을 사용하도록 준수령을 발표하였다. 영국의 조지 3세(George III)는 불안과 정신병 원인인 porphyrin증 완화를 위해 홉 베개를 베고 잤고, 1653년 영국 의사는 피부감염, 황달, 두통 및 위장과 간의 해열에 처방하였고, 미국 약전(1831-1916)에도 기록되었다. 현대 허브 의학에서 홉은 진정 및 수면유도 효과를 인정받고 있다. 홉의 쓴 맛은 위장기능 강화와 소화촉진 작용이 있고, 과민성 대장 증후군과 관련된 소화기 근육 경련 완화에도 도움이 된다(Medicinal Herbs p27; Herbs p237).

식물학적 특성

유럽 원산의 덩굴성 다년생 초본, 줄기와 잎자루 뒷면에는 향기가 나는 노란 분비선점이 있으며, 밑을 향해 난 작은 가시가 있고, 오른쪽으로 감겨 올라간다. 잎은 대생, 난형으로 3-5갈래, 양면에 거친 털이 있고, 가장 자리에 톱니가 있다. 암수가 딴 그루로 암꽃은 송이를 이루어 축늘어지고, 둥근 모양의 포로 덮여있다. 포엽은 꽃이 핀후에 결실시에 갑자기 15-20cm로 커지고, 뾰족한 타원형의 잎, 엽맥은 볼록하고, 밝은 황록색 샘선에서 향기가나며, 둥글고 볼록한 열매에도 분비선점이 있다. 수꽃은 작은 꽃자루가 있고, 약 15cm의 원추화서로 10월 개화한다. 약간 찌그러진 방울모양 녹색 꽃은 막질상의 많은 포엽으로 포위되어 있고, 포엽은 난형(15-30mm×510mm)이다.

우리나라에서는 대화 진부에서, 미국, 프랑스, 독일, 벨기에, 러시아, 일본에서도 재배된다(Lee, YN, I, p249).

특수성분

Astragalin; 6″-*O*-[α-L-Rhamnosyl-(1→2)-α-L-Rhamnoside](G-00470), *2-Butanone(B-01098), α-Cadiene(C-00038), γ-Calacorene(S, C-00105), α-Camphorene(C-00195), α-Corocalen(C-01841), 4,8-Decadienoic acid; Me ester(D-00163), 4-Deoxyadhumulone(D-00448), 4-Deoxycohumulone (D-00477), *Diethylether(D-01060), 2′,4-Dihydroxy-4′,6′-dimethoxy-3′-

prenyltrisulfide(D-03305), 2-Dodecanone(D-03554), 3,7(11)-Eudesmadiene (E-01803), 4-Hepatonic acid(H-00419), *2-Hexadecanone(H-00577)*2-Hexanone(H-00805), 1-(4-Hydroxy phenyl)-1-nonanone(H-02851), Isoxanthohumol+(T-02611), Kaempferol; 3-Neohesperidoside(T-00770), Manghaslin(R-00494), Metacamphorene(M-00620), 2-Methylheneicosane (M-01077), 3-Methylheptacosane(M-01080), 6-Methylheptanoic acid (M-01092), 2-Methylhexacosane(M-01100), 5-Methylhexanoic acid (M-01110), 3-Methylpentacosane(M-01242), 2-Methyltetracosane (M-01428), 2-Methyltricosane(M-01428), 3-Methyltricosane(M-01429), *Octane(O-00214), Oleic aldehyde(O-00146), 2-Pentadecanone(P-00367), *Pentane(P-00756), Rutoside-2′-*O*-α-L-Rhamnoside(R-00494), α-Selinene (E-01804), β-Selinene(E-01809), γ-Selinene(E-01807), 4',5,7-Trihydroxy-6-prenylflavanone(S, T-02610), *1-Undecanol(U-00059), Xanthohumol (T-00995) 등이 분리되었다(DNP p606).

암꽃송이의 주요 성분으로는 고미성분, 정유성분과 색소 등이 있고 수지(resin)가 7.6-25.8%이다.

꽃송이의 고미성분으로는 Humulone(I-00486), *Lupulone(L-00877), Isohumulone(I-00486), Humulinone(I-00485), Humulenic acid(H-01090), Prehumulone(P-01078), Xanthohumol(T-00995), Hulupone(H-01070) 등이 규명되었고 꽃의 정유는 0.13-0.48%이며 주성분은 Myrcenol(M-01159), Humulone의 Ester인 Myrcene(M-01157)이다. 2-Methylbutyl isobutyrate, β-Selinene(E-01809), α-Caryophyllene(구 Humulene), α-Copaene(C-01751), δ-Cadinene(C-00039), Caryophyllene oxide(E-00377), Benzyl-alcohol(B-00258), Phenethylalcohol(P-00981), Borneol(B-00691), Carvone (M-00502), Piperitone(M-00570), Perillaldehyde(M-00471), γ-Amorphene (M-01850), Calamenene(C-00109), Dimethylvinylcarbinol, Isovaler-aldehyde(M-00833), p-Methylacetophenone, Lupulin, Methyl-dec-4-enoate, Methyl-dec-4-8-dienoalte, Geraniol(D-03197), Nerol(D-03197), Limonene

(L-00581), β-Pinene(P-01321), Linalool(D-03196), Cineole(E-01060), Geraniol acetate(D-03197), Linalyl valerianate(V-00022), Caryophylline (C-00482), β-Farnesene(D-03154) 등이 분리동정되었다. Hops oil에는 Myrcene(M-01157)과 β-Pinene(P-01321) 등이 있다.

Wax로는 Nonacosane(N-00541), n-Paraffin이 있고, estrogenic 화합물인 khmiestrophen과 20여 종의 hydrocarbons가 함유되어 있다. 또 Czecho-varieties나 Non-czechovarieties에서 6개의 flavonol glucosides, Isoquercetin (H-00908), Rutin(R-00494), Kaempferol-3-rhamno-glucoside(T-00770), Astragalin(G-00470) 등이 보고되어 있다.

생리활성

Mini-review: *Humulus lupulus* 추출물에서 antigonadal action(항성선작용) neuropharmacological action(신경 약리작용), analgesic action(진통작용)과 antibacterial effect(항균효과)가 관찰되었으며 melanin 생성 억제 효과도 보고되었다. 결정성 고미질 중에서 가장 중요한 물질은 humulone과 lupulone이며 이 두 물질은 화학적으로 불안정하여 저장이나 추출 과정에서 변질될 가능성이 높다. 이 과정에서 iso-화합물이 되는 isomerization이 beer의 양조 과정에서 주요한 기능을 갖게 된다. 이 iso-화합물이 쓴맛을 나타내고 bacteria 생육억제 작용에도 관여한다. 따라서 이러한 작용에 의해서 beer는 hop 첨가에 의해 보존되며, hop은 저장 9개월 간에 최초의 값의 80%까지 효과가 떨어진다. 정유도 경시 변화가 일어나 성분의 휘발과 myrcene의 중합이 일어난다.

항암활성-Flavonoids①: Hop의 6개 flavonoid; xantnohumol(XN). 2′,4′,6′,4-tetrahydroxy-3′-prenyl- chalcone(TP), 2′,4′,6′,4-tetrahydroxy-3′-geranylchalcone(TG), dehydrocycloxanthohumol(DX), dehydrocyclo-xanthohumol hydrate(DH) 및 isoxanthohumol(IX)를 human breast cancer (MCF-7), colon cancer(HT-29) 및 ovarian cancer(A-2780) 세포주에 항증식 효과를 실험한 결과(in vitro), XN, DX 및 IX가 용량 의존적(0.1-100μM)으로

모든 암세포의 성장을 감소시켰다. 특히 XN을 MCF-7에 4일간 노출시켰을 때, 가장 강하게 저해하였다. MCF-7 성장저해는 XN과 IX가 DNA 합성을 저해하기 때문. 이러한 현상은 XN과 IX가 강력한 intact animal에서 항암활성이 있음을 인정하는 이유이다(Miranda CL, 1999). 또 Hop의 특이 flavonoid인 XN, IX 및 8-PN(8-prenylnaringenin)에서 일정 human p450은 carcinogen의 강력하고, 선택적 저해제로 항암효과를 보였다(in vivo) (Henderson MC, 2000). XN, IX 및 8-PN은 2-amino-3-methylimidazo[4,5-f] quinoline의 대사적 활성의 강력한 저해제로 CYPIA2로 활성화된 heterocyclic amine-유도 암에 chemopreventive agent로 강력함이 인정되었다 (Miranda CL, 2000).

암화학적예방기전-Bitter acids②: Hop의 bitter acid는 주로 α-acids, β-acids 및 다른 산화물들로 맥주의 특유의 향에 기여. Hop의 bitter acid는 HL-60 leukemia cell에 강한 성장저해 효과가 있으나(IC_{50}값 8.67μg/mL), Lymphoma U937에는 효과가 없었다. Hop의 bitter acid는 HL-60과 U937 cell에서 용량 및 시간 의존적으로 apoptosis를 촉발시켰다. Fas, Fas L 및 Bcl2 family protein 발현 분석으로 cytochrome C와 HL-60 세포주에서 hop bitter acid에 의한 apoptosis 유도는 주로 Fas 활성과 mitochondria의 기능장애와 관련되어있다. 이로써 hop bitter acid는 암치료와 화학 예방 활성의 강력한 mechanism을 제시하고 있다(Chen W-J, 2004).

혈관형성저해-Bitter acid③: Humulone은 hope의 bitter acid로 COX의 조절을 통하여 혈관형성을 저해(in vitro), 이로써 임상에서 암 치료, rheumatoid 관절염 및 당뇨성 retinopathy(망막장애) 등에 항혈관 형성제로 응용이 기대되었다(Shimamura M, 2001).

암예방효과-Xanthohumol(XH)④: Hop의 prenylated chalcone으로 xanthohumol(XH)은 발암에 있어 암발생 상승 및 진행 단계에 상당한 broad spectrum 물질. 항암 발생능이 있는 XH은 carcinogen 대사와 해독작용에 관여하는 효소 활성을 강력히 조절하였고, 또 hydroxy와 peroxy radical을 포함한 reactive oxygen species 제거능력이 있고 superoxide anion radical과

NO 생산을 저해할 수 있다. 강력한 항암 진전 기전으로, COX-1과 COX-2 활성 저해로, 항염활성을 보였고, 내적 estrogen potential 없이 항estrogen 효과를 보였다. XH의 항증식 기전은 DNA 합성 저해와 cell cycle의 S phase에서 apoptosis와 분화를 유도하였다. 중요한 것은 XH nanomolar 농도에서 mouse 유선조직 배양에서 발암유도 preneoplastic lesions을 예방하였고, XH과 isoXH은 flavanone으로 두 물질 모두 활성이 있었다. 이로써 XH은 새로운 암 예방 화학제로 응용을 강력하게 예시하고 있다 (Gerhauser C, 2002).

DNA손상저해-Xanthohumol(XH)⑤: 해독 효소 quinone reductase [(NAD(P)H; QR]는 quinone-유도 독성을 보호하고, cancer chemoprevention marker로 이용성을 실험하였다. Hop ex의 항산화활성은 약하나, Hepalclc7 cell에서 QR 유도는 강력하였다. Hop의 XH와 8-PN은 QR 유도 실험에서 XH가 QR 유도가 2배 높았다. 특히 Hepalclc7를 XH로 전처리한 후, menadion 유도 DNA single-strand 파괴를 현저히 저해. QR 저해제 dicumarol은 menadion-유도 DNA손상에 대해 반대로 XH는 보호 효과를 보였고, XH는 QR 유도로 양호한 chemopreventive 활성을 보였다. 이로써 XH는 hop의 표준화 물질로 암예방 식이 보급에 유용한 생물학적 활성 marker 물질로 생각되었다(Dietz BM, 2005).

항암효과-Xanthohumol(XH)⑥: XH와 그 관련 물질은 hop에서 얻은 주요 prenylated chalcone으로 4종의 암세포: A549(lung), SK-OV-3(난소), SK-MEL-2(melanoma), HCT-15(결장암)에 대하여 sulforhodamine B 분석으로 세포독성을 평가하였다. XH은 가장 강력한 인체 암 세포주에 세포독성을 보였고, isoXH(IXH), 8-PN 및 XH-4′-*O*-β-D-glucopyranoside는 가장 약한 세포독성 물질. 항암활성에 가장 강한 XN은 DNA topoisomerase1 (Topo1)은 supercoiled DNA를 느슨하게 하였다. XH은 확실히 ABCB1 (MDR1), ABCCl(MRP1), ABCC2(MRP2) 및 ABCC3(MRP3)의 mRNA 수준을 감소시켰다. 이로써 XH이 topo 1 활성을 저해하여, 항암활성을 보여, 화학 요법 약물로 사용 가능성을 보였다(Lee SH, 2007).

항염활성-Humulone①: TNFα-유도 cyclooxygenase-2 transcription에서 humulone은 glucocorticoid와 같은 억제활성과 이의 signal transduction은 glucocorticoid 수용체로부터 자유로워졌다. 그러나 이러한 결과는 humulone의 항염활성이 in vivo에서 자세한 연구가 요구되었다(Yamamoto K, 2000).

항염활성②: NO는 여러 염증 반응에 중요한 역할을 하고, 발암과도 관련이 있다. 본 연구에서는 *H. lupulus*(ex) 시료가 NO의 생성과 inducible NO synthase (iNOS) 발현이 mouse macrophage RAW 264.7 세포주에서 저해되었다. LPS와 IFN-γ(Griess 분석)과 함께 NO을 생성시키며 iNOS 발현은 Western blotting으로 검색. LPS/IFN-γ 유도 NO 생성과 iNOS 발현은 시료의 EtOAc 분획이 현저히 저해되어, 이를 분석한 결과, humulone, 5개 chalcones; 2,2-di-(3-methyl-2-butylyl)-4,5-dihydroxy- cyclopent-4-en-1,3-dione, lupulone 및 3개의 이들 유도체 였다. Xanthohumol을 포함한 chalcone은 iNOS 발현 억제에 의해 NO 생성을 현저히 저해하였다(Zhao F, 2003).

항염활성-RIAA③: 가공 hop ex인 rhoiso-alphaacids(RIAA)의 defined mixture의 항염활성 효과와 안전성을 평가하였다. RIAA는 LPS-자극 PGE2 형성을 COX-2(IC_{50}=1.3μg/mL), COX-1(IC_{50}〉289μg/mL)의 200배 이상 저해하였고, RIAA의 LPS-자극은 RIAA를 사전에 첨가할 때만 효과가 있었다. RIAA는 COX-1이나 COX-2 peroxidase 활성을 직접 저해하였다. AGS 위점막 model에서 RIAA는 최소의 PGE2 저해. 또 RIAA는 GI-tract과 심혈관 독성을 COX-효소 저해제로 관찰, RIAA 경구투여에서 소화기 안전성과 심혈관 안전성에서 RIAA 1,000mg/day가 PGI를 감소시키지 않았다. 또 약물 상호작용(CYPs) 평가에서 RIAA는 CYP2 C9를 저해하였고, 경구투여 21일에 독성이 나타났으며, 아만성 독성 mouse 실험에서 조직 병리학적 효과는 용량 의존적은 아니었다. 그러므로 RIAA 1,000mg/day는 6주내 WOMAC global score에서 54%로 감소, 무릎 관절염에 효과가 있음이 인정되었다(Hau AJ, 2009).

Allergy성비염완화①: *Humulus lupulus* ex의 rat 복강 내 mast cell과 인체 basophilic KU812 cell에서 histamine 유리에 대해 관찰하였다. Hop 수침 ex

시료와 시료의 XAD-4 50% MeOH 분획(MFH) 100 및 10μg/mL에서 compound 48/80에 의해 rat mast cell에서 histamine 유리를 저해하였다. 시료 500mg/kg에서 nasal rubbing과 sneezing을 현저히 저해하였다. 이는 hop의 활성 물질이 allergy성 비염의 증상을 완화시키는 것으로 생각되었다 (Takubo M, 2006).

Allergy예방·호전효과②: Hop 수침 ex(시료)는 Ca ionophore A23187 자극에 의해 KU812 cell에서 histamine 유리를 저해하였다. Quercetin glycoside; rutin, isoquercitrin, isoquercitrin malonate 및 kaempferol rutionside 같은 kaempferol glycoside, astragaline과 astragaline malonate는 시료의 주요 flavonoids. Flavonoid aglycone인 quercetin은 용량 의존적으로 KU812 cell에서 histamine 방출을 저해하였다. Hop 수침 ex에서 대부분의 quercetin은 배당체로 존재. 가수분해로 aglycone이 된다(약 200μg/g). 시료와 50% MeOH는 PKC활성을 저해. Mast cell과 basophil에서 탈과립에 중추적 역할을 하였다. 이로써 시료는 type I allergy 예방과 증상 완화 효과로 생각되었다(Segawa S, 2006).

퇴행성뇌질환억제-Xanthohumol: Hop 유래 xanthohumol(XH)이 Nrf2 활성화 작용으로 proteasome 구성 단백 특히 catalytic subunit Psmb5의 발현을 증가시켜, 맥주에 함유된 hop 성분들이 proteasome 기능 저하로 발생될 수 있는 다양한 질환 특히 노화, 산화적 stress 관련 질환, 퇴행성 뇌질환 등에서 proteasome 발현을 증가시키고, 결과적으로 proteasome 기능을 유지, 긍정적 기능에 가능성을 제시하고 있다. 세포 내 산화적 환경은 단백질 잔기를 산화, 3차 구조를 변형. 세포 내 단백질 응집체를 축적시켜 산화적 stress로 세포사 및 질환 발생을 유도. 이러한 비정상적 단백질 제거를 주로 하는 proteasome계. Proteasome 기능 조절 물질은 기존 연구에서 Nrf2 경로의 활성화제로 이러한 물질 탐색 중 hop 유래 XH물질들이었다. 이로써 XH는 proteasome 발현 증진으로 노화, 산화적 stress관련 질환 및 퇴행성 뇌질환에도 긍정적 효과를 제시하고 있다(Lee H-R, 2010).

제2형당뇨병개선-Isohumulone①: Beer 내 hop에서 유래된 고미 물질

isohumulone은 PPARα와 -γ를 활성화하여, insulin 감수성과 지방대사를 개선하였다. Isohumulone과 PPARα와 γ가 동시 활성화로 포도당과 지방대사가 함께 개선되는 대사 증후군 치료에 효과적일 수 있다. 기초적 임상실험에서 isohumulone은 제2형 당뇨환자에서 insulin 감수성을 개선시켰고 더구나 그 후 환자들이 수축기 혈압과 간 장애의 혈청 지표에서 현저한 감소를 보였다. 이로써 beer 내의 isohumulone은 insulin 저항이 있는 대사 증후군 치료제로 활용 가능성이 기대되었다(Yajima H, 2004).

Insulin정상화②: Hop의 rhoiso-alpha acid(RIAA)와 *Acacia nilotica*의 proanthocyanin(PAC)를 1:5로 혼합. db/db mice에 투여한 결과, hyper-insulinemia 초기에 3T3-L1 adipocyte에 TG 함량의 증가가 상승적이었고, TNF-α 처리 세포에서 adiponectin 분비도 증가되었다. 혈청 glucose와 db/db mice에서 insulin 농도가 경구투여 3일 후 감소하였다. 이러한 phytonutrient 배합은 불규칙적 지방을 정상으로 또 대사성 증상에서 insulin response 개선에 강력한 치료 효과가 있을 것으로 생각되었다(Minich DM, 2010).

지방대사개선-Isohumulones: Beer의 주요 쓴맛 성분 isohumulones(IH)은 근래 PPARs(peroxisome proliferator-activated receptors) α와 γ를 활성화(in vitro)하여 glucose와 지질대사(in vivo) 조절이 밝혀졌다. 본 연구에서는 isomerized hop ex(IHE; 주 IH함유)가 C_{57}BL/6N(♂mice)에서 간 무게를 증가, 혈청 triglyceride와 free fatty acid를 감소시켰다. IHE 용량 의존적으로 hepatic gene battery 발현을 증가시켜 W-oxidantion과 peroxisomal 및 mitochondrial β-oxidation을 증가시켰다. 이러한 효과는 양성(♀와 ♂)에서 모두 일어나며, PPARα against fenofibrate(FF)와 매우 유사하였으나, 이 효과는 PPARα 결핍 mice에서는 발견되지 않았다. 이로써 IHE 섭취는 간의 지방산화 key 유전자 발현을 상승시켜, 활성화된 PPARα에 의해 혈중 지질 양상을 개선하는 것으로 보였다(Shimura M, 2005).

항산화작용①: 율피, 솔잎, 홉의 아세톤 추출물의 항산화 작용을 보기 위해 70% acetone 추출물을 대두유에 대해 실험한 결과, 솔잎〉율피〉홉〉토코페롤〉무첨가구 순이었고, 돈지에서는 토코페롤〉율피〉솔잎〉홉〉무첨가구 순의 항산화활성이 있었다. Peroxide value로 항산화력을 비교한 결과에서도 율피, 솔잎, 홉 시료에서 모두 우수한 항산화력을 보였으나 특히 율피가 가장 우수하였다. Polyphenol 분석 결과 율피추출물에 ellagic acid가, 솔잎 추출물에 flavanol이 항산화력이 큰 것으로 보였다(오승희, 2004).

항산화활성-Bitter acids②: Hop의 bitter acids: humulones①, lupulones②는 DPPH radical 소거활성이 강하고, lipid peroxidation 저해활성도 강하였다. 더구나 5-acetyl lupulone③과 4-methyl lupulones④는 항산화활성은 없었으나 lupulone보다 더 강한 지방 과산화 활성이 있었다. 이상의 결과로 lupulone의 β, β′-triketone moiety는 지방 과산화 저해활성이 있었다(Tagashira M, 1995)

뼈재흡수저해-Hop: Xanthohumol과 humulone은 hop의 활성 물질로 뼈 재흡수를 저해하였다. 특히 humulone은 뼈 재흡수를 강력히 저해하여 50% inhibition IC_{50}이 $5.9X10^{-9}$M이었다. 아마도 이는 골다공증 예방에 효과가 있을 것으로 보였다(Tobe H, 1997).

Oestrogenic activity-Hop: 근래 phytoestrogen인 8-prenylnaringenin(8-PN)을 hop 암꽃에서 추출, in vivo와 in vitro에서 estrogenic activity를 실험코자, 천연 및 semi-synthetic 8-PN을 실험한 결과, human estrogen receptor와 estrogen-responsive human Ishikawa Var-1 cells에서 비슷한 생물 활성을 보였다. 8-PN는 두 estrogen receptor isoform인 ERα와 ERβ에 결합 활성을 보였고, hop에서 추출된 8-PN도 (R)-과 (S)-enantiomer 비슷한 함량을 함유, 두 enantiomer는 ERα와 ERβ 유사한 결합 양상을 보였다. 8-PN의 estrogenic activity는 in vitro에서 coumesterol, genistein 및 daidzein 같은 phytoestrogen보다 컸다. Ovariectomized mice에 8-PN 100μg/mL 투여 시 질 상피에 estrogenic stimulation을 보였다(Milligan S, 2002).

항경련활성: Hop 추출물의 신경 약리학적 양상을 mice에서 관찰한 결과, 100mg/kg 이상에서 점진적으로 운동 활성은 감소시키고, hot plate 시험에서 동통 한계치는 증가되었다. 250mg/kg ip에서 phenobarbital-유도 수면

시간은 증가하였고, 근육 이완 효과가 나타났다. 500mg/kg에서 pentylene-tetrazole-유도 경련에 대해 항경련 효과를 보였고, 저체온 효과가 관찰되었다 (Lee KM, 1993).

Melanin생성억제: 솔잎, hop, 율피 acetone 추출물, kojic acid에 의한 미백 효과는 UV흡수 실험에서 kojic acid만이 UV를 흡수하지 않았고, B16 mouse melanoma 세포 실험에서 율피, 솔잎, hop 추출물에 의한 melanin 생성 억제는 시료 농도 증가에 따라 유의적 증가를 보였으며, 특히 hope 추출물은 10μg/mL에서 kojic acid보다 melanin 생성 억제율이 15배나 높았다. 각 추출물의 B16세포 생존율은 정상군과 유사하여 세포독성은 없는 것으로 보였다(양민진, 1999).

건강음료-Beer: Xanthohumol(XH)은 beer 성분인 hop 암꽃의 주요한 prenylated flavonoid로 XH와 관련 prenylflavonoid인 8-prenylnaringenin (8-P)과 isoxanthohumol(IX)는 beer를 통하여 사람에 섭취된다. XH는 broad spectrum인 암 화학 예방제로 in vitro에서 밝혀졌고, 8-P는 여성에게 가장 강력한 phytoestrogen으로 알려졌다. Hop의 prenylflavonoid는 생물학적 활성이 암예방 시험과 여성 갱년기 발열 및 골다공증 예방과 치료에 효과적이었다. XH과 8-P는 prenyl moieties를 포함한 많은 flavonoid 유도체로 대사된다. Prenylflavonoid 회로는 beer 제조 중, XH 증가는 hop 가공에, 8-P는 제약에 쓰인다(Stevens JF, 2004).

***H. humulul*와 *H. japonica* 구별**: *Humulus lupulus*(hop) 120 plants와 *H. japonicus*(환삼덩굴) plant 모두 lupulin이 잎의 분비선에서 만들어지며, prenylated flavonoid 존재를 확인. *H. lupulus* tax는 유럽 *H. lupulus* var. *lupulus*, 일본의 *H. lupulus* var. *cordifolius* 및 북미의 *H. lupulus*에 대해 실험. 유럽, 미국 및 일본의 52종에 대해 연구. 22 flavonoid를 *H. lupulus* 분비선에서, 분비물을 HPLC-MSMS로 분석한 결과, xanthohumol(3′-prenyl-6′-*O*-methylchalconaringenin)은 기본적 prenylflavonoid로 모든 *H. lupulus*에서 발견되었고, 구조적으로 11가 chalcone와 유사. 10 flavonoid는 flavanone 이성체로 밝혀졌고, 다른 3개는 prenylchalcone이 *H. lupulus* cv.

'Galena'에서 3′-prenyl-4′-*O*-methylchalconaringenin(=xanthogalenol)이었다. 3개의 4′-*O*-methylchalcones 즉 xanthogalenol, 4′-*O*-methyl-xanthohumol 및 4′, 6′-di-*O*-methylchalconaringenin은 야생 미국의 Missouri-Mississippi river basin *H. lupulus* var. *cordifolius*에서 파생된다. 유럽과 남서 USA종에는 4′-*O*-methylchalcone이 없었다. 4′-*O*-methyl-chalcones(flavonoid) 존재 여부에 따라 적어도 *H. lupulus*(유럽과 일본-미국)의 계통을 알 수 있고, 형태적 분자 및 식물 지리학적 계통도 알 수 있었다. 동Asia의 *H. japonicus*의 잎 분비선에서 *H. lupulus*의 prenylflavonoid는 생산되지 않는다(Stevens JF, 2000).

Prenylflavonoids-암꽃: *Humulus lupulus*의 암꽃 resin 부분에서 5개 flavonoid와 기지의 4 hop flavonoids; xanthohumol, 2′,4′,6′,4-tetrahydroxy-3′-C-prenylchalcone, isoxanthohumol 및 6-prenylnaringenin을 분리. 새로운 hop 성분은 2′,4′,6′,4-tetrahydroxy-3′-C-geranylchalcone①, 5′-prenylxanthohumol②, 6″, 6″-dimethylpyrano(2″,3″,3″,4″)-2′-2-dihydroxy-6″-methoxychalcone③, ③-hydrate④ 및 8-prenylnaringenin⑤, 8-prenylnaringenin의 한 부분, 이들은 새로운 flavonoids. xanthohumol은 모든 시료의 주요 flavonoid로 총 flavonoid의 80-90%였다(Stevens JF, 1997).

Prenylflavonoids, phloroglucinol 유도체: *Humulus lupulus* EtOAc 분획에서 LPS와 IFN-α 배합에 의한 NO 생성에 강력한 저해활성을 보였다. 4개 기지 성분 prenylflavonoids[xanthohumol①, xanthohumol D②, dihydroxanthohumol③, xanthohumol B④]와 1개 새로운 prenylfrvonoid⑤, hulupinic acid⑥, lupulone⑦ 및 6개의 새로운 유도체 ⑧-⑬을 분리동정하였고, 대식세포 RAW 264.7 세포주에 NO 생성 억제 물질, compound⑤는 1-[2,4,-dihydroxy-3-(3-hydroxy-2-methoxy-3- methylbutyl)-6-methoxyphenyl]-3-(4-hydroxyphenyl)propenone, hulupinic acid⑥, lupulone A⑧, B⑨, C⑩, D ⑪, E⑫, F⑬이었다(Zhao F, 2005).

Tannin·Polyphenol: Hop의 70% acetone ex에서 ellagic acid, naringenin, quercetin, morin, flavone 및 gallic acid를 분리 확인. Hexane 분획에서

ellagic acid, morin, quercetin, naringenin과 flavone이, EtOAc 분획에서 naringenin, flavonol이, BuOH 분획에서 ellagic acid, flavonol, morin 및 quercetin이, tannin 주성분은 gallic acid와 ellagic acid로 판명, BuOH 분획에서 quercetin과 quercetin-3- rhamnoside을 기기분석으로 동정하였다(최철우, 2001).

Prenylflavonoids-Hop·Beer: Hop와 beer 중 6개 prenylflavonoid 정량법을 HPLC-tandem MS로 개발. Beer와 hop MeOH crude ex 중의 성분을 분석, 13개 시판 맥주를 분석. 맥주 발효 중 isoxanthohumol이 xanthomol로 이성화하며, hop첨가 beer에서 대부분의 flavonoid 함량은 0.04-3.44mg/L. 일반적 식이로 50mg-1g/day/person에서 생리활성이 있었다. 6-prenyl-flavonoids는 xanthomumol, isoxanthohumol, desmethylxanthohumol, 6-와 8-prenylnaringenins 및 6-geranylnarin-genin이었다(Stevens JF, 1999).

Thiol물질-Hop: Beer 중 thiol aroma compound는 4-methyl-4-mercapto-pentan-2-one(4MMP), 3-mercaptohexan-1-ol(3MH) 및 3-mercaptohexan-1-ol(3MH) acetate로 aroma의 여러 활성이 있으며, black currunt bud, passion fruit, citrus 및 rhubarb note에서도 발견. Hop와 malt에는 없었다. Hop 중 thiol 전구체를 동정하고자 순수 합성품을 표품으로 사용. Hop 중 glutathionylated conjugate인 4MMP와 3MH 및 cysteinylated 4MMP conjugate를 처음 동정. 10종 hop를 최초로 조사한 결과, 4MMP보다 3MH conjugate가 더 특이하였고, 3MH conjugate는 cascade hop에서 20mg/kg으로 포도보다 훨씬 많았다. Bound thiol과 free thiol 비는 hop의 3MH의 99%보다 많았다. 반대로 4MMP 분획은 hop 중 4MMP가 가장 중요한 source로 생각되었다(Roland A, 2016).

휘발성성분-저장중: Hop의 휘발성 성분은 terpenes, sesquiterpenes, esters, ketones, aldehydes, alcohols, lactones, ethers 및 fatty acids 등 140개가 밝혀졌다. 증류 추출, liquid-solid chromatography, 및 capillary GC/MS로 정량하였다. 3년 저장 후, 각 성분의 변화는 terpene과 sesquiterpene hydrocarbon은 polymerization과 산화에 의해 변화되었고 일부는 친수성

물질 즉 epoxide, alcohol 및 aldehyde로 변하여 쉽게 beer가 되었다. 특히 aldehyde와 fatty acid 같은 물질은 맥주 중 off-flavor 성분으로 되었다(Tressl R, 1978-1426).

Aroma물질-Hop: German beer의 aroma compound는 110 이상. Fine hops aroma는 liquid-liquid, liquid-solide chromatography에서 45성분 즉 esters, ketones, alcohols, ethers, terpenoids 및 sesquiterpenoids가 처음으로 beer에서 분석되었다. 측정된 휘발성 성분은 47성분(in spalter hops)이었다(Tressl R, 1978-1422).

Tricyclic sesquiterpene: *H. lupulus* var. *hersbrucker* spät를 수증기 증류, LSC와 GC/MS로 새로운 물질 tricyclic sesquiterpene을 15성분 이상, sesquiterpene hydrocarbons, epoxide 및 alcohol을 처음으로 동정하였고, germacrene, selinene 및 selinadiene과 새로운 tricyclic sesquiterpene과 관계를 관찰하였다(Tressl R, 1983).

효능과 이용

1) 효능: 건위소식(健胃消食), 이뇨(利尿), 안신(安神).

2) 약용: 쓴 맛은 건위, 소화촉진 효과가 있어 헛배 부른 데 효과가 있고, 전신이 부었을 때, 방광염, 폐결핵에 유효하며, 불면증에 정신 안정효과를 보인다. 민간에서는 전초를 배뇨곤란, 부종, 폐결핵, 치질, 결절성 선병(腺病), 위통, 임질, 골상, 위장염, 이질, 감기열, 신장염, 담낭염, 요로결석에 탕약으로, 습진, 종창, 뱀 물린 데 외용한다. 열매를 일본에서는 소화불량과 농양(abcess)에 이용하며 유럽에서는 진정 효과가 있어 불면증에도 응용한다.

3) 식용: 암꽃이 수정되기 전에 건조해서 맥주 제조 시에 맥주의 쓴맛과 향기를 내는 데 사용하고, 어린 순은 날것으로 또는 데쳐서 아스파라거스와 같이 식용한다.

참고 문헌

1) 양민진, 김명길, 임세진, 등. **약학회지** 1999 43(4) 494(율피, 솔잎, 호프의 수성 아세톤 추출물에 의한 melanin 생성 억제 효과)

2) 오승희, 김용옥, 김명애. **식생활문화학회지** 2004 19(4) 399(율피, 솔잎, 호프의 아세톤 추출물의 항산화작용)

3) 최철우, 김용옥. **국제농업개발학회지** 2001 13(3) 215(Hop의 tannin과 polyphenol류 분리)

4) Chen W-J, Lin J-K. *J Agr Food Chem* 2004 52 55(Mechanisms of cancer chemoprevention by hop bitter acids (beer aroma) through induction of apoptosis mediated by FAS and caspase cascades)

5) Dieckmann RH, Palamand SR. *J Agr Food Chem* 1974 22(3) 298(Antioxidation of some constituents of hops. I. the monoterpene hydrocarbon Myrcene)

6) Dietz BM, Kang Y-H, Liu G, et al. *Chem Res Toxicol* 2005 18 1296(Xanthohumol isolated from ***Humulus lupalus*** inhibits menadione-induced DNA damage through induction of quinone reductase)

7) Gerhauser C, Alt A, Heiss E, et al. *Molec Cancer Ther* 2002 1 959(Cancer chemopreventive activity of xanthohumol, a natural product derived from hop)

8) Hau AJ, Babish JG, Darland GK, et al. *Phytochemistry* 2009 69 1534(Safety, efficacy and anti-inflammatory activity of rhoiso-alpha-acids from hops)

9) Henderson MC, Miranda CL, Stevens JF, et al. *Xenobiotica* 2000 30(3) 235(In vitro inhibition of human P450 enzymes by prenylated flavonoid from hops, ***Humulus lupulus***)

10) Lee H-R, Lee YR, Kwak M-K. *Yakak Hoeji* 2010 54(6) 481(Hop-유래 xanthohumol 화합물에 의한 proteosome계의 유도발현)

11) Lee KM, Jung JS, Song DK, Kim YH. *Kor J Pharmacogn* 1993 24(3) 231 (Neuropharmacological activity of ***Humulus lupulus*** extracts)

12) Lee SH, Kim HJ, Lee JS, et al. *Arch Pharm Res* 2007 30(11) 1435(Inhibition of topoisomerase I activity and efflux drug transporters' experssion by xanthohumol

from hops)

13) Milligan S, Kalita J, Pocock V, et al. *Reproduction* 2002 123 235(Oestrogenic activity of the hop phytoestrogen, 8-prenylnaringenin)

14) Minich DM, Lerman RH, Darland G, et al. *J Nutr Metab* 2010 10 1155(Hop and *Acasia* phytochemicals decreased lipotoxicity in 3T3-L1 adipocytes, db/db mice, and individuals with metabolic syndrome)

15) Miranda CL, Stevens JF, Helmrich A, et al. *Food Chem Toxicol* 1999 37 271 (Antiproliferative and cytotoxic effects of prenylated flavonoids from hops (*Humulus lupulus*) in human cancer cell lines)

16) Miranda CL. *Drug Metab Dispoes* 2000 28 1297(Prenylflavonoids from hop)

17) Nickerson GB, Likens S-T. *J Chromatogr A* 1996 21 1(Gas chromatographic evidence for the occurrence of hope oil components in beer)

18) Roland A, Viel C, Reillon F, et al. *Flavour Fragr J* 2016 31 455[First identification and quantification of glutathionylated and cysteinylated precursors of 3-mercaptohexan-1-ol and 4-methyl-4-mercaptopentan-2-one in hops (Humulus lupulus)]

19) Segawa S, Yasui K, Takata Y, et al. *Biosci Biotechnol Biochem* 2006 70(12) 2990 (Flavonoid glycosides extracted from hop(*Humulus lupulus* L.) as inhibitors of chemical mediator release from human basophilic KU812 cells)

20) Shimamura M, Hazato T, Ashino H, et al. *Biochem Biophys Res Commun* 2001 289 220(Inhibition of angiogenesis by humulone, a bitter acid from beer hop)

21) Shimura M, Hasumi A, Minato T, et al. *Biochim Biophys Acta* 2005 1736 51 (Isohumulones modulate blood lipid status through the activation of PPARα)

22) Stevens JF, Ivancic M, Hsu VL, Deinzer ML. *Phytochemistry* 1997 44(8) 1575 (Prenylflavonoids from *Humulus lupulus*)

23) Stevens JF, Page JE. *Phytochemistry* 2004 65 1317(Xanthohumol and related prenylflavonoids from hops and beer: to your good health)

24) Stevens JF, Taylor AW, Deinzer ML. *J Chromatogr* 1999 832 97(Quantitative

analysis of xanthohumol and related prenylflavonoids in hops and beer by LC-tandem MS)

25) Stevens JF, Taylor AW, Nickerson GB, et al. *Phytochemistry* 2000 53 759 (Prenylflavonoid variation in *Humulus lupulus*: distribution and taxonomic significance of xanthogalenol and 4'-*O*-methylxanthohumol)

26) Tagashira M, Watanabe M, Uemitsu N. *Biosci Biotech Biochem* 1995 59(4) 740 (Antioxidative activity of hop bitter acids and their analogues)

27) Takubo M, Inoue T, Jiang S, et al. *Biol Pharm Bull* 2006 29(4) 689(Effects of hop extracts on nasal rubbing and sneezing in BALB/c mice)

28) Tobe H, Muraki Y, Kitamura K, et al. *Biosci Biotech Biochem* 1997 61(1) 158 (Bone resorption inhibitiors from hop extract)

29) Tressl R, Engel K-H, Kossa M, Köppler H. *J Agr Food Chem* 1983 31 892 [Characterization of tricyclic sesquiterpenes in hop(*Humulus lupulus* var. *Hersbrucker* spät)]

30) Tressl R, Friese L, Fendesack F, Köppler H. *J Agr Food Chem* 1978 26(6) 1422 (GC/MS investigation of hop aroma constituents in beer)

31) Tressl R, Friese L, Fendesack F, Köppler H. *J Agr Food Chem* 1978 26(6) 1426 (Studies of the volatile composition of hops during storage)

32) Yajima H, Ikeshima E, Shiraki M, et al. *J Biol Chem* 2004 279(32) 33456(Iso-humulones, bitter acids derived from hops, activate both peroxisome proliferator-activated receptor α and γ and reduce insulin resistance)

33) Yamamoto K, Wang T, Yamamoto S, Tobe H. *FEBS Lett* 2000 465 103(Suppression of cyclooxygenase-2 gene transcription by humulone of beer hop extract studied reference to glucocorticoid)

34) Zhao F, Nozawa H, Daikonnya A, et al. *Biol Pharm Bull* 2003 26(1) 61[Inhibitors of NO production from hops(*Humulus lupulus* L.)]

35) Zhao F, Watanabe Y, Nozawa H, et al. *J Nat Prod* 2005 68 43[Prenylflavonoids and phloroglucinol derivatives from hops(*Humulus lupulus*)]

30 회향

Foeniculum vulgare

산형과
(Apiaceae)

Fennel, Sweet Fennel(英)
Ui-kyo(日)
茴香(中)

원산지: 지중해 연안

용도: 식용 – 열매, 씨, 잎, 줄기
약용·향료 – 씨

역사

회향의 영명 Fennel은 고대 영어 'fenol' 또는 'finol'에서 유래되었고, 중국명 회향(茴香)을 말하며, 고대 이집트의 무덤에서 발견된 파피루스의 의서(醫書)에도 있는 역사 오랜 재배식물로 약초인 동시에 향신료로 쓰였다. 그리스의 의학자 히포크라테스(BC 460-377년)도 영아 산통과 모유 수유에 이를 처방하였다.

학명의 *Foeniculum*은 라틴어의 'foenum' 즉, '마른 풀(축소형)'이란 뜻으로 잎, 줄기 등이 연녹색 실같이 잘게 갈라진 잎들이 마른 풀 같아서 붙여진 이름이라 한다. 고대 그리스에서 marathron이라 부른 것은 'marano(여위다)'라는 말에서 감량(減量)의 효과가 있어 붙여진 이름으로 지금도 이뇨작용이 있어 체중감량, 비만방지에 이용되고 있다. 미국 청교도들도 fennel 씨앗을 식욕억제제로 썼다. 오늘날 herbalist도 복부팽만, 설사, 소화불량에 처방한다(Medicinal Herbs p149; Herbs p215).

식물학적 특성

키가 1.5-2m 자라는 다년생 초본, 새의 깃털같이 가늘고 섬세한 잎은 3-4회 우상복엽, 잘게 갈라진 잎은 실처럼 가늘다. 6-8월에 꽃대가 나와 많이 친 가지 끝에 노란꽃이 복산형 화서로 우산을 편 듯한 모양으로 많이 핀다. 가을에 달콤하고 상큼한 맛의 황갈색 열매를 맺는다. 씨는 약간 구부러진 긴 원주형이며 독특한 향과 단맛이 있다(Lee, YN, I, p828).

동속식물의 특징과 용도

① *Foeniculum vulgare* MILLER(회향, Apiaceae) 또는 대회향 *Illicium verum* HOOKER FIL(붓순나무과 Illiciaceae)의 과실을 수증기 증류하여 얻은 정유이다. 회향유는 구미각지, 인도, 중국, 대회향유는 중국 남부, 베트남에서 나며 무색-유황색의 액체이며 특이한 회향의 향이 있고 맛은 처음에는 달며 나중에는 약간 쓰다. 50-60%의 anethol과 20% 내외의 *d*-fenchone이 함유, 특히 *d*-fenchone은 회향의 특유향을 나타낸다. 그밖에 methyl chavicol, anisaldehyde, anisic acid, α-pinene, dipentene이 함유, 과피는 목질상으로 anethole의 향기가 있고 정유 약 5%(anethol 85%)을 함유한다.

② *Anethum graveolens* L.(dill seed, 소회향, Apiaceae)의 과실을 말린 것. 인도 원산의 일년초로 유럽, 열대아시아, 중국, 일본 각지에서 재배한다. 각 분과는 엷은 황갈색-녹갈색을 띄고 2분과로 되어있다. 특이한 방향성 냄새가 있고 맛은 달고 약간의 신미가 있다. 정유 2-4%, carvone 40-50% *d*-limonene, phellandrene, 그 밖에 xanthone glycoside, 전초에는 scopoletin, 4-oxo-3′-4′ dihydroxanthyletin, 줄기에도 carvone, phellandrene, terpinene 등을 함유한다. 구풍, 방향약, 식품향 및 회향의 대체 생약으로 응용. 처방으로는 한방 내과에 보음양이 있고 주로 신허, 신장염, 좌골신경통, 조루증 등에 쓰인다.

③ *Foeniculum dulce* De CANDOLLE(감회향, Apiaceae)는 Italy 원산이다. 이에서 얻은 정유는 anethole을 함유하나 fenchone을 함유하지 않기 때문에 회향 특유의 냄새가 없다.

④ *Coriandrum sativum* (Coriander, Apiaceae) 과실을 약용하고, 유럽에서

재배한다. 정유 0.8-1.0%, *d*-linalool 70%, β-cymen, pinene, dipentene이고, 구풍, 방향약의 효능이 있다.

⑤ *Pimpinella anisum* L.(아니스실 Apiaceae) 소아시아, 남부유럽, Mexico에서 산출된다. 정유 3%를 함유하고 있으며, 주성분은 anethole 80-90%, estragole, 지방유 10-30%, 진해제 제조원료로 쓰인다.

⑥ *Carum carvi* L.(Caraway, Apiaceae)의 과실을 쓰며, 정유 3.5-7%, *d*-carvone 50-60%, *d*-limonene 등의 성분이 있다(Herbs p215, p180, p317).

성분

1) 영양성분

① 신선한 회향 가식부 100g 중 탄수화물 5.1g, 단백질 2.8g, 지방 0.4g 이며 무기질 영양은 Ca 100mg, P 51mg, Fe 2.7mg, K 379mg, vitamin A가 3,500 IU, vitamin C 31mg이 있다.

② 회향 씨 100g 중 탄수화물 52.3g, 단백질 15.8g, 지방 14.9g이며 무기질 영양은 Ca 1,196mg으로 가장 많고 Fe 19mg, Mg 385mg, K 1,694mg, Na 88mg, Cu 4mg이고 Vitamin A 135 IU가 있다.

2) 특수성분

종자의 정유중 주성분은 Anethole 50-60%과 Fenchine 15-20%으로 구성되었고 Anisaldehyde, Limonene(L-00581), 그 외 Camphor(C-00194), Estragol, *α, β*-Pinene(P-01320, P-01321), α-Terpinene(M-00474), Camphene (C-00191), p-Cymene(I-00717) 등이며, Palmitoyl stigmasterol(E-01661), Fenchone(F-00063), Nelumboside(P-00565) 등 12-18% 지방유, 14-22% 단백질, 4-5% 당이 함유되어 있다(DNP p568).

생리활성

신경보호활성: SDE 추출법보다 정유성분 추출에는 초임계 유체 추출법이

인체에 무해한 정유성분을 얻을 수 있는 큰 장점이 있는 방법으로, 정유성분은 휘발성 알코올계 물질로 항암, 항돌연변이 및 신경활성 중 시료 농도 의존적으로 신경세포 생육이 높은 회향은 시료 9.6×10² cells/mL이었고, 신경돌기 형성 세포와 신경돌기 연장에서도 시료 농도 의존적 생육도가 증가, 4.0×10³ cells/mL이었다. 신경돌기 연장실험에서도 농도 의존적 신경돌기가 연장, 237μM로 높아 신경세포에 강한 활성을 보였다. 이는 최근 심각한 노인 문제로 대두되는 신경계 질병인 Alzheimer병에 대한 새로운 치료제로 가능성이 제시되었다(Lee HS, 2003).

이뇨·혈압강하: *Foeniculum vulgare* var. dulce(Fv.) 뿌리 EtOH ex를 rat의 이뇨활성을 실험한 결과, 뇨량 증가와 sodium 배설증가로 이뇨작용을 보였다(Beaux D, 1997). 또한 시료 수침 ex는 spontaneously hypertensive rats (SHR)과 정상압 Wistar-Kyoto rat(WKY)에서 *Marrubium vulgare* (Mv, horehound)와 Fv 수침 ex를 경구투여 후, SHR에서만 수축기압이 감소. Fv는 수분, Na 및 K 배설 증가로, Mv는 noradrenal과 KCl에 의해 rat 동맥 수축의 저해로 혈압이 강하되었다. Fv와 Mv의 혈압강하는 서로 달라, Fv는 이뇨와 Na 배설로, Mv는 혈관 이완에 의해 일어났다(Bardai SE, 2001).

국소뇌혈류량증가효과: 소회향이 뇌혈류 역학(국소 뇌혈류량, 평균혈압) 변화에 미치는 영향을 알고자 혈관 확장 억제와 차단제를 전처리한 후, 흰쥐에 소회향을 투여한 결과, 국소 뇌혈류량은 용량 의존적으로 증가, 평균 혈압은 감소. 흰쥐에 ODQ 및 indomethacin(IDN, 1mg/kg, ip)으로 전처리한 후, 소회향을 투여한 결과, 국소 뇌혈류량은 대조군보다 감소, 평균 혈압도 감소. 흰쥐에 propranol과 LW-nitro L-arginine으로 전처리한 후, 소회향을 투여한 결과, 국소 뇌혈류량은 감소되었으나, 평균 혈압은 대조군보다 증가. 이상의 결과로 소회향은 NOS와 교감신경 β-수용체와 관련, 뇌혈관 확장으로 뇌혈류를 증가시키는 것으로 생각되었다(김남순, 2007).

항비만효과: 회향 종자 물 추출물(시료)이 비만 관련 지질대사 조절 효소 중, lipoprotein lipase(LPL), acyl-coA synthetase(ACS), hormone sensitive lipase(HSL) 활성에 미치는 효과를 조사하였다. 정상 mouse에서 시료의 LPL

활성은 최고 21.9% 억제되었고, ACS와 HSL의 효소 활성은 각각 151.8%, 174% 증가. 고지방식이 유도 비만 mouse에서 LPL은 12.0% 활성이 억제되었으며, ACS와 HSL은 742.0%, 134.4% 활성이 증가되었다. 이상의 결과로 회향 종자 물추출이 효과적으로 세포 내로 지방산 유입을 억제하며, 유입된 지방산을 에너지원으로 사용하는 대사과정을 활성화시켜 항비만 효능을 나타내는 것으로 보였다(서동주, 2011).

항염활성-염증매개물생성억제-열매①: 체내 이물질의 침입인식으로 NO, PGE, TNF, IL-6 같은 신호 전달 물질이 분비되며, 이를 억제하는 물질을 항염증제라 한다. 회향 열매 추출물(시료)이 mouse machrophage RAW264.7 세포에서 lipopolysaccharide(LPS) 유도 NO(iNOS산물), PGE_2(COX-2산물) 및 cytokines(TNF-α, IL-6)의 생성 억제에 미치는 영향을 조사한 결과, 시료 MeOH ex와 $CHCl_3$, BuOH, H_2O 분획(4-100μg/mL)이 RAW 264.7에서 NO 생성을 억제. PGE_2 생성은 BuOH 분획(100μg/mL)에서만 감소, 시료 및 그 분획물에서 TNF-α 생성을 감소, IL-6 생성은 시료와 모든 분획에서 감소되었다. 이 결과로 시료는 염증에 유효, 특히 BuOH 분획은 COX-2와 iNOS를 억제, 항염증제로 기대되었다(Choi EM, 2004-505).

항염활성②: MeOH ex(시료) 200mg/kg 경구투여에서 급성 및 아급성 염증성 질병과 type IV allergy 반응 및 중추적 진통 효과를 보였고, 더구나 혈청 SOD와 catalase 활성 및 HDL-cholesterol을 현저히 증가시켰다. 또 지방 과산화 수준을 알고자, malonaldehyde(MDA)를 측정, 대조군보다 현저히 저하되었다. 이로써 시료는 염증관련 질병에 도움이 될 것으로 생각되었다(Choi EM, 2004-557). 회향 열매 MeOH ex와 이의 hexane, CH_2Cl_2, EtOAc 및 BuOH 분획을 cell culture model system으로 항염활성은 LPS-유도 RAW 267.4 macrophage에서 세포독성이 없는 농도 100μg/mL에서 염증매개 물질 NO, PGE_2, 염증성 cytokine IL-1β, IL-6, TNF-α 생성 및 mRNA 발현 측정에서 hexane, CH_2Cl_2, EtOAc 분획이 NO, PGE_2 생성을 억제. 이는 iNOS, COX-2, mRNA 발현 저해에 기인, 특히 EtOAc 분획은 TNF-α 생성과 mRNA 발현 억제. 이로써 회향의 항염활성은 염증 매개물질 NO, PGE_2 및

염증성 cytokine인 mRNA 활성 및 분비 억제에 의한 것으로 확인되었다(양인준, 2014).

충치예방효과①: 충치균 *Streptococcus mutans* 의 증식 억제 효과를 생약재와 향신료의 추출물 13종, 정유 27종에 대하여 실험한 결과, oregano, thyme(백리향), sage(살비아), fennel(회향), nutmeg(육두구), rosemary, calamus(창포), *Cassia cortex*(계피)의 정유에서 생육억제 활성이 나타났고, 특히 oregano 정유가 MIC 0.05 μL/mL에서 생육억제 활성이 가장 높았다. Oregano, thyme, sage의 EtOH ex보다 정유가 충치균에 생육억제 효과가 더 높았다. 또한 oregano 정유는 당류에 작용하여 glucan의 형성을 억제하였다(유영선, 1993).

항충치균활성②: 회향씨 정유를 충치균인 *St. mutans*, *St. mutans* KCTC 3065, NHSIDD, UBF GTFC 및 GS-5에 대한 항균활성을 조사한 결과, *St. mutans* 모든 균주의 성장은 80ppm 이상 농도에서 완전히 억제되었고, trans-anethole은 휘발성 성분으로 가장 많아, 정유 중 77.7%, limonene, estragole 및 fenchone 순. Trans-anethole의 MIC는 70ppm, 이로써 회향씨 정유는 인간 충치 예방 및 구강위생에 공헌할 것으로 생각되었다(Park JS, 2004).

충치예방③: Glucosyltransferase(Gtase)는 *St. mutans*(Sm), *St. sobrinus*(Ss) 등 세균에서 생산되는 효소로 충치 발생에 중요한 역할. Sucrose에서 점착성 불용성 glucan을 형성. 이 glucan에서 구강 미생물이 증식, 이어 생성되는 유기산이 치아 enamel층을 부식, 충치가 발생한다. 저자는 약 420종의 식품 EtOH ex에서 Gtase 저해물질을 검색, fennel 열수추출물이 Sm 생육에 영향을 미치지 않고, Gtase 활성을 저해. 임상 실험 결과, plaque index를 저하, 시료는 Gtase 활성을 저해, 충치예방 효과가 있다고 생각되었다(김상무, 2008).

항균활성①: Fennel 줄기의 phenylpropanoid 유도체인 dillapional①은 MIC 125, 250에서 *Bacillus subtilis*, *Aspergillus niger* 및 *Cladosporium cladosporieides*에 항미생물활성을 보였으나, scopoletin②은 아주 약하였고, dillapiol③, bergapten④, imperatorin⑤ 및 psolaren⑥은 위의 미생물에 활성이 없었으며, ①-⑥은 *E. coli*에도 활성이 없었다(Kwon YS, 2002). Fennel

지상부 정유로부터 14개 물질을 분리동정한 결과, trans-anethole 64.08%, α-phellandrene 14.5% 및 α-pinene 9.38% 등이 주성분, 30 미생물에 대한 활성을 병원 감염 환자에서 분리한 gram(-) *Bacilli*에 대한 실험에서 모두 강력한 항균활성을 보여, fennel 지상부 정유는 병원 감염 gram(-) *Bacilli*균 감염 치료에 새로운 치료제로 기대되었다(Araque M, 2007).

항진균활성-씨②: Fennel씨 정유수율은 수증기 증류 조건에 따라 달랐고, 회향씨 화학 성분과 항진균 효과가 달랐다. 씨의 정유 중 (E)-anethole 72.27%-74.18%, fenchone 11.32-16.35% 및 methyl chavicol 3.78-5.29%. 증류방법에 따라 정유물질의 양과 성분이 현저히 다르며, 비록 몇몇 진균에 대한 항균성이 있었으나 몇몇 진균은 항균성이 다를 수도 있었다(Mimica-Duke N, 2003).

항진균·항산화활성-정유③: *Foeniculum vulgare* 정유는 총량의 96.4%에서 35물질이 분리(GC, GC-MS), 주요 물질은 trans-anethole 70.1%, 추출물 중 주요 유기산은 linoleic acid 54.9%, palmitic acid 5.4% 및 oleic acid 5.4%. 항진균 효과는 *Aspergillus niger*, *A. flavus*, *Fusarium graminearum* 및 *F. moniliforme*이 6μL에서 있었고, *A. niger*는 4μL에서도 항진균성을 보였다. 항산화활성은 BHA와 BHT와 비교할 만큼 강하였다(Singh G, 2006). Fennel 씨(Parkistan산) 정유의 주요 물질은 trans-anethole 69.87%, fenchone 10.23%, estragole 0.45% 및 limonene 5.10%, seed extract는 총 phenol성 물질(627.21-967.50 GAE, mg/100g) 및 총 flavonoid 함량 374.88-681.96 CE, mg/100g. 과산화 억제는 DPPH radical 소거활성이 양호(IC_{50} 32.32와 23.61-26.75μg/mL). 80% EtOH ex가 가장 강한 항산화성을, 정유는 bacteria와 병원성 진균에 대해 항미생물활성을 보였다(Anwar F, 2009).

항미생물활성-씨④: *Foeniculum vulgare* var. *azoricum*, var. *dulce* 및 var. *vulgare* 씨의 성분, 항미생물활성 및 항산화활성을 연구. 정유성분은 18 monoterpenoids가 모두에 있고, trans-anethole 61% *azoricum*, estragole 57%; *vulgare*, fenchone 13%; *dulce* 및 limonene 28%; *dulce*가 많았다. 항산화활성은 DPPH, lipid peroxidation 및 metal-chelating 분석한 결과,

*azoricum*과 *dulce*에 *vulgare*보다 더 항산화활성이 컸다. 정유의 항미생물활성은 2종의 fungi, 2종의 gram(-)와 2종의 gram(+)에 대해 실험한 결과, 3종 모두 항미생물활성이 있었다. 결과적으로 Iran의 fennel은 천연 항산화제로, 항미생물제로 산업에서 용도가 클 것으로 생각되었다(Chang S, 2016).

항균·항산화능-육포⑤: 육포의 천연 보존료를 개발코자 감초, 정향, 회향, 고추를 열수 추출 후, polyphenol 함량, 항균활성, 항산화능을 측정하였다. Polyphenol 함량은 정향 21.4mg/g, 감초17.4mg/g, 회향 6.6mg/g, 청양고추 0.9mg/g, 항균활성은 식중독균 *S. aureus*은 1,000ppm에서 60-88%, 감초〉회향〉정향〉청양고추 순으로 높았고, 1,000ppm에서 xanthine oxidase 저해활성은 20-5%로 정향〉회향〉고추〉감초 순, SOD 유사활성은 33-53%로 감초〉정향〉회향 순으로 높았다. 아질산 소거능은 pH 1.2, 1,000ppm 에서 정향 95%, 회향 65%로 우수하였으며, pH 증가에 따라 소거능은 감소하였다. 감초, 정향, 회향은 청양고추보다 높은 항균, 항산화활성을 보여 감초, 회향, 정향, 고추는 천연보존료로 이용될 수 있을 것으로 생각되었다(박추자, 2007-793).

항산화활성: 지중해 지방의 전형적 방향성 식물 fennel의 항산화성과 flavonoid 및 phenol성 물질을 야생, 식용 및 약용 fennel에 대하여 조사한 결과, 항산화활성(DPPH법, superoxide anion 소거활성)은 야생 fennel이 총 phenol성 물질과 flavonoid 함량이 약용이나 식용 fennel보다 많았고, 항산화성이 높았다(Parejo I, 2004). Fennel씨 수침 ex와 EtOH ex의 항산화활성은 BHA, BHT 및 α-tocopherol(36.1%)보다 강하였고, 시료 용량 의존적으로 강하였다. 항산화활성은 fennel씨의 총 phenol성 물질 함량과 관련이 있어 강력한 천연 항산화제로 중요하며(Oktay M, 2003), 또 fennel 수침 ex 찌꺼기(waste)에서 비휘발성 항산화 물질, 12 주요 phenol성 물질(LC/UV/APCI-MS 및 NMR)을 분리동정한 결과, 이들 중 항산화성 물질은 3-caffeoylquinic acid①, 4-caffeoylquinic acid②, 1,5-*O*-dicaffeoylquinic acid③, rosmarinic acid④, eriodictyol-7-*O*-rutinoside⑤, quercetin-3-*O*-galactoside⑥, kaempferol-3-*O*-rutinoside⑦ 및 kaempferol-3-*O*-glucoside⑧로 강력한 antiradical 소거활성을 보여 fennel의 약리적 효과에 공헌할 것으로 생각되었다(Faudale

M, 2008).

항암효과-혼합생약재: 감초, 배초향, 산사, 회향, 귤피 등 각각의 추출물(OHE)과 혼합 추출물(MOHE)의 항산화, free radical 소거능, 항암효과를 측정하였다. 추출물의 총 phenol성 물질 함량에 따라 free radical 소거능과 항산화 효과가 있었다. MOHE는 생쥐 암에 투여로 암세포에 가장 강한 독성을 보였고, in vitro에서는 생명 연장, 항암 및 항산화활성을 보였다(OHE: oriental herbal extract, MOHE: mixed OHE)(Park, KW, 2010).

기관지이완효과-정유: Fennel의 EtOH ex와 정유는 guinea pig 기관지(tracheal chain)에 이완 효과를 보였다. Fennel EtOH ex와 정유는 Ca-channel에 저해 효과를 보이지 않았으나, K-channel이 열려, 결과적으로 guinea pig 기관지에 이완효과에 공헌하는 것으로 보였다(Boskabady MH, 2003, 2004).

항다모증-열매: Idiopathic hirsutism(Ih)은 정상적 월경주기가 있고, 혈중 androgen량이 정상인 여성에서 남성 hormone 과잉같은 hair growth로 일어나는 증상. 이는 peripheral androgen 대사문제로 생각되었다. 본 연구는 fennel이 estrogenic agent로 쓰여와 Ih에 fennel ex를 투여, 임상적으로 관찰한 결과, 시료 1% cream과 2% cream 적용자 또 placebo보다는 1% cream 적용 환자에서 7.8%, 18.3% 및 -0.5% 모발 지름이 증가. 1% cream, 2% cream 및 0% cream 순이었다. 이로써 fennel은 antihirsutism 활성이 있는 것으로 보였다(Jaridnia K, 2003)

항응고활성: *Foeniculum vulgare* 열매의 항응고 활성은 aspirin과 비교, 항혈소판 응고제로 평가하였다. 회향 열매 활성물질은 (+)-fenchone과 estragole로, IC_{50}은 (+)fenchone이 collagen(IC_{50}, 39μM)과 arachidonic acid(IC_{50}, 4.7μM) 처리에서 혈소판 응고가 효과적으로 저해되었고, estragol은 collagen 유도 혈소판 응고도 저해되었다. (+)-Fenchone과 estragole 비교에서 (+)-fenchone 혈소판 응고 저해활성은 aspirin보다 arachidonic acid 유도가 1.3배 강하였다. 이로써 (+)-fenchone과 estragole은 arachidonic acid와 collagen 유도 혈소판 응고 저해에 유용한 물질로 생각되었다(Lee H-S, 2006). 또 *Foeniculum vulgare* 정유는 급성 혈전색전증(thromboembolism) 실험

model에서 항혈전 활성을 보였고, 또 기초 약리활성 시험에서 prohemorrhage과 gastrolesive 부작용이 없었다(Tognolini M, 2007).

간기능회복①: CCl_4-유도 간손상 흰쥐에 회향 추출물(시료)을 급여한 후, 혈액 내 생물학적 수치를 비교한 결과, 혈장 α-fetoprotein 농도 및 총 protein량은 시료 처리군에서 감소 경향을 보였고, albumin 농도는 간 손상군인 대조군과 시료 처리군 간에 차이가 없었으며, 모두 정상군보다 낮았다. AST와 ALT 활성치는 대조군, 간 손상군 모두 정상군보다 높았으나 시료 투여로 감소하였고, ALP와 LDH 활성치는 간 손상 처리군 모두가 정상군보다 높았으나, 시료 처리로 감소하였다. 또 γ-GT(γ-glutamyl transferase)는 정상군을 비롯한 전처리군 모두에서 일정한 변동을 볼 수 없었다. 총 cholesterol과 triglyceride 농도는 모두 간손상 처리군에서 증가하는 경향이었으나, 회향 처리군이 대조군보다 낮은 값을 보였다(Lee JC, 2007).

간보호활성-정유②: CCl_4-유도 급성 간독성에 fennel 정유가 혈청 AST, ALT, ALP 및 bilirubin 수준을 낮춤으로써 간독성을 저해, rat의 간손상을 강력히 보호하는 것으로 나타났다(Özbek H, 2003).

살충효과-곡류해충①: Fennel 열매 성분 phenylpropene; (E)-anethole과 estragole, monoterpene인 (+)- fenchone이 딱정벌레에 대하여 접촉 및 훈증법으로 실험한 결과, (E)-anethole이 딱정벌레 *Sistophilus oryzae*, *Callosobruchus chinensis* 및 *Lasidoderma serricorne*에 가장 강하여, 쌀, 팥 및 담배 저장 시 살충제로의 사용이 기대되었다(Kim D-H, 2001).

진드기박멸활성-과실유②: 회향 과실유와 시판 기피제인 benzyl benzoate와 진드기 박멸 활성을 비교한 결과, 회향 과실유 주성분인 (+)fenchone이 *D. farinae*에 가장 강한 독성을, LD_{50}은 *p*-anisaldehyde(11.3mg/m^2), 다음 (-)-fenchone benzylbenzoate, thymol 및 estragole 순으로 (+)-fenchone과 *p*-anisaldehyde가 집먼지 진드기 관리에 주목되는 물질로 생각되었다(Lee H-S, 2004).

배당체-과실①: *Foeniculum vulgare* fruit에서 새로운 stilbene trimer glycoside인 foeniculoside I-IV를, 또 기지물질 stilbene trimer인 miyabenol

C와 cis-miyabenol C를 동정하였고, 새로운 foeniculoside I-IV는 각각 cis-miyabenol C의 11a-*O*-β-D-glucopyranoside(I), 13b-*O*-β-D-glucopyranoside(II), 11a,13b-di-*O*-β-D-glucopyranoside(III), 11a,13b,13c-tri-*O*-β-D-glucopyranoside(IV)이었다(Ono M, 1995). 또 과실에서 새로운 monoterpene glycoside인 foeniculoside V-IX 5개 물질과 기지물질 7성분; zizybeoside I, icaviside A_4, syringin, sinapyl alcohol 1,3′-di-*O*-β-D-glucopyranoside, adenosine, thero-anethole glycol 및 erythroanethole glycol을 분리동정하였으며(Ono M, 1996), 새로운 성분 phenylpropanoid glycoside, 3개 새 성분 benzyl alcohol glycoside와 1개 새로운 phenylethanoid 및 glycoside를 분리동정하였다(Kitazima J, 1998).

배당체-잎②: Flavone glycoside인 quercetin-3-arabinoside와 flavonol glycoside인 kaempferol 3-arabinoside, kaempferol 3-glucuronide 및 quercetin-3-glucuronide를 분리동정하였다(Harborne JB, 1971).

배당체-꽃③: *F. vulgare*와 *F. dule*의 꽃에서 acylated kaempferol glycoside인 kaempferol-3-*O*-α-L-(2″,3″-di-E-P-coumaroyl)-rhamnoside①은 Apiacea에서 처음 분리되었고, kaempferol-3-*O*-α-L-rhamnoside(afzelin)②, quercitrin③, isorhamnetin-3-*O*-β-D-glucoside④, isoquercetin⑤, rutin⑥ 및 miquelianin (quercetin-3-*O*-β-D-glucuronide)⑦을 동정하였다(Soliman FM, 2002).

화학적분류-정유: Italy 야생 fennel 성분을 분석, 정유성분에 따라 5개로 분류 ① α-phellandrene, methyl chavicol, trans-anethole, ② α-pinene, limonene, trans-anethole, ③ methylchavicol, α-phellandrene, ④ methyl chavicol, α-pinene, ⑤ α-phhellandrene으로 화학적으로 분류하였다(Piccaglia R, 2001).

맛에 따른 분류: 야생과 시판 fennel 성숙열매 10시료를 수증기 증류 후, 분석. 주요 물질 16개를 각 시료에서 얻어 동정한 결과, trans-aenthole, estragole, limonene 및 fenchone이 주성분, sweet fennel에는 anethole이 estragole보다 많았고, bitter fennel에는 estragole이 많았다(Miraldi E, 1999). Sweet fennel(Sf)과 bitter fennel(Bf)의 oil 함량은 각각 12.22%, 14.4%, 정유함량은 Sf와 Bf에 평균 3.00%로 유사. Sf와 Bf 주성분은 trans-aenthole, estragole 및

fenchone, 두 oil 주성분은 trans-aentholе로 Sf에 95.25%, Bf에 75.13%, estragole은 Bf에 15.5%, Sf에 2.87%, fenchone은 Sf에 1% 이하, Bf에 5% 이상, p-anisaldehyde는 Bf에 α-pinene과 γ-terpinene이 있으나, Sf에는 없었고, Bf에 1% 미만(Cosge B, 2008).

부위별성분-정유: Spain Santander(S)와 Aranjuez(A)에서 채취한 씨, 잎, 줄기의 정유를 분석한 결과, S의 씨에서 methyl chavicol 54.9%, fenchone 24.6%. A의 씨에서 (E)-anethole 54.9-38.1%, fenchone 22.2-34.4%, A 잎에서 methyl chavicol 12.3-12.1%. α-phellandrene 9.4-27.3%, limonene 25.3-18%, fenchone 19.4-18.3%, A 줄기에서 (E)-anethole 17.4-3.3%, α-pinene 9.7-14.4%, α-phellandrene 24.3-31.4%, p-cymene 11.5-5.2%, limonene 11.6-15% 및 fenchone 9.1-17.5%, 씨 정유에서 2 chemotype으로 분류. (E)-anethole/fenchone chemotype(Araujuez), methyl charvicol/ fenchone chemotype(Santander fennel)으로 분류되나, 정유성분은 잎과 줄기는 씨와 다를 수 있다(Garcia-Jiménez N, 2000). 회향나무 부위별 주 휘발성 물질을 분석한 결과, 줄기에 t-phellandrene, trans-anethole, p-cymene, thujone, α-pinene 등 14성분이 꽃에는 α-pinene, trans-anethole, 1,8-cineole, β-pinene, 1-fenchoen 등 16성분이, 열매에 trans-anethole, estragole, β-pinene, limonene, myrcene, 1-phellandrene, trans-anethole 등 13성분이 함유(Chung HG, 2003).

정유성분: Fennel 정유를 분석한 결과, 23성분; trans-anethole 69.87%, fenchone 10.23%, estragole 5.45%, fenchone 10.23% 및 limonene 5.10% 등이 주성분. Seed extract에 총 phenolic contents 627.21-967.50 GAE mg/100g 및 총 flavonoid는 374.88-681.96 CE mg/100g였다(Faroop A, 2009).

휘발성향미성분[향신료(육두구, 쿠민, 카다몬, 심황, 고수, 정향, 올스파이스, 카시아, 회향, 셀러리시드, 흑후추 11종)]: Capillary GC와 GC/MS를 이용하여 향신료 가루의 향기성분을 분석한 결과 육두구는 *α*-pinene 11.06%, *β*-pinene 11.17%, myristicin 19.98%, 쿠민은 cuminaldelyde 37.68%, 카다몬은 *α*-terpineol

47.33%, 1.8-cineol 20.56% 고수는 linalool 61.72% 정향은 eugenol 63.63% eugenol acetate 20.59%, allspice는 eugenol 80.12%, methyl eugenol 10.85% 카시아는 cinnamaldelyde 82.29% 등이 주성분이었다(김현위, 1989).

Phenolic compound-Waste: 정유를 제거한 fennel waste를 분석한 결과, 42개 phenol성 물질을 분리, 동정하였고, 이들 중 fennel에서 보고되지 않은 물질은 hydroxycinnamic acid 유도체, flavonoid glycoside 및 flavonoid aglycone이었다(Parejo I, 2004).

항Bacteria활성-버섯병균: 고수와 fennel 과실 정유가 *E. coli*와 *Bacillus megaterium* bacteria에 항균활성을 비교하고, 27 phytopathogen과 2 mycopathogen에 대하여(재배 버섯 병)에 항균활성을 실험한 결과, agar 배지에서 fennel 정유보다 coriander 정유가 활성이 컸고, fennel과 coriander 정유는 유용한 천연 bactericide로 특히 유기농 버섯재배에 중요한 항bacteria 물질이었다(Lo Cantore P, 2004).

효능과 이용

1) 식용: 소스, 빵, 카레, 피클, 술, 진, 포도주 등의 부향제로 큰 비중이 있고 생선의 비린내, 육류의 느끼함과 누린내를 없애며, 건강차로 쓰기도.

2) 약용: 한방에서는 방향성 건위, 정장, 구풍, 거담제로 쓰인다. 본초강목에서는 양허음한의 효과가 있고, 하복부에서 고환까지 파급되어 극통을 호소하는 질환에 대한 총칭이다. 안중산을 위시하여 위통, 위경련, 위산과다증, 만성위확장, 부인생리통에 활용되는 명방의 하나. 부작용은 거의 없다.

유럽에서는 뿌리는 이뇨제, 통경약, 요로결석, 해독효과, 씨는 최유 및 소화 등에 쓰며, 특히 과식의 소화촉진과 어린이의 복통약으로, 진해거담제, 감기에도 달여 먹였다. 방향성 건위제, 구풍제로 위통, 위확장, 복통 등의 치료제로 쓰며, 또한 잇몸병, 입가심, 목아플 때 씨를 다려 외용하기도 한다. 씨를 수증기 증류하여 얻은 fennel oil은 어린이의 기관지염, 백일해의 거담제로 쓰인다.

3) 기타: 중세에는 통증과 고통을 없애고 정력과 건강을 회복시키는 젊음의 비결로 목욕제로 이용. Fennel oil은 식품의 부향제, 치약이나 비누의 향료, 화장품의 부향제, 공기 청정제에 혼합하여 이용도 한다.

참고 문헌

1) 강성용, 김남운, 정현우. **동의신경정신과학회지** 2007 18(1) 185(소회향이 허혈성 뇌혈관 질환에 미치는 실험적 연구)

2) 김남순, 강성용, 정현우. **동의생리병리학회지** 2007 21(3) 652(소회향이 흰쥐의 국소 뇌혈류량 및 평균 혈압에 미치는 영향)

3) 김상무, 최창혁, 김장원, 등. **응용생명화학회지** 2008 51(1) 84(회향 열수추출물의 치면 세균막 형성 억제)

4) 김현위, 허경택, 최춘언. **식품과학회지** 1989 21(1) 127[향신료(육두구, 쿠민, 카다몬, 심황, 고수, 정향, 올스파이스, 카시아, 회향, 셀러리시드, 흑후추 11종)의 휘발성 향미 성분에 관한 연구]

5) 문성일. **석사학위논문** 경희대학교 대학원 서울 1984(회향, 시라자의 효능에 관한 연구비교)

6) 박추자, 박찬성. **식품조리과학회지** 2007 23(6) 793(감초와 향신료 물 추출물의 항균 및 항산화능-육포, 감초, 정향, 고추)

7) 반상석, 박지하, 이은숙, 등. **본초학회지** 2002 17(2) 1(진통, 소염 효과 및 관절염에 미치는 소회향과 사리자의 효능비교 (*Foeniculi Fructus*, *Anethi Fructus*)

8) 서동주, 김태혁, 김현숙, 최면. **자원식물학회지** 2011 24(2) 181(회향 종자 물 추출물의 항비만)

9) 양인준, 유학인, 이동웅, 신홍욱. **생명과학회지** 2014 24(9) 981(대식세포에서 LPS 유도된 염증에 대한 회향열매의 항염효과)

10) 유영선, 박기문, 김영배. **산업미생물학회지** 1993 21(2) 187(생약재 및 향신료의 *Streptococcus mutans* 증식억제 효과)

11) 최아름, 박동일, 손민희, 등. **식품과학회지** 2010 42(1) 63(소취식물이 김치냄새

특성 및 발효성에 미치는 영향-감잎, 솔잎, 회향, 등)

12) Anwar F, Ali M, Hussain AI, Shahid M. *Flavour Fragr J* 2009 24 170(Antioxidant and anti- microbial activities of essential oil and extracts of fennel(*Foeniculum vulgare* Mill.) seeds from Parkistan)

13) Araque M, Rojas LB, Usubillaga A. *CINECIA* 2007 15(3) 366(Antibacterial activity of essential oil of *Foeniculum vulgare* Miller against multiresistant gram-negative *Bacilli* from nosocomial infections)

14) Bardai SE, Lyoussi B, Wibo M, Morel N. *Clin Exper Hypertens* 2001 23(4) 329 (Pharmacological evidense of hypotensive activity of *Marrubium vulgare* and *Foeniculum vulgare* in spontaneosly hypertensive rat)

15) Beaux D, Fleurentin J, Mortier F. *Phytother Res* 1997 11 320[Diuretic action of hydroalcohol extracts of *Foeniculum vulgare* var. dulce (DC) roots in rats]

16) Birdane FM, Cemek M, Birdane YO, et al. *World J Gastroenterol* 2007 13 607 (Beneficial effects of *Foeniculum vulgare* on ethanol-induced acute gastric mucosal injury in rats)

17) Boskabady MH, Khatami A, Nazari A. *Pharmazie* 2004 59 7(Possible mechanism(s) for relaxant effects of *Foeniculum vulgare* on guinea pig tracheal chains)

18) Boskabady MH, Khatami A. *Pharmaceutical Biol* 2003 41 211(Relaxant effect of *Foeniculum vulgare* on isolated guinea pig tracheal chains)

19) Chang S, Nafchi AM, Karim AA. *J Essent Oil Res* 2016 28(4) 357(Chemical composition, antioxidant activity and antimicrobial properties of three selected varieties of Iranian fennel seeds)

20) Choi EM, Hwang J-K. *Fitoterapia* 2004 75 557(Anti-inflammatory, analgesic and antioxidant activities of the fruit of *Foeniculum vulgare*)

21) Choi EM, Koo SJ. *Kor J Soc Food Cookery Sci* 2004 20(3) 505(Inhibition of lipopolysaccharide-stimmulated inflammatory mediator production in RAW 264.7 macrophages by *Foeniculum vulgare* fruit extract)

22) Chung HG, Bang JK, Kim GS, et al. *Kor J Medicinal Crop Sci* 2003 4(11) 274 (Identification of the major volatile components from different plant organs of *Foeniculum vulgare* Mill.)

23) Coelho JAP, Pereira AP, Mendes RL, Palavra F. *Flavour Fragr J* 2003 18 316 (Supercritical carbon dioxide extraction of *Foeniculum vulgare* volatile oil)

24) Cosge B, Kiralan M, Gürbüz B. *Nat Prod Res* 2008 22(12) 1011[Characteristics of fatty acids and essential oil from sweet fennel(*F. vulgare* Mill. var. *dulce*) and bitter fennel fruits(*F. vulgare* Mill. var. *vulgare*) growing in Turkey]

25) Diaz-Maroto MC, Pérez-Coello MS, Esteban J, Sanz J. *J Agr Food Chem* 2006 54(18) 6814[Comparison of the volatile composition of wild fennel sample (*Foeniculum vulgare* Mill) from central Spain]

26) Diccaglia R, Marotti M. *J Agr Food Chem* 2001 49 239[Characterization of some Italian types of wild fennel(*Foeniculum vulgare* Mill.)

27) Farooq A, Muhammad A, Abdullah I, Muhammad S. *Flavour Fragr J* 2009 24 170[Antioxidant and antimicrobiol activities of essential oil and extracts of fennel(*Foeniculum vulgare* Mill.) seeds from Pakistan]

28) Faudale M, Viladomat F, Bastida J, et al. *J Agr Food Chem* 2008 56 1912 (Antioxidant activity and phenolic composition of wild, edible and medicinal fennel from different Mediterranean countries)

29) Garcia-Jiménez N, Perez-Alonso MJ, Velasco-Negueruela A. *J Essent Oil Res* 2000 12 159(Chemical composition of fennel oil, *Foeniculum vulgare* Miller, from Spain)

30) Greenberg S, Ortiz EL. *The Book of Spices* Times Book International Singapore 1983 8

31) Gulfraz M, et al. *Afr J Biotechnol* 2008 7(24) 4364(Composition and antimicrobial properties of essential oil *Foeniculum vulgare*)

32) Gurdip S, Sumitra M, Lampasona MP, Catalan C. *Food Control* 2006 17 745 (Chemical consti- tuents, antifungal and antioxidative potential of *Foeniculum*

vulgare volatile oil and its acetone extract)

33) Harborne JB, Saleh NAM. *Phytochemistry* 1971 10 399(Flavonol glycoside variation in fennel, *Foeniculum vulgare*)

34) He W, Huang B. *J Med Plant Res* 2011 5 3595(A review of chemistry and bioactivities of medicinal spice: *Foeniculum vulgare*)-Review

35) Jaridnia K, Dastgheib L, Samandi M, Nusiri A. *Phytomedicine* 2003 10 455 [Antihirsutism activity of fennel(fruits of *Foeniculum vulgare*) extract A double-blind placebo controlled study]

36) Kattaa A. *Ph D Thesis* University of Horticulture and Food Industry Budapest Hungary(Morphopogical an production-biological study of fennel and caraway populations of different origin)

37) Khan MMA, Hashmi N, Moinuddin Dar TA. *J Essent Oil Res* 2013 26(2) 105 [Changes in growth, yield, photosynthetic characteristics, enzyme activities and essential oil production of fennel(*Foeniculum vulgare* Mill.) under growth regulator treatment]

38) Kim D-H, Ahn Y-J. *Pest Mangem Sci* 2001 57 301(Contact and fumigant activities of constituents of *Foeniculum vulgare* fruit against three coleopteran stored-product insects)

39) Kim DH. *MS Thesis* Seoul Natl Univ Seoul 2000(Insecticidal and repellent activities of *Foeniculum vulgare* fruit-derived materials)

40) Kitazima J, Ishikawa T, Tanaka Y, et al. *Chem Pharm Bull* 1998 46(10) 1587 (Water soluble constituents of fennel V glycosides of aromatic compounds)

41) Kwon YS, Choi WG, Kim WJ, et al. *Arch Pharm Res* 2002 25(2) 154(Antimicrobial constituents of *Foeniculum vulgare*)

42) Lee HS, Mun HC, Park JH, et al. *Kor J Medicinal Crop Sci* 2003 11(2) 115 (Comparison of biological activities of essential oils from *Foeniculum vulgare* Mill. *Boswellia carteli* Birew and *Juniperus rigida* Sieb. by a supercritical fluid extraction system)

43) Lee H-S. *Food Sci Biotechnol* 2006 15(5) 763[Anticoagulant properties of compounds derived from fennel(*Foeniculum vulgare* Gaertner) fruits]

44) Lee H-S. *J Agr Food Chem* 2004 52 2887[Acaricidal activity of constituents identified in *Foeniculum vulgare* fruit oil against *Dermatophagoides* spp.(*Acari-pyroglyphidae*)]

45) Lee JC, Lee E, Lee YC, et al. *Kor J Herbology* 2007 22(4) 213[Effects of *Fructus foeniculi* extract on recovering liver function]

46) Lo Cantore P, Iacobellis NS, De Marco F, et al. *J Agr Food Chem* 2004 52(26) 7862[Antibacterial activity of *Coriandrum sativum* and *Foeniculum vulgare* Miller var. *vulgare*(Miller) essential oils]

47) Mimica-Duke N, Kujundzic S, Sokovic M, Couladis M. *Phytother Res* 2003 17 368 (Essential oil composition and antifungal activity of *Foeniculum vulgare* Mill. obtained by different distillation conditions)

48) Miraldi E. *Flavour Fragr J* 1999 14 379(Comparison of the essential oils from ten *Foeniculum vulgare* Miller samples of fruits of different origin)

49) Oktay M, Gülcin I, Kufrevioglu OI. *Lebensm-Wiss U-Technol* 2003 36 263 [Determination of in vitro antioxidant activity of fennel(*Foeniculum vulgare*) seed extracts]

50) Ono M, Ito Y, Ishikawa T, et al. *Chem Pharm Bull* 1996 44(2) 337[Five new monoterpene glycosides and other compounds from *Foeniculi Fructus*(Fruit of *Foeniculum vulgare* Mill)]

51) Ono M, Ito Y, Kino J, et al. *Chem Pharm Bull* 1995 43(5) 868[Four new glycosides of stilbene trimer from *Foeniculi Fructus*(Fruit of *Foeniculum vulgare* Mill)]

52) Özbek H, Ugras S, Dülger H, et al. *Fitoterapia* 2003 74 317(Hepatoprotective effect of *Foeniculum vulgare* essential oil)

53) Özcan MM, Chalchat J-C, Arslan D, et al. *J Med Food* 2006 9(4) 552[Comparative essential oil composition and antifungal effect of bitter fennel(*Foeniculum vulgare* ssp. *pipperitum*) fruit oils obtained during different vegetation]

54) Parejo I, Janregui O, Sanchez-Rabaneda F, et al. *J Agr Food Chem* 2004 52 3679 (Separation and characterization of phenolic compounds in fennel(*Foeniculum vulgare*) using LC-negative lectrospray ionization tandem MS)

55) Parejo I, Viladomat F, Bastida J, et al. *J Agr Food Chem* 2004 52 1890(Bioguided isolation and identification of nonvolatile antioxidant compounds from fennel waste)

56) Park JS, Baek HH, Bai DH, et al. *Food Sci Biotechnol* 2004 13(5) 581[Antibacterial activity of fennel(*Foeniculum vulgare* Mill.) seed essential oil against the growth *Streptococcus mutans*]

57) Senatore F, Oliviero F, Scandolera E, et al. *Fitoterapia* 2013 90 214 {Chemical composition, antimicrobial and antioxidant activities of anethole-rich oil from leaves of selected varieties of fennel[*Foeniculum vulgare* Mill. ssp. *vulgare* var. *azoricum*(Mill.) Thell]}

58) Singh G, Maurya S, de Lampasona MP, Catalan C. *Food Control* 2006 17 745 (Chemical constituents, antifungal and anti-oxidative potential of *Foeniculum vulgare* volatile oil and its acetone extract)

59) Soliman FM, Shehata AH, Khaleel AE, Ezzat SM. *Molecule* 2002 7 245(An acylated kaempferol glycoside from flowers of *Foeniculum vulgare* and *F. dulce*)

60) Tanina M, Shah A, Mohsin A, et al. *Phytother Res* 1996 10 33(Pharmacological and toxicological investigations on *Foeniculum vulgare* dried fruit extract in experimental animal)

61) Telci I, Demirtas I, Sahin A. *Ind Crop Prod* 2009 30(1) 126[Variation in plant properties and essential oil composition of sweet fennel(*Foeniculum vulgare* Mill.) fruits during stages of maturity]

62) Tognolini M, Ballabeni V, Bertoni S, et al. *Pharmacol Res* 2007 56 254(Protective effect of *Foeniculum vulgare* essential oil and anethole in an experimental model of thrombosis)

특허

1. 〈특허등록 제407605호〉 주식회사 내츄로바이오택(회향 열매에서 추출한 위생해충 기피제)
2. 〈특허등록 제1018976호〉 호서대학교 산학협력단 외 1(냄새저감 김치제조방법 및 이에 따른 김치)
3. 〈특허등록 제122488호〉 롯데제과주식회사(회향추출물을 이용한 소취제)
4. 〈특허등록 제640285호〉 함○○(향료의 제조방법 및 이를 이용한 향료)
5. 〈특허등록 제630466호〉 나드리 화장품 주식회사(자외선 흡수 화장료 조성물)
6. 〈특허등록 제1119410호〉 신도산업주식회사, 한국폴리텍 특성화 대학 산학협력단(회향근 추출물을 유효 성분으로 포함하는 염증성 질환 치료 및 예방용 조성물)
7. 〈특허등록 제1017447호〉 강원대학교 산학협력단 외 1(회향추출물을 함유하는 충치예방용 구강조성물 및 향균용 조성물)

〈조식제, 2, p976〉

31 흑쿠민

Nigella sativa

미나리아제비과
(Ranunclaceae)

Black Cumin(英)

원산지: 남유럽, 북아프리카, 서아시아

용도: 식용·약용–씨, 정유

역사

남유럽, 북아프리카와 서아시아 원산으로 1년초. 메소포타미아와 고대 이집트 투탕카멘 무덤에서 발견되었으며, 오래전부터 조미료(condiment)로 사용하였고, 아직도 파키스탄, 인도, 아라비아 및 이집트에서 조미료로 사용하고 있다. 5세기 후추가 남동아시아에서 유럽에 소개되기 전까지는 중요한 양념(seasoning)으로 사용하였고, 이슬람의 의약품으로 특히 Unani medicine에서 중요하였다. 예언자 Mohamed에 따르면 흑쿠민(black cumin)은 노인병 외에는 모든 질병을 고칠 수 있다 하였다. 서양 5개종; black cumin, cumin, fennel, fenugreek, mustard 중의 하나로 중요하다. 씨가 검어 black cumin이라 하며, aromatic, pungent seed로 인도와 중동에서 후추 대용으로 많이 쓴다. Seed oil도 립스틱과 향료로 쓰이는 *Nigella damascena*와는 구별해야 한다. 케이크나 빵 위에 black cumin 씨를 뿌려 굽는다(Herbs p288-289).

식물학적 특성

키 30cm 곧게 자라는 1년초, 깃털 모양으로 갈라진 잎은 길이 2-3cm, 푸른 빛이 도는 흰 꽃은 지름 4.5cm로 여름에 피고, 이어 혹 같은 모양의 열매 안에 향기 나는 검정 씨가 맺힌다(Herbs p289).

특수성분

*Nigella sativa*에서 Citronellol(R, D-03234), Nigellicine(N-00407), Nigellimine N-oxide (D-02981) 및 Thymoquinone(M-00484)이, *N. damascena*에서 Damascenine(A-01372), Damascinine(D-00637) 및 Nigellic acid(A-00096)이 분리동정되었다(DNP p683).

생리활성

Mini-review: *Nigella sativa* 씨는 fixed oil 및 essential oil, protein, alkaloid 및 saponin을 함유. 생물활성은 정유의 주성분 thymoquinone과 fixed oil에 있고, 씨의 조 추출물의 약리활성은 정유와 thymoquinone이 신장 독성, 간 독성에 대한 보호 효과, 씨 유지는 항염, 진통, 항미생물 및 항암활성이 있다. Oil은 혈압강하와 호흡상승 효과가 있으며, 씨 추출물 12주간 투여에서, PVC와 hemoglobin 상승 및 혈청 중 cholesterol, triglyceride 및 glucose가 저하되었다. 씨는 대단히 낮은 독성이 있고, 씨 추출물이나, oil은 접촉성 피부염 및 간이나 신장 기능에 특별한 역작용은 없었다. 씨와 thymoquinone은 세포보호 및 항산화활성이 있고, 드물게 화장품이나 향수에 의한 염증과 여드름 같은 알러지성 접촉성 피부염이 생기는 경우, corticosteroid로 치료가 되었다. 근래까지 밝혀진 생리활성은 항염증, 자가면역 질환치료, 혈당강하, 항산화, 진통, 항혈액응고, 항경련, 기관지 확장, 항종양, 항균 및 간보호 활성 등이 있다(Ali BH, 2003).

항염활성①: *Nigella sativa* oil(시료), nigellone(polythymoquinone) 및 thymoquinone(TQ) 유도체는 polymorphonuclear leukocyte(PMNL)에서 5-lipoxygenase(5-LO) 형성효과를 평가한 결과, 5-LO 생산을 농도 의존적으로

저해하였고, 5-hydroxy eicosatetraenoic acid(5-HETE) 생산을 저해하였다. Nigellone은 5-HETE 생산을 농도 의존적으로 저해. 또 TQ와 nigellone은 염증성 질환을 개선할 것으로 생각되었다(El-Dakhakhny Madi NJ, 2002).

진통·항염활성②: *N. sativa* MeOH ex는 CNS 억제로 진통 활성을 보였고(Al-Naggar TB, 2003), acetic acid 유도 writhing test와 *N. sativa* seed의 진통 및 항염효과를 formalin, light tail flick, carrageenan-유도 paw edema 및 croton oil-유도 귀부종 test에서 mice와 rats 실험에서 항염활성을 실험한 결과, thymoquinone 19.7%가 진통 및 항염활성을 보였으며(Hajhashemi O, 2004), 진통작용은 nalotoxone 전처리로 가역적이었으나, 복강 내 투여에서 carrageenan-유도 paw edema는 용량 의존적으로 저해하였다 (Al-Ghamdi MS, 2001). Formalin test에서 opioid 수용체 자극 mechanism과는 다른 것으로 보였다(Ghannadi A, 2005).

항암활성: 1,2-dimethylhydrazine-유도 colon cancer test에 *Nigella sativa* oil 투여에서 현저한 암세포 항증식 활성을 보였고, 간, 신장, 비장 및 타 장기에도 조직 병리학적, 생화학적 소견에서도 변화가 없어, 부작용이 없는 결장암 치료제로 생각되었다(Salim EI, 2003). 또 *N. sativa* seed 주성분 thymoquinone (TQ)의 canine osteosarcoma(COS31), human breast adenocarcinoma(MCF-7), human ovarian adenocarcinoma(BG-1) 및 Madin-Darhy canine(MDCK) 세포주에 대해 세포독성을 MTT assay 증식과 apoptosis로 분석한 결과, TQ-유도 세포독성은 세포주기에 TQ가 MDCK 세포주에 대단히 예민, COS31 S-phase에서 세포수가 감소, G1에서 cell cycle arrest를 확인. G1-phase에서 증가하였다. 이로써 apoptosis와 cell cycle arrest를 포함. TQ는 암세포 사멸효과가 있다고 생각되었다(Shoieb AM, 2003).

혈압강하효과-씨: *Nigella sativa* 정유는 동맥압과 urethane 마취 rat 심장에 대해 thymoquinone(seed 성분)과 비교한 결과, 정유-유도 심혈관 압박 효과는 주로 5-hydroxytrytaminergic 및 muscarinic 기전과 함께 직·간접적 기전에 의한 것으로 나타났다. 직접적 기전은 정유 중 thymoquinone에 의한 것이며, 정유는 강력한 중추작용에 의한 항고혈압제로 생각되었다(6-31mmHg)(EL-

Takir KEH, 1993).

항Oxytocin효과: *Nigella sativa* 씨 정유의 rat와 guinea pig 적출 자궁 horn smooth muscle에 대한 효과를 실험한 결과, 시료는 점진적으로 자궁 smooth muscle 운동을 저해하였고, oxytocin 자극에 의해 수축이 유도되었다. 이러한 효과는 농도 의존적으로 일어났으며, 시료의 항oxytocin 작용으로 생각되었다 (Agel M, 1996).

간보호효과-Thymoquinone: *N. sativa*의 활성물질 thymoquinone(TQ)는 TBHP 독성에 대해 간보호 활성이 있다. Rat 간세포에 대해 TBHP(2mM)는 rat 간세포에 산화적 손상을 일으켜, 간세포 내 GSH 고갈을 유도하였고, 간세포 효소인 ALT와 AST 유출로 세포 활성이 감소되었다. 1mM TQ나 silybin은 간보호 물질로 TBHP 유도 간독성에 대해 감소 효과를 보였다. TQ와 silybin은 TBHP-유도 GSH 고갈을 예방하였다. TQ의 간 효소유출에 대한 보호정도는 silybin보다는 약하였다(Daba MH, 1998).

항위궤양-씨: *Nigella sativa* seed의 alcohol ex 시료가 pyloric ligation(유문결찰)과 aspirin 유도 위궤양 등 두 model에서 rat의 항위궤양 활성을 연구하였다. 항위궤양 활성은 위액 분비량, 유리산도, 총 산도 및 궤양 척도 등을 측정한 결과, 시료 투여가 위산분비, 유리산도, 총산도 및 위궤양 척도 (ulcer index)가 대조군에 비해 현저히 감소되었다(Rajkapoor B, 2002).

호흡자극효과-씨정유: Thymoquinone(TQ)은 *N. sativa*씨 정유의 한 성분으로 호흡률을 증가시킴은 기관지 내 압력을 증가시킴으로써 유도된다. 더구나 정유 유도 호흡 변화는 직접적 histaminergic 기전과 간접적 muscarinic cholinergic mechanism이 관련된 것으로 생각되었다. 그러므로 정유로부터 얻은 TQ는 강력한 중추적 호흡 자극제로 생각되었다(EL-Tahir KEH, 1993-1115).

진경·기관지확장효과-씨: *Nigella sativa* 씨(kalonji)는 전통적으로 설사나 천식을 포함한 여러 질병에 쓰여 왔다. *Nigella sativa* 씨를 in vitro에서 진경(항경련) 및 기관지 확장에 대하여 실험한 결과, Ca-channel 차단을 통하여 진경 및 기관지 확장 효과를 보였다(Gilani AH, 2001).

당뇨치료효과-Oil: STZ+Nicotinamide-유도 당뇨 hamster에서 *Nigella sativa* oil(시료)의 insulin 분비촉진 여부를 실험한 결과, 시료는 β-cell 자극 결과로, insulin 분비를 증가시켜, 결과적으로 제2형 당뇨 model에서 *N. sativa* oil이 insulin 분비 활성을 보여 당뇨 치료 효과가 있는 것으로 나타났다(Farah KM, 2002).

혈액항상성-Fixed oil: *Nigella sativa*씨 fixed oil(시료)의 혈액 항상성과 독성 및 체중에 대한 영향을 관찰하였다. 실험 동물에 시료 1mL/kg을 12주간 경구투여 후, 간 효소 변화 외에 혈청 cholesterol, triglyceride 및 혈당 또 백혈구 수와 혈소판이 각각 15.5, 22, 16.5, 35 및 32%로 대조군보다 현저히 감소. Haematocrit와 혈색소량은 6.4와 17.4%로 현저히 상승하였고, 체중이 실험군에서 대조군보다 현저히 감소하였다. 한편 치료량의 10배 투여(10mL/kg po in mice)에서 15일 내에 사망은 없었다. 이로써 *Nigella sativa*씨는 지방이상과 과혈당 및 관련 비정상적 증상이 없었으므로, 치료에 사용할 수 있어 전통적 사용을 뒷받침하고 있다. 그러나 시료의 fixed oil의 급성 및 만성 독성에 대한 연구가 요구되었다(Zaoui A, 2002).

혈전용해활성-**정유**: *N. sativa* MeOH 용성 oil은 arachidonic acid-유도 혈소판 응고 및 혈액 응고에 대한 저해활성 연구에서 MeOH 분획을 분석한 결과, 신물질 2-(2-methoxypropyl)-5-methyl-1,4-benzenediol①과 기지물질 thymol②, carvacrol③은 대단히 강력한 활성을 보였고, ①-③과 8개의 다른 물질도 arachidonic acid-유도 혈소판응고 물질도 있었다. 이들은 hydroxy 및 acetoxyl group이 있는 aromatic compound로 aspirin보다 더 강한 혈소판 응고 억제를 보여, 혈전에 좋은 치료제가 될 것으로 생각되었다(Enomoto S, 2001).

산화적Stress-**치료효과**: Tunisia *Nigella sativa* 정유에서 trans-sabinene hydrate methylether①, cis-sabinene hydrate methylether②, γ-terpinene epoxide③, 및 terpinolene epoxide④를 분리동정하였고, 이들은 항산화활성과 NO 생성을 저해하였다. 이들 중 sabinene hydrate methylether가 가장 강하였다. 본 Tunisia 정유는 식품 첨가물로 식품가공에, oxidative stress관련

질환 치료제로 제약분야에 유용될 것으로 보였다(Bourgou S, 2012).

항산화활성: *Cuminum cyminum*(cumin), *Nigella sativa*(black cumin) 및 *Cuminum nigrum*(bitter cumin) 중 항산화활성이 가장 강한 것은 bitter cumin (DPPH)으로 고농도의 phenol성 물질을 함유하고 있다(Singh G, 2005-2297). 항산화활성은 black cumin seed oil이 강하여 BHA나 BHT와 유사. 씨 정유를 분석한 결과, 38성분을 동정: p-cymene 36.2%, thymoquinone 11.27%, α-thujene 10.03%, longifolene 6.3%, β-pinene 3.78%, α-pinene 3.33% 및 carvacrol 2.12%였다(Sigh G, 2005-1742).

항미생물활성-씨①: *Nigella sativa* seed(25-499μg extract/disc) ex 시료는 gram(+)인 *S. aureus*, gram(-)인 *Pseudomonas aeruginosa*와 *E. coli* 및 병원성 yeast인 *Candida albicans*에 시료 농도 의존적으로 항미생물활성을 보였고, 또 시료는 streptomycin과, gentamycin과 항미생물 상승효과를, spectinomycin, erythromycin, tobramycin , doxycyclin, chloramphenicol, nalidixic acid, ampicillin, lincomycin 및 sulphamethoxyzole-trimethoprin 병용에서 항bacteria 상승효과를 보였다(Hanaty MSM, 1991).

항미생물활성-씨②: *Nigella sativa* 수침 ex(시료)의 candidiasis mice에 대한 실험에서 *Candida albicans* 희석액을 간, 비장 및 신장에 colony를 만들어 시료(6.6mL 단백질, 3일간 1회)투여에서 24시간 후, 모든 organ에서 미생물 성장이 상당히 저해되었다. 신장에서는 *Candida*가 5배, 간에서 8배 및 비장에서 11배 후처리 동물에서 감소시켰다. 이는 조직 병리학적 검사에서 확인되었다. 이러한 결과는 *Nigella sativa* 씨 수침 ex가 candidiasis에 대해 저해활성이 있음을 보였고, 진균 오염에 전통적으로 쓰여 왔음을 확인하였다(Khan MAU, 2003).

항균활성-씨③: *Nigella sativa* 씨 정유의 *Shigella dysenteriae* 1, *S. flexheri*, *S. sonnei*, 및 *S. boydii* 등 37종과 *Vibrio cholerae* 10종 및 *E. coli*에 대한 항균활성을 실험한 결과, 대부분 균주는 ampicillin과 임상적으로 co-trimoxazole 및 tetracycline에 내성이 있었다. 모든 균주는 씨 정유에 감수성을 보였고, *Shigella*, *Vibrio*, *Escherichia* 균주에 MIC는 50-400μg/

mL로 설사 치료용으로 쓰일 수 있다(Ferdou AJ, 1992). 또 씨 정유는 *Penicillium citrinum*에 가장 강하였고, *Bacillus cereus*, *B. subtilis* 및 *Staphylococcus aureus*, *Pseudomonas aeruginosa*에도 활성이 있었다(Sigh G, 2005).

미백효능-Oil: *Nigella sativa* oil의 미백 효능을 확인코자, *N. sativa* oil 및 oil 성분들을 버섯 tyrosinase B16 melanoma 세포를 이용, melanin 생성을 실험, B16-F10 melanoma 세포에서 melanin 생성 저해활성 실험 결과, oil은 10mg/mL에서 약 86%의 melanin 생성을 억제, KT-PCR과 Western blot을 통한 melanin 생성기작에 대한 영향은 melanin 활성의 주요 단백질 tyrosinase 발현 저해 효과가 우수하였다. 또 tyrosinase 관련 단백질-1 (TRP-1) 및 -2(TRP-2)의 발현이 억제되었다. 따라서 *N. sativa* oil은 melanin 생합성 저해뿐 아니라 melanin 합성에 필수효소(Tyrosinase, TRP-1, TRP-2) 발현 저해로 미백 효과가 나타나는 것을 확인. 이로써 *N. sativa* oil은 melanin 생합성을 저해하는 미백 소재로의 활용이 기대되었다(Lee SY, 2011).

Indazole alkaloids-씨: *Nigella sativa* 씨에서 새로운 indazole alkaloid인 nigellidine이 분리동정되었고, 기지물질 nigellicine도 분리동정하였다(Atta-ur-Rahman, 1995).

Flavonol triglycoside-씨: *Nigella sativa* 씨에서 새로운 3개 flavonoid glycoside: quercetin과 kaempferol 3-glucosyl(1→2)glucoside 및 quercetin 3-(6-feruloylglucosyl)(1→2)galactosyl(1→2) glucoside를 분리동정하였다(Merfort I, 1997).

지방·정유-씨: *Nigella sativa* 씨의 fixed oil과 정유를 추출, GC와 GC-MS를 분석. 8개 지방산 99.5%와 32성분 86.7%을 fixed oil과 정유에서 동정한 결과, fixed oil의 주요 지방산은 linoleic acid 55.6%, oleic acid 23.4%, 및 palmitic acid 12.5%. 주요 정유성분은 trans anethole 38.3%, p-cymene 14.8%, limonene 4.3%, 및 carvone 4.0%였다(Nikavar B, 2003).

성분-씨: *Nigella sativa* 씨 hexane ex에서 새로운 2개의 aliphatic compound; 16-tricosen-7-ol과 6-nonadecanone을 분리동정하였고, 씨 정유 분석 결과, 38성분을 동정. P-cymene 36.2%, thymoquinone 11.27%, α-thujene

10.03%, longifolene 6.3%, β-pinene 3.78%, α-pinene 3. 33% 및 carvacrol 2.12%(Sigh N, 2005-1742). 또 특수성분으로는 thymoquinone 27.8-57%, p-cymene 7.1-15.5%, carvacrol 5.8-11.6%, t-anethole 0.25-2.3%, 4-terpineol 2.0-6.6%, longifoline 1.0-8.0%, antioxidant rich volatile oil 0.40-1.50%, thymoquinone 18.4-24%, monoterpene 46%; (p-cymene, α-pinene), 항산화활성은 DPPH assay로 정유, thymoquinone, carvacrol이 각각 460.0, 211.0, 28.8mg/mL. black cumin seed는 IC_{50} 515μM (DPPH)이었다(Tauseefsultan M, 2009).

정유성분-씨: *Nigella orientalis* L. seed를 수증기 증류, GC-MS로 분석, 18성분을 동정. 그중 주요 성분은 β-elemene 68.8%, γ-cadiene 5.2%, β-selinene 4.3%, 및 α-selinene 3.3%이였고, oil 중 sesquiterpene hydrocarbons 90.3%(Kokoska L, 2005). Poland에서 재배한 *Nigella sativa*씨의 정유에서 48성분을 동정. 14성분은 black cumin에서 분리된 적이 없는 성분. 더구나 2개의 monoterpenoid; cis-와 trans-4-methoxythujane은 식물계에서 처음으로 발견되었고, 각각의 함량은 정유의 0.3%와 4%였다 (Wajs A, 2008).

영양평가-씨: *Nigella sativa*씨 분석에서 조단백 216g, fat 406g, ash 45g, 조섬유 84g, nitrogen free extract 249g, 수분 38g/kg. Fe 105mg/kg, Cu 18mg, Zn 60mg, P 527mg, Ca 1,860mg, thiamin 15.4mg, niacin 57mg, pyridoxine 5.0mg, 및 folic acid 160μg. 단백질 영양평가에서 Syria 씨보다 Turkey 씨가 높았다(NPU). 이상의 결과로 black cumin씨의 영양은 좋은 것으로 보였다(Takruri HRH, 1998). 또 다른 재배 씨 분석에서 수분 3.8-7.0%, oil 22.0-40.35%, protein 20.85-31.2%, ash 3.7-4.7%, 탄수화물 24.5-40.0%, 다불포화 지방산 48-70%, monounsaturated fatty acid 18-29%, 포화지방산 12-25%였다(Tauseefsultan M, 2009).

질소비료-씨성분: 질소비료 증가(0, 30, 60 및 90kg/ha)에 따른 63일 된 *Nigella sativa* 씨의 성분변화를 분석한 결과, 씨의 fixed oil 함량은 32.7-37.8%, 30kgN/ha에서 oil 증가가 현저하였고, 포화지방산 palmitic acid는 다소

증가하였다. Stearic acid는 60kgN/ha에서 감소, fixed oil의 주요 불포화지방산은 linoleic acid와 oleic acid, linoleic acid와 dihomolinolenic acid(20:2)은 N비료 함량에 변화가 없었으나, α-linolenic acid(18:3)은 60과 90kgN/ha 크게 변하였다. 씨 정유 함량은 N함량에 별 변화가 없었고, 정유 주성분 p-cymene은 30kgN/ha에서 증가하였으나, α-pinene, β-pinene 변화가 없었고, K, P, Na, Fe, Mn은 변화하였으나, Ni는 변화가 없었다. Ca, Mg, Cu, 및 Cr은 낮았고, Zn은 중정도. N증가와 K, P, Ca, Mg 또 Cr 함량과 상관성이 없었다. 반대로 N함량 증가에 따라 씨의 Mn, Zn 및 Ni는 감소하였다(Ashraf M, 2006).

효능과 이용

1) 식용: 씨는 빵, 페이스트리(pastry), 커리, 고기, 처트니(chutneys: 달콤, 시큼한 인도 조미료), 소스, 채소 요리, 발효 음식이나 치즈에 넣어 먹는다.
2) 약용 : 월경통, 산후 복통, 유즙 분비 부족, 식욕부진, 발열 등에 내복하고, 종양, 치질, 피부병, 고환염(orchitis)에 외용하나 임신 중에는 금한다.

참고 문헌

1) Abdel-Fattah AM, Matsumoto K, Watanabe H. *Eur J Pharmacol* 2000 400 89 (Antinociceptive effects on *Nigella sativa* oil and its major component, thymoquinone in mice)
2) Agarwal R, Kharya MD, Shrivastava R. *Indian J Exp Biology* 1979b 17 1264 (Antimicrobiol and antihelmintic activities of the essential oil of *Nigella sativa*)
3) Agel M, Shaheen R. *J Ethnopharmacol* 1996 52 23(Effects of the volatille oil of *Nigella sativa* seeds on the uterine smooth muscle of rat and guinea pig)
4) Agel M. *Dirasat* 1992b 19B 91(The relaxing effect of the volatile oil of *Nigella sativa* seeds on vascular smooth muscle)
5) Al-Ghamdi MS. *J Ethnopharmacol* 2001 76 45(The anti-inflammatory, analgesic and anti-pyretic activity of *Nigella sativa*)

6) Al-Hader A, Agel M, Hassan Z. *Int J Pharmacogn* 1993 31 96(Hypoglycemic effects of the volatile oil of *Nigella sativa* seeds)

7) Ali BH, Blunden G. *Phytother Res* 2003 17 299(Pharmacological and toxicological properties of *Nigella sativa*)

8) Al-Naggar TB, Gomez-serrannillos MP, Carretero ME, Villar AM. *J Ethnopharmacol* 2003 88 63(Neuropharmacological activity of *Nigella sativa* L. extracts)

9) Alya M, El-Mahdy SAM. *Saudi Pharmaceut J* 1997 5 110(A Study of anti-inflammatory activity of *Nigella sativa* L. and thymoquinone in rats)

10) Ashraf M, Ali Q, Igbal Z. *J Sci Food Agr* 2006 86 871[Effect of nitrogen application rate on the content and composition of oil, essential oil and minerals in black cumin (*Nigella sativa* L.)seeds]

11) Atta-ur-Rahman MM, Malik S, Zaman K. *J Nat Prod* 1992 55 676(Nigellimine: a new isoquinoline alkaloid from the seeds of *Nigella sativa*)

12) Atta-ur-Rahman, Malik S, Hansan SS, et al. *Tetrahedron Lett* 1995 36(12) 1993 (Nigellidine-a new indazole alkaloid from the seeds of *Nigella sativa*)

13) Babayan VK, Koottungal D, Halaby GA. *J Food Sci* 1978 43 1314(Proximate analysis fatty acid and amino acid composition of *Nigella sativa* L. seeds)

14) Badary OA, Gamal-El-Din AM. *Cancer Detect Prev* 2001 25 362(Inhibitory effects of thymoquinone against 20-methylcholanthrane-induced fibrosarcoma tumorigenesis)

15) Bashandy SAE. *Egypt J Pharm Sci* 1996 37 313(Effects of *Nigella sativa* oil on liver and kidney functions of adult and senile rats)

16) Bourgou S, Pichette A, Lavoie S, et al. *Flavour Fragr J* 2012 17 69(Terpenoids isolated from Tunisian *Nigella sativa* L. essential oil with antioxidant activity and the ability to inhibit NO production)

17) Daba MH, Abdel-Rahman MS. *Toxicol Lett* 1998 95 23(Hepatoprotective activity of thymoquinone in isolated rat hepatocyte)

18) Deni Bown. *New Encyclopedia of Herbs & Their uses* Dorling Kindersley Limited

2001 p288(*Nigella sativa* L.)

19) El-Dakhakhny M, Barakat M, El-Halim M, Aly SM. *J Ethnopharmacol* 2000 72 299 (Effects of *Nigella sativa* oil gastric secretion and ethanol-induced ulcer in rats)

20) El-Dakhakhny Madi NJ, Lambert N, Ammon HPT. *J Ethnopharmacol* 2002 81 161(*Nigella sativa* oil, nigellone and derived thymoquinone inhibit synthesis of 5-lipoxygenase products in polymorphonuclear leukocytes from rats)

21) El-Tahir KE, Ashour MM, Al-Harbi MM. *Gen Pharmacol* 1993b 24 1123(The cardiovascular action of the volatile oil of the black seed(*Nigella sativa*) in rats: elucidation of the mechanism of action)

22) EL-Tahir KEH, Ashour MMS, AL-Harbi MM. *Gen Pharmac* 1993 24(5) 1115(The respiratory effects of the volatile oil of the black seed (*Nigella sativa*) in guinea-pigs: elucidation of the mechanisms of action)

23) Enomoto S, Asano R, Iwahori Y, et al. *Biol Pharm Bull* 2001 24(3) 307 (Hematological studies on black cumin oil from the seeds of *Nigella sativa* L.)

24) Fararh KM, Atoji Y, Shimizu Y, Takewaki T. *Res Veterinar Sci* 2002 73 279 (Insulintropic properties of *Nigella sativa* oil in STZ-plus nicotinamide diabetic hamster)

25) Ferdou AJ, Islam SN, Ahsan M, Hassan CM. *Phytother Res* 1992 6 137(In vitro antibacterial activity of the volatile oil of *Nigella sativa* seeds against multiful drug-resistant isolates of *Schigella* spp. and isolates of *Vibrio cholerae* and *E. coli*)

26) Ghannadi A, Hajhashemi V, Jafarabadi H. *J Med Food* 2005 8(4) 488(An investigation of the analgesic and anti-inflammatory effects of *Nigella sativa* seed polyphenols)

27) Gilani AH, Aziz N, Khurram IM, et al. *J Pak Med Assoc* 2001 51 115(Bronchodilator, spasmolytic and calcium antagonist activities of *Nigella sativa* seed(kalonji): a traditional herbal product with multiple medicinal uses)

28) Hajhashemi O, Ghannadi A, Jafarabadi H. *Phytother Res* 2004 18 195(Black cumin seed essential oil, as a potent analgesic and anti-inflammatory drug)

29) Hanaty MSM, Hatem ME. *J Ethnopharmacol* 1991 34 275[Studies on the antimicrobial activity of *Nigella sativa* seed(Black cumin)]

30) Keshri C, Singh MM, Lakshmi V, et al. *Indian J Physiol Pharmacol* 1995 39 59 (Postcoital contraceptive efficacy of the seeds of *Nigella sativa* in rats)

31) Khan MAU, Achtog MK, Zuberi HS, et al. *Phytother Res* 2003 17 183(The in vivo antifungal activity of the aqueous extract from *Nigella sativa* seeds)

32) Kokoska L, Havlik J, Valterova I, et al. *Flavour Fragr J* 2005 20 419(Chemical composition of the essential oil of *Nigella orientalis* L. seeds)

33) Lee SY, Lee SM, Heo WB, et al. *J Soc Cosmet Sci Kor* 2011 37(4) 319(Effect of *Nigella sativa* oil on melanogenesis)

34) Mahgoub AA. *Toxicol Lett* 2003 143 133(Thymoquinone protects against experimental colitis in rats)

35) Mansour MA, Ginawi OT, El-Hadiyah T, et al. *Res Commun Mol Pathol Pharmacol* 2001 110 239(Effects of volatile oil constituents of *Nigella sativa* on CCl4-induced hepatotoxicity in mice: evidence for antioxidant effects of thymoquinone)

36) Merfort I, Wray V, Barakat H, et al. *Phytochemistry* 1997 46(2) 359(Flavonol triglycosides from seeds of *Nigella sativa*)

37) Mulabagani A, El-Mahdy SAM. *Saudi Pharmacol J* 1997 5 110(A study of the anti-inflammatory activity of *Nigella sativa* L. and thymoquinone in rats)

38) Namba T, Tsunezuka M, Dissanayake D, et al. *Shoyakugoku Zasshi* 1985 93 146 (Studies on dental caries prevention by traditional medicine (Part VII): Screening of Ayurvedic medicine for antiplaque action)

39) Nergiz C, Otles S. *Food Chem* 1993 48 259(Chemical composition of *Nigella sativa* L. seeds)

40) Nikavar B, Mojab F, Javidnia K, Amoli MAR. *Z Naturfor* 2003 58 629(Chemical composition of the fixed and volatile oil of *Nigella sativa* L. from Iran)

41) Rajkapoor B, Anandan R, Jayakar B. *Curr Sci* 2002 82 177(Anti-ulcer effect of *Nigella sativa* L. against gastric ulcers in rats)

42) Ramadan MF. *Int J Food Sci Technol* 2007 42 1208[Nutritional value, functional properties and nutraceutical applications of black cumin (*Nigella sativa* L.) an overview]

43) Salem ML, Hossain MS. *Int J Immunopharmacol* 2000 22 729(Protective effect of black seed oil from *Nigella sativa* against murine cytomegalovirus infection)

44) Salem ML. *Int Immunopharmacol* 2005 5 1749(Review, Immunomodulatory and therapeutic properties of the *Nigella sativa* L. seed)

45) Salim EI, Fukushima S. *Nutr Cancer* 2003 45 195(Chemopreventive potential of volatile oil from black cumin(*Nigella sativa* L.) seeds against rat colon carcinogenesis)

46) Seshadri C, Pillai SR. *Plant Med* 1981 2 1(Antifertility activitiy of a compound Ayurvedic preparation)

47) Shoieb AM, Elgayyar M, Dudrick PS, et al. *Int J Oncol* 2003 23 107(In vitro inhibition of growth induction of apoptosis in cancer cell lines by thymoquinone)

48) Singh G, Marimuthu P, de Heluani CS, Catalan C. *J Sci Food Agr* 2005 85 2297 (Chemical constituents and antimicrobial and antioxidant potentials of essential oil and acetone extract of *Nigella sativa* seeds)

49) Singh N, Verma M, Mehta D, Mehta BK. *Indian J Chem* 2005 44B 1742(Two new lipid constituents of *Nigella sativa* seeds)

50) Takruri HRH, Dameh MA. *J Sci Food Agr* 1998 76 404[Study of the nutritional value of black cumin seeds(*Nigella sativa* L.)]

51) Tauseefsultan M, Butt MS, Anjum FM, et al. *Pak J Bot* 2009 41(3) 1321(Nutritional profile of indigenous cultivar of black cumin seeds and antioxidant potential of its fixed and essential oil)

52) Thippeswamy NB, Naidu KA. *Eur Food Res Technol* 2005 220 472(Antioxidant potency of cumin varieties-cumin, black cumin and bitter cumin-on antioxidant system)

53) Wajs A, Bonikowski R, Kalemba D. *Flavour Fragr J* 2008 23 126(Composition of

essential oil from seeds of *Nigella sativa* L. cultivatied in Poland)

54) Worthen DR, Omer WA, Ghosheh A, et al. *Anticancer Res* 1998 18 1527(The in vitro anti-tumor activity of some crude and purified components of black seed, *Nigella sativa*)

55) Zaoui A, Cherrah Y, Alaoui K, et al. *J Ethnopharmacol* 2002 79 23(Effects of *Nigella sativa* fixed oil on blood homeostasis in rat)

56) Zaoui A, Cherrah Y, Lacaille-Dubois MA, et al. *Therapie* 2000 55 379(Diuretic and hypotensive effects of *Nigella sativa* in the spontaneously hypertensive rat)

32 히솝

Hyssopus officinalis

꿀풀과
(Labiatae)

Hyssop(英)

원산지: 남유럽, 중앙아시아

용도: 식용·약용 – 정유, 잎, 꽃, 전초

역사

히솝(hyssop)의 어원은 히브리어 'ezob' 즉, '성스러운 향초(holy herb)'를 말하며, *officinalis*는 '약용한다'는 뜻으로 이스라엘에서는 정결의식에 재앙과 악귀를 물리쳤다는 것이다.

히솝은 박하 같은 상쾌한 향기와 쌉쌀한 맛이 있고, 출애굽기 12장 21-27절의 사건으로 유태인은 유월절에 히솝을 먹는 풍습이 있으며 성경의 레위기 14장 4절에 문둥병을 고치는 데 쓰였다는 기록도 있다(Herbs p240).

식물학적 특성

키 40-60cm의 상록 다년생 초본. 작은 관목처럼 자란다. 가지를 많이 치며 윤기 있는 잎은 버들잎 축소형. 잎 윗면에 많은 유점(油点)이 있다. 6-9월경 청자색 또는 흰색 분홍색 등의 잔 심형화가 이삭져서 핀다. 열매는 삭과로 갈색의 씨가 결실된다. 흰꽃이 피는 것은 white hyssop(for albus)이다.

잎은 상록이므로 수시로 수확하고 꽃을 수확할 때는 피기 시작할 때 꽃을 잘라 건조 보관한다(Herbs p240).

특수성분

*Hyssopus officinalis*에서 (-)-Pinocampheol(P-01316), (-)-Pinocamphone(P-01318)와 동속식물에서 Nonanoic acid(N-00584), Nonanoic acid methylester (N-00584)가 동정되었다(DNP p611).

생리활성

Mini-review: *Hyssopus officinalis* 주성분은 flavonoids인 apigenin, quercetin, diosmin, luteolin 및 그의 glucoside, phenol성 물질은 chlorogenic, protocatechic, ferulic, syringic, p-hydroxybenzoic 및 caffeic acids, terpenoids는 pinocamphone, isopinocamphone, 및 β-pinene, 생리활성은 중정도의 항산화활성, gram(±)bacteria 및 fungus에 항균활성, insecticidal antiviral 활성(in vitro), 근육이완, 항혈소판 및 α-glucosidase 저해활성. 인체연구에서는 반대 작용도 있어 더 많은 연구가 필요하며, 특히 성분은 기후, 생물학적 차이, 채취장소, 시간, 여러 chemotype, 분리방법 등에 따라 많은 차이가 있어 주의가 요구되었다(Fathiazad F, 2011).

항미생물활성-정유성분①: France의 *Hyssopus officinalis* L. var. *decumbens* (Hd)와 Italy의 *H. officinalis*(H) 정유의 항미생물활성을 조사한 결과, Hd와 H의 성분은 GC와 GC/MS로 분석한 결과, H에 pinocamphone과 iso-pinocamphone 각각 4.4%, 43.3% 함유하였으나, Hd에는 없었고, linalool 51.7 %, 1,8-cineole 12.3% 및 limonene 5.1% 함유. Gram(+)균 *St. aureus* 및 *Enterococcus* spp.와 gram(-)균(*Klebsiellaoxytoca*, *E. coli*, *Proteus mirabills*, *Pseudomonas* spp.와 *Sallmonella*) 2균주에 H가 항미생물활성이 있으나, Hd는 *Enterococcus* spp와 *E. coli*에도 활성을 보였다. 실험한 모든 yeast 즉 *Candida albicans*, *C. krusei* 및 *C. tropicalis*에는 H와 Hd 모두 강한 저해를 보였다. H의 MIC는 bacteria에 1.2%이상, yeast에는 0.6-1.2%. Hd의 MIC는

bacteria gram(+)에 0.15와 0.5%, gram(-) bacteria에 0.3과 1.2%, yeast에는 0.15와 0.3%. Hd는 일반적으로 bactericidal, linalol, 1,8-cineole은 Hd는 H에 비하여 항미생물활성이 큰 것은 limomene이 antimycotic 활성이 크기 때문이다 (Mazzanti G, 1998-298).

항미생물·항산화-정유②: *Hyssopus officinalis* 잎 정유는 수증기 증류 후 GC/MS로 분석한 결과, isopinocamphone 57.27%, (-)-β-pinene 7.2%, (-)-terpinen-4-ol 7.13%, pinocarvone 6.49%, carvacrol 3.02%, p-cymene 2.81% 및 myorenal 2.32%가 주성분. 항미생물활성은 *S. pyogens*, *S. aureus*, *C. albicans* 및 *E. coli*에 강력한 활성을 보였으나, *P. aeruginosa*에는 없었다. 항산화활성은 BHT와 ascorbic acid보다 낮았다(Kizil S, 2010; Özer H, 2006).

항진균활성-정유③: Italy의 Urbino 근처 여러 곳에서 자란 두 *Hyssopus officinalis* L. ssp. *officinalis*를 GC와 GC/MS로 분석한 결과, pinocamphone 34%, 18.5%, isopinocamphone 3.2%, 2.9% 및 β-pinene 10.5%, 10.8%. linalool 0.2%, 7.9% 및 camphor 0.3%, 5.3%, 병원성 진균 *Fusarium culmorum*을 비롯 8종과 *Phytophytora* 3종, *Botrytis cinerea*, *Rhyzoctonia solani*, *Alternaria solani* 등 13종에 대하여 항균활성을 보였다. 정유의 항진균활성은 해발 1,000m 이상에서 자란 hyssop에서 높은 활성을 보였다 (Fratenale D, 2004).

세포독성-정유: *Hyssopus officinalis*(HO)와 *H. officinalis* var. *decumbens* (HOD) 정유의 항미생물활성은 *S. aureus*와 *S. sanguis* 사멸 최소시간과, 세포독성은 brine shrimp의 24시간 내에 사멸을 측정하였다. 최소농도 0.1% w/v, 사멸시간은 HOD는 8분, HO는 15-30분. Brine shrimp test에서 24시간 내 50% 최고농도 LC_{50}은 HOD가 HO 156.03μg/mL vs 191.06mg/mL보다 낮았다. HOD 주성분 linalool은 순수물질 시험에서 가장 강하였다(Renzini G, 1999).

HIV저해-잎: *Hyssopus officinalis* 마른 잎 crude extract는 강력한 anti-Human immunodeficiency virus(HIV)로, syncytia(합포채) 형성을 저해하였다. *H. officinalis* 잎 ex는 caffeic acid, 동정되지 않은 tannin, 동정되지 않은

고분자 물질을 함유, 이들이 강력한 항 HIV 활성을 보여 AIDs 환자 치료에 도움이 될 것으로 생각되었다(Kreis W, 1990).

근육이완활성-정유: Hyssop 정유와 정유성분 isopinocamphone, limonene 및 β-pinene의 guinea pig과 rabbit intestine을 이용, 근육이완 활성을 실험하였다. 정유성분 isopinocamphone은 농도 의존적(IC_{50} 42.4μg/mL, 61.9μg/mL to acetylcholine; 48.3μg/mL와 70.4μg/mL to $BaCl_2$)으로 acetylcholine-과 $BaCl_2$- 유도 guinea pig 회장 수축을 저해하였고, limonene과 pinene은 수축이 변하지 않았다. Hyssop 정유는 또한 $CaCl_2$ 유도 수축을 차단하였다. 적출 토끼 십이지장에서 정유는 점진적 운동의 증가를 감소시켰고, 기본 긴장도 감소시켰다. 뿐만 아니라 hemoglobin, methylene blue, N-nitro-L-arginine methyl ester(L-NAME)나 propanolol은 근이완 myorelaxant 효과를 차단시켰다(Lu M, 2002).

진경활성-정유: *Hyssopus officinalis* L. var. *decumbens*(HOD) 정유와 주요 정유성분의 진경활성을 적출 guinea pig 회장에서 linalool, 1,8-cineole 및 limonene에 의해 acetylcholine과 $BaCl_2$ 유도 회장 수축을 실험. HOD와 linalool은 acetylcholine-과 $BaCl_2$- 유도 수축에 대해 농도 의존적으로 (IC_{50}값 HOD, 37μg/mL와 60μg/mL; linalool 10μg/mL와 51μg/mL) 저해하였고, 이 작용은 비경쟁적. 반대로 1,8-cineole과 limonene은 약한 경련이 일어났을 뿐이었다(Mazzanti G, 1998-S92).

항당뇨-식후혈당저해: *Hyssopus officinalis*(Hyssop) 건조 잎에서 분리한 α-glucosidase 저해물질(2S,3S) 1-*O*-β-D-6′-*O*-cinnamoylglucopyranosyl-3-(3″,5″-dimethoxy-4″-hydroxyphenyl)-1,2,3-propanetriol과 (2S, 3S)1-*O*-β-D-glucopyranopsyl-3-(3″,5″-dimethoxy-4″-hydroxyphenyl)-1,2,3-propane-trinol을 동정, 이들은 rat의 뒤집힌 장에서 장내 탄수화물 흡수를 또 탄수화물 부가 고혈당(mice)을 Hyssop ex가 저해하였다. Hyssop ex는 복합 탄수화물 소화를 저해하였으나, 단당류 흡수를 방해하지 않아, 고혈당에 유용한 식품보조제로 생각되었다(Miyazaki H, 2003). Hyssop 잎 MeOH ex에서 α-glucosidase 저해활성이 있었고, 활성물질은 rat 소장 acetone powder에서

활성물질을 분리동정한 결과, (7S, 8S)-syringoylglycerol-9-*O*-(6′-*O*-cinnamoyl)-β-D-glucopyranoside와 (7S, 8S)-syringoylglycerol-9-*O*-β-D-glucopyranoside이었다(Matsuura H, 2004).

정유성분-잎·꽃·줄기·뿌리: *Hyssopus officinalis*의 각 부위 성분과 성장 3 stage에서 GC와 GC/MS로 분석. 주성분은 pinocamphene, camphor 및 β-pinene 및 15 다른 terpene 검색, isopinocamphone, α-와 β-phellandrene, germacrene D 및 myrtenol 유도체, sesquiterpene alcohol인 hedycaryol은 분석 중 elemol로 변. 정유함량은 0.03-0.16%. Glycosidic volatile은 소량 0.01-0.06%, pectinol C와 β-glucosidase로 배당체를 분해. Octan-3-ol, linalool, cis-nerolidol, benzylalcohol, penylethanol, eugenol 및 *O*-vanillin bicyclic terpene인 myrtenol과 verbenol은 Hyssop의 휘발성 glycoside와 정유성분과 직접 연결된 물질이다(Schulz G, 1991).

정유성분-꽃·잎: *Hyssopus officinalis* 잎과 꽃을 수증기 증류, 수율 1.14% (fresh wt), 이를 GC/MS로 분석. 1,8-cineole 52.89%, β-pinene 16.82%이 주성분. 다음 sabinene 2.97%, α-pinene 2.54%. limonene 2.25%, pinocarvone 1.72%, (Z)-β-ocimene 1.44%, (E)-β-ocimene 1.35% 등이었다(Garcia Vallejo MC, 1995).

정유성분①: 북인도에서 재배된 *Hyssopus officinalis* ssp. *officinalis*를 수증기 증류, 신선품의 0.25%, 건조품의 1.18%를 얻어 GC와 GC/MS로 분석, 21물질을 동정. Oil의 95.6%, 7개 monoterpene hydrocarbons 32.3%, 5개 oxygenated monoterpenes 60.5%. 1개 phenol 0.2%, 6개 sesquiterpene hydrocarbons 0.35%, camphor 냄새가 나는 주요 물질은 pinocamphone 49.1%〉β-pinene 18.4%〉isopinocamphone 9.7%이었고, 이외 limonene 5.6% 및 β-phellandrene 4.2%였다(Garg SN, 1999).

정유성분②: Turky Anatolia에서 야생 *Hyssopus officinalis* L. subs *angustifolius*를 채취, GC/M로 정유를 분석, 34 물질을 분리, 동정, 주요 물질은 pinocarvone 36.5%, pinocamphone 19.6%, β-pinene 10.6%, 1,8-cineole 7.2% 및 isopinocamphone 5.3%였다(Özer H, 2005).

자동표준추출법: *Hyssopus officinalis* L. ssp. *angustifolius*의 항산화활성 phenol 물질 추출은 일반 추출법보다 자동 표준 추출법이 유리. 항산화활성은 자동 표준추출에 의한 수침 ex가 radical 소거활성이 강하였고(DPPH), non-polar ex는 β-carotene/linoleic acid test system에서 활성이 있었다. 정유는 두 test법에서 활성을 보이지 않았다. 총 phenol과 총 flavonoid 함량은 수침과정에서 가장 높아 4.70%(gallic acid equivalent)와 1.30%, pro-anthocyanidine은 동일 시료에서 높았고, $CHCl_3$ ex 10.250mg/L, MeOH ex HPLC 분석에서 chlorogenic acid 166.21g/g와 caffeic acid 111.09g/g는 모두 주요 phenol성 물질로 수율이 높아 자동 표준 추출법이 일반 추출법보다 활성물질 분리에 더 양호하였다(Hatipoglu G, 2013).

효능과 이용

1) 식용: 쌉쌀하고 향기로우며 수렴성 있는 잎은 리큐어의 부향제로, 지방질이 많은 생선, 육류 등의 요리용 향미제(소화 촉진의 역할)로 소스, 샐러드, 후르츠 칵테일, 파이 등에도 쓰인다. 히숍 꽃의 꿀은 향기와 맛이 뛰어나 유명한 밀원식물.

2) 약용: 약효가 높이 평가되어 차는 건위 정장제로, 히스테리, 염증, 류머티즘의 치료제로, 구풍작용, 거담작용이 있어 기관지염, 감기 등 호흡기계 질환, 심신의 강장제로, 쌉쌀 한 향미와 수렴성이 있어 소화흡수를 촉진한다. 또 상처난 곳에 잎즙을 바르기도 한다. 잎에 페니실린(penicillin)을 만드는 곰팡이가 생기는 것이 발견되었다.

3) 기타: 히숍은 목욕제로, 잎, 꽃, 줄기에서 추출한 정유는 향기가 좋아 향수, 오데코롱의 원료. 포기 전체에서 박하 같은 향기 때문에 방향제로 이용하였다.

★ 임신 중에는 삼간다.

참고 문헌

1) Chalchat JC, Adamovic D, Gorunovic MS. *J Essent Oil Res* 2001 13 419

(Composition of oils of three cultivated forms of *Hyssopus officinalis* endemic in Yugoslavia;)

2) Fathiazad F, Hamedeyazdan S. *African J Pharm Pharmacol* 2011 5(17) 1959(A review on *Hyssopus officinalis* L.: Composition and biological activities)

3) Fratenale D, Ricci D, Epifano F, Curini M. *J Essent Oil Res* 2004 16 617 [Composition and antifungal activity of two essential oils of Hyssop(*Hyssopus officinalis* L.)]

4) Garcia Vallejo MC, Herraiz JG, Pere-Alonso MJ, Velasco-Nequeruela A. *J Essent Oil Res* 1995 7 567(Volatile oil of *Hyssopus officinalis* L. from Spain)

5) Garg SN, Naqvi AA, Singh A, et al. *Flavour Fragr J* 1999 14 170(Composition of essential oil from an annual crop of *Hyssopus officinalis* grown in Indian plains)

6) Ghifir B, Fonville JL, Dargent R. *Mycopathologia* 1997 138 7[Influence of essential oil of *Hyssopus officinalis* on the chemical composition of the walls of *Aspergillus fumigatus*(Fresenius)]

7) Greenberg S, Ortiz, E L. *The Book of Spices* Times Book International, Singapore 1983, 8

8) Hatipoglu G, Sökmou M, Bektas E, et al. *Ind Crops Prod* 2013 43 427(Antomated and standard extraction of antioxidant phenolic compounds of *Hyssopus officinalis* L. ssp. *angustifolius*)

9) Ivashev M N, Andreeva O A, Bandyukova V A, Dragaleva T D. *Khim Pharm Zh* 1995 29 39(Isolation of diosmin from *Vicia* and *Hyssopus* medicinal plants and its effect on blood coagulation)

10) Kazazi H, Rezaei K, Ghotbsharif S, et al. *Food Chem* 2007 105 805(Supercritical fluid extraction of flavors and fragrances from *Hyssopus officinalis* L. cultivated in Iran)

11) Kerrola K, Galambisi B, Kallio H. *J Agr Food Chem* 1994 42 776[Volatile components and odor intensity of four phenotype of hyssop(*Hyssopus officinalis* L.)]

12) Kisil S, Toncer O, Ipek A, et al. *Acta Agr Scand* 2008 BPS 58 273[Blooming

stages of Turkish hyssop(*Hyssopus officinalis* L.) affect essential oil composition]

13) Kizil S, Hasimi N, Tolan V, et al. *Nat Bot Hort Agrobot Cluj* 2010 38(3) 99 [Chemical composition, antimicrobial and antioxidant activities of Hyssop (*Hyssopus officinalis*) essential oil]

14) Kreis W, Kaplan MH, Freeman J, et al. *Antiviral Res* 1990 14 323(Inhibition of HIV replication by *Hyssopus officinalis* extracts)

15) Letessier MP, Svoboda KP, Walters DR. *J Phytopathol* 2001 149 673[Antifungal activity of the essential oil of hyssop(*Hyssopus officinalis*)]

16) Lu M, Battinelli L, Daniele C, et al. *Planta Med* 2002 68 213(Muscle relaxing activity of *Hyssopus officinalis* essential oil on isolated intestinal preparations)

17) Matsuura H, Miyazaki A, Asakawa C, et al. *Phytochemistry* 2004 65 91[Isolation of α-glucosidase inhibitors from Hyssop(*Hyssopus officinalis*)]

18) Mazzanti G, Battinelli L, Salvatore G. *Flavour Fragr J* 1998 13 298[Antimicrobial properties of to linalool-rich essential oil of *Hyssopus officinalis* L. var *decumbens*(Lamiaceae)]

19) Mazzanti G, Lu M, Salvatore G. *Phytother Res* 1998 12 S92(Spasmolytic action of the essential oil from *Hyssopus officinalis* L. var. *decumbens* and its major components)

20) Miyazaki H, Matsuura H, Yauagiya C, et al. *J Nutr Sci Vitaminol* 2003 49 346 [Inhibitory effects of Hyssop(*Hyssopus officinalis*) extracts on intestinal α-glucosidase activity and postprandial hyperglycemia]

21) Özer H, Sabin F, Kilic H, Güllüce M. *Flavour Fragr J* 2005 20 42[Essential oil composition of *Hyssopus officinalis* L. subsp *angustifolius*(Bieb) Arcangeli from Turkey]

22) Özer H, Sökmen M, Güllüce M, et al. *Ital J Food Sci* 2006 18(1) 73(In vitro antimicrobial and antioxidant activities of the essential oils and methanol extracts of *Hyssopus officinalis* L. ssp. *angustifolius*)

23) Renzini G, Scazzocchio F. *J Essent Oil Res* 1999 11 649(Antibacterial and cytotoxic activity of *Hyssopus officinalis* L. oils)

24) Saeedi M, Motteza-Semnani K. *J Essent Oil Bear Pl* 2009 12 111(Chemical composition and antimicrobial activity of essential oil of *Hyssopus angustifolius* M.B.)

25) Schulz G, Stahl-Biskup E. *Flavour Fragr J* 1991 6 69[Essential oils and glycosidic bound volatiles from leaves, stems, flowers and roots of *Hyssopus officinalis* L.(*Labiatae*)]

참고 문헌

이 책에서는 서양 향신자원 식물의 식물학적 특성, 과명, 식물명, 일반명, 원산지 또는 산지를 서술하였으며 용도는 식용, 약용, 기타로, 성분은 영양성분, 특수성분으로 분류하였다. 특히 생리활성은 국내외에서 발행되는 학술지를, 효능과 이용은 동의보감을 비롯한 고전을 참고하였으며 우리나라에 등록된 특허도 일부 참고하였다. 참고한 주요 문헌은 다음과 같다.

강병화·심상인. 1997.《한국자원식물명총람》. 고려대학교 민족문화연구소.

김일혁·성환길. 1997.《약이 되는 풀과 나무》. 중앙대학교출판부.

레베카 L, 존슨. 2015.《내 몸을 살리는 치유식물 메디칼 허브백과》. 김영미 옮김. 스타일조선.

문관심. 1984.《약초의 성분과 이용》. 과학백과사전 출판사.

박권우. 1996.《향신채의 재배 및 이용론》. 고려대학교 출판부.

안덕균. 2000.《한국본초도감》. 교학사.

우원식. 2001.《천연물화학 연구법》. 개정판. 서울대학교 출판부.

이영노. 2006.《새로운 한국식물도감》. I·II. 교학사.

이창복. 1980.《대한식물도감》. 향문사.

조식제. 2012.《특허로 만나는 우리 약초》. 1·2. 도서출판 아카데미북.

한국영양학회. 2000.《한국인 영양권장량》. 제7 개정판.

牧野富太郎. 1961.《新日本植物圖鑑》. 北隆舘.

星川淸親·千源光雄. 1972.《日本·世界 700種 食用植物圖說》. 女子榮養大學 出版部.

Bown, Deni. *New Encyclopedia of Herbs & their uses*. 2001. The Herb society of America.

Dictionary of Natural Products(DNP). Vol. 1-11. 1994-1996. London: Chapman & Hall.

Food & Nutrition Encyclopedia 2nd ed. 1994. CRC Press.

Tradi Med(CD-ROM 서울대학교, 천연물연구소).

van Wyk, Ben-Erik·Wink, Michael. *Medicinal Plants of the World*. 4th printing. 2004. Timber press.

서양 향신자원 연구 II

성분과 생리활성

초판 발행 2025년 12월 29일
초판 1쇄 2025년 12월 29일

지은이 한용봉
펴낸곳 고려대학교출판문화원
www.kupress.com
kupress@korea.ac.kr
(02841) 서울특별시 성북구 안암로 145
Tel 02-3290-4230, 4232
Fax 02-923-6311
찍은곳 네오프린텍(주)

ISBN 979-11-6956-121-1 94480
979-11-6956-119-8 (세트)

값 28,000원
※ 잘못 만들어진 책은 바꿔 드립니다.